内 容 提 要

本书第 2 版依据最新合同范本及标准施工招标文件进行编写,系统介绍了建筑工程合同员必须掌握的基础知识和专业技能。全书主要内容包括概论、建设工程合同法律基础、建设工程项目招标管理、建设工程项目合同管理、建设工程监理合同管理、建设工程勘察设计合同管理、建设工程施工合同管理、建设工程物资采购合同管理、建设工程物资租赁合同管理、建设工程施工索赔、建设工程其他合同文本等。

本书可作为合同员岗位培训的教材,也可供建筑施工企业各级管理人员参考使用。

U0279406

合同员一本通
编 委 会

第 2 版出版说明

《建筑施工现场管理人员一本通系列丛书》自 2006 年陆续出版发行以来,受到广大读者的关注和喜爱,本系列丛书各分册已多次重印,累计已达数万册。在本系列丛书的使用过程中,丛书编者陆续收到了不少读者及专家学者对丛书内容、深浅程度及编排等方面的反馈意见,对此,丛书编者向广大读者及有关专家学者表示衷心感谢。

随着近年来我国国民经济的快速发展和科学技术水平的不断提高,建筑工程施工技术也得到了迅速发展。在科技快速发展的时代,建筑工程建设标准、功能设备、施工技术等在理论与实践方面也有了长足的发展,并日趋全面、丰富,各种建筑工程新材料、新设备、新工艺、新技术也得到了广泛的应用。为使本系列丛书更好地符合时代发展的要求,更好地满足新的需要,能够跟上工程建设飞速发展的步伐,丛书编者在保持编写风格及特点不变的基础上对本系列丛书进行了修订。本系列丛书修订后的各分册书名为:

1.《标准员一本通》　　　　　2.《劳务员一本通》
3.《施工员一本通》(第 2 版)　4.《质量员一本通》(第 2 版)
5.《机械员一本通》(第 2 版)　6.《监理员一本通》(第 2 版)
7.《资料员一本通》(第 2 版)　8.《材料员一本通》(第 2 版)
9.《合同员一本通》(第 2 版)　10.《安全员一本通》(第 2 版)
11.《测量员一本通》(第 2 版)　12.《项目经理一本通》(第 2 版)
13.《现场电工一本通》(第 2 版)14.《甲方代表一本通》(第 2 版)
15.《造价员一本通(建筑工程)》(第 2 版)
16.《造价员一本通(安装工程)》(第 2 版)

本系列丛书的修订主要遵循以下原则进行:

(1)遵循最新标准规范对内容进行修订。本系列丛书出版发行期间,建筑工程领域颁布实施了众多标准规范,丛书修订工作严格依据最新标准规范进行。如:以《建设工程工程量清单计价规范》(GB 50500—2008)为依据,对《造价员一本通(建筑工程)》和《造价员一本通(安装工程)》进行了修订；以《工程测量规范》(GB 50026—2007)和《建筑变形测量规范》(JGJ 8—2007)为依据，对《测量员一本通》进行了修订；以建筑工程最新材料标准规范为依据，对《材料员一本通》进行了修订。

(2)使用更方便。本套丛书资料丰富，内容翔实，图文并茂，编撰体例新颖，注重对建筑工程施工现场管理人员管理能力和专业技术能力的培养，力求做到文字通俗易懂，叙述内容一目了然，特别适合现场管理人员随查随用。

(3)依据广大读者及相关专家学者在丛书使用过程中提出的意见或建议，对丛书中的错误及不当之处进行了修订。

本套丛书在修订过程中，尽管编者已尽最大努力，但限于编者的水平，丛书在修订过程中难免会存在错误及疏漏，敬请广大读者及业内专家批评指正。

编 者

第1版出版说明

目前,我国建筑业发展迅速,城镇建设规模日益扩大,建筑施工队伍不断增加,建筑工地(施工现场)到处都是。工地施工现场的施工员、质量员、安全员、造价员(过去称为预算员)、资料员等是建设工程施工必需的管理人员,肩负着重要的职责。他们既是工程项目经理进行工程项目管理的执行者,也是广大建筑施工工人的领导者。他们的管理能力、技术水平的高低,直接关系到千千万万个建设项目能否有序、高效率、高质量地完成,关系到建筑施工企业的信誉、前途和发展,甚至是整个建筑业的发展。

近些年来,为了适应建筑业的发展需要,国家对建筑设计、建筑结构、施工质量验收等一系列标准规范进行了大规模的修订。同时,各种建筑施工新技术、新材料、新设备、新工艺已得到广泛的应用。在这种形势下,如何提高施工现场管理人员的管理能力和技术水平,已经成为建筑施工企业持续发展的一个重要课题。同时,这些管理人员自己也十分渴望参加培训、学习,迫切需要一些可供工作时参考用的知识性、资料性读物。

为满足施工现场管理人员对技术和管理知识的需求,我们组织有关方面的专家,在深入调查的基础上,以建筑施工现场管理人员为对象,编写了这套《建筑施工现场管理人员一本通系列丛书》。

本套丛书主要包括以下分册:

1.《标准员一本通》　　　　2.《劳务员一本通》
3.《施工员一本通》　　　　4.《质量员一本通》
5.《机械员一本通》　　　　6.《监理员一本通》
7.《资料员一本通》　　　　8.《材料员一本通》
9.《合同员一本通》　　　　10.《安全员一本通》
11.《测量员一本通》　　　　12.《造价员一本通(建筑工程)》
13.《现场电工一本通》　　　14.《造价员一本通(安装工程)》
15.《项目经理一本通》　　　16.《甲方代表一本通》

与市面上已经出版的同类图书相比,本套丛书具有如下特点:

1. 紧扣一本通。何谓"一本通",就是通过一本书能够解决施工现场管理人员所有的问题。本丛书将施工现场管理人员工作中涉及的的工作职责、专业技术知识、业务管理和质量管理实施细则以及有关的专业法规、标准和规范等知识全部融为一体,内容更加翔实,解决了管理人员工作时需要到处查阅资料的问题。

2. 应用新规范。本套丛书各分册均围绕现行《建筑工程施工质量验收统一标准》(GB 50300—2001)和与其配套使用的 14 项工程质量验收规范、《建设工程工程量清单计价规范》以及现行建筑安装工程预算定额、现行与安全生产有关的标准规范和最新的工程材料标准等进行编写,切实做到应用新规范、贯彻新规范。

3. 体现先进性。本套丛书充分吸收了在当前建筑业中广泛应用的新材料、新技术、新工艺,是一套拿来就能学、就能用的实用工具书。

4. 使用更方便。本套丛书资料丰富,内容翔实,图文并茂,编撰体例新颖,注重对建筑工程施工现场管理人员管理能力和专业技术能力的培养,力求做到文字通俗易懂,叙述内容一目了然,特别适合现场管理人员随查随用。

由于编写时间仓促,加之编者经验水平有限,丛书中错误及不当之处,敬请广大读者批评指正。

编 者

目 录

第七章　建设工程施工合同管理

第一章 概 论

第一节 建设工程合同管理概述

一、建设工程合同管理的概念

建设工程合同管理是指对项目合同的签订、履行、变更和解除进行监督检查，对合同履行过程中发生的争议或纠纷进行处理，以确保合同依法订立和全面履行。工程合同管理贯穿于合同签订、履行、终结直至归档的全过程。

二、建设工程合同管理的目标

建设工程合同管理直接为建设工程项目总目标和企业总目标服务，保证它们的顺利实现。所以，建设工程合同管理不仅是项目管理的一部分，而且还是企业管理的一部分。具体地说，建设工程合同管理目标包括以下两方面：

（1）使整个工程在预定的成本（投资）、预定的工期范围内完成，达到预定的质量和功能的要求。由于合同中包括了进度要求、质量标准、工程价格，以及双方的责、权、利关系，所以它贯穿了项目的三大目标。在一个建筑工程项目中，有几份、十几份甚至几十份互相联系、互相影响的合同，一份合同至少涉及两个独立的项目参加者。通过合同管理，可以保证各方面都圆满地履行合同责任，进而保证项目的顺利实施。最终业主按计划获得一个合格的工程，实现投资目的，承包商获得合理的价格和利润。

（2）在工程结束时使双方都感到满意，合同争执较少，合同各方面能互相协调。业主要对工程、承包商及双方的合作感到满意，而承包商不但取得了利润，而且赢得了信誉，建立了双方友好合作的关系。工程问题的解决公平合理，符合惯例，这是企业经营管理和发展战略对合同管理的要求。

三、建设工程合同管理的特点

建设工程合同管理与其他合同管理相比，具有以下特点：

（1）管理过程持续时间长。建设工程项目是一个渐进的过程，工程持续时间长，这使得相关的合同，特别是工程承包合同的生命期较长。它不仅包括施工工期，而且包括招标投标和合同谈判以及保修期，所以一般至少两年，长的可达五年或更长时间。合同管理必须在这么长时间内连续地、不间断地进行，从领取标书直到合同完成并失效。

（2）对工程经济效益影响大。建设工程价值量大，合同价格高，使得合同管理对工程经济效益影响很大。建设工程项目合同管理好，可使承包商避免亏本，赢得利润，否则承包商要蒙受较大的经济损失，这已为许多工程实践所证明。在现代工程中,由于竞争激烈,合同价格中包含的利润减少,合同管理中稍有失误即会导致工程亏本。

(3)合同变更频繁。由于工程过程中内外干扰事件多,合同变更频繁。一个较大的工程,合同实施中的变更可达几百项。合同实施必须按变化了的情况不断地调整,这要求合同管理必须是动态的,必须加强合同控制和变更管理工作。

(4)管理技术高度准确、严密、精细。合同管理工作极为复杂、繁琐,是高度准确、严密和精细的管理工作。

(5)受外界影响大、风险大。由于合同实施时间长,涉及面广,所以受外界环境,如经济条件、社会条件、法律和自然条件等的影响大,风险大。这些因素承包商难以预测,不能控制,但都会妨碍合同的正常实施,造成经济损失。

合同本身常常隐藏着许多难以预测的风险。由于建设市场竞争激烈,不仅导致报价降低,而且业主常常提出一些苛刻的合同条款,如单方面约束性条款和责、权、利不平衡条款。承包商对此必须有高度的重视,并采取相应对策,否则必然会导致工程失败。

四、建设工程合同管理的内容

(1)对合同履行情况进行监督检查。通过检查,发现问题并及时协调解决,提高合同履约率。主要包括下面几点:

1)检查合同法及有关法规贯彻执行的情况;

2)检查合同管理办法及有关规定贯彻执行的情况;

3)检查合同签订和履行的情况,减少和避免合同纠纷的发生。

(2)经常对项目经理及有关人员进行合同法及有关法律知识教育,提高合同管理人员的素质。

(3)建立健全工程项目合同管理制度。包括项目合同归口管理制度,考核制度,合同用章管理制度,合同台账、统计及归档制度。

(4)对合同履行情况进行统计分析。包括工程合同份数、造价、履约率、纠纷次数、违约原因、变更次数及原因等。通过统计分析手段,发现问题,及时协调解决,以提高利用合同进行生产经营的能力。

(5)组织和配合有关部门做好有关工程项目合同的鉴证、公证和调解、仲裁及诉讼活动。

第二节　　合同员应具备的条件及职责

一、合同员应具备的条件

建设工程合同员主要应具备以下条件:

(1)管理专业本科以上学历。

(2)熟悉合同的拟定及管理,善于进行各种资料的收集、整理、归档工作。

（3）能够根据公司制度和相关法律、法规办理 CRM 系统内的合同勾对工作。

（4）能熟练运用办公软件，熟练使用 Excel、Word 文档。

（5）为人诚恳，做事认真，有良好的协调沟通能力，能够在一定的压力下工作。

（6）有较强的协调能力。

（7）有良好的协作与团队精神，为人正直，有责任心。

（8）能够完成领导临时交办的各项任务，根据需要而分配或调整的工作。

二、合同员的主要职责

（1）按照国家经济合同法规、公司经济合同管理制度的有关规定，负责拟订公司具体的经济合同管理实施细则，批准后组织执行。

（2）负责对外重大经济合同的起草准备、参与谈判和初审工作，严格掌握签约标准和程序，发现问题及时纠正。

（3）对公司内部模拟法人独立核算的经济责任制，提出适用的经济合同文本和实施方案，并负责培训相关基层人员。

（4）负责不断追踪部门的合同履约完成情况，并督促其如期兑现，汇总公司合同执行总体情况，提出有关工作报告和统计报表，并就存在的问题提出相应建议。

（5）认真研究合同法规和法院判例，对本公司的合同纠纷和诉讼提供解决的参考意见。

（6）负责监督、检查各分公司施工合同、劳务分包合同、专业分包合同、物资设备买卖合同的履行情况。

（7）负责做好公司正本的登记归档工作，建立合同台账管理，保管好合同专用章。未经领导审核批准，不得擅自在合同上盖章。

（8）控制合同副本或复印件的传送范围，保守公司商业机密。

（9）完成临时交办的其他任务。

第二章　建设工程合同法律基础

　　任何一项工程的建设,其行为主体无不涉及许多方面。在社会主义市场经济条件下,人们只有通过签订各类合同,将参加工程建设的各方有机地结合起来,并使参加者的权利和义务得到法律上的保证和确认,才能保证当事人的合法权益。

　　市场经济是一种法制经济,只有在健全而完善的法制情况下,人们的经济活动才可能有序进行。随着改革开放的深入和发展,我国的经济建设已纳入了法制轨道。作为经济建设活动的重要组成部分的工程建设活动,是涉及法律较为广泛的一种活动,它涉及经济、行政、民事等多方面的经济法律关系。

第一节　合同法律关系

一、合同法律关系的概念

　　法律关系是指法律规范所确认和调整的人与人之间的权利和义务关系。法律关系的实质是法律关系主体之间存在的特定权利义务关系。合同法律关系是一种重要的法律关系,是指由合同法律规范调整的当事人在民事流转过程中形成的权利义务关系。合同法律关系由主体、客体和内容三个不可或缺的要素组成。这三个要素构成了合同法律关系,缺少其中任何一种要素都不能构成合同法律关系,改变其中任何一个要素就改变了原来设定的合同法律关系。

二、合同法律关系的主体、客体和内容

（一）合同法律关系主体

　　合同法律关系主体,是参加合同法律关系,享有相应权利、承担相应义务的当事人。合同法律关系的主体可以是自然人、法人和其他组织。

　　1. 自然人

　　自然人,是指基于出生而成为民事法律关系主体的有生命的人。作为合同法律关系主体的自然人必须具备相应的民事权利能力和民事行为能力。民事权利能力是民事主体依法享有民事权利和承担民事义务的资格。自然人的民事权利能力始于出生,终于死亡。民事行为能力是民事主体通过自己的行为取得民事权利和履行民事义务的资格。根据自然人的年龄和精神健康状况,可以将自然人分为完全民事行为能力人、限制民事行为能力人和无民事行为能力人。自然人既包括公民,也包括外国人和无国籍人,他们都可以作为合同法律关系的主体。

　　2. 法人

　　法人是具有民事权利能力和民事行为能力,依法独立享有民事权利和承担民事义务的组织。法人是与自然人相对应的概念,是法律赋予社会组织具有人格的

一项制度。这一制度为确立社会组织的权利、义务，便于社会组织独立承担责任提供了基础。

（1）法人应具备的条件。

1）依法成立。法人不能自然产生，它的产生必须经过法定的程序。法人的设立目的和方式必须符合法律的规定，设立法人必须经过政府主管机关的批准或者核准登记。

2）有必要的财产或经费。必要的财产或经费是法人进行社会活动的物质基础，也是法人承担民事责任的财产保证。特别是企业法人，要使其自主经营、自负盈亏必须以有一定的财产为前提，否则不仅企业法人无力清偿债务，使得债权人的正当权益不能得到应有的保护，也不利于稳定社会经济秩序，同时，法人的财产也排斥了他人对法人财产的干预。

3）有自己的名称、组织机构和场所。法人的名称是法人相互区别的标志和法人进行活动时使用的代号。法人的组织机构是指对内管理法人事务、对外代表法人进行民事活动的机构。法人的场所则是法人进行业务活动的所在地，也是确定法律管辖的依据。

4）能够独立承担民事责任。法人以自己的名义参与活动，为自己取得民事权利、设定民事义务，并以自己的财产独立清偿这些义务。只有能够独立承担民事责任的社会组织才能成为法人。这一条件，要求法人以自己全部的财产对外承担责任。除法律另有规定外，组成法人的成员、集体或创设法人的国家对法人的债务不承担责任，法人也不对他们的债务承担责任。

（2）法人的权利能力与行为能力。法人的权利能力是指法律赋予法人参与经济活动时，依法享有经济权利和承担经济义务的资格。法人的权利能力根据其成立的宗旨、章程的规定和注册的经营范围等要件而具有单体的特殊性。例如，企业法人的权利能力表现为其经营活动只能根据法定登记的营业范围进行，不得擅自超越或违反，否则不受法律保护。法人的权利能力自核准成立之日起开始具有，企业法人资格自领取企业法人营业执照或批准筹建之日起具有，法人终止时其权利能力即告消失。法人的行为能力是指法人能以自己的行为参与经济活动，依法享有经济权利和承担经济义务，从而引起经济法律关系发生、变更、终止的资格。

法人的行为能力与其权利能力同时产生，同时消灭。法人行为能力的范围与其权利能力的范围是一致的。自然人具有权利能力时，并不都具有行为能力。自然人的行为能力因年龄或精神状态差异，在法律上分别规定为完全行为能力者、限制行为能力者和无行为能力者。

法人的行为能力由法人领导机构或法定代表人行使。法人实行集体负责制的，由管委会或董事会行使，实行单一负责制的，由厂长、经理等法定代表人行使。

（3）法人的分类。法人可分为企业法人和非企业法人。企业法人是从事生产、经营和服务性的活动,以赢利为目的的经济组织。赋予企业以法人资格有利于维护企业的独立商品生产者和商品经营者的地位,有利于市场经济秩序的稳定和发展。非企业法人是非赢利性的,从事经营活动以外的文教、卫生等其他社会活动的组织,包括机关法人、事业单位法人和社会团体法人。承认机关、事业单位和社会团体的法人资格,有利于促进国家机关、事业单位和社会团体实现其职能,发展文化艺术、科学技术以及社会公益事业,为社会主义精神文明建设奠定基础。

3. 其他组织

法人以外的其他组织也可以成为合同法律关系主体,主要包括:法人的分支机构,不具备法人资格的联营体、合伙企业、个人独资企业等。这些组织应当是合法成立、有一定的组织机构和财产,但又不具备法人资格的组织。其他组织与法人相比,其复杂性在于民事责任的承担较为复杂。

(二)合同法律关系客体

合同法律关系客体,是指参加合同法律关系的主体享有的权利和承担的义务所共同指向的对象。合同法律关系的客体主要包括物、行为、智力成果。

1. 物

法律意义上的物是指可为人们控制并具有经济价值的生产资料和消费资料,可以分为动产和不动产、流通物与限制流通物、特定物与种类物等。

2. 行为

法律意义上的行为是指人的有意识的活动。在合同法律关系中,行为多表现为完成一定的工作,如勘察设计、施工安装等。

3. 智力成果

智力成果是通过人的智力活动所创造出的精神成果,包括知识产权、技术秘密及在特定情况下的公知技术。

(三)合同法律关系的内容

合同法律关系的内容,是指合同条款所规范的合同法律关系主体的权利和义务。

1. 权利

权利是指合同法律关系主体在法定范围内,按照合同的约定有权按照自己的意志作出某种行为。权利主体也可要求义务主体作出一定的行为或不作出一定的行为,以实现自己的有关权利。当权利受到侵害时,有权得到法律保护。

2. 义务

义务是指合同法律关系主体必须按法律规定或约定承担应负的责任。义务和权利是相互对应的,相应主体应自觉履行相对应的义务。否则,义务人应承担相应的法律责任。

三、合同法律关系的产生、变更和消灭

合同法律关系并不是由合同法律规范本身产生的,合同法律关系只有具有一定的条件才能产生、变更和消灭。能够引起合同法律关系产生、变更和消灭的客观现象和事实,就是法律事实。法律事实包括行为和事件。

合同法律关系是不会自然而然地产生的,也不是仅凭法律规范规定就可在当事人之间发生具体的合同法律关系。只有一定的法律事实存在,才能在当事人之间发生一定的合同法律关系,或使原来的合同法律关系发生变更或消灭。

(1)行为。行为是指法律关系主体有意识的、能够引起法律关系发生变更和消灭的活动,包括作为和不作为两种表现形式。行为还可分为合法行为和违法行为。

此外,行政行为和发生法律效力的法院判决、裁定以及仲裁机构发生法律效力的裁决等,也是一种法律事实,也能引起法律关系的发生、变更、消灭。

(2)事件。事件是指不以合同法律关系主体的主观意志为转移而发生的,能够引起合同法律关系产生、变更、消灭的客观现象。这些客观事件的出现与否,是当事人无法预见和控制的。

第二节　合同法

一、合同的概念

合同是平等主体的自然人、法人、其他组织之间设立、变更、终止民事权利义务关系的协议。各国的合同法规范的都是债权合同,它是市场经济条件下规范财产流转关系的基本依据,因此,合同是市场经济中广泛进行的法律行为。而广义的合同还应包括婚姻、收养、监护等有关身份关系的协议,以及劳动合同等,但这些合同由其他法律进行规范,不属于《中华人民共和国合同法》(以下简称《合同法》)中规范的合同。

任何合同均应具备三大要素,即主体、标的和内容:

(1)主体,即签约双方的当事人。合同的当事人可为自然人、法人和其他组织,且合同当事人的法律地位平等,一方不得将自己的意志强加给另一方。依法成立的合同具有法律约束力。当事人应当按照合同约定履行各自的义务,不得擅自变更或解除合同。

(2)标的(又称客体),是当事人的权利和义务共同指向的对象。如建设工程项目、货物、劳务等,标的应规定明确,切忌含混不清。

(3)内容,指合同当事人之间的具体权利与义务。合同作为一种协议,其本质是一种合意,必须是两个以上意思表示一致的民事法律行为。因此,合同的缔结必须由双方当事人协商一致才能成立。合同当事人作出的意思表示必须合法,这样才能具有法律约束力。建设工程合同也是如此。即使在建设工程合同的订立中承包人一方存在着激烈的竞争(如施工合同的订立中,施工单位的激烈竞争是建设单位进行招标的基础),仍须双方当事人协商一致,发包人不能将自己的意志强加给承包人。双方订立的合同即使是协商一致的,也不能违反法律、行政法规,否则合同就是无效的。如施工单位超越资质等级许可的业务范围订立的施工合同,该合同就没有法律约束力。

合同中所确立的权利和义务,必须是当事人依法可以享有的权利和能够承担的义务,这是合同具有法律效力的前提。在建设工程合同中,发包人必须有已经合法立项的项目,承包人必须具有承担承包任务的相应能力。如果在订立合同的过程中有违法行为,当事人不仅达不到预期的目的,还应根据违法情况承担相应的法律责任。在建设工程合同中,如当事人是通过欺诈、胁迫等手段订立的合同,则应当承担相应的法律责任。

二、合同法的基本原则

合同法的基本原则是合同当事人在合同的签订、执行、解释和争执的解决过程中应当遵守的基本准则,也是人民法院、仲裁机构在审理、仲裁合同纠纷时应当遵循的原则。合同法关于合同订立、效力、履行、违约责任等的内容,都是根据这些基本原则规定的。

1. 平等原则

合同当事人的法律地位平等,即享有民事权利和承担民事义务的资格是平等的,一方不得将自己的意志强加给另一方。在订立建设工程合同中双方当事人的意思表示必须是完全自愿的,不能是在强迫和压力下所作出的非自愿的意思表示。因为建设工程合同是平等主体之间的法律行为,发包人与承包人的法律地位平等,所以只有订立建设工程合同的当事人平等协商,才有可能订立意思表示一致的协议。

2. 自愿原则

自愿原则是合同法重要的基本原则,是市场经济的基本原则之一,也是一般国家的法律准则。自愿原则体现了签订合同作为民事活动的基本特征。

自愿原则贯穿于合同的全过程,在不违反法律、行政法规、社会公德的情况下:

(1)当事人依法享有自愿签订合同的权利。合同签订前,当事人通过充分协商,自由表达意见,自愿决定和调整相互权利义务关系,取得一致而达成协议。不容许任何一方违背对方意志,以大欺小,以强凌弱,将自己的意见强加于人,或通过胁迫、欺诈手段签订合同。

(2)订立合同时,当事人有权选择对方当事人。

(3)合同自由构成。合同的形式、内容、范围由双方在不违法的情况下自愿商定。

(4)在合同履行过程中,当事人可以通过协商修改、变更、补充合同内容。双方也可以通过协议解除合同。

(5)双方可以约定违约责任。在发生争议时,当事人可以自愿选择解决争议的方式。

当然,合同的自愿原则是要受到法律的限制的,这种限制对于不同的合同而言有所不同。相对而言,由于建设工程合同的重要性,导致法律法规对建设工程合同的干预较多,对当事人的合同自愿原则的限制也较多。例如:建设工程合同内容中的质量条款,必须符合国家的质量标准,因为这是强制性的;建设工程合同的形式,必须采用书面形式,当事人没有选择的权利。

3. 公平原则

合同通过权利与义务、风险与利益的结构性配置来调节当事人的行为,公平的本义和价值取向应均衡当事人利益,一视同仁,不偏不倚,等价合理。公平原则主要表现为当事人平等、自愿,当事人权利义务的等价有偿、协调合理,当事人风险的合理分担,防止权利滥用和避免义务加重等方面。

4. 诚实信用原则

建设工程合同当事人行使权力、履行义务应当遵循诚实信用原则。这是市场经济活动中形成的道德规则,它要求人们在交易活动(订立和履行合同)中讲究信用,恪守诺言,诚实不欺。不论是发包人还是承包人,在行使权力时都应当充分尊重他人和社会的利益,对约定的义务要忠实地履行。具体包括:在合同订立阶段,如招标投标时,在招标文件和投标文件中应当如实说明自己和项目的情况;在合同履行阶段应当相互协作,如发生不可抗力时,应当相互告知,并尽量减少损失。

5. 遵守法律和公共秩序的原则

这是对合同自愿原则的必要限制。当事人在订立、履行合同时,都应当遵守国家的法律,在法律的约束下行使自己的权力,并不能违反公共秩序和社会公共利益。

三、合同法的调整范围

1999 年 3 月 15 日第九届全国人民代表大会第二次会议通过的《合同法》以过去的 3 个合同法《经济合同法》、《涉外经济合同法》、《技术合同法》为基础,以《民法通则》为指导,汲取了行政法规和司法解释的规定,移植和借鉴了国外立法,摒弃了 3 个合同法过于原则、过于简单的缺陷,是一部关系公民、法人和其他组织切身利益,完善市场交易规则,发展社会主义市场经济的重要法律,也是一部统一的较为完备的合同法。

我国合同法调整的是平等主体的公民(自然人)、法人、其他组织之间的民事权利义务关系。合同法的调整范围须注意以下问题:

(1)合同法调整的是平等主体之间的债权债务关系,属于民事关系。政府对经济的管理活动,属于行政管理关系,不适用合同法;企业、单位内部的管理关系,不是平等主体之间的关系,也不适用合同法。

(2)合同是设立、变更、终止民事权利义务关系的协议,有关婚姻、收养、监护等身份关系的协议,不适用合同法。但不能认为凡是涉及身份关系的合同都不受

《合同法》的调整。有些人身权利本身具有财产属性和竞争价值,如商誉、企业名称、肖像等,可以签订转让、许可合同,受《合同法》调整。此外不能将人身关系与它所引起的财产关系相混淆,在婚姻、收养、监护关系中也存在与身份关系相联系但又独立的财产关系,仍然要适用《合同法》的一般规定,如分家析产协议、婚前财产协议、遗赠扶养协议、离婚财产分割协议等。

(3)合同法主要调整法人、其他经济组织之间的经济贸易关系,同时还包括自然人之间因买卖、租赁、借贷、赠与等产生的合同关系。这样的调整范围与以前3部合同法的调整范围相比,有适当的扩大。

四、合同的形式与分类

1. 合同的形式

所谓合同的形式,是指合同当事人对合同的内容、条款经过协商,将共同的意思表示的具体方式。《合同法》第十条规定:"当事人订立合同,有书面形式、口头形式和其他形式。"另外还规定:"法律、行政法规规定采用书面形式的,应当采用书面形式。当事人约定采用书面形式的,应当采用书面形式。"

那么,何时采用口头形式的合同呢? 如果合同当事人在签订合同的同时,双方就履行了合同,也即分别享有了权利并承担了义务,这种情况可称为即时清结。这种即时清结的合同,通常是一手交钱、一手交货的合同,因此多为口头形式的合同。

《合同法》第十一条规定合同的书面形式"是指合同书、信件和数据电文(包括电报、电传、传真、电子数据交换和电子邮件)等可以有形地表现所载内容的形式。"签订合同是一种法律行为,它确定着当事人双方的权利和义务,涉及经济利害关系。在合同履行过程中,如果时过境迁而又空口无凭,则容易产生纠纷而不便认定责任,所以,一般采用书面形式的合同。

书面形式的合同可分为一般书面合同和特殊书面合同。特殊书面合同的形式主要包括:公证形式、鉴证形式、批准形式和登记形式等。

2. 合同的分类

合同作为商品交换的法律形式,其类型因交易方式的多样化而各不相同。尤其是随着交易关系的发展和内容的复杂化,合同的形态也在不断地变化和发展。合同依据其性质、特点、作用等不同,可分类如下:

(1)合同法的基本分类。《合同法》将合同分为下列15类:

1)买卖合同:买卖合同是为了转移标的物的所有权,在出卖人和买受人之间签订的合同。出卖人将原属于他的标的物的所有权转移给买受人,买受人支付相应的合同价款。在建筑工程中,材料和设备的采购合同就属于这一类合同。

2)供电(水、气、热力)合同:本合同适用于电(水、气、热力)的供应活动。按合同规定,供电(水、气、热力)人向用电(水、气、热力)人供电(水、气、热力),用电(水、气、热力)人支付相应的费用。

3)赠与合同:本合同是财产的赠与人与受赠人之间签订的合同。赠与人将自己的财产无偿地赠与受赠人,受赠人表示接受赠与。

4)借款合同:本合同是借款人与贷款人之间因资金的借贷而签订的合同。借款人向贷款人借款,到期返还借款并支付利息。

5)租赁合同:本合同是出租人与承租人之间因租赁业务而签订的合同。出租人将租赁物交承租人使用、收益,承租人支付租金,并按期交还租赁物。在建筑工程中常见的有周转材料和施工设备的租赁。

6)融资租赁合同:融资租赁是一种特殊的租赁形式。出租人根据承租人对设备出卖人、租赁物的选择,向出卖人购买租赁物,再提供给承租人使用,承租人支付相应的租金。

7)承揽合同:本合同是承揽人与定作人之间就承揽工作签订的合同。承揽人按定作人的要求完成工作,交付工作成果,定作人支付相应的报酬。承揽工作包括:加工、定作、维修、测试、检验等。

8)建设工程合同:本合同是发包人与承包人之间签订的合同,包括建设工程勘察设计、施工合同。

9)运输合同:本合同是承运人将旅客或货物从起运地点运输到约定地点,旅客、托运人或收货人支付票款或运输费的合同。运输合同的种类很多,按运输对象不同,可分为旅客运输合同和货物运输合同;按运输方式不同,可分为公路运输合同、水上运输合同、铁路运输合同、航空运输合同;按同一合同中承运人的数目,可分为单一运输合同和联合运输合同等。

10)技术合同:本合同是当事人就技术开发、转让、咨询或服务订立的合同。它又可分为技术开发合同、技术转让合同和技术服务合同。

11)保管合同:本合同是在保管人和寄存人之间签订的合同。保管人保管寄存人交付的保管物,到期返还该保管物。而保管的行为可能是有偿的,也可能是无偿的。

12)仓储合同:本合同是一种特殊的保管合同,保管人储存存货人交付的仓储物,存货人支付仓储费。

13)委托合同:本合同是委托人和受托人之间签订的合同。受托人接受委托人的委托,处理委托人的事务。

14)行纪合同:本合同是委托人和行纪人就行纪事务签订的合同。行纪人以自己的名义为委托人从事贸易活动(一般为购销、寄售等),委托人支付报酬。

15)居间合同:本合同是就订立合同的媒介服务及相关事务签订的合同。合同主体是委托人和居间人。居间人向委托人报告订立合同的机会或提供订立合同的媒介服务,委托人支付报酬。

(2)其他分类。其他合同是侧重理论分析的,具体如下:

1)计划与非计划合同:计划合同是依据国家有关计划签订的合同;非计划合

同则是当事人根据市场需求和自己的意愿订立的合同。虽然在市场经济中,依计划订立的合同的比重降低了,但仍然有一部分合同是依据国家有关计划订立的。对于计划合同,有关法人、其他组织之间应当依照有关法律、行政法规规定的权利和义务订立合同。

2)双务合同与单务合同:双务合同是当事人双方相互享有权利和相互负有义务的合同。大多数合同都是双务合同,如建设工程合同。单务合同是指合同当事人双方并不相互享有权利、负有义务的合同。如赠与合同。

3)诺成合同与实践合同:诺成合同是当事人意思表示一致时即可成立的合同。实践合同则要求在当事人意思表示一致的基础上,还必须交付标的物或者其他给付义务的合同。在现代经济生活中,大部分合同都是诺成合同,这种合同分类的目的在于确立合同的生效时间。

4)主合同与从合同:主合同是指不依赖其他合同而独立存在的合同。从合同是以主合同的存在为存在前提的合同。主合同的无效、终止将导致从合同的无效、终止,但从合同的无效、终止不能影响主合同。担保合同是典型的从合同。

5)有偿合同与无偿合同:有偿合同是指合同当事人双方任何一方均须给予另一方相应权益方能取得自己利益的合同。而无偿合同的当事人一方无须给予另一方相应权益即可从另一方取得利益。在市场经济中,绝大部分合同都是有偿合同。

6)要式合同与不要式合同:法律要求必须具备一定形式和手续的合同,称为要式合同。反之,法律不要求具备一定形式和手续的合同,称为不要式合同。

第三节　合同担保

一、担保及担保合同

1. 担保的概念

担保,是指合同的当事人双方为了使合同能够得到切实履行,根据法律、行政法规的规定,经双方协商一致而采取的一种具有法律效力的保护措施。担保的目的在于促使当事人双方履行合同,从而在更大程度上使权利人的权益得以实现。担保一般有口头担保和书面担保,但只有书面担保才具有真正意义的法律效力。

在日常生活中,还有一种是对一个人的人品进行的担保,这种担保绝大多数是口头性质的,它的意义只是表明担保人对被担保人的一种信任和赞赏,没有太多的实际意义,有的只是担保人对被担保人的一种监督,但这种担保对双方的行为还是有一定的约束力。

还有一种比较特殊的担保是移民担保,目前多数国家都采用这一政策。移民担保多数具有上述两种担保的性质。

担保活动应当遵守平等、自愿、公平、诚实信用的原则。

2. 担保性质

(1)附属性:合同与担保之间的关系是从属关系,即担保附属于合同。

(2)选择性:我国合同法设立了担保制度,但并未规定当事人必须设立担保。

(3)保障性:保障合同的履行是担保的根本特征。

3. 担保的方式

我国《担保法》规定的担保方式有五种,即保证、抵押、质押、留置和定金。

(1)保证。保证是指保证人和债权人约定,当债务人不履行债务时,保证人按照约定履行债务或者承担责任的行为。具有代为清偿债务能力的法人、其他组织或者公民,可以作保证人。

保证人和债权人应当以书面形式订立保证合同,保证合同应包括以下内容:被保证的主债权种类、数额;债务人履行债务的期限;保证的方式;保证担保的范围;保证的期限;双方认为需要约定的其他事项等。

同一债务有两个以上保证人的,保证人应当按照保证合同约定的保证份额,承担保证责任。没有约定保证份额的,保证人承担连带责任,债权人可以要求任何一个保证人承担全部保证责任,保证人都负有担保全部债权实现的义务。

保证的方式有一般保证和连带责任保证两种。

1)一般保证。当事人在保证合同中约定,债务人不能履行债务时,由保证人承担保证责任的,为一般保证。除特殊情况外,一般保证的保证人在主合同纠纷未经审判或者仲裁,并就债务人财产依法强制执行仍不能履行债务前,对债权人可以拒绝承担保证责任。

2)连带责任保证。当事人在保证合同中约定保证人与债务人对债务承担连带责任的,为连带责任保证。连带责任保证的债务人在主合同规定的债务履行期届满没有履行债务的,债权人可以要求债务人履行债务,也可以要求保证人在其保证范围内承担保证责任。

(2)抵押。抵押是指合同当事人一方或者第三人不转移对财产的占有,将该财产向对方保证履行经济合同义务的一种担保方式。提供财产的一方称为抵押人,接受抵押财产的一方称为抵押权人,抵押人不履行合同时,抵押权人有权在法律许可的范围内变卖抵押物,从变卖抵押物价款中优先受偿。所谓优先受偿,是指抵押人有两个以上债权人时,抵押权人将抵押财产变卖后,可以优先于其他债权人受偿。变卖抵押物价款,不足给付应当清偿的数额时,抵押权人有权向负有清偿义务的一方请求给付不足部分,如有剩余,则应退还抵押人。

1)抵押财产。抵押人的财产必须是法律允许流通和允许强制执行的财产。下列财产可以抵押:

①抵押人所有的房屋和其他地上定着物。

②抵押人所有的机器、交通运输工具和其他财产。

③抵押人依法有权处分的国有的土地使用权、房屋和其他地上定着物。

④抵押人依法有权处分的国有机器、交通运输工具和其他财产。

⑤抵押人依法承包并经发包方同意抵押的荒山、荒沟、荒丘、荒滩等荒地的土地使用权。

⑥依法可以抵押的其他财产。

2)抵押合同。抵押人和抵押权人应当以书面形式订立抵押合同。抵押合同应当包括以下内容：被担保的主债权种类、数额；履行债务的期限；抵押物的名称、数量、所有权权属等；抵押担保的范围。

订立抵押合同时，抵押权人和抵押人在合同中不得约定，在债务履行期届满抵押权人未受清偿时，抵押物的所有权转移为债权人所有。

法律规定，抵押人以土地使用权、城市房地产权等财产作为抵押物时，当事人应到有关主管登记部门办理抵押物登记手续，抵押合同自登记之日起生效。当事人以其他财产抵押的，可以自愿办理抵押物登记，抵押合同自签订之日起生效。

3)抵押权的实现。当债务履行期届满而抵押权人未受清偿的，债权人可以与抵押人协议以抵押物折价或者以拍卖、变卖该抵押物所得的价款受偿；协议不成的，抵押权人可以向人民法院提起诉讼。抵押物折价或者拍卖、变卖后，其价款超过债权数额的部分归抵押人所有，不足部分由债务人清偿。

（3）质押。质押是指债务人或者第三人将其动产或者权利凭证移交债权人占有，将该动产或者权利作为债权的担保。质押分为动产质押和权利质押两类。

质权人有权收取质物所生的孳息，负有妥善保管质物的义务。债务履行期届满债务人履行债务的，或者出质人提前清偿所担保的债权的，质权人应当返还质物。

债务履行期届满质权人未受清偿的，可以与出质人协议以质物折价，也可以依法拍卖、变卖质物。质物折价或者拍卖、变卖后，其价款超过债权数额的部分归出质人所有，不足部分由债务人清偿。

可以质押的权利包括：

1)汇票、支票、本票、债券、存款单、仓单、提单。

2)依法可以转让的股份、股票。

3)依法可以转让的商标专用权、专利权、著作权中的财产权。

4)依法可以质押的其他权利。

（4）留置。留置是指债权人按照合同约定占有债务人的动产，债务人不按照合同约定的期限履行债务的，债权人有权依照法律规定留置该财产，以该财产折价或者以拍卖、变卖该财产的价款优先受偿。

由于留置是一种较为强烈的担保方式，必须有法律明确规定方可实施。因保管合同、运输合同、加工承揽合同、法律规定可以留置的其他合同发生的债权，债务人不履行债务的，债权人有留置权。当事人可以在合同中约定不得留置的物。

债权人与债务人应当在合同中约定，债权人留置财产后，债务人应当在不少于两个月的期限内履行债务。债权人与债务人如未约定,债权人留置债务人财产后,应当确定两个月以上的期限,通知债务人在该期限内履行债务。

债务人逾期仍不履行的,债权人可以与债务人协议以留置物折价,也可以依法拍卖、变卖留置物。如果留置物的价款超过债权数额的部分归债务人所有,不足部分由债务人清偿。

留置权与抵押权作为经济合同的担保,各有特点。它们的主要区别如下:

1)抵押行为是抵押人的自愿行为;而留置行为则是留置人被强制行为。

2)抵押物的所有人可能是合同当事人,也可能是第三者;留置物的所有人是合同当事人。

3)抵押物并非债权人债务人权利义务关系的客体,而是主债关系客体之外的物;而留置物则正是引起主债关系之物。

(5)定金。定金是指在债权债务关系中,一方当事人在债务未履行之前交付给另一方的一定数额货币的担保。债务人履行债务后,定金应当抵作价款或者收回。给付定金的一方不履行约定的债务的,无权要求返还定金;收受定金的一方不履行约定的债务的,应当双倍返还定金。

定金应当以书面形式约定。当事人在定金合同中应当约定交付定金的期限。定金合同从实际交付定金之日起生效。定金的数额由当事人约定,但不得超过主合同标的额的 20%。

1)定金与预付款的区别。定金和预付款虽然都可作为合同成立的证据,都是预先给付,但性质不同,其主要区别有:

①定金的主要作用在于担保合同的履行,交付定金促使债务人履行债务,本身并不是履行债务的行为;而预付款的交付属于履行义务的行为,主要作用是为对方履行合同提供资助,具有支援性质,不起担保作用。

②当事人不履行合同时,对于定金则适用定金罚则,它起着制裁违约方并补偿受害方损失的作用;对于预付款则不适用定金罚则,在违反合同时,无论哪一方违约,均应将预付款返还对方或抵作价款。

③交付定金的协议是从属于主合同的协议,而交付预付则是合同内容的一部分。定金只有交付后才能成立,是实践合同,而预付款只要双方的意思表示一致即可成立,是诺成合同。

④合同履行过程中的结算方式不同。定金只有当合同完成后进行最终结算时,才能用定金充抵部分价金或返还给给付方。预付款则是从合同约定的扣付日开始,按约定比例或金额在每次期中结算中扣回,在合同工作完成前全部扣还,即将预付款转化为合同价金。

⑤定金在经济合同中运用较广泛,而预付款的适用,国家作了较为严格的限制。

2)定金与违约金的区别:

①定金是于合同履行前交付的，违约金是于发生违约行为后给付的。

②定金要遵守定金罚则，而违约金只是依照法律规定和合同约定支付。

③定金的担保比违约金担保具有优先保证性。

④定金一般是约定的，而违约金可以是约定，也可以是法定，而且法定违约金较常用。

3）定金与押金的区别：

①定金是在合同履行前交付的，可适用于多种合同；押金是在履行中交付，而且只适用租赁合同，如供货企业向购货单位收取的包装押金，供电、供水企业向用户收取的电表、水表押金。

②不履行合同时，定金则适用定金罚则，而押金在租赁关系结束时可退回给承租人或抵偿欠租。

4. 担保合同生效的时间

（1）抵押合同中，必须办理抵押物登记的自抵押物登记之日起生效，自愿办理抵押物登记的自合同签订之日起生效。

（2）质押合同自质物移交于质权人占有时生效。

（3）定金合同自实际交付定金之日起生效。

5. 担保合同无效的原因

（1）主体违法：当事人是无行为能力人或限制行为能力人；保证人资格不合法；法律规定的其他情况。

（2）客体违法：抵押财产是担保法禁止的；抵押或质押财产是赃物或遗失物。

（3）内容违法：如债权人以欺诈、胁迫的手段或者乘人之危而使他人违背真实意思的情况下担保的无效。

二、合同担保的分类及特征

合同担保是指依照法律规定或当事人约定而设立的确保合同义务履行和权利实现的法律措施。

1. 合同担保的分类

（1）一般担保和特别担保。

一般担保：是对以债务人为中心形成的所有都具有担保作用的担保。

特别担保：是针对单个债务特别设立的担保（我们通常所说的担保）。

（2）人保、物保、金钱保。

（3）法定担保和约定担保。我国法定担保只规定了留置担保。

（4）原担保与反担保。原担保是为主合同之债而设立的担保；反担保是为担保之债而设立的担保（担保法第四条：第三人为债务人提供担保时，可以要求债务人提供反担保。）

2. 合同担保的特征

（1）从属性：指合同担保从属于所担保的债务所依存的主合同，即主债依存的合同。合同担保以主合同的存在为前提,因主合同的变更而变更,因主合同的消灭而消灭,因主合同的无效而无效。

(2)补充性:指的是合同担保一经成立,就在主债关系基础上补充了某种权利义务关系。

(3)保障性:指合同担保是用以保障债务的履行和债权的实现。

三、担保法规定的几种责任

最高人民法院在担保法司法解释中规定了担保无效后的4种责任模式。这4种责任模式也代表了担保人可能的4种命运。

(1)免责。适用于担保合同由于主债权合同无效而无效,且担保人没有过错的情况,此时担保人免责。这里的前提是担保合同因主合同无效而无效,担保人无过错。担保合同是从合同,但在这样的原则下有些国家又允许独立担保合同的存在,即因为和当事人的承诺而产生的将担保合同与主合同之间的从属性彻底割裂开来的担保。独立担保来自于当事人的约定,这个约定适用意思自治。但我国担保法及其司法解释并无明确规定独立担保,因此,除了政府对外担保外,我国法律并不承认独立担保。

(2)担保人承担不超过1/3的赔偿责任。这个1/3是债务人不能清偿范围内的1/3。这样的处理方法实际上反映出了一种科学的机械主义,其科学性在于大体上使担保人在担保无效以后知道其责任的大致走向,其机械在于担保人的责任是因过错而产生的。这种合同的前提是主合同无效,导致担保合同无效,而担保人有过错。

(3)担保人承担不超过1/2的赔偿责任,其前提是主合同有效而担保合同自身无效,债权人有过错。

(4)担保人承担连带责任。这是最重的一种,此时债权人应该无任何过错。实际上当一个担保合同无效时,担保人已经构成了对债权人的欺诈,这时要承担连带责任。

我国担保法规定了两种责任,即担保责任和无效担保以后的赔偿责任。除此之外,还可以产生《中华人民共和国合同法》规定的违约责任和缔约过失责任。

我国的担保法,从某种意义上讲,是民法的特别法,它跨越了民法中的物权法和债权法两个领域。担保法规定了保证、抵押、质押、留置和定金5种担保方式,其中,保证是典型的合同,归属于民法中的债权法领域,保证合同是由于当事人有信用的承诺而承担的一种对他人的担保责任。抵押、质押、留置是担保物权,属于物权法领域。定金具有双重特点,既是合同,又是一种物权,其合同是定金合同,其物权是金钱质押。基于担保法在我国整个法律框架中的地位,担保法及其司法解释以及我国新颁布的合同法共同架构了担保法的责任体系。

担保责任就是有效担保法律关系所产生的担保人承担的民事责任,是民事责任的一种。该责任的主要特点在于约定,它是基于一个承诺而不是基于一种对价。有效的担保,产生担保责任。

所谓担保责任即担保人允诺在债务未得到清偿时,担保人依其允诺承担代为履行债务或相关民事赔偿责任的责任。如担保法第6条规定:"本法所称保证,是指保证人和债权人约定,当债务人不履行债务时,保证人按照约定履行债务或者承担责任的行为"。由于担保责任是产生于担保人对债权的承诺,因此担保责任在理论上被认为是约定责任。

约定责任相对于法定责任而言,当事人承担责任的基础和依据是当事人依据真实意思表示作出的承诺,并不一定需要对价。担保人所欠债权人的只是一个承诺,该承诺因担保法的调整而成为可以强制执行的承诺。债权人对担保人是否给付对价,并不成为担保人是否承担担保责任的条件。

而担保法规定的赔偿责任是指当担保无效时,担保人因其过错承担的、对债权人的赔偿责任。担保可能因欠缺有效条件无效,也可能因违法而无效。

其法律特征有二:①责任发生于担保无效或不生效之时;②责任的有无、大小与担保人是否存在缔约中的过错相联系,有过错即有责任,无过错即无责任,过错大、责任也大,过错小,责任也小。担保法对担保无效的赔偿责任规定在第五条第二款内,即"担保合同被确认无效后,债务人、担保人、债权人有过错的,应当根据其过错各自承担相应的民事责任。"根据该规定,债务人、担保人、债权人有过错的,担保无效后仍然需要承担责任即担保无效以后的赔偿责任。该条是担保法中唯一一条关于无效责任的规定。这一条使得担保人无论担保有效还是无效,都有可能难逃其责,当然有效时的责任是巨大的,无效时责任可能小一点。

四、关于债的担保

《担保法解释》第38条规定:同一债权既有保证,又有第三人提供物保的,债权人可请求债权人或物担保人承担担保责任,当事人对保证担保的范围或物的担保范围无约定或约定不明的,承担了保证责任的担保人可以向债务人追偿,亦可要求其他担保人承担其应分担的份额。同一债权既有保证又有物的担保的,物的担保被确认无效,被撤销或担保物因不可抗力灭失而无代位物的,保证人仍应当按照合同的约定或法律规定承担保证责任,此条采用的又不是物保优于人保的原则,故我们在适用中,必须查明案情,严格区分两种情况以区别对待。

债的担保是指为促使债务人履行其债务,保障债务人的债务得以实现的一种法律措施。债的担保包括人的担保(即保证)、物的担保(包括抵押留置、质权与优先权)、金钱担保(定金、押金)、反担保。

保证是指第三人和债权人约定当债务人不履行其债务时,该第三人按照约定履行债务或承担责任的方式,也就是说在保证合同的相对人仅是第三人与债权的,而物的担保是以债务人或其他人的特定财产作为抵偿债权的标的,在债务人不履行其债务时,债权人可将财产换价,并从中受偿,也就是说物的担保合同中合同的相对人可能是债权人与债务人,亦可能是债权人与第三人。而在经济往来中债权人为保障自身利益的实现很可能采用人保与物保两种方式。

第四节　合同保险

保险是指投保人根据合同约定,向保险人支付保险费,保险人对于合同约定的可能发生的事故因其发生所造成的财产损失承担赔偿保险金责任,或者当被保险人死亡、伤残或者达到合同约定的年龄、期限时承担给付保险金责任的商业保险行为。保险是一种受法律保护的分散危险、消化损失的法律制度。

工程保险是指以承包合同价或概算价格作为保险金额,以重置基础进行赔偿,以建筑主体工程、工程用材料以及临时建筑物等为保险标的,或以被保险人法律上所负有的赔偿责任为保险标的,对在整个建设期间由于保险责任范围内的物质损失及列明的费用或赔偿责任进行赔偿的保险。

目前我国已开办建筑工程一切险、安装工程一切险和建筑职工意外伤害险,正在逐步推行勘察、设计、工程监理及其他工程咨询机构的职业责任险、工程质量保修保险等。

一、建筑工程一切险

建筑工程一切险是承保各类民用、工业和公用事业建筑工程项目,包括道路、水坝、桥梁、港埠等,在建造过程中因自然灾害或意外事故而引起的一切损失的险种。

建筑工程一切险往往还加保第三者责任险,即保险人在承保某建筑工程的同时,还对该工程在保险期限内因发生意外事故造成的依法应由被保险人负责的工地及邻近地区的第三者的人身伤亡、疾病或财产损失,以及被保险人因此而支付的诉讼费用和事先经保险人书面同意支付的其他费用负赔偿责任。

1. 投保人和被保险人

建筑工程一切险的投保人一般是承包人。建筑工程一切险的被保险人的范围较宽,所有在工程进行期间,对该工程承担一定风险的有关各方均可作为被保险人。建筑工程一切险的被保险人可以包括:

(1)业主或工程所有人。

(2)工程承包商或分包商。

(3)业主或工程所有人雇用的建筑师、咨询工程师或其他专业顾问。

(4)其他关系方,如贷款银行或其他债权人等。

2. 责任范围

保险人对因除外责任以外的任何自然灾害或意外事故造成的物质损坏或灭失和费用负责赔偿,其中自然灾害指地震、海啸、雷电、飓风、台风、龙卷风。风暴、暴雨、洪水、水灾、冻灾、冰雹、地崩、山崩、雪崩、火山爆发、地面下陷下沉及其他人力不可抗拒的破坏力强大的自然现象;意外事故指不可预料的以及被保险人无法控制并造成物质损失或人身伤亡的突发性事件，包括火灾和爆炸。

3. 除外责任

保险人对下列各项原因造成的损失不负责赔偿：

(1)设计错误引起的损失和费用；

(2)自然磨损、内在或潜在缺陷、物质本身变化、自燃、自热、氧化、锈蚀、渗漏、鼠咬、虫蛀、大气(气候或气温)变化、正常水位变化或其他渐变原因造成的保险财产自身的损失和费用；

(3)因原材料缺陷或工艺不善引起的保险财产本身的损失以及为换置，修理或矫正这些缺点错误所支付的费用；

(4)非外力引起的机械或电气装置的本身损失，或施工用机具、设备、机械装置失灵造成的本身损失；

(5)维修保养或正常检修的费用；

(6)档案、文件、账簿、票据、现金、各种有价证券、图表资料及包装物料的损失；

(7)盘点时发现的短缺；

(8)领有公共运输行驶执照的，或已由其他保险予以保障的车辆、船舶和飞机的损失；

(9)除非另有约定，在保险工程开始以前已经存在或形成的位于工地范围内或其周围的属于被保险人的财产的损失；

(10)除非另有约定，在本保险单保险期限终止以前，被保险财产中已由工程所有人签发完工验收证书或验收合格或实际占有或使用或接收的部分。

4. 第三者责任险

建筑工程一切险如果加保第三者责任险，则保险人对因发生与所承保工程直接相关的意外事故引起工地内及邻近区域的第三者人身伤亡、疾病或财产损失，依法应由被保险人承担的经济赔偿责任，或因上述原因而支付的诉讼费用以及事先经保险人书面同意而支付的其他费用，应负责赔偿。

5. 保险金额

保险金额一般通过一个赔偿限额来确定，该限额根据工地责任风险的大小确定。通常有以下两种形式：

(1)只规定每次事故的赔偿限额，而不具体限定为人身伤亡或财产损失的分项限额，也不规定整个保险期限内的累计赔偿限额。

(2)先规定每次事故人身伤亡及财产损失的分项赔偿限额，进而规定对每人的限额，然后将分项的人身伤亡限额与财产损失限额组成每次事故的总赔偿限额，最后再规定保险期限内的累计赔偿限额。

6. 保险期

建筑工程一切险的保险期限自保险工程在工地动工，或用于保险工程的材料、设备运抵工地之时起始,至工程所有人对部分或全部工程签发完工验收证书或验收合格证书,或工程所有人实际占用或使用或接受该部分或全部工程之时终止,以先发生者为准。

7. 免赔额

免赔额是指当风险事件发生后,保险公司要求被保险人承担责任的损失额。工程本身的免赔额为保险金额的 0.5%～2%;施工机具设备等的免赔额为保险金额的 5%;其他保险项目的免赔额为保险金额的 2%;第三者责任险中财产损失的免赔额为每次事故赔偿限额的 0.1%～0.2%,但人身伤害没有免赔额。

二、安装工程一切险

安装工程一切险是指以各种大型机械设备的安装工程项目在安装期间,因自然灾害和意外事故造成的物质损失,以及被保险人对第三者人身伤害或财产损失依法应承担的赔偿责任为保险标的的保险。

与建筑工程一切险相比,安装工程一切险具有以下特点:

(1)安装工程一切险以安装工程项目为主要承保对象。

(2)建筑工程一切险的标的从开工以后逐步增加,保险额也逐步提高,但安装工程一切险所承保的机器设备从一开始就存放于施工现场,保险公司承担着全部货价的风险。

(3)在机器设备安装好之后,试车、考核和保证阶段风险最大。

(4)承保风险主要是人为风险。

三、建筑职工意外伤害险

建筑职工意外伤害险是指建筑施工企业为施工现场从事施工作业和管理的人员,向保险公司办理建筑意外伤害保险,支付保险费,保险公司对于在施工活动过程中发生的人身意外伤亡事故,对遭受意外伤害的施工人员实施赔付的保险。

根据《建筑法》第四十八条规定,建筑职工意外伤害保险是法定的强制性保险,也是保护建筑业从业人员合法权益,转移企业事故风险,增强企业预防和控制事故能力,促进企业安全生产的重要手段。

建筑施工企业应当为施工现场从事施工作业和管理的人员,在施工活动过程中发生的人身意外伤亡事故提供保障,办理建筑意外伤害保险、支付保险费。范围应当覆盖工程项目。已在企业所在地参加工伤保险的人员,从事现场施工时仍可参加建筑意外伤害保险。

建筑职工意外伤害险的保险期限应涵盖工程项目开工之日到工程竣工验收合格日。提前竣工的,保险责任自行终止。因延长工期的,应当办理保险顺延手续。

建筑职工意外伤害险承保保费计收方式有三种:①按被保险人人数计收保险费;②按建筑面积计收保险费;③按工程合同造价计收保险费。对于第①种按人数计收保险费,指对工程工期长,人员比较固定,但保费相对较高,一般很少使用。

第五节　合同的公证和鉴证

一、合同的公证

合同公证,是指国家公证机关根据当事人双方的申请,依法对合同的真实性与合法性进行审查并予以确认的一种法律制度。我国的公证机关是公证处,经省、自治区、直辖市司法行政机关批准设立。

合同公证一般实行自愿公证原则。公证机关进行公证的依据是当事人的申请,这是自愿原则的主要体现。

在建设工程领域,除了证明合同本身的合法性与真实性外,在合同的履行过程中有时也需要进行公证。如承包人已经进场,但在开工前发包人违约而导致合同解除,承包人撤场前如果双方无法对赔偿达成一致,则可以对承包人已经进场的材料设备数量进行公证,即进行证据保全,为以后纠纷解决留下证据。

当事人申请公证,应当亲自到公证处提出书面或口头申请。如果委托别人代理的,必须提出有代理权的证件。国家机关、团体、企业、事业单位申请办理公证,应当派代表到公证处。代表人应当提出有代表权的证明信。

公证员应当对合同进行全面审查,既要审查合同的真实性和合法性,也要审查当事人的身份和行使权利、履行义务的能力。

公证员对申请公证的合同,经过审查认为符合公证原则后,应当制作公证书发给当事人。对于追偿债款、物品的债权文书,经公证处公证后,该文书具有强制执行的效力。

公证处对不真实、不合法的合同应当拒绝公证。

二、合同的鉴证

合同鉴证,是指合同管理机关根据当事人双方的申请对其所签订的合同进行审查,以证明其真实性和合法性,并督促当事人双方认真履行的法律制度。

我国的合同鉴证实行的是自愿原则,合同鉴证根据双方当事人的申请办理。

合同鉴证由县级以上工商行政管理机关办理。有条件的工商行政管理所,经上级机关确定后,可以以县(市)、区工商行政管理局的名义办理鉴证。

申请合同鉴证,除了应当有当事人的申请外,还应当提供以下材料:合同原本;营业执照副本或者其他主体资格证明文件,有关专项许可证的正本或者副本;签订合同的法定代表人的资格证明或者委托代理人的委托代理书;申请鉴证经办人的资格证明;其他有关证明材料。

合同鉴证应当审查以下主要内容:

(1)不真实、不合法的合同;

(2)有足以影响合同效力的缺陷且当事人拒绝更正的;

(3)当事人提供的申请材料不齐全,经告知补正而没有补正的;

（4）不能即时鉴证,而当事人又不能等待的;

（5）其他依法不能鉴证的。

合同经审查符合要求的,可以予以鉴证;否则,应当及时告知当事人进行必要的补充或修正后,方可鉴证。

第六节　与合同有关的法律知识

一、民法

民法是调整平等主体的法人之间、公民之间以及法人与公民之间的财产关系和人身关系的法律规范的总称。权利主体、物权、债权、知识产权、人身权是民法的基本内容。随着市场经济的建立和发展,民法在经济活动中的作用将日益突出。在我国,民法是国家的基本法律之一。

（一）民法的基本原则

民法的基本原则是民事立法、司法以及民事活动所遵循的准则。《中华人民共和国民法通则》规定了8个方面的原则:

（1）平等原则。

（2）自愿原则。

（3）公平原则。

（4）等价有偿原则。

（5）诚实信用原则。

（6）保护合法民事权益原则。

（7）遵守国家法律和政策原则。

（8）维护国家和社会利益原则。

（二）民法调整的对象

民法的调整对象,是指民法规范效力所涉及的范围。根据《中华人民共和国民法通则》以下简称《民法通则》的规定,我国民法调整的社会关系有以下几个方面。

1. 平等主体间的财产关系

财产关系也称为经济关系,是人们在生产、分配、交换和消费过程中所形成的具有经济内容的社会关系。由于财产关系包括的范围很广,民法只调整发生在平等主体之间的财产关系,而不调整纵向的、国家对社会经济的计划管理、财政管理以及其他方面的行政管理而发生的财产关系。其特征:一是主体平等,在这里没有上级与下级、领导与被领导、命令与服从的隶属关系,他们之间在法律地位上是平等的;二是当事人的意思表示自愿,不得强迫;三是在通常情况下,这些经济关系都要求是等价有偿地进行。

2. 平等主体间的人身关系

人身关系是指与特定人身不可分离而没有直接财产内容的社会关系,通常表现为:由生命、健康、姓名、名誉、人身自由等权利而产生的人身关系,以及知识产权中的人身关系。其特征为:一是具有人身属性,不可与人身分离;二是不具有直接的财产内容;三是与民法所调整的财产关系联系密切。

（三）民法的适用范围

民法的适用范围,包括民法在时间上的适用范围、在空间上的适用范围和对人的适用范围。

1. 民法在时间上的适用范围

民法在时间上的适用范围,是指民法在时间上的效力。民法一般从其实施之日开始生效,至废止之日失效。民事法规开始实施的时间可由法规本身加以规定,如《民法通则》规定:"本法自 1987 年 1 月 1 日起施行。"民事法规实施的时间,就是民事法规生效的时间。

2. 民法在空间上的适用范围

民法在空间上的适用范围,是指民法在我国领陆、领水、领空的效力。《民法通则》规定:"中华人民共和国领域内的民事活动,适用中华人民共和国法律,法律另有规定的除外。"所以,我国民法在我国领陆、领水、领空具有法律约束力,在我国领域内从事的民事活动,均应遵照执行。

3. 民法对人的适用范围

民法对人的适用范围,是指民法对哪些人具有法律约束力。这里所指的人包括自然人与法人。民法对人的适用范围包括:中国境内的中国公民和法人;中国领域内的外国人、无国籍人和外国法人,但法律另有规定的除外;中国领域外的中国公民,原则上应当适用居住国的民法,但根据国际惯例,也可适用我国民法。

二、招标投标法

（一）招标投标法的概念

招标投标法是国家用来规范招标投标活动、调整在招标投标过程中产生的各种关系的法律规范的总称。按照法律效力的不同,招标投标法律规范分为 3 个层次:第一层次是由全国人民代表大会及其常务委员会颁发的招标投标法律;第二层次是由国务院颁发的招标投标行政法规以及有立法权的地方人大颁发的地方性招标投标法规;第三层次是由国务院有关部门颁发的有关招标投标的部门规章以及有立法权的地方人民政府颁发的地方性招标投标规章。此处所称的招标投标法,是属第一层次上的,即由全国人民代表大会常务委员会制定和颁布的《中华人民共和国招标投标法》(以下简称《招标投标法》)。《招标投标法》是社会主义市场经济法律体系中非常重要的一部法律,是整个招标投标领域的基本法,一切有关招标投标的法规、规章和规范性文件都必须与《招标投标法》相一致。

（二）招标投标法的立法目的

招标投标立法的根本目的是维护市场平等竞争秩序,完善社会主义市场经济体制。

1. 规范招标投标活动

改革开放以来,我国的招标投标事业得到了长足发展,推行的领域不断拓宽,发挥的作用也日趋明显。但是,当前招标活动中仍存在一些突出问题,因此,依法规范招标投标活动,是《招标投标法》的主要立法宗旨之一。

2. 提高经济效益

招标的最大特点是通过集中采购,让众多的投标人进行竞争,以最低或较低的价格获得最优的货物、工程或服务。我国从 20 世纪 80 年代初开始引入招标投标制度,先后在利用国外贷款、机电设备进口、建设工程发包、科研课题分配、出口商品配额分配等领域推行,取得了良好的经济效益和社会效益。以工程建设和进口机电设备为例,据不完全统计,通过招标,工程建设的节资率达 1%～3%,工期缩短 10%;进口机电设备的节资率达 15%,节汇率 10%。因此,制定《招标投标法》,依法推行招标投标制度,对于保障国有资金的有效使用,提高投资效益,有着极为重要的意义。从这一目的出发,《招标投标法》中特别规定了强制招标制度,即规定某些类型的项目必须通过招标进行,否则项目单位要承担法律责任。

3. 保证项目质量

由于招标的特点是公开、公平和公正,将采购活动置于透明的环境之中,所以有效地防止了腐败行为的发生,也使工程、设备等采购项目的质量得到了保证。从某种意义上说,招标投标制度执行得如何,是项目质量能否得到保证的关键。

4. 保护国家利益、社会公共利益和招标投标活动当事人的合法权益

这个立法目的是从前三个目的引申而来。无论是规范招标投标活动,还是提高经济效益,或保证项目质量,最终目的都是为了保护国家利益、社会公共利益,保护招标投标活动当事人的合法权益。也只有在招标投标活动得以规范,经济效益得以提高,项目质量得以保证的条件下,国家利益、社会公共利益和当事人的合法权益才能得以维护。因此,保护国家利益、社会公共利益和当事人的合法权益,是《招标投标法》最直接的立法目的。

（三）招标投标法的适用范围和适用对象

明确规定法律的调整范围,即法律所调整和规范的社会关系,是立法的基本原则之一。每一部法律因调整和规范的社会关系不同,也就有各自不同的调整范围。《招标投标法》的调整范围,仅限于在中华人民共和国境内发生的招标投标活动。对这一规定,主要应从以下几个方面理解。

1. 招标投标法的空间效力

《招标投标法》适用于中华人民共和国全部领域。但是,有几点需要特别注意:一是这里的"境内"从领土范围上说包括香港、澳门,但是由于我国对香港、澳

门实行"一国两制",根据《香港特别行政区基本法》第 18 条、《澳门特别行政区基本法》第 18 条之规定,全国性法律除列入"基本法"附件三的以外,其余均不在特别行政区实施,《招标投标法》不在实施之列。二是《招标投标法》只适用于在中国境内进行的招标投标活动,包括国家机关(各级权力机关、行政机关和司法机关及其所属机构)、国有企事业单位、外商投资企业、私营企业等各类主体进行的各类招标活动,不适用于国内企业到中华人民共和国境外投标。国内企业到境外投标,要适用所在地国的法律。三是《招标投标法》作为规范招标投标活动的基本法,在招标立法体系中居于最高地位,部门性、地方性的法规、规章不得与其相抵触。

2. 招标投标法的适用对象

《招标投标法》的适用对象是招标投标活动,即招标人对货物、工程和服务事先公布采购条件和要求,吸引众多投标人参加竞争,并按规定程序选择交易对象的行为。货物是指各种各样的物品,包括原材料、产品、设备和固态、液态或气态物体和电力,以及随货物供应的附带服务。工程指各类房屋和土木工程建造、设备安装、管道线路敷设、装饰装修等建设以及附带的服务。服务是指除货物和工程以外的任何采购对象,如勘察、设计、咨询、监理等。另外,《招标投标法》第 7 条对行政监督进行了规定,因此,加强对招标投标活动的监督也是非常重要的一个内容。总之,《招标投标法》的调整对象既包括招标、投标、开标、评标、定标等各个环节的活动,也包括政府部门对招标投标活动的行政监督、规范。

3. 招标投标法的适用范围

《招标投标法》适用于在中华人民共和国境内进行的一切招标投标活动。不仅包括《招标投标法》列出必须进行招标的活动,而且包括必须招标以外的所有招标投标活动。也就是说,凡是在中国境内进行的招标投标活动,不论招标主体的性质、招标采购的资金性质、招标采购项目的性质如何,都要适用《招标投标法》的有关规定。具体而言,从主体上说,包括政府机构、国有企事业单位、集体企业、私人企业、外商投资企业以及其他非法人组织等的招标;从项目资金来源上说,包括利用国有资金、国际组织或外国政府贷款及援助资金,企业自有资金,商业性或政策性贷款,政府机关或事业单位列入财政预算的消费性资金进行的招标;从采购对象上说,包括工程(建造、改建、拆除、修缮或翻新以及管线敷设、装饰装修等),货物(设备、材料、产品、电力等),服务(咨询、勘察、设计、监理、维修、保险等)的招标采购,且不论采购金额或投资额的大小。也就是说,只要是在我国境内进行的招标投标活动,都必须遵循一套标准的程序,即《招标投标法》中规定的程序。

(四)强制招标制度及其范围

强制招标制度及其范围是招标投标法的核心内容之一,也是最能体现立法目的的条款之一。

强制招标是指法律规定某些类型的采购项目,凡是达到一定数额的,必须通过招标进行,否则采购单位要承担法律责任。我国是以公有制为基础的社会主义国家,建设资金主要来源于国有资金,所以必须发挥最佳经济效益。通过立法把使用国有资金进行的建设项目纳入到强制招标的范围,是切实保护国有资产的重要措施。

在《招标投标法》中,强制招标的范围着眼于"工程建设项目",而且是工程建设项目全过程的招标,包括从勘察、设计、施工、监理到设备、材料的采购。工程勘察指为查明工程项目建设地点的地形地貌、土层土质、岩性、地质构造、水文条件和各种自然地质现象而进行的测量、测绘、测试、观察、地质调查、勘察、试验、鉴定、研究和综合评价工作。工程设计指在正式施工之前进行的初步设计和施工图设计,以及在技术复杂而又缺乏经验的项目中所进行的技术设计。工程施工指按照设计的规格和要求建造建筑物的活动。工程监理指业主聘请监理单位,对项目的建设活动进行咨询、顾问、监督,并将业主与第三方为实施项目建设所签订的种类合同履行的过程,交予其负责管理。基于资金来源和项目性质方面的考虑,招标投标法将强制招标的项目界定为以下几项。

1. 大型基础设施、公用事业等关系社会公共利益、公众安全的项目

这是针对项目性质作出的规定。通常来说,所谓基础设施是指为国民经济生产过程提供基本条件的工程,可分为生产性基础设施和社会性基础设施。前者指直接为国民经济生产过程提供的设施,后者指间接为国民经济生产过程提供的设施。基础设施通常包括能源、交通运输、邮电通讯、水利、城市设施、环境与资源保护设施等。所谓公用事业是指为适应生产和生活需要而提供的具有公共用途的服务。

2. 全部或部分使用国有资金投资或者国家融资的项目

这是针对资金来源作出的规定。国有资金是指国家财政性资金(不论其在总投资中所占比例大小)进行的建设项目。国家融资的建设项目是指使用国家通过对内发行政府债券或向外国政府及国际金融机构举借主权外债所筹资金进行的建设项目。这些以国家信用为担保筹集,由政府统一筹措、安排、使用、偿还的资金也应视为国有资金。

3. 使用国际组织或者外国政府贷款、援助资金的项目

这类项目必须招标,是世界银行等国际金融组织和外国政府所普遍要求的。我国在与这些国际组织或外国政府签订的双边协议中,也对这一要求给予了认可。另外,这些贷款大多属于国家的主权债务,由政府统借统还,在性质上应视同为国有资金投资。从我国目前的情况看,使用国际组织或外国政府贷款进行的项目主要有世界银行、亚洲开发银行、日本海外经济协力基金、科威特阿拉伯经济发展基金四类,基本上用于基础设施和公用事业项目。基于上述原因,《招标投标法》将这类项目列入强制招标的范围。

4. 法律或者国务院规定的其他必须招标的项目

随着招标投标制度的逐步建立和推行,我国实行招标投标的领域不断拓宽,强制招标的范围还将根据实际需要进行调整。因此,除《招标投标法》外,其他法律和国务院对必须招标的项目有规定的,也应纳入强制招标的范围。

(五)招标投标活动应遵循的基本原则

《招标投标法》规定:"招标投标活动应当遵循公开、公平、公正和诚实信用原则。"

1. 公开原则

公开原则要求建设工程招标投标活动具有较高的透明度。具体有以下几层意思:

(1)建设工程招标投标的信息公开。通过建立和完善建设工程项目报建登记制度,及时向社会发布建设工程招标投标信息,让有资格的投标者都能享受到同等的信息,便于进行投标决策。

(2)建设工程招标投标的条件公开。什么情况下可以组织招标,什么机构有资格组织招标,什么样的单位有资格参加投标等,必须向社会公开,便于社会监督。

(3)建设工程招标投标的程序公开。工程建设项目的招标投标应当经过哪些环节、步骤,在每一环节、每一步骤有什么具体要求和时间限制,凡是适宜公开的,均应当予以公开;在建设工程招标投标的全过程中,招标单位的主要招标活动程序、投标单位的主要投标活动程序和招标投标管理机构的主要监管程序,必须公开。

(4)建设工程招标投标的结果公开。哪些单位参加了投标,最后哪个单位中了标,应当予以公开。

2. 公平原则

公平原则是指所有当事人和中介机构在建设工程招标投标活动中,享有均等的机会,具有同等的权利,履行相应的义务,任何一方都不受歧视。它主要体现在:

(1)工程建设项目,凡符合法定条件的,都一样进入市场通过招标投标进行交易,市场主体不仅包括承包方,而且也包括发包方,发包方进入市场的条件是一样的。

(2)在建设工程招标投标活动中,所有合格的投标人进入市场的条件和竞争机会都是一样的,招标人对投标人不得搞区别对待,厚此薄彼。

(3)建设工程招标投标涉及的各方主体,都负有与其享有的权利相适应的义务,因情事变迁(不可抗力)等原因造成各方权利义务关系不均衡的,都可以而且也应当依法予以调整或解除。

(4)当事人和中介机构对建设工程招标投标中自己有过错的损害根据过错大

小承担责任,对各方均无过错的损害则根据实际情况分担责任。

3. 公正原则

公正原则是指在建设工程招标投标活动中,按照同一标准实事求是地对待所有当事人和中介机构。如招标人按照统一的招标文件示范文本公正地表述招标条件和要求,按照事先经建设工程招标投标管理机构审查认定的评标定标办法,对投标文件进行公正评价,择优确定中标人等。

4. 诚实信用原则

诚实信用原则,简称诚信原则,是指在建设工程招标投标活动中,当事人和有关中介机构应当以诚相待、讲求信义、实事求是,做到言行一致、遵守诺言、履行成约,不得见利忘义、投机取巧、弄虚作假、隐瞒欺诈、以次充好、掺杂使假、坑蒙拐骗,损害国家、集体和其他人的合法权益。诚信原则是建设工程招标投标活动中的重要道德规范,也是法律上的要求。诚信原则要求当事人和中介机构在进行招标投标活动时,必须具备诚实无欺、善意守信的内心状态,不得滥用权力损害他人,要在自己获得利益的同时充分尊重社会公德和国家的、社会的、他人的利益,自觉维护市场经济的正常秩序。

三、经济法

经济法是调整国家机关、各社会组织以及具有生产经营资格的其他经济实体,在国民经济管理和经济协作活动中所发生的权利和义务关系的法律规范的总称。它是我国社会主义法律体系的重要组成部分。

(一)经济法的调整对象

经济法的调整对象,是指由经济法律规范确认、调整和保护的一定范围内的社会经济关系,经济法的调整对象如下所述。

1. 经济管理关系

经济管理关系包括国民经济管理关系和经济组织内部的经济管理关系。其中前者是指国家各级政府和部门(行业)对国民经济进行宏观管理中所发生的社会关系。在我国,对国民经济进行管理,主要通过制定国民经济发展计划,制定财政、金融、税收政策,进行经济监督等一系列活动实现;后者是社会经济组织或实体在进行生产经营管理活动中所发生的经济关系,主要是指内部领导体制、经济责任制、经济核算制等方面的关系。

2. 经营协调关系

经营协调关系是指在市场经济条件下,各社会经济组织平等主体之间在市场运行中所发生的经济关系,它包括经济联合关系、经济协作关系和经济竞争关系。其中经济联合关系是指经济组织进行合并、兼并、改组过程中所发生的关系。经济协作关系是指经济组织之间在生产经营过程中所发生的经济关系。经济竞争关系是指经济组织因参与经济竞争而发生的利益对立与冲突等经济关系。

3. 涉外经济关系

涉外经济关系是指国家机关和社会组织在涉外经济活动中所发生的具有涉外因素的经济关系,它包括涉外经济管理关系和涉外市场运行关系。我国现阶段把这些关系作为特殊的经济关系,以国家的涉外法规予以调整。

具体地讲,我国经济法的调整对象大致为:

(1)国家机关、社会组织在管理、经营国民经济活动中的地位、机构、职责权限、活动原则、内部管理体制以及上下左右的经济关系。

(2)国家机关对国民经济实行宏观调控过程中发生的经济关系。

(3)投资、开发、生产、流通、经济交往中的各组织间发生的经营管理关系。

(4)财政、税收、金融、保险、信贷关系以及对社会组织的财政、金融监督关系。

(5)有关质量、标准、科学技术和安全生产等方面发生的经济关系。

(6)对外经济关系。

(7)其他应由经济法调整的经济关系等。

(二)经济法的基本原则

经济法的基本原则是指制定和实施经济法律、法规必须遵循的指导思想及理论依据。我国经济法的基本原则既是由我国社会主义初级阶段的经济基础决定的,这是社会主义客观经济规律的反映,也是国家经济政策通过社会实践的检验在法律上的体现。我国经济法的基本原则有:

(1)遵循客观经济规律的原则。

(2)保持社会主义公有制,发展多种经济成分的原则。

(3)建立和保障社会主义市场机制的原则。

(4)兼顾国家、集体、个人三者利益的原则。

(5)责、权、利、效相一致的原则。

(三)经济法的渊源

经济法的渊源是指经济法律规范借以表现的形式。我国经济法的渊源如下所述。

1. 宪法

宪法是国家的根本大法,是经济立法的依据,我国宪法中有较多的条款规定了调整经济关系的法律规范。宪法是我国经济法的重要渊源。

2. 法律

由全国人民代表大会及其常务委员会制定、通过的法律是经济法的主要渊源,成为形成各个部门经济法的基本法和核心。我国有关经济方面的法律主要有以下几类:

(1)经济管理和经济组织法,包括计划法、财政法、基本建设法、企业法、公司法、税法、劳动法等。

(2)生产经济协调法,包括经济合同法、产品质量法、广告法、专利法、房产法、保险法和商标法等。

（3）涉外经济法，如涉外经济合同法等。

（4）经济监督法，包括标准化法、计量法、统计法、会计法、审计法、商检法和经济仲裁法等。

3. 行政法规

由国务院根据法律制定的有关调整经济关系方面的法律规范，也是经济法的渊源之一。行政法规多以"条例"、"实施细则"等命名。如《建筑安装工程承包合同条例》、《全民所有制工业企业转换经营机制条例》、《中华人民共和国商标法实施细则》等。

4. 地方性法规

由省、自治区、直辖市等地方人民代表大会及其常务委员会颁布的法律规范，也是经济法的渊源之一。比如《吉林省城市房屋建设综合开发管理条例》、《广东省土地管理实施办法》等。

5. 管理规章

指由国务院各部委局及各级地方人民政府制定的有关具体实施法律和行政法规的一些办法、决定等。如《建筑市场管理规定》（建设部和国家工商行政管理总局联合颁发）、《北京市建设工程施工招标投标管理暂行办法》（北京市人民政府办公厅颁发）等。

6. 司法解释

指由最高人民法院等司法机关就法律、行政法规的适用所进行的说明。如最高人民法院《关于适用〈涉外经济合同法〉若干问题的解答》。

7. 国际条约、协定

我国参加制定或认可的国际条约、双边或多边协定也是经济法的渊源之一。如联合国《国际货物销售合同公约》。

（四）经济法的作用

我国社会主义经济法是国家领导、组织和管理经济的重要工具。当前，它正在为保护、巩固和发展社会主义经济基础，发展生产力，限制和克服各种不利于社会主义经济基础的因素，为贯彻我国改革、开放的总方针而发挥积极作用。经济法的作用具体体现在：

1. 确立社会组织和企业法律地位

国家以经济法律的形式，正确地确定企业的经济性质和法律地位，从而使企业在法律允许的范围内实现自主经营、自我约束、自负盈亏、自我发展。

2. 培育和完善社会主义市场经济

市场经济是法制经济，经济法的本质决定了它在我国培育和发展现代市场经济中的重要地位和作用。它具体通过各项经济法规确认和组建生产资料、消费资料、房地产、劳务、技术、资金等市场；通过经济政策导向，转变政府职能，明确政府在市场经济中的管理地位;通过具体的法规,制止垄断和不正当竞争等,以保证市场经济有秩序地进行和国民经济持续、稳定协调地发展。

3. 实现国家对国民经济的宏观调控

经济法是国家运用法律手段实行宏观调控市场的最重要工具。其作法是:根据产业法规、经济法规调整产业政策和社会发展计划,引导我国经济向有中国特色的社会主义方向发展;运用法律手段保持社会总需求与总供给的总量平衡,调控投资方向与投资结构,保证国民经济按比例协调发展;运用各种经济法规引导经济,调节市场,保证市场经济有秩序地发展等。

(五)经济法律关系

法律关系是指人们的社会关系被法律规范调整时所形成的权利义务关系。在社会生活中,人们相互之间的关系是各种各样的,当某一社会关系受到特定法律规范确认或制约时,这一社会关系便成为法律关系。不同的法律部门对不同的社会关系进行调整,便产生了不同的法律关系,诸如民事法律关系、经济法律关系、行政法律关系、民事诉讼法律关系等。其中经济法律关系是指受经济法律规范调整所形成的经济关系,是国家机关、社会组织以及具有生产经营资格的其他经济实体,在国民经济管理和经济协作活动中,依据经济法律规范形成的权利和义务关系。在经济法规调整的各种经济管理和经济协作活动中,国家机关之间、国家机关与社会组织、生产经营者之间,以及社会组织和生产经营者相互之间,都依法产生一定的权利和义务关系,从而在经济管理及经济协作参与者之间形成特定的经济法律关系。例如,制定和执行国民经济计划,签订合同,社会组织的设立、变更、终止等。经济法律关系与一般的法律关系一样,是一种思想、社会关系,以客观存在的经济关系为基础,属于上层建筑的范畴。不仅如此,经济法律关系也有自身的特征,在我国,经济法律关系是商品经济关系在法律上的体现,是组织管理要素和财产要素相统一的法律关系,是发生在特定主体之间的经济权利和经济义务的关系。

1. 经济法律关系的特征

(1)经济法律关系是由经济法律规范调整的经济关系。社会生活中存在着某种经济关系是经济法律关系存在的前提,当这种经济关系被经济法规确认和调整时,便形成了经济法律关系。所以,在我国目前经济建设阶段,经济法律关系体现了国家宏观调控、微观搞活的经济运行机制。

(2)经济法调整的各种经济法律关系的权利义务都具有经济性。在各种经济管理和经济协作活动中,国家机关与社会组织、生产经营者之间,以及社会组织和生产经营者之间,都依法产生一定的权利义务关系,这种关系的存在,其目的是为了实现一定的经济利益,所以,经济法律关系的权利义务都具有经济性,这是经济法律关系的一个显著特点。

(3)经济法律关系的主体具有特殊性。其特殊性表现在3个方面:

1)主体依法进行的活动只能是经济活动。这是由经济法调整的经济关系所决定的。

2)主体存在的形式具有多样性和层次性。这是由多种所有制和经济活动的相对独立性所决定的。

3)主体地位具有不平等性。在宏观经济活动中,国家经济管理机关和其他社会经济组织、企业发生的权利义务关系不是平等的。因为国家经济管理机关代表了国家意志,其所做的决定,其他经济主体必须服从和执行。

2. 经济法律关系构成

经济法律关系由主体、客体和内容3个相互联系的要素构成,缺少任何一个要素则不能构成经济法律关系,改变任何一个要素,就不再是原来意义的经济法律关系。

经济法律关系主体是指参加经济法律关系,依法享有经济权利和承担经济义务的当事人。在经济法律关系中,经济法律关系主体是最积极、最活跃的因素,它既是经济权利的享受者,也是经济义务的承担者,通常称为权义主体。

(1)经济法律关系主体的种类。

2)国家机关:作为经济法律关系主体的国家机关主要是国家行政机关,但在有些情况下也可以是国家权力机关。

2)法人:这是最为广泛的经济法律关系主体。

3)其他社会组织:这是指虽不具备法人资格,但也可独立从事经济活动的社会组织。

4)个体工商户、农村承包经营户:当公民以个体工商户、农村承包经营户的身份从事经济活动时,即成为经济法律关系的主体。

(2)经济法律关系客体范围。经济法律关系客体是指经济法律关系主体的权利和义务共同指向的事物,在我国经济法律关系客体的范围很广,一般包括有形财物、经济行为和智力成果。

1)有形财物。是具有一定形态,能够为人们所控制,具有价值和使用价值的物质。它从不同角度可进行不同的分类,如可分为:种类物和特定物、限制流通物和非限制流通物、动产和不动产、原物和孳息物等。

2)经济行为。是主体为实现一定的经济目的所进行的活动,包括提供劳务和完成工作。

3)智力成果。是无形财产,包括知识产权、技术秘密、一定条件下的公知技术。

(3)经济法律关系内容。经济法律关系内容,是指经济法律关系主体依法享有的经济权利和应承担的经济义务。它包括经济权利和经济义务两方面的内容。

1)经济权利。所谓经济权利是指经济法律关系主体依法享有的某种经济权益,也就是要求义务主体作出某种行为以实现或保护自身利益的资格。经济权利的含义有 3 点：

①享有经济权利的主体，在经济法律、法规所规定的范围内，根据自己意志从事一定的经济活动，支配一定的财产，以实现自己的利益。

②经济权利主体依照经济法律、法规或约定，可以要求特定的义务主体作出一定的行为，以实现自己的利益和要求。

③在经济义务主体不能依法或不依法履行义务时，经济权利主体可以请求有关机关强制其履行，以保护和实现自己的利益。

2)经济义务。所谓经济义务是指法律规定的经济法律关系主体必须为一定行为或不行为的约束力。经济义务的含义有 3 点：

①承担经济义务的主体依照法律、法规或合同的规定，必须为一定行为或不行为，以实现经济权利主体的利益和要求。

②经济义务主体应自觉履行其义务，如果不履行或不全面履行义务，将受到国家强制力的制裁。

③经济义务主体履行义务仅限于法律、法规或合同规定的范围，不必履行上述规定以外的要求。

应当注意的是，在经济法律关系中，因经济法律关系的种类不同，经济权利与经济义务具有不同的属性。在平等的经济法律关系中经济权利与经济义务具有志愿性、对偿性；在管理经济法律关系中，权利主体所享有的权利来自国家的授权，经济权利与经济义务不具有对偿性；在劳动经济法律关系中经济权利与经济义务具有自愿性和报酬性。

四、行政法

行政法是规定国家行政机关的组织、职权、行使职权的方式、程序以及行政责任，调整行政社会关系的法律规范的总称。

（一）行政法的调整对象

行政法的调整对象是行政关系。所谓行政关系，是指行政主体（一般是行政机关）在实施国家行政权过程中所发生的各种关系。行政关系主要包括：

(1)行政主体之间的关系。

(2)行政主体与行政人员的关系。

(3)行政主体与其他国家机关之间的关系。

(4)行政主体与企事业单位、社会组织和团体之间的关系。

(5)行政主体与公民之间的关系。

(6)行政主体与外国组织及外国人之间的关系。

（二）行政法的基本原则

行政法的基本原则主要包括行政合法原则和行政合理原则。

1. 行政合法原则

这一原则总的要求是国家行政管理必须法制化，具体内容包括：

（1）一切国家行政主体都必须服从行政法律规范，谁都不享有行政法以外的特权。

（2）行政主体对于剥夺相对人权益或设定相对人义务的行为，必须有明文、公开的法律依据。

（3）一切行政行为地做出，都必须严格遵守行政法律程序。

（4）行政违法行为一律无效（法律另有规定者除外），自它发生之时起就不具有法律效力。

（5）一切行政违法行为主体均应承担法律责任。

2. 行政合理原则

国家行政主体的行为，很大一部分是自由裁量的行为，即法律只规定原则或幅度，行政主体可根据自己的判断采用适当的方法来处理，这就涉及行政行为是否合理的问题。任何一项自由裁量的行政行为要发生完整的法律效力，必须做到既合法又合理。不合理的行为有关机关既有权力也有义务加以纠正。

必须指出，行政合理原则必须服从行政合法的原则，任何超越法律的所谓"合理性"不为行政法所承认。

（三）行政法的作用

1. 提高行政效率

要提高行政效率，就必须将行政管理纳入法制轨道。用行政法规定行政机关的设置、变更和撤销的原则和程序，从而使行政组织建立在合理化、科学化的基础上；用行政法规定行政机关的权力、责任和法律地位，避免职责不明的现象发生；用行政法规定行政机关的办事程序、处理问题的时间要求；用行政法规定国家工作人员的权力、义务、责任及各项人事行政管理制度等。这样就可以用最少的时间、最少的消耗，完成最多的工作，获得最大的效益。

2. 促进经济文化建设

行政法规定编制经济和社会发展计划，规定物资分配、价格规则、科学技术进步成果的运用等，这就有效地保证了国家经济建设的正常运行。行政法还规定对于有贡献的劳动者的奖励措施和对于违反规章制度、违反劳动纪律的劳动者的处罚措施，这对调动积极因素、克服消极因素，促进经济、文化建设有着重要作用。

3. 维护社会秩序和安全

行政法中关于维护社会秩序、社会安全的规则，如交通、消防、劳保等规则，占有很大的比重。这些规则在保证社会秩序与社会安全，保证企事业单位有秩序地生产和工作，保障人民的生命与健康等方面，都起到重要作用。

4. 保护公民的合法权益

一方面行政法规定国家机关及其工作人员的违法失职、越权及滥用权力而侵犯公民合法权益的责任，规定公民申诉与控告的权利，规定了行政赔偿；另一方面，行政法将宪法确定的公民的各项基本权利、义务具体化，并补充规定了公民在行政领域的其他权利,规定了实现这些权利的途径与保障措施,这就使得公民的合法权益得到了有效的保障。

五、诉讼法

(一)民事诉讼法

民事诉讼法是指调整人民法院、当事人和其他诉讼参与人民事诉讼行为的法律规范的总和。

1. 我国民事诉讼法的特有原则

(1)当事人平等原则。其含义是民事诉讼当事人有平等的诉讼权利,人民法院应当保障和方便当事人行使诉讼权利,对当事人在适用法律上一律平等。

(2)辩论原则。在法院支持下,当事人有权就案件事实和争议的问题,各自陈述自己的主张和根据,互相进行辩驳与论证,以维护自己的合法权益。辩论原则是当事人的一项重要权力,也是法院弄清事实,分清是非,正确审理案件的重要程序。

(3)处分原则。指当事人有权在法律规定范围内处分自己的民事权力和诉讼权力。处分原则,如是否起诉、放弃、变更、承认、反驳诉讼请求、和解、反诉、上诉等,是贯穿在整个诉讼过程中的。

(4)调解原则。其含义是案件在一审、二审和再审中,能够进行调解的,都可以进行调解,调解必须是双方当事人自愿,调解协议的内容必须合法。

(5)人民检察院监督民事诉讼的原则。人民检察院对民事审判活动实行监督的内容有:监督审判人员贪赃枉法、徇私舞弊等违法行为;对人民法院作出的生效判决、裁定是否正确合法进行监督。

(6)支持起诉原则。这是指机关、团体、企业事业单位对损害国家、集体或个人民事权利的行为,支持受害者起诉的诉讼原则。

(7)人民调解原则。其含义是提倡通过人民调解委员会调解民事纠纷。

2. 民事审判的主要制度

(1)两审终审制度,是指一个民事案件,经过两个审级法院运用一审和二审程序进行审判,即宣告审判终结的制度。

(2)公开审判制度,是指人民法院审理民事案件,除法律规定的情况外,审判过程和内容应向群众公开,向社会公开;不公开审判的案件,应当公开宣判。

(3)合议制度,指由审判员或审判员与陪审员组成的审判集体对民事案件进行审理并作出裁判。

(4)回避制度,是指人民法院审判某一民事经济案件,执行审判任务的审判人员或其他有关人员与案件具有一定利害关系,遇有法律规定的一定情形,应当主动退出本案的审理,当事人及其代理人也有权请求更换审判人员。

3. 民事诉讼的任务

(1)保护当事人行使诉讼权利,保证法院查明事实、分清是非,正确适用法律,及时审理民事案件。

(2)确认民事权利义务关系,制裁民事违法行为,保护当事人的合法权益。

(3)教育公民自觉遵守法律,预防纠纷,减少纠纷。

(二)行政诉讼法

行政诉讼法是由国家制定的调整人民法院、当事人和其他诉讼参与人在行政诉讼中的活动和关系的法律规范的总和。

1. 行政诉讼法的基本原则

(1)诉讼期间行政决定不停止执行的原则。现代国家的行政管理,要求具有效率性和连续性,这一特点要求在诉讼期间,当事人争议的具体行政行为不因原告提起诉讼而停止执行。只有按照有关法律、法规规定,才可以停止执行。

(2)行政机关负举证责任的原则。根据行政诉讼特点,举证责任只能由作为被告的行政机关承担。当然,这并不意味着其他当事人就没有提供证据的义务,在行政诉讼中,在对具体行政行为的损害后果等方面,受害的当事人有义务提供有关证据。

(3)依法判决、不适用调解的原则。人民法院在审理行政案件时,不能用调解方式解决当事人之间的争议,只能根据事实,依据法律、法规作出裁决。

2. 受案范围

《中华人民共和国行政诉讼法》(以下简称《行政诉讼法》)规定了人民法院受理公民、法人和其他组织对下列具体行政行为不服提起的诉讼:

(1)对拘留、罚款、吊销许可证和执照、责令停产停业、没收财物等不服的。

(2)对限制人身自由或对财产的查封、扣押、冻结等行政强制措施不服的。

(3)认为符合法定条件申请行政机关颁发许可证和执照,行政机关拒绝颁发或者不予答复的。

(4)认为行政机关侵犯法律规定的经营自主权的。

(5)申请行政机关履行保护人身权、财产权的法定职责,行政机关拒绝履行或者不予答复的。

(6)认为行政机关违法,要求履行义务的。

(7)认为行政机关没有依法发给抚恤金的。

(8)认为行政机关侵犯其他人人身权、财产权的。

(9)除上述范围外,其他法律、法规规定可以提起行政诉讼的。

《行政诉讼法》还规定了人民法院不受理就下列事项提起的诉讼:

1)国防、外交等国家行为。

2)行政法规、规章或者行政机关制定、发布的具有普遍约束力的决定、命令。

3)行政机关对行政机关工作人员的奖惩、任免等决定。

4)法律规定由行政机关最终裁决的具体行政行为。

(三)诉讼时效制度

1. 时效制度

时效制度是指一定的事实状态持续一定的时间之后即发生一定法律后果的制度。时效成立的要件有3个:第一,须以一定事实状态的存在为要件;第二,须以一定时间的经过为要件;第三,须发生一定的法律后果。

在经济活动中,当事人所享有的经济权利应当及时行使。只有这样,社会经济活动才能正常地、有秩序地运行。规定时效制度,可以促进和保障社会生产经营活动均衡地、有节奏地进行。另外,实行时效制度,有利于保护当事人的合法权益,有利于完善法制建设和法院审结案件。

时效制度的规定在民事、经济活动中有着重要的积极作用。

(1)有利于稳定社会经济秩序。在社会生活中,人们对于自己的民事权力应当及时行使,只有这样,社会经济活动才能正常有秩序地运行,否则,由于当事人之间的经济关系长期处于不稳定的状态,必然会影响社会财富的正常流转。因此,法律规定一定的时间,作为对某民事权利保护的有效期间,这是创立时效制度的主要原因。

(2)有利于保护当事人的合法权益。当事人的合法权益,依法受到法律保护,但这种保护不是无限制的,是以当事人积极行使权力为前提。时效制度的确立,有利于督促当事人及时地行使权力,使其合法权益得到有效的保护。

(3)有利于法院对案件的审理。人民法院审理案件时,依据"以事实为根据,以法律为准绳"的原则,认定证据,查清事实,适用法律得当,从而作出公证的判决,达到维护当事人的合法权益的目的。如果民事权利久不行使,会因年深日久,造成证据丧失或难以举证,则不利于法院对案件的审理。因此,时效制度的建立对完善我国的司法制度,人民法院及时审结民事、经济纠纷,保护当事人的合法权利有重要意义。

2. 诉讼时效

诉讼时效是指权利人若在法定期间不行使权力,就丧失了请求人民法院保护民事权益的权利的法律制度。诉讼时效是民事时效的一种,民事时效是指经过一定期间和一定事实状态的继续,因而发生取得或丧失某种民事权利的制度。其取得权利的,称为取得时效;其丧失权利的,称为消灭时效。消灭时效除时间外,以继续不行使权力为要件。我国民法通则没有规定取得时效;在消灭时效上,也只规定权利人失去的是胜诉权,即时效期间届满以后,权利人丧失依据诉讼程序通过人民法院强制义务人履行义务的权利,而且实体权利并不消灭。如债务人自动履行义务的,权利人仍可接受,且义务人不得以诉讼时效届满来抗辩其已向权利人履行的义务而主张返还。诉讼时效的意义在于促使权利人及时行使权力,避免法律关系长久地、无限制地处于不肯定状态,有利于维护社会经济秩序,有利于减少和解决民事纠纷,以免民事关系由于时间太久而证据遗失,审理困难以至久拖不决。

（1）诉讼时效期间的规定。根据我国《民法通则》以及我国单行法规有关诉讼时效的法规,有关诉讼时效规定如下:

1)普通诉讼时效。普通诉讼时效是由民法典统一规定,适用于一般民事权利,其效力是具有普遍意义的诉讼时效。我国《民法通则》规定:"向人民法院请求保护民事权利的诉讼时效期间为两年,法律另有规定的除外。"

2)特别诉讼时效。特别诉讼时效是普通诉讼时效的对称,它仅适用于法律指定的某些民事权利的诉讼时效。特别诉讼时效的适用优先于普通诉讼时效。我国《民法通则》关于"下列诉讼时效期间为一年"的规定,就是对一些民事权利的特别诉讼时效期间的规定。其中包括下述民事权利:

①身体受到伤害要求赔偿的。

②出售质量不合格的商品未声明的。

③延付或者拒付租金的。

④寄存财物被丢失或者损毁的。

3)最长诉讼时效。《民法通则》规定:"诉讼时效期间从知道或者应当知道权利被侵害时起计算。但是从权利被侵害之日起超过 20 年的,人民法院不予保护。"即权利人在 20 年内的任何时候发觉其权利受到侵害,均可请求法院依诉讼程序强制义务人履行义务,从而为我国创立了最长的诉讼时效。

（2）诉讼时效的起算、中止、中断和延长。

1)诉讼时效的起算。诉讼时效期间的开始,就是诉讼时效期间的起算点,即从何时起开始计算诉讼时效期间。《民法通则》规定诉讼时效期间从权利人知道或者应当知道其权利被侵害时开始计算。诉讼时效期间开始,权利人就可以向人民法院起诉,要求义务人履行义务。

关于诉讼时效期间的起算,因各种具体民事法律关系的不同,诉讼时效开始时间也不一样。通常主要有以下几种:

①有约定履行期限的债权,诉讼时效从期限届满之日起算。

②没有履行期限的债权,从权利人主张权利而义务人拒绝履行义务之日起算。

③因侵犯行为而产生的民事法律关系,损害事实发生时受害人即知道的,从损害时计算;损害事实发生后受害人才知道的,从知道时计算;人身伤害明显的,从受伤之日起计算;伤害当时并未曾发现,但经检查确诊并能证明是由侵害引起的,从伤势确诊之日起算。

④附期限的民事法律关系,从期限到达时起算。

2)诉讼时效的中止。诉讼时效的中止是指在诉讼时效进行中,因一定法定事由的发生,阻碍权利人提起诉讼,法律规定暂时停止诉讼时效期间的进行,待阻碍诉讼时效进行的事由消失后,诉讼时效继续进行,累计计算。诉讼时效中止,必须符合法定条件。我国《民法通则》第139条规定，在诉讼时效期间的最后6个月内，因不可抗力或者其他障碍不能行使请求权的，诉讼时效中止。从中止时效的原因消除之日起，诉讼时效期间继续计算。

3）诉讼时效的中断。诉讼时效的中断是指在诉讼时效进行中，因一定法定事由的发生，阻碍时效进行，致使以前经过的诉讼时效期间统归无效，待中断诉讼时效的事由消除后，其诉讼时效期间重新计算。中断诉讼时效有利于督促当事人及时行使自己的权利。

我国《民法通则》对诉讼时效中断的事由进行了如下规定：

①提起诉讼。权利人以提起诉讼的方式请求人民法院依据诉讼程序强制义务人履行义务的事实，是权利人行使自己权利的最强有力的方式，它打破了权利人不行使权力的事实状态，从而产生时效中断的法律后果。

②当事人一方提出要求。权利人通过一定的方式向义务人提出请求履行义务的意思表示，改变了其不行使权力的事实状态，成为中断诉讼时效的一项法定事由。

③一方同意履行义务。义务人通过一定方式向权利人作出愿意履行义务的意思表示，就是义务人承认权利人权利的存在，使双方当事人间的权利、义务关系重新明确、稳定下来，所以导致诉讼时效中断。

4）诉讼时效的延长。诉讼时效延长，是指人民法院对于已经届满的诉讼时效期间给予适当延长。《民法通则》规定："有特殊情况的，人民法院可以延长诉讼时效期间。"根据最高人民法院《关于贯彻执行〈民法通则〉若干意见》的规定，诉讼时效期间的延长只适用于20年的最长诉讼时效，因为有关时效中止、中断的规定不适用这一时效，因此，如有特殊情况适用诉讼时效延长的规定以资补救。

六、仲裁法

（一）仲裁的概念

仲裁，亦称"公断"，是指双方当事人自愿把经济纠纷或争议，提交第三者（仲裁组织）作出判断或裁决，对裁决的决议双方有义务执行。仲裁是解决经济纠纷或争议的一种基本方式，具有程序简便、方便灵活、处理及时等优点。仲裁的主要特征包括：

（1）提交仲裁的双方当事人是处于平等地位的主体，是以双方自愿为前提的。

（2）仲裁的客体是当事人双方之间发生一定范围内的争议。

（3）仲裁必须查清事实，根据国家法律和政策规定进行处理，并具有法律规定的效力。

（二）仲裁法的内容

仲裁法是国家制定和确认的关于仲裁制度的法律规范总和，包括仲裁协议、仲裁组织、仲裁程序及其执行等基本内容。

1. 仲裁协议

仲裁协议是当事人双方约定将某一项争议提交仲裁解决的协议。根据《中华人民共和国仲裁法》(以下简称《仲裁法》)的规定,仲裁协议包括合同中订立的仲裁条款和以其他书面方式在纠纷发生前或者纠纷发生后达成的请求仲裁的协议。仲裁协议应当具有下列内容:

(1)请求仲裁的意思表示。

(2)仲裁事项。

(3)选定的仲裁委员会。

《仲裁法》还规定了仲裁协议无效的情形:

(1)约定的仲裁事项超出法律规定的仲裁范围的。

(2)无民事行为能力人或者限制民事行为能力人订立的仲裁协议。

(3)一方采取胁迫手段,迫使对方订立仲裁协议的。

2. 仲裁组织

仲裁组织是受理仲裁案件并对案件进行裁决的组织。我国《仲裁法》对仲裁员作出了如下规定:

(1)从事仲裁工作满8年的。

(2)从事律师工作满8年的。

(3)曾任审判员满8年的。

(4)从事法律研究、教学工作并具有高级职称的。

(5)具有法律知识,从事经济贸易等专业工作并具有高级职称或者具有同等专业水平的。

3. 仲裁程序

《仲裁法》对仲裁的申请和受理、仲裁庭的组成、开庭和裁决等具体事项作出了明确规定。并规定仲裁实行一裁终局的制度,裁决书自作出之日起发生法律效力。

4. 执行

《仲裁法》规定:"当事人应当履行裁决。一方当事人不履行的,另一方当事人可以依照民事诉讼法的有关规定向人民法院申请执行。受申请的人民法院应当执行。"

七、刑法

(一)刑法的概念

刑法是规定犯罪、刑事责任和刑罚的法律规范的总和。刑法有狭义和广义之分。狭义刑法是指系统规定犯罪、刑事责任和刑罚的刑法典,也就是指《中华人民共和国刑法》。广义刑法是指规定犯罪、刑事责任和刑罚的所有法律规范的总和,它主要包括刑法典、单行刑法和附属刑法规范。

1979年7月1日第五届全国人民代表大会第二次会议通过了《中华人民共

和国刑法》,自1980年1月1日起施行,这标志着新中国第一部刑法典的正式诞生。此后,为了适应不断发展的新情况、新问题和惩治、防范犯罪的实际需要,国家立法机关对1979年刑法进行了一系列的补充和修改,1997年3月14日第八届全国人民代表大会第五次会议通过了全面修订《中华人民共和国刑法》(以下简《刑法》),这是一部统一的、比较完备的刑法典。

(二)刑法的基本原则

刑法的基本原则是指刑法本身具有的、贯穿全部刑法规范、体现我国刑事立法与刑事司法基本精神、指导和制约全部刑事立法和刑事司法过程的基本准则。新刑法规定了刑法的3个基本原则,即罪刑法定原则、罪刑相适应原则和适用法律一律平等原则。

1. 罪刑法定原则

"罪刑法定原则是指犯罪及其刑罚都必须由法律明确规定,法无明文规定不为罪,法无明文规定不处罚"。具体内容就是刑法第3条的规定,即"法律明文规定为犯罪行为的,依照法律定罪处刑;法律没有规定为犯罪行为的,不得定罪处刑"。

罪刑法定原则要求:

(1)司法机关必须以事实为根据,以法律为准绳,认真把握犯罪的本质和具体的构成要件,严格区分罪与非罪、此罪与彼罪的界限,定性准确,量刑适当,不枉不纵。

(2)司法解释不能违背刑事立法的意图,不能代替立法。

2. 罪刑相适应原则

罪刑相适应原则是指犯多大的罪,应当承担多大的刑事责任,就判处轻重相当的刑罚,重罪重罚,轻罪轻罚,罪刑相称,罚当其罪。

3. 适用法律一律平等原则

适用法律一律平等原则是指对任何人犯罪,在适用法律上一律平等,不允许任何人有超越法律的特权。

(三)刑法的适用范围

1. 刑法的空间效力

刑法的空间效力,是指刑法对地域和人的效力。它明确国家刑事管辖权的范围。关于国家空间刑事管辖权范围的原则有:

(1)属地原则,就是单纯以地域为标准,凡是发生在本国领域内的犯罪都适用本国刑法。否则,均不适用本国刑法。

(2)属人原则,就是单纯以人的国籍为标准,凡是本国人犯罪,无论是发生在本国领域内还是本国领域外,都适用本国刑法;凡外国人犯罪,即使发生在本国领域内,也不适用本国刑法。

(3)保护原则,从保护本国利益出发,凡是侵害本国国家或者公民利益的犯罪,不论犯罪人是本国人还是外国人,也不论犯罪地是在本国领域内还是本国领域外,都适用本国刑法。

(4)普遍原则,从保护国际社会共同利益出发,凡是侵害国际公约、条约保护的国际社会共同利益的犯罪,无论犯罪人是本国人还是外国人,也不论犯罪地是在本国领域内还是本国领域外,都适用本国刑法。

(5)综合原则,凡是在本国领域内犯罪的,不论本国人或外国人,都适用本国刑法;本国人或外国人在本国领域内犯罪的,在一定条件下,也适用本国刑法。

我国刑法第6条规定领域外犯罪的,在一定条件下,也适用本国刑法。

凡在我国领域内犯罪的,除法律有特别规定的以外,都适用本法。

2. 刑法的时间效力

刑法的生效时间,一般有两种规定方式:一是从公布之日起生效;二是公布之后经过一段时间再施行。我国刑法于1979年7月1日通过,7月6日颁布,自1980年1月1日起生效;1997年3月14日通过的新刑法的生效日期规定在刑法第452条,即1997年10月1日起施行。

刑法的失效时间,有两种方式:一是国家立法机关明确宣布某些法律失效;二是自然失效,即新的法律的颁布代替了同类旧法的内容,或者由于原来立法的特殊条件消失,旧法自行失效。

刑法的溯及力,即刑法生效后,对于其生效以前未经审判或者判决尚未确定的行为是否适用,如果适用,就是有溯及力,如果不适用,就是没有溯及力。

关于溯及力的原则有:

(1)从旧原则,即按照行为时的旧法处理,新法对其生效前的行为一律没有溯及力。

(2)从新原则,即对于生效前未经审判或者判决尚未确定的行为,新法一律具有溯及力。

(3)从新兼从轻原则,即新法原则上具有溯及力,但是旧法不认为是犯罪或者处刑较轻的,应当按照旧法处理。

(4)从旧兼从轻原则,即新法原则上不具有溯及力,但是新法不认为是犯罪或者处刑较轻的,就按照新法处理。

我国刑法关于溯及力的问题采用的是从旧兼从轻原则。新中国成立以后刑法施行以前的行为,如果当时的法律不认为是犯罪的,适用当时的法律;如果当时的法律认为是犯罪的,依照刑法总则第四章第八节的规定应当追诉的,按照当时的法律追究刑事责任,但是如果刑法不认为是犯罪或者处刑较轻的,适用刑法。刑法施行前,依照当时的法律已经作出的生效判决,继续有效。

(四)犯罪的定义与特征

一切危害国家主权、领土完整和安全,分裂国家、颠覆人民民主专政的政权和推翻社会主义制度,破坏社会秩序和经济秩序,侵犯国有财产或者劳动群众集体所有的财产,侵犯公民私人所有的财产,侵犯公民的人身权利、民主权利和其他权利,以及其他危害社会的行为,依照法律应当受到刑罚处罚的,都是犯罪。

如数额较大、造成严重后果、重大损失、情节严重等才构成犯罪,情节显著轻微、危害不大的,不认为是犯罪。

被刑法规定为犯罪的内容,清楚地揭示出犯罪行为对社会生活的严重危害,也给办案、审案、审判人员一个明确划分罪与非罪、此罪与彼罪的依据,准确体现了我国社会主义法制的基本原则,突现出犯罪的基本特征:

(1)严重的社会危害性。这一特征是区分犯罪与违法的界线。犯罪和违法对社会都具有危害性,但其危害的程度有所不同,犯罪的危害性严重,一般违法危害性轻微或较小,违法只要不达到严重危害社会的程度,就不认为是犯罪,也就是说不受刑法处罚。

决定犯罪的社会危害性大小的因素有:其一,行为侵犯的客体,即行为侵犯了什么样的社会关系。其二,行为的手段、后果及时间、地点。其三,行为人的情况及其主观因素。例如,是否是未成年人,罪过形式、犯罪动机、目的等。

(2)刑事违法性,即犯罪是违反刑法条款禁止性规定的行为。犯罪不仅是一种违法行为,而且是触犯刑法的行为。违法并不都是犯罪,只有严重违法并经过刑法加以规定的才能构成犯罪。

(3)应受刑罚惩罚性,即犯罪是应受到刑罚处罚的行为。法处罚,以对社会的危害性和刑事违法性为前提,符合这两个前提的犯罪,均应受到刑法处罚。刑法处罚的最严厉的处罚,不仅可剥夺人的自由、财产,甚至可以剥夺人的生命。因此,严重危害社会的行为,应给予刑法处罚,对于行为人的行为已给社会造成危害,但不及刑法规定的程度,刑法不给予处罚,即不认为是犯罪,但可由其他部门依其他法律或行政法规,如《中华人民共和国治安管理处罚条例》的规定,给予行政处罚。

(五)犯罪构成要件

所谓犯罪构成是指我国刑法规定的犯罪行为所应当具备的一切客观和主观要件的总和。刑法规定犯罪构成的意义在于:首先为区分罪与非罪以及此罪与彼罪提供法律标准;第二,为确认行为人的刑事责任提供法律根据;第三,为无罪的人不受刑事追究提供法律保障。

犯罪构成包括犯罪客体、犯罪的客观方面、犯罪主体和犯罪的主观方面4个要素。

犯罪构成要件是犯罪构成的基本单元,它是犯罪构成整体的有机组成部分。

犯罪构成具备以下两处特征:

(1)犯罪构成要件是任何犯罪不可缺少的条件,倘若缺少这些要件就根本不能构成犯罪。

(2)犯罪构成是法律明文规定的,任何人都不得擅自决定。

犯罪构成的四要件,在我国是被理论承认和被司法实践证实的,它具有一定的科学性和可操作性。

1)犯罪的客体要件:犯罪客体所描述的是侵害行为是否存在,是犯罪构成要件在犯罪本质中的集中体现。它是以某种社会关系表现出来的。例如故意杀人罪,它所侵犯的社会关系就是以人的生命为客体的社会关系,而人的生命又是社会关系构成的最基本要素,所以法律对这种犯罪行为的惩罚是很重的。

2)犯罪的客观要件:犯罪的客观要件是行为人行为的外在表现,它是以行为人如何侵犯犯罪客体和侵犯客体的严重程度来表现出来的。例如:某人以秘密窃取的行为来偷东西和被发现后抗拒抓捕两种行为,前者是以秘密窃取为犯罪客观要件,而后者则是以暴力手段夺取别人的财物为客观要件,因此前者构成盗窃罪,后者构成抢劫罪。

3)犯罪的主体要件:是指侵害社会关系的犯罪行为的行为实施者。在我国《刑法》中是以自然人犯罪和单位犯罪两种形式表现出来的。

4)犯罪的主观要件:是指犯罪主体对自己实施的危害社会的行为及其危害社会的后果所持的故意或者过失的心理态度。它包括罪过(犯罪的故意或者犯罪的过失),以及犯罪的目的和动机。

①犯罪的故意。指行为人明知自己的行为会发生危害社会的结果,并且希望或者放任这种结果发生的一种心理态度。在这种心理态度支配下实施的犯罪就属于故意犯罪。犯罪的故意有两种:一是直接故意;二是间接故意。

②犯罪的过失。指行为人应当预见自己的行为可能会发生危害社会的结果,因为疏忽大意而没有预见,或者已经预见而轻信能够避免,以致发生了危害社会的结果的主观心理态度。

③犯罪的目的和动机。犯罪的目的指行为人通过实施危害社会的行为所希望达到的结果。

犯罪动机指刺激犯罪人实施犯罪行为以达到犯罪目的的内心冲动或起因。

（六）刑罚

刑罚,是指我国刑法规定的,由国家审判机关依法对犯罪分子所适用的一种强制性的法律制裁措施。

刑罚分为主刑和附加刑。主刑有管制、拘役、有期徒刑、无期徒刑和死刑。附加刑有罚金、剥夺政治权利和没收财产。

对于犯罪的外国人,可以独立适用或者附加适用驱逐出境。

第三章 建设工程项目招标管理

第一节 工程项目招标的条件与范围

一、工程项目招标的条件

工程项目招标必须符合主管部门规定的条件。这些条件分为招标人即建设单位应具备的和招标的工程项目应具备的两个方面。

1. 建设单位招标应当具备的条件

(1)招标单位是法人或依法成立的其他组织。

(2)有与招标工程相适应的经济、技术、管理人员。

(3)有组织招标文件的能力。

(4)有审查投标单位资质的能力。

(5)有组织开标、评标、定标的能力。

不具备上述(2)~(5)项条件的,须委托具有相应资质的咨询、监理等单位代理招标。上述五条中,(1)、(2)两条是对招标单位资格的规定,后三条则是对招标人能力的要求。

2. 招标的工程项目应当具备的条件

(1)概算已经批准。

(2)建设项目已经正式列入国家、部门或地方的年度固定资产投资计划。

(3)建设用地的征用工作已经完成。

(4)有能够满足施工需要的施工图纸及技术资料。

(5)建设资金和主要建筑材料,设备的来源已经落实。

(6)已经建设项目所在地规划部门批准,施工现场"三通一平"已经完成或一并列入施工招标范围。

当然,对于不同性质的工程项目,招标的条件可有所不同或有所偏重。

比如,建设工程勘察设计招标的条件,一般应主要侧重于:

(1)设计任务书或可行性研究报告已获批准。

(2)具有设计所必需的可靠基础资料。

建设工程施工招标的条件,一般应主要侧重于:

(1)建设工程已列入年度投资计划。

(2)建设资金(含自筹资金)已按规定存入银行。

(3)施工前期工作已基本完成。

(4)有持证设计单位设计的施工图纸和有关设计文件。

建设监理招标的条件,一般应主要侧重于:

(1)设计任务书或初步设计已获批准。

(2)工程建设的主要技术工艺要求已确定。

建设工程材料设备供应招标的条件,一般应主要侧重于:

(1)建设项目已列入年度投资计划。

(2)建设资金(含自筹资金)已按规定存入银行。

(3)具有批准的初步设计或施工图设计所附的设备清单,专用、非标设备应有设计图纸、技术资料等。

建设工程总承包招标的条件,一般主要侧重于:

(1)计划文件或设计任务书已获批准。

(2)建设资金和地点已经落实。

从实践来看,人们常常希望招标能担当起对工程建设实施的把关作用,因而赋予其很多前提性条件,这是可以理解的,在一定时期也是有道理的。但其实招标投标的使命只是或主要是解决一个工程任务如何分派、承接的问题。从这个意义上讲,只要建设项目的各项工程任务合法有效的确立了,并已具备了实施项目的基本条件,就可以对其进行招标投标。所以,对建设工程招标的条件,不宜赋予太多。事实上赋予太多,不堪重负,也难以做到。根据实践经验,对建设工程招标的条件,最基本、最关键的是要把握住两条:一是建设项目已合法成立,办理了报建登记。招标项目按照国家有关规定需要履行项目审批手续的,应当先履行审批手续,取得批准。二是建设资金已基本落实,工程任务承接者确定后能实际开展动作。

二、工程项目招标的范围

工程建设招标可以是全过程招标,其工作内容可包括可行性研究、勘察设计、物资供应、建筑安装施工、乃至使用后的维修;也可是阶段性建设任务的招标,如勘察设计、项目施工;可以是整个项目发包,也可是单项工程发包;在施工阶段,还可依承包内容的不同,分为包工包料、包工部分包料、包工不包料。进行工程招标、业主必须根据工程项目的特点,结合自身的管理能力,确定工程的招标范围。

1.《招标投标法》规定必须招标的范围

根据《招标投标法》的规定,在中华人民共和国境内进行的下列工程项目必须进行招标:

(1)大型基础设施、公用事业等关系社会公共利益、公众安全的项目。

(2)全部或者部分使用国有资金或者国家融资的项目。

(3)使用国际组织或者外国政府贷款、援助资金的项目。

2. 可以不进行招标的范围

按照《招标投标法》和有关规定,属于下列情形之一的,经县级以上地方人民政府建设行政主管部门批准,可以不进行招标:

(1)涉及国家安全、国家秘密的工程。

(2)抢险救灾工程。

(3)利用扶贫资金实行以工代赈、需要使用农民工等特殊情况。

(4)建筑造型有特殊要求的设计。

(5)采用特定专利技术、专有技术进行设计或施工。

(6)停建或者缓建后恢复建设的单位工程,且承包人未发生变更的。

(7)施工企业自建自用的工程,且施工企业资质等级符合工程要求的。

(8)在建工程追加的附属小型工程或者主体加层工程,且承包人未发生变更的。

(9)法律、法规、规章规定的其他情形。

第二节　工程项目招标方式与程序

一、工程项目招标方式

《招标投标法》第 10 条规定:"招标分为公开招标和邀请招标"。

(1)公开招标。是指招标人在指定的报刊、电子网络或其他媒体上发布招标公告,吸引众多的投标人参加投标竞争,招标人从中择优选择中标单位的招标方式。公开招标是一种无限制的竞争方式,按竞争程度又可以分为国际竞争性招标和国内竞争性招标。

这种招标方式可为所有的承包商提供一个平等竞争的机会,业主有较大的选择余地,有利于降低工程造价,提高工程质量和缩短工期,但由于参与竞争的承包商可能很多,会增加资格预审和评标的工作量。但有可能出现故意压低投标报价的投机承包商以低价挤掉对报价严肃认真而报价较高的承包商。因此采用此种招标方式时,业主要加强资格预审,认真评标。

(2)邀请招标。也称选择性招标或有限竞争投标,是指招标人以投标邀请书的方式邀请特定的法人或者其他组织,选择一定数目的法人或其他组织(不少于3 家)投标。邀请招标的优点在于:经过选择的投标单位在施工经验、技术力量、经济和信誉上都比较可靠,因而一般能保证进度和质量要求。此外,参加投标的承包商数量少,因而招标时间相对缩短,招标费用也较少。

由于邀请招标在价格、竞争的公平方面仍存在一些不足之处,因此《招标投标法》规定,国家重点项目和省、自治区、直辖市的地方重点项目不宜进行公开招标的,经过批准后可以进行邀请招标。

(3)公开招标与邀请招标在招标程序上的主要区别:

1)招标信息的发布方式不同。公开招标是利用招标公告发布招标信息,而邀请招标则是采用向 3 家以上具备实施能力的投标人发出投标邀请书,请他们参与投标竞争。

2)对投标人资格预审的时间不同。进行公开招标时,由于投标响应者较多,为了保证投标人具备相应的实施能力,以及缩短评标时间,突出投标的竞争性,通常设置资格预审程序。而邀请招标由于竞争范围小,且招标人对邀请对象的能力有所了解,不需要再进行资格预审,但评标阶段还要对各投标人的资格和能力进行审查和比较,通常称为"资格后审"。

3)邀请的对象不同。邀请招标邀请的是特定的法人或者其他组织,而公开招标则是向不特定的法人或者其他组织邀请投标。

二、工程项目招标方式的选择

公开招标与邀请招标相比,可以在较大的范围内优选中标人,有利于投标竞争,但招标花费的费用较高、时间较长。采用何种形式招标应在招标准备阶段进行认真研究,主要分析哪些项目对投标人有吸引力,可以在市场中展开竞争。对于明显可以展开竞争的项目,应首先考虑采用打破地域和行业界限的公开招标。

为了符合市场经济要求和规范招标人的行为,《中华人民共和国建筑法》(以下简称《建筑法》)规定,依法必须进行施工招标的工程,全部使用国有资金投资或者国有资金投资占控股或主导地位的,应当公开招标。《招标投标法》进一步明确规定:"国务院发展计划部门确定的国家重点和省、自治区、直辖市人民政府确定的地方重点项目不适宜公开招标的,经国务院发展计划部门或者省、自治区、直辖市人民政府批准,可以进行邀请招标。"采用邀请招标方式时,招标人应当向3个以上具备承担该工程施工能力、资信良好的施工企业发出投标邀请书。

采用邀请招标的项目一般属于以下几种情况之一:

(1)涉及保密的工程项目。

(2)专业性要求较强的工程,一般施工企业缺少技术、设备和经验,采用公开招标响应者较少。

(3)工程量较小,合同额不高的施工项目,对实力较强的施工企业缺少吸引力。

(4)地点分散且属于劳动密集型的施工项目,对外地域的施工企业缺少吸引力。

(5)工期要求紧迫的施工项目,没有时间进行公开招标。

(6)其他采用公开招标所花费的时间和费用与招标人最终可能获得的好处不相适应的施工项目。

三、工程项目招标程序

依法必须进行施工招标的工程,一般应遵循下列程序:

(1)招标单位自行办理招标事宜的,应当建立专门的招标工作机构。

(2)招标单位在发布招标公告或发出投标邀请书的5天前,向工程所在地县级以上地方人民政府建设行政主管部门备案。

(3)准备招标文件和标底,报工程所在地县级以上地方人民政府建设行政主管部门审核或备案。

(4)发布招标公告或发出招标邀请书。

(5)投标单位申请投标。

(6)招标单位审查申请投标单位的资格,并将审查结果通知申请投标单位。

(7)向合格的投标单位分发招标文件。

(8)组织投标单位踏勘现场,召开答疑会,解答投标单位就招标文件提出的问题。

(9)建立评标组织,制定评标、定标办法。

(10)召开开标会,当场开标。

(11)组织评标,决定中标单位。

(12)发出中标和未中标通知书,收回发给未中标单位的图纸和技术资料,退还投标保证金或保函。

(13)招标单位与中标单位签订施工承包合同。

工程施工招标的程序如见图 3-1 所示。

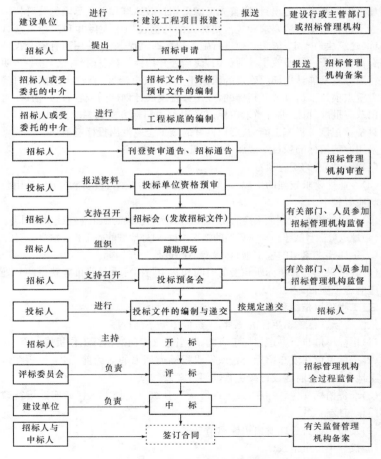

图 3-1 工程施工招标程序框图

第三节　勘察设计招标管理

一、勘察招标简介

招标人委托勘察任务的目的是为建设项目的可行性研究立项选址和进行设计工作取得现场的实际依据资料,有时可能还要包括某些科研工作内容。勘察任务可以单独发包给具有相应资质的勘察单位实施,也可以将其包括在设计招标任务中。由于勘察工作所得的工程项目所需技术基础资料是设计的依据,必须满足设计的需要,因此将勘察任务包括在设计招标的发包范围内,由相应能力的设计单位完成或由他再去选择承担勘察任务的分包单位,对招标人较为有利。

（一）委托勘察的工作内容

设计前所需做的勘察,依据建设项目的性质、规模、复杂程度,以及建设地点的不同,有以下几大类别:

（1）自然条件观测。

（2）地形图测绘。

（3）资源探测。

（4）岩土工程勘察。

（5）地震安全性评价。

（6）工程水文地质勘察。

（7）环境评价和环境基底观测。

（8）模型试验和科研。

（二）勘察招标的特点

（1）勘察招标一般选用单价合同。由于勘察是为设计提供地质技术资料的,勘察深度要与设计相适应,且补勘、增孔的可能性很大,所以用固定总价合同不合适。

（2）评标重点不是报价。勘察报告的质量影响建设项目质量,项目勘察费与项目基础的造价或项目质量成本相比是很小的。低勘察费就可能影响到工作质量、工程总造价、工程质量,是得不偿失的,因此勘察评价的重点不是报价。

（3）勘察人员、设备及作业制度是关键。勘察人员主要是采样人员和分析人员,他们的工作经验、工作态度、敬业精神直接影响勘察质量;设备包括勘察设备和内业的分析仪器,这是勘察的前提条件;作业制度是保证勘察质量的有效保证,这些应是评标的重点。

（三）勘察招标文件

勘察招标的招标文件主要包括以下内容:

（1）投标须知,包括现场踏勘、标前会、编标、封标、投标、开标、评标等所有涉及投标事务的时间、地点及要求。

(2)项目说明,包括名称、地点、类型、功能、总投资、建设周期等。

(3)勘察任务书。

(4)合同主要条件。

(5)技术标准及基础资料。

(6)编制投标文件用的各种格式文本。

二、设计招标简介

以招标投标方式委托设计任务,是为了让设计的技术和成果作为有价值的商品进入市场,打破地区、部门的界限开展设计竞争,通过招标择优确定实施单位,达到拟建工程项目能够采用先进的技术和工艺、降低工程造价、缩短建设周期和提高投资效益的目的。

(一)设计招标的工作范围

一般工程项目的设计分为初步设计和施工图设计两个阶段进行,对技术复杂而又缺乏经验的项目,在必要时还要增加技术设计阶段。为了保证设计指导思想连续地贯彻于设计的各个阶段,一般多采用技术设计招标或施工图设计招标,不单独进行初步设计招标,由中标的设计单位承担初步设计任务。招标人应依据工程项目的具体特点决定发包的工作范围,可以采用设计全过程总发包的一次性招标,也可以选择分单项或分专业的发包招标。

(二)设计招标的特点

设计招标与其他招标相比,主要具有以下特点:

(1)招标文件中仅提出设计依据、建设项目应达到的技术指标、项目限定的工程范围、项目所在地的基本资料、要求完成的时间等内容,而无具体的工作量要求。

(2)投标人的投标报价不是按规定的工程量填报单价后算出总价,而是首先提出设计的初步方案,论述该方案的优点和实施计划,在此基础上再进一步提出报价。

(3)开标时,不是由业主的招标机构公布各投标书的报价高低排定标价次序,而是由各投标人分别介绍自己初步设计方案的构思和意图,而且不排标价次序。

(4)评标决标时,业主不过分追求完成设计任务的报价额高低,更多关注于所提供方案的技术先进性、所达到的技术指标、方案的合理性以及对建设项目投资效益的影响。

(三)设计招标文件

设计招标文件既要全面介绍拟建工程项目的特点及设计要求,还应详细提出应遵守的相关规定。设计招标文件一般由招标人委托相应的中介机构准备,通常包括下列内容:

(1)投标须知,包括所有对投标要求的有关事项。

(2)设计依据文件,包括设计任务书及经批准的有关行政文件复制件。

(3)项目说明书,包括工作内容、设计范围和深度、建设周期和设计进度要求等方面内容,并告知建设项目的总投资限额。

(4)合同的主要条件。

(5)设计依据资料,包括提供设计所需资料的内容、方式和时间。

(6)组织现场考察和召开标前会议的时间、地点。

(7)投标截止日期。

(8)招标可能涉及的其他有关内容。

三、对投标人的资格审查

无论是公开招标时对申请投标人的资格预审,还是邀请招标时采用的资格后审,审查基本内容相同。

(一)资质审查

主要是审查申请投标单位所持有的勘察和设计证书资质等级,是否与拟建工程项目的级别相一致,不允许无资格证书单位或低资格单位越级承接工程设计任务。审查的内容包括资质证书的种类、证书的级别、证书允许承接设计工作的范围三个方面。

1. 证书的种类

国家和地方对工程勘察设计资格颁发的证书分为"工程勘察证书"和"工程设计证书"两种。如果勘察任务合并在设计招标中,投标申请人除拥有工程设计证书外,还需有工程勘察证书,缺一不可。允许仅有工程设计证书的单位以分包的方式在总承包后将勘察任务分包给其他单位实施,但在资格审查时,应提交分包勘察工作单位的工程勘察证书。

2. 证书的级别

我国工程勘察和设计证书分为甲、乙、丙三级,不允许低资质投标人承接高等级工程的勘察、设计任务。

3. 允许承接的任务范围

尽管投标申请单位的证书级别与建设项目的工程级别相适应,但由于很多工程有较强的专业性要求,故还需审查委托设计工程项目的性质是否在投标申请单位证书规定的范围内。

申请投标单位所持证书在以上三个方面任何一项不合格者,都应被淘汰。

(二)能力审查

判定投标人是否具备承担发包任务的能力,通常审查人员的技术力量和所拥有的技术设备两方面。人员的技术力量主要考察设计负责人的资质能力,以及各类设计人员的专业覆盖面、人员数量、各级职称人员的比例等是否满足完成工程设计的需要。审查设备能力主要是审核开展正常勘察或设计所需的器材和设备,在种类、数量方面是否满足要求。不仅看其总拥有量,还应审查完好程度和在其他工程上的占用情况。

（三）经验审查

审查该设计单位最近几年所完成的工程设计,包括工程名称、规模、标准、结构型式、质量评定等级、设计工期等内容,侧重于考虑已完成的设计与招标工程在规模、性质、形式上是否与本工程相适应,即有无此类工程的设计经验。

四、评标与定标

评标由招标单位邀请有关部门的代表和专家,组成评标小组或评标委员会来进行。通过对各标书的评审,写出综合评标报告,并推选出候选中标单位。业主根据评标报告,可分别与候选中标人进行会谈,就评标时发现的问题,探讨改正或补充原投标方案的可行性。

（一）勘察投标书的评审

勘察投标书主要评审以下几个方面:勘察方案是否合理;勘察技术水平是否先进;各种所需勘察数据能否准确可靠;报价是否合理。

（二）设计投标书的评审

虽然投标书的设计方案各异,需要评审的内容有很多,但大致可以归纳为以下几个方面:

(1)设计方案的优劣。设计方案的优劣评价,主要是评审投标方案的如下内容:①设计的指导思想是否正确;②设计方案的先进性,是否反映了国内外同类建设项目的先进水平;③总体布置的合理性,场地的利用系数是否合理;④设备选型的适用性;⑤主要建筑物、构筑物的结构是否合理,造型是否美观大方,布局是否与周围环境协调;⑥"三废"治理方案是否有效;⑦其他有关问题。

(2)投入产出和经济效益的好坏。主要涉及以下几方面问题:①建设标准是否合理;②投资估算是否可能超过投资限额;③实施该方案能够获得的经济效益;④实施该方案所需要的外汇额估算等。

(3)设计进度的快慢。根据投标书内的实施方案计划,看是否能满足招标单位的要求。尤其是某些大型复杂建设项目,业主为了缩短项目的建设周期,往往初步设计完成后就进行施工招标,在施工阶段陆续提供施工图。此时应重点考察设计的进度,是否能够满足业主实施建设项目的总体进度计划。

(4)设计资历和社会信誉。没有设置资格预审程序的邀请招标,在评标时对设计单位的资历和社会信誉也要进行评审,以作为对各申请投标单位的比较内容之一。

第四节　　建设工程监理招标管理

建设工程监理招标是工程建设项目招标的一个组成部分。采用招标方式择优选择监理单位,是业主能够获得高质量服务的最好的委托监理业务的方式。根据原建设部和原国家计委联合颁布的《工程建设监理规定》要求,项目法人一般通过招标方式择优选定监理单位。

一、委托监理工作的范围

监理招标发包的工作内容和范围，可以是整个工程项目的全过程，也可以是监理招标人与其他人签订的一个或几个合同的履行。工程建设单位委托监理业务范围时，应考虑以下因素：

（1）工程规模。中小型工程项目，有条件时可将全部监理工作委托给一个单位；大型或复杂工程，应按设计、施工等不同阶段及监理工作的专业性质分别委托给几家监理单位。

（2）工程项目的不同专业特点。不同的施工内容对监理人员的素质、专业技能和管理水平的要求不同，应充分考虑专业特点的要求。

（3）监理业务实施的难易程度。工程建设期间，对于较易实施的监理业务，可以并入相关的监理合同之中，以减少业主与监理单位签订的合同数量。

二、建设工程监理招标的范围

根据《招标投标法》和2000年5月1日原国家发展计划委员会发布的《工程建设项目招标范围和规模标准规定》的规定，达到标准的建设工程项目应当实行监理招标。

（1）必须实行监理招标的标准。

1）勘察、设计、监理等服务的采购，单项合同估算价在50万元人民币以上的。

2）单项合同估算价虽然低于规定的标准，但是项目总投资在3000万元以上人民币的。

（2）下列建设工程项目必须实行监理招标：

1）能源、交通运输、邮电通信、水利、城市设施、生态环境保护等关系社会公共利益、公众安全的基础设施建设项目。

2）供水、电、气、热、科技、教育、文化、体育、旅游、卫生、社会福利、商品住宅等公用事业建设项目。

3）使用国有资金投资及国家融资的建设项目。

4）使用国际组织或者外国政府资金的建设项目。

5）法律、行政法规规定的其他工程。

三、建设工程监理招标的特点

建设工程监理招标的标的是提供"监理服务"，与工程建设项目建设中其他各类招标的最大区别表现为监理单位不承担物质生产任务，只是受招标人委托对工程建设过程提供监督、管理、协调、咨询等服务。主要具有以下特点：

（1）注重监理单位综合能力的选择。我国《工程建设监理规定》指出：建设工程监理是一种高智能的技术服务。可见，监理服务工作完成的好坏不仅依赖于开展监理业务是否遵循了规范化的管理程序和方法，更多地取决于参与监理工作人员的专业技能、经验、判断能力以及风险意识。因此招标选择监理单位，要充分考虑监理单位的综合能力。

(2)报价在选择中居于次要地位。工程项目的施工、物资供应招标选择中标人的原则是,在技术上达到要求标准的前提下,主要考虑价格的竞争性。而监理招标对能力的选择放在第一位,因为当价格过低时监理单位很难把招标人的利益放在第一位,为了维护自己的经济利益采取减少监理人员数量或多派业务水平低、工资低的人员,其后果必然导致对工程项目的损害。另外,监理单位提供高质量的服务,往往能使招标人获得节约工程投资和提前投产的实际效益,因此过多考虑报价因素得不偿失。但从另一个角度来看,服务质量与价格之间应有相应的平衡关系,所以招标人应在能力相当的投标人之间再进行价格比较。

(3)多采用邀请招标。建设工程监理招标同样要遵守招标投标法和其他相关法律、法规的规定,可以采取公开招标,也可以采取邀请招标,对规模以下的工程还可以采取议标方式。但采取招标方式发包时,参与投标的监理企业数不得少于3 家。鉴于监理招标"基于能力选择"的特殊性,当前招标人更愿意采用邀请招标方式。

四、建设工程监理招标文件

监理招标实际上是征询投标人实施监理工作的方案建议。为了指导投标人正确编制投标书,招标文件应包括以下几方面内容,并提供必要的资料:

(1)工程项目综合说明(包括工程名称、地点、建设内容、规模、总投资、现场条件、开竣工日期等)。

(2)委托监理的业务范围、监理深度及应达到的监理效果。

(3)业主提供的现场办公条件(包括办公室、住宿、交通、通信等)。

(4)对监理单位的要求(包括现场监理人员、检测手段、工程技术难点等)。

(5)必要的设计文件、图纸及有关资料。

(6)投标截止时间,开标、评标、定标的时间和地点。

(7)拟采用的监理合同条件。

(8)评标、定标的原则和方法。

(9)投标须知(包括招标文件的格式、编制、递交;无效投标文件的规定;招标文件、投标文件的澄清与修改等)。

招标文件由招标人编制,并报建设行政主管部门招投标监督管理机构审定备案。

五、建设工程监理招标的评标

1. 评标方法

常用的方法是评议法、综合评分法及最低评标价法。

(1)评议法。是由评标委员会成员集体讨论达成一致或进行表决,取简单多数来确定中标人的方法。当监理项目较小、技术难度及复杂程度低而投标人特点明确时,可采用此法。

（2）综合评分法。是由评标委员会对各投标人满足评价指标的程度给出评分，再考虑预先确定的各指标相对的权重得到综合分。比较各投标人的得分高低选定中标人或中标候选人。

（3）最低评标价法。当招标的监理项目小、技术含量低、施工简单，而监理投标人的资信能力旗鼓相当时，可选用法。

2. 对投标文件的评审

评标委员会对各投标书进行审查评阅，主要考察以下几方面的合理性：

（1）投标人的资质，包括资质等级、批准的监理业务范围、主管部门或股东单位、人员综合情况等。

（2）监理大纲。

（3）拟派项目的主要监理人员（重点审查总监理工程师和主要专业监理工程师）。

（4）人员派驻计划和监理人员的素质（通过人员的学历证书、职称证书和上岗证书反映）。

（5）监理单位提供用于工程的检测设备和仪器，或委托有关单位检测的协议。

（6）近几年监理单位的业绩及奖惩情况。

（7）监理费报价和费用组成。

（8）招标文件要求的其他情况。

在审查过程中对投标书不明确之处可采用澄清问题会的方式请投标人予以说明，并可通过与总监理工程师的会谈，考察他的风险意识、对业主建设意图的理解、应变能力、管理目标的设定等的素质高低。

第五节 建设工程施工招标管理

一、建设工程施工招标的特点

与设计招标和监理招标比较，施工招标的特点是发包的工作内容明确、具体，各投标人编制的投标书在评标时进行横向对比。虽然投标人按招标文件的工程量表中既定的工作内容和工程量编制报价，但价格的高低并非是确定中标人的唯一条件，投标过程实际上是各投标人完成该项任务的技术、经济、管理等综合能力的竞争。

二、资格预审

1. 资格预审的概念和意义

（1）资格预审的概念。资格预审是指招标人在招标开始前或者开始初期，由招标人对申请参加投标人进行资格审查。认定合格后的潜在投标人，得以参加投标。一般来说，对于大中型建设项目、"交钥匙"项目和技术复杂的项目，资格预审程序是必不可少的。

(2)资格预审的意义。

1)招标人可以通过资格预审程序了解潜在投标人的资信情况。

2)资格预审可以降低招标人的采购成本,提高招标工作的效率。

3)通过资格预审,招标人可以了解到潜在的投标人对项目的招标有多大兴趣。如果潜在的投标人兴趣大大低于招标人的预料,招标人可以修改招标条款,以吸引更多的投标人参加投标。

4)资格预审可吸引实力雄厚的承包商或者供应商进行投标。而通过资格预审程序,不合格的承包商或者供应商便会被筛选掉。这样,真正有实力的承包商和供应商也愿意参加合格的投标人之间的竞争。

2. 资格预审的种类

资格预审可分为定期资格预审和临时资格预审。

(1)定期资格预审,是指在固定的时间内集中进行全面的资格预审。大多数国家的政府采购使用定期资格预审的办法。审查合格者被资格审查机构列入资格审查合格者名单。

(2)临时资格预审,是指招标人在招标开始之前或者开始之初,由招标人对申请参加投标的潜在投标人进行资质条件、业绩、信誉、技术、资金等方面的情况进行资格审查。

3. 资格预审的程序

资格预审主要包括以下几个程序:一是资格预审公告;二是编制、发出资格预审文件;三是对投标人资格的审查和确定合格者名单。

(1)资格预审公告。是指招标人向潜在的投标人发出的参加资格预审的广泛邀请。该公告可以在购买资格预审文件前一周内至少刊登两次。也可以考虑通过规定的其他媒介发出资格预审公告。

(2)发出资格预审文件。资格预审公告后,招标人向申请参加资格预审的申请人发放或者出售资格预审查文件。资格预审文件通常由资格预审须知和资格预审表两部分组成。

1)资格预审须知内容一般为:比招标广告更详细的工程概况说明;资格预审的强制性条件;发包的工作范围;申请人应提供的有关证明和材料;当为国际工程招标时,对通过资格预审的国内投标者的优惠以及指导申请人正确填写资格预审表的有关说明等。

2)资格预审表,是招标单位根据发包工作内容特点,需要对投标单位资质条件、实施能力、技术水平、商业信誉等方面的情况加以全面了解,以应答式表格形式给出的调查文件。资格预审表中开列的内容应能反映投标单位的综合素质。

只要投标申请人通过了资格预审就说明他具备承担发包工作的资质和能力,凡资格预审中评定过的条件在评标的过程中就不再重新加以评定,因此资格预审文件中的审查内容要完整、全面,避免不具备条件的投标人承担项目的建设任务。

（3）评审资格预审文件。对各申请投标人填报的资格预审文件评定，大多采用加权打分法。

1）依据工程项目特点和发包工作的性质，划分出评审的几大方面，如资质条件、人员能力、设备和技术能力、财务状况、工程经验、企业信誉等，并分别给予不同的权重。

2）对各方面再细划分评定内容和分项打分标准。

3）按照规定的原则和方法逐个对资格预审文件进行评定和打分，确定各投标人的综合素质得分。为了避免出现投标人在资格预审表中出现言过其实的情况，在有必要时还可辅以对其已实施过的工程现场调查。

4）确定投标人短名单。依据投标申请人的得分排序，以及预定的邀请投标人数目，从高分向低分录取。此时还需注意，若某一投标人的总分排在前几名之内，但某一方面的得分偏低较多，招标单位应适当考虑若他一旦中标后，实施过程中会有哪些风险，最终再确定他是否有资格进入短名单之内。对短名单之内的投标单位，招标单位分别发出投标邀请书，并请他们确认投标意向。如果某一通过资格预审单位又决定不再参加投标，招标单位应以得分排序的下一名投标单位递补。对没有通过资格预审的单位，招标单位也应发出相应通知，他们就无权再参加投标竞争。

4. 资格预审的评审方法

资格预审的评审标准必需考虑到评标的标准，一般凡属评标时考虑的因素，资格预审评审时可不必考虑。反过来，也不应该把资格预审中已包括的标准再列入评标的标准（对合同实施至关重要的技术性服务，工作人员的技术能力除外）。

资格预审的评审方法一般采用评分法。将预审应该考虑的各种因素分类，确定它们在评审中应占的比分。如：

机构及组织	10 分
人　　员	15 分
设备、车辆	15 分
经　　验	30 分
财 务 状 况	30 分
总　　分	100 分

一般申请人所得总分在 70 分以下，或其中有一类得分不足最高分的 50% 者，应视为不合格。各类因素的权重应根据项目性质以及它们在项目实施中的重要性而定。

评审时，在每一因素下面还可以进一步分若干参数，常用的参数如下：

（1）组织及计划。

1）总的项目实施方案。

2)分包给分包商的计划。

3)以往未能履约导致诉讼,损失赔偿及延长合同的情况。

4)管理机构情况以及总部对现场实施指挥的情况。

(2)人员。

1)主要人员的经验和胜任的程度。

2)专业人员胜任的程度。

(3)主要施工设施及设备。

1)适用性(型号、工作能力、数量)。

2)已使用年份及状况。

3)来源及获得该设施的可能性。

(4)经验(过去 3 年)。

1)技术方面的介绍。

2)所完成相似工程的合同额。

3)在相似条件下完成的合同额。

4)每年工作量中作为承包商完成的百分比平均数。

(5)财务状况。

1)银行介绍的函件。

2)保险公司介绍的函件。

3)平均年营业额。

4)流动资金。

5)流动资产与目前负债的比值。

6)过去 5 年中完成的合同总额。

资格预审的评审标准应视项目性质及具体情况而定。如财务状况中,为了说明申请人在实施合同期间现金流动的需要,也可以采用申请人能取得银行信贷额多少来代替流动资金或其他参数的办法。

三、建设工程施工招标文件的内容

2010 年版《中华人民共和国房屋建筑和市政工程标准施工招标文件》共包括四卷八章内容,具体如下:

第一卷

第一章　招标公告或投标邀请书

第二章　投标人须知

第三章　评标办法

第四章　合同条款及格式

第五章　工程量清单

第二卷

第六章　图纸

第三卷

第七章　技术标准和要求

第四卷

第八章　投标文件格式

（一）招标公告或投标邀请书

公开招标的投标机会必须通过公开广告的途径予以通告，使所有的合格的投标者都有同等的机会了解投标要求，以形成尽可能广泛的竞争局面。我国规定，依法应当公开招标的工程，必须在主管部门指定的媒介上发布招标公告。招标公告的发布应当充分公开，任何单位和个人不得非法限制招标公告的发布地点和发布范围。指定媒介发布依法必须发布的招标公告，不得收取费用。

招标公告的内容主要包括：

（1）招标人名称、地址、联系人姓名、电话；委托代理机构进行招标的，还应注明该机构的名称和地址。

（2）工程情况简介，包括项目名称、建筑规模、工程地点、结构类型、装修标准、质量要求、工期要求。

（3）承包方式，材料、设备供应方式。

（4）对投标人资质的要求及应提供的有关文件。

（5）招标日程安排。

（6）招标文件的获取办法，包括发售招标文件的地点、文件的售价及开始和截止出售的时间。

（7）其他要说明的问题。

依法实行邀请招标的工程项目，应由招标人或其委托的招标代理机构向拟邀请的投标人发送投标邀请书。投标邀请书的内容与招标公告大同小异。

（二）投标人须知

投标须知是招标文件中很重要的一部分内容，主要是告知投标者投标时的有关注意事项，包括资格要求、投标文件要求、投标的语言、报价计算、货币、投标有效期、投标保证、错误的修正以及本国投标者的优惠等，内容应明确、具体。

投标须知这一部分内容，有的业主将它作为正式签订的工程承包合同的一部分，有的不作为正式的合同内容，这一点在编制招标文件时和签订合同时应注意说明。

投标须知大致包括以下内容。

1. 招标项目说明

主要是介绍招标项目的情况及合同的有关情况，如项目的数量、规模、用途，合同的名称、包括的范围、合同的数量、合同对项目的要求，等。通过上述情况的介绍，使投标人对招标项目有一个整体的了解。

2. 资金来源

即资金是属于自有资金、财政拨款还是来源于直接融资或者间接融资等。如招标项目的资金来源于贷款,应当在招标文件中描述本项目资金的筹措情况,以及贷款方对招标项目的特别要求。资金来源也可以写进招标项目说明中。

3. 对投标人的资格要求

招标文件可以重申投标人对本项目投标所应当具备的资格,列出要证明其资格的文件。在没有进行资格预审的情况下更是如此。

4. 招标文件的目录

在投标须知中列上招标文件目录,是为了使投标人在收到文件后仔细核对文件内容,文件格式、条款和说明,以证实其得到了所有文件。该项条目应强调由于投标人检查疏忽而遗漏的文件,招标人不承担责任。投标人没有按照招标文件的要求制作投标文件进行投标的,其投标将被拒绝。

5. 招标文件的补充或修改

招标文件发售给投标人后,在投标截止日期前的任何时候,招标人均可以对其中的任何内容或者部分内容加以补充或者修改。

(1)对投标人书面质疑的解答。投标人研究招标文件和进行现场考察后会对招标文件中的某些问题提出书面质疑,招标人如果对其问题给予书面解答,就此问题的解答应同时送达每一个投标人,但送给其他人的解答不涉及问题的来源以保证公平竞争。

(2)标前会议的解答。标前会议对投标人和即时提出问题的解答,在会后应以会议纪要的形式发给每一个投标人。

(3)补充文件的法律效力。不论是招标人主动提出的对招标文件有关内容的补充或修改,还是对投标人质疑解答的书面文件或标前会议纪要,均构成招标文件的有效组成部分,若与原发出的招标文件不一致之处,以各文件的发送时间靠后者为准。

(4)补充文件的发送对投标截止日期的影响。在任何时间招标人均可对招标文件的有关内容进行补充或者修改,但应给投标人合理的时间在编制投标书时予以考虑。按照《招标投标法》规定,澄清或者修改文件应在投标截止日期的 15 天以前送达每一个投标人。因此若迟于上述时间时投标截止日期应当相应顺延。

6. 投标书格式

规定投标人应当提交的投标文件的种类、格式、份数,并规定投标人应当编制投标书份数。

7. 投标语言

特别是在国际性招标中,对投标语言作出规定更是必要。

8. 投标报价和货币的规定

投标报价是投标人说明报价的形式。投标人报价包括单价、总值和投标总价。在招标文件中还应当向投标人说明投标价是否可以调整。在投标货币方面，要求投标人标明投标价的币种及分别的金额。在支付货币方面，或者全部由招标人规定支付货币，或者由投标人选择一定百分比支付货币。同时，也应当写明兑换率。

9. 投标文件

这里主要是规定投标人制作的投标书应当包括的文件。包括投标书格式、投标保证金、报价单、资格证明文件、工程项目还有工程量清单等。

10. 投标保证金

投标保证金属于投标文件中可以规定的内容的重要组成部分。所谓投标保证金，是指投标人向招标人出具的，以一定金额表示的投标责任担保。也就是说，投标人保证其投标被接受后对其投标书中规定的责任不得撤销或者反悔。否则，招标人将对投标保证金予以没收。

招标人可以在招标文件中规定投标人出具保证金，并规定投标保证金的额度，投标保证金的金额可定为标价的 2% 或者一个指定的金额，该金额相当于所估合同价的 2%。当然，不是说必须定在标价的 2%，除法律有明确规定外，可考虑在标价的 1%～5% 之间确定。在使用信用证、银行保函或者投标保证金时，要规定该文件的有效期限。一般情况下，这些投标保证形式的有效期要长于投标有效期。该期限的长短要根据投标项目的具体情况来定。对于未中标的投标保证金，应当在发出中标通知书后一定时间内，尽快退还给投标人。

11. 投标截止时间

《招标投标法》第 24 条规定："招标人应当确定投标人编制投标文件所需要的合理时间；但是，依法必须进行招标的项目，自招标文件开始发出之日起至投标人提交投标文件截止之日止，最短不得少于 20 日。"投标人获得招标文件后，需要按照招标文件的要求编制投标文件，这需要花费一定的时间，从招标投标活动应当遵循的基本原则出发，招标人应当在招标文件中确定投标人编制投标文件所需要的合理时间。具体的"合理时间"是多长，由招标人根据招标项目的具体性质来确定。但是，对于依法必须进行招标的项目，自招标文件开始发出之日起至投标人提交投标文件截止之日止，最短不得少于 20 日。这是法律的强制性规定，招标人必须遵守。

上述投标截止时间简称为截标时间。招标人在招标公告和招标邀请书中对于投标截止时间已经予以明确，但是，在投标须知中还需要进一步强调，以引起投标人的重视，防止出现争议。需要说明的是，招标人可以推迟投标截止时间，并应当向投标人说明。

12. 投标有效期

投标有效期是在投标截止日期后规定的一段时间。在这段时间内招标人应当完成开标、评标、中标工作，除所有的投标都不符合招标条件的情形外，招标人应当与中标人订立合同,招标文件规定中标人需要提交履约保证金的,中标人还应当提交履约保证金。

　　招标文件中规定投标有效期是很有必要的,从招标程序来看,大量的工作是在接到投标以后进行的,开标、评标和确定中标人都需要较长的时间,在这段时间内投标人不得再对投标文件进行修改,否则必然会影响招标人的工作。正如《招标投标法》第29条规定:"投标人在招标文件要求提交投标文件的截止时间前,可以补充、修改或者撤回已提交的投标文件,并书面通知招标人。补充、修改的内容为投标文件的组成部分。"而在投标截止时间后,即在投标有效期内投标人不得对投标文件中的交易条件再行修改。

　　投标有效期可以定在中标通知以后,而定在中标人提交履约担保之后则是最稳妥的。通常情况下,投标有效期确定后,招标人应当在此期限内完成评标和授予合同等活动。当然,如果出现特殊情况,需要延长投标有效期,则招标人应当在投标有效期届满前以书面形式征求所有投标人的意见,同时要求投标担保也相应延长。招标人的延长投标有效期的要求不是强制性的,目的是不致使投标人在不可预料的长时间中受其投标的约束,从而有碍于投标人参与投标或者促使他们提高投标价格。投标人既可以同意延长投标有效期,也可以拒绝延期而按照原定期限撤销投标。拒绝延期的,其投标担保招标人不能没收。

　　13. 开标

　　这是投标须知中对开标的说明。在所有投标人的法定代表人或授权代表在场的情况下,招标人将于"投标人须知"规定的时间和地点举行开标会议,参加开标的投标人的代表应签名报到,以证明其出席开标会议。开标会议在招标投标管理机构监督下,由招标人组织并主持。开标时,对在招标文件要求提交投标文件的截止时间前收到的所有投标文件,都应当众予以拆封、宣读。但对按规定提交合格撤回通知的投标文件,不予开封。投标人的法定代表人或其授权代表未参加开标会议的,视为自动放弃投标。未按招标文件的规定标志、密封的投标文件,或者在投标截止时间以后送达的投标文件将被作为无效的投标文件对待。招标人当众宣布对所有投标文件的核查检视结果,并宣读有效投标的投标人名称、投标报价、修改内容、工期、质量、主要材料用量、投标保证金以及招标人认为适当的其他内容。

　　14. 评标

　　这是投标须知中对评标的阐释。主要有以下几个方面:

　　(1)评标内容的保密。公开开标后,直到宣布授予中标人合同为止,凡属于审查、澄清、评价和比较投标的有关资料,和有关授予合同的信息,以及评标组织成员的名单都不应向投标人或与该过程无关的其他人泄露。招标人应采取必要的措施,保证评标在严格保密的情况下进行。在投标文件的审查、澄清、评价和比较以及授予合同的过程中,投标人对招标人和评标组织其他成员施加影响的任何行为,都将导致取消投标资格。

(2)投档文件的澄清。为了有助于投标文件的审查、评价和比较,评标组织在保密其成员名单的情况下,可以个别要求投标人澄清其投标文件。有关澄清的要求与答复,应以书面形式进行,但不允许更改投标报价或投标的其他实质性内容。但是按照投标须知规定,校核时发现的算术错误不在此列。

(3)投标文件的符合性鉴定。在详细评标之前,评标组织将首先审定每份投标文件是否在实质上响应了招标文件的要求。实质上响应要求的投标文件,应该与招标文件的所有规定要求、条件、条款和规范相符,无显著差异或保留。

(4)错误的修正。对于符合招标文件要求而且有竞争力的投标,业主将对计算和累加方面的数字错误进行审核和修改。其中:如数字金额与大写金额不符,则以大写额为准,如单价乘工程量不等于总值时,一般以单价为准,除非业主认为是明显的单价小数点定位错误造成的,则以总值为准。

修正后的投标文件,须经投标者确认,才对其投标具有约束力。如投标者不接受修正,则投标文件将被拒绝,投标保证金也将被没收。

(5)投标文件的评价与比较。评标组织将仅对按照投标须知确定为实质上响应招标文件要求的投标文件进行评价与比较。评标方法为综合评议法(或单项评议法、两阶段评议法)。投标价格采用价格调整的,在评标时不应考虑执行合同期间价格变化和允许调整的规定。

15. 投标文件的修改与撤回

投标人可以在递交投标文件以后,在规定的投标截止时间之前,采用书面形式向招标人递交补充、修改或撤回其投标文件的通知。在投标截止日期以后,不能更改投标文件。投标人的补充、修改或撤回通知,应按投标须知规定编制、密封、加写标志和递交,并在内层包封标明"补充"、"修改"或"撤回"字样。根据投标须知的规定,在投标截止时间与招标文件中规定的投标有效期终止日之间的这段时间内,投标人不能撤回投标文件,否则其投标保证金将不予退还。

16. 授予合同

这是投标须知中对授予合同问题的阐释。主要有以下几点:

(1)授予合同的标准。业主将与投标文件完整且符合招标文件要求,并经审查认为有足够能力和资产来完成本合同,在满足前述各项要求而投标报价最低的投标者签订合同。

业主有不授受最低投标价的权力。

(2)业主有权接受任何投标和拒绝任何或所有投标,业主在签订合同前,有权接受或拒绝任何投标,宣布投标程序无效或拒绝所有投标。对因此而受到影响的投标者不负任何责任,也没有义务向投标者说明原因。

(3)授予合同的通知。在投标有效期期满之前,业主应以电报或电传通知中标者,并用挂号信寄出正式的中标函。

　　当中标者与业主签订了合同,并提交了履约保证之后,业主应迅速通知其他未中标的投标者。

　　(4)签订协议。业主向中标者寄发中标函的同时,还应寄去招标文件中所提供的合同协议书格式。中标者应在收到上述文件后规定时间内派出全权代表与业主签署合同协议书。

　　(5)履约保证。按合同规定,中标者在收到中标通知后的一定时间内(一般规定15~30天)应向业主交纳一份履约保证。如果中标者未能按照业主的规定提交履约保证,则业主有权取消其中标资格,没收其投标保证金,而考虑与另一投标者签订合同或重新招标。

　　2010年版《中华人民共和国房屋建筑和市政工程标准施工招标文件》中"投标人须知前附表"和"投标人须知正文"的样式如下:

投标人须知前附表

条款号	条 款 名 称	编 列 内 容
1.1.2	招标人	名称: 地址: 联系人: 电话: 电子邮件:
1.1.3	招标代理机构	名称: 地址: 联系人: 电话: 电子邮件:
1.1.4	项目名称	
1.1.5	建设地点	
1.2.1	资金来源	
1.2.2	出资比例	
1.2.3	资金落实情况	
1.3.1	招标范围	_____, 关于招标范围的详细说明见第七章"技术标准和要求"

（续一）

条款号	条款名称	编列内容
1.3.2	计划工期	计划工期：＿＿＿＿＿＿日历天 计划开工日期：＿＿＿年＿＿月＿＿日 计划竣工日期：＿＿＿年＿＿月＿＿日 除上述总工期外，发包人还要求以下区段工期： ＿＿＿＿＿＿＿＿＿＿＿＿＿＿＿＿＿ 有关工期的详细要求见第七章"技术标准和要求"
1.3.3	质量要求	质量标准： 关于质量要求的详细说明见第七章"技术标准和要求"
1.4.1	投标人资质条件、能力和信誉	资质条件： 财务要求： 业绩要求： 信誉要求： 项目经理资格：＿＿＿＿＿＿专业＿＿＿＿＿级（含以上级）注册建造师执业资格，具备有效的安全生产考核合格证书，且不得担任其他在施建设工程项目的项目经理。 其他要求：
1.4.2	是否接受联合体投标	□不接受 □接受，应满足下列要求： ＿＿＿＿＿＿＿＿＿＿＿＿＿＿＿＿＿ 联合体资质按照联合体协议约定的分工认定
1.9.1	踏勘现场	□不组织 □组织，踏勘时间： 　　踏勘集中地点：
1.10.1	投标预备会	□不召开 □召开，召开时间： 　　召开地点：
1.10.2	投标人提出问题的截止时间	

（续二）

条款号	条款名称	编列内容
1.10.3	招标人书面澄清的时间	
1.11	分包	□不允许 □允许,分包内容要求: 　　　分包金额要求: 　　　接受分包的第三人资质要求:
1.12	偏离	□不允许 □允许,可偏离的项目和范围见第七章"技术标准和要求": 　　　允许偏离最高项数:＿＿＿＿＿＿ 　　　偏差调整方法:＿＿＿＿＿＿
2.1	构成招标文件的其他材料	
2.2.1	投标人要求澄清招标文件的截止时间	
2.2.2	投标截止时间	＿＿＿＿年＿＿＿＿月＿＿＿＿日＿＿＿＿时＿＿＿＿分
2.2.3	投标人确认收到招标文件澄清的时间	在收到相应澄清文件后＿＿＿＿小时内
2.3.2	投标人确认收到招标文件修改的时间	在收到相应修改文件后＿＿＿＿小时内
3.1.1	构成投标文件的其他材料	
3.3.1	投标有效期	＿＿＿＿＿天
3.4.1	投标保证金	投标保证金的形式: 投标保证金的金额: 递交方式:
3.5.2	近年财务状况的年份要求	＿＿＿＿＿＿年,指＿＿＿＿年＿＿＿＿月＿＿＿＿日起至 ＿＿＿＿年＿＿＿＿月＿＿＿＿日止
3.5.3	近年完成的类似项目的年份要求	＿＿＿＿＿＿年,指＿＿＿＿年＿＿＿＿月＿＿＿＿日起至 ＿＿＿＿年＿＿＿＿月＿＿＿＿日止

条款号	条　款　名　称	编 列 内 容
3.5.5	近年发生的诉讼及仲裁情况的年份要求	_____年,指_____年_____月_____日起至_____年_____月_____日止
3.6	是否允许递交备选投标方案	□不允许 □允许,备选投标方案的编制要求见附表七"备选投标方案编制要求",评审和比较方法见第三章"评标办法"
3.7.3	签字和(或)盖章要求	
3.7.4	投标文件副本份数	_____份
3.7.5	装订要求	按照投标人须知第3.1.1项规定的投标文件组成内容,投标文件应按以下要求装订: □不分册装订 □分册装订,共分_____册,分别为: 　投标函,包括_____至_____的内容 　商务标,包括_____至_____的内容 　技术标,包括_____至_____的内容 　_____标,包括_____至_____的内容 每册采用_____方式装订,装订应牢固、不易拆散和换页,不得采用活页装订
4.1.2	封套上写明	招标人地址: 　招标人名称: _____(项目名称)_____标段投标文件在_____年_____月_____日_____时_____分前不得开启
4.2.2	递交投标文件地点	_____ (有形建筑市场/交易中心名称及地址)
4.2.3	是否退还投标文件	□否 □是,退还安排:
5.1	开标时间和地点	开标时间:同投标截止时间 开标地点:
5.2	开标程序	(4)密封情况检查: (5)开标顺序:

(续四)

条款号	条 款 名 称	编 列 内 容
6.1.1	评标委员会的组建	评标委员会构成：_____人,其中招标人代表_____人(限招标人在职人员,且应当具备评标专家相应的或者类似的条件),专家_____人； 　评标专家确定方式：_____
7.1	是否授权评标委员会确定中标人	□是 □否,推荐的中标候选人数：_____
7.3.1	履约担保	履约担保的形式： 履约担保的金额：
10. 需要补充的其他内容		
10.1 词语定义		
10.1.1	类似项目	类似项目是指：
10.1.2	不良行为记录	不良行为记录是指：
···	···	
10.2 招标控制价		
	招标控制价	□不设招标控制价 □设招标控制价,招标控制价为：_____元 详见本招标文件附件：_____
10.3 "暗标"评审		
	施工组织设计是否采用"暗标"评审方式	□不采用 □采用,投标人应严格按照第八章"投标文件格式"中"施工组织设计(技术暗标)编制及装订要求"编制和装订施工组织设计
10.4 投标文件电子版		
	是否要求投标人在递交投标文件时,同时递交投标文件电子版	□不要求 □要求,投标文件电子版内容： _____ 投标文件电子版份数： _____ 投标文件电子版形式： _____ 投标文件电子版密封方式：单独放入一个密封袋中,加贴封条,并在封套封口处加盖投标人单位章,在封套上标记"投标文件电子版"字样

（续五）

条款号	条 款 名 称	编 列 内 容
10.5	计算机辅助评标	
	是否实行计算机辅助评标	□否 □是,投标人需递交纸质投标文件一份,同时按本须知附表八"电子投标文件编制及报送要求"编制及报送电子投标文件。计算机辅助评标方法见第三章"评标办法"
10.6	投标人代表出席开标会	
		按照本须知第5.1款的规定,招标人邀请所有投标人的法定代表人或其委托代理人参加开标会。投标人的法定代表人或其委托代理人应当按时参加开标会,并在招标人按开标程序进行点名时,向招标人提交法定代表人身份证明文件或法定代表人授权委托书,出示本人身份证,以证明其出席,否则,其投标文件按废标处理
10.7	中标公示	
		在中标通知书发出前,招标人将中标候选人的情况在本招标项目招标公告发布的同一媒介和有形建筑市场/交易中心予以公示,公示期不少于3个工作日
10.8	知识产权	
		构成本招标文件各个组成部分的文件,未经招标人书面同意,投标人不得擅自复印和用于非本招标项目所需的其他目的。招标人全部或者部分使用未中标人投标文件中的技术成果或技术方案时,需征得其书面同意,并不得擅自复印或提供给第三人
10.9	重新招标的其他情形	
		除投标人须知正文第8条规定的情形外,除非已经产生中标候选人,在投标有效期内同意延长投标有效期的投标人少于三个的,招标人应当依法重新招标
10.10	同义词语	
		构成招标文件组成部分的"通用合同条款"、"专用合同条款"、"技术标准和要求"和"工程量清单"等章节中出现的措辞"发包人"和"承包人",在招标投标阶段应当分别按"招标人"和"投标人"进行理解
10.11	监督	
		本项目的招标投标活动及其相关当事人应当接受有管辖权的建设工程招标投标行政监督部门依法实施的监督

(续六)

条款号	条　款　名　称	编　列　内　容
10.5	计算机辅助评标	
10.12	解释权	
		构成本招标文件的各个组成文件应互为解释,互为说明;如有不明确或不一致,构成合同文件组成内容的,以合同文件约定内容为准,且以专用合同条款约定的合同文件优先顺序解释;除招标文件中有特别规定外,仅适用于招标投标阶段的规定,按招标公告(投标邀请书)、投标人须知、评标办法、投标文件格式的先后顺序解释;同一组成文件中就同一事项的规定或约定不一致的,以编排顺序在后者为准;同一组成文件不同版本之间有不一致的,以形成时间在后者为准。按本款前述规定仍不能形成结论的,由招标人负责解释
10.13	招标人补充的其他内容	
		...

投标人须知正文

1. 总则

1.1　工程概况

1.1.1　根据《中华人民共和国招标投标法》等有关法律、法规和规章的规定,本招标项目已具备招标条件。现对本标段施工进行招标。

1.1.2　本招标项目招标人:见投标人须知前附表。

1.1.3　本标段招标代理机构:见投标人须知前附表。

1.1.4　本招标项目名称:见投标人须知前附表。

1.1.5　本标段建设地点:见投标人须知前附表。

1.2　资金来源和落实情况

1.2.1　本招标项目的资金来源:见投标人须知前附表。

1.2.2　本招标项目的出资比例:见投标人须知前附表。

1.2.3　本招标项目的资金落实情况:见投标人须知前附表。

1.3　招标范围、计划工期和质量要求

1.3.1　本次招标范围:见投标人须知前附表。

1.3.2　本标段的计划工期:见投标人须知前附表。

1.3.3　本标段的质量要求:见投标人须知前附表。

1.4　投标人资格要求(适用于已进行资格预审的)

投标人应是收到招标人发出投标邀请书的单位。

1.4　投标人资格要求(适用于未进行资格预审的)

1.4.1　投标人应具备承担本标段施工的资质条件、能力和信誉。

（1）资质条件：见投标人须知前附表。

（2）财务要求：见投标人须知前附表。

（3）业绩要求：见投标人须知前附表。

（4）信誉要求：见投标人须知前附表。

（5）项目经理资格：见投标人须知前附表。

（6）其他要求：见投标人须知前附表。

1.4.2　投标人须知前附表规定接受联合体投标的，除应符合本章第 1.4.1 项和投标人须知前附表的要求外，还应遵守以下规定：

（1）联合体各方应按招标文件提供的格式签订联合体协议书，明确联合体牵头人和各方权利义务；

（2）由同一专业的单位组成的联合体，按照资质等级较低的单位确定资质等级。

（3）联合体各方不得再以自己名义单独或参加其他联合体在同一标段中投标。

1.4.3　投标人不得存在下列情形之一：

（1）为招标人不具备独立法人资格的附属机构（单位）；

（2）为本标段前期准备提供设计和咨询服务的，但设计施工总承包除外；

（3）为本标段的监理人；

（4）为本标段的代建人；

（5）为本标段提供招标代理服务的；

（6）与本标段的监理人或代建人或招标代理机构同为一个法定代表人的；

（7）与本标段的监理人或代建人或招标代理机构相互控股或参股的；

（8）与本标段的监理人或代建人或招标代理机构相互任职或工作的；

（9）被责令停业的；

（10）被暂停或取消投标资格的；

（11）财产被接管或冻结的；

（12）在最近三年内有骗取中标或严重违约或重大工程质量问题的。

1.5　费用承担

投标人准备和参加投标活动产生的费用自理。

1.6　保密

参与招标投标活动的各方应对招标文件和投标文件中的商业和技术等秘密保密，违者应对由此造成的后果承担法律责任。

1.7　语言文字

除专用术语外，与招标投标有关的语言均使用中文。必要时专用术语应附有中文注释。

1.8　计量单位

所有计量均采用中华人民共和国法定计量单位。

1.9　踏勘现场

1.9.1　投标人须知前附表规定组织踏勘现场的,招标人按投标人须知前附表规定的时间、地点组织投标人踏勘项目现场。

1.9.2　投标人踏勘现场所发生的费用自理。

1.9.3　除招标人的原因外,投标人自行负责在踏勘现场中所发生的人员伤亡和财产损失。

1.9.4　招标人在踏勘现场中介绍的工程场地和相关的周边环境情况,供投标人在编制投票文件时参考,招标人不对投标人据此作出的判断和决策负责。

1.10　投标预备会

1.10.1　投标人须知前附表规定召开投标预备会的,招标人按投标人须知前附表规定的时间和地点召开投标预备会,澄清投标人提出的问题。

1.10.2　投标人应在投标人须知前附表规定的时间前,以书面形式将提出的问题送达招标人,以便招标人在会议期间澄清。

1.10.3　投标预备会后,招标人在投标人须知前附表规定的时间内,将对投标人所提问题的澄清,以书面形式通知所有购买招标文件的投标人。该澄清内容为招标文件的组成部分。

1.11　分包

投标人拟在中标后将中标项目的部分非主体、非关键性工作进行分包的,应符合投标人须知前附表规定的分包内容、分包金额和接受分包的第三人资质要求等限制性条件。

1.12　分离

投标人须知前附表允许投标文件偏离招标文件某些要求的,偏离应当符合招标文件规定的偏离范围和幅度。

2.　招标文件

2.1　招标文件的组成

本招标文件包括:

(1)招标公告(或招标邀请书)。

(2)投标人须知。

(3)评标办法。

(4)合同条款及格式。

(5)工程量清单。

(6)图纸。

(7)技术标准和要求。

(8)投标文件格式。

(9)投标人须知前附表规定的其他材料。

　　根据本章第1.10款、第2.2款和第2.3款对招标文件所作的澄清、修改,构成招标文件的组成部分。

　　2.2　招标文件的澄清

　　2.2.1　投标人应仔细阅读和检查招标文件的全部内容。如发现缺页或附件不全,应及时向招标人提出,以便补齐。如有疑问,应在投标人须知前附表规定的时间前以书面形式(包括信函、电报、传真等可以有形地表现所载内容的形式,下同),要求招标人对招标文件予以澄清。

　　2.2.2　招标文件的澄清将在投标人须知前附表规定的投标截止时间15天前以书面形式发给所有购买招标文件的投标人,但不指明澄清问题的来源。如果澄清发出的时间距投标截止时间不足15天,相应延长投标截止时间。

　　2.2.3　投标人在收到澄清后,应在投标人须知前附表规定的时间内以书面形式通知招标人,确认已收到该澄清。

　　2.3　招标文件的修改

　　2.3.1　在投标截止时间15天前,招标人可以书面形式修改招标文件,并通知所有已购买招标文件的投标人。如果修改招标文件的时间距投标截止时间不足15天,相应延长投标截止时间。

　　2.3.2　投标人收到修改内容后,应在投标人须知前附表规定的时间内以书面形式通知招标人,确认已收到该修改。

　　3.投标文件

　　3.1　投标文件的组成

　　3.1.1　投标文件应包括下列内容:

　　(1)投标函及投标函附录。

　　(2)法定代表人身份证明或附有法定代表人身份证明的授权委托书。

　　(3)联合体协议书。

　　(4)投标保证金。

　　(5)已标价工程量清单。

　　(6)施工组织设计。

　　(7)项目管理机构。

　　(8)拟分包项目情况表。

　　(9)资格审查资料。

　　(10)投标人须知前附表规定的其他材料。

　　3.1.2　投标人须知前附表规定不接受联合体投标的,或者投标人没有组成联合体的,投标文件不包括本章第3.1.1(3)目所指的联合体协议书。

　　3.2　投标报价

　　3.2.1　投标人应按第五章"工程量清单"的要求填写相应表格。

　　3.2.2　投标人在投标截止时间前修改投标函中的投标总报价,应同时修改

第五章"工程量清单"中的相应报价。此修改须符合本章第4.3款的有关要求。

3.3　投标有效期

3.3.1　在投标人须知前附表规定的投标有效期内,投标人不得要求撤销或修改其投标文件。

3.3.2　出现特殊情况需要延长投标有效期的,招标人以书面形式通知所有投标人延长投标有效期。投标人同意延长的,应相应延长其投标保证金的有效期,但不得要求或被允许修改或撤销其投标文件;投标人拒绝延长的,其投标失效,但投标人有权收回其投标保证金。

3.4　投标保证金

3.4.1　投标人在递交投标文件的同时,应按投标人须知前附表规定的金额、担保形式和第八章"投标文件格式"规定的投标保证金格式递交投标保证金,并作为其投标文件的组成部分。联合体投标的,其投标保证金由牵头人递交,并应符合投标人须知前附表的规定。

3.4.2　投标人不按本章第3.4.1项要求提交投标保证金的,其投标文件作废标处理。

3.4.3　招标人与中标人签订合同后5个工作日内,向未中标的投标人和中标人退还投标保证金。

3.4.4　有下列情形之一的,投标保证金将不予退还:

(1)投标人在规定的投标有效期内撤销或修改其投标文件;

(2)中标人在收到中标通知书后,无正当理由拒签合同协议书或未按招标文件规定提交履约担保。

3.5　资格审查资料(适用于已进行资格资格预审的)

投标人在编制投标文件时,应按新情况更新或补充其在申请资格预审时提供的资料,以证实其各项资格条件仍能继续满足资格预审文件的要求,具备承担本标段施工的资质条件、能力和信誉。

3.5　资格审查资料(适用于未进行资格预审的)

3.5.1　"投标人基本情况表"应附投标人营业执照副本及其年检合格的证明材料、资质证书副本和安全生产许可证等材料的复印件。

3.5.2　"近年财务状况表"应附经会计师事务所或审计机构审计的财务会计报表,包括资产负债表、现金流量表、利润表和财务情况说明书的复印件,具体年份要求见投标人须知前附表。

3.5.3　"近年完成的类似项目情况表"应附中标通知书和(或)合同协议书、工程接收证书(工程竣工验收证书)的复印件,具体年份要求见投标人须知前附表。每张表格只填写一个项目,并标明序号。

3.5.4　"正在施工和新承接的项目情况表"应附中标通知书和(或)合同协议书复印件。每张表格只填写一个项目,并标明序号。

3.5.5　"近年发生的诉讼及仲裁情况"应说明相关情况，并附法院或仲裁机构作出的判决、裁决等有关法律文书复印件，具体年份要求见投标人须知前附表。

3.5.6　投标人须知前附表规定接受联合体投标的，本章第3.5.1项至第3.5.5项规定的表格和资料应包括联合体各方相关情况。

3.6　投标备选方案

除投标人须知前附表另有规定外，投标人不得递交备选投标方案。允许投标人递交备选投标方案的，只有中标人所递交的备选投标方案方可予以考虑。评标委员会认为中标人的备选投标方案优于其按照招标文件要求编制的投标方案的，招标人可以接受该备选投标方案。

3.7　投标文件的编制

3.7.1　投标文件应按第八章"投标文件格式"进行编写，如有必要，可以增加附页，作为投标文件的组成部分。其中，投标函附录在满足招标文件实质性要求的基础上，可以提出比招标文件要求更有利于招标人的承诺。

3.7.2　投标文件应当对招标文件有关工期、投标有效期、质量要求、技术标准和要求、招标范围等实质性内容作出响应。

3.7.3　投标文件应用不褪色的材料书写或打印，并由投标人的法定代表人或其委托代理人签字或盖单位章。委托代理人签字的，投标文件应附法定代表人签署的授权委托书。投标文件应尽量避免涂改、行间插字或删除。如果出现上述情况，改动之处应加盖单位章或由投标人的法定代表人或其授权的代理人签字确认。签字或盖章的具体要求见投标人须知前附表。

3.7.4　投标文件正本一份，副本份数见投标人须知前附表。正本和副本的封面上应清楚地标记"正本"或"副本"的字样。当副本和正本不一致时，以正本为准。

3.7.5　投标文件的正本与副本应分别装订成册，并编制目录，具体装订要求见投标人须知前附表规定。

4.投标

4.1　投标文件的密封和标记

4.1.1　投标文件的正本与副本应分开包装，加贴封条，并在封套的封口处加盖投标人单位章。

4.1.2　投标文件的封套上应清楚地标记"正本"或"副本"字样，封套上应写明的其他内容见投标人须知前附表。

4.1.3　未按本章第4.1.1项和第4.1.2项要求密封和加写标记的投标文件，招标人不予受理。

4.2　投标文件的递交

4.2.1　投标人应在本章第2.2.2项规定的投标截止时间前递交投标文件。

4.2.2　投标人递交投标文件的地点：见投标人须知前附表。

4.2.3　除投标人须知前附表另有规定外,投标人所递交的投标文件不予退还。

4.2.4　招标人收到投标文件后,向投标人出具签收凭证。

4.2.5　逾期送达的或者未送达指定地点的投标文件,招标人不予受理。

4.3　投标文件的修改与撤回

4.3.1　在本章第2.2.2项规定的投标截止时间前,投标人可以修改或撤回已递交的投标文件,但应以书面形式通知招标人。

4.3.2　投标人修改或撤回已递交投标文件的书面通知应按照本章第3.7.3项的要求签字或盖章。招标人收到书面通知后,向投标人出具签收凭证。

4.3.3　修改的内容为投标文件的组成部分。修改的投标文件应按照本章第3条、第4条规定进行编制、密封、标记和递交,并标明"修改"字样。

5. 开标

5.1　开标时间和地点

招标人应在本章第2.2.2项规定的投标截止时间(开标时间)和投标人须知前附表规定的地点公开开标,并邀请所有投标人的法定代表人或其委托代理人准时参加。

5.2　开标程序

主持人按下列程序进行开标:

(1)宣布开标纪律;

(2)公布在投标截止时间前递交投标文件的投标人名称,并点名确认投标人是否派人到场;

(3)宣布开标人、唱标人、记录人、监标人等有关人员姓名;

(4)按照投标人须知前附表规定检查投标文件的密封情况;

(5)按照投标人须知前附表的规定确定并宣布投标文件开标顺序;

(6)设有标底的,公布标底;

(7)按照宣布的开标顺序当众开标,公布投标人名称、标段名称、投标保证金的递交情况、投标报价、质量目标、工期及其他内容,并记录在案;

(8)投标人代表、招标人代表、监标人、记录人等有关人员在开标记录上签字确认;

(9)开标结束。

6. 评标

6.1　评标委员会

6.1.1　评标由招标人依法组建的评标委员会负责。评标委员会由招标人或其委托的招标代理机构熟悉相关业务的代表,以及有关技术、经济等方面的专家组成。评标委员会成员人数以及技术、经济等方面专家的确定方式见投标人须知前附表。

6.1.2　评标委员会成员有下列情形之一的,应当回避:

(1)招标人或投标人的主要负责人的近亲属;

(2)项目主管部门或者行政监督部门的人员;

(3)与投标人有经济利益关系,可能影响对投标公正评审的;

(4)曾因在招标、评标以及其他与招标投标有关活动中从事违法行为而受过行政处罚或刑事处罚的。

6.2　评标原则

评标活动遵循公平、公正、科学和择优的原则。

6.3　评标

评标委员会按照第三章"评标办法"规定的方法、评审因素、标准和程序对投标文件进行评审。第三章"评标办法"没有规定的方法、评审因素和标准,不作为评标依据。

7. 合同授予

7.1　定标方式

除投标人须知前附表规定评标委员会直接确定中标人外,招标人依据评标委员会推荐的中标候选人确定中标人,评标委员会推荐中标候选人的人数见投标人须知前附表。

7.2　中标通知

在本章第3.3款规定的投标有效期内,招标人以书面形式向中标人发出中标通知书,同时将中标结果通知未中标的投标人。

7.3　履约担保

7.3.1　在签订合同前,中标人应按投标人须知前附表规定的金额、担保形式和招标文件中"合同条款及格式"规定的履约担保格式向招标人提交履约担保。联合体中标的,其履约担保由牵头人递交,并应符合投标人须知前附表规定的金额、担保形式和招标文件第四章"合同条款及格式"规定的履约担保格式要求。

7.3.2　中标人不能按本章第7.3.1项要求提交履约担保的,视为放弃中标,其投标保证金不予退还,给招标人造成的损失超过投标保证金数额的,中标人还应当对超过部分予以赔偿。

7.4　签订合同

7.4.1　招标人和中标人应当自中标通知书发出之日起30天内,根据招标文件和中标人的投标文件订立书面合同。中标人无正当理由拒签合同的,招标人取消其中标资格,其投标保证金不予退还;给招标人造成的损失超过投标保证金数额的,中标人还应当对超过部分予以赔偿。

7.4.2　发出中标通知书后,招标人无正当理由拒签合同的,招标人向中标人退还投标保证金;给中标人造成损失的,还应当赔偿损失。

8. 重新招标和不招标

8.1　重新招标

有下列情形之一的,招标人将重新招标:

(1)投标截止时间止,投标人少于3个的;

(2)经评标委员会评审后否决所有投标的。

8.2　不再招标

重新招标后投标人仍少于3个或者所有投标被否决的,属于必须审批或核准的工程建设项目,经原审批或核准部门批准后不再进行招标。

9.纪律和监督

9.1　对招标人的纪律要求

招标人不得泄漏招标投标活动中应当保密的情况和资料,不得与投标人串通损害国家利益、社会公共利益或者他人合法权益。

9.2　对投标人的纪律要求

投标人不得相互串通投标或者与招标人串通投标,不得向招标人或者评标委员会成员行贿谋取中标,不得以他人名义投标或者以其他方式弄虚作假骗取中标;投标人不得以任何方式干扰、影响评标工作。

9.3　对评标委员会成员的纪律要求

评标委员会成员不得收受他人的财物或者其他好处,不得向他人透漏对投标文件的评审和比较、中标候选人的推荐情况以及评标有关的其他情况。在评标活动中,评标委员会成员不得擅离职守,影响评标程序正常进行,不得使用第三章"评标办法"没有规定的评审因素和标准进行评标。

9.4　对与评标活动有关的工作人员的纪律要求

与评标活动有关的工作人员不得收受他人的财物或者其他好处,不得向他人透漏对投标文件的评审和比较、中标候选人的推荐情况以及评标有关的其他情况。在评标活动中,与评标活动有关的工作人员不得擅离职守,影响评标程序正常进行。

9.5　投诉

投标人和其他利害关系人认为本次招标活动违反法律、法规和规章规定的,有权向有关行政监督部门投诉。

10.需要补充的其他内容

需要补充的其他内容:见投标人须知前附表。

附表一:开标记录表

_____(项目名称)_____标段施工开标记录表

开标时间:_____年_____月_____日_____时_____分

开标地点:_____

(一)唱标记录

序号	投标人	密封情况	投标保证金	投标报价（元）	质量目标	工期	备注	签名
招标人编制的标底（如果有）								

（二）开标过程中的其他事项记录

_____
_____
_____
_____

（三）出席开标会的单位和人员（附签到表）

招标人代表：_____ 记录人：_____ 监标人：_____

_____年____月____日

附表二：问题澄清通知

问题澄清通知

编号：_____

_____（投标人名称）：

_____（项目名称）标段施工招标的评标委员会，对你方的投标文件进行了仔细的审查，现需你方对本通知所附质疑问卷中的问题以书面形式予以澄清、说明或者补正。

请将上述问题的澄清、说明或者补正于_____年____月____日时前密封递交至_____（详细地址）或传真至_____（传真号码）。采用传真方式的，应在_____年____月____日时前将原件递交至_____（详细地址）。

附件：质疑问卷

_____（项目名称）_____标段施工招标评标委员会

（经评标委员会授权的招标人代表签字或招标人加盖单位章）

_____年____月____日

附表三：问题的澄清

问题的澄清、说明或补正

编号：＿＿＿＿＿＿＿＿

＿＿＿＿＿＿＿＿（项目名称）标段施工招标评标委员会：

问题澄清通知(编号：＿＿＿＿＿)已收悉，现澄清、说明或者补正如下：

1.

2.

……

投标人：＿＿＿＿＿＿＿＿＿＿＿（盖单位章）

法定代表人或其委托代理人：＿＿＿＿＿＿（签字）

＿＿＿＿年＿＿＿＿月＿＿＿＿日

附表四：中标通知书

中标通知书

＿＿＿＿＿＿＿＿（中标人名称）：

你方于＿＿＿＿＿＿＿＿（投标日期）所递交的＿＿＿＿＿＿＿（项目名称）＿＿＿＿＿＿标段施工投标文件已被我方接受，被确定为中标人。

中标价：＿＿＿＿＿＿＿＿＿元。

工期：＿＿＿＿＿＿＿＿＿日历天。

工程质量：＿＿＿＿＿＿＿＿＿符合标准。

项目经理：＿＿＿＿＿＿＿＿＿（姓名）。

请你方在接到本通知书后的＿＿＿＿日内到＿＿＿＿＿＿＿＿（指定地点）与我方签订施工承包合同，在此之前按招标文件第二章"投标人须知"第7.3款规定向我方提交履约担保。

招标人：＿＿＿＿＿＿＿＿＿（盖单位章）

法定代表人：＿＿＿＿＿＿＿＿（签字）

＿＿＿＿年＿＿＿＿月＿＿＿＿日

附表五：中标结果通知书

中标结果通知书

＿＿＿＿＿＿＿＿＿＿（未中标人名称）：

我方已接受＿＿＿＿＿＿＿＿＿（中标人名称）于＿＿＿＿＿＿＿＿（投标日期）所递交的＿＿＿＿＿＿＿＿＿（项目名称）＿＿＿＿＿＿标段施工投标文件，确定＿＿＿＿＿＿＿（中标人名称）为中标人。

感谢你单位对我方工作的大力支持！

招标人：_____（盖单位章）

法定代表人：_____（签字）

_____年_____月_____日

附表六:确认通知

确认通知

_____（招标人名称）：

你方_____年_____月_____日发出的_____（项目名称）_____标段施工招标关于_____的通知,我方已于_____年_____月_____日收到。

特此确认。

投标人：_____（盖单位章）

_____年_____月_____日

附表七:备选投标方案编制要求

备选投标方案编制要求

备注:允许备选投标方案时,本附表应当作为本章"投标人须知"的附件,由招标人根据招标项目的具体情况和第三章"评标办法"中所附的评审和比较方法,对备选投标方案是否或在多大程度上可以偏离投标文件相关实质性要求、备选投标方案的组成内容,装订和递交要求等给予具体规定。

附表八:电子投标文件编制及报送要求

电子投标文件编制及报送要求

备注:采用计算机辅助评标,包括采用电子化招标投标的,本附表应当作为本章"投标人须知"的附件,由招标人根据各地和招标项目的具体情况给予规定。

（三）评标办法

评标办法是评标委员会的评标专家在评标过程中对所有投标文件的评审依据,评标委员会不能采用招标文件中没有标明的方法和标准进行评标。

评标办法可分为经评审的最低投标价法和综合评估法两类。

1. 经评审的最低投标价法

（1）评标方法。采用经评审的最低投标价法进行评标的具体做法为:评标委员会对满足招标文件实质要求的投标文件,根据规定的量化因素及量化标准进行价格折算,按照经评审的投标价由低到高的顺序推荐中标候选人,或根据招标人授权直接确定中标人,但投标报价低于其成本的除外。经评审的投标价相等时,投标报价低的优先;投标报价也相等的,由招标人自行确定。

经评审的最低投标价法一般适用于具有通用技术、性能标准或者招标人对其技术、性能没有特殊要求,工程质量、工期、成本受施工技术管理方案影响较小的招标项目。

采用经评审的最低投标价法,评标委员会对报价进行评审时,特别是对报价明显较低的,必须经过质疑、答辩的程序,或要求投标人提出相关说明资料,以证明具有实现低标价的有力措施,保证方案合理可行且不低于投标人的个别成本。

(2)评审标准。评审标准分为初步评审标准和详细评审标准。

1)初步评审标准。初步评审标准有形式评审标准、资格评审标准、响应性评审标准、施工组织设计和项目管理机构评审标准等。其中形式评审的因素一般包括:投标人的名称、投标函的签字盖章、投标文件的格式、联合体投标人、投标报价的唯一性、其他评审因素等;资格评审的因素一般包括:营业执照、安全生产许可证、资质等级、财务状况、类似项目业绩、信誉、项目经理、其他评审因素等;响应性评审的因素一般包括投标内容、工期、工程质量、投标有效期、投标保证金、权利义务、已标价工程量清单、技术标准和要求、投标价格、分包计划、其他评审因素等;施工组织设计和项目管理机构评审的因素一般包括施工方案与技术措施、质量管理体系与措施、安全管理体系与措施、环境保护管理体系与措施、工程进度计划与措施、资源配备计划、技术负责人、其他主要人员、施工设备、试验检测仪器设备、其他评审因素等。

2)详细评审标准。只有通过了初步评审,被判定为合格的投标方可进入详细评审。详细评审的因素一般包括单价遗漏、不平衡报价、其他评审因素等。

(3)评审程序。

1)初步评审。

①对未进行资格预审的,评标委员会可以要求投标人提交"投标人须知"中规定的有关证明和证件的原件,以便核验。评标委员会依据规定的标准对投标文件进行初步评审。有一项不符合评审标准的,作废标处理。

②对已进行资格预审的,评标委员会依据规定的标准对投标文件进行初步评审。有一项不符合评审标准的,作废标处理。当投标人资格预审申请文件的内容发生重大变化时,评标委员会依据规定的标准对其更新资料进行评审。

③投标人有以下情形之一的,其投标作废标处理:"投标人须知"中规定的任何一种情形的;串通投标或弄虚作假或有其他违法行为的;不按评标委员会要求澄清、说明或补正的。

④投标报价有算术错误的,评标委员会在对投标报价进行修正,具体要求为:

投标文件中的大写金额与小写金额不一致的,以大写金额为准;总价金额与依据单价计算出的结果不一致的,以单价金额为准修正总价,但单价金额小数点有明显错误的除外。修正的价格经投标人书面确认后具有约束力。投标人不接受修正价格的,其投标作废标处理。

2)详细评审。

①评标委员会按规定的量化因素和标准进行价格折算,计算出评标价,并编制价格比较一览表。

②评标委员会发现投标人的报价明显低于其他投标报价,或者在设有标底时明显低于标底,使得其投标报价可能低于其成本的,应当要求该投标人作出书面说明并提供相应的证明材料。投标人不能合理说明或者不能提供相应证明材料的,由评标委员会认定该投标人以低于成本报价竞标,其投标作废标处理。

3)投标文件的澄清和补正。

①在评标过程中,评标委员会可以书面形式要求投标人对所提交的投标文件中不明确的内容进行书面澄清或说明,或者对细微偏差进行补正。评标委员会不接受投标人主动提出的澄清、说明或补正。

②澄清、说明和补正不得改变投标文件的实质性内容(算术性错误修正的除外)。投标人的书面澄清、说明和补正属于投标文件的组成部分。

③评标委员会对投标人提交的澄清、说明或补正有疑问的,可以要求投标人进一步澄清、说明或补正,直至满足评标委员会的要求。

4)评标结果。除“投标人须知”前附表授权直接确定中标人外,评标委员会按照经评审的价格由低到高的顺序推荐中标候选人。评标委员会完成评标后,应当向招标人提交书面评标报告。

2010 年版《中华人民共和国房屋建筑和市政工程标准施工招标文件》中对采用经评审的最低投标价法进行评标时,其“评标办法前附表”的样式如下。

评标办法前附表

条款号		评审因素	评审标准
2.1.1	形式评审标准	投标人名称	与营业执照、资质证书、安全生产许可证一致
		投标函签字盖章	有法定代表人或其委托代理人签字并加盖单位章
		投标文件格式	符合第八章“投标文件格式”的要求
		联合体投标人(如有)	提交联合体协议书,并明确联合体牵头人
		报价唯一	只能有一个有效报价
		……	……

(续一)

条款号	评审因素	评审标准
2.1.2	资格评审标准	
	营业执照	具备有效的营业执照
	安全生产许可证	具备有效的安全生产许可证
	资质等级	符合第二章"投标人须知"第 1.4.1 项规定
	财务状况	符合第二章"投标人须知"第 1.4.1 项规定
	类似项目业绩	符合第二章"投标人须知"第 1.4.1 项规定
	信誉	符合第二章"投标人须知"第 1.4.1 项规定
	项目经理	符合第二章"投标人须知"第 1.4.1 项规定
	其他要求	符合第二章"投标人须知"第 1.4.1 项规定
	联合体投标人(如有)	符合第二章"投标人须知"第 1.4.2 项规定
	……	……
2.1.3	响应性评审标准	
	投标内容	符合第二章"投标人须知"第 1.3.1 项规定
	工期	符合第二章"投标人须知"第 1.3.2 项规定
	工程质量	符合第二章"投标人须知"第 1.3.3 项规定
	投标有效期	符合第二章"投标人须知"第 3.3.1 项规定
	投标保证金	符合第二章"投标人须知"第 3.4.1 项规定
	权利义务	符合第四章"合同条款及格式"规定
	已标价工程量清单	符合第五章"工程量清单"给出的子目编码、子目名称、子目特征、计量单位和工程量
	技术标准和要求	符合第七章"技术标准和要求"规定
	投标价格	□低于(含等于)拦标价， 　　拦标价＝标底价×(1＋％)。 □低于(含等于)第二章"投标人须知"前附表第 10.2 款载明的招标控制价
	分包计划	符合第二章"投标人须知"第 1.11 项规定
	……	……

(续二)

条款号	评审因素	评审标准
2.1.4	施工组织设计和项目管理机构评审标准	
	施工方案与技术措施	……
	质量管理体系与措施	……
	安全管理体系与措施	……
	环境保护管理体系与措施	……
	工程进度计划与措施	……
	资源配备计划	……
	技术负责人	……
	其他主要人员	……
	施工设备	……
	试验、检测仪器设备	……
	……	……

条款号	量化因素	量化标准
2.2	详细评审标准	
	单价遗漏	……
	付款条件	……
	……	……

条款号		编列内容
3	评标程序	详见本章附录A：评标详细程序（略）
3.1.2	废标条件	详见本章附录B：废标条件（略）
3.2.1	价格折算	详见本章附录C：评标价计算方法（略）
3.2.2	判断投标报价是否低于其成本	详见本章附录D：投标人成本评审方法（略）
补1	备选投标方案的评审	详见本章附录E：备选投标方案的评审和比较办法（略）
补2	计算机辅助评标	详见本章附录F：计算机辅助评标方法（略）

2. 综合评估法

(1)评标方法。综合评估法的具体做法为:评标委员会对满足招标文件实质性要求的投标文件,按照规定的评分标准进行打分,并按得分由高到低顺序推荐中标候选人,或根据招标人授权直接确定中标人,但投标报价低于其成本的除外。综合评分相等时,以投标报价低的优先;投标报价也相等的,由招标人自行确定。

综合评估法一般适用于工程技术复杂、专业性较强、工程项目规模较大、履约工期长、大的招标项目。

采用综合评估法的,投标人经过充分考虑衡量后,需要编制施工组织建议方案及按照工程量清单进行报价、提供技术标书和经济报价。投标文件是否最大限度地满足招标文件中规定的各项评价标准,需要将报价、施工组织设计(施工方案)、质量保证、工期保证、业绩与信誉等评价因素赋予不同的权重,用打分的方法或折算货币的方法,计算出总得分,评出中标人。需要量化的因素及其权重应当在招标文件中明确规定。

(2)评标程序。综合评估法的评标程序与经评审的最低投标价法的评标程序大致相同,只是详细评审时的评分计算方法不同,现介绍如下:

1)评标委员会按规定的量化因素和分值进行打分,并计算出综合评估得分。

①按规定的评审因素和分值对施工组织设计计算出得分 A;

②按规定的评审因素和分值对项目管理机构计算出得分 B;

③按规定的评审因素和分值对投标报价计算出得分 C;

④按规定的评审因素和分值对其他部分计算出得分 D。

2)评分分值计算保留小数点后两位,小数点后第三位"四舍五入"。

3)投标人得分＝A＋B＋C＋D。

2010 年版《中华人民共和国房屋建筑和市政工程标准施工招标文件》中对采用综合评估法进行评标时,其"评标办法前附表"的样式如下。

评标办法前附表

条款号	评审因素		评审标准
2.1.1	形式评审标准	投标人名称	与营业执照、资质证书、安全生产许可证一致
		投标函签字盖章	有法定代表人或其委托代理人签字或加盖单位章
		投标文件格式	符合第八章"投标文件格式"的要求
		联合体投标人(如有)	提交联合体协议书,并明确联合体牵头人
		报价唯一	只能有一个有效报价
		……	……

(续一)

条款号	评审因素	评审标准
2.1.2	资格评审标准	
	营业执照	具备有效的营业执照
	安全生产许可证	具备有效的安全生产许可证
	资质等级	符合第二章"投标人须知"第1.4.1项规定
	财务状况	符合第二章"投标人须知"第1.4.1项规定
	类似项目业绩	符合第二章"投标人须知"第1.4.1项规定
	信誉	符合第二章"投标人须知"第1.4.1项规定
	项目经理	符合第二章"投标人须知"第1.4.1项规定
	其他要求	符合第二章"投标人须知"第1.4.1项规定
	联合体投标人(如有)	符合第二章"投标人须知"第1.4.2项规定
	……	……
2.1.3	响应性评审标准	
	投标内容	符合第二章"投标人须知"第1.3.1项规定
	工期	符合第二章"投标人须知"第1.3.2项规定
	工程质量	符合第二章"投标人须知"第1.3.3项规定
	投标有效期	符合第二章"投标人须知"第3.3.1项规定
	投标保证金	符合第二章"投标人须知"第3.4.1项规定
	权利义务	投标函附录中的相关承诺符合或优于第四章"合同条款及格式"的相关规定
	已标价工程量清单	符合第五章"工程量清单"给出的子目编码、子目名称、子目特征、计量单位和工程量
	技术标准和要求	符合第七章"技术标准和要求"规定
	投标价格	□低于(含等于)拦标价, 　拦标价=标底价×(1+％)。 □低于(含等于)第二章"投标人须知"前附表第10.2款载明的招标控制价
	分包计划	符合第二章"投标人须知"第1.11项规定
	……	……

(续二)

条款号		条款内容	编列内容
2.2.1		分值构成 （总分100分）	施工组织设计：＿＿＿＿＿分 项目管理机构：＿＿＿＿＿分 投标报价：＿＿＿＿＿分 其他评分因素：＿＿＿＿＿分
2.2.2		评标基准价计算方法	
2.2.3		投标报价的偏差率 计算公式	偏差率＝100％ ×（投标人报价 － 评标基准价)/评标基准价
2.2.4 (1)	施工组织设 计评分标准	内容完整性和编制水平	……
		施工方案与技术措施	……
		质量管理体系与措施	……
		安全管理体系与措施	……
		环境管理体系与措施	……
		工程进度计划与措施	……
		资源配备计划	……
		……	……
2.2.4 (2)	项目管理机 构评分标准	项目经理资格与业绩	……
		技术负责人资格与业绩	……
		其他主要人员	……
		……	……
2.2.4 (3)	投标报价 评分标准	偏差率	……
		……	……
2.2.4 (4)	其他因素 评分标准	……	……

条款号		编列内容
3	评标程序	详见本章附件 A：评标详细程序(略)
3.1.2	废标条件	详见本章附件 B：废标条件(略)
3.2.2	判断投标 报价是否 低于其成本	详见本章附件 C：投标人成本评审办法(略)

（续三）

条款号	条款内容	编列内容
	备选投标 方案的评审	详见本章附件 D：备选投标方案的评审和 比较办法（略）
	计算机 辅助评标	详见本章附件 E：计算机辅助评标方法 （略）

（四）合同条款及格式

1. 通用合同条款和专用合同条款

招标文件中的通用合同条款和专用合同条款，是招标人单方面提出的关于招标人、投标人、监理工程师等各方权利义务关系的设想和意愿，是对合同签订、履行过程中遇到的工程进度、质量、检验、支付、索赔、争议、仲裁等问题的示范性、定式性阐述。

通用合同条款和专用合同条款是招标文件的重要组成部分。招标人在招标文件中应说明本招标工程采用的合同条款和对合同条款的修改、补充或不予采用的意见。投标人对招标文件中的说明是否同意，对合同条款的修改、补充或不予采用的意见，也要在投标文件中一一列出。中标后，双方同意的合同条款和协商一致的合同条款，是双方统一意愿的体现，成为合同文件的组成部分

2. 合同附件格式

合同附件格式是招标人在招标文件中拟定好的具体格式，在定标后由招标人与中标人达成一致协议后签署。投标人投标时不填写。

招标文件中的合同附件格式，主要有合同协议书、承包人提供的材料和工程设备一览表、发包人提供的材料和工程设备一览表、预付款担保格式、履约担保格式、支付担保格式、质量保修书格式、廉政责任书格式等。

2010 年版《中华人民共和国房屋建筑和市政工程标准施工招标文件》中推荐使用的合同附件格式如下。

附件一：合同协议书

合同协议书

编号：＿＿＿＿＿＿＿

发包人（全称）：＿＿＿＿＿＿＿＿＿＿＿＿＿＿＿＿＿＿＿＿＿＿＿

法定代表人：＿＿＿＿＿＿＿＿＿＿＿＿＿＿＿＿＿＿＿＿＿＿＿＿＿

法定注册地址：＿＿＿＿＿＿＿＿＿＿＿＿＿＿＿＿＿＿＿＿＿＿＿

承包人（全称）：＿＿＿＿＿＿＿＿＿＿＿＿＿＿＿＿＿＿＿＿＿＿＿

法定代表人：＿＿＿＿＿＿＿＿＿＿＿＿＿＿＿＿＿＿＿＿＿＿＿＿＿

法定注册地址：＿＿＿＿＿＿＿＿＿＿＿＿＿＿＿＿＿＿＿＿＿＿＿

发包人为建设＿＿＿＿＿＿＿＿＿＿＿(以下简称"本工程"),已接受承包人提出的承担本工程的施工、竣工、交付并维修其任何缺陷的投标。依照《中华人民共和国招标投标法》、《中华人民共和国合同法》、《中华人民共和国建筑法》及其他有关法律、行政法规,遵循平等、自愿、公平和诚实信用的原则,双方共同达成并订立如下协议。

一、工程概况

工程名称:＿＿＿＿＿＿＿＿(项目名称)＿＿＿＿＿＿＿＿标段

工程地点:＿＿＿＿＿＿＿＿＿＿＿＿＿＿＿＿＿＿

工程内容:＿＿＿＿＿＿＿＿＿＿＿＿＿＿＿＿＿＿

群体工程应附"承包人承揽工程项目一览表"(附件1)

工程立项批准文号:＿＿＿＿＿＿＿＿＿＿＿＿＿

资金来源:＿＿＿＿＿＿＿＿＿＿＿＿＿＿＿＿＿

二、工程承包范围

承包范围＿＿＿＿＿＿＿＿＿＿＿＿＿＿＿＿＿＿

详细承包范围见第七章"技术标准和要求"。

三、合同工期

计划开工日期:＿＿＿年＿＿＿月＿＿＿日

计划竣工日期:＿＿＿年＿＿＿月＿＿＿日

工期总日历天数＿＿＿＿＿＿＿＿＿＿＿天,自监理人发出的开工通知中载明的开工日期起算。

四、质量标准

工程质量标准:＿＿＿＿＿＿＿＿＿＿＿＿＿＿＿＿＿＿

五、合同形式

本合同采用＿＿＿＿＿＿＿＿＿＿＿＿＿＿＿＿合同形式。

六、签约合同价

金额(大写):＿＿＿＿＿＿＿＿＿＿＿＿＿＿＿元(人民币)

(小写)￥:＿＿＿＿＿＿＿＿＿＿＿＿＿＿元

其中:安全文明施工费:＿＿＿＿＿＿＿＿＿＿＿＿＿＿元

暂列金额:＿＿＿＿＿＿＿＿元(其中计日工金额＿＿＿＿＿＿元)

材料和工程设备暂估价:＿＿＿＿＿＿＿＿＿＿＿＿元

专业工程暂估价:＿＿＿＿＿＿＿＿＿＿＿＿＿＿元

七、承包人项目经理:

姓名:＿＿＿＿＿＿＿＿＿；　　　　职称:＿＿＿＿＿＿＿＿；

身份证号:＿＿＿＿＿＿＿＿；　　　建造师执业资格证书号:＿＿＿＿＿＿；

建造师注册证书号:＿＿＿＿＿＿＿＿＿＿＿＿＿＿。

建造师执业印章号:＿＿＿＿＿＿＿＿＿＿＿＿＿＿。

安全生产考核合格证书号：_____。

八、合同文件的组成

下列文件共同构成合同文件：

1. 本协议书；

2. 中标通知书；

3. 投标函及投标函附录；

4. 专用合同条款；

5. 通用合同条款；

6. 技术标准和要求；

7. 图纸；

8. 已标价工程量清单；

9. 其他合同文件。

上述文件互相补充和解释，如有不明确或不一致之处，以合同约定次序在先者为准。

九、本协议书中有关词语定义与合同条款中的定义相同。

十、承包人承诺按照合同约定进行施工、竣工、交付并在缺陷责任期内对工程缺陷承担维修责任。

十一、发包人承诺按照合同约定的条件、期限和方式向承包人支付合同价款。

十二、本协议书连同其他合同文件正本一式两份，合同双方各执一份；副本一式____份，其中一份在合同报送建设行政主管部门备案时留存。

十三、合同未尽事宜，双方另行签订补充协议，但不得背离本协议第八条所约定的合同文件的实质性内容。补充协议是合同文件的组成部分。

发包人：_____（盖单位章）　　承包人：_____（盖单位章）

法定代表人或其　　　　　　　　　　　法定代表人或其

委托代理人：_____（签字）　　　委托代理人：_____（签字）

____年___月___日　　　　　　　　　____年___月___日

签约地点：_____

附件二：承包人提供的材料和工程设备一览表

序号	材料设备名称	规格型号	单位	数量	单价	交货方式	交货地点	计划交货时间	备注

附件三　发包人提供的材料和工程设备一览表

序号	材料设备名　称	规格型号	单位	数量	单价	交货方式	交货地点	计划交货时间	备注

　　备注:除合同另有约定外,本表所列发包人供应材料和工程设备的数量不考虑施工损耗,施工损耗被认为已经包括在承包人的投标价格中。

附件四:预付款担保格式

预付款担保

保函编号:＿＿＿＿＿＿＿＿＿＿＿＿

＿＿＿＿＿＿＿＿＿＿＿＿＿＿＿＿＿＿＿(发包人名称):

　　鉴于你方作为发包人已经与＿＿＿＿＿＿＿＿＿＿＿＿(承包人名称)(以下称"承包人")于＿＿＿＿年＿＿＿月＿＿＿日签订了＿＿＿＿＿＿＿＿(工程名称)施工承包合同(以下称"主合同")。

　　鉴于该主合同规定,你方将支付承包人一笔金额为＿＿＿＿＿＿(大写:＿＿＿＿＿＿＿＿)的预付款(以下称"预付款"),而承包人须向你方提供与预付款等额的不可撤销和无条件兑现的预付款保函。

　　我方受承包人委托,为承包人履行主合同规定的义务作出如下不可撤销的保证:

　　我方将在收到你方提出要求收回上述预付款金额的部分或全部的索偿通知时,无须你方提出任何证明或证据,立即无条件地向你方支付不超过＿＿＿＿＿＿＿＿＿(大写:＿＿＿＿＿＿＿＿)或根据本保函约定递减后的其他金额的任何你方要求的金额,并放弃向你方追索的权力。

　　我方特此确认并同意:我方受本保函制约的责任是连续的,主合同的任何修改、变更、中止、终止或失效都不能削弱或影响我方受本保函制约的责任。

　　在收到你方的书面通知后,本保函的担保金额将根据你方依主合同签认的进度付款证书中累计扣回的预付款金额作等额调减。

本保函自预付款支付给承包人起生效,至你方签发的进度付款证书说明已抵扣完毕止。除非你方提前终止或解除本保函。本保函失效后请将本保函退回我方注销。

本保函项下所有权利和义务均受中华人民共和国法律管辖和制约。

担保人：＿＿＿＿＿＿＿＿＿＿＿＿＿＿＿（盖单位章）

法定代表人或其委托代理人：＿＿＿＿＿＿（签字）

地　　　址：＿＿＿＿＿＿＿＿＿＿＿＿＿＿＿

邮政编码：＿＿＿＿＿＿＿＿＿＿＿＿＿＿＿＿

电　　话：＿＿＿＿＿＿＿＿＿＿＿＿＿＿＿＿

传　　真：＿＿＿＿＿＿＿＿＿＿＿＿＿＿＿＿

＿＿＿＿年＿＿＿＿月＿＿＿＿日

备注:本预付款担保格式可采用经发包人认可的其他格式,但相关内容不得违背合同文件约定的实质性内容。

附件五:履约担保格式

承包人履约保函

＿＿＿＿＿＿＿＿＿＿＿＿＿＿（发包人名称）：

鉴于你方作为发包人已经与 ＿＿＿＿＿＿＿＿＿＿＿＿（承包人名称）（以下称"承包人"）于＿＿＿＿＿年＿＿＿＿月＿＿＿＿日签订了＿＿＿＿＿＿＿＿＿＿＿（工程名称）施工承包合同（以下称"主合同"）,应承包人申请,我方愿就承包人履行主合同约定的义务以保证的方式向你方提供如下担保：

一、保证的范围及保证金额

我方的保证范围是承包人未按照主合同的约定履行义务,给你方造成的实际损失。

我方保证的金额是主合同约定的合同总价款＿＿＿＿＿%,数额最高不超过人民币＿＿＿＿＿元（大写）。

二、保证的方式及保证期间

我方保证的方式为:连带责任保证。

我方保证的期间为:自本合同生效之日起至主合同约定的工程竣工日期后＿＿＿＿＿日内。

你方与承包人协议变更工程竣工日期的,经我方书面同意后,保证期间按照变更后的竣工日期做相应调整。

三、承担保证责任的形式

我方按照你方的要求以下列方式之一承担保证责任：

(1)由我方提供资金及技术援助,使承包人继续履行主合同义务,支付金额不超过本保函第一条规定的保证金额。

合同员一本通(第2版)

(2)由我方在本保函第一条规定的保证金额内赔偿你方的损失。

四、代偿的安排

你方要求我方承担保证责任的,应向我方发出书面索赔通知及承包人未履行主合同约定义务的证明材料。索赔通知应写明要求索赔的金额,支付款项应到达的账号,并附有说明承包人违反主合同造成你方损失情况的证明材料。

你方以工程质量不符合主合同约定标准为由,向我方提出违约索赔的,还需同时提供符合相应条件要求的工程质量检测部门出具的质量说明材料。

我方收到你方的书面索赔通知及相应证明材料后,在_____工作日内进行核定后按照本保函的承诺承担保证责任。

五、保证责任的解除

(1)在本保函承诺的保证期间内,你方未书面向我方主张保证责任的,自保证期间届满次日起,我方保证责任解除。

(2)承包人按主合同约定履行了义务的,自本保函承诺的保证期间届满次日起,我方保证责任解除。

(3)我方按照本保函向你方履行保证责任所支付的金额达到本保函保证金额时,自我方向你方支付(支付款项从我方账户划出)之日起,保证责任即解除。

(4)按照法律法规的规定或出现应解除我方保证责任的其他情形的,我方在本保函项下的保证责任亦解除。

我方解除保证责任后,你方应自我方保证责任解除之日起_____个工作日内,将本保函原件返还我方。

六、免责条款

(1)因你方违约致使承包人不能履行义务的,我方不承担保证责任。

(2)依照法律法规的规定或你方与承包人的另行约定,免除承包人部分或全部义务的,我方亦免除其相应的保证责任。

(3)你方与承包人协议变更主合同(符合主合同合同条款第15条约定的变更除外),如加重承包人责任致使我方保证责任加重的,需征得我方书面同意,否则我方不再承担因此而加重部分的保证责任。

(4)因不可抗力造成承包人不能履行义务的,我方不承担保证责任。

七、争议的解决

因本保函发生的纠纷,由贵我双方协商解决,协商不成的,任何一方均可提请_____仲裁委员会仲裁。

八、保函的生效

本保函自我方法定代表人(或其授权代理人)签字或加盖公章并交付你方之日起生效。

本条所称交付是指:_____。

担保人:_____(盖单位章)

法定代表人或其委托代理人：_____（签字）

地　　址：_____

邮政编码：_____

电　　话：_____

传　　真：_____

_____年_____月_____日

　　备注：本履约担保格式可以采用经发包人同意的其他格式，但相关内容不得违背合同约定的实质性内容。

附件六：支付担保格式

发包人支付保函

_____（承包人）：

　　鉴于你方作为承包人已经与_____（发包人名称）（以下称"发包人"）于_____年_____月_____日签订了_____（工程名称）施工承包合同（以下称"主合同"），应发包人的申请，我方愿就发包人履行主合同约定的工程款支付义务以保证的方式向你方提供如下担保：

　　一、保证的范围及保证金额

　　我方的保证范围是主合同约定的工程款。

　　本保函所称主合同约定的工程款是指主合同约定的除工程质量保证金以外的合同价款。

　　我方保证的金额是主合同约定的工程款的_____%，数额最高不超过人民币元（大写：_____）。

　　二、保证的方式及保证期间

　　我方保证的方式为：连带责任保证。

　　我方保证的期间为：自本合同生效之日起至主合同约定的工程款支付之日后_____日内。

　　你方与发包人协议变更工程款支付日期的，经我方书面同意后，保证期间按照变更后的支付日期做相应调整。

　　三、承担保证责任的形式

　　我方承担保证责任的形式是代为支付。发包人未按主合同约定向你方支付工程款的，由我方在保证金额内代为支付。

　　四、代偿的安排

　　你方要求我方承担保证责任的，应向我方发出书面索赔通知及发包人未支付主合同约定工程款的证明材料。索赔通知应写明要求索赔的金额，支付款项应到达的账号。

　　在出现你方与发包人因工程质量发生争议，发包人拒绝向你方支付工程款的情形时，你方要求我方履行保证责任代为支付的，还需提供项目总监理工程师、监理人或符合相应条件要求的工程质量检测机构出具的质量说明材料。

我方收到你方的书面索赔通知及相应证明材料后,在_____个工作日内进行核定后按照本保函的承诺承担保证责任。

五、保证责任的解除

(1)在本保函承诺的保证期间内,你方未书面向我方主张保证责任的,自保证期间届满次日起,我方保证责任解除。

(2)发包人按主合同约定履行了工程款的全部支付义务的,自本保函承诺的保证期间届满次日起,我方保证责任解除。

(3)我方按照本保函向你方履行保证责任所支付金额达到本保函保证金额时,自我方向你方支付(支付款项从我方账户划出)之日起,保证责任即解除。

(4)按照法律法规的规定或出现应解除我方保证责任的其他情形的,我方在本保函项下的保证责任亦解除。

我方解除保证责任后,你方应自我方保证责任解除之日起_____个工作日内,将本保函原件返还我方。

六、免责条款

(1)因你方违约致使发包人不能履行义务的,我方不承担保证责任。

(2)依照法律法规的规定或你方与发包人的另行约定,免除发包人部分或全部义务的,我方亦免除其相应的保证责任。

(3)你方与发包人协议变更主合同的(符合主合同合同条款第15条约定的变更除外),如加重发包人责任致使我方保证责任加重的,需征得我方书面同意,否则我方不再承担因此而加重部分的保证责任。

(4)因不可抗力造成发包人不能履行义务的,我方不承担保证责任。

七、争议的解决

因本保函发生的纠纷,由贵我双方协商解决,协商不成的,任何一方均可提请_____仲裁委员会仲裁。

八、保函的生效

本保函自我方法定代表人(或其授权代理人)签字或加盖公章并交付你方之日起生效。

本条所称交付是指:_____。

担保人:_____(盖单位章)

法定代表人或其委托代理人:_____(签字)

地　　址:_____

邮政编码:_____

电　　话:_____

传　　真:_____

_____年_____月_____日

备注:本支付担保格式可采用经承包人同意的其他格式,但相关约定应当与履约担保对等。

附件七:质量保修书格式

房屋建筑工程质量保修书

发包人:＿＿＿＿＿＿＿＿＿＿＿＿＿＿＿＿＿＿＿＿＿＿＿＿＿＿＿＿＿

承包人:＿＿＿＿＿＿＿＿＿＿＿＿＿＿＿＿＿＿＿＿＿＿＿＿＿＿＿＿＿

发包人、承包人根据《中华人民共和国建筑法》、《建设工程质量管理条例》和《房屋建筑工程质量保修办法》,经协商一致,对＿＿＿＿＿＿＿＿＿＿＿＿＿(工程名称)签订保修书。

一、工程保修范围和内容

承包人在保修期内,按照有关法律、法规、规章的管理规定和双方约定,承担本工程保修责任。

保修责任范围包括地基基础工程、主体结构工程,屋面防水工程、有防水要求的卫生间、房间和外墙面的防渗漏,供热与供冷系统,电气管线、给排水管道、设备安装和装修工程,以及双方约定的其他项目。具体保修的内容,双方约定如下:

＿＿＿＿＿＿＿＿＿＿＿＿＿＿＿＿＿＿＿＿＿＿＿＿＿＿＿＿＿＿＿＿＿＿＿

＿＿＿＿＿＿＿＿＿＿＿＿＿＿＿＿＿＿＿＿＿＿＿＿＿＿＿＿＿＿＿＿＿＿＿

＿＿＿＿＿＿＿＿＿＿＿＿＿＿＿＿＿＿＿＿＿＿＿＿＿＿＿＿＿＿＿＿＿＿＿

＿＿＿＿＿＿＿＿＿＿＿＿＿＿＿＿＿＿。

二、保修期

双方根据《建设工程质量管理条例》及有关规定,约定本工程的保修期如下:

(1)地基基础工程和主体结构工程为设计文件规定的该工程合理使用年限;

(2)屋面防水工程、有防水要求的卫生间、房间和外墙面的防渗漏为＿＿＿＿＿＿年;

(3)装修工程为＿＿＿＿＿＿年;

(4)电气管线、给排水管道、设备安装工程为　年;

(5)供热与供冷系统为＿＿＿＿＿＿＿个采暖期、供冷期;

(6)住宅小区内的给排水设施、道路等配套工程为＿＿＿＿＿＿年;

(7)其他项目保修期限约定如下:

＿＿＿＿＿＿＿＿＿＿＿＿＿＿＿＿＿＿＿＿＿＿＿＿＿＿＿＿＿＿＿＿＿＿＿

＿＿＿＿＿＿＿＿＿＿＿＿＿＿＿＿＿＿＿＿＿＿＿＿＿＿＿＿＿＿＿＿＿＿＿

＿＿＿＿＿＿＿＿＿＿＿＿＿＿＿＿＿＿＿＿＿＿＿＿＿＿＿＿＿＿＿＿＿＿＿

＿＿＿＿＿＿＿＿＿＿＿＿＿＿＿＿＿＿＿＿＿＿＿＿＿＿＿＿＿＿＿。

三、保修责任

(1)属于责任范围、内容的项目,承包人应当在接到保修通知之日起7天内派人保修。承包人不在约定期限内派人保修的,发包人可以委托他人修理。

(2)发生紧急抢修事故的,承包人在接到事故通知后,应当立即到达事故现场抢修。

(3)对于涉及结构安全的质量问题,应当按照《房屋建筑工程质量保修办法》的规定,立即向当地建设行政主管部门报告,采取安全防范措施;由原设计人或者具有相应资质等级的设计人提出保修方案,承包人实施保修。

(4)质量保修完成后,由发包人组织验收。

四、保修费用

保修费用由造成质量缺陷的责任方承担。

五、其他

双方约定的其他工程保修责任事项:

_____

_____

_____

_____

_____。

本工程保修书,由施工合同发包人、承包人双方在竣工验收前共同签署,作为施工合同附件,其有效期限至保修期满。

发包人:_____(公章)　　　承包人:_____(公章)

法定地址:_____　　　　　法定地址:_____

法定代表人或其　　　　　　　　　法定代表人或其

委托代理人:_____(签字)　委托代理人:_____(签字)

电话:_____　　　　　　　电话:_____

传真:_____　　　　　　　传真:_____

电子邮箱:_____　　　　　电子邮箱:_____

开户银行:_____　　　　　开户银行:_____

账号:_____　　　　　　　账号:_____

邮政编码:_____　　　　　邮政编码:_____

附件八:廉政责任书格式

建设工程廉政责任书

发包人:_____

承包人:_____

为加强建设工程廉政建设,规范建设工程各项活动中发包人承包人双方的行为,防止谋取不正当利益的违法违纪现象的发生,保护国家、集体和当事人的合法权益,根据国家有关工程建设的法律法规和廉政建设的有关规定,订立本廉政责任书。

一、双方的责任

1.1 应严格遵守国家关于建设工程的有关法律、法规,相关政策,以及廉政建设的各项规定。

1.2 严格执行建设工程合同文件,自觉按合同办事。

1.3 各项活动必须坚持公开、公平、公正、诚信、透明的原则(除法律法规另有规定者外),不得为获取不正当的利益,损害国家、集体和对方利益,不得违反建设工程管理的规章制度。

1.4 发现对方在业务活动中有违规、违纪、违法行为的,应及时提醒对方,情节严重的,应向其上级主管部门或纪检监察、司法等有关机关举报。

二、发包人责任

发包人的领导和从事该建设工程项目的工作人员,在工程建设的事前、事中、事后应遵守以下规定:

2.1 不得向承包人和相关单位索要或接受回扣、礼金、有价证券、贵重物品和好处费、感谢费等。

2.2 不得在承包人和相关单位报销任何应由发包人或个人支付的费用。

2.3 不得要求、暗示或接受承包人和相关单位为个人装修住房、婚丧嫁娶、配偶子女的工作安排以及出国(境)、旅游等提供方便。

2.4 不得参加有可能影响公正执行公务的承包人和相关单位的宴请、健身、娱乐等活动。

2.5 不得向承包人和相关单位介绍或为配偶、子女、亲属参与同发包人工程建设管理合同有关的业务活动;不得以任何理由要求承包人和相关单位使用某种产品、材料和设备。

三、承包人责任

应与发包人保持正常的业务交往,按照有关法律法规和程序开展业务工作,严格执行工程建设的有关方针、政策,执行工程建设强制性标准,并遵守以下规定:

3.1 不得以任何理由向发包人及其工作人员索要、接受或赠送礼金、有价证券、贵重物品及回扣、好处费、感谢费等。

3.2 不得以任何理由为发包人和相关单位报销应由对方或个人支付的费用。

3.3 不得接受或暗示为发包人、相关单位或个人装修住房、婚丧嫁娶、配偶子女的工作安排以及出国(境)、旅游等提供方便。

3.4 不得以任何理由为发包人、相关单位或个人组织有可能影响公正执行公务的宴请、健身、娱乐等活动。

四、违约责任

4.1　发包人工作人员有违反本责任书第一、二条责任行为的，依据有关法律、法规给予处理；涉嫌犯罪的，移交司法机关追究刑事责任；给承包人单位造成经济损失的，应予以赔偿。

4.2　承包人工作人员有违反本责任书第一、三条责任行为的，依据有关法律法规处理；涉嫌犯罪的，移交司法机关追究刑事责任；给发包人单位造成经济损失的，应予以赔偿。

4.3　本责任书作为建设工程合同的组成部分，与建设工程合同具有同等法律效力。经双方签署后立即生效。

五、责任书有效期

本责任书的有效期为双方签署之日起至该工程项目竣工验收合格时止。

六、责任书份数

本责任书一式二份，发包人承包人各执一份，具有同等效力。

发包人：＿＿＿＿＿＿＿（公章）　　承包人：＿＿＿＿＿＿＿（公章）

法定地址：＿＿＿＿＿＿　　　　　　法定地址：＿＿＿＿＿＿

法定代表人或其　　　　　　　　　　法定代表人或其

委托代理人：＿＿＿＿＿＿（签字）　委托代理人：＿＿＿＿＿＿（签字）

电话：＿＿＿＿＿＿　　　　　　　　电话：＿＿＿＿＿＿

传真：＿＿＿＿＿＿　　　　　　　　传真：＿＿＿＿＿＿

电子邮箱：＿＿＿＿＿＿　　　　　　电子邮箱：＿＿＿＿＿＿

开户银行：＿＿＿＿＿＿　　　　　　开户银行：＿＿＿＿＿＿

账号：＿＿＿＿＿＿　　　　　　　　账号：＿＿＿＿＿＿

邮政编码：＿＿＿＿＿＿　　　　　　邮政编码：＿＿＿＿＿＿

（五）工程量清单

工程量清单是根据招标文件中包括的、有合同约束力的图纸以及国家标准《建设工程工程量清单计价规范》等编制的。工程量清单应与招标文件中的投标人须知、通用合同条款、专用合同条款、技术标准和要求及图纸等一起阅读和理解。工程量清单仅是投标报价的共同基础，竣工结算的工程量按合同约定确定。合同价格的确定以及价款支付应遵循合同条款（包括通用合同条款和专用合同条款）、技术标准和要求以及有关的约定。

投标人进行工程量清单投标报价时应注意：①工程量清单中的每一子目都须填入单价或价格，且只允许有一个报价；②工程量清单中标价的单价或金额，应包括所需人工费、施工机械使用费、材料费、其他（运杂费、质检费、安装费、缺陷修复费、保险费，以及合同明示或暗示的风险、责任和义务等），以及管理费、利润等；③已标价工程量清单中投标人没有填入单价或价格的子目，其费用视为已分摊在工程量清单中其他相关子目的单价或价格之中。

（六）图纸

图纸是招标文件和合同的重要组成部分，是投标者在拟定施工方案，确定施工方法以至提出替代方案，计算投标报价必不可少的资料。图纸的详细程度取决于设计的深度与合同的类型。详细的设计图纸能使投标者比较准确地计算报价。但实际上，在工程实施中常常需要陆续补充和修改图纸，这些补充和修改的图纸均须经工程师签字后正式下达，才能作为施工及结算的依据。

图纸中所提供的地质钻孔柱状图、探坑展视图等均为投标者的参考资料，它提供的水文、气象资料也属于参考资料。业主和工程师应对这些资料的准确性负责，而投标者根据上述资料作出自己的分析与判断，据之拟定施工方案，确定施工方法，业主和工程师对这类分析与判断不负责任。

在招标文件中，除了附上招标图纸外，还应该列明图纸目录。图纸目录一般包括：序号、图名、图号、版本、出图日期等。图纸目录以及相对应的图纸将对施工过程的合同管理以及争议解决发挥重要作用。

（七）技术标准和要求

技术标准和要求也是招标文件中一个非常重要的组成部分，其反映了招标单位对工程项目的技术要求，也是施工过程中承包商控制质量和工程师检查验收的主要依据。严格按规范施工与验收才能保证最终获得一项合格的工程。

在拟定技术标准和要求时，既要满足设计要求，保证工程的施工质量，又不能过于苛刻。因为太苛刻的技术标准和要求必然导致投标者提高投标价格。对国际工程而言，过于苛刻的技术标准和要求往往会影响本国的承包商参加投标的兴趣和竞争力。

编写技术标准和要求时一般可引用国家有关各部委正式颁布的规范。国际工程也可引用某一通用的外国规范，但一定要结合本工程的具体环境和要求来选用，同时往往还需要由咨询工程师再编制一部分具体适用于本工程的技术要求和规定。正式签订合同之后，承包商必须遵循合同列入的技术标准和要求。

技术标准和要求主要包含一般要求，特殊技术标准和要求，适用的国家、行业以及地方规范、标准和规程等部分。其中一般要求部分包括下列内容：工程说明，承包范围，工期要求，质量要求，适用规范和标准，安全文明施工，治安保卫，地上、地下设施和周边建筑物的临时保护，样品和材料代换，进口材料和工程设备，进度报告和进度例会，试验和检验，计日工，计量与支付，竣工验收和工程移交，其他要求等；特殊技术标准和要求部分包括下列内容：材料和工程设备技术要求，特殊技术要求，新技术、新材料和新材料，其他特殊技术标准和要求等；适用的国家、行业以及地方规范、标准和规程部分只需列出规范、标准、规程等的名称、编号等内容。

（八）投标文件格式

招标人在招标文件中，要对投标文件提出明确的要求，并拟定一套投标文件的参考格式,供投标人投标时填写。投标文件的参考格式,一般主要包括投标函及投标函附录、法定代表人身份证明、授权委托书、联合体协议书、投标保证金、已标价工程量清单、施工组织设计、项目管理机构、拟分包计划表、资格审查资料、其他材料等内容。

2010年版《中华人民共和国房屋建筑和市政工程标准施工招标文件》中推荐使用的投标文件格式如下。

_____ (项目名称)_____ 标段施工招标

投标文件

投标人:_____(盖单位章)

法定代表人或其委托代理人:_____(签字)

_____年_____月_____日

一、投标函及投标函附录

（一）投标函

致：＿＿＿＿＿＿＿＿＿＿＿＿＿＿＿＿＿（招标人名称）

在考察现场并充分研究＿＿＿＿＿＿＿＿＿＿＿＿（项目名称）＿＿＿＿＿标段（以下简称"本工程"）施工招标文件的全部内容后，我方兹以：

人民币（大写）：＿＿＿＿＿＿＿＿＿＿＿＿＿＿＿＿元

RMB￥：＿＿＿＿＿＿＿＿＿＿＿＿＿＿＿＿＿＿元

的投标价格和按合同约定有权得到的其他金额，并严格按照合同约定，施工、竣工和交付本工程并维修其中的任何缺陷。

在我方的上述投标报价中，包括：

安全文明施工费 RMB￥：＿＿＿＿＿＿＿＿＿＿＿＿元

暂列金额（不包括计日工部分）RMB￥：＿＿＿＿＿＿＿＿元

专业工程暂估价 RMB￥：＿＿＿＿＿＿＿＿＿＿＿＿元

如果我方中标，我方保证在＿＿＿＿年＿＿＿＿月＿＿＿＿日或按照合同约定的开工日期开始本工程的施工，＿＿＿＿＿天（日历日）内竣工，并确保工程质量达到＿＿＿＿＿＿标准。我方同意本投标函在招标文件规定的提交投标文件截止时间后，在招标文件规定的投标有效期期满前对我方具有约束力，且随时准备接受你方发出的中标通知书。

随本投标函递交的投标函附录是本投标函的组成部分，对我方构成约束力。

随同本投标函递交投标保证金一份，金额为人民币（大写）：＿＿＿＿＿＿＿元（￥：＿＿＿＿＿元）。

在签署协议书之前，你方的中标通知书连同本投标函，包括投标函附录，对双方具有约束力。

投标人(盖章)：

法人代表或委托代理人(签字或盖章)：

日期：_____年_____月_____日

备注：采用综合评估法评标，且采用分项报价方法对投标报价进行评分的，应当在投标函中增加分项报价的填报。

(二)投标函附录

工程名称：_____(项目名称)_____标段

序号	条款内容	合同条款号	约定内容	备注
1	项目经理	1.1.2.4	姓名：_____	
2	工期	1.1.4.3	_____日历天	
3	缺陷责任期	1.1.4.5		
4	承包人履约担保金额	4.2		
5	分包	4.3.4	见分包项目情况表	
6	逾期竣工违约金	11.5	_____元/天	
7	逾期竣工违约金最高限额	11.5	_____	
8	质量标准	13.1		
9	价格调整的差额计算	16.1.1	见价格指数权重表	
10	预付款额度	17.2.1		
11	预付款保函金额	17.2.2		
12	质量保证金扣留百分比	17.4.1		
	质量保证金额度	17.4.1		
......	......			

备注：投标人在响应招标文件中规定的实质性要求和条件的基础上，可做出其他有利于招标人的承诺。此类承诺可在本表中予以补充填写。

投标人(盖章)：

法人代表或委托代理人(签字或盖章)：

日期：_____年_____月_____日

价格指数权重表

名称		基本价格指数		权　　重			价格指数来源
		代号	指数值	代号	允许范围	投标人建议值	
定值部分				A			
变值部分	人工费	F_{01}		B_1	至		
	钢材	F_{02}		B_2	至		
	水泥	F_{03}		B_3	至		
	……	……		……	……		
合计						1.00	

备注:在专用合同条款16.1款约定采用价格指数法进行价格调整时适用本表。表中除"投标人建议值"由投标人结合其投标报价情况选择填写外,其余均由招标人在招标文件发出前填写。

二、法定代表人身份证明

投 标 人:＿＿＿＿＿＿＿＿＿＿＿＿＿＿＿＿＿＿

单位性质:＿＿＿＿＿＿＿＿＿＿＿＿＿＿＿＿＿＿

地　　址:＿＿＿＿＿＿＿＿＿＿＿＿＿＿＿＿＿＿

成立时间:＿＿＿＿＿＿年＿＿＿＿＿＿月＿＿＿＿＿＿日

经营期限:＿＿＿＿＿＿＿＿＿＿＿＿＿＿＿＿＿＿

姓　　名:＿＿＿＿＿＿＿＿＿　　性　别:＿＿＿＿＿＿＿＿＿＿＿＿

年　　龄:＿＿＿＿＿＿＿＿＿　　职　务:＿＿＿＿＿＿＿＿＿＿＿＿

系＿＿＿＿＿＿＿＿＿＿＿＿＿＿＿＿＿(投标人名称)的法定代表人。

特此证明。

投标人:＿＿＿＿＿＿＿＿＿＿＿＿＿＿(盖单位章)

＿＿＿＿＿年＿＿＿＿＿月＿＿＿＿＿日

三、授权委托书

本人＿＿＿＿＿＿(姓名)系＿＿＿＿＿＿(投标人名称)的法定代表人,现委托＿＿＿＿＿＿＿＿(姓名)为我方代理人。代理人根据授权,以我方名义签署、澄清、说明、补正、递交、撤回、修改＿＿＿＿＿＿＿＿＿(项目名称)＿＿＿＿＿＿＿标段施工投标文件、签订合同和处理有关事宜,其法律后果由我方承担。

委托期限:＿＿＿＿＿＿＿＿＿＿＿＿＿＿＿＿＿＿

＿＿＿＿＿＿＿＿＿＿＿＿＿＿＿＿＿＿＿＿＿＿。

代理人无转委托权。

附:法定代表人身份证明

投　标　人:＿＿＿＿＿＿＿＿＿＿＿＿＿＿＿＿(盖单位章)

法定代表人:＿＿＿＿＿＿＿＿＿＿＿＿＿＿＿＿(签字)

身份证号码:＿＿＿＿＿＿＿＿＿＿＿＿＿＿＿＿

委托代理人:＿＿＿＿＿＿＿＿＿＿＿＿＿＿＿＿(签字)

身份证号码:＿＿＿＿＿＿＿＿＿＿＿＿＿＿＿＿

＿＿＿＿＿年＿＿＿＿月＿＿＿＿日

三、联合体协议书

牵头人名称:＿＿＿＿＿＿＿＿＿＿＿＿＿＿＿＿＿＿＿＿＿＿

法定代表人:＿＿＿＿＿＿＿＿＿＿＿＿＿＿＿＿＿＿＿＿＿＿

法定住所:＿＿＿＿＿＿＿＿＿＿＿＿＿＿＿＿＿＿＿＿＿＿＿＿

成员二名称:＿＿＿＿＿＿＿＿＿＿＿＿＿＿＿＿＿＿＿＿＿＿

法定代表人:＿＿＿＿＿＿＿＿＿＿＿＿＿＿＿＿＿＿＿＿＿＿

法定住所:＿＿＿＿＿＿＿＿＿＿＿＿＿＿＿＿＿＿＿＿＿＿＿＿

……

鉴于上述各成员单位经过友好协商,自愿组成＿＿＿＿＿＿＿(联合体名称)联合体,共同参加＿＿＿＿＿＿＿＿＿＿＿(招标人名称)(以下简称招标人)＿＿＿＿＿＿＿(项目名称)＿＿＿＿＿＿＿标段(以下简称本工程)的施工投标并争取赢得本工程施工承包合同(以下简称合同)。现就联合体投标事宜订立如下协议:

1. ＿＿＿＿＿＿＿＿＿(某成员单位名称)为＿＿＿＿＿＿＿＿＿(联合体名称)牵头人。

2. 在本工程投标阶段,联合体牵头人合法代表联合体各成员负责本工程投标文件编制活动,代表联合体提交和接收相关的资料、信息及指示,并处理与投标和中标有关的一切事务;联合体中标后,联合体牵头人负责合同订立和合同实施阶段的主办、组织和协调工作。

3. 联合体将严格按照招标文件的各项要求,递交投标文件,履行投标义务和中标后的合同,共同承担合同规定的一切义务和责任,联合体各成员单位按照内部职责的部分,承担各自所负的责任和风险,并向招标人承担连带责任。

4. 联合体各成员单位内部的职责分工如下:＿＿＿＿＿＿＿＿＿＿＿。按照本条上述分工,联合体成员单位各自所承担的合同工作量比例如下:＿＿＿＿＿＿＿。

5. 投标工作和联合体在中标后工程实施过程中的有关费用按各自承担的工作量分摊。

6. 联合体中标后,本联合体协议是合同的附件,对联合体各成员单位有合同约束力。

7. 本协议书自签署之日起生效,联合体未中标或者中标时合同履行完毕后自动失效。

8. 本协议书一式＿＿＿＿＿＿＿＿＿＿份,联合体成员和招标人各执一份。

　　　　牵头人名称:＿＿＿＿＿＿＿＿＿＿＿＿＿＿＿＿＿＿＿＿＿(盖单位章)

　　　　法定代表人或其委托代理人:＿＿＿＿＿＿＿＿＿＿＿＿＿(签字)

　　　　成员二名称:＿＿＿＿＿＿＿＿＿＿＿＿＿＿＿＿＿＿＿(盖单位章)

　　　　法定代表人或其委托代理人:＿＿＿＿＿＿＿＿＿＿＿＿＿(签字)

　　　　　　　　　　　　　　　　　　　　　　……

　　　　　　　　　　　　＿＿＿＿＿年＿＿＿＿＿月＿＿＿＿＿日

备注:本协议书由委托代理人签字的,应附法定代表人签字的授权委托书。

四、投标保证金

　　　　　　　　　　　　　　　保函编号:＿＿＿＿＿＿＿＿

＿＿＿＿＿＿＿＿＿＿＿＿(招标人名称):

　　鉴于＿＿＿＿＿＿＿＿＿＿＿＿(投标人名称)(以下简称"投标人")参加你方＿＿＿＿＿＿＿＿＿＿(项目名称)＿＿＿＿＿＿＿标段的施工投标,＿＿＿＿＿＿＿＿＿＿＿＿(担保人名称)(以下简称"我方")受该投标人委托,在此无条件地、不可撤销地保证:一旦收到你方提出的下述任何一种事实的书面通知,在 7 日内无条件地向你方支付总额不超过＿＿＿＿＿＿＿＿＿＿＿(投标保函额度)的任何你方要求的金额:

1. 投标人在规定的投标有效期内撤销或者修改其投标文件。

2. 投标人在收到中标通知书后无正当理由而未在规定期限内与贵方签署合同。

3. 投标人在收到中标通知书后未能在招标文件规定期限内向贵方提交招标文件所要求的履约担保。

本保函在投标有效期内保持有效,除非你方提前终止或解除本保函。要求我方承担保证责任的通知应在投标有效期内送达我方。保函失效后请将本保函交投标人退回我方注销。

本保函项下所有权利和义务均受中华人民共和国法律管辖和制约。

　　　　担保人名称:＿＿＿＿＿＿＿＿＿＿＿＿＿＿＿＿＿(盖单位章)

　　　　法定代表人或其委托代理人:＿＿＿＿＿＿＿＿＿＿＿(签字)

　　　　地　　　址:＿＿＿＿＿＿＿＿＿＿＿＿＿＿＿＿＿＿＿＿＿

　　　　邮政编码:＿＿＿＿＿＿＿＿＿＿＿＿＿＿＿＿＿＿＿＿＿

　　　　电　　　话:＿＿＿＿＿＿＿＿＿＿＿＿＿＿＿＿＿＿＿＿＿

　　　　传　　　真:＿＿＿＿＿＿＿＿＿＿＿＿＿＿＿＿＿＿＿＿＿

　　　　　　　　　　　　＿＿＿＿＿＿年＿＿＿＿＿月＿＿＿＿＿日

备注:经过招标人事先的书面同意,投标人可采用招标人认可的投标保函格式,但相关内容不得背离招标文件约定的实质性内容。

五、已标价工程量清单

说明:已标价工程量清单按第五章"工程量清单"中的相关清单表格式填写。构成合同文件的已标价工程量清单包括第五章"工程量清单"有关工程量清单、投标报价以及其他说明的内容。

六、施工组织设计

1. 投标人应根据招标文件和对现场的勘察情况,采用文字并结合图表形式,参考以下要点编制本工程的施工组织设计:

(1)施工方案及技术措施;

(2)质量保证措施和创优计划;

(3)施工总进度计划及保证措施(包括以横道图或标明关键线路的网络进度计划、保障进度计划需要的主要施工机械设备、劳动力需求计划及保证措施、材料设备进场计划及其他保证措施等);

(4)施工安全措施计划;

(5)文明施工措施计划;

(6)施工场地治安保卫管理计划;

(7)施工环保措施计划;

(8)冬季和雨季施工方案;

(9)施工现场总平面布置(投标人应递交一份施工总平面图,绘出现场临时设施布置图表并附文字说明,说明临时设施、加工车间、现场办公、设备及仓储、供电、供水、卫生、生活、道路、消防等设施的情况和布置);

(10)项目组织管理机构(若施工组织设计采用"暗标"方式评审,则在任何情况下,"项目管理机构"不得涉及人员姓名、简历、公司名称等暴露投标人身份的内容);

(11)承包人自行施工范围内拟分包的非主体和非关键性工作(按第二章"投标人须知"第 1.11 款的规定)、材料计划和劳动力计划;

(12)成品保护和工程保修工作的管理措施和承诺;

(13)任何可能的紧急情况的处理措施、预案以及抵抗风险(包括工程施工过程中可能遇到的各种风险)的措施;

(14)对总包管理的认识以及对专业分包工程的配合、协调、管理、服务方案;

(15)与发包人、监理及设计人的配合;

(16)招标文件规定的其他内容。

2. 若投标人须知规定施工组织设计采用技术"暗标"方式评审,则施工组织设计的编制和装订应按附表七"施工组织设计(技术暗标部分)编制及装订要求"

编制和装订施工组织设计。

3. 施工组织设计除采用文字表述外可附下列图表,图表及格式要求附后。若采用技术暗标评审,则下述表格应按照章节内容,严格按给定的格式附在相应的章节中。

　　附表一　拟投入本工程的主要施工设备表

　　附表二　拟配备本工程的试验和检测仪器设备表

　　附表三　劳动力计划表

　　附表四　计划开、竣工日期和施工进度网络图

　　附表五　施工总平面图

　　附表六　临时用地表

　　附表七　施工组织设计(技术暗标部分)编制及装订要求

附表一:拟投入本工程的主要施工设备表

序号	设备名称	型号规格	数量	国别产地	制造年份	额定功率(kW)	生产能力	用于施工部位	备注

附表二:拟配备本工程的试验和检测仪器设备表

序号	仪器设备名称	型号规格	数量	国别产地	制造年份	已使用台时数	用途	备注

附表三:劳动力计划表

单位:人

工种	按工程施工阶段投入劳动力情况						

附表四:计划开、竣工日期和施工进度网络图

　　1. 投标人应递交施工进度网络图或施工进度表,说明按招标文件要求的计划工期进行施工的各个关键日期。

　　2. 施工进度表可采用网络图和(或)横道图表示。

附表五:施工总平面图

　　投标人应递交一份施工总平面图,绘出现场临时设施布置图表并附文字说明,说明临时设施、加工车间、现场办公、设备及仓储、供电、供水、卫生、生活、道路、消防等设施的情况和布置。

附表六:临时用地表

用　途	面　积(m²)	位　置	需用时间

附表七:施工组织设计(技术暗标部分)编制及装订要求

(一)施工组织设计中纳入"暗标"部分的内容:

_____

_____

_____

_____。

(二)暗标的编制和装订要求

1. 打印纸张要求:_____。

2. 打印颜色要求:_____。

3. 正本封皮(包括封面、侧面及封底)设置及盖章要求:_____。

4. 副本封皮(包括封面、侧面及封底)设置要求:_____。

5. 排版要求:_____。

6. 图表大小、字体、装订位置要求:_____。

7. 所有"技术暗标"必须合并装订成一册,所有文件左侧装订,装订方式应牢固、美观,不得采用活页方式装订,均应采用_____方式装订;

8. 编写软件及版本要求:Microsoft Word_____;

9. 任何情况下,技术暗标中不得出现任何涂改、行间插字或删除痕迹;

10. 除满足上述各项要求外,构成投标文件的"技术暗标"的正文中均不得出现投标人的名称和其他可识别投标人身份的字符、徽标、人员名称以及其他特殊标记等。

备注:"暗标"应当以能够隐去投标人的身份为原则,尽可能简化编制和装订要求。

七、项目管理机构

(一)项目管理机构组成表

职务	姓名	职称	执业或职业资格证明					备注
			证书名称	级别	证号	专业	养老保险	

（二）主要人员简历表

附1：项目经理简历表

项目经理应附建造师执业资格证书、注册证书、安全生产考核合格证书、身份证、职称证、学历证、养老保险复印件及未担任其他在施建设工程项目项目经理的承诺书，管理过的项目业绩须附合同协议书和竣工验收备案登记表复印件。类似项目限于以项目经理身份参与的项目。

姓　　名		年　　龄		学　　历		
职　　称		职务		拟在本工程任职		项目经理
注册建造师执业资格等级			级	建造师专业		
安全生产考核合格证书						
毕业学校		年毕业于		学校	专业	
主要工作经历						
时　　间	参加过的类似项目名称			工程概况说明	发包人及联系电话	

附2：主要项目管理人员简历表

主要项目管理人员指项目副经理、技术负责人、合同商务负责人、专职安全生产管理人员等岗位人员。应附注册资格证书、身份证、职称证、学历证、养老保险复印件，专职安全生产管理人员应附安全生产考核合格证书，主要业绩须附合同协议书。

岗位名称	
姓　　名	年　　龄
性　　别	毕业学校
学历和专业	毕业时间
拥有的执业资格	专业职称
执业资格证书编号	工作年限
主要工作业绩及担任的主要工作	

附3:承诺书

承诺书

＿＿＿＿＿＿＿＿＿＿(招标人名称):

我方在此声明,我方拟派往＿＿＿＿＿＿(项目名称)＿＿＿＿标段(以下简称"本工程")的项目经理＿＿＿＿＿＿(项目经理姓名)现阶段没有担任任何在施建设工程项目的项目经理。

我方保证上述信息的真实和准确,并愿意承担因我方就此弄虚作假所引起的一切法律后果。

特此承诺

投标人:＿＿＿＿＿＿＿＿＿＿＿＿＿＿＿＿＿＿(盖单位章)

法定代表人或其委托代理人:＿＿＿＿＿＿＿＿＿＿(签字)

＿＿＿＿年＿＿＿＿月＿＿＿＿日

八、拟分包计划表

序号	拟分包项目名称、范围及理由	拟选分包人				备注
		拟选分包人名称	注册地点	企业资质	有关业绩	
		1				
		2				
		3				
		1				
		2				
		3				
		1				
		2				
		3				
		1				
		2				
		3				

备注:本表所列分包仅限于承包人自行施工范围内的非主体、非关键工程。

日　　期:＿＿＿＿年＿＿＿＿月＿＿＿＿日

九、资格审查资料

(一)投标人基本情况表

投标人名称						
注册地址				邮政编码		
联系方式	联系人			电　话		
	传　真			网　址		
组织结构						
法定代表人	姓名		技术职称		电话	
技术负责人	姓名		技术职称		电话	
成立时间			员工总人数：			
企业资质等级		其中	项目经理			
营业执照号			高级职称人员			
注册资金			中级职称人员			
开户银行			初级职称人员			
账号			技　工			
经营范围						
备注						

备注：本表后应附企业法人营业执照及其年检合格的证明材料、企业资质证书副本、安全生产许可证等材料的复印件。

（二）近年财务状况表

备注：在此附经会计师事务所或审计机构审计的财务会计报表，包括资产负债表、损益表、现金流量表、利润表和财务情况说明书的复印件，具体年份要求见第二章"投标人须知"的规定。

（三）近年完成的类似项目情况表

项目名称	
项目所在地	
发包人名称	
发包人地址	
发包人联系人及电话	
合同价格	
开工日期	
竣工日期	
承担的工作	

(续表)

工程质量	
项目经理	
技术负责人	
总监理工程师及电话	
项目描述	
备注	

备注:1. 类似项目指_____工程。

　　　2. 本表后附中标通知书和(或)合同协议书、工程接收证书(工程竣工验收证书)的复印件,具体年份要求见投标人须知前附表。每张表格只填写一个项目,并标明序号。

(四)正在施工的和新承接的项目情况表

项目名称	
项目所在地	
发包人名称	
发包人地址	
发包人电话	
签约合同价	
开工日期	
计划竣工日期	
承担的工作	
工程质量	
项目经理	
技术负责人	
总监理工程师及电话	

（续表）

项目描述	
备注	

　　备注:本表后附中标通知书和(或)合同协议书复印件。每张表格只填写一个项目,并标明序号。

（五）近年发生的诉讼和仲裁情况

　　说明:近年发生的诉讼和仲裁情况仅限于投标人败诉的,且与履行施工承包合同有关的案件,不包括调解结案以及未裁决的仲裁或未终审判决的诉讼。

（六）企业其他信誉情况表(年份要求同诉讼及仲裁情况年份要求)

　　1. 近年企业不良行为记录情况

　　2. 在施工程以及近年已竣工工程合同履行情况

　　3. 其他

　　备注:1. 企业不良行为记录情况主要是近年投标人在工程建设过程中因违反有关工程
　　　　　建设的法律、法规、规章或强制性标准和执业行为规范,经县级以上建设行政
　　　　　主管部门或其委托的执法监督机构查实和行政处罚,形成的不良行为记录。
　　　　　应当结合第二章"投标人须知"前附表第10.1.2项定义的范围填写。
　　　　2. 合同履行情况主要是投标人近年所承接工程和已竣工工程是否按合同约定的
　　　　　工期、质量、安全等履行合同义务,对未竣工工程合同履行情况还应重点说明
　　　　　非不可抗力解除合同(如果有)的原因等具体情况,等。

(七)主要项目管理人员简历表

说明:"主要人员简历表"同本章附件七之(二)。未进行资格预审但本章"项目管理机构"已有本表内容的,无需重复提交。

十、其他材料

第六节　材料设备采购招标管理

采购工程项目建设过程中所需的材料和设备,以满足施工的需要,是招标工作的内容之一。采购货物质量的好坏和价格的高低,对项目建设的成败和经济效益都有着直接、重大的影响。根据建设项目的特点和要求,采购的内容可划分为单纯采购大宗建筑材料和定型生产的中小型设备。

材料设备的采购方式一般有招标选择供应商、询价选择供应商和直接订购等。

一、材料设备采购分标的原则

建设工程项目所需的各种物资应按实际需求时间分成几个阶段进行招标。每次招标时,可依据物资的性质只发一个合同包或分成几个合同包同时招标。投标的基本单位是包,投标人可以投一个或其中的几个包,但不能仅一个包中的某几项。划分采购标和包的原则是,有利于吸引较多的投标人参加竞争以达到减低货物价格,保证供货时间和质量的目的,主要考虑的因素包括:

1. 有利于投标竞争

根据建设项目所需设备之间的关系、预计金额的大小进行适当的分标和分包。如果标和包划分得过大,会使一般中小供货商无力问津,而有实力参与竞争的承包商过少就会引起投标价格较高。反之,如果标分得过小,虽可以吸引较多的中小供货商,但很难吸引实力较强的供货商;若包分得过细,则不可避免地会增大招标、评标的工作量。

2. 工程进度与供货时间

按时供应质量合格的货物,是建设项目能够顺利实施的物质保证。如何恰当分标,应按供货进度计划满足施工进度计划要求的原则,综合考虑资金、制造周期、运输、仓储能力等条件,既不能延误施工的需要,也不应过早到货。过早到货虽然对施工需要有保证,但它会影响资金的周转,需要额外支出对货物的保管与保养费用。

3. 供货地点

如果建设项目的施工点比较分散,则所需货物的供货地点也势必分散,因此,应考虑外埠供货商和当地供货商的供货能力、运输条件、仓储条件等进行分标,以利于保证供应和降低成本。

4. 市场供应情况

大型建设项目需要大量的建筑材料和较多的设备,如果一次采购,可能会因需求过大而引起价格上涨,因此,应合理计划、分批采购。

5. 资金来源

考虑建设资金的到位计划和周围计划,合理地进行分次采购招标。

二、设备采购的资格预审

合格的投标人应具有圆满履行合同的能力,具体要求应符合以下条件:

(1)具有独立订立合同的权利。

(2)在专业技术、设备设施、人员组织、业绩经验等方面具有设计、制造、质量控制、经营管理的相应资格和能力。

(3)具有完善的质量保证体系。

(4)业绩良好。要求具有设计、制造与招标设备相同或相近设备1~2台套2年以上良好运行经验,在安装调试运行中未发现重大设备质量问题或已有有效改进措施。

(5)有良好的银行信用和商业信誉等。

三、材料设备采购评标

材料设备采购评标与施工评标有很大差异,它不仅要看采购时所报的现价是多少,还要考虑设备在使用寿命期内可能投入的运营费和管理费的高低。尽管投标人所报的货物价格较低,但如果运营费很高,仍不符合业主以最合理价格采购的原则。材料设备采购评标一般采用评标价法或综合评分法。

(一)评标价法

以货币价格作为评价指标的评标价法,依据标的性质不同要以分为最低标价法、综合标价法和以设备寿命周期成本为基础的评标价法等。

1. 最低标价法

采购简单商品、半成品、原材料,以及其他性能、质量相同或容易进行比较的货物时,价格可以作为评标时考虑的唯一因素,以此作为选择中标单位的尺度。

2. 综合标价法

综合标价法是指以报价为基础,将评标时所考虑的其他因素也折算为一定价格而加到投标价上,得到综合标价,然后再根据综合标价的高低决定中标人。对

于采购机组、车辆等大型设备时,大多采用这种方法。评标时具体的处理办法如下:

(1)运输费用。招标人可能额外支付的运费、保险费和其他费用,如运输超大件设备时需要对道路加宽、桥梁加固所需支出的费用等。换算为评标价时,可按照运输部门(铁路、公路、水运)、保险公司,以及其他有关部门公布的取费标准,计算货物运抵最终目的地将要发生的费用。

(2)交货期。评标时以招标文件的"供货一览表"中规定的交货时间为标准。投标书中提出的交货期早于规定时间,一般不给予评标优惠。因为施工还不需要时的提前到货,不仅不会使招标人获得提前收益,反而要增加仓储保管费和设备保养费。如果迟于规定的交货日期且推迟的时间尚在可以接受的范围内,则交货日期每延迟1个月,按按标价的一定百分比(一般为2%)计算折算价,增加到报价上去。

(3)付款条件。投标人必须按照招标文件中规定的付款条件来报价,对于不符合规定的投标,可视为非响应性投标而予以拒绝。但在采购大型设备的招标中,如果投标人在投标致函中提出,若采用不同的付款条件可使其报价降低而供业主选择时,这一付款要求在评标过程中也应予以考虑。当投标人提出的付款要求偏离招标文件的规定不是很大,尚属可接受范围,则应根据偏离条件给业主增加的费用,按招标文件中规定的贴现率换算成评标时的净现值,加到投标人在致函中提出的修改报价上,作为评标价格。

(4)零配件和售后服务。零配件以设备运行2年内各类易损备件的获取途径和价格作为评标要素。售后服务一般包括安装监督、设备调试、提供备件、负责维修、人员培训等工作,评价提供这些服务的可能性和价格。评标时怎样对待零配件的供应和售后服务费用要视招标文件的规定而异。若这笔费用已要求投标人包括在报价之内,则评标时不再考虑这一因素;若要求投标人单报这笔费用,则应将其加到报价上。如果招标文件中没有做出上述两种规定中的任何一种,那么,在评标时要按技术规范附件中开列的、由投标人填报的、该设备在运行前两年可能需要的主要部件、零配件的名称、数量,计算可能需支付的总价格,并将其加到报价上去。售后服务费用如果需要业主自己安排的话,这笔费用也应加到报价上去。

(5)设备性能和生产能力。投标设备应具有招标文件技术规范中要求的生产效率。如果所提供设备的性能、生产能力等某些技术指标没有达到要求的基准参数,则每种参数比基准参数减低1%时,应以投标设备实际生产效率成本为基础计算,在投标价上增加若干金额。

(6)技术服务和培训。投标人在标书中应报出设备安装、调试等方面的技术服务费用,以及有关培训费。如果这些费用未包括在总报价内,评标时应将其加到报价中,作为评标价来考虑。

将以上各项评审价格加到报价上去后,累计金额即为该标书的评标价。

3. 以寿命周期成本为基础的标价法

在采购生产线、成套设备、车辆等运行期内各种后续费用(零配件、油料及燃料、维修等)很高的货物时,评标时可先确定一个统一的设备运行期,然后再根据各标书的实际情况,在标书报价上加上一定年限运行期间所发生的各项费用,再减去一定年限运行期后的设备残值。在计算各项费用或残值时,都应按招标文件中规定的贴现率折算成现值。

这种方法是在综合评标价的基础上,进一步加上一定运行年限内的费用作为评审价格。这些以贴现值计算的费用包括:

(1)估算寿命期内所需的燃料消耗费;

(2)估算寿命期内所需备件及维修费用;

(3)估算寿命期残值。

(二)综合评分法

综合评分法是评标前将各评分因素按其重要性确定评分标准,然后按此标准对各投标人提供的报价和各种服务进行打分,得分最高者中标。

综合评分法评审的内容包括投标价格;运输费、保险费和其他费用的合理性;投标书中所报的交货期限;偏离招标文件规定的付款条件影响;备件价格和售后服务;设备的性能、质量、生产能力;技术服务和培训;其他有关内容。

评审要素确定后,应依据采购标的物的性质、特点,以及各要素对总投资的影响程度划分权重和记分标准。以下是世界银行贷款项目通常采用的比例,供参考:

投标价	60～70 分
零配件价格	0～10 分
技术性能、维修、运行费	0～10 分
售后服务	0～5 分
标准备件等	0～5 分
总计	100 分

综合评分法简便易行,能从难以用金额表示的各个标书中,将各种因素量化后进行比较,从中选出最好的投标人。缺点是独立给分,对评标人的水平和知识面要求高,否则,主观随意性较大;另外,难以合理确定不同技术性能的有关分值和每一性能应得的分数,有时会忽视一些重要的指标。

第四章　建设工程项目合同管理

第一节　合同的订立

一、合同的形式

合同的形式是当事人意思表示一致的外在表现形式。一般认为,合同的形式可分为书面形式、口头形式和其他形式。口头形式是以口头语言形式表现合同内容的合同。书面形式是指合同书、信件和数据电文(包括电报、电传、传真、电子数据交换和电子邮件)等可以有形地表现所载内容的形式。其他形式则包括公证、审批、登记等形式。

(1)口头合同。在日常的商品交换,如买卖、交易关系中,口头形式的合同被人们普遍地、广泛地应用。其优点是简便、迅速、易行;缺点是一旦发生争议就难以查证,对合同的履行难以形成法律约束力。因此,口头合同要建立在双方相互信任的基础上,适用于不太复杂、不易产生争执的经济活动。

在当前,运用现代化通讯工具,如电话订货等,作为一种口头要约,也是被承认的。

(2)书面合同。它是用文字书面表达的合同。对于数量较大、内容比较复杂以及容易产生争执的经济活动必须采用书面形式的合同。书面形式的合同有如下优点:

1)有利于合同形式和内容的规范化。

2)有利于合同管理规范化,便于检查、管理和监督,有利于双方依约执行。

3)有利于合同的执行和争执的解决,举证方便,有凭有据。

4)有利于更有效地保护合同双方当事人的权益。

书面形式的合同由当事人经过协商达成一致后签署。如果委托他人代签,代签人必须事先取得委托书作为合同附件,证明具有法律代表资格。

书面合同是最常用、也是最重要的合同形式,人们通常所指的合同就是这一类。

如果以合同形式的产生依据划分,合同形式则可分为法定形式和约定形式。合同的法定形式是指法律直接规定合同应当采取的形式。如《合同法》规定建设工程合同应当采用书面形式,则当事人不能对合同形式加以选择。合同的约定形式是指法律没有对合同形式作出要求,当事人可以约定合同采用的形式。

《合同法》颁布前,我国有关法律对合同形式的要求是以要式为原则的。而《合同法》规定,当事人订立合同,有书面形式、口头形式和其他形式。法律、行政法规规定采用书面形式或者当事人约定采用书面形式,应当采用书面形式。《合同法》在一般情况下对合同形式并无要求,只要在法律、行政法规有规定和当事人有约定的情况下要求采用书面形式。可以认为,《合同法》在合同形式上的要求是以不要式为原则的。当然,这种合同形式的不要式原则并不排除对于一些特殊的合同,法律要求应当采用规定的形式(这种规定形式往往是书面形式),比如建设工程合同。

《合同法》规定的合同形式的不要式原则的一个重要体现还在于:即使法律、行政法规规定或当事人约定采用书面形式订立合同,当事人未采用书面形式,但一方已经履行了主要义务,对方接受的,该合同成立。采用书面形式订立合同的,在签字盖章之前,当事人一方已经履行主要义务,对方接受的,该合同成立。因为合同的形式只是当事人意思的载体,从本质上说,法律、行政法规在合同形式上的要求也是为了保障交易安全。如果在形式上不符合要求,但当事人已经有了交易事实,再强调合同形式就失去了意义。当然,在没有履行行为之前,合同的形式不符合要求,则合同未成立。

这一规定对于建设工程合同具有重要的意义。例如:某施工合同,在施工任务完成后由于发包人拖欠工程款而发生纠纷,但双方一直没有签订书面合同,此时是否应当认定合同已经成立?答案应当是肯定的。又例如:在施工合同履行中,如果工程师发布口头指令,最后没有以书面形式确认,但承包人有证据证明工程师确实发布过口头指令(当然,需要经过一定的程序),一样可以认定口头指令的效力,构成合同的组成部分。

二、合同的内容

合同的内容由当事人约定,这是合同自由的重要体现。《合同法》规定了合同一般应当包括的条款,但具备这些条款不是合同成立的必备条件。建设工程合同也应当包括这些内容,但由于建设工程合同往往比较复杂,合同中的内容往往并不全部在狭义的合同文本中,如有些内容反映在工程量表中,有些内容反映在当事人约定采用的质量标准中。

(1)合同当事人。合同当事人指签订合同的各方,是合同的权利和义务的主体。当事人是平等主体的自然人、法人或其他经济组织。但对于具体种类的合同,当事人还应当具有相应的民事权利能力和民事行为能力,例如签订建设工程承包合同的承包商,不仅需要工程承包企业的营业执照(民事权利能力),而且还要有与该工程的专业类别、规模相应的资质许可证(民事行为能力)。

合同法适用的是平等民事主体的当事人之间签订的合同。在如下情况下有时虽也签订合同,但这些合同不适用合同法:

1)政府依法维护经济秩序的管理活动,属于行政关系。

2)法人、其他组织内部的管理活动,例如工厂车间内的生产责任制,属于管理与被管理之间的关系。

3)收养等有关身份关系的协议,合同法规定,"婚姻、收养、监护等有关身份、关系的协议,适用其他法律的规定"。

在日常的经济活动中,许多合同是由当事人委托代理人签订的。这里合同当事人被称为被代理人。代理人在代理权限内,以被代理人的名义签订合同。被代理人对代理人的行为承担相关民事责任。

(2)合同标的。合同标的是当事人双方的权利、义务共指的对象。它可能是实物(如生产资料、生活资料、动产、不动产等)、行为(如工程承包、委托)、服务性工作(如劳务、加工)、智力成果(如专利、商标、专有技术)等。如工程承包合同,其标的是完成工程项目,标的是合同必须具备的条款。无标的或标的不明确,合同是不能成立的,也无法履行。

合同标的是合同最本质的特征,通常合同是按照标的物分类的。

(3)数量。数量是衡量合同标的多少的尺度,以数字和计量单位表示。没有数量或数量的规定不明确,当事人双方权利义务的多少、合同是否完全履行都无法确定。数量必须严格按照国家规定的法定计量单位填写,以免当事人产生不同的理解。施工合同中的数量主要体现的是工程量的大小。

(4)质量。质量是标的的内在品质和外观形态的综合指标。签订合同时,必须明确质量标准。合同对质量标准的约定应当是准确而具体,对于技术上较为复杂的和容易引起歧义的词语、标准,应当加以说明和解释。对于强制性的标准,当事人必须执行,合同约定的质量不得低于该强制性标准。对于推荐性的标准,国家鼓励采用。当事人没有约定质量标准,如果有国家标准,则依国家标准执行;如果没有国家标准,则依行业标准执行;没有行业标准,则依地方标准执行;没有地方标准,则依企业标准执行。由于建设工程中的质量标准大多是强制性的质量标准,当事人的约定不能低于这些强制性的标准。

(5)价款或者报酬。价款或者报酬是当事人一方向交付标的的另一方支付的货币。标的物的价款由当事人双方协商,但必须符合国家的物价政策,劳务酬金也是如此。合同条款中应写明有关银行结算和支付方法的条款。价款或者报酬在勘察、设计合同中表现为勘察、设计费,在监理合同中则体现为监理费,在施工合同中则体现为工程款。

(6)合同期限、履行地点和方式。合同期限指履行合同的期限,即从合同生效到合同结束的时间。履行地点指合同标的的物所在地,如以承包工程为标的的合同,其履行地点是工程计划文件所规定的工程所在地。

由于一切经济活动都是在一定的时间和空间进行的,离开具体的时间和空间,经济活动是没有意义的,所以合同中应非常具体地规定合同期限和履行地点。

(7)违约责任。即合同一方或双方因过失不能履行或不能完全履行合同责任而侵犯了另一方权利时所应负的责任。违约责任是合同的关键条款之一。没有规定违约责任,则合同对双方难以形成法律约束力,难以确保圆满地履行,发生争执也难以解决。

三、合同订立程序

订立合同的程序,是指当事人双方就合同的主要条款经过协商一致,并签署书面协议的过程。订立合同的过程,一般先由当事人一方提出要约,再由另一方作出承诺的意思表示,签字、盖章后,合同即告成立。在法律程序上,要订立经济合同的全过程划分为要约和承诺两个阶段。要约和承诺属于法律行为,当事人双方一旦作出相应的意思表示,就要受到法律的约束,否则必须承担一定的法律责任。

(1)要约。要约是指一方当事人以缔结合同为目的,向对方当事人所作的意思表示。发出要约的人为要约人,接受要约的人为受要约人。要约是订立合同所必须经过的程序。《合同法》第14条规定:"要约是希望和他人订立合同的意思表示。"

要约应当具有以下条件:① 内容具体确定;② 表明经受要约人承诺,要约人即受该意思表示约束。具体地讲,要约必须是特定人的意思表示,必须是以缔结合同为目的。要约必须是对相对人发出的行为,必须由相对人承诺,虽然相对人的人数可能为不特定的多数人。另外,要约必须具备合同的一般条款。

1)要约邀请。要约邀请是希望他人向自己发出要约的意思表示。要约邀请并不是合同成立过程中的必经过程,它是当事人订立合同的预备行为,在法律上无须承担责任。这种意思表示的内容往往不确定,不含有合同得以成立的主要内容,也不含相对人同意后受其约束的表示。比如价目表的寄送、招标公告、商业广告、招股说明书等,即是要约邀请。

要约邀请有别于要约。要约是希望和他人订立合同的意思表示,对要约人有约束力,它有一经承诺就产生合同的可能性,是合同协商的一个必要的步骤,为订立合同的开端和起点。要约一经同意(承诺)即转化为合同。而要约邀请只是当事人为订立合同的预备行为,严格而言,它还不是合同的协商阶段,不构成合同谈判的内容,其目的在于邀请别人向自己发出订约提议,当事人仍处于订立合同的准备阶段。要约邀请不发生要约的法律效力,受邀请人即便完全同意邀请方的要求,也并不产生合同。

在工程项目招标投标过程中,招标人发布的招标文件虽然对招标项目有详细介绍,但它缺少合同成立的重要条件——价格,在招标时,项目成交的价格是有待于投标者提出的。因而招标不具备要约的条件,不是要约,它实质上是邀请投标人来对其提出要约(报价),因而招标是一种要约邀请,而投标则是要约,中标通知书是承诺。

2)要约的效力。

①要约的生效时间。要约的生效时间具有十分重要的意义,它明确要约人受其提议约束的时间界限,也表明受要约人何时具有承诺权利。《合同法》第16条

规定:"要约到达受要约人时生效。"

②要约的约束力。

a. 对要约人的约束力。要约一经发出,即受法律的约束,并且非依法不得撤回、变更和修改;要约一经送达,要约人应受其约束,非依法不得撤销、变更和修改,不得拒绝承诺。

b. 受要约人因要约的送达获得了承诺的权利,受要约人一经作出承诺,即能成立合同,成为合同当事人一方。受要约人作出承诺的,要约人不得拒绝,必须接受承诺。承诺并不是受要约人的义务,受要约人有权明示拒绝,通知对方,也有权默示拒绝,不通知对方。

③要约的存续期间。要约的存续期间,也称承诺期限,是指要约人受要约拘束的时间,在该时间内不得拒绝受要约人的承诺;受要约人在该时间内作出承诺并到达要约人的,合同即告成立,逾期承诺的,要约即行失效,不再具有拘束力。

3)要约的撤回和撤销。要约撤回,是指要约在发生法律效力之前,欲使其不发生法律效力而取消要约的意思表示。要约人可以撤回要约,撤回要约的通知应当在要约到达受要约人之前或同时到达受要约人。

要约撤销,是要约在发生法律效力之后,要约人欲使其丧失法律效力而取消该项要约的意思表示。要约可以撤销,撤销要约的通知应当在受要约人发出承诺通知之前到达受要约人。但有下列情形之一的,要约不得撤销:第一,要约人确定承诺期限或者以其他形式明示要约不可撤销;第二,受要约人有理由认为要约是不可撤销,并已经为履行合同做了准备工作。可以认为,要约的撤销是一种特殊的情况,且必须在受要约人发出承诺通知之前到达受要约人。

由于要约毕竟具有法律拘束力,对其撤销不得过于随意,一般要求具备以下条件:

①要约的撤销必须在合同成立之前,即承诺生效之前,合同一旦成立,则属于合同的解除问题。

②要约的撤销必须以通知的方式进行,撤销通知必须于受要约人发出承诺前送达受要约人。如果撤销通知发出,但在到达受要约人之前,承诺通知已经发出,则不能产生撤销的法律效力。

(2)承诺。所谓承诺,《合同法》的第 21 条作了如下定义"是受要约人同意要约的意思表示"。承诺与要约一样,是一种法律行为。

1)承诺的条件。承诺具有以下条件:

①承诺必须由受要约人作出。非受要约人向要约人作出的接受要约的意思表示是一种要约而非承诺。

②承诺只能向要约人作出。非要约对象向要约人作出的完全接受要约意思的表示也不是承诺,因为要约人根本没有与其订立合同的意愿。

③承诺的内容应当与要约的内容一致。但是,近年来,国际上出现了允许受

要约人对要约内容进行非实质性变更的趋势。受要约人对要约的内容作出实质性变更的,视为新要约。有关合同标的、数量、质量、价款和报酬、履行期限和履行地点及方式、违约责任和解决争议方法等的变更,是对要约内容的实质性变更。承诺对要约的内容作出非实质性变更的,除要约人及时反对或者要约表明不得对要约内容作任何变更以外,该承诺有效,合同以承诺的内容为准。

④承诺必须在承诺期限内发出。超过期限,除要约人及时通知受要约人该承诺有效外,为新要约。

2)承诺的方式。承诺方式是指受要约人采用一定的形式将承诺的意思表示告诉要约人。《合同法》第22条规定:"承诺应当以通知的方式,但根据交易习惯或者要约表明可以通过行为作出承诺的除外。"因此承诺的方式可以有两种:

①通知。包括口头通知如对话、交谈、电话等,和书面通知如信件、传真、电报、数据电文等。

②行为。即受要约人在承诺期限内无须发出通知,而是通过履行要约中确定的义务来承诺要约。以行为承诺的前提条件是该行为符合交易习惯或是要约表明的。

3)承诺的期限。承诺必须以明示的方式,在要约规定的期限内作出。要约没有规定承诺期限的,视要约的方式而定:

①要约以对话方式作出的,应当即时作出承诺,但当事人另有约定的除外。

②要约以非对话方式作出的,承诺应当在合理期限内到达。

受要约人在承诺期限内发出承诺,按照通常情形能够及时到达要约人,但因其他原因承诺到达要约人时超过承诺期限的,除要约人及时通知受要约人因承诺超过期限不接受该承诺的以外,该承诺有效。

4)承诺的撤回。承诺的撤回是指承诺人阻止已发生的承诺发生法律效力的意思表示。承诺发生后,承诺人会因为考虑不周、承诺不当,而企图修改承诺,或放弃订约,法律上有必要设定相应的补救机制,给予其重新考虑的机会。允许撤回承诺与允许撤回要约相对应,体现了当事人在订约过程中权利、义务是均衡、对等的。为保证交易的稳定,承诺的撤回也是附条件的。《合同法》第27条规定:"承诺可以撤回。撤回承诺的通知应当在承诺通知到达要约人之前或者与承诺通知同时到达要约人。"但是在以行为承诺的情形下,要约要求的或习惯做法所认同的履行行为一经作出,合同就已成立,不得通过停止履行或恢复原状等方法来撤回承诺。

四、合同成立的时间与地点

根据《合同法》的规定,合同成立的时间有以下方面的规定:

(1)通常情况下,承诺生效时合同成立。

(2)当事人采用合同书形式订立合同的,自双方当事人签字或者盖章时合同成立。

(3)法律、行政法规规定或者当事人约定采用书面形式订立合同,当事人未采用书面形式,但一方已经履行主要义务,对方接受的,该合同成立。

(4)采用合同书形式订立合同,在签字或者盖章之前,当事人一方已经履行主要义务,对方接受的,该合同成立。

合同成立的地点,关系到当事人行使权力、承担义务的空间范围,关系到合同的法律适用、纠纷管辖等一系列问题。根据《合同法》规定,合同成立的地点有以下方面的规定:

(1)作为一般规则,承诺生效的地点为合同成立的地点。

(2)采用数据电文形式订立合同的,收件人的主营业地为合同成立的地点;没有主营业地的,其经常居住地为合同成立的地点。当事人另有约定的,按照其约定。

(3)当事人采用合同书形式订立合同的,双方当事人签字或者盖章的地点为合同成立的地点。

五、缔约过失责任

1. 缔约过失责任的概念

缔约过失责任是指在合同缔结过程中,当事人一方或双方因自己的过失而致合同不成立、无效或被撤销,应对信赖其合同为有效成立的相对人赔偿基于此项信赖而发生的损害。缔约过失责任既不同于违约责任,也有别于侵权责任,是一种独立的责任。现实生活中确实存在由于过失给当事人造成损失、但合同尚未成立的情况。缔约过失责任的规定能够解决这种情况的责任承担问题。当事人在订立合同过程中有下列情形之一,给对方造成损失的,应当承担损害赔偿责任:

(1)假借订立合同,恶意进行磋商。

(2)故意隐瞒与订立合同有关的主要事实或提供虚假情况。

(3)有其他违背诚实信用原则的行为。

2. 缔约过失责任的构成

缔约过失责任是针对合同尚未成立应当承担的责任,其成立必须具备一定的要件,否则将极大地损害当事人协商订立合同的积极性。

(1)缔约一方有损失。损害事实是构成民事赔偿责任的首要条件,如果没有损害事实的存在,也就不存在损害赔偿责任。缔约过失责任的损失是一种信赖利益的损失,即缔约人信赖合同有效成立,但因法定事由发生,致使合同不成立、无效或被撤销等而造成的损失。

(2)缔约当事人有过错。承担缔约过失责任一方应当有过错,包括故意行为和过失行为导致的后果责任。这种过错主要表现为违反先合同义务。所谓"先合同义务",是指自缔约人双方为签订合同而互相接触磋商开始但合同尚未成立,逐渐产生的注意义务(或称附随义务),包括协助、通知、照顾、保护、保密等义务,它自要约生效开始产生。

（3）合同尚未成立。这是缔约过失责任有别于违约责任的最重要原因。合同一旦成立，当事人应当承担的是违约责任或者合同无效的法律责任。

（4）缔约当事人的过错行为与该损失之间有因果关系。缔约当事人的过错行为与该损失之间有因果关系，即该损失是由违反先合同义务引起的。

第二节　合同的效力

一、合同的生效

1. 合同生效的条件

合同生效是指合同对双方当事人的法律约束力的开始。合同成立后，必须具备相应的法律条件才能生效，否则合同是无效的。合同生效应当具备下列条件：

（1）签订合同的当事人应具有相应的民事权力能力和民事行为能力，也就是主体要合法。在签订合同之前，要注意并审查对方当事人是否真正具有签订该合同的法定权力和行为能力，是否受委托以及委托代理的事项、权限等。

（2）意思表示真实。合同是当事人意思表示一致的结果，因此，当事人的意思表示必须真实。但是，意思表示真实是合同的生效条件而非合同的成立条件。意思表示不真实包括意思与表示不一致、不自由的意思表示两种。含有意思表示不真实的合同是不能取得法律效力的。如建设工程合同的订立，一方采用欺诈、胁迫的手段订立的合同，就是意思表示不真实的合同，这样的合同就欠缺生效的条件。

（3）合同的内容、合同所确定的经济活动必须合法，必须符合国家的法律、法规和政策要求，不得损害国家和社会公共利益。不违反法律或者社会公共利益，是合同有效的重要条件。所谓不违反法律或者社会公共利益，是就合同的目的和内容而言的。合同的目的，是指当事人订立合同的直接内心原因；合同的内容，是指合同中的权利义务及其指向的对象。不违反法律或者社会公共利益，实际是对合同自由的限制。

2. 合同的生效时间

（1）合同生效时间的一般规定。一般说来，依法成立的合同，自成立时生效。具体地讲：口头合同自受要约人承诺时生效；书面合同自当事人双方签字或者盖章时生效；法律规定应当采用书面形式的合同，当事人虽然未采用书面形式但已经履行全部或者主要义务的，可以视为合同有效。合同中有违反法律或社会公共利益的条款的，当事人取消或改正后，不影响合同其他条款的效力。

（2）附条件和附期限合同的生效时间。当事人可以对合同生效约定附条件或者约定附期限。附条件的合同，包括附生效条件的合同和附解除条件的合同两类。附生效条件的合同，自条件成就时生效；附解除条件的合同，自条件成就时失效。当事人为了自己的利益不正当阻止条件成就的，视为条件已经成就；不正当促成条件成就的,视为条件不成熟。附生效期限的合同,自期限界至时生效;附终止期限的合同,自期限届满时失效。

附条件合同的成立与生效不是同一时间,合同成立后虽然并未开始履行,但任何一方不得撤销要约和承诺,否则应承担缔约过失责任,赔偿对方因此而受到的损失;合同生效后,当事人双方必须忠实履行合同约定的义务,如果不履行或未正确履行义务,应按违约责任条款的约定追究责任。一方不正当地阻止条件成就,视为合同已生效,同样要追究其违约责任。

3. 效力未订合同

效力未订合同,又称效力待订合同,是指法律效力尚未确定,尚待有权利的第三方为一定意思来表示最终确定效力的合同。其法律特征如下:

(1)合同已成立且其效力待定。

(2)具有成就所欠生效条件的可能性。

(3)效力未订合同的效力最终取决于第三人。

效力未订合同与无效合同的主要区别是:无效合同为自始无效、当然无效,不因第三人的承认或拒绝而受影响;而效力未订合同的效力悬而未决处于两可状态,因第三人的意志而定,第三人追认则有效,第三人拒绝则无效。

效力未订合同与可撤销合同的区别:后者在被撤销前是有效的,撤销只是消灭其效力,而非使不确定的效力得以确认为无效;不予撤销,则为承认其有效使其效力得以继续,撤销权人应为合同当事人,而非第三人。前者在第三人承认或拒绝前效力是不确定的,承认与拒绝取决于第三人。

根据我国《合同法》规定,效力未订合同主要有以下几种:

(1)限制民事行为能力人订立的合同。无民事行为能力人不能订立合同,限制行为能力人一般情况下也不能独立订立合同。限制民事行为能力人订立的合同,经法定代理人追认以后,合同有效。限制民事行为能力人的监护人是其法定代理人。相对人可以催告法定代理人在1个月内予以追认,法定代理人未作表示的,视为拒绝追认。合同被追认之前,善意相对人有撤销的权利。撤销应当以通知的方式作出。

(2)无权代理订立的合同。代理人没有代理权(即自始不存在本人的授权)、超越代理权(本人有授权但代理人的行为非在授权之列)、代理权终止(指定的代理事项完结、代理期限届满、本人撤回授权)后以本人名义订立的合同,只有经过本人的追认,才对本人发生法律效力,即合同生效;如果本人不追认,代理人所签合同对本人不发生效力,由行为人承担法律责任。可见无权代理订立的合同对本人是否有效,关键取决于本人的追认。

(3)无处分权人订立的合同。处分权是所有权内容的核心,是所有权最基本的权能,指对物进行处置、决定物之命运的权能。如承租人未经出租人同意擅自转租,保管人擅自将储存物变卖,这种无处分权的人处分他人财产订立合同,其效力如何?《合同法》第51条将此类合同视为效力未订合同,"经权利人追认或者无处分权的人订立合同后取得处分权的,该合同有效。"如保管人将变卖储存物的货款交给货主,货主收取而无异议的,或处分财产时尚无处分权,事后由于继承、合并、买卖或赠与等方式取得了处分权的,合同均为有效。

(4)表见代理人订立的合同。"表见代理"是善意相对人通过被代理人的行为足以相信无权代理人具有代理权的代理。基于此项信赖,该代理行为有效。善意第三人与无权代理人进行的交易行为(订立合同),其后果由被代理人承担。表见代理的规定,其目的是保护善意的第三人。在现实生活中,较为常见的表见代理是采购员或者推销员拿着盖有单位公章的空白合同文本,超越授权范围与其他单位订立合同。此时其他单位如果不知采购员或者推销员的授权范围,即为善意第三人。此时订立的合同有效。

(5)法定代表人、负责人越权订立的合同。法人或其他组织的法定代表人、负责人超越权限订立的合同,除相对人知道或应当知道其超越权限以外,该代表行为有效。

二、无效合同

无效合同,是指虽经当事人协商签订,但因其不具备或违反法定条件,国家法律规定不承认其效力的合同。其法律特征为:

(1)违法性。是指违反法律和行政法规的强制性规定和社会公共利益。

(2)不履行性。即当事人订立无效合同后,不得依据合同来实际履行,也不承担不履行该合同的违约责任。

(3)无效合同自始无效。无效合同从订立合同时起即无效。

(4)国家干预原则。无效合同无须当事人来主张其无效,法院或仲裁机关可以主动审查确认其无效。

1. 无效合同的种类

《合同法》规定有下列五种情形之一的,合同无效:

(1)一方以欺诈、胁迫的手段订立合同,损害国家利益。

(2)恶性串通,损害国家、集体或者第三人利益。

(3)以合法形式掩盖非法目的。

(4)损害社会公共利益。

(5)违反法律、行政法规的强制性规定。

在司法实践中,当事人签订的下列合同也属无效合同:

(1)无法人资格且不具有独立生产经营资格的当事人签订的合同。

(2)无行为能力人签订的或者限制行为能力人依法不能签订合同时所签订的合同。

(3)代理人超越代理权限签订的合同或以被代理人的名义同自己或同自己所代理的其他人签订的合同。

(4)盗用他人名义签订的合同。

(5)因重大误解订立的合同。

(6)一方以欺诈、胁迫的手段或者乘人之危,使对方在违背真实意愿的情况下订立的合同。

对于第(5)、(6)两种情形,根据《合同法》的规定,受损方有权请求人民法院或者仲裁机构撤销合同。即使合同无效,但当事人请求变更的,人民法院或仲裁机构不得撤销。

2. 免责条款

免责条款是指合同旨在排除或限制当事人未来应付责任的合同条款。免责条款根据不同的划分标准可作不同的分类:

(1)按排除和限制的责任范围可划分为:

1)完全免责条款,如"货经售出,概不退换"。

2)部分免责,可以表现为规定责任的最高限额、计算方法,如洗涤、冲晒合同规定:如有遗失、损坏,最高按收取费用的10倍赔偿;有的列明免责的具体项目,如保险单;有的两者同时使用。

(2)按免责条款的运用,可划分为格式合同中的免责条款和一般合同中的免责条款。一般而言,国家对格式合同的规定较严,对其中的免责条款效力的认定,条件从严;对于后者相对较宽。

当然,并不是所有免责条款都有效,合同中的下列条款无效:

(1)造成对方人身伤害的。

(2)因故意或者重大过失造成对方财产损失的。

上述两种免责条款具有一定的社会危害性,双方即使没有合同关系也可追究对方的侵权责任。因此这两种免责条款无效。

3. 无效合同的法律后果

合同被确认无效后,尚未履行或正在履行的,应当立刻终止履行。对无效合同的财产后果,应本着维护国家利益、社会公共利益和保护当事人合法权益相结合的原则,根据《合同法》的规定予以处理。

(1)返还财产。由于无效合同自始至终没有法律约束力,因此,返还财产是处理无效合同的主要方式。合同被确认无效后,当事人依据该合同所取得的财产,应当返还给对方;不能返还的,应当作价补偿。建设工程合同如果无效一般都无法返还财产,因为无论是勘察设计成果还是工程施工,承包人的付出都是无法返还的,因此,一般应当采用作价补偿的方法处理。

(2)赔偿损失。是指不能返还财产时,或者当事人有过错一方承担因其过错而给当事人另一方造成额外损失的法律责任。如果无效经济合同当事人双方都有过错,也即发生混合过错时,则当事人双方各自承担与其过错相应的法律责任。

(3)追缴财产。是指当事人故意违反国家利益或社会公共利益所签订的经济合同被确认无效后,国家机关依法采取的最严厉的经济制裁手段。如果只有一方是故意的,故意的一方应将从对方取得的财产返还对方;非故意的一方已经从对方取得或约定取得的财产,应收归国库所有。

三、可变更或可撤销的合同

可变更或可撤销的合同,是指欠缺生效条件,但一方当事人可依照自己的意思使合同的内容变更或者使合同的效力归于消灭的合同。如果合同当事人对合同的可变更或可撤销发生争议,只有人民法院或者仲裁机构有权变更或者撤销合同。可变更或可撤销的合同不同于无效合同,当事人提出请求是合同被变更、撤销的前提,人民法院或者仲裁机构不得主动变更或者撤销合同。当事人如果只要求变更,人民法院或者仲裁机构不得撤销其合同。

1. 可变更或可撤销合同的条件

有下列情形之一的,当事人一方有权请求人民法院或者仲裁机构变更或者撤销其合同:

(1)当事人对合同的内容存在重大误解。

(2)在订立合同时显失公平。

(3)一方以欺诈、胁迫的手段或者乘人之危,使对方在违背真实意思的情况下订立合同。

对可撤销合同,只有受损害方才有权提出变更或撤销。有过错的一方不仅不能提出变更或撤销,而且还要赔偿对方因此所受到的损失。

2. 可变更或可撤销合同的变更或撤销

可撤销合同为效力相对合同,依据权利人有意思表示可使合同处于不同的效力状态。

(1)权利人有按其意思决定合同命运的选择权。表现为权利人有权完全接受原合同,不行使变更或撤销的请求权;有权在承认合同效力的前提下,请求变更合同内容;也有权请求撤销合同。当事人的自由选择权应受尊重,可撤销的合同是否变更或被撤销,以当事人主动行使请求权为前提,即必须向法院或仲裁机构诉讼或申请仲裁,当事人不行使程序上的主张权,有关机关不得依职权加以变更或撤销。

(2)撤销权的消灭。由于可撤销的合同只是涉及当事人意思表示不真实的问题,因此法律对撤销权的行使有一定的限制。有下列情形之一的,撤销权消灭:

1)具有撤销权的当事人自知道或者应当知道撤销事由之日起 1 年内没有行使撤销权。

2)具有撤销权的当事人知道撤销事由后明确表示或者以自己的行为放弃撤销权。

3)确认权属人民法院或仲裁机构。

《合同法》一方面赋予当事人一方撤销权,另一方面要求必须由当事人一方行使请求权,由人民法院或仲裁机构来确认。即人民法院或仲裁机构有权决定变更或撤销。

3. 合同被撤销后的法律后果

合同被撤销后的法律后果与合同无效的法律后果相同,也是返还财产、赔偿损失、追缴财产三种。

第三节　合同的履行、变更与转让

一、合同的履行

1. 合同的法律效力

签订合同是双方的法律行为。合同一经签订,只要它合法、有效,即具有法律约束力,受到法律保护。按照我国的合同法,合同的法律约束力具体体现在如下几方面:

(1)合同一经签订,对双方都有约束力。当事人双方必须依照合同的约定履行自己的义务,除了按照法律规定或者取得对方同意,不得擅自变更或者解除。如果需要修改或解除合同,仍须按合同签订的原则,双方协商同意。任何人无权单方面修改或撤销合同。

(2)合同签订后,如果一方违约,不履行合同义务或者履行合同义务不符合约定,致使对方受到损害,违约方应承担经济损失的赔偿责任。但因不可抗力因素、法律和法规变更导致合同不能履行或不能正确履行,可依法免除责任。

(3)合同当事人之间发生合同争执,首先通过协商解决。若不能通过协商达到一致,任何一方均可向国家规定的合同管理机关申请调解或仲裁,也可以向人民法院起诉,用法律手段保护自己的权益。法院依法维护当事人双方的合同权利。

(4)在当事人一方违约、承担赔偿责任时,如果对方要求继续履行合同,则合同仍有法律约束力,双方必须继续履行合同责任。

(5)合同受法律保护,合同以外的任何法人和自然人都负有不得妨碍和破坏合同签订和实施的义务。

2. 合同履行的原则

合同的履行,就是指当事人双方按照合同规定的标的、数量和质量、价款或酬金、履行期限、履行地点和履行方式等,全面地完成各自承担的义务。合同的内容是债权人的权利和债务人的义务。债务人履行了自己的义务,债权人实现了自己的权利,合同的内容就得到了实现,合同也就得到了履行。

如果当事人只完成了合同规定的部分义务,称为合同的部分履行,或不完全履行合同;如果完全没有履行合同规定的义务,则称为合同未履行,或不履行合同。

合同履行的原则包括:合同履行原则和实际履行原则。

(1)全面履行原则也称适当履行或正确履行,它要求按照合同规定的内容全面适当地履行,使得合同的各个要素都得到正确实现。

当事人应当按照约定全面履行自己的义务。即按合同约定的标的、价款、数量、质量、地点、期限、方式等全面履行各自的义务。按照约定履行自己的义务,既包括全面履行义务,也包括正确适当履行合同义务。建设工程合同订立后,双方应当严格履行各自的义务,不按期支付预付款、工程款,不按照约定时间开工、竣工,都是违约行为。

合同有明确约定的,应当依约定履行。但是,合同约定不明确并不意味着合同无须全面履行或约定不明确部分可以不履行。

合同生效后,当事人就质量、价款或者报酬、履行地点等内容没有约定或者约定不明的,可以协议补充。不能达成补充协议的,按照合同有关条款或者交易习惯确定。按照合同有关条款或者交易习惯确定,一般只能适用于部分常见条款欠缺或者不明确的情况,因为只有这些内容才能形成一定的交易习惯。如果按照上述办法仍不能确定合同如何履行的,适用下列规定进行履行:

1)质量要求不明的,按国家标准、行业标准履行,没有国家、行业标准的,按通常标准或者符合合同目的的特定标准履行。作为建设工程合同中的质量标准,大多是强制性的国家标准,因此,当事人的约定不能低于国家标准。

2)价款或报酬不明的,按订立合同时履行地的市场价格履行;依法应当执行政府定价或政府指导价的,按规定履行。在建设工程施工合同中,合同履行地是不变的,肯定是工程所在地。因此,约定不明确时,应当执行工程所在地的市场价格。

3)履行地点不明确的,给付货币的,在接收货币一方所在地履行;交付不动产的,在不动产所在地履行;其他标的在履行义务一方所在地履行。

4)履行期限不明确的,债务人可以随时履行,债权人也可以随时要求履行,但应当给对方必要的准备时间。

5)履行方式不明确的,按照有利于实现合同目的的方式履行。

6)履行费用的负担不明确的,由履行义务一方承担。

(2)实际履行原则。实际履行原则是指除法律和合同另有规定或者客观上已不可能履行外,当事人要根据合同规定的标的完成义务,不能用其他标的来代替约定标的,一方违约时也不能以偿付违约金、赔偿金的方式代替履约,对方要求继续履行合同的,仍应继续履行。

合同中所确定的标的,是为了满足当事人在生产、经营或管理等活动中一定的物资、技术、劳务等的需要,用其他的标的代替,或者当一方违约时用违约金、赔偿金来补偿对方经济、技术等方面的损失,都不能满足当事人这种特定的实际需要。因此,实际履行原则的贯彻,能够促进合同当事人按合同规定的标的认真地履行自己应尽的义务。

但在贯彻这一原则时,还必须从实际出发,在某种情况下,过于强调实际履行,不仅在客观上不可能,还会给需方造成损失。在这种情况下,应当允许用支付违约金和赔偿损失的办法代替合同的履行。如货物运输合同,按照合同法和有关货物运输法规的规定,当货物在运输途中发生损坏、灭失时,属于运输部门的过错,则承运方只按损失、灭失货物的实际损失赔偿,而不负再交付实物的义务。

(3)诚实信用原则。它要求人们在市场交易中讲究信用、恪守诺言、诚实无欺,在不损害他人经济利益的前提下追求自己的利益。这一原则对于一切合同及合同履行的一切方面均应适用。

3. 合同履行方式

合同履行方式是指债务人履行债务的方法。合同采取何种方式履行,与当事人有着直接的利害关系,因而,在法律有规定或者双方有约定的情况下,应严格按照法定的或约定的方式履行。没有法定或约定,或约定不明确的,应当根据合同的性质和内容,按照有利于实现合同目的的方式履行。合同的履行方式主要有:

(1)分期履行。分期履行是指当事人一方或双方不在同一时间和地点以整体的方式履行完毕全部约定义务的行为,是相对于一次性履行而言的,如分期交货合同、分期付款买卖合同、按工程进度付款的工程建设合同等。如果一方不按约定履行某一期次的义务,则对方有权请求违约方承担该期次的违约责任;如果对方也是分期履行的,且没有履行先后次序,一方不履行某一期次义务,对方可作为抗辩理由,也不履行相应的义务。分期履行的义务,不履行其中某一期次的义务时,对方是否可以解除合同?这需要根据该一期次的义务对整个合同履行的地位和影响来区别对待。一般情况下,不履行某一期次的义务,对方不能因此解除全部合同,如发包方未按约定支付某一期工程款的违约救济,承包方只可主张延期交付工程项目,却不能解除合同。但是不履行的期次具备了法定解除条件,则允许解除合同。

(2)部分履行。部分履行是根据合同义务在履行期届满后的履行范围及满足程度而言的。履行期届满,全部义务得以履行为全部履行,但是其中一部分义务得以履行的,为部分履行。部分履行同时意味着部分不履行。在时间上适用的是到期履行。履行期限表明义务履行的时间界限,是适当履行的基本标志,作为一个规则,债权人在履行期届满后有权要求其权利得到全部满足,对于到期合同,债权人有权拒绝部分履行。

(3)提前履行。提前履行是债务人在合同约定的履行期限届至以前就向债权人履行给付义务的行为。在多数情况下,提前履行债务对债权人是有利的。但在特定情况下提前履行也可能构成对债权人的不利,如可能使债权人的仓储费用增加,对鲜活产品的提前履行,可能增加债权人的风险等。因此债权人可能拒绝受领债务人提前履行,但若合同的提前履行对债权人有利,债权人则应当接受提前履行。提前履行可视为对合同履行期限的变更。

4. 合同履行中的抗辩权

(1)合同履行顺序的一般规则。合同履行的顺序,表面上看是一个谁先谁后的时间顺序排列问题,由于市场经济中各种机会的存在,它实质上是一种风险的分担与化解机制,履行时间的设定,履行行为的启动,往往都是通过双方反复博弈、精心设计的。作为一般规则,履行顺序可概括如下:

1)首先合同的履行顺序一般由当事人自行约定,严格按照约定进行。

2)当事人的义务有先后履行顺序的,按先后顺序履行,先履行一方未履行之前,后履行一方有权拒绝其履行请求,先履行一方履行债务不符合约定的,后履行一方有权拒绝其相应的履行。这又称为"后履行抗辩权"或"异时履行抗辩权"。

3)当事人的义务没有约定先后顺序的,往往要适用法律的补缺条款或惯例。

(2)同时履行抗辩权。当事人互负债务,没有先后履行顺序的,应当同时履行。同时履行抗辩权包括:一方在对方履行之前有权拒绝其履行要求;一方在对方履行债务不符合约定时,有权拒绝其相应的履行要求。如施工合同中期付款时,对承包人施工质量不合格部分,发包人有权拒付该部分的工程款;如果发包人拖欠工程款,则承包人可以放慢施工进度,甚至停止施工。产生的后果,由违约方承担。

同时履行抗辩权的构成条件是:

1)双方当事人因同一双务合同互负对价义务,即双方的债务须系同一双务合同产生,且债务具有对价性。两项给付互为条件或互为原因,两项给付的交换即为合同的履行。若双方非因同一合同产生的债务或债务虽系同一合同产生但不具有对价性,都不能成立同时履行抗辩权。

2)两项给付没有履行先后顺序。当事人没有约定,法律也没有规定合同哪一方负有先履行给付的义务。当事人只有在此情况下才可行使同时履行抗辩权。

3)对方当事人未履行给付或未提出履行给付。同时履行的提出是为了催促另一方当事人及时给付,故在一方当事人履行了给付后,同时履行抗辩原因就消失了。对于当事人提出履行给付的,一般来说,对方当事人不产生同时履行抗辩权。但此处的"提出履行给付"应满足两个条件:一是当事人表示要履行给付义务;二是当事人在合同规定的履行期限到来时有充分的能力履行其给付义务。否则提出履行给付不可能构成对同时履行抗辩权的对抗。

4)同时履行抗辩权的行使,以对方给付尚属可能为限。同时履行抗辩权的行使是期待对方当事人与自己同时履行给付。若对方当事人已丧失履行能力,则合同归于解除,同时履行抗辩权就丧失了存在价值和基础。

(3)后履行抗辩权。后履行抗辩权也包括两种情况:当事人互负债务,有先后履行顺序的,应当先履行的一方未履行时,后履行的一方有权拒绝其对本方的履行要求;应当先履行的一方履行债务不符合规定的,后履行的一方也有权拒绝其相应的履行要求。如材料供应合同按照约定应由供货方先行交付订购的材料后，采购方再行付款结算，若合同履行过程中供货方交付的材料质量不符合约定的标准，采购方有权拒付货款。

后履行抗辩权应满足的条件为：

1)由同一双务合同产生互负的对价给付债务。

2)合同中约定了履行的顺序。

3)应当先履行的合同当事人没有履行债务或者没有正确履行债务。

4)应当先履行的对价给付是可能履行的义务。

(4)先履行抗辩权。先履行抗辩权，又称不安抗辩权，是指合同中约定了履行的顺序，合同成立后发生了应当后履行合同一方财务状况恶化的情况，应当先履行合同一方在对方未履行或者提供担保前有权拒绝先为履行。设立不安抗辩权的目的在于，预防合同成立后情况发生变化而损害合同另一方的利益。

先履行抗辩权的构成条件是：

1)先履行抗辩权的合同属双务合同，在时间上存在前后先继的两个不同履行序次。倘若没有履行上的先后次序之分，应为同时履行，则适用同时履行抗辩权。

2)行使先履行抗辩权必须基于对方有不履行之虞。如后履行一方财务状况恶化，履约能力急剧下降，存在明显的不履行合同的预兆，此时要求先履行一方依约履行合同，只能是无谓地扩大损失，是不公平的。因而先履行一方预料到对方确实不能履行义务时有权行使抗辩权。

3)对方不履行之虞必须建立在确切的证据基础上。由于经济生活极为复杂多变，对后履行一方的担忧不应当是主观上的推测、预料、臆断，必须通过客观的事实来证明。

应当先履行合同的一方有确切证据证明对方有下列情形之一的，可以中止履行：

1)经营状况严重恶化。

2)转移财产、抽逃资金，以逃避债务的。

3)丧失商业信誉。

4)有丧失或者可能丧失履行债务能力的其他情形。

当事人中止履行合同的，应当及时通知对方。对方提供适当的担保时应当恢复履行。中止履行后，对方在合理的期限内未恢复履行能力并且未提供适当的担保，中止履行一方可以解除合同。当事人没有确切证据就中止履行合同的应承担违约责任。

5. 合同保全

合同保全就是指为防止合同债务人消极对待债权导致没有履行能力而给债权人带来危害，法律赋予债权人实施一定的行为以保持债务人财产的完整，实现债权。设立合同保全，其思路是："以债务人的全部财产作为实现债权的保证。"

（1）合同保全的法律特征。

1）合同保全是合同效力扩张的结果，为债的对外效力，是法律赋予给合同当事人的一种法定救济权。

2）合同保全的目的在于债权人能从债务人的财产中实现债权，除对外设有担保物权外，债务人原则上以其全部资产对债权人承担责任，即所谓的"责任财产"。责任财产减损，会影响债权人的利益。

3）为达上述目的，法律允许债权人采取积极的自助行为，排除债权实现过程中的障碍，自助救济行为有二：一是阻却行为——"代位权"，保持债务人的财产，防止流失；二为否决行为——"撤销权"，对债务人的行为加以否决，以恢复责任财产。

（2）合同保全措施。

1）代位权。代位权是指因债务人怠于行使其到期债权，对债权人造成损害，债权人可以向人民法院请求以自己的名义代位行使债务人的债权。但该债权专属于债务人时不能行使代位权。代位权的行使范围以债权人的债权为限，其发生的费用由债务人承担。

代位权的效力，对于债务人，可消灭其与债权人、第三人之间的债权关系。对于债权人，其行使代位权，在取得的财产的范围内，消灭了对债务人的债权关系。对于第三人，合同债权人行使权力的效果等同于合同债务人行使，具有消灭债的效力，其对合同债务人的抗辩权均能对抗债权人。

2）撤销权。撤销权是指因债务人放弃其到期债权或者无偿转让财产，对债权人造成损害的，债权人可以请求人民法院撤销债务人的行为。债务人以明显不合理低价转让财产，对债权人造成损害的，并且受让人知道该情形的，债权人可以请求人民法院撤销债务人的行为。撤销权的行使范围以债权人的债权为限，其发生的费用由债务人承担。撤销权自债权人知道或者应当知道撤销事由之日起 1 年内行使。自债务人的行为发生之日起 5 年内没有行使撤销权的，该撤销权消灭。

二、合同的变更

合同的变更是指合同依法成立后，在尚未履行或尚未完全履行时，当出现法定条件时当事人对合同内容进行的修订或调整。当事人协商一致，可以变更合同。法律、行政法规规定变更合同时应当办理批准、登记等手续的，依照其规定。其特征有：

（1）合同变更必须双方协商一致，并在原合同的基础上达成新协议。

（2）合同变更必须在原合同履行完毕之前实施。

（3）合同变更只是在原合同存在的前提下对部分内容进行修改、补充，而不是对合同内容的全部变更。

合同变更后，合同双方当事人的权利义务会有所改变，合同解除后，尚未履行的，终止履行。但如果所解除的合同已经部分履行，则当事人双方对已履行部分仍依据合同的规定享有权利并承担义务,并且,根据履行情况和合同情况,当事人可以要求恢复原状、采取其他补救措施,并有权要求赔偿损失。

合同变更的方法包括当事人协商变更和法定变更两种。

(1)当事人协商变更。当事人可以协商一致订立合同,在订立合同后,双方也有权根据实际情况,对权利义务作出合理调整。当事人协商变更合同可能会涉及以下法律问题:

1)对于无效变更的处理。如果当事人的变更行为(如欺诈、胁迫)或变更内容(如价格违法、违反法定质量标准)不合法,则不能产生变更后的法律后果,即变更后的内容不能抵抗原有内容,原来的权利义务继续有效。

2)不要式合同不能变更为要式合同。《合同法》规定,对于应当办理批准、登记手续的合同,变更时应办理相应手续,未办理法定手续的不发生变更的法律后果。

3)内容不明确推定为未变更。当事人对合同变更的内容约定不明确的,不便于推测当事人的真实意图,难于履行。《合同法》规定,应推定未变更。

4)附条件的变更。对权利义务的变更可以是附条件的,最为典型的是"待履行和解",即债权人与债务人达成协议,对原合同的内容作出调整,其条件是债务人履行特定的义务,债务人没有履行特定义务时,合同按变更前的内容履行,视为未变更,债务人依照约定履行特定义务,则可按照变更后的合同履行。

(2)法定变更。根据《合同法》规定,在下列情况下,可请求人民法院或仲裁机构变更:

1)重大误解、显失公平订立的合同,一方以欺诈、胁迫的手段或乘人之危,使对方在违背真实意思的情况下订立的合同。

2)约定违约金过分低于造成的损失或过分高于造成的损失,可请求增加或减少。

三、合同的转让

合同转让是指当事人一方将其合同权利或者义务的全部或者部分,或者将权利和义务一并转让给第三人,由第三人相应地享有合同权利,承担合同义务的行为。其实质是在权利义务内容维持不变的情况下,使权利、义务的主体发生转移。其中合同权利人转移的,称为合同权利转让,合同义务人转移的,称为合同义务转让;合同权利、义务人同时转移的,称为合同的概括转让,也称一并转让。合同转让具有以下法律特征:

(1)合同转让的法律特征。

1)合同转让是合同主体的变化。即权利义务从原来合同一方当事人转移至第三方,由第三方作为新的合同承受人,享有权利、承担义务。合同转让后,转让方与对方当事人的权利义务归于消灭,转让方的合同地位由受让方取而代之。这一特征使合同转让区别于转包合同、分包合同。转包、分包合同中的转包方、总承包方都不能终结与对方当事人的权利义务及其相应责任。

2)合同的转让不导致合同权利义务的变更。合同的转让只是权利义务主体的位移,即从一方转移至其他第三方,并不导致权利、义务的增加、减少或其他变更,合同内容不发生变化。

(2)债权转让。债权转让是指合同债权人通过协议将其债权全部或者部分转让给第三人的行为。债权人可以将合同的权利全部或者部分转让给第三人。法律、行政法规规定转让权利应当办理批准、登记手续的,应当办理批准、登记手续。但下列情形债权不可以转让:

1)根据合同性质不得转让。

2)根据当事人约定不得转让。

3)依照法律规定不得转让。

债权人转让权利的,应当通知债务人。未经通知的,该转让对债务人不发生效力。债权人转让权利的通知不得撤销,但经受让人同意的除外。受让人取得权利后,同时拥有与此权利相对应的从权利。若从权利与原债权人不可分割,则从权利不随之转让。债务人对债权人的抗辩同样可以针对受让人。

(3)债务承担。债务承担是指债务人将合同的义务全部或者部分转移给第三人的情况。债务人将合同的义务全部或部分转移给第三人的必须经债权人的同意,否则,这种转移不发生法律效力。法律、行政法规规定转移义务应当办理批准、登记手续的,应当办理批准、登记手续。

债务人转移义务的,新债务人可以主张原债务人对债权人的抗辩。债务人转移义务的,新债务人应当承担与主债务有关的从债务,但该从债务专属于原债务人自身的除外。

(4)权利和义务同时转让。当事人一方经对方同意,可以将自己在合同中的权利和义务一并转让给第三人。当事人订立合同后合并的,由合并后的法人或者其他组织行使合同权利,履行合同义务。当事人订立合同后分立的,除债权人和债务人另有约定外,由分立的法人或其他组织对合同的权利和义务享有连带债权,承担连带债务。

第四节　合同的解除与终止

一、合同的解除

合同的解除是指在合同没有履行或没有完全履行之前,因订立合同所依据的主客观情况发生变化,致使合同的履行成为不可能或不必要,依照法律规定的程序和条件,合同当事人的一方或者协商一致后的双方,终止原合同法律关系。

合同解除可分为约定解除和法定解除。

(1)约定解除。约定解除是当事人通过行使约定的解除权或者双方协商决定而进行的合同解除。当事人协商一致可以解除合同,即合同的协商解除。当事人也可以约定一方解除合同的条件,解除合同条件成熟时,解除权人可以解除合同,即合同约定解除权的解除。

合同的这两种约定解除有很大的不同。合同的协商解除一般是合同已开始履行后进行的约定,且必然导致合同的解除;而合同约定解除权的解除则是合同履行前的约定,它不一定导致合同的真正解除,因为解除合同的条件不一定成就。

(2)法定解除。法定解除是解除条件直接由法律规定的合同解除。当法律规定的解除条件具备时,当事人可以解除合同。它与合同约定解除权的解除都是具备一定解除条件时,由一方行使解除权;区别则在于解除条件的来源不同。

合同成立后,对双方当事人均具有法律约束力,双方应认真履行。有下列情形之一的,当事人可以解除合同:

(1)因不可抗力致使不能实现合同目的。

(2)在履行期限满之前,当事人一方明确表示或者以自己的行为表明不履行主要债务。

(3)当事人一方迟延履行主要债务,经催告后在合理期限内仍未履行。

(4)当事人一方迟延履行债务或者有其他违约行为致使不能实现合同目的。

(5)法律规定的其他情形。

变更或解除合同的程序是指当事人一方向对方发出要约,请求变更或解除合同;要约的相对人作出相应的承诺,表示完全同意变更或解除合同的条件,双方经过协商一致,变更或解除合同的新协议即告成立。变更或解除合同应遵守以下规定:

(1)合同的变更或解除是一种重新确立或终止当事人双方权利和义务的法律行为。因此,当事人一方应及时向对方提出变更或解除合同的请求或建议,明确表示变更或解除合同的理由、内容和具体条款。

(2)合同变更或解除是一项法律行为,因此,当事人双方应当签订书面形式的协议。变更或解除原合同的协议一经订立即具有法律效力,原合同即行变更或终止。但是,在变更或解除原合同的协议尚未正式成立前,原合同仍然具有法律效力,义务人必须履行合同规定的义务,否则应承担违约责任。

(3)合同当事人任何一方发生合并或分立,不得影响原合同的法律效力。当事人一方发生合并时,由合并后的当事人履行合同;当事人一方发生分立时,由分立后的当事人分别履行合同或者由原合同当事人一方与对方达成协议,确定由分立后各方中的一方履行合同。

二、合同的终止

合同终止是指合同效力归于消灭,合同中的权利义务对双方当事人不再具有法律拘束力。合同的终止即为合同的死亡,是合同生命旅程的终端。合同终止后,权利义务整体不复存在,但一些附随义务依然存在。

此外合同终止后有些内容具有独立性,并不因合同的终止而失去效力。《合同法》第 57 条规定,合同终止的,不影响合同中独立存在的有关解决争议方法的条款的效力;第 98 条规定,合同权利义务终止,不影响合同中结算和清理条款的效力。

合同的权利义务可由下列原因而终止:

(1)债务已经按照约定履行。债务人向债权人履行合同规定的义务后,合同的权利义务即告终止。但这种履行一般情况下应由债务人自己履行,且标的物应符合合同的约定。

(2)合同解除。当合同履行中出现了可以解除合同的情形时,合同不再继续履行,合同也告终止。

(3)债务相互抵消。当合同当事人彼此互负债务,且债务种类相同,并均已届清偿期,则双方得以其债务与对方的债务在等额的范围内归于消灭。

(4)债务人依法将标的物提存。提存是指在债务人履行债务时,由于债权人无正当理由拒绝受领,下落不明等情形,债务人有权把应给付的金钱或其他物品寄托于法定的提存所,从而使债的关系归于消灭的一种行为。

(5)债权人免除债务。免除是指债权人免除债务人的债务,亦即债权人抛弃其债权。债权人既可免除全部债务,也可部分免除债务。

(6)债权债务同归于一人。当债权与债务同属于一个人时,债的关系已无存在的必要,应归于消灭。但合同涉及第三人利益的则不能终止权利义务。

(7)法律规定的其他情形。合同的权利义务终止的情形不限于以上几种,如时效等法律有规定的情况也可能导致合同终止。

第五节　合同的违约责任

违约责任是指当事人任何一方不履行合同义务或者履行合同义务不符合约定而应当承担的法律责任。违约行为的表现形式包括不履行和不适当履行。不履行是指当事人不能履行或者拒绝履行合同义务。不能履行合同的当事人一般也应承担违约责任。不适当履行则包括不履行以外的其他所有违约情况。当事人一方不履行合同义务,或履行合同义务不符合约定的,应当承担继续履行、采取补救措施或者赔偿损失等违约责任。当事人双方都违反合同的,应各自承担相应的责任。

对于违约产生的后果,并非一定要等到合同义务全部履行后才追究违约方的责任,按照《合同法》的规定对于预期违约的,当事人也应当承担违约责任。所谓"预期违约",是指合同依法成立后,在约定的履行期限届满前,合同一方当事人向对方明确表示其将拒绝履行合同的主要义务或以自己的行为表明不履行主要义务的情形。预期违约与实际违约既有联系又相区别。两者都发生在有一定履行期限的有效合同之中,无效合同、即时清洁的合同根本不存在违约。但预期违约是发生在合同履行期限届满之前,而实际违约是发生在合同履行期限届满之后;前者是一种预见性的,有可能对对方当事人造成重大损失的潜在威胁,而后者则是已经发生的,并实际已给对方造成了一定的经济损失;前者并不直接违反合同给付义务本身,而是实施了危害给付义务实现的不作为义务,后者违反的则是合同的现实给付义务。预期违约与实际违约间并非不可逾越。如果预期违约行为得不到及时矫正、补救与制约,持续到履行期届满之时便成为实际违约。

预期违约制度的设置,主要是适应经济生活千变万化的需要。有些合同在履行中出现变故,履行起来十分困难,趁早通知对方,既有利于对方尽快采取补救措施,防范损失的进一步扩大,也有利于自己尽早摆脱履行的困境。因而,预期违约是均衡双方利益基础上的一种极为效益的制度设计。

一、违约责任的分类

违反合同的责任,从承担责任的性质来看,可以分为:

(1)违约责任,是指由合同当事人自己的过错造成合同不能履行或者不能完全履行,使对方的权利受到侵犯而应当承受的经济责任。

(2)个人责任,这是指个人由于失职、渎职或者其他违法行为造成合同不能履行或不能完全履行,并且造成重大事故或严重损失,依照法律应承担的经济责任、行政责任或刑事责任。

违反合同的责任,又可以从约定违约责任的角度分为:

(1)法定违约责任,是指当事人根据法律规定的具体数目或百分比所承担的违约责任。

(2)约定违约责任,是指在现行法律中没有具体规定违约责任的情况下,合同当事人双方根据有关法律的基本原则和实际情况,共同确定的合同违约责任。当事人在约定违约责任时,应遵循合法和公平的原则。

(3)法律和合同共同确定的违约责任,是指现行法律对违约责任只规定了一个浮动幅度(具体数目或百分比),然后由当事人双方在法定浮动幅度之内,具体确定一个数目或百分比。如工矿产品购销合同中,通用产品的违约金为不能交货部分货款总值的 1%～5%。在此浮动幅度内由供需双方共同确定具体比例。

二、承担违约责任的条件

当事人承担违约责任的条件,是指当事人承担违约责任应当具备的要件。按照《合同法》规定,承担违约责任的条件采用严格责任原则,只要当事人有违约行为,即当事人不履行合同或者履行合同不符合约定的条件,就应当承担违约责任。具体分析,违反合同的当事人的行为符合下列条件时,应当承担法律责任:

(1)违反合同要有违约事实。当事人不履行或不完全履行合同约定义务的行为一经出现,即形成违约事实,不论造成损失与否,均应承担违约责任。

(2)违反合同的行为人有过错。所谓过错,包括故意和过失,是指行为人决定实施其行为时的心理状态。

（3）违反合同的行为与违约事实之间有因果关系。

当事人一方不履行非金钱债务或者履行非金钱债务不符合约定的,对方可以要求履行,但有下列情形之一的除外:

（1）法律上或事实上不能履行。

（2）债务的标的不适于强制履行或者履行费用过高。

（3）债权人在合理期限内未要求履行。

三、承担违约责任的方式

《合同法》规定的违约责任主要有以下几种:

（1）违约金。违约金是指当事人因过错不履行或不完全履行经济合同,应付给对方当事人的、由法律规定或合同约定的一定数额的货币。违约金兼具补偿性和惩罚性。当事人约定的违约金应当在法律、法规允许的幅度、范围内;如果法律、法规未对违约金幅度作限定,约定违约金的数额一般以不超过合同未履行部分的价款总额为限。

违约金一般分为法定违约金和约定违约金。

（2）赔偿金。赔偿金是指当事人过错违约给对方造成损失在没有规定违约金或违约金不足弥补损失时,支付的一定数额的货币。当事人一方违反经济合同的赔偿责任,应当相当于当事人。他方因此所受到的损失,包括财产的毁损、灭失、减少和为减少损失所发生的费用以及按照合同约定履行可以获得的利益。但违约一方的损失赔偿不得超过他订立合同时应当预见到的损失。法律、法规规定责任限额的,依照法律、法规的规定承担责任。当事人也可以在合同中约定因违约而产生的损失赔偿额的计算方法。

赔偿金应在明确责任后 10 天内偿付,否则按逾期付款处理。所谓明确责任,在实践中有两种情况:一是由双方自行协商明确各自的责任;二是由合同仲裁机关或人民法院明确责任。日期的计算,前者以双方达到协议之日起计算,后者以调解书送达之日起或裁决书、审判书生效之日起计算。

（3）继续履行。继续履行是指由于当事人一方的过错造成违约事实发生,并向对方支付违约金或赔偿金之后,合同未经解除,而仍然不失去其法律效力,也即并不因违约人支付违约金或赔偿金而免除其继续履行合同的义务。合同的继续履行,既是实际履行原则的体现,也是一种违约责任,它可以实现双方当事人订立合同价要达到的实际目的。

继续履行有如下限制:

1）法律上或者事实上不能履行。如合同标的物成为国家禁止或限制物,标的物丧失、毁坏、转卖他人等情形后,使继续履行成为不必要或不可能。

2）债务的标的不适于强制履行或者履行费用过高。

3）债权人在合理期限内未要求履行的,债务人可以免除继续履行的责任。

(4)定金。定金是合同当事人一方为担保合同债权的实现而向另一方支付的金钱。定金具有如下特征：

1)定金本质上是一种担保形式,其目的在于担保对方债权的实现。

2)定金是在合同履行前由一方支付给另一方的金钱。

3)定金的成立不仅须有双方当事人的合意,而且应有定金的现实交付,具有实践性。定金的有效以主合同的有效成立为前提,主合同无效时,定金合同也无效。

定金作为合同成立的证明和履行的保证,在合同履行后,应将定金收回或者抵作价款。给付定金的一方不履行约定债务的,无权要求返还定金;收受定金的一方不履行约定债务的,应当双倍返还定金。

当事人既约定违约金,又约定定金的,一方违约时,对方可以选择适用违约金或定金条款。但是,这两种违约责任不能合并使用。

(5)采取补救措施。所谓的补救措施主要是指《民法通则》和《合同法》中所确定的,在当事人违反合同的事实发生后,为防止损失发生或者扩大,而由违反合同一方依照法律规定或者约定采取的修理、更换、重新制作、退货、减少价格或者报酬等措施,以给权利人弥补或者挽回损失的责任形式。补救措施应是继续履行合同、质量救济、赔偿损失等之外的法定救济措施。补救措施在不同的违约中有不同的表现形式,如出卖人自己生产的产品数量不足,经买受人同意用购买替代品来履行等等。建筑工程合同中,采取补救措施是施工单位承担违约责任常用的方法。

第六节　合同争议的解决

合同争议也称合同纠纷,是指合同当事人对合同规定的权利和义务产生了不同的理解。合同争议的解决方式有协商、调解、仲裁、诉讼 4 种。

一、协商

协商是由合同当事人双方在自愿互谅的基础上,按照法律、法规的规定,通过摆事实讲道理解决纠纷的一种办法。

当事人以协商方式解决合同纠纷时,应当遵守下列原则:坚持依法协商;尊重客观事实;采取主动、抓住时机;采用书面和解协议书。

总之,合同当事人之间发生争议时,首先应当采取友好协商解决纠纷,这种方式可以最大限度地减少由于纠纷而造成的损失,从而达到合同所涉及的权利得到实现的目的。此外,还可以节省人力、时间和财力,有利于双方往来的发展,提高社会信誉。

二、调解

调解是指合同当事人对合同所约定的权利、义务发生争议,不能达成和解协议时,在经济合同管理机关或有关机关、团体等的主持下,通过对当事人进行说服教育,促使双方互相作出适当的让步,平息争端,自愿达成协议,以求解决经济合同纠纷的方法。

调解的原则也是自愿、平等、合法。在实践中,依据调解人的不同,合同调解有民间调解、行政调解、仲裁机关调解和法庭调解。

三、仲裁

仲裁,又称为公断,就是当发生合同纠纷而协商不成时,仲裁机构根据当事人的申请,对其相互之间的合同争议,按照仲裁法律规范的要求进行仲裁并作出裁决,从而解决合同纠纷的法律制度。

(1)仲裁的原则。

1)自愿原则。解决合同争议是否选择仲裁方式以及选择仲裁机构本身并无强制力。当事人采用仲裁方式解决纠纷,应当贯彻双方自愿原则,达成仲裁协议。如有一方不同意进行仲裁的,仲裁机构即无权受理合同纠纷。

2)公平合理原则。仲裁员应依法公平合理的进行裁决。

3)仲裁依法独立进行原则。仲裁机构是独立的组织,相互间也无隶属关系。仲裁依法独立进行,不受行政机关、社会团体和个人的干涉。

4)一裁终局原则。裁决作出后,当事人就同一纠纷再申请仲裁或者向人民法院起诉的,仲裁委员会或者人民法院不予受理(依据《仲裁法》规定撤销裁决的除外)。

(2)仲裁委员会。仲裁委员会是我国的仲裁机构。仲裁委员会可以在直辖市和省、自治区人民政府所在地的市设立,也可以根据需要在其他设区的市设立,不按行政区划层层设立。仲裁委员会由主任 1 人、副主任 2～4 人和委员 7～11 人组成。仲裁委员会应当从公道正派的人员中聘任仲裁员。

仲裁委员会应当具备下列条件:

1)有自己的名称、住所和章程。

2)有必要的财产。

3)有该委员会的组成人员。

4)有聘任的仲裁员。

仲裁委员会独立于行政机关,与行政机关没有隶属关系,仲裁委员会之间也无隶属关系。

(3)仲裁协议。仲裁协议是纠纷当事人愿意将纠纷提交仲裁机构仲裁的协议。仲裁协议包括合同中订立的仲裁条款和以其他书面方式在纠纷发生前或者纠纷发生后达成的请求仲裁的协议。

仲裁协议应具有下列内容:请求仲裁的意思表示;仲裁事项;选定仲裁委员会。

仲裁协议是合同的组成部分,是合同的内容之一。有下列情形之一的,仲裁协议无效；

1)约定的事项超出法律规定的仲裁范围的。

2)无民事行为能力人或者限制民事行为能力人订立的仲裁协议。

3)一方采取胁迫手段,迫使对方订立仲裁协议的。

仲裁协议是仲裁机构对纠纷进行仲裁的先决条件,合同双方当事人均受仲裁协议的约束,仲裁协议排除了法院对纠纷的管辖权,仲裁机构应按照仲裁协议进行仲裁。

(4)仲裁程序。

1)仲裁申请和受理。当事人申请仲裁,应当向仲裁委员会递交仲裁协议或合同副本、仲裁申请书及副本。仲裁申请书应依据规范载明有关事项。当事人、法定代理人可以委托律师和其他代理人进行仲裁活动。委托律师和其他代理人进行仲裁活动的,应当向仲裁委员会提交授权委托书。仲裁机构收到当事人的申请书,首先要进行审查,经审查符合申请条件的,应当在7天内立案,对不符合规定的,也应当在7天内书面通知申请人不予受理,并说明理由。申请人可以放弃或者变更仲裁请求。被申请人可以承认或者反驳仲裁请求,有权提出反请求。

2)仲裁庭的组成。当事人如果约定由三名仲裁员组成仲裁庭的,应当各自选定或者各自委托仲裁委员会主任指定一名仲裁员,第三名仲裁员由当事人共同选定或者共同委托仲裁委员会主任指定。第三名仲裁员是首席仲裁员。当事人也可约定由一名仲裁员组成仲裁庭。法律规定,当事人有权依据法律规定请求仲裁员回避。提出请求者应当说明理由,并在首次开庭前提出。回避事由在首次开庭后知道的,可以在最后一次开庭终结前提出。

3)开庭和裁决。仲裁应当开庭进行。当事人协议不开庭的,仲裁庭可以根据仲裁申请书、答辩书以及其他材料作出裁决,仲裁不公开进行。当事人协议公开的,可以公开进行,但涉及国家秘密的除外。申请人经书面通知,无正当理由不到庭或者未经仲裁庭许可中途退庭的,可以视为撤回仲裁申请。被申请人经书面通知,无正当理由不到庭或者未经仲裁庭许可中途退庭的,可以缺席裁决。

裁决应当按照多数仲裁员的意见作出,少数仲裁员的不同意见可以记入笔录。仲裁庭不能形成多数意见时,裁决应当按照首席仲裁员的意见作出。仲裁的最终结果以仲裁决定书给出。

4)执行。仲裁委员会的裁决作出后,当事人应当履行。当一方当事人不履行仲裁裁决时,另一方当事人可以依照民事诉讼法的有关规定向人民法院申请执行,受申请人民法院应当执行。

被申请人提出证据证明仲裁裁决有下列情形之一的,经人民法院组成合议庭审查核实,裁定不予执行：

①没有仲裁协议的。

②裁决的事项不属于仲裁协议的范围或者仲裁委员会无权仲裁的。

③仲裁庭的组成或者仲裁的程序违反法定程序的。

④裁决所根据的证据是伪造的。

⑤对方当事人隐瞒了足以影响公正裁决的证据的。

⑥仲裁员在仲裁该案时有索贿受贿,徇私舞弊,枉法裁决行为的。

四、诉讼

诉讼,是指合同当事人依法请求人民法院行使审判权,审理双方之间发生的合同争议,作出有国家强制保证实现其合法权益、从而解决纠纷的审判活动。合同双方当事人如果未约定仲裁协议,则只能以诉讼作为解决争议的最终方式。

(1)诉讼管辖。

1)级别管辖。这是不同级别的人民法院受理第一审合同纠纷案件的权限分工。在全国有重大影响由最高人民法院受理;在本辖区内有重大影响由各省、自治区、直辖市高级人民法院受理;各省辖市、地区、自治州中级人民法院则受理在本辖区内有重大影响以及重大涉外的合同纠纷;除此之外的第一审合同纠纷案件,都由基层人民法院管辖。

2)地域管辖。这是指同级人民法院在受理第一审合同纠纷案件时的权限分工。因合同纠纷提起的诉讼,由被告住所地或者合同履行地人民法院管辖。合同的双方当事人可以在书面合同中协议选择被告住所地、合同履行地、合同签订地、原告住所地、标的物所在地人民法院管辖。

(2)起诉应具备的条件。根据我国《民事诉讼法》规定,因为合同纠纷,向人民法院起诉的,必须符合以下条件:

1)原告是与本案有直接利害关系的企事业单位、机关、团体或个体工商户、农村承包经营户。

2)有明确的被告、具体的诉讼请求和事实依据。

3)属于人民法院管辖范围和受诉人民法院管辖。

人民法院接到原告起诉状后,要审查是否符合起诉条件。符合起诉条件的,应于 7 天内立案,并通知原告;不符合起诉条件的,应于 7 天内通知原告不予受理,并说明理由。

(3)审判程序。

1)起诉与受理。符合起诉条件的起诉人首先应向人民法院递交起诉状,并按被告法人数目呈交副本。起诉状上应加盖本单位公章。案件受理时,应在受案后 5 天内将起诉状副本发送被告。被告应在收到副本后 15 天内提出答辩状。被告不提出答辩状时,并不影响法院的审理。

2)诉讼保全。在诉讼过程中,人民法院对于可能因当事人一方的行为或者其他原因,使将来的判决难以执行或不能执行的案件,可以根据对方当事人的申请,或者依照职权作出诉讼保全的裁定。

3)调查研究搜集证据。立案受理后,审理该案人员必须认真审阅诉讼材料,进行调查研究和搜集证据。证据主要有：书证、物证、视听资料、证人证言、当事人的陈述、鉴定结论、勘验笔录。

当事人对自己提出的主张，有责任提供证据。当事人及其诉讼代理人因客观原因不能自行收集的证据，或者人民法院认为审理案件需要的证据，人民法院应当调查收集。人民法院应当按照法定程序，全面地、客观地审查核实证据。

证据应当在法庭上出示，并由当事人互相质证。对涉及国家秘密、商业秘密和个人隐私的证据应当保密，需要在法庭出示的，不得在公开开庭时出示。经过法定程序公证证明的法律行为、法律事实和文书，人民法院应当作为认定事实的根据。但有相反证据足以推翻公证证明的除外。书证应当提交原件。物证应当提交原物。提交原件或者原物确有困难的，可以提交复制品、照片、副本、节录本。提交外文书证，必须附有中文译本。

人民法院对视听资料，应当辨别真伪，并结合本案的其他证据，审查确定能否作为认定事实的根据。

4)调解与审判。法院审理经济案件时，首先依法进行调解。如达成协议，则法院制定有法定内容的调解书。调解未达到协议或调解书送达前有一方反悔时，法院再进行审判。

在开庭审理前3天，法院应通知当事人和其他诉讼参与人，通过法庭上的调查和辩论，进一步审查证据、核对事实，以便根据事实与法律，作出公正合理的判决。

当事人不服地方人民法院第一审判决的，有权在判决书送达之日起15天内向上一级人民法院提起上诉。对第一审裁决不服的则应在10天内提起上诉。

第二审人民法院应当对上诉请求的有关事实和适用法律进行审查。经过审理，应根据不同情形，分别作出维持原判决、依法改判、发回原审人民法院重审的判决、裁定。

第二审判决是终审判决，当事人必须履行；否则法院将依法强制执行。

5)执行。对于人民法院已经发生法律效力的调解书、判决书、裁定书，当事人应自动执行。不自动执行的，对方当事人可向原审法院申请执行。法院有权采取措施强制执行。

第七节　FIDIC 合同条件

一、FIDIC 组织

FIDIC 是一个国际性的非官方组织，用其法文名称"Fédération Internationale Des Ingénieurs Conseils"的前5个字母代表，其中文名称是"国际咨询工程师联合会"，英文名称是 International Federation of Consulting Engineers。

作为一个国际性的非官方组织，FIDIC 的宗旨是要将各个国家独立的咨询工程师行业组织联合成一个国际性的行业组织；促进还没有建立起这个行业组织的国家也能够建立起这样的组织；鼓励制订咨询工程师应遵守的职业行为准则，以提高为业主和社会服务的质量；研究和增进会员的利益，促进会员之间的关系，增强本行业的活力；提供和交流会员感兴趣和有益的信息，增强行业凝聚力。中国工程咨询协会于1996年被接纳为国际咨询工程师联合会（FIDIC）正式会员。

FIDIC组织自成立以来，一直向国际工程咨询服务业提供有关资源，根据成员需求提供交流信息，发行出版物，举办咨询业界的会议、培训，建立了丰富的调停人、仲裁人和专家资源库，帮助发展中国家的咨询业的发展。

FIDIC组织认为咨询业对于社会和环境的可持续发展是至关重要的。为了使工作更有效，不仅要求咨询工程师要不断提高自身的知识和技能，同时也要求社会必须尊重咨询工程师的诚实和正直，相信他们判断的准确性并给予合理的报酬。所有成员协会都把如下条款当做是他们的行为准则。

（1）对社会和咨询业的责任。咨询工程师应该认可咨询业对社会的责任；寻求适合可持续发展的解决措施；在任何时候都维护咨询业的荣誉。

（2）能力。咨询工程师保证其掌握的知识和技能与技术、法规和管理的发展一致，并有义务在为顾客提供服务的时候付出足够的技术、勤奋和关注；提供自身能胜任的服务。

（3）正直诚实。咨询工程师的所有行为都应以保护顾客的合法利益为出发点，并以正直、诚实的态度提供服务。

（4）公正。咨询工程师在提供建议、判断和决定的时候应保持公正；将服务过程中有可能产生的任何潜在利益冲突都告知顾客；不接受任何可能影响其独立判断的酬劳。

（5）公正的对待其他工程师。咨询工程师有义务推动"质量决定选择"的概念；无论是无心或故意都不得损害其他方的名誉和利益；对于已经确定咨询工程师人选的工作，其他工程师不得直接或间接试图取代原定人选；在未接到顾客终止原先咨询工程师的书面指令并与该工程师协商之前，其他工程师不得取代该工程师的工作；当被要求对其他工程师的工作进行评价时，咨询工程师应保持行为的恰当。

（6）拒绝腐败。既不提供也不接收任何不恰当的报酬，如果这是报酬旨在影响咨询工程师及顾客作出选择或支付报酬的过程，或试图影响咨询工程师公正判断；当有合法的研究机构对服务或建筑合同管理情况进行调查时，咨询工程师要进行充分的合作。

二、FIDIC合同条件的发展

1. FIDIC合同条件的发展历程

FIDIC作为国际上权威的咨询工程师机构，多年来所编写的标准合同条件是国际工程界几十年来实践经验的总结，公正的规定了合同各方的职责、权利和义务,程序严谨,可操作性强。如今已在工程建设、机械和电气设备的提供等方面被广泛使用。

1957 年, FIDIC 与国际房屋建筑和公共工程联合会[现在的欧洲国际建筑联合会(FIEC)]在英国咨询工程师联合会(ACE)颁布的《土木工程合同文件格式》的基础上出版了《土木工程施工合同条件(国际)》(第 1 版)(俗称“红皮书”),常称为 FIDIC 条件。该条件分为两部分,第一部分是通用合同条件,第二部分为专用合同条件。

1963 年,首次出版了适用于业主和承包商的机械与设备供应和安装的《电气与机械工程标准合同条件格式》即黄皮书。

1969 年,红皮书出版了第二版。这版增加了第三部分,疏浚和填筑工程专用条件。

1977 年, FIDIC 和欧洲国际建筑联合会(FIEC)联合编写 Federation Internationale Europeenne de la Construction(巴黎),这是红皮书的第三版。

1980 年,黄皮书出了第二版。

1987 年 9 月红皮书出版了第四版。将第二部分(专用合同条件)扩大了,单独成册出版,但其条款编号与第一部分一一对应,使两部分合在一起共同构成确定合同双方权利和义务的合同条件。第二部分必须根据合同的具体情况起草。为了方便第二部分的编写,其编有解释性说明以及条款的例子,为合同双方提供了必要且可供选择了条文。(1988 年,做了若干编辑方面的修改之后,红皮书再次重印。这些修改不影响有关条款的涵义,只是澄清了其真正意图。)

同时出版的还有黄皮书第三版《电气与机械工程合同条件》,分为三个独立的部分:序言,通用条件和专用条件。

1995 年,出版了橘皮书《设计-建造和交钥匙合同条件》。

以上的红皮书(1987)、黄皮书(1987)、橘皮书(1995)和《土木工程施工合同-分合同条件》、蓝皮书《招标程序》、白皮书《顾客/咨询工程师模式服务协议》、《联合承包协议》、《咨询服务分包协议》共同构成 FIDIC 彩虹族系列合同文件。

1999 年 9 月, FIDIC 出版了一套 4 本全新的标准合同条件:

《施工合同条件》(新红皮书)的名称是:由业主设计的房屋和工程施工合同条件(Conditions of Contract for Consrtuction for Building and Engineering Works Designed by the Employer)。

《设备与设计-建造合同》(新黄皮书)的名称是:由承包商设计的电气和机械设备安装与民用和工程合同条件(Conditions of Contract for Plant and Designed-Build for Electrical and Mechanical Plant and Building and Engineering Works Designed by the Contractor)。

《EPC/交钥匙项目合同条件》(Conditions of Contract for EPC/Turnkey)——银皮书(Silver Book)。

FIDIC 还编写了适合于小规模项目的《简明合同格式》(Short Form of Contract)——绿皮书(Green Book)。

这些合同文件不仅被 FIDIC 成员国广泛采用,而且世界银行、亚洲开发银行、非洲开发银行等金融机构也要求在其贷款建设的土木工程项目实际过程中使用以该文本为基础编制的合同条件。

这些合同条件的文本不仅适用于国际工程,而且稍加修改后同样适用于国内工程,我国有关部委编制的适用于大型工程施工的标准化范本都以 FIDIC 编制的合同条件为蓝本。

新版(99 版)FIDIC 合同条件更具有灵活性和易用性,如果通用合同条件中的某一条并不适用于实际项目,那么可以简单的将其删除而不需要在专用条件中特别说明。编写通用条件中子条款的内容时,也充分考虑了其适用范围,使其适用于大多数合同。(不过,子条款并不是 FIDIC 合同的必要部分,用户可根据需要选用。)新红皮书、新黄皮书和银皮书均包括以下三部分:通用条件,专用条件编写指南,投标书、合同协议、争议评审协议。各合同条件的通用条件部分都有 20 条款。绿皮书则包括协议书、通用条件、专用条件、裁决规则和应用指南(指南不是合同文件,仅为用户提供使用上的帮助),合同条件共 15 条,52 款。

2.《施工合同条件》(新红皮书)

(1)适用范围。建造合同条件特别适合于传统的"设计-招标-建造"(Design-Bid-Construction)建设履行方式。该合同条件适用于建设项目规模大、复杂程度高、业主提供设计的项目。新红皮书基本继承了原红皮书的"风险分担"的原则,即业主愿意承担比较大的风险。因此,业主希望做几乎全部设计(可能不包括施工图、结构补强等);雇用工程师作为其代理人管理合同,管理施工以及签证支付;希望在工程施工的全过程中持续得到全部信息,并能作变更等;希望支付根据工程量清单或通过的工作总价。而承包商仅根据业主提供的图纸资料进行施工(当然,承包商有时要根据要求承担结构、机械和电气部分的设计工作)。那么,《施工合同条件》(新红皮书)正是此种类型业主所需的合同范本。

(2)《施工合同条件》(新红皮书)具有以下特点:

1)框架:新红皮书放弃了原红皮书第四版的框架,而是继承了 1995 年橘皮书的格式,合同条件分为 20 个标题,与黄皮书、银皮书合同条件的大部分条款一致,同时加入了一些新的定义,便于使用和理解。

2)业主方面:新红皮书对业主的职责、权力、义务有了更严格的要求,如对业主资金安排、支付时间和补偿、业主违约等方面的内容进行了补充工细化。

3)承包商方面:对承包商的工作提出了更严格的要求,如承包商应将质量保证体系和月进度报告的所有细节都提供给工程师、在何种条件下将没收履约保证金、工程检验维修的期限等。

4)索赔、仲裁方面:增加了与索赔有关的条款并丰富了细节,加入了争端委员会的工作程序,由 3 个委员会负责处理那些工程师的裁决不被双方认可的争端。

3.《设备和设计-建造合同条件》(新黄皮书)

(1)适用范围。《设备和设计-建造合同条件》特别适合于"设计-建造"(De-sign-Construction)建设发行方式。该合同范本适用于建设项目规模大、复杂程度高、承包商提供设计、业主愿意将部分风险转移给承包商的情况。《设备和设计-建造合同条件》与《建造合同条件》相比,最大区别在于前者业主不再将合同的绝大部分风险由自己承担,而将一定风险转移至承包商。因此,如果业主希望:①如在一些传统的项目里,特别是电气和机械工作,由承包商作大部分的设计,比如业主提供设计要求,承包商提供详细设计;②采纳设计-建造履行程序,由业主提交一个工程目的、范围和设计方面技术标准说明的"业主要求",承包商来满足该要求;③工程师进行合同管理,督导设备的现场安装以及签证支付;④执行总价合同,分阶段支付。那么,《设备合同范本》(新黄皮书)将适合这一需要。

(2)《设备和设计-建造合同条件》主要具有以下特点:

1)框架:借鉴 1995 年橘皮书的格式,合同结构类似新红皮书,并与新红皮书、银皮书相统一。

2)业主方面:对设计管理的要求更加系统、严格,通用条件里就专门有一条共 7 款关于设计管理工作的规定。同时赋予了工程师较大权力对设计文件进行审批;限制了业主在更换工程师方面的随意性,如果承包商对业主提出的新工程师人选不满意,则业主无权更换;业主对承包商的支付,采用以总价为基础的合同方式,期中支付和费用变更的方式均有详细规定。

3)承包商方面:承包商要根据合同建立一套质量保证体系,在设计和实施开始前,都要将其全部细节送工程师审查;增加可供选择的"竣工后检验"并严格了"竣工检验"环节以确保工程的最终质量;另外,新黄皮书的规定使承包商要承担更多的风险,如将"工程所在国之外发生的叛乱、革命、暴动政变、内战、离子辐射、放射性污染等"在原黄皮书中由业主承担的风险改由承包商来承担,当然因为设计工作是由承包商来提供的,设计方面的风险自然也由承包商承担。

4)索赔、仲裁方面:与新红皮书一样,采用 DAB 工作程序来解决争端。

4.《EPC/交钥匙项目合同条件》(银皮书)

(1)适用范围。《EPC/交钥匙项目合同条件》是一种现代新型的建设履行方式。该合同范本适用于建设项目规模大、复杂程度高、承包商提供设计、承包商承担绝大部分风险的情况。与其他 3 个合同范本的最大区别在于,在《EPC/交钥匙项目合同条件》下业主只承担工程项目的很小风险,而将绝大部分风险转移给承包商。这是由于作为这些项目(特别是私人投资的商业项目)投资方的业主在投资前关心的是工程的最终价格和最终工期,以便他们能够准确的预测在该项目上投资的经济可行性。所以,他们希望少承担项目实施过程中的风险,以避免追加费用和延长工期。

因此,当业主希望:

1)承包商承担全部设计责任,合同价格的高度确定性,以及时间不允许逾期。

2)不卷入每天的项目工作中去。

3)多支付承包商建造费用,但作为条件承包商须承担额外的工程总价及工期的风险。

4)项目的管理严格采纳双方当事人的方式,如无工程师的介入。

那么,《EPC/交钥匙项目合同范本》(银皮书)正是所需。

另外,使用 EPC 合同的项目的招标阶段给予承包商充分的时间和资料使其全面了解业主的要求并进行前期规划、风险评估的估价;业主也不得过度干预承包商的工作;业主的付款方式应按照合同支付,而无须像新红皮书和新黄皮书里规定的工程师核查工程量并签认支付证书后才付款。

《EPC/交钥匙项目合同条件》特别适宜于下列项目类型:

1)民间主动融资 PFI(Private Finance Initiate),或公共/民间伙伴 PPP(Public/Private Partnership),或 BOT(Built Operate Transfer)及其他特许经营合同的项目。

2)发电厂或工厂且业主期望以固定价格的交钥匙方式来履行项目。

3)基础设计项目(如公路、铁路、桥、水或污水处理石、水坝等)或类似项目,业主提供资金并希望以固定价格的交钥匙方式来履行项目。

4)民用项目且业主希望采纳固定价格的交钥匙方式来履行项目,通常项目的完成包括所有家具、调试和设备。

(2)《EPC/交钥匙项目合同条件》(银皮书)主要具有以下特点:

1)风险:EPC 合同明确划分了业主的承包商的风险,特别是承包商要独自承担发生最为频繁的"外部自然力"这一风险。

2)管理方式:由于业主承担的风险已大大减少,他就没有必要专门聘请工程师来代表他对工程进行全面细致的管理。EPC 合同中规定,业主或委派业主代表直接对项目进行管理,人选的更迭不需经过承包商同意;业主或业主代表对设计的管理比黄皮书宽松;但是对工期和费用索赔管理是极为严格的,这也是 EPC 合同订立的初衷。

5.《简明格式合同》(绿皮书)

(1)适用范围。FIDIC 编委会编写绿皮书的宗旨在于使该合同范本适用于投资规模相对较小的民用和土木工程,如:

1)造价在 500000 美元以下以及工期在 6 个月以下。

2)工程相对简单,不需专业分包合同。

3)重复性工作。

4)施工周期短。

承包商根据业主或业主代表提供的图纸进行施工。当然,简明格式合同也适用于部分或全部由承包商设计的土木电气、机械和建筑设计的项目。

类似银皮书关于管理模式的条款，"工程师"一词也没有出现在合同条件里。这是因为在相对直接和简单的项目中，工程师的存在没有必要性。当然，如果业主愿意，他仍然可以任命工程师。

鉴于绿皮书短小、简单、易于被用户掌握，编委会强烈地希望绿皮书能够被非英语系国家翻译成其母语，从而广泛地应用。此外，对发展中国家、不发达国家和在世界范围邀请招标的项目，绿皮书也被推荐使用。

（2）《简明格式合同》（绿皮书）具有以下特点：

1）简单：正如绿皮书的名字一样，本合同格式的最大特点就是简单，合同条件中的一些定义被删除了而另一些被重新解释；专用条件部分只有题目没有内容，仅当业主认为有必要时才加入内容；没有提供履约保函的建议格式；同时，文件的协议书中提供了一种简单的"报价和接受"的方法以简化工作程序，即将投标书和协议书格式合并为一个文件，业主在招标时在协议书上写好适当的内容，由承包商报价并填写其他部分，如果业主决定接受，就在该承包商的标书签字，当返还的一份协议书到达承包商处的时候，合同即生效。

2）业主方面：合同条件中关于"业主批准"的条款只有两款，从而在一定程度上避免了承包商将自己的风险转移给业主；通过简化合同条件，将承包商索赔的内容都合并在一个条款中；同时，提供了好几种变更估价和合同估价方式以供选择。

3）承包商方面：在竣工时间、工程接收、修补缺陷等条款方面也和其他合同文本有一定的差异。

三、FIDIC 合同条件的适用范围

1. 土木工程施工合同条件

《土木工程施工合同条件》是 FIDIC 最早编制的合同文本，也是其他几个合同条件的基础。该文本适用于业主（或业主委托第三人）提供设计的工程施工承包，以单价合同为基础（也允许其中部分工作以总价合同承包），广泛用于土木建筑工程施工、安装承包的标准化合同格式。土木工程施工合同条件的主要特点表现为，条款中责任的约定以招标选择承包商为前提，合同履行过程中建立以工程师为核心的管理模式。

2. 电气与机械工程合同条件

《电气与机械工程合同条件》适用于大型工程的设备提供和施工安装，承包工作范围包括设备的制造、运送、安装和保修几个阶段。这个合同条件是在土木工程施工合同条件基础上编制的，针对相同情况制定的条款完全照抄土木工程施工合同条件的规定。与土木工程施工合同条件的区别主要表现为：一是该合同涉及的不确定风险的因素较少，但实施阶段管理程序较为复杂，因此条目少款数多；二是支付管理程序与责任划分基于总价合同。这个合同条件一般适用于大型项目中的安装工程。

3. 设计-建造与交钥匙合同条件

FIDIC 编制的《设计-建造与交钥匙工程合同条件》是适用于总承包的合同文本,承包工作内容包括:设计、设备采购、施工、物资供应、安装、调试、保修。这种承包模式可以减少设计与施工之间的脱节或矛盾,而且有利于节约投资。该合同文本是基于不可调价的总价承包编制的合同条件。土建施工和设备安装部分的责任,基本上套用土木工程施工合同条件和电气与机械工程合同条件的相关约定。交钥匙合同条件既可以用于单一合同施工的项目,也可以用于作为多合同项目中的一个合同,如承包商负责提供各项设备、单项构筑物或整套设施的承包。

4. 土木工程分包合同条件

FIDIC 编制的《土木工程施工分包合同条件》是与《土木工程施工合同条件》配套使用的分包合同文本。分包合同条件可用于承包商与其选定的分包商,或与业主选择的指定分包商签订的合同。分包合同条件的特点是,既要保持与主合同条件中分包工程部分规定的权利义务约定一致,又要区分负责实施分包工作当事人改变后两个合同之间的差异。

四、FIDIC 合同文件的标准化

FIDIC 出版的所有合同文本结构,都是以通用条件、专用条件和其他标准化文件的格式编制。

1. 通用条件

所谓"通用",其含义是工程建设项目不论属于哪个行业,也不管处于何地,只要是土木工程类的施工均可适用。条款内容涉及:合同履行过程中业主和承包商各方的权利与义务,工程师(交钥匙合同中为业主代表)的权力和职责,各种可能预见到事件发生后的责任界限,合同正常履行过程中各方应遵循的工作程序,以及因意外事件而使合同被迫解除时各方应遵循的工作准则等。

2. 专用条件

专用条件是相对于"通用"而言,要根据准备实施的项目的工程专业特点,以及工程所在地的政治、经济、法律、自然条件等地域特点,针对通用条件中条款的规定加以具体化。可以对通用条件中的规定进行相应补充完善、修订或取代其中的某些内容,以及增补通用条件中没有规定的条款。专用条件中条款序号应与通用条件中要说明条款的序号对应,通用条件和专用条件内相同序号的条款共同构成对某一问题的约定责任。如果通用条件内的某一条款内容完备、适用,专用条件内可不再重复列此条款。

3. 标准化的文件格式

FIDIC 编制的标准化合同文本,除了通用条件和专用条件以外,还包括有标准化的投标书(及附录)和协议书的格式文件。

投标书的格式文件只有一页内容,是投标人愿意遵守招标文件规定的承诺表示。投标人只需填写投标报价并签字后,即可与其他材料一起构成有法律效力的投标文件。投标书附件列出了通用条件和专用条件内涉及工期和费用内容的明确数值,与专用条件中的条款序号和具体要求相一致,以使承包商在投标时予以考虑。这些数据经承包商填写并签字确认后,合同履行过程中作为双方遵照执行的依据。

协议书是业主与中标承包商签订施工承包合同的标准化格式文件,双方只要在空格内填入相应内容,并签字盖章后合同即可生效。

五、FIDIC 合同的实施条件

FIDIC 合同条件是大型复杂建设工程项目管理的国际惯例,它是在一定约束条件下(工期、投资、地域特点等)建设项目的质量保证体系,它包括了高水平项目管理的丰富内涵。但是,并非所有国际工程或发达国家的建设项目都采用 FIDIC 合同条件。这应取决于建设项目的特点,比如,小型建设项目没有必要采用 FIDIC 合同条件,美国 AIA 的合同范本就采用总价合同形式。因此,采用 FIDIC 合同条件并不等于与国际接轨,实施 FIDIC 合同条件是有条件的。

实施 FIDIC 合同条件的条件包括:

(1)采用无限制招标选择承包商。

(2)合同履行中建立以工程师为核心的管理模式。

(3)施工承包合同采用单价合同。

这 3 个条件是实施 FIDIC 合同条件的前提,若它们不能全部得到保证,FIDIC 合同条件必然变形走样或被肢解。改革开放 20 多年来,我国建筑业发生了深刻变化,建筑市场全面推行工程报建制、招标投标制、项目建设监理制,合同监理制等。但是,我国目前建筑业的管理体制还存在不少弊端,还不完全具备满足上述 3 个条件的宏观环境。比如,以工程师为核心的管理模式,体现了线性组织结构的运行机制和组织论关于"命令源唯一性"的原则,而我国的组织机构则习惯于职能型管理模式。我国《建设工程施工合同示范文本》规定由甲方代表或监理工程师实施项目管理。FIDIC 合同条件规定工程师有权处理由于工程量变化引起的单价争议,我国则规定这一争议最终由造价部门裁定。若以我国《建设工程施工合同示范文本》和 FIDIC 合同条件逐条加以对照,不难发现多处这种差异。应该指出的是,我国施工合同示范文本未对合同的计价方式作出明确规定。我国在建筑业管理体制和管理方法方面的惯用作法与 FIDIC 合同条件实施的要求是不一致的。我国习惯于甲方管理项目、习惯于总价包干合同,工程建设监理不适应全过程全方位进行项目管理的要求,其工作性质和工作水平并未突破以往局限于质量监理的格局,无法体现高智能服务这一宗旨。严格意义的招标投标,首先招标投标双方应做到"双盲",我国在目前完全达到这一要求还有一定难度,有些工程项目的标底无法体现商业秘密这一特征。

外方投资项目之所以较好地应用 FIDIC 合同条件,主要原因在于可以刚性地满足上述 3 个前提条件。黄河小浪底水利枢纽工程除了极其复杂的地质条件、诸多极具挑战性的技术难题外,最令人关注的是它运用国际惯例对工程建设进行全过程全方位的管理,或者说与国际惯例进行全方位的接轨。在小浪底工程没有中国原计划经济下领导的权威,我国上万名建设者和 50 多个国家的外商唯一共同遵循的是国际通用的 FIDIC 合同条件。只有熟悉 FIDIC 合同条件,才能在国际工程的招标投标、合同谈判、设备采购、风险管理和索赔处理等方面从根本上处于有利和主动的地位。

建设项目管理是一项系统工程,哪一个环节出问题势必对整个系统产生不利影响。因此,不能孤立地抓工程质量,不能就招标投标抓招标投标,不能就监理抓监理。应以项目管理为中心,把项目管理涉及多个环节作为系统工程来研究和处理,FIDIC 合同条件恰恰做到了这一点。

在计划经济体制下,我国工程建设项目的前期工作由建设方或建设指挥部统筹进行。建设结束后,指挥部即解散,无法系统总结项目管理的经验。国外的项目管理工作由专业人士(工程师)进行,经过一百余年的实践,已系统总结出科学项目管理的理论和方法,形成以工程师监理项目的管理模式,对建设项目进行全过程全方位的监理。完全达到这一点,我们还有很长的路要走,应积极探索,向这个目标努力。对于国际工程,不论是否适应,都必须无条件按国际惯例运作与实施,否则,只能被排除在外。对于国内大型复杂工程,应积极创造条件,采用 FIDIC 合同条件进行项目管理,积累经验,提高项目管理水平。同时制定按不同计价形式的施工合同示范文本,为实现以工程合同为核心进行项目管理创造条件。

六、FIDIC 合同条件的制约条款

制约条款是合同的重要组成部分,是双合同义务实施的保证措施。所谓“制约”是指一方对另一方未能按合同要求履行自己的义务,造成或将造成质量不合格产品,延误工期或给另一方造成其他损失,而有权采取约束或索赔的措施。

1. 业主对承包商的制约

业主(或建设单位)对承包商的制约大都是由监理工程师执行的。其目标是保证承包商按期按质量的建成并交付工程产品。在 FIDIC 通用合同条件中涉及业主对承包商的制约归纳起来有:

(1)履约担保:

1)承包商必须在接到中标通知后的 28 天内向业主开具履约保函(5%～10%合同金额),该保函为不可撤销的,有效期直到缺陷责任期(保修期)满才终止。一旦业主确认承包方严重违约,就有权没收该保证金,作为损失的抵偿。该保函(或保证金)如未被索赔,等最终竣工验收后退还承包商。

2)业主有权从承包商应得的月结算工程款中扣留 10%作为保留金,以保证承包商继续维护已完工程,直到工程竣工。经初步验收后退还 5%,仍留 5%,以保证在缺陷责任期间,承包商对已完工程可能出现的缺陷,业主可以雇用他人进

行修补,并从保证金中扣除该费用。直到最终验收之后,方才全部退还承包商。

(2)履约责任不得转让:

1)未经业主同意不得将合同或合同的任何部分,以及其中的权益转让给另一方,从而解除自己的合同责任。实际上,业主一般是不会同意此种转让的。因而,一经发生此种转让,就可以承包商违约处理。

2)承包商不得将整个工程分包出去,只允许部分分包,但需经监理工程师事先同意。部分分包一般指将专业性强的部分,或分项工程分包给专业施工队伍。不应为了弥补承包商自身实力不足而将一些主体工程化整为零,分包给非专业性的队伍。否则,以违约论处。

3)分包商应按合同要求实施工程,分包不能减免承包商履行合同的职责。分包商的人员、装备、材料、施工计划,均应纳入承包商计划,并视同承包商所有。分包商对承包商负责,承包商对业主负责。监理工程师一般通过承包商管理分包商,也可直接在现场对分包商下达指令,但事前或事后应通报承包商。分包商完成的工程验收,仍由监理工程师对承包商进行。业主只对承包商支付工程款,分包商则从承包商得到应有的报酬。

4)承包商或分包商为实施工程从材料供应商或保险公司等所得到的权益如果延续至保修期满之后,则应将该权益转让给业主。

总之,承包商要负责整个工程的实际管理,承担全部实施工程的职责。否则就视为违约。

(3)承包商的人员、施工装备和工程设备、材料,均应在监理工程师的监控之下:

1)监理工程师认为承包商的某些人员不称职,可随时责令退出现场,且不得重新在本工程任用;承包商工地主管不得随意离开工地,不得违反各级政府法令、法规,以及有关团体或单位的规章、专利权。

2)施工装备、材料、工程用设备要符合要求;一进场就视为本工程专用,未经工程师许可,不得运出工地。当证明承包商无力履行合同(如资不抵债、破产)时,其自有装备、分包商装备、临时工程均须留在工地,业主或业主雇用的其他承包商认为合适时可以有偿使用这些设备或材料,以保证工程尽快继续实施。否则,视为违约。

3)监理工程师有权对承包商拟用的材料、工程设备进行检验,其费用由承包商承担。监理工程师有权拒绝接受不合格材料、工程设备,并责令将其运出工地。如果承包商不遵照上述指令,将被视为违约。

(4)保证进度和工期:

1)承包商应按期开工,否则视为违约。

2)承包商要按要求进度施工,如有延误,应采取补救措施,否则可按违约终止合同,或进行分割。

3)承包商未能按期提供施工图纸而影响工期,应承担相应责任;未能如期竣工,或按计划(如网络计划)完成某一区的任务,可以按规定费率罚款。

(5)各项保证工程质量措施:

1)当监理工程师通过检验,认为施工质量不合格,有权拒绝签认,要求返工,或者要求修补缺陷。

2)承包商未能及时返工或修补缺陷,将被认为是违约。监理工程师有权另行雇用他人完成,其费用由承包商承担,即所谓"分割"。

3)监理工程师要求对已完工程的某个部分进行额外检验、开孔,承包商应即照办。如果检验结果证明该部分工程不合格,并证明属于承包商责任者,则其费用由承包商负担。

(6)其他额外费用:

1)承包商未按合同要求办理保险或保险不能回收部分所发生的费用,要由承包商承担或分担。

2)承包商不得将施工对交通或毗邻地区造成干扰,以及由于运输损害交通设施所造成的损失转嫁给业主。否则,业主将向承包商进行索赔。

3)由于承包商超过法定工作时间安排加班加点,使业主增加监理费用,应由承包商承担该费用。

2. 承包商对业主的制约

承包商对业主的制约的目标是维护自身的合法权益。在保证按质按量完成工程的同时,索取由于业主或工程师,以及客观条件造成的费用或工期的损失,或由于增加费用应得的补偿。这种补偿数额往往是不少的,可能达合同金额的10%或者更多些,往往超过承包商合理的利润。如果得不到补偿,承包商是难以承受的。因而这种索赔是合理合法的,是正常的。当然,承包商编制的索赔金额往往与实际损失或增加的费用有出入,这就需要认真核实,科学计算。同时,为了减少索赔,业主和监理工程师都应采取措施,避免主观原因引起的延误。

FIDIC 通用合同条件中涉及承包商索赔及其处理的条款与业主对承包商的制约条款在数量上似乎相当,但实际上没有后者强硬,归纳起来有以下几个方面:

(1)业主或工程师职责范围内的延误:

1)业主未能及时办妥并移交工程占用地权和拆迁,以致不能按期开始动工或按进度施工。

2)监理工程师未能及时提供必要的施工图纸或延误批准承包商所作施工图,从而影响施工进度。

3)由于业主或监理工程师的原因,根据监理工程师指示暂时停工,以及未能及时下达复工令。

4)业主的违约。包括延迟支付工程款,破产或由于其他客观原因不能履行合同义务。

(2)额外工作的补偿:

1)监理工程师指示的额外检验,覆盖后的开孔费用。

2)在施工过程中或缺陷责任期内,监理工程师指示承包商对非承包商责任造成工程缺陷进行的调查的费用,例如水毁、交通事故等原因造成的破坏。

3)工程变更,包括工程性质变更,设计变更,单价变更(工程内容变更)或者由于工程性质或工程量变更引起的单价调整,以及工程变更造成合同的总价增减超过 15% 的管理费补偿。

(3)由于特殊风险造成的损失及由于无法控制的原因解除履约。

(4)其他损失:

1)特别异常的气候(按专用合同条件可能规定的标准确定)。

2)文物的保护和挖掘造成工期延误或增加的工作量。

3)外界障碍或特殊地质水文条件造成的延误或增加的工作量。

4)由于变更设计造成的延误和额外费用。

5)业主的干扰和计划变化,例如,由于建设项目报批手续或资金未到位等原因推迟开工、中途停建或业主要求提前完工等。

6)市场价格变化引起的价格调整(按专用合同条件的规定办)。

七、FIDIC 合同条件下的施工索赔

1. 索赔的起因

在施工过程中,引起索赔的原因是很多的,主要如下所列:

(1)风险分担不均。这是国际工程承包业受"买方市场"现状制约这一客观事实所决定的。在这种情况下,中标的承包商只有通过施工索赔来适度地减少风险,弥补各种风险引起的损失。这就是工程索赔中承包商(Constractor)的索赔案数远远超过业主(Employer)反索赔案数的原因。

(2)施工条件变化。土建工程施工与地质条件密切相关,如地下水、断层、溶洞、地下文物遗址等。这些施工条件的变化即使是有经验的承包商也无法事前预料。因此施工条件的异常变化必然会引起施工索赔。

(3)工程变更(Variations)。承包商施工时完成的工程量超过或少于工程量表(Bill of quantities,BOQ)中所列工程量的 15% 以上时,或者在施工过程中,工程师(Engineer)指令增加新的工作、改换建筑材料、暂停或加速施工等变更必然引起新的施工费用,或需要延长工期。所有这些情况,承包商都可提出索赔要求,以弥补自己不应承担的经济损失。

(4)工期拖延(Construction delay)。施工过程中,由于受天气、地质等因素影响,经常出现工期拖延。如果工期拖延的责任在业主方面,承包商就实际支出的计划外施工费提出索赔;如果责任在承包商方面,则应自费采取赶工措施,抢回延误的工期,否则应承担误期损害赔偿费(Liquidated damages for delay)。

(5)业主违约(Default of employer)。指业主未按规定为承包商施工提供条件,未按规定时限向承包商支付工程款,工程师未按规定时间提供施工图纸、指令或批复,或者由于业主坚持指定的分包商(Nominated subcontractor)等。

(6)合同缺陷。按 FIDIC 合同条件,由于合同文件中的错误、矛盾或遗漏,引起支付工程款时的纠纷,由工程师做出解释。但是,如果承包商按此解释施工时引起成本增加或工期拖延时,则属于业主方面的责任,承包商有权提出索赔。

(7)工程所在国家法令变更。如提出进口限制、外汇管制、税率提高等等,都可能引起施工费用增加,按国际惯例,允许给承包商予以补偿。变更的时间标准,是从投标截止日期(一般均为开标日期)之前的第 28 天开始。

2. 承包商进行索赔的主要依据

为了达到索赔的目的,承包商要进行大量的索赔论证工作,来证明自己拥有索赔的权利,而且所提出的索赔款额是准确的,即论证索赔权和索赔款额。对于所有的施工索赔而言,以下几个方面的资料是不可缺少的。

(1)招标文件。它是工程项目合同文件的基础,包括通用条件、专用条件、施工技术规程、工程量表、工程范围说明、现场水文地质资料等文本,都是工程成本的基础资料。它们不仅是承包商投标报价的依据,也是索赔时计算附加成本的依据。

(2)投标报价文件。在投标报价文件中,承包商对各主要工种的施工单价进行了分析计算,对各主要工程量的施工效率和进度进行了分析,对施工所需的设备和材料列出了数量和价值,对施工过程中各阶段所需的资金数额提出了要求等等。所有这些文件,在中标及签订施工协议书(Construction agreement)以后,都成为正式合同文件的组成部分,也成为施工索赔的基本依据。

(3)施工协议书及其附属文件。在签订施工协议书以前合同双方对于中标价格、施工计划合同条件等问题的讨论纪要文件中,如果对招标文件中的某个合同条款作了修改或解释,则这个纪要就是将来索赔计价的依据。

(4)来往信件。如工程师(或业主)的工程变更指令(Variation orders)、口头变更确认函(Confirmation of oral instruction)、加速施工指令(Acceleration order)、施工单价变更通知、对承包商问题的书面回答等等,这些信函(包括电传、传真资料)都具有与合同文件同等的效力,是结算和索赔的依据资料。

(5)会议记录。如标前会议纪要、施工协调会议纪要、施工进度变更会议纪要、施工技术讨论会议纪要、索赔会议纪要等等。对于重要的会议纪要,要建立审阅制度,即由作纪要的一方写好纪要稿后,送交对方传阅核签,如有不同意见,可在纪要稿上修改,也可规定一个核签期限(如 7 天),如纪要稿送出后 7 天内不返回核签意见,即认为同意。这对会议纪要稿的合法性是很必要的。

(6)施工现场记录。主要包括施工日志、施工检查记录、工时记录、质量检查记录、设备或材料使用记录、施工进度记录或者工程照片、录像等等。对于重要记录,如质量检查、验收记录,还应有工程师派遣的监理员签名。

(7)工程财务记录。如工程进度款每月支付申请表,工人劳动计时卡和工资单,设备、材料和零配件采购单、付款收据,工程开支月报等等。在索赔计价工作中,财务单证十分重要。

(8)现场气象记录。许多的工期拖延索赔与气象条件有关。施工现场应注意记录和收集气象资料,如每月降水量、风力、气温、河水位、河水流量、洪水位、基坑地下水状况等等。

(9)市场信息资料。对于大中型土建工程,一般工期长达数年,对物价变动等报道资料,应系统地收集整理,这对于工程款的调价计算是必不可少的,对索赔亦同等重要。如工程所在国官方出版的物价报道、外汇兑换率行情、工人工资调整等。

(10)工程所在国家的政策法令文件。如货币汇兑限制指令、调整工资的决定、税收变更指令、工程仲裁规则等等。对于重大的索赔事项,如遇到复杂的法律问题时,承包商还需要聘请律师,专门处理这方面的问题。

3. 承包商索赔可引用的合同条款

在 FIDIC 合同条件(第 4 版)中,凡是承包商可以引用的施工索赔条款,在FIDIC 总部编写的关于第 4 版的"摘要"(Digest of FIDIC conditions)中做了论述。该"摘要"在列出可索赔条款的同时,还提出每个不同的索赔内容可以得到哪些方面的补偿,即不仅可得到附加的成本开支(Cost,代号为 C),还可得到计划的利润(Profit,代号为 P),或相应的工期延长(EOT,代号为 T)。可以说,FIDIC 总部的这个"摘要"所提出的可索赔条款相当明确的,无疑也是比较权威的,值得国际工程承包商仔细研究和应用,见表 4-1。

4. 索赔文件的组成部分

按照 FIDIC 合同条件的规定,在每一索赔事项的影响结束以后,承包商应在28 天以内写出该索赔事项的总结性的索赔报告书。承包商应十分重视索赔报告书的编写工作,使自己的索赔报告书充满说服力,逻辑性强,符合实际,论述准确,使阅读者感到合情合理,有根有据,使正当的索赔要求得到应有的妥善解决。索赔报告书包括以下 4~5 个组成部分。

表 4-1　　　　　　　　　　　　　承包商可引用的索赔条款

序号	合同条款号	条款主题内容	可调整的事项
1	5.2	合同论述含糊	T+C
2	6.3~6.4	施工图纸拖期交付	T+C
3	12.2	不利的自然条件	T+C
4	17.1	因工程师数据差错,放线错误	C+P
5	18.1	工程师指令钻孔勘探	C+P

（续表）

序号	合同条款号	条款主题内容	可调整的事项
6	20.3	业主的风险及修复	C+P
7	27.1	发现化石、古迹等建筑物	T+C
8	31.2	为其他承包商提供服务	C+P
9	36.5	进行试验	T+C
10	38.2	指示剥露或凿开	C
11	40.2	中途暂停施工	T+C
12	42.2	业主未能提供现场	T+C
13	49.3	要求进行修理	C+P
14	50.1	要求检查缺陷	C
15	51.1	工程变更	C+P
16	52.1~52.2	变更指令付款	C+P
17	52.3	合同额增减超过15%	±C
18	65.3	特殊风险引起的工程破坏	C+P
19	65.5	特殊风险引起其他开支	C
20	65.8	终止合同	C+P
21	69	业主违约	T+C
22	70.1	物价变化 按调价公式	±C
23	70.2	法规变化	±C
24	71	货币及汇率变化	C+P

（1）总论部分。包括以下具体内容：

1）序言。

2）索赔事项概述。

3）具体索赔要求：工期延长天数或索赔款额。

4）报告书编写及审核人员。

（2）合同引证部分。索赔报告关键部分之一，是索赔成立的基础。一般包括以下内容：

1）概述索赔事项的处理过程。

2）发出索赔通知书的时间。

3）引证索赔要求的合同条款。

4)指明所附的证据资料。

(3)索赔额计算部分。索赔报告书的主要部分,也是经济索赔报告的第 3 部分。索赔款计算的主要组成部分是:由于索赔事项引起的额外开支的人工费、材料费、设备费、工地管理费、总部管理费、投资利息、税收、利润等等。每一项费用开支,应附以相应的证据或单据。并通过详细的论证和计算,使业主和工程师对索赔款的合理性有充分的了解,这对索赔要求的迅速解决十分重要。

(4)工期延长论证部分。工期索赔报告的第 3 部分。在索赔报告中论证工期的方法,主要有:

1)横道图表法(Bar chart method)。

2)关键路线法(Critical path method,CPM)。

3)进度评估法(Programme evaluation and review technique,PERT)等等。

承包商在索赔报告中,应该对工期延长(EOT)、实际工期(Actual time for completion)、理论工期(Theoretical time for completion)等进行详细的论述,说明自己要求工期延长(天数)的根据。

(5)证据部分。通常以索赔报告书附件(Appendix)的形式出现,它包括了该索赔事项所涉及的一切有关证据以及对这些证据的说明。索赔证据资料的范围甚广,可能包括施工过程中所涉及的有关政治、经济、技术、财务、气象等许多方面的资料。对于重大的索赔事项,承包商还应提供直观记录资料,如录像、摄影等。

5.索赔的一般程序

在合同实施阶段中的每一个施工索赔事项,都应按照国际工程施工索赔的惯例和工程项目合同条件的具体规定,一般按以下 5 个步骤进行:提出索赔要求;报送索赔资料;会议协商解决;邀请中间人调解;提交仲裁或诉讼。

对于每一项索赔工作,承包商和业主都应力争通过友好协商的方式解决,不要轻易诉诸仲裁或诉讼。

(1)提出索赔要求。按照 FIDIC 合同条件的规定,承包商应在索赔事项发生后的 28 天内,向工程师正式书面发出索赔通知书(notice of claims,NOC),并抄送业主。否则,将遭业主和工程师的拒绝。

(2)报送索赔资料。在正式提出索赔要求以后,承包商应抓紧准备索赔资料,计算索赔款额或工期延长天数,编写索赔报告书,并在下一个 28 天以内正式报出。如果索赔事项的影响还在发展时,则每隔 28 天向工程师报送 1 次补充资料,说明事态发展情况。最后,当索赔事项影响结束后,在 28 天内报送此项索赔的最终报告,附上最终账单和全部证据资料,提出具体的索赔款额或工期延长天数,要求工程师和业主审定。

(3)会议协商解决。第 1 次协商一般采取非正式的形式,双方互相探索立场观点,争取达到一致见解。如需正式会议,双方应提出论据及有关资料,内定可接受的方案,争取通过 1 次或数次会议,达成解决索赔问题的协议。

（4）邀请中间人调解。当双方直接谈判无法取得一致时，为争取友好解决，根据国际工程施工索赔的经验，可由双方协商邀请中间人进行调停。

（5）提交仲裁或诉讼。像任何合同争端一样，对于索赔争端，最终的解决途径是通过国际仲裁或法院诉讼解决。

6. 索赔成功的关键

实践经验证明，每一项索赔要求的成功，都离不开以下4个方面的工作，甚至可以说缺一不可。

（1）建好工程项目。这是索赔成功的基础。如果承包商在施工过程中克服了重重困难，甚至发现原设计中不合理或错误的地方，提出了改进协议并为业主和工程师采纳；则承包商的索赔要求，甚至是难以实现的索赔要求，或在索赔程序上的某些疏忽，都可能取得业主和工程师的理解和谅解，使索赔得到比较满意的结果。

（2）做好合同管理。这是索赔成功的必要条件，包括多方面的内容，在索赔管理方面，主要是做好下列工作：

1）通晓工程项目的全部合同文件，能够从索赔的角度理解合同条款，不失去任何应有的索赔机会。

2）随时注意业主和工程师发布的指令或口头要求，一旦发现实际工程超出合同规定的工作范围时，及时地提出索赔要求。

3）在编写索赔报告文件和进行索赔谈判时，会运用合同知识来解释和论证自己的索赔权，并能正确计算出自己应得的工期延长和经济补偿。

（3）做好成本管理。主要包括定期的（如每月或每季1次）成本核算和成本分析工作，进行成本控制，随时发现成本超支（Cost overrun）的原因。如果发现哪一项直接费用的支出超过计划成本时，应立即分析原因，采取相应措施。如果发现是属于计划外的成本支出时，应提出索赔补偿。

（4）善于进行索赔谈判。施工索赔人员的谈判能力对索赔的成败关系甚大。谈判者必须熟悉合同，懂工程技术，并有利用合同知识论证自己索赔要求的能力。在施工索赔谈判中，双方应注意做到以下几点：

1）谈判应严格按照合同条件的规定进行，不要采取强加于人的态度。

2）谈判双方应客观冷静，以理服人，并具有灵活性，为谈判解决留有余地。

3）谈判前要做充分准备，拟好提纲，对准备达到的目标心中有数。

4）善于采纳对方合理意见，在坚持原则的基础上做适当的让步，寻求双方都能接受的解决办法。

5）要有耐性，不要首先退出会谈，不宜率先宣布谈判破裂。

第五章 建设工程监理合同管理

第一节 建设工程监理合同概述

一、建设工程监理合同的概念及作用

建设工程监理合同简称监理合同,是指委托人与监理人就委托的工程项目管理内容签订的明确双方权利、义务的协议。

工程建设监理制是我国建筑业在市场经济条件下保证工程质量、规范市场主体行为、提高管理水平的一项重要措施。建设监理与发包人和承包商一起共同构成了建筑市场的主体,为了使建筑市场的管理规范化、法制化,大型工程建设项目不仅要实行建设监理制,而且要求发包人必须以合同形式委托监理任务。监理工作的委托与被委托实质上是一种商业行为,所以必须以书面合同形式来明确工程服务的内容,以便为发包人和监理单位的共同利益服务。监理合同不仅明确了双方的责任和合同履行期间应遵守的各项约定,成为当事人的行为准则,而且可以作为保护任何一方合法权益的依据。

作为合同当事人一方的工程建设监理公司应具备相应的资格,不仅要求其是依法成立并已注册的法人组织,而且要求它所承担的监理任务应与其资质等级和营业执照中批准的业务范围相一致,既不允许低资质的监理公司承接高等级工程的监理业务,也不允许承接虽与资质级别相适应、但工作内容超越其监理能力范围的工作,以保证所监理工程的目标顺利圆满实现。

二、监理合同的特点

监理合同是委托合同的一种,除具有委托合同的共同特点外,还具有以下特点:

(1)监理合同的当事人双方应当是具有民事权力能力和民事行为能力、取得法人资格的企事业单位、其他社会组织,个人在法律允许的范围内也可以成为合同当事人。委托人必须是具有国家批准的建设项目,落实投资计划的企事业单位、其他社会组织及个人,作为受托人必须是依法成立的具有法人资格的监理企业,并且所承担的工程监理业务应与企业资质等级和业务范围相符合。

(2)监理合同委托的工作内容必须符合工程项目建设程序,遵守有关法律、行政法规。监理合同以对建设工程项目实施控制和管理为主要内容,因此监理合同必须符合建设工程项目的程序,符合国家和建设行政主管部门颁发的有关建设工程的法律、行政法规、部门规章和各种标准、规范要求。

(3)监理合同的标的是服务,建设工程实施阶段所签订的其他合同,如勘察设

计合同、施工承包合同、物资采购合同、加工承揽合同的标的物是产生新的物质成果或信息成果，而监理合同的标的是服务，即监理工程师凭据自己的知识、经验、技能受发包人委托为其所签订其他合同的履行实施监督和管理。

三、监理合同的形式

为了明确监理合同当事人双方的权利和义务关系，应当以书面形式签订监理合同，而不能采用口头形式。由于发包人委托监理任务有繁有简，具体工程监理工作的特点各异，因此监理合同的内容和形式也不尽相同。经常采用的合同形式有以下几种：

1. 双方协商签订的合同

这种监理合同依据法律和法规的要求作为基础，双方根据委托监理工作的内容和特点，通过友好协商订立有关条款，达成一致后签字盖章生效。合同的格式和内容不受任何限制，双方就权利和义务所关注的问题以条款形式具体约定即可。

2. 信件式合同

通常由监理单位编制有关内容，由发包人签署批准意见，并留一份备案后退给监理单位执行。这种合同形式适用于监理任务较小或简单的小型工程。也可能是在正规合同的履行过程中，依据实际工作进展情况，监理单位认为需要增加某些监理工作任务时，以信件的形式请示发包人，经发包人批准后作为正规合同的补充合同文件。

3. 委托通知单

正规合同履行过程中，发包人以通知单形式把监理单位在订立委托合同时建议增加而当时未接受的工作内容进一步委托给监理方。这种委托只是在原定工作范围之外增加少量工作任务，一般情况下原订合同中的权利、义务不变。如果监理单位不表示异议，委托通知单就成为监理单位所接受的协议。

4. 标准化合同

为了使委托监理行为规范化，减少合同履行过程中的争议或纠纷，政府部门或行业组织制订出标准化的合同示范文本，供委托监理任务时作为合同文件采用。标准化合同通用性强，采用规范的合同格式，条款内容覆盖面广，双方只要就达成一致的内容写入相应的具体条款中即可。标准合同由于对履行过程中所涉及的法律、技术、经济等各方面问题都作出了相应的规定，合理地分担双方当事人的风险并约定了各种情况下的执行程序，不仅有利于双方在签约时讨论、交流和统一认识，而且有助于监理工作的规范化实施。

四、监理合同的内容

1. 建设工程监理合同示范文本

《建设工程监理合同（示范文本）》由"协议书"、"通用条件"、"专用条件"及"附录"等部分组成。

(1)协议书。"协议书"是一个总的协议,是纲领性的法律文件。其中明确了当事人双方确定的委托监理工程的概况(工程名称、地点、工程规模、工程概算投资额或建筑安装工程费);总监理工程师(姓名、身份证号、注册号);签约酬金;期限(监理期限、相关服务期限);合同签订、生效、完成时间;双方愿意履行约定的各项义务的表示。"协议书"是一份标准的格式文件,经当事人双方在有限的空格内填写具体规定的内容并签字盖章后,即发生法律效力。

"协议书"中还应对监理合同的组成文件进行规定。《建设工程监理合同<示范文本>》中规定,除双方签署的"协议书"外,监理合同还包括以下文件:

1)中标通知书(适用于招标工程)或委托书(适用于非招标工程)。

2)投标文件(适用于招标工程)或监理与相关服务建议书(适用于非招标工程)。

3)专用条件。

4)通用条件。

5)附录。

(2)通用条件。建设工程监理合同通用条件,其内容涵盖了合同中所用词语的定义与解释,签约双方的责任、权利和义务,违约责任,监理报酬的支付,合同生效、变更、暂停、解除与终止,争议的解决,以及其他一些情况。它是委托监理合同的通用文件,适用于各类建设工程项目监理。各个委托人、监理人都应遵守。通用条件共有8节,包括:

1)定义与解释。

2)监理人的义务。

3)委托人的义务。

4)违约责任。

5)支付。

6)合同生效、变更、暂停、解除与终止。

7)争议解决。

8)其他。

(3)专用条件。由于通用条件适用于所有的建设工程监理,因此其中的某些条款规定得比较笼统,需要在签订具体工程项目的监理合同时,就地域特点、专业特点和委托监理项目的工程特点,对通用条件中的某些条款进行补充、修改。如对委托监理的工作内容而言,认为通用条件中的条款还不够全面,允许在专用条件中增加合同双方议定的条款内容。

所谓"补充"是指通用条件中的某些条款明确规定,在该条款确定的原则下在专用条件的条款中进一步明确具体内容,使两个条件中相同序号的条款共同组成一条内容完备的条款。如通用条件中规定:"监理人应按专用条件约定的种类、时间和份数向委托人提交监理与相关服务的报告。"这就要求在专用条件的相同序号条款内写入监理人应提交报告的种类、时间和份数。

所谓"修改",是指通用条件中规定的程序方面的内容,如果双方认为不合适,可以协议修改。如通用条件中规定"委托人对监理人提交的支付申请书有异议时,应当在收到监理人提交的支付申请书后 7 天内,以书面形式向监理人发出异议通知",如果委托人认为这个时间太短,在与监理人协商达成一致意见后,可在专用条件的相同序号条款内修改延长时间。

(4)附录。《建设工程监理合同(示范文本)》的附录包括"附录 A 相关服务的范围和内容"和"附录 B 委托人派遣的人员和提供的房屋、资料、设备"两部分。附录是组成建设工程监理合同的重要文件,其中相关服务是指监理人按合同约定,在勘察、设计、招标、保修等阶段提供的服务内容。

2. 总则性条款

(1)合同主体。建设工程监理合同的当事人是委托人和监理人,但根据我国目前法律和法规的规定,当事人应当是法人或依法成立的组织,而不是某一自然人。

1)委托人。

①委托人的资格。委托人是指合同中委托监理与相关服务的一方及其合法的继承人或受让人,通常为建设工程的项目法人,是建设资金的持有者和建筑产品的所有人。

②委托人的代表。为了与监理人作好配合工作,委托人应任命一位熟悉工程项目情况的常驻代表,负责与监理人联系。对该代表人应有一定的授权,使他能对监理合同履行过程中出现的有关问题和工程施工过程中发生的某些情况迅速作出决定。这位常驻代表不仅作为与监理人的联系人,也作为与施工单位的联系人,既有监督监理合同和施工合同履行的责任,更多的是承担两个合同履行过程中与其他有关方面进行协调配合的义务。委托人代表在授权范围内行使委托人的权利,履行委托人应尽的义务。

为了使合同管理工作连贯、有序进行,派驻现场的代表人在合同有效期内应尽可能地相对稳定,不要经常更换。当委托人需要更换常驻代表时,应提前通知监理人,并代之一位同等能力的人员。后续继任人对前任代表依据合同已作过的书面承诺、批准文件等,均应承担履行义务,不得以任何借口推卸责任。

2)监理人。

①监理人的资格。监理人是指合同中提供监理与相关服务的一方及其合法的继承人。监理人必须具有相应履行合同义务的能力,即拥有与委托监理业务相应的资质等级证书和注册登记的允许承揽委托范围工作的营业执照。

②项目监理机构。项目监理机构是指监理人派驻工程负责履行合同的组织机构。

③总监理工程师。总监理工程师是指由监理人的法定代表人书面授权,全面

负责履行合同、主持项目监理机构工作的注册监理工程师。监理人派驻现场监理机构从事监理业务的监理人员实行总监理工程师负责制。监理人与委托人签订监理合同后,应迅速组织派驻现场实施监理业务的监理机构,并将委派的总监理工程师人选和监理机构主要成员名单,以及监理规划报送委托人。合同正常履行过程中,总监理工程师将与委托人派驻现场的常驻代表建立工作联系。总监理工程师既是监理机构的负责人,也是监理人派驻工程现场的常驻代表人。除非发生了涉及监理合同正常履行的重大事件而需委托人和监理人协商解决外,正常情况下监理合同的履行和委托人与第三方签订的被监理合同的履行,均由双方代表人负责协调和管理。

监理人委派的总监理工程师人选,是委托人选定监理人时所考察的重要因素之一,所以总监理工程师不允许随意更换。监理合同生效后或合同履行过程中,如果监理人确需调换总监理工程师,应以书面形式提出请求,申明调换的理由和提供后继人选的情况介绍,经过委托人批准后方可调换。

(2)监理人应完成的监理工作。虽然监理合同的专用条件内注明了监理工作的范围和内容,但从工作性质而言属于正常的监理工作。作为监理人必须履行的合同义务,除了正常监理工作之外,还应包括附加监理工作。这类工作属于订立合同时未能或不能合理预见,而合同履行过程中发生,需要监理人完成的工作。

1)正常工作。监理服务的正常工作是指合同订立时通用条件和专用条件中约定的监理人的工作。监理人提供的是一种特殊的中介服务,委托人可以委托的监理服务内容很广泛。但就具体工程项目而言,则要根据工程的特点、监理人的能力、建设不同阶段所需要的监理任务等诸方面因素,将委托的监理业务详细地写入合同的专用条件中,以便使监理人明确责任范围。

2)附加工作。"附加工作"是指合同约定的正常工作以外监理人的工作。可能包括:

①由于委托人、第三方原因,使监理工作受到阻碍或延误,以致增加了工作量或延续时间。

②原应由委托人承担的义务,后由双方达成协议改由监理人来承担的工作。此类附加工作通常指委托人按合同内约定应免费提供监理人使用的仪器设备或提供的人员服务。如合同约定委托人为监理人提供某一检测仪器,他在采购仪器前发现监理人拥有这个仪器且正在闲置期间,双方达成协议后由监理人使用自备仪器。又如,合同约定委托人为监理人在施工现场设置检测实验室,后通过协议不再建立此实验室,执行监理业务时需要进行的检测由监理机构到具有试验能力的检验机构去作这些试验并支付相应费用。

③监理人应委托人要求提出更改服务内容建议而增加的工作内容。例如施工承包人需要使用某种新工艺或新技术,而对其质量在现行规范中又无依据可查,监理人提出应制定对该项工艺质量的检验标准,委托人接受提议并要求监理

机构来制定,则此项编制工作属于附加工作。

由于附加工作是委托正常工作之外要求监理人必须履行的义务,因此委托人在其完成工作后应另行支付附加监理工作报告酬金和额外监理工作酬金,但酬金的计算办法应在专用条件内予以约定。

(3)合同有效期。尽管双方签订《建设工程监理合同》中对监理期限及相关服务期限注明"自×年×月×日始,至×年×月×日止",但此期限仅指完成正常监理工作预定的时间,并不就一定是监理合同的有效期。监理合同的有效期即监理人的责任期,不是用约定的日历天数为准,而是以监理人是否完成了包括附加工作的义务来判定。因此通用条件中规定,监理合同的有效期为双方签订合同后,工程准备工作开始,到监理人完成合同约定的全部工作和委托人与监理人结清并支付全部酬金,监理合同才终止。

3. 双方的权利和义务

(1)委托人的权利。

1)授予监理人权限的权力。监理合同是要求监理人对委托人与第三方签订的各种承包合同的履行实施监理,监理人在委托人授权范围内对其他合同进行监督管理,因此在监理合同内除需明确委托的监理任务外,还应规定监理人的权限。在委托人授权范围内,监理人可对所监理的合同自主地采取各种措施进行监督、管理和协调,如果超越权限时,应首先征得委托人同意后方可发布有关指令。委托人授予监理人权限的大小,要根据自身的管理能力、建设工程项目的特点及需要等因素考虑。监理合同内授予监理人的权限,在执行过程中可随时通过书面附加协议予以扩大或减小。

2)对其他合同承包人的选定权。委托人是建设资金的持有者和建筑产品的所有人,因此对设计合同、施工合同、加工制造合同等的承包单位有选定权和订立合同的签字权。监理人在选定其他合同承包人的过程中仅有建议权而无决定权。监理人协助委托人选择承包人的工作可能包括:邀请招标时提供有资格和能力的承包人名录;帮助起草招标文件;组织现场考察;参与评标,以及接受委托代理招标等。但标准条件中规定,监理人对设计和施工等总包单位所选定的分包单位,拥有批准权或否决权。

将对总包单位所选分包单位的批准或否决权授予监理人,一方面因为委托人不与分包单位签订合同,与分包单位没有直接的权利义务关系,另一方面是由于委托人已将被监理工程的管理权授予了监理人。监理人为了保证委托人所签订的总包合同能够顺利实施,必须审查分包工作内容是否符合总包合同中约定允许分包的内容,以及分包单位的资质与其准备承接的工程等级要求是否相符合。如果总包合同内没有具体约定允许分包的工作内容,监理单位也要依据有关法规、条例加以审查,而后再决定是批准还是否决分包单位。根据《建筑法》规定,建筑工程主体结构的施工必须由总承包单位自己完成,非主要部分或专业性较强的工程部分,经委托人认可后只能分包给资质条件符合该部分工程技术要求的建筑安装单位。结构和技术要求相同的群体工程,总包单位应至少完成半数以上的工程。分包单位必须自己完成分包工程,不得再行分包。

3)被监理工程重大事项的决定权。委托人虽然将被监理工程的合同管理权委托给监理人,但其对工程所涉及的重大事项仍有决定权。主要表现为以下几方面:

①对工程规模、设计标准、规划设计、生产工艺设计和使用功能设计的认定权。

②工程设计变更和施工任务变更的审批权。

③对工程质量要求的认定权。

4)对监理人履行合同的监督控制权。委托人对监理人履行合同的监督权利体现在以下 3 个方面:

①对监理合同转让和分包的监督。除了支付款的转让外,监理人不得将所涉及的利益或规定义务转让给第三方。监理人所选择的监理工作分包单位必须事先征得委托人的认可。在没有取得委托人的书面同意前,监理人不得开始实行、更改或终止全部或部分服务的任何分包合同。

②对监理人员的控制监督。合同专用条件或监理人的投标书内,应明确总监理工程师人选、监理机构派驻人员计划。合同开始履行时,监理人应向委托人报送委派的总监理工程师及其监理机构主要成员名单,以保证完成监理合同专用条件中约定的监理工作范围内的任务。当监理人调换总监理工程师时,须经委托人同意。

③对合同履行的监督权。监理人有义务按期提交月、季、年度的监理报告,委托人也可以随时要求其对重大问题提交专项报告,这些内容应在专用条款中明确约定。委托人按照合同约定检查监理工作的执行情况,如果发现监理人员不按监理合同履行职责或与承包方串通,给委托人或工程造成损失,有权要求监理人更换监理人员,直至终止合同,并承担相应赔偿责任。

(2)监理人的权利。监理合同中涉及监理人权利的条款可以分为两大类:一类是监理人在监理合同中相对于委托人享有的权利;另一类是监理人对委托人与第三方所签合同履行监督管理责任时可行使的权力。

1)委托监理合同中赋予监理人的权利包括:

①完成监理任务后获得酬金的权利。监理人不仅可获得完成合同内规定的正常监理任务酬金,如果合同履行过程中因主、客观条件的变化,完成附加工作后,也有权按照专用条件中约定的计算方法,得到额外工作的酬金。正常酬金的支付程序和金额以及附加工作酬金的计算办法,应在专用条件内写明。

②获得奖励的权利。监理人如果在监理服务过程中作出了显著成绩,如由于其提出的合理化建议,使委托人得到了经济效益,理应得到委托人给予的适当奖

励。奖励的办法应在专用条件内作出约定。应当强调，为了工程建设项目最终目标的实现，受委托人聘用的监理人应忠诚地为委托人提供一切可能的优质服务。就工程项目建设的有关事项，监理人提出自己的合理化建议供委托人选用，也包含在其基本义务之中。因此当采用监理人的合理化建议后，委托人获得了实际经济利益，如节约投资、工期有较大幅度提前、委托人获得了使用效益、在保证质量和功能的条件下对永久工程的生产或工艺流程提出重要的合理改进或优化等，监理人为此而有权获得的只应是奖励，而不是委托人所得好处的利益分成，因为其不是委托人的合伙人。

③终止合同的权力。如果由于委托人违约严重拖欠应付监理人的酬金，或由于非监理人责任而使监理暂停的期限超过半年以上，监理人可按照终止合同规定程序，单方面提出终止合同，以保护自己的合法权益。

监理人单方面提出终止监理合同的要求，仅限于监理合同内规定的上述两种情况，而不能以被监理合同因委托人违约、承包人违约或不可抗力等原因导致监理工作不能顺利进行作为理由，提出终止监理合同的要求。此时监理人仅有权根据事件发生和发展的实际情况，向委托人提出终止其与第三方所签合同的建议，并出具有关证明，而无权决定终止被监理的合同。而且当委托人决定终止与第三方的合同关系后，监理人还应按监理合同的约定，完成善后工作和再次恢复监理业务前的准备等服务工作，而不能擅自提出终止合同的要求。因为此时被监理的合同虽然被迫终止了，但监理合同并不一定也随之而终止，监理人完成善后工作后，监理工作可能仅是中断履行或增加其他的服务工作，如帮助委托人重新选定承包单位等。只有当实际监理工作与相关服务被暂停时间超过 182 天以上，监理人才有权单方面提出终止合同的要求。

2) 监理人执行监理业务可以行使的权力。监理委托人和第三方签订承包合同时可行使的权力包括：

①建设工程有关事项和工程设计的建议权。建设工程有关事项包括工程规模、设计标准、规划设计、生产工艺设计和使用功能要求。设计标准和使用功能等方面，向委托人和设计单位的建议权是指按照安全和优化方面的要求，就某些技术问题自主向设计单位提出建议。但如果由于提出的建议提高了工程造价，或延长工期，应事先征得委托人的同意，如果发现工程设计不符合建筑工程质量标准或约定的要求，应当报告委托人要求设计单位更改，并向委托人提出书面报告。

②对实施项目的质量、工期和费用的监督控制权。主要表现为：对承包人报的工程施工组织设计和技术方案，按照保质量、保工期和降低成本要求，自主进行审批和向承包人提出建议；征得委托人同意，发布开工令、停工令、复工令；对工程上使用的材料和施工质量进行检验；对施工进度进行检查、监督，未经监理工程师签字，建筑材料、建筑构配件和设备不得在工地上使用，施工单位不得进行下一道

工序的施工；工程实施竣工日期提前或延误期限的鉴定；在工程承包合同方定的工程范围内，工程款支付的审核和签认权，以及结算工程款的复核确认与否定权。未经监理人签字确认，委托人不支付工程款，不进行竣工验收。

③进行被监理合同履行中的协调管理。为了保证整个工程项目目标的顺利实现，监理人既要协调和管理委托人与某一承包单位所签合同的履行，还要负责协调各独立合同间的衔接和配合工作。因为分别与委托人签订合同的各承包人之间没有任何权利义务关系，排除各合同间的干扰，保证建设项目的有序实施，就是监理人所应承担的职责。协调管理权包括：

a. 拥有协调、组织工程建设有关协作单位的主持权。

b. 报经委托人同意后，有权发布开工令、停工令和复工令。发布停工令和复工令的原因，可以是由于承包方原因质量未达到合同要求，也可以是为了协调各合同间的衔接或配合。

c. 在委托人授权范围内，有权根据工程实际需要或实施的进展情况，对任何第三方合同规定的义务提出变更。如果在紧急情况下，变更指令超越了授权范围且又不能事先征得委托人批准，监理工程师也有权为了保障工程或人员生命财产安全，采取其认为必要的措施，并将变更内容尽快通知委托人。发布变更指令是监理工程师进行协调管理最常采用的方法，其内容既有增加或删减工程量或工作内容，也包括改变承包方原定的施工方法或作业时间等。

④审核承包人索赔的权力。监理人在委托人授权范围内对被监理合同在履行过程中进行全面管理，承包人向委托人提出的索赔要求必须首先报送监理人。监理人收到索赔报告后，要判定索赔条件是否成立，以及索赔成立后其索赔要求是否合理、计算是否正确或准确。待作出自己的处置意见后再报请委托人批准，并通知承包人。

⑤调解委托人与承包人的合同争议。虽然圆满地实现工程项目的预定目标是各方的共同目的，但在合同履行过程中，委托人或第三方根据合同实施中发生的具体情况，都会分别站在各自立场上向对方提出某些要求。一方面为了避免就同一事项委托人和监理人分别发布不同的指示而造成管理混乱，因此委托人的意图应通知监理人，并由其来贯彻实施，委托人不能直接给第三方发布指示；另一方面，第三方对委托人的要求也应首先在监理人的协调管理中来实现。从这两方面来看，合同正常履行过程中的管理是以监理人为核心，与国际上通行的管理模式相接轨。这种管理模式还可以尽量避免任何一方站在自己的立场上理解合同内容，向对方提出不切合实际或不合理的要求，尽可能地减少合同争议。

发生合同争议时，规定首先应提交监理人来调解，既体现了监理机构在合同管理中的地位，又是由于其不是所签订承包合同的当事人，在该合同中没有经济利益，可以公正地判断责任归属，作出双方都可接受的处理方案。

如果一方或双方对监理人的调解争议方案不能接受，而将合同的争议甚至导致的纠纷提交政府建设行政主管部门调解或仲裁机关仲裁时,监理人也应站在公正的立场上提供作证的有关事实材料。

（3）委托人的义务。委托人在监理合同中的义务,主要体现为满足监理人顺利实施监理任务所需要的协助工作。

1）负责作好外部协调工作。委托人应负责作好所有与工程建设有关的外部协调工作,满足开展监理工作所要求的外部条件。外部协调工作内容较为广泛,对于某一具体监理合同而言,由于监理工作内容不尽相同,要求委托人负责完成的外部协调任务也各异,但在签订合同时应明确由委托人办理的具体外部协调工作,同时还应明确在合同履行过程中所有需要进行协调的外部关系均应由委托人负责联系或办理有关手续。

2）为开展监理业务作好配合工作。工程项目实施过程中的情况千变万化,经常会发生一些原来没有预计到的新情况,监理人在处理过程中又往往受到授权的限制,不能独自决定处理意见,需要请示委托人或将其处理方案送交委托人批准。为了使监理服务和工程项目顺利进行,委托人应在合理的时间内就监理人以书面形式提交的一切事宜作出书面决定。

合同履行过程中涉及的"通知"、"建议"、"批准"、"证明"、"决定"等有关事项,均需以书面形式发送给对方,以免空口无凭而发生合同纠纷。文件可由专人递送或传真通讯,但要有书面签收、回执或确认,并从对方收到时生效。为了不耽搁监理工作的正常进行,应在专用条件中明确约定委托人须对监理人以书面形式提交的有关事宜作出书面决定的合理时间。如果委托人对监理人的书面请求超过这个约定时限未作出任何答复,则视为委托人已同意监理人对某一事项的处理意见,监理人可按报告内的计划方案执行。

3）与监理人做好协调工作。委托人要授权一位熟悉建设工程情况,能迅速做出决定的常驻代表,负责与监理人联系。更换此人要提前通知监理人。

4）为监理人顺利履行合同义务做好协助工作。协助工作包括以下几方面内容：

①将授予监理人的监理权利,以及监理人监理机构主要成员的职能分工、监理权限及时书面通知已选定的第三方,并在第三方签订的合同中予以明确。

②在双方议定的时间内,免费向监理人提供与工程有关的监理服务所需要的工程资料。

③为监理人驻工地监理机构开展正常工作提供协助服务。服务内容包括信息服务、物质服务和人员服务3个方面。

信息服务是指协助监理人获取工程使用的原材料、构配件、机构设备等生产厂家名录,以掌握产品质量信息,向监理人提供与本工程有关的协作单位、配合单位的名录,以方便监理工作的组织协调。

物质服务是指免费向监理人提供合同专用条件约定的设备、设施、生活条件等。一般包括检测试验设备、测量设备、通讯设备、交通设备、气象设备、照相录像设备、打字复印设备、办公用房及生活用房等。这些属于委托人财产的设备和物品，在监理任务完成和终止时，监理人将其交还委托人。如果双方议定某些本应由委托人提供的设备由监理人自备，则应给监理人合理的经济补偿。对于这种情况，要在专用条件的相应条款内明确经济补偿的计算方法，通常为：

补偿金额＝设施在工程上使用时间占折旧年限的比例×设施原值＋管理费

人员服务是指如果双方议定，委托人应免费向监理人提供职员和服务人员，也应在专用条件中写明提供的人数和服务时间。当涉及监理服务工作时，委托人所提供的职员只应从监理工程师处接受指示。监理人应与这些提供服务人员密切合作，但不对他们的失职行为负责。如委托人选定某一科研机构的实验室负责对材料和工艺质量的检测试验，并与其签订委托合同。试验机构的人员应接受监理工程师的指示完成相应的试验工作，但监理人既不对检测试验数据的错误负责，也不对由此而导致的判断失误负责。

5）按时支付监理酬金。监理酬金在合同履行过程中一般按阶段支付给监理人。每次阶段支付时，监理人应按合同约定的时间向委托人提交该阶段的支付报表。报表内容应包括按照专用条件约定方法计算的正常监理服务酬金和其他应由委托人额外支付的合理开支项目，并相应提供必要的工作情况说明及有关证明材料。如果发生附加服务工作或额外服务工作，则该项酬金计算也应包含在报表之内。

委托人收到支付报表后，对报表内的各项费用，审查其取费的合理性和计算的正确性。如有预付款的话，还应按合同约定在应付款额内扣除应归还的部分。委托人应在收到支付报表后合同约定的时间内予以支付，否则从规定支付之日起按约定的利率加付该部分应付款的延误支付利息。如果委托人对监理人提交的支付报表中所列的酬金或部分酬金项目有异议，应当在收到报表后 24 小时内向监理人发出异议通知。若未能在规定时间内提出异议，则应认为监理人在支付报表内要求支付的酬金是合理的。虽然委托人对某些酬金项目提出异议并发出相应通知，但不能以此为理由拒付或拖延支付其他无异议的酬金项目，否则也将按逾期支付对待。

（4）监理人的义务。

1）不能随意转让监理合同。监理合同签订以后，未经委托人的书面同意，监理人不能随意转让合同内约定的权利和义务。签订监理合同本身就是一种法律行为，监理合同生效后将受到法律的保护，因此任何一方都不能不履行合同而将约定的权利义务转让给其他人，尤其不能允许监理人以赢利为目的将合同转让。

2）监理人在履行合同的义务期间，应运用合理的技能认真勤奋地工作，公正地维护有关方面的合法权益。当委托人发现监理人员不按监理合同履行监理职责，或与承包人串通给委托人或工程造成损失时，委托人有权要求监理人更换监理人员,直到终止合同并要求监理人承担相应的赔偿责任或连带赔偿责任。

　　3)合同履行期间应按合同约定派驻足够的人员从事监理工作。开始执行监理业务前向委托人报送派往该工程项目的总监理工程师及该项目监理机构的人员情况。合同履行过程中如果需要调换总监理工程师,必须首先经过委托人同意,并派出具有相应资质和能力的人员。

　　4)在合同期内或合同终止后,未征得有关方同意,不得泄露与本工程、合同业务有关的保密资料。

　　5)任何由委托人提供的供监理人使用的设施和物品都属于委托人的财产,监理工作完成或中止时,应将设施和剩余物品归还委托人。

　　6)非经委托人书面同意,监理人及其职员不应接受委托监理合同约定以外的与监理工程有关的报酬,以保证监理行为的公正性。

　　7)监理人不得参与可能与合同规定的与委托人利益相冲突的任何活动。

　　8)在监理过程中,不得泄露委托人申明的秘密,亦不得泄露设计、承包等单位申明的秘密。

　　9)负责合同的协调管理工作。在委托工程范围内,委托人或承包人对对方的任何意见和要求(包括索赔要求),均必须首先向监理机构提出,由监理机构研究处置意见,再同双方协商确定。当委托人和承包人发生争议时,监理机构应根据自己的职能,以独立的身份判断,公正地进行调解。当双方的争议由政府行政主管部门调解或仲裁机构仲裁时,应当提供作证的事实材料。

第二节　监理合同的订立及履行

一、监理合同的订立

　　首先,签约双方应对对方的基本情况有所了解,包括:资质等级、营业资格、财务状况、工作业绩、社会信誉等等。作为监理人还应根据自身状况和工程情况,考虑竞争该项目的可行性。其次,监理人在获得委托人的招标文件或与委托人草签协议之后,应立即对工程所需费用进行预算,提出报价,同时对招标文件中的合同文本进行分析、审查,为合同谈判和签约提供决策依据。无论何种方式招标中标,委托人和监理人都要就监理合同的主要条款进行谈判。谈判内容要具体,责任要明确,要有准确的文字记载。作为委托人,切忌以手中有工程的委托权,而不以平等的原则对待监理人。应当看到,监理工程师的良好服务,将为委托人带来巨大的利益。作为监理人,应利用法律赋予的平等权利进行对等谈判,对重大问题不能迁就和无原则让步。经过谈判,双方就监理合同的各项条款达成一致,即可正式签订合同文件。

　　监理合同的范围包括监理工程师为委托人提供服务的范围和工作量。委托人委托监理业务的范围可以非常广泛。从工程建设各阶段来说,可以包括项目前期立项咨询、设计阶段、实施阶段、保修阶段的全部监理工作或某一阶段的监理工作。在每一阶段内,又可以进行投资、质量、工期的三大控制及信息、合同两项管理。但就具体项目而言,要根据工程的特点、监理人的能力、建设不同阶段的监理任务等诸方面因素,将委托的监理任务详细地写入合同的专用条件之中。如进行工程技术咨询服务,工作范围可确定为进行可行性研究,各种方案的成本效益分析,建筑设计标准、技术规范准备,提出质量保证措施等等。施工阶段监理可包括:

(1)协助委托人选择承包人,组织设计、施工、设备采购等招标。

(2)技术监督和检查:检查工程设计、材料和设备质量;对操作或施工质量的监理和检查等。

(3)施工管理:包括质量控制、成本控制、计划和进度控制等。通常施工监理合同中"监理工作范围"条款,一般应与工程项目总概算、单位工程概算所涵盖的工程范围相一致,或与工程总承包合同、单项工程承包合同所涵盖的范围相一致。

订立监理合同时要注意:

(1)坚持按法定程序签署合同。监理合同的签订,意味着委托关系的形成,委托方与被委托方的关系都将受到合同的约束。因而签订合同必须是双方法定代表人或经其授权的代表签署并监督执行。在合同签署过程中,应检验代表对方签字人的授权委托书,避免合同失效或不必要的合同纠纷。

(2)不可忽视来往函件。在合同洽商过程中,双方通常会用一些函件来确认双方达成的某些口头协议或书面交往文件,后者构成招标文件和投标文件的组成部分。为了确认合同责任以及明确双方对项目的有关理解和意图以免将来分歧,签订合同时双方达成一致的部分应写入合同附录或专用条款内。

(3)其他应注意的问题。在监理合同的签署过程中,双方都应认真注意,涉及合同的每一份文件都是双方在执行合同过程中对各自承担义务相互理解的基础。一旦出现争议,这些文件也是保护双方权利的法律基础。因此,一是要注意合同文字的简洁、清晰,每个措辞都应该是经过双方充分讨论,以保证对工作范围、采取的工作方式方法以及双方对相互间的权利和义务确切理解。如果一份写得很清楚的合同,未经充分的讨论,只能是"一厢情愿"的东西,双方的理解不可能完全一致。二是对于一项时间要求特别紧迫的任务,在委托方选择了监理单位之后,在签订监理合同之前,双方可以通过使用意图性信件进行交流,监理单位对意图性信件的用词要认真审查,尽量使对方容易理解和接受,否则,就有可能在忙乱中致使合同谈判失败或者遭受其他意外损失。三是监理单位在合同事务中,要注意充分利用有效的法律服务。监理合同的法律性很强,监理单位必须配备这方面的专家,这样在准备标准合同格式、检查其他人提供的合同文件及研究意图性信件时,才不至于出现失误。

二、监理合同的履行

1. 委托人的履行

（1）严格按照监理合同的规定履行应尽义务。监理合同内规定的应由委托人负责的工作，是使合同最终实现的基础，如外部关系的协调，为监理工作提供外部条件，为监理人提供获取本工程使用的原材料、构配件、机械设备等生产厂家名录等等，都是为监理人做好工作的先决条件。委托人必须严格按照监理合同的规定，履行应尽的义务，才有权要求监理人履行合同。

（2）按照监理合同的规定行使权力。监理合同中规定的委托人的权利，主要是如下 3 个方面：对设计、施工单位的发包权；对工程规模、设计标准的认定权及设计变更的审批权；对监理人的监督管理权。

（3）委托人的档案管理。在全部工程项目竣工后，委托人应将全部合同文件，包括完整的工程竣工资料加以系统整理，按照国家《档案法》及有关规定，建档保管。为了保证监理合同档案的完整性，委托人对合同文件及履行中与监理人之间进行的签证、记录协议、补充合同备忘录、函件、电报、电传等都应系统地认真整理，妥善保管。

2. 监理人的履行

监理合同一经生效，监理人就要按合同规定，行使权力，履行应尽义务。

（1）确定项目总监理工程师，成立项目监理机构。每一个拟监理的工程项目，监理人都应根据工程项目规模、性质、委托人对监理的要求，委派称职的人员担任项目的总监理工程师，代表监理人全面负责该项目的监理工作。总监理工程师对内对监理人负责，对外向委托人负责。

在总监理工程师的具体领导下，组建项目的监理机构，并根据签订的监理合同，制订监理规划和具体的实施计划，开展监理工作。

一般情况下，监理人在承接项目监理业务时，在参与项目监理的投标、拟订监理方案（大纲），以及与委托人商签监理合同时，即应选派人员主持该项工作。在监理任务确定并签订监理合同后，该主持人即可作为项目总监理工程师。这样，项目的总监理工程师在承接任务阶段就早期介入，从而更能了解委托人的建设意图和对监理工作的要求，并与后续工作能更好地衔接。

（2）制订工程项目监理规划。工程项目的监理规划，是开展项目监理活动的纲领性文件，根据委托人委托监理的要求，在详细占有监理项目有关资料的基础上，结合监理的具体条件编制的开展监理工作的指导性文件。其内容包括：工程概况；监理范围和目标；监理主要措施；监理组织；项目监理工作制度等。

（3）制订各专业监理工作计划或实施细则。在监理规划的指导下，为具体指导投资控制、质量控制、进度控制的进行，还需结合工程项目实际情况，制订相应的实施性计划或细则。

（4）根据制订的监理工作计划和运行制度，规范化地开展监理工作。

(5)监理工作总结归档。监理工作总结包括3部分内容:

第一部分是向委托人提交监理工作总结。其内容主要包括:监理委托合同履行情况概述;监理任务或监理目标完成情况评价;由委托人提供的供监理活动使用的办公用房、车辆、试验设施等清单;表明监理工作终结的说明等。

第二部分是监理单位内部的监理工作总结。其内容主要包括:监理工作的经验,可以是采用某种监理技术、方法的经验;也可以是采用某种经济措施、组织措施的经验;以及签订监理合同方面的经验;如何处理好与委托人、承包单位关系的经验等。

第三部分是监理工作中存在的问题及改进的建议,以指导今后的监理工作,并向政府有关部门提出政策建议,不断提高我国工程建设监理的水平。

在全部监理工作完成后,监理人应注意做好监理合同的归档工作。监理合同归档资料应包括:监理合同(含与合同有关的在履行中与委托人之间进行的签证、补充合同备忘录、函件、电报等)、监理大纲、监理规划、在监理工作中的程序性文件(包括监理会议纪要、监理日记等)。

3. 合同的变更

监理合同内涉及合同变更的条款主要指合同责任期的变更和委托监理工作内容的变更两方面。

(1)合同责任期的变更。签约时注明的合同有效期并不一定就是监理人的全部合同责任期,如果在监理过程中因工程建设进度推迟或延误而超过约定的日期,监理合同并不能到期终止。当由于委托人和承包人的原因使监理工作受到阻碍或延误,则监理人应当将此情况与可能产生的影响及时通知委托人,完成监理业务的时间相应延长。

(2)监理工作内容变更。监理合同内约定的正常监理服务工作,监理人应尽职尽责地完成。合同履行期间由于发生某些客观或人为事件而导致一方或双方不能正常履行其应尽职责时,委托人和监理人都有权提出变更合同的要求。合同变更的后果一般都会导致合同有效期的延长或提前终止,以及增加监理方的附加工作。

三、监理合同的违约责任与索赔

1. 违约责任

合同履行过程中,由于当事人一方的过错,造成合同不能履行或者不能完全履行,由有过错的一方承担违约责任;如属双方的过错,根据实际情况,由双方分别承担各自的违约责任。为保证监理合同规定的各项权利义务的顺利实现,监理合同中应制定了约束双方行为的条款,主要包括如下几点:

(1)在合同责任期内,如果监理人未按合同中要求的职责勤恳认真地服务,或委托人违背了他对监理人的责任时,均应向对方承担赔偿责任。

(2)任何一方对另一方负有责任时的赔偿原则是:

1）委托人违约应承担违约责任，赔偿监理人的经济损失。

2）因监理人过失造成经济损失，应向委托人进行赔偿，累计赔偿额不应超出监理酬金总额（除去税金）。

3）当一方向另一方的索赔要求不成立时，提出索赔的一方应补偿由此所导致的对方各种费用支出。

2. 监理人的责任限度

由于建设工程监理，是以监理人向委托人提供技术服务为特性，在服务过程中，监理人主要凭借自身知识、技术和管理经验，向委托人提供咨询、服务，替委托人管理工程。同时，在工程项目的建设过程中，会受到多方面因素限制，鉴于上述情况，在责任方面作了如下规定：监理人在责任期内，如果因过失而造成经济损失，要负监理失职的责任；监理人不对责任期以外发生的任何事情所引起的损失或损害负责，也不对第三方违反合同规定的质量要求和完工（交图、交货）时限承担责任。

3. 对监理人违约处理的规定

（1）当委托人发现从事监理工作的某个人员不能胜任工作或有严重失职行为时，有权要求监理人将该人员调离监理岗位。监理人接到通知后，应在合理的时间内调换该工作人员，而且不应让他在该项目上再承担任何监理工作。如果发现监理人或某些工作人员从被监理方获取任何贿赂或好处，将构成监理人严重违约。对于监理人的严重失职行为或有失职业道德的行为而使委托人受到损害的，委托人有权终止合同关系。

（2）监理人在责任期内因其过失行为而造成委托人损失的，委托人有权要求给予赔偿。赔偿的计算方法是扣除与该部分监理酬金相适应的赔偿金，但赔偿总额不应超出扣除税金后的监理酬金总额。如果监理人员不按合同履行监理职责，或与承包人串通给委托人或工程造成损失的，委托人有权要求监理人更换监理人员，直到终止合同，并要求监理人承担相应的赔偿责任或连带赔偿责任。

4. 因违约终止合同

（1）委托人因自身应承担责任原因要求终止合同。合同履行过程中，由于发生严重的不可抗力事件、国家政策的调整或委托人无法筹措到后续工程的建设资金等情况，需要暂停或终止合同时，应至少提前56天向监理人发出通知，此后监理人应立即安排停止服务，并将开支减至最小。双方通过协商对监理人受到的实际损失给予合理补偿后，协议终止合同。

（2）委托人因监理人的违约行为要求终止合同。当监理人无正当理由未履行本合同约定的义务时，委托人应通知监理人限期改正。若委托人在监理人接到通知后的7天内未收到监理人书面形式的合理解释，则可在7天内发出解除本合同的通知，自通知到达监理人时本合同解除。委托人应将监理与相关服务的酬金支付至限期改正通知到达监理人之日，但监理人应承担约定的责任。

(3)监理人因委托人的违约行为要求终止合同。如果委托人不履行监理合同中约定的义务,则应承担违约责任,赔偿监理人由此造成的经济损失。标准条件规定,监理方可在发生如下情况之一时单方面提出终止与委托人的合同关系。

1)在合同履行过程中,由于实际情况发生变化而使监理人被迫暂停监理业务时间超过182天。

2)委托人发出通知指示监理人暂停执行监理业务时间超过182天,而还不能恢复监理业务。

3)委托人严重拖欠监理酬金。

5. 争议的解决

因违反或终止合同而引起的对损失或损害的赔偿,委托人与监理人应协商解决。如协商未能达成一致,可提交主管部门协调。如仍不能达成一致时,根据双方约定提交仲裁机构仲裁或向人民法院起诉。

第三节　《建设工程监理合同(示范文本)》
(GF—2012—0202)

GF—2012—0202

建设工程监理合同

(示范文本)

住 房 和 城 乡 建 设 部
国 家 工 商 行 政 管 理 总 局　　制定

第一部分　协议书

委托人(全称)：_____

监理人(全称)：_____

根据《中华人民共和国合同法》、《中华人民共和国建筑法》及其他有关法律、法规,遵循平等、自愿、公平和诚信的原则,双方就下述工程委托监理与相关服务事项协商一致,订立本合同。

一、工程概况

1. 工程名称：_____；

2. 工程地点：_____；

3. 工程规模：_____；

4. 工程概算投资额或建筑安装工程费：_____。

二、词语限定

协议书中相关词语的含义与通用条件中的定义与解释相同。

三、组成本合同的文件

1. 协议书；

2. 中标通知书(适用于招标工程)或委托书(适用于非招标工程)；

3. 投标文件(适用于招标工程)或监理与相关服务建议书(适用于非招标工程)；

4. 专用条件；

5. 通用条件；

6. 附录,即：

附录 A　相关服务的范围和内容

附录 B　委托人派遣的人员和提供的房屋、资料、设备

本合同签订后,双方依法签订的补充协议也是本合同文件的组成部分。

四、总监理工程师

总监理工程师姓名：_____,身份证号码：_____,注册号：_____。

五、签约酬金

签约酬金(大写)：_____（￥　　　）。

包括：

1. 监理酬金：_____。

2. 相关服务酬金：_____。

其中：

(1)勘察阶段服务酬金：_____。

(2)设计阶段服务酬金:＿＿＿＿＿＿＿＿＿＿＿＿＿＿＿＿。

(3)保修阶段服务酬金:＿＿＿＿＿＿＿＿＿＿＿＿＿＿＿＿。

(4)其他相关服务酬金:＿＿＿＿＿＿＿＿＿＿＿＿＿＿＿。

六、期限

1. 监理期限:

自＿＿＿＿年＿＿＿月＿＿＿日始,至＿＿＿＿年＿＿＿月＿＿＿日止。

2. 相关服务期限:

(1)勘察阶段服务期限自＿＿＿＿年＿＿＿月＿＿＿始,至＿＿＿＿年＿＿＿月＿＿＿止。

(2)设计阶段服务期限自＿＿＿＿年＿＿＿月＿＿＿始,至＿＿＿＿年＿＿＿月＿＿＿止。

(3)保修阶段服务期限自＿＿＿＿年＿＿＿月＿＿＿始,至＿＿＿＿年＿＿＿月＿＿＿止。

(4)其他相关服务期限自＿＿＿＿年＿＿＿月＿＿＿始,至＿＿＿＿年＿＿＿月＿＿＿止。

七、双方承诺

1. 监理人向委托人承诺,按照本合同约定提供监理与相关服务。

2. 委托人向监理人承诺,按照本合同约定派遣相应的人员,提供房屋、资料、设备,并按本合同约定支付酬金。

八、合同订立

1. 订立时间:＿＿＿＿年＿＿＿月＿＿＿。

2. 订立地点:＿＿＿＿＿＿＿＿＿＿＿＿＿＿＿＿＿＿＿＿＿。

3. 本合同一式＿＿＿＿份,具有同等法律效力,双方各执＿＿＿＿份。

委托人:＿＿＿＿＿＿＿＿＿(盖章)　　　监理人:＿＿＿＿＿＿＿＿＿(盖章)

住所:＿＿＿＿＿＿＿＿＿＿＿　　　　　住所:＿＿＿＿＿＿＿＿＿＿＿

邮政编码:＿＿＿＿＿＿＿＿　　　　　　邮政编码:＿＿＿＿＿＿＿＿

法定代表人或其授权　　　　　　　　　法定代表人或其授权

的代理人:＿＿＿＿＿＿＿(签字)　　　的代理人:＿＿＿＿＿＿＿(签字)

开户银行:＿＿＿＿＿＿＿＿　　　　　　开户银行:＿＿＿＿＿＿＿＿

账号:＿＿＿＿＿＿＿＿＿＿＿　　　　　账号:＿＿＿＿＿＿＿＿＿＿＿

电话:＿＿＿＿＿＿＿＿＿＿＿　　　　　电话:＿＿＿＿＿＿＿＿＿＿＿

传真:＿＿＿＿＿＿＿＿＿＿＿　　　　　传真:＿＿＿＿＿＿＿＿＿＿＿

电子邮箱:＿＿＿＿＿＿＿＿　　　　　　电子邮箱:＿＿＿＿＿＿＿＿

第二部分　通用条件

1. 定义与解释

1.1　定义

除根据上下文另有其意义外,组成本合同的全部文件中的下列名词和用语应具有本款所赋予的含义:

1.1.1　"工程"是指按照本合同约定实施监理与相关服务的建设工程。

1.1.2　"委托人"是指本合同中委托监理与相关服务的一方，及其合法的继承人或受让人。

1.1.3　"监理人"是指本合同中提供监理与相关服务的一方，及其合法的继承人。

1.1.4　"承包人"是指在工程范围内与委托人签订勘察、设计、施工等有关合同的当事人，及其合法的继承人。

1.1.5　"监理"是指监理人受委托人的委托，依照法律法规、工程建设标准、勘察设计文件及合同，在施工阶段对建设工程质量、进度、造价进行控制，对合同、信息进行管理，对工程建设相关方的关系进行协调，并履行建设工程安全生产管理法定职责的服务活动。

1.1.6　"相关服务"是指监理人受委托人的委托，按照本合同约定，在勘察、设计、保修等阶段提供的服务活动。

1.1.7　"正常工作"指本合同订立时通用条件和专用条件中约定的监理人的工作。

1.1.8　"附加工作"是指本合同约定的正常工作以外监理人的工作。

1.1.9　"项目监理机构"是指监理人派驻工程负责履行本合同的组织机构。

1.1.10　"总监理工程师"是指由监理人的法定代表人书面授权，全面负责履行本合同、主持项目监理机构工作的注册监理工程师。

1.1.11　"酬金"是指监理人履行本合同义务，委托人按照本合同约定给付监理人的金额。

1.1.12　"正常工作酬金"是指监理人完成正常工作，委托人应给付监理人并在协议书中载明的签约酬金额。

1.1.13　"附加工作酬金"是指监理人完成附加工作，委托人应给付监理人的金额。

1.1.14　"一方"是指委托人或监理人；"双方"是指委托人和监理人；"第三方"是指除委托人和监理人以外的有关方。

1.1.15　"书面形式"是指合同书、信件和数据电文（包括电报、电传、传真、电子数据交换和电子邮件）等可以有形地表现所载内容的形式。

1.1.16　"天"是指第一天零时至第二天零时的时间。

1.1.17　"月"是指按公历从一个月中任何一天开始的一个公历月时间。

1.1.18　"不可抗力"是指委托人和监理人在订立本合同时不可预见，在工程施工过程中不可避免发生并不能克服的自然灾害和社会性突发事件，如地震、海啸、瘟疫、水灾、骚乱、暴动、战争和专用条件约定的其他情形。

1.2　解释

1.2.1　本合同使用中文书写、解释和说明。如专用条件约定使用两种及以上语言文字时,应以中文为准。

1.2.2　组成本合同的下列文件彼此应能相互解释、互为说明。除专用条件另有约定外,本合同文件的解释顺序如下:

(1)协议书;

(2)中标通知书(适用于招标工程)或委托书(适用于非招标工程);

(3)专用条件及附录 A、附录 B;

(4)通用条件;

(5)投标文件(适用于招标工程)或监理与相关服务建议书(适用于非招标工程)。

双方签订的补充协议与其他文件发生矛盾或歧义时,属于同一类内容的文件,应以最新签署的为准。

2. 监理人的义务

2.1　监理的范围和工作内容

2.1.1　监理范围在专用条件中约定。

2.1.2　除专用条件另有约定外,监理工作内容包括:

(1)收到工程设计文件后编制监理规划,并在第一次工地会议 7 天前报委托人。根据有关规定和监理工作需要,编制监理实施细则;

(2)熟悉工程设计文件,并参加由委托人主持的图纸会审和设计交底会议;

(3)参加由委托人主持的第一次工地会议;主持监理例会并根据工程需要主持或参加专题会议;

(4)审查施工承包人提交的施工组织设计,重点审查其中的质量安全技术措施、专项施工方案与工程建设强制性标准的符合性;

(5)检查施工承包人工程质量、安全生产管理制度及组织机构和人员资格;

(6)检查施工承包人专职安全生产管理人员的配备情况;

(7)审查施工承包人提交的施工进度计划,核查承包人对施工进度计划的调整;

(8)检查施工承包人的试验室;

(9)审核施工分包人资质条件;

(10)查验施工承包人的施工测量放线成果;

(11)审查工程开工条件,对条件具备的签发开工令;

(12)审查施工承包人报送的工程材料、构配件、设备质量证明文件的有效性和符合性,并按规定对用于工程的材料采取平行检验或见证取样方式进行抽检;

(13)审核施工承包人提交的工程款支付申请,签发或出具工程款支付证书,并报委托人审核、批准;

(14)在巡视、旁站和检验过程中,发现工程质量、施工安全存在事故隐患的,要求施工承包人整改并报委托人;

(15)经委托人同意,签发工程暂停令和复工令;

(16)审查施工承包人提交的采用新材料、新工艺、新技术、新设备的论证材料及相关验收标准;

(17)验收隐蔽工程、分部分项工程;

(18)审查施工承包人提交的工程变更申请,协调处理施工进度调整、费用索赔、合同争议等事项;

(19)审查施工承包人提交的竣工验收申请,编写工程质量评估报告;

(20)参加工程竣工验收,签署竣工验收意见;

(21)审查施工承包人提交的竣工结算申请并报委托人;

(22)编制、整理工程监理归档文件并报委托人。

2.1.3　相关服务的范围和内容在附录 A 中约定。

2.2　监理与相关服务依据

2.2.1　监理依据包括:

(1)适用的法律、行政法规及部门规章;

(2)与工程有关的标准;

(3)工程设计及有关文件;

(4)本合同及委托人与第三方签订的与实施工程有关的其他合同。

双方根据工程的行业和地域特点,在专用条件中具体约定监理依据。

2.2.2　相关服务依据在专用条件中约定。

2.3　项目监理机构和人员

2.3.1　监理人应组建满足工作需要的项目监理机构,配备必要的检测设备。项目监理机构的主要人员应具有相应的资格条件。

2.3.2　本合同履行过程中,总监理工程师及重要岗位监理人员应保持相对稳定,以保证监理工作正常进行。

2.3.3　监理人可根据工程进展和工作需要调整项目监理机构人员。监理人更换总监理工程师时,应提前 7 天向委托人书面报告,经委托人同意后方可更换;监理人更换项目监理机构其他监理人员,应以相当资格与能力的人员替换,并通知委托人。

2.3.4　监理人应及时更换有下列情形之一的监理人员:

(1)严重过失行为的;

(2)有违法行为不能履行职责的;

(3)涉嫌犯罪的;

(4)不能胜任岗位职责的;

(5)严重违反职业道德的;

(6)专用条件约定的其他情形。

2.3.5　委托人可要求监理人更换不能胜任本职工作的项目监理机构人员。

2.4　履行职责

监理人应遵循职业道德准则和行为规范,严格按照法律法规、工程建设有关标准及本合同履行职责。

2.4.1　在监理与相关服务范围内,委托人和承包人提出的意见和要求,监理人应及时提出处置意见。当委托人与承包人之间发生合同争议时,监理人应协助委托人、承包人协商解决。

2.4.2　当委托人与承包人之间的合同争议提交仲裁机构仲裁或人民法院审理时,监理人应提供必要的证明资料。

2.4.3　监理人应在专用条件约定的授权范围内,处理委托人与承包人所签订合同的变更事宜。如果变更超过授权范围,应以书面形式报委托人批准。

在紧急情况下,为了保护财产和人身安全,监理人所发出的指令未能事先报委托人批准时,应在发出指令后的 24 小时内以书面形式报委托人。

2.4.4　除专用条件另有约定外,监理人发现承包人的人员不能胜任本职工作的,有权要求承包人予以调换。

2.5　提交报告

监理人应按专用条件约定的种类、时间和份数向委托人提交监理与相关服务的报告。

2.6　文件资料

在本合同履行期内,监理人应在现场保留工作所用的图纸、报告及记录监理工作的相关文件。工程竣工后,应当按照档案管理规定将监理有关文件归档。

2.7　使用委托人的财产

监理人无偿使用附录 B 中由委托人派遣的人员和提供的房屋、资料、设备。除专用条件另有约定外,委托人提供的房屋、设备属于委托人的财产,监理人应妥善使用和保管,在本合同终止时将这些房屋、设备的清单提交委托人,并按专用条件约定的时间和方式移交。

3. 委托人的义务

3.1　告知

委托人应在委托人与承包人签订的合同中明确监理人、总监理工程师和授予项目监理机构的权限。如有变更,应及时通知承包人。

3.2　提供资料

委托人应按照附录 B 约定,无偿向监理人提供工程有关的资料。在本合同履行过程中,委托人应及时向监理人提供最新的与工程有关的资料。

3.3　提供工作条件

委托人应为监理人完成监理与相关服务提供必要的条件。

3.3.1　委托人应按照附录 B 约定,派遣相应的人员,提供房屋、设备,供监理人无偿使用。

3.3.2 委托人应负责协调工程建设中所有外部关系,为监理人履行本合同提供必要的外部条件。

3.4 委托人代表

委托人应授权一名熟悉工程情况的代表,负责与监理人联系。委托人应在双方签订本合同后 7 天内,将委托人代表的姓名和职责书面告知监理人。当委托人更换委托人代表时,应提前 7 天通知监理人。

3.5 委托人意见或要求

在本合同约定的监理与相关服务工作范围内,委托人对承包人的任何意见或要求应通知监理人,由监理人向承包人发出相应指令。

3.6 答复

委托人应在专用条件约定的时间内,对监理人以书面形式提交并要求作出决定的事宜,给予书面答复。逾期未答复的,视为委托人认可。

3.7 支付

委托人应按本合同约定,向监理人支付酬金。

4. 违约责任

4.1 监理人的违约责任

监理人未履行本合同义务的,应承担相应的责任。

4.1.1 因监理人违反本合同约定给委托人造成损失的,监理人应当赔偿委托人损失。赔偿金额的确定方法在专用条件中约定。监理人承担部分赔偿责任的,其承担赔偿金额由双方协商确定。

4.1.2 监理人向委托人的索赔不成立时,监理人应赔偿委托人由此发生的费用。

4.2 委托人的违约责任

委托人未履行本合同义务的,应承担相应的责任。

4.2.1 委托人违反本合同约定造成监理人损失的,委托人应予以赔偿。

4.2.2 委托人向监理人的索赔不成立时,应赔偿监理人由此引起的费用。

4.2.3 委托人未能按期支付酬金超过 28 天,应按专用条件约定支付逾期付款利息。

4.3 除外责任

因非监理人的原因,且监理人无过错,发生工程质量事故、安全事故、工期延误等造成的损失,监理人不承担赔偿责任。

因不可抗力导致本合同全部或部分不能履行时,双方各自承担其因此而造成的损失、损害。

5. 支付

5.1 支付货币

除专用条件另有约定外,酬金均以人民币支付。涉及外币支付的,所采用的货币种类、比例和汇率在专用条件中约定。

5.2　支付申请

监理人应在本合同约定的每次应付款时间的 7 天前,向委托人提交支付申请书。支付申请书应当说明当期应付款总额,并列出当期应支付的款项及其金额。

5.3　支付酬金

支付的酬金包括正常工作酬金、附加工作酬金、合理化建议奖励金额及费用。

5.4　有争议部分的付款

委托人对监理人提交的支付申请书有异议时,应当在收到监理人提交的支付申请书后 7 天内,以书面形式向监理人发出异议通知。无异议部分的款项应按期支付,有异议部分的款项按第 7 条约定办理。

6. 合同生效、变更、暂停、解除与终止

6.1　生效

除法律另有规定或者专用条件另有约定外,委托人和监理人的法定代表人或其授权代理人在协议书上签字并盖单位章后本合同生效。

6.2　变更

6.2.1　任何一方提出变更请求时,双方经协商一致后可进行变更。

6.2.2　除不可抗力外,因非监理人原因导致监理人履行合同期限延长、内容增加时,监理人应当将此情况与可能产生的影响及时通知委托人。增加的监理工作时间、工作内容应视为附加工作。附加工作酬金的确定方法在专用条件中约定。

6.2.3　合同生效后,如果实际情况发生变化使得监理人不能完成全部或部分工作时,监理人应立即通知委托人。除不可抗力外,其善后工作以及恢复服务的准备工作应为附加工作,附加工作酬金的确定方法在专用条件中约定。监理人用于恢复服务的准备时间不应超过 28 天。

6.2.4　合同签订后,遇有与工程相关的法律法规、标准颁布或修订的,双方应遵照执行。由此引起监理与相关服务的范围、时间、酬金变化的,双方应通过协商进行相应调整。

6.2.5　因非监理人原因造成工程概算投资额或建筑安装工程费增加时,正常工作酬金应作相应调整。调整方法在专用条件中约定。

6.2.6　因工程规模、监理范围的变化导致监理人的正常工作量减少时,正常工作酬金应作相应调整。调整方法在专用条件中约定。

6.3　暂停与解除

除双方协商一致可以解除本合同外,当一方无正当理由未履行本合同约定的义务时,另一方可以根据本合同约定暂停履行本合同直至解除本合同。

6.3.1　在本合同有效期内,由于双方无法预见和控制的原因导致本合同全部或部分无法继续履行或继续履行已无意义,经双方协商一致,可以解除本合同或监理人的部分义务。在解除之前，监理人应作出合理安排，使开支减至最小。

因解除本合同或解除监理人的部分义务导致监理人遭受的损失，除依法可以免除责任的情况外，应由委托人予以补偿，补偿金额由双方协商确定。

解除本合同的协议必须采取书面形式，协议未达成之前，本合同仍然有效。

6.3.2　在本合同有效期内，因非监理人的原因导致工程施工全部或部分暂停，委托人可通知监理人要求暂停全部或部分工作。监理人应立即安排停止工作，并将开支减至最小。除不可抗力外，由此导致监理人遭受的损失应由委托人予以补偿。

暂停部分监理与相关服务时间超过 182 天，监理人可发出解除本合同约定的该部分义务的通知；暂停全部工作时间超过 182 天，监理人可发出解除本合同的通知，本合同自通知到达委托人时解除。委托人应将监理与相关服务的酬金支付至本合同解除日，且应承担第 4.2 款约定的责任。

6.3.3　当监理人无正当理由未履行本合同约定的义务时，委托人应通知监理人限期改正。若委托人在监理人接到通知后的 7 天内未收到监理人书面形式的合理解释，则可在 7 天内发出解除本合同的通知，自通知到达监理人时本合同解除。委托人应将监理与相关服务的酬金支付至限期改正通知到达监理人之日，但监理人应承担第 4.1 款约定的责任。

6.3.4　监理人在专用条件 5.3 中约定的支付之日起 28 天后仍未收到委托人按本合同约定应付的款项，可向委托人发出催付通知。委托人接到通知 14 天后仍未支付或未提出监理人可以接受的延期支付安排，监理人可向委托人发出暂停工作的通知并可自行暂停全部或部分工作。暂停工作后 14 天内监理人仍未获得委托人应付酬金或委托人的合理答复，监理人可向委托人发出解除本合同的通知，自通知到达委托人时本合同解除。委托人应承担第 4.2.3 款约定的责任。

6.3.5　因不可抗力致使本合同部分或全部不能履行时，一方应立即通知另一方，可暂停或解除本合同。

6.3.6　本合同解除后，本合同约定的有关结算、清理、争议解决方式的条件仍然有效。

6.4　终止

以下条件全部满足时，本合同即告终止：

（1）监理人完成本合同约定的全部工作；

（2）委托人与监理人结清并支付全部酬金。

7. 争议解决

7.1　协商

双方应本着诚信原则协商解决彼此间的争议。

7.2　调解

如果双方不能在 14 天内或双方商定的其他时间内解决本合同争议，可以将其提交给专用条件约定的或事后达成协议的调解人进行调解。

7.3　仲裁或诉讼

双方均有权不经调解直接向专用条件约定的仲裁机构申请仲裁或向有管辖权的人民法院提起诉讼。

8. 其他

8.1　外出考察费用

经委托人同意,监理人员外出考察发生的费用由委托人审核后支付。

8.2　检测费用

委托人要求监理人进行的材料和设备检测所发生的费用,由委托人支付,支付时间在专用条件中约定。

8.3　咨询费用

经委托人同意,根据工程需要由监理人组织的相关咨询论证会以及聘请相关专家等发生的费用由委托人支付,支付时间在专用条件中约定。

8.4　奖励

监理人在服务过程中提出的合理化建议,使委托人获得经济效益的,双方在专用条件中约定奖励金额的确定方法。奖励金额在合理化建议被采纳后,与最近一期的正常工作酬金同期支付。

8.5　守法诚信

监理人及其工作人员不得从与实施工程有关的第三方处获得任何经济利益。

8.6　保密

双方不得泄露对方申明的保密资料,亦不得泄露与实施工程有关的第三方所提供的保密资料,保密事项在专用条件中约定。

8.7　通知

本合同涉及的通知均应当采用书面形式,并在送达对方时生效,收件人应书面签收。

8.8　著作权

监理人对其编制的文件拥有著作权。

监理人可单独或与他人联合出版有关监理与相关服务的资料。除专用条件另有约定外,如果监理人在本合同履行期间及本合同终止后两年内出版涉及本工程的有关监理与相关服务的资料,应当征得委托人的同意。

第三部分　专用条件

1. 定义与解释

1.2　解释

1.2.1　本合同文件除使用中文外,还可用_____。

1.2.2　约定本合同文件的解释顺序为：_____。

2. 监理人义务

2.1　监理的范围和内容

2.1.1　监理范围包括：_____

_____。

2.1.2　监理工作内容还包括：_____

_____。

2.2　监理与相关服务依据

2.2.1　监理依据包括：_____

_____。

2.2.2　相关服务依据包括：_____。

2.3　项目监理机构和人员

2.3.4　更换监理人员的其他情形：_____。

2.4　履行职责

2.4.3　对监理人的授权范围：_____

_____。

在涉及工程延期_____天内和(或)金额_____万元内的变更，监理人不需请示委托人即可向承包人发布变更通知。

2.4.4　监理人有权要求承包人调换其人员的限制条件：_____。

2.5　提交报告

监理人应提交报告的种类(包括监理规划、监理月报及约定的专项报告)、时间和份数：_____

_____。

2.7　使用委托人的财产

附录 B 中由委托人无偿提供的房屋、设备的所有权属于：_____。

监理人应在本合同终止后_____天内移交委托人无偿提供的房屋、设备，移交的时间和方式为：_____。

3. 委托人义务

3.4　委托人代表

委托人代表为：_____。

3.6　答复

委托人同意在天_____内，对监理人书面提交并要求做出决定的事宜给予书面答复。

4. 违约责任

4.1　监理人的违约责任

4.1.1　监理人赔偿金额按下列方法确定：

赔偿金＝直接经济损失×正常工作酬金÷工程概算投资额(或建筑安装工程费)

4.2　委托人的违约责任

4.2.3　委托人逾期付款利息按下列方法确定：

逾期付款利息＝当期应付款总额×银行同期贷款利率×拖延支付天数

5. 支付

5.1　支付货币

币种为：＿＿＿＿＿＿＿＿，比例为：＿＿＿＿＿＿＿，汇率为：＿＿＿＿＿＿。

5.3　支付酬金

正常工作酬金的支付：

支付次数	支付时间	支付比例	支付金额(万元)
首付款	本合同签订后 7 天内		
第二次付款			
第三次付款			
……			
最后付款	监理与相关服务期届满 14 天内		

6. 合同生效、变更、暂停、解除与终止

6.1　生效

本合同生效条件：＿＿＿＿＿＿＿＿＿＿＿＿。

6.2　变更

6.2.2　除不可抗力外，因非监理人原因导致本合同期限延长时，附加工作酬金按下列方法确定：

附加工作酬金＝本合同期限延长时间(天)×正常工作酬金÷协议书约定的监理与相关服务期限(天)

6.2.3　附加工作酬金按下列方法确定：

附加工作酬金＝善后工作及恢复服务的准备工作时间(天)×正常工作酬金÷协议书约定的监理与相关服务期限(天)

6.2.5　正常工作酬金增加额按下列方法确定：

正常工作酬金增加额＝工程投资额或建筑安装工程费增加额×正常工作酬金÷工程概算投资额(或建筑安装工程费)

6.2.6　因工程规模、监理范围的变化导致监理人的正常工作量减少时，按减少工作量的比例从协议书约定的正常工作酬金中扣减相同比例的酬金。

7. 争议解决

7.2　调解

本合同争议进行调解时，可提交＿＿＿＿＿＿＿进行调解。

7.3 仲裁或诉讼

方式为下列第_____种方式:

(1)提请_____仲裁委员会进行仲裁。

(2)向_____人民法院提起诉讼。

8. 其他

8.2 检测费用

委托人应在检测工作完成后_____天内支付检测费用。

8.3 咨询费用

委托人应在咨询工作完成后_____天内支付咨询费用。

8.4 奖励

合理化建议的奖励金额按下列方法确定为:

奖励金额=工程投资节省额×奖励金额的比率;

奖励金额的比率为_____%。

8.6 保密

委托人申明的保密事项和期限:_____。

监理人申明的保密事项和期限:_____。

第三方申明的保密事项和期限:_____。

8.8 著作权

监理人在本合同履行期间及本合同终止后两年内出版涉及本工程的有关监理与相关服务的资料的限制条件:

_____

_____。

9. 补充条款

_____

_____。

附录 A 相关服务的范围和内容

A—1 勘察阶段:_____

_____。

A—2 设计阶段:_____

_____。

A—3 保修阶段:_____

_____。

A—4 其他(专业技术咨询、外部协调工作等):_____

_____。

附录 B   委托人派遣的人员和提供的房屋、资料、设备

B—1   委托人派遣的人员

名称	数量	工作要求	提供时间
1. 工程技术人员			
2. 辅助工作人员			
3. 其他人员			

B—2   委托人提供的房屋

名称	数量	面积	提供时间
1. 办公用房			
2. 生活用房			
3. 试验用房			
4. 样品用房			
用餐及其他生活条件			

B—3   委托人提供的资料

名称	份数	提供时间	备注
1. 工程立项文件			
2. 工程勘察文件			
3. 工程设计及施工图纸			
4. 工程承包合同及其他相关合同			
5. 施工许可文件			
6. 其他文件			

B—4　　　　　　　　　　　　　委托人提供的设备

名称	数量	型号与规格	提供时间
1. 通讯设备			
2. 办公设备			
3. 交通工具			
4. 检测和试验设备			

第六章　建设工程勘察设计合同管理

第一节　勘察设计合同概述

一、勘察设计合同的概念

建设工程勘察、设计合同，是建设工程勘察、设计的发包方与勘察人、设计人（即承包方）为完成一定的勘察设计任务，明确双方的权利义务而签订的协议。

建设工程勘察、设计合同，是建设工程勘察、设计的发包方与勘察人、设计人（即承包方）为完成一定的勘察设计任务，明确双方的权利义务而签订的协议。

建设工程勘察、设计合同的发包方一般为建设单位或工程项目业主，承包方即勘察、设计方必须是具有国家认可的相应资质等级的勘察、设计单位。承包方不能承接与其资质等级不符的工程项目的勘察、设计任务，发包方在发包工程项目的勘察、设计任务时，也要注意审查勘察、设计单位的资质等级证书和勘察、设计许可证，否则，如果造成勘察、设计工程项目的越级承包，则合同会因主体资格不合法而被认定无效。建设工程的勘察、设计合同必须依照法律规定的程序订立，并须有国家有关机关批准的设计任务书和其他的必备资料文件。否则，将使合同的效力受到重大影响。

二、勘察设计合同的特点

建设工程勘察设计合同除具有其他合同的一般特征外，还具有以下几方面的特点：

（1）合同的订立必须符合工程项目的基本建设程序，实行项目报建制度。勘察设计合同的签订，应在项目的可行性研究报告及项目计划任务书获得批准后进行。可行性研究是建设前期工作的重要内容之一，它为建设项目的决策和计划任务书的编制提供重要依据。计划任务书是工程建设的大纲，是确定建设项目和建设方案（包括依据、规模、布局、主要技术经济要求等）的基本文件，也是进行现场勘测和编制文件的主要依据。项目报建是对从事工程建设的业主方的资格、能力及项目准备情况的确定。

（2）勘察设计方应具备合法的资格与资信等级。工程勘测设计方必须具备法人资格。工程勘察、设计方必须经过资格认证，获得工程勘测证书或工程设计证书，才能承担工程勘察任务或工程设计任务。勘察、设计方应具备下列条件：

1)有按法定主管部门批准成立勘察、设计机构的文件。

2)有专门从事工程勘察、设计工作的固定职工组成的实体。

3)有固定的工作场所和一定的仪器装备。

4)具备独立承担工程勘察、设计任务的能力。

（3）工程勘察设计的阶段与任务。基本建设项目一般采用初步设计和施工图设计两阶段设计。技术比较简单和方案明确的小型项目,在修建任务紧急的情况下,可采用一阶段施工图设计;技术上复杂又缺乏经验的建设项目或项目中个别路段,特殊大桥,立体交叉工程、长大隧道等,可采用初步设计、技术设计及施工图设计三阶段设计。

1)初步设计阶段的主要任务为:选定工程设计方案,初步确定工程位置;说明工程地质、水文、材料等,确定排水系统与防护工程的概略位置、结构形式和基本尺寸并估算其工程数量,编制相应的工程概算文件。

2)技术设计阶段的主要任务包括:实际测定工程位置,确定工程方案;确定工程防排水系统及防护工程位置、结构形式和尺寸;计算工程排水工程数量及基础土石数量;确定各工程的结构类型和尺寸;计算征用土地、拆迁建筑物及设备的数量;编制修正概算等。

3)施工图设计包括:确定工程平、纵、横断面位置;具体深化工程设计,确定各项工程的位置、类型和各部尺寸,绘制施工布置图和详细设计样图;计算工程数量;编制施工图预算等。一般在初步设计及概算文件获得批准后,才能编制施工图和施工图预算。

三、勘察设计合同的作用及分类

1. 勘察设计合同的作用

（1）有利于保证建设工程勘察、设计任务按期、按质、按量顺利完成。

（2）有利于委托与承包双方明确各自的权利、义务的内容以及违约责任,一旦发生纠纷,责任明确,避免了许多不必要的争执。

（3）促使双方当事人加强管理与经济核算,提高管理水平。

（4）为监理工程师在项目设计阶段的工作提供了法律依据和监理内容。

2. 勘察设计合同的分类

勘察设计合同按委托的内容（即合同标的）及计价不同有不同的合同形式。

（1）按委托的内容分类。

1)勘察设计总承包合同。这是由具有相应资质的承包人与发包人签订的包含勘察和设计两部分内容的承包合同。其中承包人可以是:

①具有勘察、设计双重资质的勘察设计单位。

②分别拥有勘察与设计资质的勘察单位和设计单位的联合。

③设计单位作为总承包单位并承担其中的设计任务,而勘察单位作为勘

察分包商。

勘察设计总承包合同减轻了发包人的协调工作,尤其是减少了勘察与设计之间的责任推诿和扯皮。

2)勘察合同。是发包人与具有相应勘察资质的承包商签订的委托勘察任务的合同。

3)设计合同。是发包人与具有相应资质的设计承包商签订的委托设计任务合同。

(2)按计价方式分类。

1)总价合同,适用于勘察设计总承包,也适用于勘察设计分别承包的合同。

2)单价合同,与总价合同适用范围相同。

3)按工程造价比例收费合同,适用于勘察设计总承包和设计承包合同。

四、勘察设计合同的内容

1. 合同主要条款

(1)工程名称、规模、地点。工程名称应当是建设工程的正式名称而非该类工程的通用名称。如不得笼统地称为桥、机场等。规模包括栋数、面积(或占地面积)、层数等内容。关于工程地点,也应以通用的地段、路段名称及编号来标定,以免造成理解上的歧义。

(2)委托方即发包方提供资料的内容、技术要求和期限。委托方需提供的资料通常包括建设工程设计委托书和建设工程地质勘察委托书,经批准的设计任务书或可行性研究报告,选址报告以及原材料报告,有关能源方面的协议以及其他能满足初步勘察、设计要求的资料等。对这些资料应造表登记,并标明每份资料交付的日期,交付人、收件人均应签名盖章。这些资料为正式合同条文的一部分,与其他合同条文具有同等法律效力。

(3)承包方勘察的范围、进度和质量,设计的阶段、进度、质量和设计文件的份数及交付日期。承包方勘察的范围通常包括工程测量、工程地质、水文地质的勘察等。详细言之,包括工程结构类型、总荷重、单位面积荷重、平面控制测量、地形测量、高程控制测量、摄影测量、线路测量和水文地质测量、水文地质参数计算、地球物理勘探、钻探及抽水试验、地下水资源评价及保护方案等。

勘察的进度是指勘察任务总体完成的时间或分阶段任务完成的时间界限。

质量是指合同要求的勘察方所提交的勘察成果的准确性程度的高低,或者设计方设计的科学合理性。一般应从设计的工程投资预算、结构、寿命、抗击自然灾害的能力、采光、通风、隔音、防潮等方面考察。有特殊用途的工程,设计质量的高低则主要应考察设计是否满足该特殊要求。

代表勘察设计成果的勘察设计文件一般不止一份,勘察设计一方应当依照合同的约定提交有关文件。勘察方需提交的文件一般包括测量透明图、工程地质报告书等,设计方提交的文件一般包括初步设计文件、技术设计文件、施工图设计文件、工程概预算文件和材料设备清单等。依照合同约定提交有关文件,不但要求文件种类齐全,而且必须按照合同约定的时间提供。

(4)勘察设计收费的依据、收费标准及拨付办法。为了规范工程勘察设计收费行为,维护发包人和勘察人、设计人的合法权益,国家计委、建设部根据《中华人民共和国价格法》以及有关法律、法规,制定了《工程勘察设计收费管理规定》、《工程勘察收费标准》和《工程设计收费标准》。其具体要求如下:

1)发包人和勘察人、设计人,应当遵守国家有关价格法律、法规的规定,维护正常的价格秩序,接受政府主管部门的监督管理。

2)工程勘察和工程设计收费根据建设项目投资额的不同情况,分别实行政府指导价和市场调节价,建设项目总投资估算额 500 万元及以上的工程勘察和工程设计收费实行政府指导价;建设项目总投资估算额 500 万元以下的工程勘察和工程设计收费实行市场调节价。

3)实行政府指导价的工程勘察和工程设计收费,其基准价根据《工程勘察收费标准》或者《工程设计收费标准》计算,除另有规定者外,浮动幅度为上下 20%。发包人和勘察人、设计人应当根据建设项目的实际情况在规定的浮动幅度内协商确定收费额。实行市场调节价的工程勘察和工程设计收费,由发包人和勘察人、设计人协商确定收费额。

4)工程勘察费和工程设计费,应当体现优质优价的原则。工程勘察和工程设计收费实行政府指导价的,凡在工程勘察设计中采用新技术、新工艺、新设备、新材料,有利于提高建设项目经济效益、环境效益和社会效益的,发包人和勘察人、设计人可以在上浮 25% 的幅度内协商确定收费额。

5)勘察人和设计人应当按照《关于商品和服务实行明码标价的规定》,告知发包人有关服务项目服务、内容、服务质量、收费依据,以及收费标准。

6)工程勘察费和工程设计费的金额以及支付方式、由发包人和勘察人、设计人在《工程勘察合同》或者《工程设计合同》中约定。

7)勘察人或者设计人提供的勘察文件或者设计文件,应当符合国家规定的工程技术质量标准,满足合同约定的内容、质量等要求。

勘察合同生效后,委托方应向承包方支付定金,定金金额为勘察费的 30%(担保法规定不得超过 20%);勘察工作开始后,委托方应向承包方支付勘察费的 30%;全部勘察工作结束后,承包方按合同规定向委托方提交勘察报告书和图纸,委托方收取资料后,在规定的期限内按实际勘察工作量付清勘察费。

设计合同生效后,委托方向承包方支付相当于设计费的 20% 作为定金,设计合同履行后,定金抵作设计费。设计费其余部分的支付由双方共同商定。

对于勘察设计费用的支付方式,我国法律规定,合同用货币履行义务时,除法律或行政法规另有规定的以外,必须用人民币计算和支付。除国家允许使用现金履行义务的以外,必须通过银行转账或者票据结算。使用票据支付的,要遵守《票据法》的规定。此外,合同中还须明确勘察设计费的支付期限。

(5)违约责任。因合同当事人的一方过错,造成合同不能履行、不能完全履行或不适当履行,应由有过错的一方承担违约责任,如属双方过错,应根据实际情况,由双方分别承担各自应负的违约责任。造成勘察设计合同不能履行的根本原因是当事人没有按合同规定的时间、地点、质量等要求来履行义务,当事人的这种过错行为往往会给国家、集体、当事人在生产、经营或工作上造成一定影响或损失,甚至破坏国家指令性计划,使国民经济计划由此而受到滞碍。承担违约责任的形式主要是违约金和赔偿损失。

违约金、赔偿损失应在明确责任后 10 天内偿付,否则按逾期付款处理。违约方当事人支付违约金和赔偿损失并不能代替合同的履行,如果当事人要求继续履行合同,违约方当事人应当履行,而不应以支付违约金和赔偿损失来免除自己继续履行的义务。

1)委托方的违约责任:

①按《建设工程勘察设计合同条例》的规定,委托方若不履行合同,无权请求退回定金。

②由于变更计划,提供的资料不准确,未按期提供勘察设计工作必需的资料或工作条件,因而造成勘察设计工作的返工、窝工、停工或修改设计时,委托方应对承包方实际消耗的工作量增付费用。因委托方责任造成重大返工或重作设计时,应另增加勘察设计费。

③勘察设计的成果按期、按质、按量交付后,委托方要按《建设工程勘察设计合同条例》第 7 条的规定和合同的约定,按期、按量交付勘察设计费。委托方未按规定或约定的日期交付费用时,应偿付逾期违约金。

2)承包方的违约责任:

①因勘察设计质量低劣引起返工,或未按期提交勘察设计文件,拖延工期造成损失的,由承包方继续完善勘察设计,并视造成的损失,浪费的大小,减收或免收勘察设计费。

②对于因勘察设计错误而造成工程重大质量事故的,承包方除免收受损失部分的勘察设计费外,还承担与直接损失部分勘察设计费相当的赔偿损失。

③如果承包方不履行合同,应双倍返还定金。

勘察设计合同作为合同中的一种,除根据法律规定的主要条款外,按照经济合同必须具备的条款以及当事人一方要求必须规定的条款,也是勘察设计合同的主要条款。

2. 双方当事人的权利和义务

一般来说,建设工程勘察、设计合同双方当事人的权利、义务是相互对应的,即发包方的权利往往是承包方的义务,而承包方的权利又往往是发包方的义务。因此,以下只阐述双方当事人的义务。

(1)勘察合同发包人的义务。

1)在勘察现场范围内,不属于委托勘察任务而又没有资料、图纸的地区(段),发包人应负责查清地下埋藏物。若因未提供上述资料、图纸,或提供的资料图纸不可靠、地下埋藏物不清,致使勘察人在勘察工作过程中发生人身伤害或造成经济损失时,由发包人承担民事责任。

2)若勘察现场需要看守,特别是在有毒、有害等危险现场作业时,发包人应派人负责安全保卫工作,按国家有关规定,对从事危险作业的现场人员进行保健防护,并承担费用。

3)工程勘察前,属于发包人负责提供的材料,应根据勘察人提出的工程用料计划,按时提供各种材料及其产品合格证明,并承担费用和运到现场,派人与勘察人的人员一起验收。

4)勘察过程中的任何变更,经办理正式变更手续后,发包人应按实际发生的工作量交付勘察费。

5)为勘察人的工作人员提供必要的生产、生活条件,并承担费用;如不能提供时,应一次性付给勘察人临时设施费。

6)发包人若要求在合同规定时间内提前完工(或提交勘察成果资料)时,发包人应按每提前一天向勘察人支付计算的加班费。

7)发包人应保护勘察人的投标书、勘察方案、报告书、文件、资料图纸、数据、特殊工艺(方法)、专利技术和合理化建议。未经勘察人同意,发包人不得复制、泄露、擅自修改、传送或向第三人转让或用于本合同外的项目。

(2)设计合同发包人义务。

1)发包方按合同规定的内容,在规定的时间内向承包方提交资料及文件,并对其完整性、正确性及时限负责。发包方提交上述资料及文件超过规定期限15天以内,承包方按本合同规定的交付设计文件时间顺延,规定期限超过15天以上时,承包方有权重新确定提交设计文件的时间。

2)发包方变更委托设计项目、规模、条件或因提交的资料错误,或所提交资料作较大修改,以致造成承包方设计需要返工时,双方除需另行协商签订补充合同(或另订合同)、重新明确有关条款外,发包方应按承包方所耗工作量向承包方支付返工费。

3)在合同履行期间,发包方要求终止或解除合同,承包方未开始设计工作的,不退还发包方已付的定金;已开始设计工作的,发包方应根据承包方已进行的实际工作量,不足一半时按该阶段设计费的一半支付,超过一半时按该阶段设计费的全部支付。

4)发包方应按合同规定的金额和时间向承包方支付设计费用,每逾期1天,应承担一定比例金额(如1‰)的逾期违约金。逾期超过30天以上时,承包方有权暂停履行下阶段工作,并书面通知发包方。发包方上级对设计文件不审批或合同项目停、缓建,发包方均应支付应付的设计费。

5)由于设计人完成设计工作的主要地点不是施工现场,因此,发包人有义务为设计人在现场工作期间提供必要的工作、生活方便条件。发包人为设计人派驻现场的工作人员提供的方便条件可能涉及工作、生活、交通等方面的便利条件,以及必要的劳动保护装备。

6)设计的阶段成果(初步设计、技术设计、施工图设计)完成后,应由发包人组织鉴定和验收,并负责向发包人的上级或有管理资质的设计审批部门完成报批手续。

施工图设计完成后,发包人应将施工图报送建设行政主管部门,由建设行政主管部门委托的审查机构进行结构安全和强制性标准、规范执行情况等内容的审查。发包人和设计人必须共同保证施工图设计满足以下条件:

①建筑物(包括地基基础、主体结构体系)的设计稳定、安全、可靠。

②设计符合消防、节能、环保、抗震、卫生、人防等有关强制性标准、规范。

③设计的施工图达到规定的设计深度。

④不存在有可能损害公共利益的其他影响。

7)发包人应保护设计人的投标书、设计方案、文件、资料图纸、数据、计算软件和专利技术。未经设计人同意,发包人对设计人交付的设计资料及文件不得擅自修改、复制或向第三人转让或用于本合同外的项目。如发生以上情况,发包人应负法律责任,设计人有权向发包人提出索赔。

8)如果发包人从施工进度的需要或其他方面的考虑,要求设计人比合同规定时间提前交付设计文件时,须征得设计人同意。设计的质量是工程发挥预期效益的基本保障,发包人不应严重背离合理设计周期的规律,强迫设计人不合理地缩短设计周期的时间。双方经过协商达成一致并签订提前交付设计文件的协议后,发包人应支付相应的赶工费。

(3)勘察人的义务。

1)勘察人应按国家技术规范、标准、规程和发包人的任务委托书及技术要求进行工程勘察,按合同规定的时间提交质量合格的勘察成果资料,并对其负责。

2)由于勘察人提供的勘察成果资料质量不合格,勘察人应负责无偿给予补充完善使其达到质量合格。若勘察人无力补充完善,需另委托其他单位时,勘察人应承担全部勘察费用。因勘察质量造成重大经济损失或工程事故时,勘察人除应负法律责任和免收直接受损失部分的勘察费外,并根据损失程度向发包人支付赔偿金。赔偿金由发包人、勘察人在合同内约定实际损失的某一百分比。

3)勘察过程中,根据工程的岩土工程条件(或工作现场地形地貌、地质和水文地质条件)及技术规范要求,向发包人提出增减工作量或修改勘察工作的意见,并办理正式变更手续。

(4)设计人的义务。

1)保证设计质量。保证工程设计质量是设计人的基本责任。设计人应依据批准的可行性研究报告、勘察资料,在满足国家规定的设计规范、规程、技术标准的基础上,按合同规定的标准完成各阶段的设计任务,并对提交的设计文件质量负责。

负责设计的建(构)筑物需注明设计的合理使用年限。设计文件中选用的材料、构配件、设备等,应当注明规格、型号、性能等技术指标,其质量要求必须符合国家规定的标准。

对于各设计阶段设计文件审查会提出的修改意见,设计人应负责修正和完善。

设计人交付设计资料及文件后,需按规定参加有关的设计审查,并根据审查结论负责对不超出原定范围的内容做必要的调整补充。

《建设工程质量管理条例》规定,设计单位未根据勘察成果文件进行工程设计,设计单位指定建筑材料、建筑构配件的生产厂、供应商,设计单位未按照工程建设强制性标准进行设计的,均属于违反法律和法规的行为,要追究设计人的责任。

2)配合施工的义务:

①设计交底。设计人在建设工程施工前,需向施工承包人和施工监理人说明建设工程勘察、设计意图,解释建设工程勘察、设计文件,以保证施工工艺达到预期的设计水平要求。

设计人按合同规定时限交付设计资料及文件后,本年内项目开始施工,负责向发包人及施工单位进行设计交底、处理有关设计问题和参加竣工验收。如果在1年内项目未开始施工,设计人仍应负责上述工作,但可按所需工作量向发包人适当收取咨询服务费,收费额由双方以补充协议商定。

②解决施工中出现的设计问题。设计人有义务解决施工中出现的设计问题,如属于设计变更的范围,按照变更原因确定费用负担责任。

发包人要求设计人派专人留驻施工现场进行配合与解决有关问题时,双方应另行签订补充协议或技术咨询服务合同。

③工程验收。为了保证建设工程的质量,设计人应按合同约定参加工程

验收工作。这些约定的工作可能涉及重要部位的隐蔽工程验收、试车验收和竣工验收。

3)保护发包人的知识产权。设计人应保护发包人的知识产权,不得向第三人泄露、转让发包人提交的产品图纸等技术经济资料。如发生以上情况并给发包人造成经济损失,发包人有权向设计人索赔。

3.其他内容

(1)设计的修改和停止。

1)设计文件批准后,就具有一定的严肃性,不得任意修改和变更。如果必须修改,也需经有关部门批准,其批准权限,视修改的内容所设计的范围而定。如果修改部分是属于初步设计的内容,须经设计的原批准单位批准;如果修改的部分是属于设计任务书的内容,则须经设计任务书的原批准单位批准;施工图设计的修改,须经设计单位同意。

2)委托方因故要求修改工程设计,经承包方同意后,除设计文件的提交时间另定外,委托方还应按承包方实际返回修改的工作量增付设计费。

3)原定设计任务书或初步设计如有重大变更而需要重作或修改设计时,须经设计任务书或初步设计批准机关同意,并经双方当事人协商后另订合同。委托方负责支付已经进行了的设计的费用。

4)委托方因故要求中途停止设计时,应及时书面通知承包方,已付的设计费不足,应按该阶段实际所耗工时,增付和结算设计费,同时终止合同关系。

(2)纠纷的处理。建设工程勘察设计合同发生纠纷时,双方可以通过协商或调解解决。当事人不愿协商、调解解决或协商、调解不成时,双方可依据合同中的仲裁条款或者事后达成的书面仲裁协议,向仲裁机关申请仲裁。当事人没有在合同中订立仲裁条款,事后又没有达成书面仲裁协议的,可以向人民法院起诉。任何一方均不得采用非法手段予以解决。

第二节　勘察设计合同的订立、纠纷及索赔

一、勘察设计合同的订立

1.勘察设计合同订立的程序

依法必须进行招标的建设工程勘察设计任务通过招标或设计方案的竞投确定勘察、设计单位后,应遵循工程项目建设程序,签订勘察、设计合同。

签订勘察设计合同由建设单位、设计单位或有关单位提出委托,经双方协商同意,即可签订。

(1)确定合同标的。合同标的是合同的中心。这里所谓的确定合同标的实际上就是决定勘察设计分开发包还是合在一起发包。

（2）选定承包商。依法必须招标的项目，按招标投标程序优选出中标人即为承包商。小型项目及可以不招标的项目由发包人直接选定承包商。但选定的过程为向几家潜在承包商询价、初商合同的过程，也即发包人提出勘察设计的内容、质量等要求并提交勘察设计所需资料，承包商据以报价、作出方案及进度安排的过程。

（3）商签勘察设计合同。如果是通过招标方式确定承包商的，则由于合同的主要条件都在招标文件、投标文件中得到确认，进入签约阶段需要协商的内容就不是很多。而通过协商、直接委托的合同谈判，则要涉及几乎所有的合同条款，必须认真对待。

勘察、设计合同的当事人双方进行协商，就合同的各项条款取得一致意见，且双方法人或指定的代表在合同文本上签字，并加盖公章，这样合同才具有法律效力。

2. 合同当事人对对方资格和资信的审查

（1）资格审查。资格审查是指工程勘察、设计合同的当事人审查对方是否具有民事权利能力和民事行为能力，也即对方是否为具有法人资格的组织、其他社会组织或法律允许范围内的个人。作为发包方，必须是国家批准建设项目，落实投资计划的企事业单位、社会组织；作为承包方应当是具有国家批准的勘察、设计许可证，具有经由有关部门核准的资质等级的勘察、设计单位。

另外，还要审查参加签订合同的有关人员，是否是法定代表人或法人委托的代理人，以及代理的活动是否越权等。

（2）资信审查。资信，即资金和信用。资金是当事人有权支配并能运用于生产经营的财产的货币形态；信用是指商品买卖中的延期付款或货币的借贷。审查当事人的资信情况，可以了解当事人对于合同的履行能力和履行态度，以慎重签订合同。

（3）履约能力审查。主要是发包方审查勘察、设计单位的专业业务能力，了解其以往的工程实绩。

3. 勘察设计的定金

（1）定金收取。勘察设计合同生效后，委托方应先向承包方支付定金。合同履行后，定金抵作勘察设计费。

（2）定金数额。勘察任务的定金为勘察费的30%；设计任务的定金为设计费的20%。

（3）定金退还。如果委托方不履行合同，则无权要求返还定金；如果承包方不履行合同，应双倍返还定金。

二、勘察设计合同纠纷

勘察、设计合同的纠纷绝大多数发生在合同履行过程中。履行中出现的纠纷或问题主要是：

(1)工期纠纷，即因委托方不能按期向承包方提供有关资料或承包方不能按期完成设计工作而产生的纠纷。

(2)费用支付纠纷，即委托方拒付或少付勘察、设计费。

当勘察设计合同发生上述纠纷时，向法院提出起诉的比较少，除由于遵循"先行调解"的原则外，尚有下述原因：

(1)《建设工程勘察、设计合同条例》中规定的赔偿金和违约金偏低，常使当事人认为不值得起诉。

(2)有时引起合同纠纷的原因错综复杂，比如拖期问题，责任往往是上级主管部门造成的，故对合同拖期问题责任往往不加追究。

(3)法院对专业性较强的合同纠纷的审理经验不足，审结案周期较长，一般也很少有判决，最后双方还只得通过调解来解决纠纷。

(4)行政干预，一方面表现在缺少一个完善的动力机制促使当事人双方认真对待合同、切实履行合同和追求自我利益，另一方面，当事人的行为要受到许多的行政干预。

三、勘察设计合同的索赔

勘察、设计合同一旦签订，双方当事人要恪守合同，当因一方当事人的责任使另一方当事人的权益受到损害时，遭受损失方可向责任方提出索赔要求，以补偿经济上遭受的损失。

1. 承包方向委托方提出索赔

(1)委托方不能按合同要求准时提交满足设计要求的资料，致使承包方设计人员无法正常开展设计工作，承包方可提出合同价款和合同工期索赔。

(2)委托方在设计中途提出变更要求，承包方可提出合同价款和合同工期索赔。

(3)委托方不按合同规定支付价款，承包方可提出合同违约金索赔。

(4)因其他原因属委托方责任造成承包方利益损害时，承包方可提出合同价款索赔。

2. 委托方向承包方提出索赔

(1)承包方不能按合同约定的时间完成设计任务，致使委托方因工程项目不能按期开工造成损失，可向承包方提出索赔。

(2)承包方的勘察、设计成果中出现偏差或漏项等，致使工程项目施工或使用时给委托方造成损失，委托方可向承包方索赔。

(3)承包方完成的勘察、设计任务深度不足，致使工程项目施工困难，委托方也可提出索赔。

(4)因承包方的其他原因造成委托方损失的，委托方可以提出索赔。

第三节 《建设工程勘察设计合同(示范文本)》

建设部　国家工商行政管理局关于印发《建设工程勘察设计合同管理办法》和《建设工程勘察合同》、《建设工程设计合同》文本的通知

建设〔2000〕50号

各省、自治区、直辖市建委(建设厅)、工商行政管理局,各计划单列市建委、深圳市建设局、工商行政管理局,国务院有关部门、总后营房部:

为了加强工程勘察设计咨询市场管理,规范市场行为,根据《中华人民共和国合同法》,我们修订了《建设工程勘察设计合同管理办法》,请贯彻执行。同时修订了《建设工程勘察合同(示范文本)》和《建设工程设计合同(示范文本)》(以下简称合同文本),现印发给你们,请组织施行。

凡在我国境内的建设工程,对其进行勘察、设计的单位,应当按照《建设工程勘察设计合同管理办法》,接受建设行政主管部门和工商行政管理部门对建设工程项目勘察设计合同的管理与监督。在施行中,要加强对合同履行情况的监督和检查,做好合同纠纷的调解工作。施行中有何问题和建议,请及时告建设部勘察设计司和国家工商行政管理局市场规范管理司。

二〇〇〇年三月一日

建设工程勘察设计合同管理办法

第一条 为了加强对工程勘察设计合同的管理,明确签订《建设工程勘察合同》、《建设工程设计合同》(以下简称勘察设计合同)双方的技术经济责任,保护合同当事人的合法权益,以适应社会主义市场经济发展的需要,根据《中华人民共和国合同法》,制定本办法。

第二条 凡在中华人民共和国境内的建设工程(包括新建、扩建、改建工程和涉外工程等),其勘察设计应当按本办法签订合同。

第三条 签订勘察设计合同应当执行《中华人民共和国合同法》和工程勘察设计市场管理的有关规定。

第四条 勘察设计合同的发包人(以下简称甲方)应当是法人或者自然

人,承接方(以下简称乙方)必须具有法人资格。甲方是建设单位或项目管理部门,乙方是持有建设行政主管部门颁发的工程勘察设计资质证书、工程勘察设计收费资格证书和工商行政管理部门核发的企业法人营业执照的工程勘察设计单位。

第五条 签订勘察设计合同,应当采用书面形式,参照文本的条款,明确约定双方的权利义务。对文本条款以外的其他事项,当事人认为需要约定的,也应采用书面形式。对可能发生的问题,要约定解决办法和处理原则。

双方协商同意的合同修改文件、补充协议均为合同的组成部分。

第六条 双方应当依据国家和地方有关规定,确定勘察设计合同价款。

第七条 乙方经甲方同意,可以将自己承包的部分工作分包给具有相应资质条件的第三人。第三人就其完成的工作成果与乙方向甲方承担连带责任。

禁止乙方将其承包的工作全部转包给第三人或者肢解以后以分包的名义转包给第三人。禁止第三人将其承包的工作再分包。严禁出卖图章、图签等行为。

第八条 建设行政主管部门和工商行政管理部门,应当加强对建设工程勘察设计合同的监督管理。主要职能为:

一、贯彻国家和地方有关法律、法规和规章;

二、制定和推荐使用建设工程勘察设计合同文本;

三、审查和鉴证建设工程勘察设计合同,监督合同履行,调解合同争议,依法查处违法行为;

四、指导勘察设计单位的合同管理工作,培训勘察设计单位的合同管理人员,总结交流经验,表彰先进的合同管理单位。

第九条 签订勘察设计合同的双方,应当将合同文本送所在地省级建设行政主管部门或其授权机构备案,也可以到工商行政管理部门办理合同鉴证。

第十条 合同依法成立,即具有法律效力,任何一方不得擅自变更或解除。单方擅自终止合同的,应当依法承担违约责任。

第十一条 在签订、履行合同过程中,有违反法律、法规,扰乱建设市场秩序行为的,建设行政主管部门和工商行政管理部门要依照各自职责,依法给予行政处罚。构成犯罪的,提请司法机关追究其刑事责任。

第十二条 当事人对行政处罚决定不服的,可以依法提起行政复议或行政诉讼,对复议决定不服的,可向人民法院起诉。逾期不申请复议或向人民法院起诉,又不执行处罚决定的,由作出处罚的部门申请人民法院强制执行。

第十三条 本办法解释权归建设部和国家工商行政管理局。

第十四条 各省、自治区、直辖市建设行政主管部门和工商行政管理部门可根据本办法制定实施细则。

第十五条 本办法自发布之日起施行。

GF—2000—0203

建设工程勘察合同(一)

(示范文本)

[岩土工程勘察、水文地质勘察(含凿井)工程测量、工程物探]

工　程　名　称：_____

工　程　地　点：_____

合　同　编　号：_____

（由勘察人编填）

勘　察　证　书　等　级：_____

发　　包　　人：_____

勘　　察　　人：_____

签　订　日　期：_____

中华人民共和国建设部
国家工商行政管理局　监制

二〇〇〇年三月

发包人_____

勘察人_____

发包人委托勘察人承担_____

_____任务。

根据《中华人民共和国合同法》及国家有关法规规定,结合本工程的具体情况,为明确责任,协作配合,确保工程勘察质量,经发包人、勘察人协商一致,签订本合同,共同遵守。

第一条　工程概况

1.1　工程名称：_____

1.2　工程建设地点：_____

1.3　工程规模、特征：_____

1.4　工程勘察任务委托文号、日期：_____

1.5　工程勘察任务(内容)与技术要求：_____

1.6　承接方式：_____

1.7　预计勘察工作量：_____

第二条　发包人应及时向勘察人提供下列文件资料,并对其准确性、可靠性负责。

2.1　提供本工程批准文件(复印件),以及用地(附红线范围)、施工、勘察许可等批件(复印件)。

2.2　提供工程勘察任务委托书、技术要求和工作范围的地形图、建筑总平面布置图。

2.3　提供勘察工作范围已有的技术资料及工程所需的坐标与标高资料。

2.4　提供勘察工作范围地下已有埋藏物的资料(如电力、电讯电缆、各种管道、人防设施、洞室等)及具体位置分布图。

2.5　发包人不能提供上述资料,由勘察人收集的,发包人需向勘察人支付相应费用。

第三条　勘察人向发包人提交勘察成果资料并对其质量负责。

勘察人负责向发包人提交勘察成果资料四份,发包人要求增加的份数另行收费。

第四条　开工及提交勘察成果资料的时间和收费标准及付费方式

4.1　开工及提交勘察成果资料的时间

4.1.1　本工程的勘察工作定于_____年____月____日开工,_____年____月____日提交勘察成果资料,由于发包人或勘察人的原因未能按期开工或提交成果资料时,按本合同第六条规定办理。

4.1.2　勘察工作有效期限以发包人下达的开工通知书或合同规定的时间为准,如遇特殊情况(设计变更、工作量变化、不可抗力影响以及非勘察人原因造成的停、窝工等)时,工期顺延。

4.2 收费标准及付费方式

4.2.1 本工程勘察按国家规定的现行收费标准_____计取费用;或以"预算包干"、"中标价加签证"、"实际完成工作量结算"等方式计取收费。国家规定的收费标准中没有规定的收费项目,由发包人、勘察人另行议定。

4.2.2 本工程勘察费预算为_____元(大写_____),合同生效后 3 天内,发包人应向勘察人支付预算勘察费的 20% 作为定金,计_____元(本合同履行后,定金抵作勘察费);勘察规模大、工期长的大型勘察工程,发包人还应按实际完成工程进度_____%时,向勘察人支付预算勘察费的_____%的工程进度款,计_____元;勘察工作外业结束后_____天内,发包人向勘察人支付预算勘察费的_____%,计_____元;提交勘察成果资料后 10 天内,发包人应一次付清全部工程费用。

第五条 发包人、勘察人责任

5.1 发包人责任

5.1.1 发包人委托任务时,必须以书面形式向勘察人明确勘察任务及技术要求,并按第二条规定提供文件资料。

5.1.2 在勘察工作范围内,没有资料、图纸的地区(段),发包人应负责查清地下埋藏物,若因未提供上述资料、图纸,或提供的资料图纸不可靠、地下埋藏物不清,致使勘察人在勘察工作过程中发生人身伤害或造成经济损失时,由发包人承担民事责任。

5.1.3 发包人应及时为勘察人提供并解决勘察现场的工作条件和出现的问题(如:落实土地征用、青苗树木赔偿、拆除地上地下障碍物、处理施工扰民及影响施工正常进行的有关问题、平整施工现场、修好通行道路、接通电源水源、挖好排水沟渠以及水上作业用船等),并承担其费用。

5.1.4 若勘察现场需要看守,特别是在有毒、有害等危险现场作业时,发包人应派人负责安全保卫工作,按国家有关规定,对从事危险作业的现场人员进行保健防护,并承担费用。

5.1.5 工程勘察前,若发包人负责提供材料的,应根据勘察人提出的工程用料计划,按时提供各种材料及其产品合格证明,并承担费用和运到现场,派人与勘察人的人员一起验收。

5.1.6 勘察过程中的任何变更,经办理正式变更手续后,发包人应按实际发生的工作量支付勘察费。

5.1.7 为勘察人的工作人员提供必要的生产、生活条件,并承担费用;如不能提供时,应一次性付给勘察人临时设施费_____元。

5.1.8 由于发包人原因造成勘察人停、窝工,除工期顺延外,发包人应支付停、窝工费(计算方法见 6.1);发包人若要求在合同规定时间内提前完工(或提交勘察成果资料)时,发包人应按每提前一天向勘察人支付_____元计算加班费。

5.1.9   发包人应保护勘察人的投标书、勘察方案、报告书、文件、资料图纸、数据、特殊工艺(方法)、专利技术和合理化建议,未经勘察人同意,发包人不得复制、不得泄露、不得擅自修改、传送或向第三人转让或用于本合同外的项目;如发生上述情况,发包人应负法律责任,勘察人有权索赔。

5.1.10   本合同有关条款规定和补充协议中发包人应负的其他责任。

5.2   勘察人责任

5.2.1   勘察人应按国家技术规范、标准、规程和发包人的任务委托书及技术要求进行工程勘察,按本合同规定的时间提交质量合格的勘察成果资料,并对其负责。

5.2.2   由于勘察人提供的勘察成果资料质量不合格,勘察人应负责无偿给予补充完善使其达到质量合格;若勘察人无力补充完善,需另委托其他单位时,勘察人应承担全部勘察费用;或因勘察质量造成重大经济损失或工程事故时,勘察人除应负法律责任和免收直接受损失部分的勘察费外,并根据损失程度向发包人支付赔偿金,赔偿金由发包人、勘察人商定为实际损失的_____%。

5.2.3   在工程勘察前,提出勘察纲要或勘察组织设计,派人与发包人的人员一起验收发包人提供的材料。

5.2.4   勘察过程中,根据工程的岩土工程条件(或工作现场地形地貌、地质和水文地质条件)及技术规范要求,向发包人提出增减工作量或修改勘察工作的意见,并办理正式变更手续。

5.2.5   在现场工作的勘察人的人员,应遵守发包人的安全保卫及其他有关的规章制度,承担其有关资料保密义务。

5.2.6   本合同有关条款规定和补充协议中勘察人应负的其他责任。

第六条   违约责任

6.1   由于发包人未给勘察人提供必要的工作生活条件而造成停、窝工或来回进出场地,发包人除应付给勘察人停、窝工费(金额按预算的平均工日产值计算),工期按实际工日顺延外,还应付给勘察人来回进出场费和调遣费。

6.2   由于勘察人原因造成勘察成果资料质量不合格,不能满足技术要求时,其返工勘察费用由勘察人承担。

6.3   合同履行期间,由于工程停建而终止合同或发包人要求解除合同时,勘察人未进行勘察工作的,不退还发包人已付定金;已进行勘察工作的,完成的工作量在 50% 以内时,发包人应向勘察人支付预算额 50% 的勘察费计_____元;完成的工作量超过 50% 时,则应向勘察人支付预算额100% 的勘察费。

6.4　发包人未按合同规定时间（日期）拨付勘察费，每超过一日，应偿付未支付勘察费的千分之一逾期违约金。

6.5　由于勘察人原因未按合同规定时间（日期）提交勘察成果资料，每超过一日，应减收勘察费千分之一。

6.6　本合同签订后，发包人不履行合同时，无权要求返还定金；勘察人不履行合同时，双倍返还定金。

第七条　本合同未尽事宜，经发包人与勘察人协商一致，签订补充协议，补充协议与本合同具有同等效力。

第八条　其他约定事项：＿＿＿＿＿＿＿＿＿＿＿＿＿＿＿＿＿＿＿＿＿

第九条　本合同发生争议，发包人、勘察人应及时协商解决，也可由当地建设行政主管部门调解。协商或调解不成时，发包人、勘察人同意由＿＿＿＿＿＿仲裁委员会仲裁。发包人、勘察人未在本合同中约定仲裁机构，事后又未达成书面仲裁协议的，可向人民法院起诉。

第十条　本合同自发包人、勘察人签字盖章后生效；按规定到省级建设行政主管部门规定的审查部门备案；发包人、勘察人认为必要时，到项目所在地工商行政管理部门申请鉴证。发包人、勘察人履行完合同规定的义务后，本合同终止。

本合同一式＿＿＿＿＿＿份，发包人＿＿＿＿＿＿份、勘察人＿＿＿＿＿＿份。

发包人名称：　　　　　　　　　　勘察人名称：

　　　　　（盖章）　　　　　　　　　　　　（盖章）

法定代表人：（签字）　　　　　　法定代表人：（签字）

委托代理人：（签字）　　　　　　委托代理人：（签字）

住　　所：　　　　　　　　　　　住　　所：

邮政编码：　　　　　　　　　　　邮政编码：

电　　话：　　　　　　　　　　　电　　话：

传　　真：　　　　　　　　　　　传　　真：

开户银行：　　　　　　　　　　　开户银行：

银行账号：　　　　　　　　　　　银行账号：

建设行政主管部门备案：　　　　　鉴证意见：

　　　　　（盖章）　　　　　　　　　　　　（盖章）

备　案　号：　　　　　　　　　　经　办　人：

备案日期：　年 月 日　　　　　　鉴证日期：　年 月 日

GF—2000—0204

建设工程勘察合同(二)

(示范文本)

[岩土工程设计、治理、监测]

工 程 名 称:＿＿＿＿＿＿＿＿＿

工 程 地 点:＿＿＿＿＿＿＿＿＿

合 同 编 号:＿＿＿＿＿＿＿＿＿

(由承包人编填)

勘 察 证 书 等 级:＿＿＿＿＿＿＿

发 包 人:＿＿＿＿＿＿＿＿＿

承 包 人:＿＿＿＿＿＿＿＿＿

签 订 日 期:＿＿＿＿＿＿＿＿＿

中华人民共和国建设部
国家工商行政管理局　监制
二〇〇〇年三月

发包人：＿＿＿＿＿＿＿＿＿＿＿＿＿＿＿＿＿＿＿＿＿＿＿＿＿＿＿＿＿＿

承包人：＿＿＿＿＿＿＿＿＿＿＿＿＿＿＿＿＿＿＿＿＿＿＿＿＿＿＿＿＿＿

发包人委托承包人承担＿＿＿＿＿＿＿＿＿＿＿＿＿＿＿＿＿＿＿工程项目的岩土工程任务，根据《中华人民共和国合同法》及国家有关法规，经发包人、承包人协商一致签订本合同。

第一条 工程概况

1.1 工程名称：＿＿＿＿＿＿＿＿＿＿＿＿＿＿＿＿

1.2 工程地点：＿＿＿＿＿＿＿＿＿＿＿＿＿＿＿＿

1.3 工程立项批准文件号、日期：＿＿＿＿＿＿＿＿＿＿＿＿＿＿

1.4 岩土工程任务委托文号、日期：＿＿＿＿＿＿＿＿＿＿＿＿＿

1.5 工程规模、特征：＿＿＿＿＿＿＿＿＿＿＿＿＿

1.6 岩土工程任务(内容)与技术要求：＿＿＿＿＿＿＿＿＿＿＿＿

1.7 承接方式：＿＿＿＿＿＿＿＿＿＿＿＿＿

1.8 预计的岩土工程工作量：＿＿＿＿＿＿＿＿＿＿＿＿

第二条 发包人向承包人提供的有关资料文件

序号	资料文件名称	份数	内容要求	提交时间

第三条 承包人应向发包人交付的报告、成果、文件

序号	报告、成果、文件名称	数量	内容要求	交付时间

第四条 工期

本岩土工程自＿＿＿＿＿＿年＿＿＿＿＿月＿＿＿＿＿日开工至＿＿＿＿＿年＿＿＿＿月＿＿＿＿日完工，工期为＿＿＿＿＿＿天。由于发包人或承包人的原因,未能按期开工、完工或交付成果资料时,按本合同第八条规定执行。

第五条　收费标准及支付方式

5.1　本岩土工程收费按国家规定的现行收费标准＿＿＿＿＿＿＿＿＿＿计取;或以"预算包干"、"中标价加签证"、"实际完成工作量结算"等方式计取收费。国家规定的收费标准中没有规定的收费项目,由发包人、承包人另行议定。

5.2　本岩土工程费总额为＿＿＿＿＿＿元(大写＿＿＿＿＿＿＿＿＿＿＿),合同生效后 3 天内,发包人应向承包人支付预算工程费总额的 20%,计＿＿＿＿＿＿＿＿元作为定金(本合同履行后,定金抵作工程费)。

5.3　本合同生效后,发包人按下表约定分＿＿＿＿＿次向承包人预付(或支付)工程费,发包人不按时向承包人拨付工程费的,从应拨付之日起承担应拨付工程费的滞纳金。

拨付工程费时间(工程进度)	占合同总额百分比	金额人民币(元)

第六条　变更及工程费的调整

6.1　本岩土工程进行中,发包人对工程内容与技术要求提出变更,发包人应在变更前＿＿＿＿＿天向承包人发出书面变更通知,否则承包人有权拒绝变更;承包人接通知后于＿＿＿＿＿天内,提出变更方案的文件资料,发包人收到该文件资料之日起＿＿＿＿＿天内予以确认,如不确认或不提出修改意见的,变更文件资料自送达之日起第＿＿＿＿＿天自行生效,由此延误的工期顺延外,因变更导致的承包人经济支出和损失,由发包人承担。

6.2　变更后,工程费按如下方法(或标准)进行调整:＿＿＿＿＿＿＿＿＿＿

第七条　发包人、承包人责任

7.1　发包人责任

7.1.1　发包人按本合同第二条规定的内容,在规定的时间内向承包人提供资料文件,并对其完整性、正确性及时限性负责;发包人提供上述资料、文件超过规定期限 15 天以内,承包人按合同规定交付报告、成果、文件的时间顺延,规定期限超过 15 天以上时,承包人有权重新确定交付报告、成果、文件的时间。

7.1.2　发包人要求承包人在合同规定时间内提前交付报告、成果、文件时,发包人应按每提前一天向承包人支付＿＿＿＿＿＿＿＿元计算加班费。

7.1.3　发包人应为承包人现场工作人员提供必要的生产、生活条件；如不能提供时，应一次性付给承包人临时设施费＿＿＿＿＿＿＿＿＿＿＿元。

7.1.4　开工前，发包人应办理完毕开工许可、工作场地使用、青苗、树木赔偿、坟地迁移、房屋构筑物拆迁、障碍物清除等工作，及解决扰民和影响正常工作进行的有关问题，并承担费用；

发包人应向承包人提供工作现场地下已有埋藏物（如电力、电讯电缆、各种管道、人防设施、洞室等）的资料及其具体位置分布图，若因地下埋藏物不清，致使承包人在现场工作中发生人身伤害或造成经济损失时，由发包人承担民事责任；

在有毒、有害环境中作业时，发包人应按有关规定，提供相应的防护措施，并承担有关的费用；

以书面形式向承包人提供水准点和坐标控制点；

发包人应解决承包人工作现场的平整，道路通行和用水用电，并承担费用。

7.1.5　发包人应对工作现场周围建筑物、构筑物、古树名木和地下管道、线路的保护负责，对承包人提出书面具体保护要求（措施），并承担费用。

7.1.6　发包人应保护承包人的投标书、报告书、文件、设计成果、专利技术、特殊工艺和合理化建议，未经承包人同意，发包人不得复制泄露或向第三人转让或用于本合同外的项目，如发生以上情况，发包人应负法律责任，承包人有权索赔。

7.1.7　本合同中有关条款规定和补充协议中发包人应负的责任。

7.2　承包人责任

7.2.1　承包人按本合同第三条规定的内容、时间、数量向发包人交付报告、成果、文件，并对其质量负责。

7.2.2　承包人对报告、成果、文件出现的遗漏或错误负责修改补充；由于承包人的遗漏、错误造成工程质量事故，承包人除负法律责任和负责采取补救措施外，应减收或免收直接受损失部分的岩土工程费，并根据受损失程度向发包人支付赔偿金，赔偿金额由发包人、承包人商定为实际损失的＿＿＿＿＿＿＿＿＿＿％。

7.2.3　承包人不得向第三人扩散、转让第二条中发包人提供的技术资料、文件。发生上述情况，承包人应负法律责任，发包人有权索赔。

7.2.4　遵守国家及当地有关部门对工作现场的有关管理规定，做好工作现场保卫和环卫工作，并按发包人提出的保护要求（措施），保护好工作现场周围的建、构筑物，古树、名木和地下管线（管道）、文物等。

7.2.5　本合同有关条款规定和补充协议中承包人应负的责任。

第八条　违约责任

8.1　由于发包人提供的资料、文件错误、不准确，造成工期延误或返工时，除工期顺延外，发包人应向承包人支付停工费或返工费，造成质量、安全事故时，由发包人承担法律责任和经济责任。

8.2　在合同履行期间,发包人要求终止或解除合同,承包人未开始工作的,不退还发包人已付的定金;已进行工作的,完成的工作量在 50%以内时,发包人应支付承包人工程费的 50%的费用;完成的工作量超过 50%时,发包人应支付承包人工程费的 100%的费用。

8.3　发包人不按时支付工程费(进度款),承包人在约定支付时间 10 天后,向发包人发出书面催款的通知,发包人收到通知后仍不按要求付款,承包人有权停工,工期顺延,发包人还应承担滞纳金。

8.4　由于承包人原因延误工期或未按规定时间交付报告、成果、文件,每延误一天应承担以工程费千分之一计算的违约金。

8.5　交付的报告、成果、文件达不到合同约定条件的部分,发包人可要求承包人返工,承包人按发包人要求的时间返工,直到符合约定条件,因承包人原因达不到约定条件,由承包人承担返工费,返工后仍不能达到约定条件,承包人承担违约责任,并根据因此造成的损失程度向发包人支付赔偿金,赔偿金额最高不超过返工项目的收费。

第九条　材料设备供应

9.1　发包人、承包人应对各自负责供应的材料设备负责,提供产品合格证明,并经发包人、承包人代表共同验收认可,如与设计和规范要求不符的产品,应重新采购符合要求的产品,并经发包人、承包人代表重新验收认定,各自承担发生的费用。若造成停、窝工的,原因是承包人的,则责任自负;原因是发包人的,则应向承包人支付停、窝工费。

9.2　承包人需使用代用材料时,须经发包人代表批准方可使用,增减的费用由发包人、承包人商定。

第十条　报告、成果、文件检查验收

10.1　由发包人负责组织对承包人交付的报告、成果、文件进行检查验收。

10.2　发包人收到承包人交付的报告、成果、文件后_____天内检查验收完毕,并出具检查验收证明,以示承包人已完成任务,逾期未检查验收的,视为接受承包人的报告、成果、文件。

10.3　隐蔽工程工序质量检查,由承包人自检后,书面通知发包人检查;发包人接通知后,当天组织质检,经检验合格,发包人、承包人签字后方能进行下一道工序;检验不合格,承包人在限定时间内修补后重新检验,直至合格;若发包人接通知后 24 小时内仍未能到现场检验,承包人可以顺延工程工期,发包人应赔偿停、窝工的损失。

10.4　工程完工,承包人向发包人提交岩土治理工程的原始记录、竣工图及报告、成果、文件,发包人应在_____天内组织验收,如有不符合规定要求及存在质量问题,承包人应采取有效补救措施。

10.5　工程未经验收,发包人提前使用和擅自动用,由此发生的质量、安全问题,由发包人承担责任,并以发包人开始使用日期为完工日期。

10.6 完工工程经验收符合合同要求和质量标准,自验收之日起_____天内,承包人向发包人移交完毕,如发包人不能按时接管,致使已验收工程发生损失,应由发包人承担,如承包人不能按时交付,应按逾期完工处理,发包人不得因此而拒付工程款。

第十一条 本合同未尽事宜,经发包人与承包人协商一致,签订补充协议,补充协议与本合同具有同等效力。

第十二条 其他约定事项:_____

第十三条 争议解决办法

本合同在履行过程中发生的争议,由双方当事人协商解决,协商不成的按下列第_____种方式解决:

(一)提交_____仲裁委员会仲裁;

(二)依法向人民法院起诉。

第十四条 合同生效与终止

本合同自发包人、承包人签字盖章后生效;按规定到省级建设行政主管部门规定的审查部门备案;发包人、承包人认为必要时,到项目所在地工商行政管理部门申请鉴证。发包人、承包人履行完合同规定的义务后,本合同终止。

本合同一式_____份,发包人_____份、承包人_____份。

发包人名称: 承包人名称:

　　　　　（盖章）   　　　　　（盖章）

法定代表人:(签字)   法定代表人:(签字)

委托代理人:(签字)   委托代理人:(签字)

住　　所: 住　　所:

邮政编码: 邮政编码:

电　　话: 电　　话:

传　　真: 传　　真:

开户银行: 开户银行:

银行账号: 银行账号:

建设行政主管部门备案: 鉴证意见:

　　　　　（盖章）   　　　　　（盖章）

备案号: 经办人:

备案日期: 年 月 日   鉴证日期: 年 月 日

GF—2000—0209

建设工程设计合同(一)

(示范文本)

[民用建设工程设计合同]

工 程 名 称:＿＿＿＿＿＿＿＿＿＿＿

工 程 地 点:＿＿＿＿＿＿＿＿＿＿＿

合 同 编 号:＿＿＿＿＿＿＿＿＿＿＿

(由设计人编填)

设 计 证 书 等 级:＿＿＿＿＿＿＿＿＿

发 包 人:＿＿＿＿＿＿＿＿＿

设 计 人:＿＿＿＿＿＿＿＿＿

签 订 日 期:＿＿＿＿＿＿＿＿＿

中华人民共和国建设部
国家工商行政管理局　监制
二〇〇〇年三月

发包人：_____

设计人：_____

发包人委托设计人承担设计,经双方协商一致,签订本合同。

第一条 本合同依据下列文件签订:

1.1 《中华人民共和国合同法》、《中华人民共和国建筑法》、《建设工程勘察设计市场管理规定》。

1.2 国家及地方有关建设工程勘察设计管理法规和规章。

1.3 建设工程批准文件。

第二条 本合同设计项目的内容:名称、规模、阶段、投资及设计费等见下表。

序号	分项目名称	建设规模	层数	建筑面积（m²）	设计阶段及内容	方案	初步设计	施工图	估算总投资（万元）	费率（%）	估算设计费（元）

第三条 发包人应向设计人提交的有关资料及文件:

序号	资料及文件名称	份数	提交日期	有关事宜

第四条　设计人应向发包人交付的设计资料及文件：

序号	资料及文件名称	份数	提交日期	有关事宜

　　第五条　本合同设计收费估算为_____元人民币。设计费支付进度详见下表。

付费次序	占总设计费(%)	付费额(元)	付费时间(由交付设计文件所决定)
第一次付费	20%定金		本合同签订后三日内
第二次付费			
第三次付费			
第四次付费			
第五次付费			

　　说明：

1. 提交各阶段设计文件的同时支付各阶段设计费。
2. 在提交最后一部分施工图的同时结清全部设计费，不留尾款。
3. 实际设计费按初步设计概算(施工图设计概算)核定，多退少补。实际设计费与估算设计费出现差额时，双方另行签订补充协议。
4. 本合同履行后，定金抵作设计费。

第六条　双方责任

6.1　发包人责任

6.1.1　发包人按本合同第三条规定的内容,在规定的时间内向设计人提交资料及文件,并对其完整性、正确性及时限负责,发包人不得要求设计人违反国家有关标准进行设计。

发包人提交上述资料及文件超过规定期限15天以内,设计人按合同第四条规定交付设计文件时间顺延;超过规定期限15天以上时,设计人员有权重新确定提交设计文件的时间。

6.1.2　发包人变更委托设计项目、规模、条件或因提交的资料错误,或所提交资料作较大修改,以致造成设计人设计需返工时,双方除需另行协商签订补充协议(或另订合同)、重新明确有关条款外,发包人应按设计人所耗工作量向设计人增付设计费。

在未签合同前发包人已同意,设计人为发包人所做的各项设计工作,应按收费标准,相应支付设计费。

6.1.3　发包人要求设计人比合同规定时间提前交付设计资料及文件时,如果设计人能够做到,发包人应根据设计人提前投入的工作量,向设计人支付赶工费。

6.1.4　发包人应为派赴现场处理有关设计问题的工作人员,提供必要的工作、生活及交通等方便条件。

6.1.5　发包人应保护设计人的投标书、设计方案、文件、资料图纸、数据、计算软件和专利技术。未经设计人同意,发包人对设计人交付的设计资料及文件不得擅自修改、复制或向第三人转让或用于本合同外的项目,如发生以上情况,发包人应负法律责任,设计人有权向发包人提出索赔。

6.2　设计人责任

6.2.1　设计人应按国家技术规范、标准、规程及发包人提出的设计要求,进行工程设计,按合同规定的进度要求提交质量合格的设计资料,并对其负责。

6.2.2　设计人采用的主要技术标准是:＿＿＿＿＿＿＿＿＿＿＿＿。

6.2.3　设计合理使用年限为＿＿＿＿＿＿＿＿＿＿＿＿年。

6.2.4　设计人按本合同第二条和第四条规定的内容、进度及份数向发包人交付资料及文件。

6.2.5　设计人交付设计资料及文件后,按规定参加有关的设计审查,并根据审查结论负责对不超出原定范围的内容做必要调整补充。设计人按合同规定时限交付设计资料及文件,本年内项目开始施工,负责向发包人及施工单位进行设计交底、处理有关设计问题和参加竣工验收。在一年内项目尚未开始施工,设计人仍负责上述工作,但应按所需工作量向发包人适当收取咨询服务费,收费额由双方商定。

6.2.6 设计人应保护发包人的知识产权,不得向第三人泄露、转让发包人提交的产品图纸等技术经济资料。如发生以上情况并给发包人造成经济损失,发包人有权向设计人索赔。

第七条 违约责任

7.1 在合同履行期间,发包人要求终止或解除合同,设计人未开始设计工作的,不退还发包人已付的定金;已开始设计工作的,发包人应根据设计人已进行的实际工作量,不足一半时,按该阶段设计费的一半支付;超过一半时,按该阶段设计费的全部支付。

7.2 发包人应按本合同第五条规定的金额和时间向设计人支付设计费,每逾期支付一天,应承担支付金额千分之二的逾期违约金。逾期超过 30 天以上时,设计人有权暂停履行本阶段工作,并书面通知发包人。发包人的上级或设计审批部门对设计文件不审批成本合同项目停缓建,发包人均按 7.1 条规定交付设计费。

7.3 设计人对设计资料及文件出现的遗漏或错误负责修改或补充。由于设计人员错误造成工程质量事故损失,设计人除负责采取补救措施外,应免收直接受损失部分的设计费。损失严重的根据损失的程度和设计人责任大小向发包人支付赔偿金,赔偿金由双方商定为实际损失的 _____%。

7.4 由于设计人自身原因,延误了按本合同第四条规定的设计资料及设计文件的交付时间,每延误一天,应减收该项目应收设计费的千分之二。

7.5 合同生效后,设计人要求终止或解除合同,设计人应双倍返还定金。

第八条 其他

8.1 发包人要求设计人派专人留驻施工现场进行配合与解决有关问题时,双方应另行签订补充协议或技术咨询服务合同。

8.2 设计人为本合同项目所采用的国家或地方标准图,由发包人自费向有关出版部门购买。本合同第四条规定设计人交付的设计资料及文件份数超过《工程设计收费标准》规定的份数,设计人另收工本费。

8.3 本工程设计资料及文件中,建筑材料、建筑构配件和设备,应当注明其规格、型号、性能等技术指标,设计人不得指定生产厂、供应商。发包人需要设计人的设计人员配合加工订货时,所需要费用由发包人承担。

8.4 发包人委托设计配合引进项目的设计任务,从询价、对外谈判、国内外技术考察直至建成投产的各个阶段,应吸收承担有关设计任务的设计人参加。出国费用,除制装费外,其他费用由发包人支付。

8.5 发包人委托设计人承担本合同内容之外的工作服务,另行支付费用。

8.6　由于不可抗力因素致使合同无法履行时,双方应及时协商解决。

8.7　本合同在履行过程中发生的争议,由双方当事人协商解决,协商不成的,按下列第＿＿＿＿＿种方式解决:

(一)提交＿＿＿＿＿仲裁委员会仲裁;

(二)依法向人民法院起诉。

8.8　本合同一式＿＿＿＿＿份,发包人＿＿＿＿份,设计人＿＿＿＿＿份。

8.9　本合同经双方签章并在发包人向设计人支付定金后生效。

8.10　本合同生效后,按规定到项目所在地省级建设行政主管部门规定的审查部门备案。双方认为必要时,到项目所在地工商行政管理部门申请鉴证。双方履行完合同规定的义务后,本合同即行终止。

8.11　本合同未尽事宜,双方可签订补充协议,有关协议及双方认可的来往电报、传真、会议纪要等,均为本合同组成部分,与本合同具有同等法律效力。

8.12　其他约定事项:＿＿＿＿＿＿＿＿＿＿＿＿＿＿＿＿＿＿＿＿＿＿＿

发包人名称:　　　　　　　　　　　设计人名称:

　　　　(盖章)　　　　　　　　　　　　　(盖章)

法定代表人:(签字)　　　　　　　　法定代表人:(签字)

委托代理人:(签字)　　　　　　　　委托代理人:(签字)

住　　所:　　　　　　　　　　　　住　　所:

邮政编码:　　　　　　　　　　　　邮政编码:

电　　话:　　　　　　　　　　　　电　　话:

传　　真:　　　　　　　　　　　　传　　真:

开户银行:　　　　　　　　　　　　开户银行:

银行账号:　　　　　　　　　　　　银行账号:

建设行政主管部门备案:　　　　　　鉴证意见:

　　　　(盖章)　　　　　　　　　　　　　(盖章)

备案号:　　　　　　　　　　　　　经办人:

备案日期:　年　月　日　　　　　　鉴证日期:　年　月　日

GF—2000—0210

建设工程设计合同(二)

(示范文本)

[专用建设工程设计合同]

工　程　名　称：_____

工　程　地　点：_____

合　同　编　号：_____

（由设计人编填）

设　计　证　书　等　级：_____

发　　包　　人：_____

设　　计　　人：_____

签　订　日　期：_____

中华人民共和国建设部
国家工商行政管理局　监制
二○○○年三月

发包人：_____

设计人：_____

发包人委托设计人承担_____工程设计，工程地点为_____，经双方协商一致，签订本合同，共同执行。

第一条 本合同签订依据

1.1 《中华人民共和国合同法》、《中华人民共和国建筑法》和《建设工程勘察设计市场管理规定》。

1.2 国家及地方有关建设工程勘察设计管理法规和规章。

1.3 建设工程批准文件。

第二条 设计依据

2.1 发包人给设计人的委托书或设计中标文件。

2.2 发包人提交的基础资料。

2.3 设计人采用的主要技术标准是：_____。

第三条 合同文件的优先次序

构成本合同的文件可视为是能互相说明的，如果合同文件存在歧义或不一致，则根据如下优先次序来判断：

3.1 合同书

3.2 中标函（文件）

3.3 发包人要求及委托书

3.4 投标书

第四条 本合同项目的名称、规模、阶段、投资及设计内容（根据行业特点填写）_____。

第五条 发包人向设计人提交的有关资料、文件及时间_____。

第六条 设计人向发包人交付的设计文件、份数、地点及时间_____。

第七条 费用

7.1 双方商定，本合同的设计费为_____万元。收费依据和计算方法按国家和地方有关规定执行，国家和地方没有规定的，由双方商定。

7.2 如果上述费用为估算设计费，则双方在初步设计审批后，按批准的初步设计概算核算设计费。工程建设期间如遇概算调整，则设计费也应做相应调整。

第八条 支付方式

8.1 本合同生效后三天内，发包人支付设计费总额的 20%，计_____万元作为定金（合同结算时，定金抵作设计费）。

8.2 设计人提交_____设计文件后三天内，发包人支付设计费总额的 30%，计_____万元；之后，发包人应按设计人所完成的施工图工作量比例，分期分批向设计人支付总设计费的 50%，计_____万元，施工图完成后,发包人结清设计费,不留尾款。

8.3　双方委托银行代付代收有关费用。

第九条　双方责任

9.1　发包人责任

9.1.1　发包人按本合同第五条规定的内容,在规定的时间内向设计人提交基础资料及文件,并对其完整性、正确性及时限负责。发包人不得要求设计人违反国家有关标准进行设计。

发包人提交上述资料及文件超过规定期限15天以内,设计人按本合同第六条规定的交付设计文件时间顺延;发包人交付上述资料及文件超过规定期限15天以上时,设计人有权重新确定提交设计文件的时间。

9.1.2　发包人变更委托设计项目、规模、条件或因提交的资料错误,或所提交资料作较大修改,以致造成设计人设计返工时,双方除另行协商签订补充协议(或另订合同)、重新明确有关条款外,发包人应按设计人所耗工作量向设计人支付返工费。

在未签订合同前发包人已同意,设计人为发包人所做的各项设计工作,发包人应支付相应设计费。

9.1.3　在合同履行期间,发包人要求终止或解除合同,设计人未开始设计工作的,不退还发包人已付的定金;已开始设计工作的,发包人应根据设计人已进行的实际工作量,不足一半时,按该阶段设计费的一半支付;超过一半时,按该阶段设计费的全部支付。

9.1.4　发包人必须按合同规定支付定金,收到定金作为设计人设计开工的标志。未收到定金,设计人有权推迟设计工作的开工时间,且交付文件的时间顺延。

9.1.5　发包人应按本合同规定的金额和日期向设计人支付设计费,每逾期支付一天,应承担应支付金额千分之二的逾期违约金,且设计人提交设计文件的时间顺延。逾期超过30天以上时,设计人有权暂停履行下阶段工作,并书面通知发包人。发包人的上级或设计审批部门对设计文件不审批或本合同项目停缓建,发包人均应支付应付的设计费。

9.1.6　发包人要求设计人比合同规定时间提前交付设计文件时,须征得设计人同意,不得严重背离合理设计周期,且发包人应支付赶工费。

9.1.7　发包人应为设计人派驻现场的工作人员提供工作、生活及交通等方面的便利条件及必要的劳动保护装备。

9.1.8　设计文件中选用的国家标准图、部标准图及地方标准图由发包人负责解决。

9.1.9　承担本项目外国专家来设计人办公室工作的接待费(包括传真、电话、复印、办公等费用)。

9.2　设计人责任

9.2.1　设计人应按国家规定和合同约定的技术规范、标准进行设计,按本合同第六条规定的内容、时间及份数向发包人交付设计文件(出现 9.1.1、9.1.2、9.1.4、9.1.5 规定有关交付设计文件顺延的情况除外),并对提交的设计文件的质量负责。

9.2.2　设计合理使用年限为＿＿＿＿＿＿＿年。

9.2.3　负责对外商的设计资料进行审查,负责该合同项目的设计联络工作。

9.2.4　设计人对设计文件出现的遗漏或错误负责修改或补充。由于设计人设计错误造成工程质量事故损失时,设计人除负责采取补救措施外,应免收受损失部分的设计费,并根据损失程度向发包人支付赔偿金,赔偿金数额由双方商定为实际损失的＿＿＿＿＿＿%。

9.2.5　由于设计人原因,延误了设计文件交付时间的,每延误一天,应减收该项目应收设计费的千分之二。

9.2.6　合同生效后,设计人要求终止或解除合同,设计人应双倍返还发包人已支付的定金。

9.2.7　设计人交付设计文件后,按规定参加有关上级的设计审查,并根据审查结论负责对不超出原定范围的内容做必要调整补充。设计人按合同规定时限交付设计文件一年内项目开始施工,负责向发包人及施工单位进行设计交底、处理有关设计问题和参加竣工验收。在一年内项目尚未开始施工,设计人仍负责上述工作,可按所需工作量向发包人适当收取咨询服务费,收费额由双方商定。

第十条　保密

双方均应保护对方的知识产权,未经对方同意,任何一方均不得对对方的资料及文件擅自修改、复制或向第三人转让或用于本合同项目外的项目。如发生以上情况,泄密方承担一切由此引起的后果并承担赔偿责任。

第十一条　仲裁

本合同在履行过程中发生的争议,由双方当事人协商解决,协商不成的,按下列第＿＿＿＿＿＿＿＿＿＿＿种方式解决:

(一)提交＿＿＿＿＿＿＿＿＿＿＿仲裁委员会仲裁;

(二)依法向人民法院起诉。

第十二条　合同生效及其他

12.1　发包人要求设计人派专人长期驻施工现场进行配合与解决有关问题时,双方应另行签订技术咨询服务合同。

12.2　设计人为本合同项目的服务至施工安装结束为止。

12.3　本工程项目中,设计人不得指定建筑材料、设备的生产厂或供货商。发包人需要设计人配合建筑材料、设备的加工订货时,所需费用由发包人承担。

12.4　发包人委托设计人配合引进项目的设计任务,从询价、对外谈判、国内外技术考察直至建成投产的各个阶段,应吸收承担有关设计任务的设计人员参加。出国费用,除制装费外,其他费用由发包人支付。

12.5 发包人委托设计人承担本合同内容以外的工作服务,另行签订协议并支付费用。

12.6 由于不可抗力因素致使合同无法履行时,双方应及时协商解决。

12.7 本合同双方签字盖章即生效,一式____份,发包人____份,设计人____份。

12.8 本合同生效后,按规定应到项目所在地省级建设行政主管部门规定的审查部门备案;双方认为必要时,到工商行政管理部门鉴证。双方履行完合同规定的义务后,本合同即行终止。

12.9 双方认可的来往传真、电报、会议纪要等,均为合同的组成部分,与本合同具有同等法律效力。

12.10 未尽事宜,经双方协商一致,签订补充协议,补充协议与本合同具有同等效力。

发包人名称: 设计人名称:
      (盖章)   (盖章)
法定代表人:(签字)   法定代表人:(签字)
委托代理人:(签字)   委托代理人:(签字)
项目经理:(签字)   项目经理:(签字)
住　　所: 住　　所:
邮政编码: 邮政编码:
电　　话: 电　　话:
传　　真: 传　　真:
开户银行: 开户银行:
银行账号: 银行账号:
建设行政主管部门备案: 鉴证意见:

      (盖章)   (盖章)
备案号: 经办人:
备案日期: 年 月 日   鉴证日期: 年 月 日

第七章　建设工程施工合同管理

第一节　建设工程施工合同签订与审查

一、建设工程施工合同概述

建设工程施工合同是发包人与承包人就完成具体工程项目的建筑施工、设备安装、设备调试、工程保修等工作内容,确定双方权利和义务的协议。施工合同是建设工程合同的一种,它与其他建设工程合同一样是双务有偿合同,在订立时应遵守自愿、公平、诚实信用等原则。

建设工程施工合同是建设工程的主要合同之一,其标的是将设计图纸变为满足功能、质量、进度、投资等发包人投资预期目的的建筑产品。

作为施工合同的当事人,业主和承包商必须具备签订合同的资格和履行合同的能力。对业主而言,必须具备相应的组织协调能力,实施对合同范围内的工程项目建设的管理;对承包商而言,必须具备有关部门核定的资质等级,并持有营业执照等证明文件。

1. 施工合同的特点

(1)合同标的的特殊性。施工合同的标的是各类建筑产品,建筑产品是不动产,建造过程中往往受到各种因素的影响。这就决定了每个施工合同的标的物不同于工厂批量生产的产品,具有单件性的特点。所谓"单件性"指不同地点建造的相同类型和级别的建筑,施工过程中所遇到的情况不尽相同,在甲工程施工中遇到的困难在乙工程中不一定发生,而在乙工程施工中可能出现甲工程中没有发生过的问题。这就决定了每个施工合同的标的都是特殊的,相互间具有不可替代性。

(2)合同履行期限的长期性。由于建筑产品体积庞大、结构复杂,施工周期都较长,施工工期少则几个月,一般都是几年甚至十几年,在合同实施过程中不确定影响因素多,受外界自然条件影响大,合同双方承担的风险高,当主观和客观情况变化时,就有可能造成施工合同的变化,因此施工合同的变更较频繁,施工合同争议和纠纷也比较多。

(3)合同内容的多样性和复杂性。与大多数合同相比较,施工合同的履行期限长、标的额大,涉及的法律关系则包括了劳动关系、保险关系、运输关系、购销关系等,具有多样性和复杂性。这就要求施工合同的条款应当尽量详尽。

(4)合同管理的严格性。合同管理的严格性主要体现在以下几个方面:对合同签订管理的严格性;对合同履行管理的严格性;对合同主体管理的严格性。

施工合同的这些特点,使得施工合同无论在合同文本结构,还是合同内容上,都要反映并适应其特点,符合工程项目建设客观规律的内在要求,以保护施工合同当事人的合法权益,促使当事人严格履行自己的义务和职责,提高工程项目的综合社会效益、经济效益。

2. 施工合同的作用

施工合同的作用主要体现在以下几个方面:

(1)明确建设单位和施工企业在施工中的权利和义务。施工合同一经签订,即具有法律效力,是合同双方在履行合同中的行为准则,双方都应以施工合同作为行为的依据。

(2)是进行监理的依据和推行监理制的需要。在监理制度中,行政干预的作用被淡化了,建设单位(业主)、施工企业(承包商)、监理单位三者的关系是通过工程建设监理合同和施工合同来确立的。国内外实践经验表明,工程建设监理的主要依据是合同。监理工程师在工程监理过程中要做到坚持按合同办事,坚持按规范办事,坚持按程序办事。监理工程师必须根据合同秉公办事,监督业主和承包商都履行各自的合同义务,因此承发包双方签订一个内容合法,条款公平、完备,适应建设监理要求的施工合同是监理工程师实施公正监理的根本前提条件,也是推行建设监理制的内在要求。

(3)有利于对工程施工的管理。合同当事人对工程施工的管理应以合同为依据。有关的国家机关、金融机构对施工的监督和管理,也是以施工合同为其重要依据的。

(4)有利于建筑市场的培育和发展。随着社会主义市场经济新体制的建立,建设单位和施工单位将逐渐成为建筑市场的合格主体,建设项目实行真正的业主负责制,施工企业参与市场公平竞争。在建筑商品交换过程中,双方都要利用合同这一法律形式,明确规定各自的权利和义务,以最大限度地实现自己的经济目的和经济效益。施工合同作为建筑商品交换的基本法律形式,贯穿于建筑交易的全过程。无数建设工程合同的依法签订和全面履行,是建立一个完善的建筑市场的最基本条件。

3. 施工合同的内容

由于建设工程本身的特殊性和施工生产的复杂性,决定了施工合同必须有很多条款。根据《建设工程施工合同管理办法》,施工合同主要应具备以下主要内容:

(1)工程名称、地点、范围、内容,工程价款及开竣工日期。

(2)双方的权利、义务和一般责任。

(3)施工组织设计的编制要求和工期调整的处置办法。

(4)工程质量要求、检验与验收方法。

(5)合同价款调整与支付方式。

（6）材料、设备的供应方式与质量标准。

（7）设计变更。

（8）竣工条件与结算方式。

（9）违约责任与处置办法。

（10）争议解决方式。

（11）安全生产防护措施。

此外关于索赔、专利技术使用、发现地下障碍和文物、工程分包、不可抗力、工程保险、工程停建或缓建、合同生效与终止等也是施工合同的重要内容。

二、建设工程施工合同的谈判

从承包商的角度看，合同界定了施工项目的大小。合同中所确定的各方的权利、义务及其合同价格，是影响施工企业利益最主要的因素，而合同谈判是获得尽可能多利益的最好机会。合同签订前，合同当事人可以利用法律赋予的平等权利，进行对等谈判，对合同进行修改和补充。但合同一经确定，只要其合法、有效，即具有法律约束力，就受到法律保护。因而合同谈判的效果如何，直接关系到承包商的切身利益，因此，做好合同谈判工作十分重要。

谈判，是工程施工合同签订双方对是否签订合同以及合同具体内容达成一致的协商过程。通过谈判，能够充分了解对方及项目的情况，为高层决策提供信息和依据。

1. 谈判的目的

（1）发包人参加谈判的目的。

1）通过谈判，了解投标者报价的构成，进一步审核和压低报价。

2）进一步了解和审查投标者的施工规划和各项技术措施是否合理，以及负责项目实施的班子力量是否足够雄厚，能否保证工程的质量和进度。

3）根据参加谈判的投标者的建议和要求，也可吸收其他投标者的建议，对设计方案、图纸、技术规范进行某些修改，并估计可能对工程报价和工程质量产生的影响。

（2）投标者参加谈判的目的。

1）争取中标。即通过谈判宣传自己的优势，包括技术方案的先进性，报价的合理性，所提建议方案的特点，许诺优惠条件等，以争取中标。

2）争取合理的价格。既要准备应付业主的压价，又要准备当业主拟增加项目、修改设计或提高标准时适当增加报价。

3）争取改善合同条款，包括争取修改过于苛刻的和不合理的条款，澄清模糊的条款和增加有利于保护承包商利益的条款。

2. 合同谈判准备工作

开始谈判之前，一定要做好各方面的谈判准备工作。对于一个工程承包合同而言，一般都具有投资数额大，实施时间长，而且合同内容涉及技术、经济、管理、

法律等广阔领域的特点。因之在开始谈判之前,必须细致地做好以下几方面的准备工作:

(1)谈判资料准备。谈判准备工作的首要任务就是要收集整理有关合同对方及项目的各种基础资料和背景材料。这些资料的内容包括对方的资信状况、履约能力、发展阶段、已有成绩等,包括工程项目的由来、土地获得情况、项目目前的进展、资金来源等。资料准备可以起到双重作用:其一是双方在某一具体问题上争执不休时,提供证据资料、背景资料,可起到事半功倍的作用;其二是防止谈判小组成员在谈判中出现口径不一的情况,以免造成被动。

(2)具体分析。在获得了这些基础资料的基础上,即可进行一定的分析。

1)对本方的分析。签订工程施工合同之前,首先要确定工程施工合同的标的物,即拟建工程项目。发包方必须运用科学研究的成果,对拟建工程项目的投资进行综合分析和论证,按照可行性研究的有关规定,作定性和定量的分析研究,包括工程水文地质勘察、地形测量以及项目的经济、社会、环境效益的测算比较,在此基础上论证工程项目在技术上、经济上的可行性,对各种方案进行比较,筛选出最佳方案。依据获得批准的项目建议书和可行性研究报告,编制项目设计任务书并选择建设地点。建设项目的设计任务书和选点报告批准后,发包方就可以委托取得工程设计资格证书的设计单位进行设计,然后再进行招标。

对于承包方,在获得发包方发出的招标公告后,不是盲目地投标,而是应该做一系列调查研究工作。主要考察的问题有:工程建设项目是否确实由发包方立项? 项目的规模如何? 是否适合自身的资质条件? 发包方的资金实力如何? 等等。这些问题可以通过审查有关文件,譬如发包方的法人营业执照、项目可行性研究报告、立项批复、建设用地规划许可证等加以解决。承包方为承接项目,可以主动提出某些让利的优惠条件,但是,在项目是否真实,发包方主体是否合法,建设资金是否落实等原则性问题上不能让步,否则,即使在竞争中获胜,即使中标承包了项目,一旦发生问题,合同的合法性和有效性就得不到保证,此种情况下,受损害最大的往往是承包方。

2)对对方的分析。对对方的基本情况的分析主要从以下两方面入手:

①对对方谈判人员的分析,主要了解对手的谈判组由哪些人员组成,了解他们的身份、地位、性格、喜好、权限等,以注意与对方建立良好的关系,发展谈判双方的友谊,争取在到达谈判以前就有了亲切感和信任感,为谈判创造良好的氛围。

②对对方实力的分析,主要是指对对方诚信、技术、财力、物力等状况的分析。可以通过各种渠道和信息传递手段取得有关资料。

3)对谈判目标进行可行性分析。分析工作中还包括分析自身设置的谈判目标是否正确合理、是否切合实际、是否能被对方接受,以及对方设置的谈判目标是否合理。如果自身设置的谈判目标有疏漏或错误,就盲目接受对方的不合理谈判目标,同样会造成项目实施过程中的后患。在实际中,由于承包方中标心切,往往接受发包方极不合理的要求,比如带资、垫资、工期短等,造成其在今后发生回收资金、获取工程款、工期反索赔方面的困难。

4)对双方地位进行分析。对在此项目上与对方相比己方所处的地位的分析也是必要的。这一地位包括整体的与局部的优劣势。如果己方在整体上存在优势,而在局部存有劣势,则可以通过以后的谈判等弥补局部的劣势。但如果己方在整体上已显劣势,则除非能有契机转化这一情势,否则就不宜再耗时耗资去进行无利的谈判。

(3)谈判的组织准备。主要包括谈判组的成员组成和谈判组长的人选确定。

1)谈判组的成员组成。一般说来,谈判组成员的选择要考虑下列几点:

①能充分发挥每一个成员的作用。

②组长便于组内协调。

③具有专业知识组合优势。

④国际工程谈判时还要配备业务能力强,特别是外语写作能力较强的翻译。

谈判组员以3～5人为宜,可根据谈判不同阶段的要求,进行阶段性的人员更换,以确保谈判小组的知识结构与能力素质的针对性,取得最佳的效果。

2)谈判组长的人选。谈判组长即主谈,是谈判小组的关键人物,一般要求主谈具有如下基本素质:

①具有较强的业务能力和应变能力。

②具有较宽的知识面和丰富的工程经验与谈判经验。

③具有较强的分析、判断能力,决策果断。

④年富力强,思维敏捷,体力充沛。

(4)谈判的方案准备与思想准备。谈判的方案准备即指参加谈判前拟定好预达成的目标、所要解决的问题,以及具体措施等。

思想准备则指进行谈判的有利与不利因素分析,设想出谈判可能出现的各种情况,制定相应的解决办法,以避免不应有的错误。

(5)谈判的议程安排。主要指谈判的地点选择、主要活动安排等准备内容。承包合同谈判的议程安排,一般由发包人提出,征求对方意见后再确定。作为承包商要充分认识到非"主场"谈判的难度,做好充分的心理准备。

3.谈判阶段

在实际工作中,有的发包人把全部谈判均放在决标之前进行,以利用投标者想中标的心情压价并取得对自己有利的条件;也有的发包人将谈判分为决标前和决标后两个阶段进行。

(1)决标前的谈判。发包人在决标前与初选出的几家投标者谈判的内容主要有两个方面:一是技术答辩;二是价格问题。

技术答辩由评标委员会主持,了解投标者如果中标后将如何组织施工,如何保证工期,对技术难度较大的部位采取什么措施等,虽然投标者在编制投标文件时对上述问题已有准备,但在开标后,当本公司进入前几标时,应该在这方面再进行认真细致的准备,必要时画出有关图解,以取得评标委员的好感,顺利通过技术答辩。

价格问题是一个十分重要的问题,发包人利用其有利地位,要求投标者降低报价,并就工程款额中付款期限、贷款利率(对有贷款的投标)以至延期付款条件等方面要求投标者作出让步。投标者在这一阶段一定要沉住气,对发包人的要求进行逐条分析,在适当时机适当地、逐步地让步,因此,谈判有时会持续很长时间。

(2)决标后的谈判。经过决标前的谈判,发包人确定出中标者并发出中标函,这时发包人和中标者还要进行决标后的谈判,即将过去双方达成的协议具体化,并最后签署合同协议书,对价格及所有条款加以认证。

决标后,中标者地位有所改善,可以利用这一点,积极地、有理有节地同发包人进行决标后的谈判,争取协议条款公正合理,对关键性条款的谈判,要做到彬彬有礼而又不作大的让步。对有些过分不合理的条款,一旦接受了会带来无法负担的损失,则宁可冒损失投标保证金的风险而拒绝发包人要求或退出谈判,以迫使发包人让步,因为谈判时合同并未签字,中标者不在合同约束之内,也未提交履约保证。

发包人和中标者在对价格和合同条款达成充分一致的基础上,签订合同协议书(在某些国家需要到法律机关认证)。至此,双方即建立了受法律保护的合作关系,招标投标工作即告成。

4. 谈判内容

(1)关于工程范围。谈判中应使施工、设备采购、安装与调试、材料采购、运输与贮存等工作的范围具体明确,责任分明,以防报价漏项及引发施工过程中的矛盾。现举例说明如下:

1)有的合同条件规定:"除另有规定外的一切工程"、"承包商可以合理推知需要提供的为本工程服务所需的一切辅助工程"等。其中不确定的内容,可作无限制的解释的,应该在合同中加以明确,或争取写明"未列入本合同中的工程量表和价格清单的工程内容,不包括在合同总价内"。

2)在某些材料供应合同中,常规是写:"……材料送到现场"。但是有些工地现场范围极大,对方只要送进工地围墙以内,就理解为"送到现场"。这对施工单位很不利,要增加两次搬运费。严密的写法,应写成:"……材料送到操作现场。"

3)对于"可供选择的项目",应力争在签订合同前予以明确,究竟选择与否。如果确实难以在签订合同时澄清,则应当确定一个具体的期限来选定这些项目是否需要施工。应当注意,如果这些项目的确定时间太晚,可能影响材料设备的订货,承包商可能会受到不应有的损失。

　　4)对于现场监理工程师的办公建筑、家具设备、车辆和各项服务,如果已包括在投标价格中,而且招标书规定得比较明确和具体,则应当在签订合同时予以审定和确认。特别是对于建筑面积和标准,设备和车辆的牌号,以及服务的详细内容等,应当十分具体和明确。

　　5)某总包与分包签订的合同中有:"总包同意在分包完成工程,经监理工程师签发证书,并在业主支付总承包商该项已完工程款后 30 天内,向分包付款"。表面看似乎合理,实际是总包转移风险的手段。因为发包人与总包之间的原因有多方面,而监理工程师不签发证书,致使发包人拒绝或拖延向总包付款,并非是分包的原因。这种笼统地把总包得到付款,作为向分包付款的前提是不合理的。应补充以下条款:"如果监理工程师未签发证书,或总包未能收到发包人付款,并非分包违约。那么,总包应向分包支付其实际完成的工程款和最后结算款"。

　　(2)关于合同文件。对当事人来说合同文件就是法律文书,应该使用严谨、周密的法律语言,不能使用日常通俗语言或"工程语言",以防一旦发生争端合同中无准确依据,影响合同的履行,并为索赔成功创造一定的条件。

　　1)对拟定的合同文件中的缺欠,经双方一致同意后,可进行修改和补充,并应整理为正式的"补遗"或"附录",由双方签字作为合同的组成部分,注明哪些条件由"补遗"或"附录"中的相应条款替代,以免发生矛盾与误解,在实施工程中发生争端。

　　2)应当由双方同意将投标前发包人对各投标人质疑的书面答复或通知,作为合同的组成部发,因为这些答复或通知,既是标价计算的依据,也可能是今后索赔的依据。

　　3)承包商提供的施工图纸是正式的合同文件内容。不能只认为"发包人提交的图纸属于合同文件"。应该表明"与合同协议同时由双方签字确认的图纸属于合同文件"。以防发包人借补充图纸的机会增加工程内容。

　　4)对于作为付款和结算工程价款的工程量及价格清单,应该根据议标阶段作出的修正重新整理和审定,并经双方签字。

　　5)尽管采用的是标准合同文本,在签字前都必须全面检查,对于关键词语和数字更应反复核对,不得有任何差错。

　　(3)关于双方的一般义务。主要包括合同中有关监理工程师命令的执行;关于履约保证;关于工程保险;关于工人的伤亡事故保险和其他社会保险;关于不可预见的自然条件和人为障碍处理等的条款内容。

　　(4)关于劳务。关于劳务的谈判内容主要涉及如下方面:

　　1)劳务来源与劳务选择权;劳务队伍的能力素质与资质要求;劳务费取费标准确定;关于劳务的聘用与解雇的有关规定;有关保险事宜等。

　　2)在进行国际工程承包时,有关劳务的谈判内容则更加复杂。例如:发包人协助取得各种许可手续的责任;因劳务短缺造成延误工期的处理;为提高工效和缩短工期而需加班的允许条件及处理方法;现场人员必须遵守的当地法律、尊重当地风俗习惯、禁酒、禁止出售和使用麻醉毒品、武器弹药、不得扰乱社会治安的条款;有关劳务的节假日;当地的劳工法、移民法、出入境规定及个人所得税法的规定等。

(5)关于工程的开工和工期。工期是施工合同的关键条件之一,是影响价格的一项重要因素,同时它是违约误期罚款的唯一依据。工期确定是否合理,直接影响着承包商的经济效益问题,影响业主所投资的工程项目能否早日投入使用,因此工期确定一定要讲究科学性、可操作性,同时要注意以下问题出现:

1)不能把工期混同于合同期。合同期是表明一个合同的有效期间,以合同生效之日到合同终止。而工期是对承包商完成其工作所规定的时间。在工程承包合同中,通常施工期虽已结束,但合同期并未终止。

2)应明确规定保证开工的措施。要保证工程按期竣工,首先要保证按时开工。将发包方影响开工的因素列入合同条件之中。如果由于发包方的原因导致承包方不能如期开工,则工期应顺延。

3)施工中,如因变更设计造成工程量增加或修改原设计方案,或工程师不能按时验收工程,承包方有权要求延长工期。

4)必须要求发包方按时验收工程,以免拖延付款,影响承包方的资金周转和工期。

5)发包方向承包方提交的现场应包括施工临时用地,并写明其占用土地的一切补偿费用均由发包方承担。

6)如果工程项目付款中,规定有初期工程付款,其中包括临时工程占用土地的各项费用开支。则承包商应在投标前作出周密调查,尽可能减少日后额外占用的土地数量,并将所有费用列入报价之中。

7)应规定现场移交的时间和移交的内容。所谓移交现场应包括场地测量图纸、文件和各种测量标志的移交。

8)单项工程较多的工程,应争取分批竣工,并提交工程师验收,发给竣工证明。工程全部具备验收条件而发包方无故拖延验收时,应规定发包方向承包方支付工程费用。

9)由于发包人及其他非承包商原因造成工期延长,承包商有权提出延长工期要求。在施工过程中,如发包人未按时交付合格的现场、图纸及批准承包商的施工方案,增加工程量或修改设计内容,或发包人不能按时验收已完成工程而迫使承包商中断施工等,承包商有权要求延长工期,要在合同中明确规定。

(6)关于材料和操作工艺主要包括以下内容:

1)材料供应方式,即发包人供应材料还是承包商提供材料。

2)材料的种类、规格、数量、单价与质量等级。

3)材料提供的时间、地点。

4)对于报送给监理工程师或发包方审批的材料样品,应规定答复期限。发包方或监理工程师在规定答复期限不予答复,则视作"默许"。经"默许"后再提出更换,应该由发包方承担延误工期和原报批的材料已订货而造成的损失。

5)对于应向监理工程师提供的现场测量和试验的仪器设备,应在合同中列出清单,写明名称、型号、规格、数量等。如果超出清单内容,则应由发包方承担超出的费用。

6)关于工序质量检查问题。如果监理工程师延误了上道工序的检查时间,往往使承包方无法按期进行下一道工序,而使工程进度受到严重影响。因此,应对工序检验制度作出具体规定。特别是对需要及时安排检验的工序要有时间限制。超出限制时,监理工程师未予检查,则承包方可认为该工序已被接受,可进行下一道工序的施工。

(7)关于工程的变更和增减。主要涉及工程变更与增减的基本要求,由于工程变更导致的经济支出,承包商核实的确定方法,发包人应承担的责任,延误的工期处理等内容。主要包括:

1)工程变更应有一个合适的限额,超过限额,承包商有权修改单价。

2)对于单项工程的大幅度变更,应在工程施工初期提出,并争取规定限期。超过限期大幅度增加单项工程,由发包人承担材料、工资价格上涨而引起的额外费用;大幅度减少单项工程,发包人应承担材料已订货而造成的损失。

(8)关于工程维修。

1)应当明确维修工程的范围和维修责任。承包商只能承担由于材料、工艺不符合合同要求而产生缺陷,没有看管好工程而遭损坏时的责任。

2)一些重要、复杂的工程,若要求承包商对其施工的工程主体结构进行寿命担保,则应规定合理的年限值、担保的内容和方式。承包商可争取用保函担保,或者在工程保险时一并由保险公司保险。

(9)关于付款。付款是承包商最为关心也是最为棘手的问题。发包人和承包商之间发生的争议,有很多与付款问题相关。关于付款主要涉及如下问题:

1)价格问题。价格是施工合同最主要内容之一,是双方讨论的关键,它包括单价、总价、工资、加班费和其他各项费用,以及付款方式和付款的附带条件等。价格主要是受工作内容、工期和其他各项义务的制约。在进行工程价格谈判时,一定要注意以下几个方面:

①是采用固定价格投标,还是同时考虑合同可包括一些伸缩性条款来应付货币贬值、物价上涨等变化因素,即遇到货币贬值等因素时合同价格是否可以调整等。

②有无可能采用成本加酬金合同形式。

③在合同期间,发包人是否能够保证一种商品价格的稳定。如在国际承包活动中,有些国家虽然要求承包商用固定价格投标,但可保证少数商品价格稳定。

2)货币问题。主要是货币兑换限制、货币汇率浮动、货币支付问题。货币支付条款主要有:固定货币支付条款,即合同中规定支付货币的种类和各种货币的数额,今后按此付款,而不受货币价值浮动的影响;选择性货币条款,即可在几种不同的货币中选择支付,并在合同中用不同的货币标明价格。这种方式也不受货币价值浮动的影响,但关键在于选择权属于谁的问题,承包商应争取主动权。

3)支付问题。主要指支付时间、支付方式和支付保证等问题。由于货币时间价值的存在,同等金额的工程款金额,但承包商所能获取的实际利益却是不同的。常包括的支付内容主要有:工程预付款、工程进度款、最终付款和退还保留金等。付款方式则有:现金支付、实物支付、汇兑支付、异地支付、转账支付等等。对于承包商来说,一定要争取得到预付款,而且,预付款的偿还按预付款与合同总价的同一比例每次在工程进度款中扣除为好。对于工程进度付款,应争取它不仅包括当月已完成的工程价款,还应包括运到现场的合格材料与设备费用。最终付款,意味着工程的竣工,承包商有权取得全部工程的合同价款一切尚未付清的款项。关于退还保留金问题,承包商争取降低扣留金额的数额,使之不超过合同总价的5%;并争取工程竣工验收合格后全部退回,或者用维修保函代替扣留的应付工程款。

(10)关于工程验收。验收主要包括对中间和隐蔽工程的验收、竣工验收和对材料设备的验收。在审查验收条款时,应注意的问题是验收范围、验收时间和验收质量标准等问题是否在合同中明确表明。因为验收是承包工程实施过程中的一项重要工作,它直接影响工程的工期和质量问题,需要认真对待。

(11)关于违约责任。为了确认违约责任,处罚得当,在审查违约责任条款时,应注意以下两点:

1)要明确不履行合同的行为,如合同到期后未能完工,或施工过程中施工质量不符合要求,或劳务合同中的人员素质不符合要求,或发包人不能按期付款等。在对自己一方确定违约责任时,一定要同时规定对方的某些行为是自己一方履约的先决条件,否则不应构成违约责任。

2)针对自己关键性的权利,即对方的主要义务,应向对方规定违约责任。如承包商必须按期、按质完工;发包人必须按期付款等,都要详细规定各自的履约义务和违约责任。规定对方的违约责任就是保证自己享有的权利。

需要谈判的内容非常多,而且双方均以维护自身利益为核心进行谈判,更增加了谈判的难度和复杂性。就某一具体谈判而言由于受项目的特点,不同的谈判的客观条件等因素决定,在谈判内容上通常是有所侧重,需谈判小组认真仔细地研究,进行具体谋划。

5. 合同谈判的规则与策略

(1)合同谈判的规则。

1)谈判前应作好充分准备。如备齐文件和资料;拟好谈判的内容和方案;对谈判的对方,其性格、年龄、嗜好、资历、职务均应有所了解,以便派出合格人选参加谈判。

在谈判中,要统一口径,不得将内部矛盾暴露在对方面前。

2)在合同中要预防对方把工程风险转嫁我方。如果发现,要有同样的相应的条款来抵御。

3)谈判的主要负责人不宜急于表态,应先让副手主谈,正手在旁视听,从中找出问题的症结,以备进攻。

4)谈判中要抓住实质性问题,不要在枝节问题上争论不休。实质性问题不轻易让步,枝节问题要表现宽宏大量的风度。

5)谈判要有礼貌,态度要诚恳、友好、平易近人;发言要稳重,当意见不一致时不能急躁,更不能感情冲动,甚至使用侮辱性语言。一旦出现僵局时,可暂时休会。但是,谈判的时间不宜过长,一般应以招标文件确定的"投标有效期"为准。

6)少说空话、大话,但偶尔赞扬自己在国内、甚至国外的业绩是必不可少的。

7)对等让步的原则。当对方已作出一定让步时,自己也应考虑作出相应的让步。

8)谈判时必须记录,但不宜录音,否则使对方情绪紧张,影响谈判效果。

(2)合同谈判的策略。谈判是通过不断的会晤确定各方权利、义务的过程,它直接关系到谈判桌上各方最终利益的得失。因此,谈判绝不是一项简单的机械性工作,而是集合了策略与技巧的艺术。以下介绍几种常见的谈判策略和技巧:

1)掌握谈判的进程。即指掌握谈判过程的发展规律。谈判大体上可分为五个阶段,即探测、报价、还价、拍板和签订合同。谈判各个阶段中谈判人员应该采取的策略主要有:

①设计探测策略。探测阶段是谈判的开始,设计探测策略的主要目的在于尽快摸清对方的意图,关注的重点,以便在谈判中做到对症下药,有的放矢。

②讨价还价阶段。是谈判的实质性进展阶段。在本阶段中双方从各自的利益出发,相互交锋,相互角逐。谈判人员应保持清醒的头脑,在争论中保持心平气和的态度,临阵不乱、镇定自若、据理力争。要避免不礼貌的提问,以防引起对方反感甚至导致谈判破裂。应努力求同存异,创造和谐气氛逐步接近。

③控制谈判的进程。工程建设这样的大型谈判一定会涉及诸多需要讨论的事项,而各谈判事项的重要性并不相同,谈判各方对同一事项的关注程度也并不相同。成功的谈判者善于掌握谈判的进程,在充满合作气氛的阶段,展开自己所关注的议题的商讨,从而抓住时机,达成有利于己方的协议。而在气氛紧张时,则引导谈判进入双方具有共识的议题,一方面缓和气氛,另一方面缩小双方差距,推进谈判进程。同时,谈判者应懂得合理分配谈判时间。对于各议题的商讨时间应得当,不要过多拘泥于细节性问题。这样可以缩短谈判时间,降低交易成本。

④注意谈判氛围。谈判各方往往存在利益冲突,要兵不血刃即获得谈判成功是不现实的。但有经验的谈判者会在各方分歧严重,谈判气氛激烈的时候采取润滑措施,舒缓压力。在我国最常见的方式是饭桌式谈判。通过餐宴,联络谈判方的感情,拉近双方的心理距离,进而在和谐的氛围中重新回到议题。

2)打破僵局策略。僵局往往是谈判破裂的先兆,因而为使谈判顺利进行,并取得谈判成功,遇有僵持的局面必须适时采取相应策略,常用的打破僵局的方法有:

①拖延和休会。当谈判遇到障碍,陷入僵局的时候,拖延和休会可以使明智的谈判方有时间冷静思考,在客观分析形势后提出替代性方案。在一段时间的冷处理后,各方都可以进一步考虑整个项目的意义,进而弥合分歧,将谈判从低谷引向高潮。

②假设条件。即当遇有僵持局面时,可以主动提出假设我方让步的条件,试探对方的反应,这样可以缓和气氛,增加解决问题的方案。

③私下个别接触。当出现僵持局面时,观察对方谈判小组成员对引发僵持局面的问题的看法是否一致,寻找对本方意见的同情者与理解者,或对对方的主要持不同意见者,通过私下个别接触缓和气氛,消除隔阂,建立个人友谊,为下一步谈判创造有利条件。

④设立专门小组。本着求同存异的原则,谈判中遇到各类障碍时,不必一一都在谈判桌上解决,而是建议设立若干专门小组,由双方的专家或组员去分组协商,提出建议。一方面可使僵持的局面缓解,另一方面可提高工作效率,使问题得以圆满解决。

3)高起点战略。谈判的过程是各方妥协的过程,通过谈判,各方都或多或少会放弃部分利益以求得项目的进展。而有经验的谈判者在谈判之初会有意识向对方提出苛求的谈判条件。这样对方会过高估计本方的谈判底线,从而在谈判中更多做出让步。

4)避实就虚。这是孙子兵法中已提出的策略。谈判各方都有自己的优势和弱点。谈判者应在充分分析形势的情况下,做出正确判断,利用对方的弱点,猛烈攻击,迫其就范,做出妥协。而对于己方的弱点,则要尽量注意回避。

5)对等让步策略。为使谈判取得成功,谈判中对对方所提出的合理要求进行适当让步是必不可少的,这种让步要求对双方都是存在的。但单向的让步要求则很难达成,因而主动在某问题上让步时,同时对对方提出相应的让步条件,一方面可争得谈判的主动,另一方面又可促使对方让步条件的达成。

6)充分利用专家的作用。现代科技发展使个人不可能成为各方面的专家。而工程项目谈判又涉及广泛的学科领域。充分发挥各领域专家的作用,既可以在专业问题上获得技术支持,又可以利用专家的权威性给对方以心理压力。

三、建设工程施工合同的签订

合同签订的过程,是当事人双方互相协商并最后就各方的权利、义务达成一致意见的过程。签约是双方意志统一的表现。

签订工程施工合同的时间很长,实际上它是从准备招标文件开始,继而招标、投标、评标、中标,直至合同谈判结束为止的一整段时间。

1. 施工合同签订的原则

施工合同签订的原则是指贯穿于订立施工合同的整个过程,对承包、发包双方签订合同起指导和规范作用、双方均应遵守的准则。主要有:依法签订原则、平等互利协商一致原则、等价有偿原则、严密完备原则和履行法律程序原则等。具体内容见表 7-1。

表 7-1　　　　施工合同签订的原则

原　则	说　　　明
依法签订的原则	(1)必须依据《中华人民共和国经济合同法》、《建筑安装工程承包合同条例》、《建设工程合同管理办法》等有关法律、法规。 (2)合同的内容、形式、签订的程序均不得违法。 (3)当事人应当遵守法律、行政法规和社会公德,不得扰乱社会经济秩序,不得损害社会公共利益。 (4)根据招标文件的要求,结合合同实施中可能发生的各种情况进行周密、充分的准备,按照"缔约过失责任原则"保护企业的合法权益
平等互利协商一致的原则	(1)发包方、承包方作为合同的当事人,双方均平等地享有经济权利平等地承担经济义务,其经济法律地位是平等的,没有主从关系。 (2)合同的主要内容,须经双方经过协商、达成一致,不允许一方将自己的意志强加于对方,也不允许一方以行政手段干预对方、压服对方等现象发生
等价有偿的原则	(1)签约双方的经济关系要合理,当事人的权利义务是对等的。 (2)合同条款中亦应充分体现等价有偿原则,即: 1)一方给付,另一方必须按价值相等原则作相应给付。 2)不允许发生无偿占有、使用另一方财产现象。 3)对工期提前、质量全优要予以奖励。 4)延误工期、质量低劣应罚款。 5)提前竣工的收益由双方分享
严密完备的原则	(1)充分考虑施工期内各个阶段,施工合同主体间可能发生的各种情况和一切容易引起争端的焦点问题,并预先约定解决问题的原则和方法。 (2)条款内容力求完备,避免疏漏,措辞力求严谨、准确、规范。 (3)对合同变更、纠纷协调、索赔处理等方面应有严格的合同条款作保证,以减少双方矛盾

原　则	说　　明
履行法律 程序的原则	(1)签约双方都必须具备签约资格,手续健全齐备。 (2)代理人超越代理人权限签订的工程合同无效。 (3)签约的程序符合法律规定。 (4)签订的合同必须经过合同管理的授权机关鉴证、公证和登记等手续,对合同的真实性、可靠性、合法性进行审查,并给予确认,方能生效

2. 施工合同签订的形式和程序

(1)施工合同签订的形式。《合同法》第 10 条规定:"当事人订立合同,有书面合同、口头形式和其他形式。法律、行政法规规定采用书面形式的,应当采用书面形式。当事人约定采用书面形式的应当采用书面形式。"书面形式是指合同书、信件和数据电文(包括电报、电传、传真、电子数据交换和电子邮件)等可以有形地表现所载内容的形式。

《合同法》第 270 条规定:"工程施工合同应当采用书面形式"。主要是由于施工合同由于涉及面广、内容复杂、建设周期长、标的的金额大。

(2)施工合同签订的程序。作为承包商的建筑施工企业在签订施工合同工作中,主要的工作程序见表 7-2。

表 7-2　　　　　　　　　　　签订施工合同的程序

程　序	内　　容
市场调查 建立联系	(1)施工企业对建筑市场进行调查研究。 (2)追踪获取拟建项目的情况和信息,以及业主情况。 (3)当对某项工程有承包意向时,可进一步详细调查,并与业主取得联系
表明合作 意愿投标 报价	(1)接到招标单位邀请或公开招标通告后,企业领导做出投标决策。 (2)向招标单位提出投标申请书,表明投标意向。 (3)研究招标文件,着手具体投标报价工作
协商谈判	(1)接受中标通知书后,组成包括项目经理的谈判小组,依据招标文件和中标书草拟合同专用条款。 (2)与发包人就工程项目具体问题进行实质性谈判。 (3)通过协商、达成一致,确立双方具体权利与义务,形成合同条款。 (4)参照施工合同示范文本和发包人拟定的合同条件与发包人订立施工合同

（续表）

程　序	内　　　容
签署书面合同	（1）施工合同应采用书面形式的合同文本。 （2）合同使用的文字要经双方确定，用两种以上语言的合同文本，须注明几种文本是否具有同等法律效力。 （3）合同内容要详尽具体，责任义务要明确，条款应严密完整，文字表达应准确规范。 （4）确认甲方，即业主或委托代理人的法人资格或代理权限。 （5）施工企业经理或委托代理人代表承包方与甲方共同签署施工合同
签证与公证	（1）合同签署后，必须在合同规定的时限内完成履约保函、预付款保函、有关保险等保证手续。 （2）送交工商行政管理部门对合同进行鉴证并缴纳印花税。 （3）送交公证处对合同进行公证。 （4）经过鉴证、公证，确认了合同真实性、可靠性、合法性后，合同发生法律效力，并受法律保护

四、建设工程施工合同示范文本简介

在建设工程施工合同经济法律关系中必须包括主体、客体和内容三大要素。施工合同的主体是建设单位（发包人、甲方）和建筑安装施工单位（承包人、乙方），客体是建筑安装工程项目，内容就是施工合同的具体条款中规定的双方的权利和义务。

鉴于施工合同的内容复杂、涉及面宽，为了避免施工合同的编制者遗漏某些方面的重要条款，或条款约定责任不够公平合理，建设部和国家工商行政管理总局于 1999 年 12 月 24 日印发了《建设工程施工合同（示范文本）》[GF—1999—0201]（以下简称《示范文本》）。

施工合同示范文本的条款内容不仅涉及各种情况下双方的合同责任和规范化的履行管理程序，而且涵盖了非正常情况的处理原则，如变更、索赔、不可抗力、合同的被迫终止、争议的解决等方面。

《示范文本》可适用于土木工程，包括各类公用建筑、民用住宅、工业厂房、交通设施及线路管道的施工和设备安装。

1.《示范文本》的组成

《示范文本》由《协议书》、《通用条款》、《专用条款》三部分组成，并附有三个附件：附件一是《承包人承揽工程项目一览表》、附件二是《发包人供应材料设备一览表》、附件三是《工程质量保修书》。

（1）《协议书》。《协议书》是《示范文本》中总纲性的文件，其内容包括工程概况、工程承包范围、合同工期、质量标准、合同价款、组成合同的文件等。它规定了合同当事人双方最主要的权利和义务,规定了组成合同的文件及合同当事人对履行合同义务的承诺。合同当事人在《协议书》上签字盖章后,表明合同已成立、生效,具有法律效力。

(2)《通用条款》。《通用条款》是将建设工程施工合同中共性的一些内容抽象出来编写的一份完整的合同文件,有11部分47条。它是根据《合同法》、《建筑法》、《建设工程施工合同管理办法》等法律、法规对承包、发包双方的权利义务作出的规定,除双方协商一致对其中的某些条款作了修改、补充或删除外,双方都必须履行。《通用条款》具有很强的通用性,基本适用于各类建设工程。

(3)《专用条款》。由于具体实施工程项目的工作内容各不相同,施工现场和外部环境条件各异,因此还必须有反映招标工程具体特点和要求的《专用条款》的约定。《示范文本》中的《专用条款》部分只为当事人提供了编制具体合同时应包括内容的指南,具体内容由当事人根据发包工程的实际要求细化。

具体工程项目编制《专用条款》的原则是,结合项目特点,针对《通用条款》的内容进行补充或修正,达到相同序号的《通用条款》和《专用条款》共同组成对某一方面问题内容完备的约定。因此,《专用条款》的序号不必依此排列,《通用条款》已构成完善的部分无须重复抄录,只需对《通用条款》部分需要补充、细化甚至弃用的条款做相应说明后,按照《通用条款》对该问题的编号顺序排列即可。

2.《示范文本》的作用

《示范文本》在编制过程中遵循了固定性和灵活性相结合的原则,使其具有了规范性、可靠性、完备性、适用性的特点。采用《示范文本》,有助于签订施工合同的当事人了解、掌握有关法律、法规的规定,使合同的签订规范化,避免当事人意思表示不真实、不确切,避免缺款少项,防止出现显失公平和违法的条款,能有效地规范合同当事人的行为。另外,《示范文本》还有助于合同管理机关加强监督管理,保护当事人的合法权益,保障国家和社会公共利益。

五、建设工程施工合同的审查

在工程实施过程中,常会出现如下合同问题:

(1)合同签订后才发现,合同中缺少某些重要的、必不可少的条款,但双方已签字盖章,难以或不可能再作修改或补充。

(2)在合同实施中发现,合同规定含混,难以分清双方的责任和权益;合同条款之间,不同的合同文件之间规定和要求不一致,甚至互相矛盾。

(3)合同条款本身缺陷和漏洞太多,对许多可能发生的情况未作估计和具体规定。有些合同条款都是原则性规定,可操作性不强。

(4)合同双方对同一合同条款的理解大相径庭,在合同实施过程中出现激烈的争执。双方在签约前未就合同条款的理解进行沟通。

(5)合同一方在合同实施中才发现,合同的某些条款对自己极为不利,隐藏着极大的风险,甚至中了对方有意设下的圈套。

（6）有些施工合同甚至合法性不足。例如合同签订不符合法定程序，合同中的有些条款与国家或地方的法律、法规相抵触，结果导致整个施工合同或合同中的部分条款无效。

为了有效地避免上述情况的发生，合同双方当事人在合同签订前要进行合同审查。所谓合同审查，是指在合同签订以前，将合同文本"解剖"开来，检查合同结构和内容的完整性以及条款之间的一致性，分析评价每一合同条款执行的法律后果及其中的隐含风险，为合同的谈判和签订提供决策依据。

通过合同审查，可以发现合同中存在的内容含糊、概念不清之处或自己未能完全理解的条款，并加以仔细研究，认真分析，采取相应的措施，以减少合同中的风险，减少合同谈判和签订中的失误，有利于合同双方合作愉快，促进工程项目施工的顺利进行。

对于一些重大的工程项目或合同关系和内容很复杂的工程，合同审查的结果应经律师或合同法律专家核对评价，或在他们的直接指导下进行审查后，才能正式签订双方间的施工合同。

1. 合同效力审查与分析

合同效力是指合同依法成立所具有的约束力。对工程施工合同效力的审查，基本上从合同主体、客体、内容3方面加以考虑。结合实践情况，现今在工程建设市场上有以下合同无效的情况：

（1）没有经营资格而签订的合同。工程施工合同的签订双方是否有专门从事建筑业务的资格，是合同有效、无效的重要条件之一。如：

1）作为发包方的房地产开发公司应有相应的开发资格。

2）作为承包方的勘察、设计、施工单位均应有其经营资格。

（2）缺少相应资质而签订的合同。建设工程是"百年大计"的不动产产品，而不是一般的产品，因此工程施工合同的主体除了具备可以支配的财产、固定的经营场所和组织机构外，还必须具备与建设工程项目相适应的资质条件，而且也只能在资质证书核定的范围内承接相应的建设工程任务，不得擅自越级或超越规定的范围。

（3）违反法定程序而订立的合同。如前所述，订立合同由要约与承诺两个阶段构成。在工程施工合同尤其是总承包合同和施工总承包合同的订立中，通常通过招标投标的程序，招标为要约邀请，投标为要约，中标通知书的发出意味着承诺。对通过这一程序缔结的合同，《招标投标法》有着严格的规定。

首先，《招标投标法》对必须进行招投标的项目作了限定，具体内容前面章节所述。其次，招投标遵循公平、公正的原则，违反这一原则，也可能导致合同无效。

（4）违反关于分包和转包的规定所签订的合同。我国《建筑法》允许建设工程总承包单位将承包工程中的部分发包给具有相应资质条件的分包单位，但是，除总承包合同中约定的分包外，其他分包必须经建设单位认可。而且属于施工总承包的,建筑工程主体结构的施工必须由总承包单位自行完成。也就是说,未经建设单位认可的分包和施工总承包单位将工程主体结构分包出去所订立的分包合同,都是无效的。此外,将建设工程分包给不具备相应资质条件的单位或分包后将工程再分包的,均是法律禁止的。

《建筑法》及其他法律、法规对转包行为均作了严格禁止。转包,包括承包单位将其承包的全部建筑工程转包、承包单位将其承包的全部建筑工程肢解以后以分包的名义分别转包给他人。属于转包性质的合同,也因其违法而无效。

(5)其他违反法律和行政法规所订立的合同。如合同内容违反法律和行政法规,也可能导致整个合同的无效或合同的部分无效。例如发包方指定承包单位购入的用于工程的建筑材料、构配件,或者指定生产厂、供应商等,此类条款均为无效。合同中某一条款的无效,并不必然影响整个合同的有效性。

以上介绍了几种合同无效的情况。实践中,构成合同无效的情况众多,需要有一定法律知识方能判别。所以,建议承发包双方将合同审查落实到合同管理机构和专门人员,每一项目的合同文本均须经过经办人员、部门负责人、法律顾问、总经理几道审查,批注具体意见,必要时还应听取财务人员的意见,以期尽量完善合同,确保在谈判时确定己方利益能够得到最大保护。

2. 合同内容审查与分析

合同条款的内容直接关系到合同双方的权利、义务,在工程施工合同签订之前,应当严格审查各项合同内容,其中尤其应注意如下内容:

(1)确定合理的工期。工期过长,发包方则不利于及时收回投资;工期过短,承包方则不利于工程质量以及施工过程中建筑半成品的养护。因此,对承包方而言,应当合理计算自己能否在发包方要求的工期内完成承包任务,否则应当按照合同约定承担逾期竣工的违约责任。

(2)明确双方代表的权限。在施工承包合同中通常都明确甲方代表和乙方代表的姓名和职务,但对其作为代表的权限则往往规定不明。由于代表的行为代表了合同双方的行为,因此,有必要对其权利范围以及权利限制作一定约定。

(3)明确工程造价或工程造价的计算方法。工程造价条款是工程施工合同的必备和关键条款,但通常会发生约定不明的情况,往往为日后争议与纠纷的发生埋下隐患。而处理这类纠纷,法院或仲裁机构一般委托有权审价单位鉴定造价,势必使当事人陷入旷日持久的诉讼,更何况经审价得出的造价也因缺少可靠的计算依据而缺乏准确性,对维护当事人的合法权益极为不利。

如何在订立合同时就能明确确定工程造价?"设定分阶段决算程序,强化过程控制"将是一有效的方法。具体而言,就是在设定承发包合同时增加工程造价过程控制的内容,按工程形象进度分段进行预决算并确定相应的操作程序,使承发包合同签约时不确定的工程造价,在合同履行过程中按约定的程序得到确定,从而避免可能出现的造价纠纷。

　　(4)明确材料和设备的供应。由于材料、设备的采购和供应引发的纠纷非常多,故必须在合同中明确约定相关条款,包括发包方或承包商所供应或采购的材料、设备的名称、型号、规格、数量、单价、质量要求、运送到达工地的时间、验收标准、运输费用的承担、保管责任、违约责任等。

　　(5)明确工程竣工交付使用。应当明确约定工程竣工交付的标准。如发包方需要提前竣工,而承包商表示同意的,则应约定由发包方另行支付赶工费用或奖励。因为赶工意味着承包商将投入更多的人力、物力、财力,劳动强度增大,损耗亦增加。

　　(6)明确违约责任。违约责任条款的订立目的在于促使合同双方严格履行合同义务,防止违约行为的发生。发包方拖欠工程款、承包方不能保证施工质量或不按期竣工,均会给对方以及第三方带来不可估量的损失。审查违约责任条款时,要注意两点:第一,对违约责任的约定不应笼统化,而应区分情况作相应约定。有的合同不论违约的具体情况,笼统地约定一笔违约金,这没有与因违约造成的真正损失额挂钩,从而会导致违约金过高或过低的情形,是不妥当的。应当针对不同的情形作不同的约定,如质量不符合合同约定标准应当承担的责任、因工程返修造成工期延长的责任、逾期支付工程款所应承担的责任等,衡量标准均不同。第二,对双方的违约责任的约定是否全面。在工程施工合同中,双方的义务繁多,有的合同仅对主要的违约情况作了违约责任的约定,而忽视了违反其他非主要义务所应承担的违约责任。但实际上,违反这些义务极可能影响到整个合同的履行。

第二节　建设工程施工合同的履行

　　工程施工合同实施的过程即是完成整个合同中规定的任务的过程,也即是一个工程从准备、修建、竣工、试运行直到维修期结束的全过程。这个过程有时时间很长,某些大型工程往往需要 3～5 年,甚至更长的时间,因此研究合同实施过程中的问题十分重要。

一、准备工作

　　通常,承包合同签订 1～2 个月内,监理工程师即下达开工令(也有的工程合同协议内规定合同签订之日,即算开工之日)。无论如何,承包商都要竭尽全力做好开工前的准备工作并尽快开工,避免因开工准备不足而延误工期。

　　1. 人员和组织准备

　　项目经理部的组成是实施项目的关键,特别是要选好项目经理及其他主要人员,如总工程师、总会计师等。确定项目经理部主要人员后,由项目经理针对项目性质和工程大小,再选择其他经理部人员和施工队伍。同时与分包单位签订协议,明确与他们的责、权、利,使他们对项目有足够的重视,派出胜任承包任务的人员。

(1)项目经理人选确定。项目经理是项目施工的直接组织者与领导者,其能力与素质直接关系到项目管理的成败,因而要求项目经理具有如下基本素质:

1)具有较强的组织管理能力和市场竞争意识。

2)掌握扎实的专业基础知识与合同管理知识。

3)具有丰富的现场施工经验。

4)具有较强的公共关系能力。

5)能吃苦,精力、体力充沛。

(2)选择项目经理部的其他人员。由项目经理负责,针对项目性质和工程大小,选择项目经理部的其他人选。项目经理部是项目管理的中枢,其人员组成的原则是:充分支持专业技术组合优势,力求精简,有利于提高工作效率。

(3)施工作业队伍选择与分包单位签订合同。选择信誉好,能确保工期、质量,并能较好地降低工程成本的施工作业队伍与分包单位,与之签订协议,明确他们的责、权、利。进行必要的工程技术交底及有关业务技能培训。

(4)聘请专业顾问。进行技术复杂的大型项目、或本企业无施工经验的项目、或国际工程项目的施工时,还需要聘有关方面的专家,以提高项目管理能力与合同管理能力。

2. 施工准备

项目经理部组建后,就要着手施工准备工作,施工准备应着眼于以下几方面:

(1)接收现场。由发包人和发包人一方聘请的监理工程师会同承包商一方有关人员到现场办理交接手续。发包人、监理工程师应向承包商交底,如施工场地范围、工程界线、基准线、基准标高等,承包商校核没有异议,则可在接收现场的文件上签字,现场即算接收完毕。

(2)领取有关文件。承包商要向发包人或监理工程师领取图纸(按合同文件规定的套数)、技术规范(按合同文件规定的份数)及有报价的工程量表。如图纸份数不够使用时,承包商自费购买或复印。

(3)建立现场生活和生产营地。购买工程及生活用活动房屋、或者自己建造房屋、或租用房屋,建造仓库、生产维修车间等,办理连接水、电手续,购买空调机及各种生产设备和生活用品等。

(4)编制施工进度计划,包括人员进场,各项目材料机械进场时间。根据合同要求排出横线条进度计划,或采用网络图控制进度计划。

(5)编制付款计划表。承包商应在合同条件规定的时间内根据合同要求向监理工程师及发包人,报送他根据施工进度计划估算的各个季度他可能得到的现金流通量估算表。每月工程付款报表格式,须经监理工程师批准,承包商按月向监理工程师和发包人提交付款申请。

(6)提交现场管理机构及名单,承包商应按监理工程师的要求提交现场施工管理组织系统表。

(7)采购机械设备。

3. 办理保险、保函

承包商在接到发包人发出的中标函并最后签订工程合同之前,要根据合同文件有关条款要求,办理保函手续(包括履约保函、预付款保函等)和保险手续(包括工程保险、第三方责任险、工程一切险等),一般要求在签订工程合同前,提交履约保函、预付款保函。提交保险单的日期一般在合同条件中注明。

4. 资金的筹措

筹集施工所需要的流动资金。根据企业的财务状况、借贷利率等,制定筹资计划与筹资方案,确保以最小的代价,保证工程施工的顺利进行。

5. 学习合同文件

即在执行合同前,要组织有关人员认真学习合同文件,掌握各合同条款的要点与内涵,以利执行"实际履行与全面履行"的合同履行的原则。

二、履行施工合同应遵守的规定

施工项目合同履行的主体是项目经理和项目经理部。项目经理部必须从施工项目的施工准备、施工、竣工至维修期结束的全过程中,认真履行施工合同,实行动态管理,跟踪收集、整理、分析合同履行中的信息,合理、及时地进行调整。还应对合同履行进行预测,及早提出和解决影响合同履行的问题,以避免或减少风险。

(1)项目经理部履行施工合同应遵守下列规定:

1)必须遵守《合同法》、《建筑法》规定的各项合同履行原则和规则。

2)在行使权力、履行义务时应当遵循诚实信用原则和坚持全面履行的原则。全面履行包括实际履行(标的的履行)和适当履行(按照合同约定的品种、数量、质量、价款或报酬等的履行)。

3)项目经理由企业授权负责组织施工合同的履行,并依据《合同法》规定,与发包人或监理工程师打交道,进行合同的变更、索赔、转让和终止等工作。

4)如果发生不可抗力致使合同不能履行或不能完全履行时,应及时向企业报告,并在委托权限内依法及时进行处置。

5)遵守合同对约定不明条款、价格发生变化的履行规则,以及合同履行担保规则和抗辩权、代位权、撤销权的规则。

6)承包人按专用条款的约定分包所承担的部分工程,并与分包单位签订分包合同。非经发包人同意,承包人不得将承包工程的任何部分分包。

7)承包人不得将其承包的全部工程倒手转给他人承包,也不得将全部工程肢解后以分包的名义分别转包给他人,这是违法行为。工程转包是指:承包人不行使承包人的管理职能,不承担技术经济责任,将其承包的全部工程、或将其肢解以后以分包的名义分别转包给他人;或将工程的主要部分、或群体工程的半数以上的单位工程倒手转给其他施工单位;以及分包人将承包的工程再次分包给其他施工单位,从中提取回扣的行为。

(2)项目经理部履行施工合同应做的工作:

1)应在施工合同履行前,针对工程的承包范围、质量标准和工期要求,承包人的义务和权力,工程款的结算、支付方式与条件,合同变更、不可抗力影响、物价上涨、工程中止、第三方损害等问题产生时的处理原则和责任承担,争议的解决方法等重要问题进行合同分析,对合同内容、风险、重点或关键性问题做出特别说明和提示,向各职能部门人员交底,落实根据施工合同确定的目标,依据施工合同指导工程实施和项目管理工作。

2)组织施工力量;签订分包合同;研究熟悉设计图纸及有关文件资料;多方筹集足够的流动资金;编制施工组织设计,进度计划,工程结算付款计划等,作好施工准备,按时进入现场,按期开工。

3)制订科学的周密的材料、设备采购计划,采购符合质量标准的价格低廉的材料、设备,按施工进度计划,及时进入现场,搞好供应和管理工作,保证顺利施工。

4)按设计图纸、技术规范和规程组织施工;作好施工记录,按时报送各类报表;进行各种有关的现场或实验室抽检测试,保存好原始资料;制订各种有效措施,采取先进的管理方法,全面保证施工质量达到合同要求。

5)按期竣工,试运行,通过质量检验,交付发包人,收回工程价款。

6)按合同规定,作好责任期内的维修、保修和质量回访工作。对属于承包方责任的工程质量问题,应负责无偿修理。

7)履行合同中关于接受监理工程师监督的规定,如有关计划、建议须经监理工程师审核批准后方可实施;有些工序须监理工程师监督执行,所做记录或报表要得到其签字确认;根据监理工程师要求报送各类报表、办理各类手续;执行监理工程师的指令,接受一定范围内的工程变更要求等。承包商在履行合同中还要自觉地接受公证机关、银行的监督。

8)项目经理部在履行合同期间,应注意收集、记录对方当事人违约事实的证据,即对发包方或发包人履行合同进行监督,作为索赔的依据。

三、施工合同履行中各方的职责

在工程项目施工合同中明确了合同当事人双方即发包人和承包商的权利、义务和职责,同时也对接受发包人委托的监理工程师的权力、职责的范围作了明确、具体的规定。当然,监理工程师的权利、义务在发包人与监理单位所签订的监理委托合同中,也有明确且具体的规定。

下面概括地介绍在施工合同的履行过程中,发包人、监理工程师和承包商的职责。

1. 发包人的职责

发包人及其所指定的发包人代表,负责协调监理工程师和承包商之间的关系,对重要问题作出决策,并处理必须由发包人完成的有关事宜,包括如下内容:

(1)指定发包人代表,委托监理工程师,并以书面形式通知承包商,如系国际贷款项目则还应通知贷款方。

(2)及时办理征地、拆迁等有关事宜,并按合同规定完成(或委托承包商)场地平整,水、电、道路接通等准备工作。

(3)批准承包商转让部分工程权益的申请,批准履约保证和承保人,批准承包商提交的保险单。

(4)在承包商有关手续齐备后,及时向承包商拨付有关款项。如工程预付款、设备和材料预付款,每月的月结算,最终结算表。

(5)负责为承包商开证明信,以便承包商为工程的进口材料、设备以及承包商的施工装备等办理海关、税收等有关手续问题。

(6)主持解决合同中的纠纷、合同条款必要的变动和修改(需经双方讨论同意)。

(7)及时签发工程变更命令(包括工程量变更和增加新项目等),并确定这些变更的单价与总价。

(8)批准监理工程师同意上报的工程延期报告。

(9)对承包商的信函及时给予答复。

(10)负责编制并向上级及外资贷款单位送报财务年度用款计划,财务结算及各种统计报表等。

(11)协助承包商(特别是外国承包商)解决生活物资供应、运输等问题。

(12)负责组成验收委员会进行整个工程或局部工程的初步验收和最终竣工验收,并签发有关证书。

(13)如果承包商违约,发包人有权终止合同并授权其他人去完成合同。

2. 监理工程师的职责

监理工程师不属于发包人与承包商之间所签订施工合同中的任一方,但也接受发包人的委托并根据发包人的授权范围,代表发包人对工程进行监督管理,主要负责工程的进度控制、质量控制、投资控制、合同管理、信息管理以及协调工作等。其具体职责如下:

(1)协助发包人评审投标文件,提出决策建议,并协助发包人与中标者商签承包合同。

(2)按照合同要求,全面负责对工程的监督、管理和检查,协调现场各承包商间的关系,负责对合同文件的解释和说明,处理矛盾,以确保合同的圆满执行。

(3)审查承包商入场后的施工组织设计,施工方案和施工进度实施计划以及工程各阶段或各分部工程的进度实施计划,并监督实施,督促承包商按期或提前完成工程,进行进度控制。按照合同条件主动处理工期延长问题或接受承包商的申请处理有关工期延长问题。审批承包商报送的各分部工程的施工方案,特殊技术措施和安全措施。必要时发出暂停施工命令和复工命令并处理由此而引起的问题。

(4)帮助承包商正确理解设计意图,负责有关工程图纸的解释、变更和说明,发出图纸变更命令,提供新的补充的图纸,在现场解决施工期间出现的设计问题。负责提供原始基准点、基准线和参考标高,审核检查并批准承包商的测量放样结果。

(5)监督承包商认真贯彻执行合同中的技术规范、施工要求和图纸上的规定,以确保工程质量能满足合同要求。制定各类对承包商进行施工质量检查的补充规定。或审查、修改和批准由承包商提交的质量检查要求和规定。及时检查工程质量,特别是基础工程和隐蔽工程。指定试验单位或批准承包商申报的试验单位,检查批准承包商的各项实验室及现场试验成果。及时签发现场或其他有关试验的验收合格证书。

(6)严格检查材料、设备质量、批准、检查承包商的订货(包括厂家、货物样品、规格等),指定或批准材料检验单位,抽查或检查进场材料和设备(包括配件、半成品的数量和质量等)。

(7)进行投资控制。负责审核承包商提交的每月完成的工程量及相应的月结算财务报表,处理价格调整中有关问题并签署当月支付款数额,及时报发包人审核支付。

(8)协助发包人处理好索赔问题。当承包商违约时代表发包人向承包商索赔,同时处理承包商提出的各类索赔。索赔问题均应与发包人和承包商协商后,决定处理意见。如果发包人或承包商中的任一方对监理工程师的决定不满意,可以提交仲裁。

(9)人员考核。承包商派去工地管理工程的项目经理,须经监理工程师批准。监理工程师有权考查承包商进场人员的素质,包括技术水平、工作能力、工作态度等,可以随时撤换不称职的项目经理和不听从管理的工人。

(10)审批承包商要求将有关设备、施工机械、材料等物品进、出海关的报告,并及时向发包人发出要求办理海关手续的公函,督促发包人及时向海关发出有关公函。

(11)监理工程师应自己记录施工日记及保存一份质量检查记录,以作为每月结算及日后查核时用。监理工程师并应根据积累的工程资料,整理工程档案(如监理合同有该项要求时)。

(12)在工程快结束时,核实最终工程量,以便进行工程的最终支付。参加竣工验收或受发包人委托负责组织并参加竣工验收。

(13)签发合同条款中规定的各类证书与报表。

（14）定期向发包人提供工程情况报告，并根据工地发生的实际情况及时向发包人呈报工程变更报告，以便发包人签发变更命令。

（15）协助调解发包人和承包商之间的各种矛盾。当承包商或发包人违约时，按合同条款的规定，处理各类有关问题。

（16）处理施工中的各种意外事件（如不可预见的自然灾害等）引起的问题。

3. 承包商的职责

（1）按合同工作范围、技术规范、图纸要求及进场后呈交并经监理工程师批准的施工进度实施计划、负责组织现场施工，每月（或周）的施工进度计划亦须事先报监理工程师批准。

（2）每周在监理工程师召开的会议上汇报工程进展情况及存在问题，提出解决问题的办法经监理工程师批准执行。

（3）负责施工放样及测量，所有测量原始数据、图纸均须经监理工程师检查并签字批准，但承包商应对测量数据和图纸的正确性负责。

（4）负责按工程进度及工艺要求进行各项有关现场及实验室实验，所有试验成果均须报监理工程师审核批准，但承包商应对试验成果的正确性负责。

（5）根据监理工程师的要求，每月报送进、出场机械设备的数量和型号，报送材料进场量和耗用量以及报送进、出场人员数。

（6）制定施工安全措施，经监理工程师批准后实施，但承包商应对工地的安全负责。

（7）制定各种有效措施保证工程质量，并且在需要时，根据监理工程师的指示，提出有关质量检查办法的建议，经监理工程师批准执行。

（8）负责施工机械的维护、保养和检修，以保证工程施工正常进行。

（9）按照合同要求负责设备的采购、运输、检查、安装、调试及试运行。

（10）按照监理工程师的指示，对施工的有关工序，填写详细的施工报表，并及时要求监理工程师审核确认。

（11）根据合同规定或监理工程师的要求，进行部分永久工程的设计或绘制施工详图，报监理工程师批准后实施，但承包商应对所设计的永久工程负责。

（12）在订购材料之前，需根据监理工程师的要求，或将材料样品送监理工程师审核，或将材料送监理工程师指定的试验室进行试验，试验成果报请监理工程师审核批准。对进场材料要随时抽样检验材料质量。

另外，需要注意的是关于承包商的强制性义务，通常包括以下几个方面：

（1）执行监理工程师的指令。

（2）接受工程变更要求。由于各种不可预见因素的存在，工程变更现象在所难免，因而要求承包商接受一定范围的工程变更要求。但根据合同变更的定义，变更是当事人双方协商一致的结果，所以因客观条件的制约工程不得不变更时，发包方必须与承包商协商，并达成一致意见。

(3)严格执行合同中有关期限的规定。首先是合同工期。承包商一旦接到监理工程师发出的开工令,就得立即开工,否则将导致违约而蒙受损失。其次是在履行合同过程中,承包商只存在合同规定的有效期限内提出的要求才被接受。若迟于合同规定的相应期限,不管其要求是否合理,发包人完全有权不予接受。

(4)承包商必须信守价格义务。工程承包合同是缔约双方行为的依据,价格则是合同的实质性因素。合同一经缔结便不得更改(只能签订附加条款予以补充、修改和完善),因此,价格自然也就不能更改了。对于承包商,价格不能更改的含义是其在正常条件下,包括施工过程中碰到正常困难的情况下不得要求补偿。例外的情况一般只能是:

1)增加工程,包括发包人要求的或不可预见的工程。

2)因修改设计而导致工程变更或改变施工条件。

3)由于发包人的行为或错误而导致工程变更。

4)发生不可抗力事件。

5)发生导致经济条件混乱的不可预见事件。

四、分包合同签订与履行

1. 关于工程转包与分包

(1)关于工程转包。工程转包,是指不行使承包者管理职能,不承担技术经济责任,将所承包的工程倒手转给他人承包的行为。下列行为均属转包:

1)建筑施工企业将承包的工程全部包给其他施工单位,从中提取回扣者。

2)总包单位将工程的主要部分或群体工程(指结构技术要求相同的)中半数以上的单位工程包给其他施工单位者。

3)分包单位将承包的工程再次分包给其他施工单位者。

我国是禁止转包工程的。《建筑法》明确规定"禁止承包单位将其承包的全部建筑工程转包给他人,禁止承包单位将其承包的全部工程肢解以后以分包的名义分别转包给他人"。

(2)关于工程分包。工程分包,是指经合同约定或发包单位认可,从工程总包单位承包的工程中承包部分工程的行为。承包单位将部分工程分包出去,这是允许的。《建筑安装工程承包合同条例》规定:"承包单位可将承包的工程,部分分包给其他分包单位,签订分包合同"。

2. 分包合同的签订

总包单位必须自行完成建设项目(或单项、单位工程)的主要部分,其非主要部分或专业性较强的工程可分包给营业条件符合该工程技术要求的建筑安装单位。结构和技术要求相同的群体工程,总包单位应自行完成半数以上的单位工程。

(1)分包合同文件组成及优先顺序。

1)分包合同协议书。

2)承包人发出的分包中标书。

3)分包人的报价书。

4)分包合同条件。

5)标准规范、图纸、列有标价的工程量清单。

6)报价单或施工图预算书。

(2)总包单位的责任。

1)编制施工组织总设计,全面负责工程进度、工程质量、施工技术、安全生产等管理工作。

2)按照合同或协议规定的时间,向分包单位提供建筑材料、构配件、施工机具及运输条件。

3)统一向发包单位领取工程技术文件和施工图纸,按时供给分包单位。属于安装工程和特殊专业工程的技术文件和施工图纸,经发包单位同意,也可委托分包单位直接向发包单位领取。

4)按合同规定统筹安排分包单位的生产、生活临时设施。

5)参加分包工程技师检查和竣工验收。

6)统一组织分包单位编制工程预算、拨款及结算。属于安装工程和特殊专业工程的预决算,经总包单位委托,发包单位同意,分包单位也可直接对发包单位。

(3)分包单位的责任。

1)保证分包工程质量,确保分包工程按合同规定的工期完成。

2)按施工组织总设计编制分包工程的施工组织设计或施工方案,参加总包单位的综合平衡。

3)编制分包工程的预(决)算,施工进度计划。

4)及时向总包单位提供分包工程的计划、统计、技术、质量等有关资料。

(4)分包合同的履行。

分包合同的当事人,总包单位与分包单位,都应严格履行分包合同规定的义务。具体要求如下:

1)工程分包不能解除承包人任何责任与义务,承包人应在分包现场派驻相应的监督管理人员,保证本合同的履行。履行分包合同时,承包人应就承包项目(其中包括分包项目),向发包人负责,分包人就分包项目向承包人负责。分包人与发包人之间不存在直接的合同关系。

2)分包人应按照分包合同的规定,实施和完成分包工程,修补其中的缺陷,提供所需的全部工程监督、劳务、材料、工程设备和其他物品,提供履约担保、进度计划,不得将分包工程进行转让或再分包。

3)承包人应提供总包合同(工程量清单或费率所列承包人的价格细节除外)供分包人查阅。

4)分包人应当遵守分包合同规定的承包人的工作时间和规定的分包人的设

备材料进出场的管理制度。承包人应为分包人提供施工现场及其通道;分包人应允许承包人和监理工程师等在工作时间内合理进入分包工程的现场,并提供方便,做好协助工作。

5)分包人延长竣工时间应根据下列条件:承包人根据总包合同延长总包合同竣工时间;承包人指示延长;承包人违约。分包人必须在延长开始 14 天内将延长情况通知承包人,同时提交一份证明或报告,否则分包人无权获得延期。

6)分包人仅从承包人处接受指示,并执行其指示。如果上述指示从总包合同来分析是监理工程师失误所致,则分包人有权要求承包人补偿由此而导致的费用。

7)分包人应根据下列指示变更、增补或删减分包工程:监理工程师根据总包合同作出的指示,再由承包人作为指示通知分包人;承包人的指示。

8)分包工程价款由承包人与分包人结算。发包人未经承包人同意不得以任何名义向分包单位支付各种工程款项。

9)由于分包人的任何违约行为、安全事故或疏忽、过失导致工程损害或给发包人造成损失,承包人承担连带责任。

五、合同履行中的管理问题

进行认真、严肃、科学、有效的合同管理是合同履行的重要内容。合同管理的水平直接关系到合同履行的效果和项目管理的成败。

1. 合同管理的内容

(1)接受有关部门对施工合同的管理。从合同管理主体的整体来看,除企业自身外,还包括工商行政管理部门、主管部门和金融机构等相关部门。工商行政管理部门主要是从行政管理的角度,上级主管部门主要是从行业管理的角度,金融部门主要是从资金使用与控制的角度对施工合同进行管理。在合同履行中,承包商必须主动接受上述部门对合同履行的监督与管理。

(2)进行认真、严肃、科学、有效的内部合同管理。"外因是变化的条件,内因是变化的根据"。提高企业的合同管理水平,取得合同管理的实效关键在于企业自己。企业为搞好合同管理必须做好如下工作:

1)充分认识合同管理的重要性。合同界定了项目的大小和承包商的责、权、利,作为承包商,企业的经济效益主要来源于项目效益,因而搞好合同管理是提高企业经济效益的前提。合同属于法律的范畴,合同管理的过程,也就是法制建设的过程,加强合同管理是科学化、法制化、规范化管理的重要基础。只有充分认识到合同管理的重要性,才能有合同管理的自觉性与主动性。

2)根据一定时期企业施工合同的要求制定企业目标及其工作计划。即在一定时期内,以承包合同的内容为线索,根据合同要求制定一定时期企业的工作目标,并在此基础上形成工作计划。也就是说合同管理不能只停留在口头上,而应将其成为指导企业经营管理活动的主线。

3)建立严格的合同管理制度。合同管理必须打破传统的合同管理观念,即仅把其局限于保管与保密的状态之中,而是把合同作为各工作环节的行为准则。为确保合同管理目标的达成,必须建立健全相应的合同管理制度。

4)加强合同执行情况的监督与检查。施工企业合同管理的任务包括两个方面:其一是对与甲方签订的承包合同的管理,主要目标是落实"实际履行的原则与全面履行的原则";其二是进行企业内部承包合同的管理,其主要目标是确保合同真实、有效、合法,并真正落实与实施。因而应建立完备的监督、检查机制。

5)建立科学的评价标准,确保公平竞争。建立科学的评价标准,是科学评价项目经理及项目经理部工作业绩的基础,是形成激励机制和公平竞争局面的前提,也是确保企业内部承包合同公平、合理的保证。

2. 合同管理应注意的问题

施工合同的管理应注意以下问题:

(1)弄清合同中的每一项内容,因为合同是工程的核心。

(2)用文字记录代替口头协议。特别是大型工程,因施工时间较长。

(3)考虑问题要灵活,管理工作要做在其他工作的前面。要积累施工中一切资料、数据、文件。

(4)工程细节文件的记录应包括下列内容:信件、会议记录、业主的规定、指示、更换方案的书面记录及特定的现场情况等。

(5)有效的合同管理能使妨碍双方关系的事件得到很好的解决,这需要我们具有灵活、敏捷的头脑。只有具备这种能力,才有信心排除另一方设置的困难。

(6)应该想办法把弥补工程损失的条款写到合同中去,以减少风险。

(7)有效的合同管理是管理而不是控制。合同管理做得好,可以避免双方责任的分歧,是约束双方遵守合同规则的武器。当代合同管理的效果说明:由于现在国际承包市场竞争日益激烈,合同条款越来越复杂、繁琐。国际工程合同约一万页左右,承包商担当的风险也越来越大。如果没有有效的合同管理做保证,那么它将在承包中遭受失败。

六、施工合同履行中问题的处理

施工项目合同履行过程中经常遇到不可抗力问题、施工合同的变更、违约、索赔、争议、终止与评价等问题。

1. 合同变更

合同变更是指依法对原来合同进行的修改和补充,即在履行合同项目的过程中,由于实施条件或相关因素的变化,而不得不对原合同的某些条款做出修改、订正、删除或补充。合同变更一经成立,原合同中的相应条款就应解除。

(1)合同变更的起因及影响。合同内容频繁的变更是工程合同的特点之一。一个工程,合同变更的次数、范围和影响的大小与该工程招标文件(特别是合同条件)的完备性、技术设计的正确性,以及实施方案和实施计划的科学性直接相关。

合同变更一般主要有以下几方面的原因:

1)发包人有新的意图,发包人修改项目总计划,削减预算,发包人要求变化。

2)由于是设计人员、工程师、承包商事先没能很好地理解发包人的意图,或设计的错误,导致的图纸修改。

3)工程环境的变化,预定的工程条件改变原设计、实施方案或实施计划,或由于发包人指令及发包人责任的原因造成承包商施工方案的变更。

4)由于产生新的技术和知识,有必要改变原设计、实施方案或实施计划,或由于发包人指令、发包人的原因造成承包商施工方案的变更。

5)政府部门对工程新的要求,如国家计划变化、环境保护要求、城市规划变动等。

6)由于合同实施出现问题,必须调整合同目标,或修改合同条款。

7)合同双方当事人由于倒闭或其他原因转让合同,造成合同当事人的变化。这通常是比较少的。

合同的变更通常不能免除或改变承包商的合同责任,但对合同实施影响很大,主要表现在如下几方面:

1)导致设计图纸、成本计划和支付计划、工期计划、施工方案、技术说明和适用的规范等定义工程目标和工程实施情况的各种文件作相应的修改和变更。当然,相关的其他计划也应作相应调整,如材料采购计划、劳动力安排、机械使用计划等。它不仅引起与承包合同平行的其他合同的变化,而且会引起所属的各个分合同,如供应合同、租赁合同、分包合同的变更。有些重大的变更会打乱整个施工部署。

2)引起合同双方、承包商的工程小组之间、总承包商和分包商之间合同责任的变化。如工程量增加,则增加了承包商的工程责任,增加了费用开支和延长了工期。

3)有些工程变更还会引起已完工程的返工,现场工程施工的停滞,施工秩序打乱,已购材料的损失等。

(2)合同变更的原则。

1)合同双方都必须遵守合同变更程序,依法进行,任何一方都不得单方面擅自更改合同条款。

2)合同变更要经过有关专家(监理工程师、设计工程师、现场工程师等)的科学论证和合同双方的协商。在合同变更具有合理性、可行性,而且由此而引起的进度和费用变化得到确认和落实的情况下方可实行。

3)合同变更的次数应尽量减少,变更的时间亦应尽量提前,并在事件发生后的一定时限内提出,以避免或减少给工程项目建设带来的影响和损失。

4)合同变更应以监理工程师、发包人和承包商共同签署的合同变更书面指令为准,并以此作为结算工程价款的凭据。紧急情况下,监理工程师的口头通知也可接受,但必须在 48 小时内,追补合同变更书。承包人对合同变更若有不同意见可在 7~10 天内书面提出,但发包人决定继续执行的指令,承包商应继续执行。

5)合同变更所造成的损失,除依法可以免除的责任外,如由于设计错误,设计所依据的条件与实际不符,图与说明不一致,施工图有遗漏或错误等,应由责任方负责赔偿。

(3)合同变更范围。合同变更的范围很广,一般在合同签订后所有工程范围、进度、工程质量要求、合同条款内容、合同双方责权利关系的变化等都可以被看做为合同变更。最常见的变更有两种:

1)涉及合同条款的变更,合同条件和合同协议书所定义的双方责权利关系或一些重大问题的变更。这是狭义的合同变更,以前人们定义合同变更即为这一类。

2)工程变更,即工程的质量、数量、性质、功能、施工次序和实施方案的变化。

(4)合同变更程序。

1)合同变更的提出。

①承包商提出合同变更。承包商在提出合同变更时,一般情况是工程遇到不能预见的地质条件或地下障碍。如原设计的某大厦基础为钻孔灌注桩,承包商根据开工后钻探的地质条件和施工经验,认为改成沉井基础较好。另一种情况是承包商为了节约工程成本或加快工程施工进度,提出合同变更。

②发包人提出变更。发包人一般可通过工程师提出合同变更。但如发包人方提出的合同变更内容超出合同限定的范围,则属于新增工程,只能另签合同处理,除非承包方同意作为变更。

③工程师提出合同变更。工程师往往根据工地现场的工程进展的具体情况,认为确有必要时,可提出合同变更。工程承包合同施工中,因设计考虑不周,或施工时环境发生变化,工程师本着节约工程成本和加快工程与保证工程质量的原则,提出合同变更。只要提出的合同变更在原合同规定的范围内,一般是切实可行的。若超出原合同,新增了很多工程内容和项目,则属于不合理的合同变更请求,工程师应和承包商协商后酌情处理。

2)合同变更的批准。由承包商提出的合同变更,应交与工程师审查并批准。由发包人提出的合同变更,为便于工程的统一管理,一般由工程师代为发出。

而工程师发出合同变更通知的权力,一般由工程施工合同明确约定。当然该权力也可约定为发包人所有,然后,发包人通过书面授权的方式使工程师拥有该权力。如果合同对工程师提出合同变更的权力作了具体限制,而约定其余均应由发包人批准,则工程师就超出其权限范围的合同变更发出指令时,应附上发包人的书面批准文件,否则承包商可拒绝执行。但在紧急情况下,不应限制工程师向承包商发布他认为必要的变更指示。

合同变更审批的一般原则应为:第一考虑合同变更对工程进展是否有利;第

二要考虑合同变更可以节约工程成本；第三应考虑合同变更更是兼顾发包人、承包商或工程项目之外其他第三方的利益，不能因合同变更而损害任何一方的正当权益；第四必须保证变更项目符合本工程的技术标准；最后一种情况为工程受阻，如遇到特殊风险、人为阻碍、合同一方当事人违约等不得不变更工程。

3）合同变更指令的发出及执行。为了避免耽误工作，工程师在和承包商就变更价格达成一致意见之前，有必要先行发布变更指示，即分两个阶段发布变更指示：第一阶段是在没有规定价格和费率的情况下直接指示承包商继续工作；第二阶段是在通过进一步的协商之后，发布确定变更工程费率和价格的指示。

合同变更指示的发出有两种形式：书面形式和口头形式。

①一般情况要求工程师签发书面变更通知令。当工程师书面通知承包商工程变更，承包商才执行变更的工程。

②当工程师发出口头指令要求合同变更时，要求工程师事后一定要补签一份书面的合同变更指示。如果工程师口头指示后忘了补书面指示，承包商（须7天内）以书面形式证实此项指示，交与工程师签字，工程师若在14天之内没有提出反对意见，应视为认可。

所有合同变更必须用书面或一定规格写明。对于要取消的任何一项分部工程，合同变更应在该部分工程还未施工之前进行，以免造成人力、物力、财力的浪费，避免造成发包人多支付工程款项。

根据通常的工程惯例，除非工程师明显超越合同赋予其的权限，承包商应该无条件的执行其合同变更的指示。如果工程师根据合同约定发布了进行合同变更的书面指令，则不论承包商对此是否有异议，不论合同变更的价款是否已经确定，也不论监理或发包人答应给予付款的金额是否令承包商满意，承包商都必须无条件地执行此种指令。即使承包商有意见，也只能是一边进行变更工作，一边根据合同规定寻求索赔或仲裁解决。在争议处理期间，承包商有义务继续进行正常的工程施工和有争议的变更工程施工，否则可能会构成承包商违约。

合同变更的程序示意图如图7-1所示。

（5）工程变更。在合同变更中，量最大、最频繁的是工程变更。它在工程索赔中所占的份额也最大。工程变更的责任分析是工程变更起因与工程变更问题处理，即确定赔偿问题的桥梁。工程变更中有两大类变更。

1）设计变更。设计变更会引起工程量的增加、减少，新增或删除工程分项，工程质量和进度的变化，实施方案的变化。一般工程施工合同赋予发包人（工程师）这方面的变更权力，可以直接通过下达指令，重新发布图纸或规范实现变更。

2）施工方案变更。施工方案变更的责任分析有时比较复杂。

①在投标文件中，承包商就在施工组织设计中提出比较完备的施工方案，但施工组织设计不作为合同文件的一部分。对此有如下问题应注意：

a. 施工方案虽不是合同文件，但它也有约束力。发包人向承包商授标就表

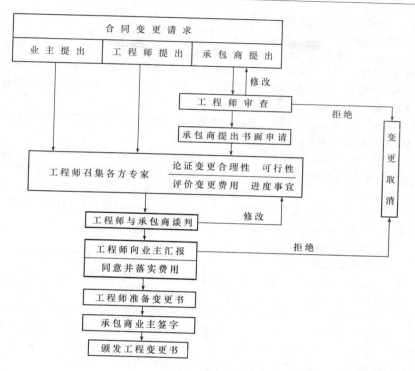

图 7-1 合同变更程序示意图

示对这个方案的认可。当然在授标前,在澄清会议上,发包人也可以要求承包商对施工方案作出说明,甚至可以要求修改方案,以符合发包人的目标、发包人的配合和供应能力(如图纸、场地、资金等)。此时一般承包商会积极迎合发包人的要求,以争取中标。

　　b. 施工合同规定,承包商应对所有现场作业和施工方法的完备、安全、稳定负全部责任。这一责任表示在通常情况下由于承包商自身原因(如失误或风险)修改施工方案所造成的损失由承包商负责。

　　c. 在它作为承包商责任的同时,又隐含着承包商对决定和修改施工方案具有相应的权利,即发包人不能随便干预承包商的施工方案;为了更好地完成合同目标(如缩短工期),或在不影响合同目标的前提下承包商有权采用更为科学和经济合理的施工方案,发包人也不得随便干预。当然承包商承担重新选择施工方案的风险和机会收益。

　　d. 在工程中承包商采用或修改实施方案都要经过工程师的批准或同意。

②重大的设计变更常常会导致施工方案的变更。如果设计变更由发包人承担责任,则相应的施工方案的变更也由发包人负责;反之,则由承包商负责。

③对不利的异常的地质条件所引起的施工方案的变更,一般作为发包人的责任。一方面这是一个有经验的承包商无法预料现场气候条件除外的障碍或条件,另一方面发包人负责地质勘察和提供地质报告,则他应对报告的正确性和完备性承担责任。

④施工进度的变更。施工进度的变更是十分频繁的:在招标文件中,发包人给出工程的总工期目标;承包商在投标书中有一个总进度计划(一般以横道图形式表示);中标后承包商还要提出详细的进度计划,由工程师批准(或同意);在工程开工后,每月都可能有进度的调整。通常只要工程师(或发包人)批准(或同意)承包商的进度计划(或调整后的进度计划),则新进度计划就成为有约束力的。如果发包人不能按照新进度计划完成按合同应由发包人完成的责任,如及时提供图纸、施工场地、水电等,则属发包人的违约,应承担责任。

(6)工程变更的管理。

1)注意对工程变更条款的合同分析。对工程变更条款的合同分析应特别注意:工程变更不能超过合同规定的工程范围,如果超过这个范围,承包商有权不执行变更或坚持先商定价格后再进行变更。发包人和工程师的认可权必须限制。发包人常常通过工程师对材料的认可权提高材料的质量标准、对设计的认可权提高设计质量标准、对施工工艺的认可权提高施工质量标准。如果合同条文规定比较含糊或设计不详细,则容易产生争执。但是,如果这种认可权超过合同明确规定的范围和标准,承包商应争取发包人或工程师的书面确认,进而提出工期和费用索赔。

此外,与发包人、与总(分)包之间的任何书面信件、报告、指令等都应经合同管理人员进行技术和法律方面的审查,这样才能保证任何变更都在控制中,不会出现合同问题。

2)促成工程师提前作出工程变更。在实际工作中,变更决策时间过长和变更程序太慢会造成很大的损失。常有两种现象:一种现象是施工停止,承包商等待变更指令或变更会谈决议;另一种现象是变更指令不能迅速作出,而现场继续施工,造成更大的返工损失。这就要求变更程序尽量快捷,故即使仅从自身出发,承包商也应尽早发现可能导致工程变更的种种迹象,尽可能促使工程师提前作出工程变更。

施工中发现图纸错误或其他问题,需进行变更,首先应通知工程师,经工程师同意或通过变更程序再进行变更。否则,承包商可能不仅得不到应有的补偿,而且会带来麻烦。

3)对工程师发出的工程变更应进行识别。特别在国际工程中,工程变更不能免去承包商的合同责任。对已收到的变更指令,特别对重大的变更指令或在图纸上作出的修改意见,应予以核实。对超出工程师权限范围的变更,应要求工程师出具发包人的书面批准文件。对涉及双方责权利关系的重大变更,必须有发包人的书面指令、认可或双方签署的变更协议。

4)迅速、全面落实变更指令。变更指令作出后,承包商应迅速、全面、系统地落实变更指令。承包商应全面修改相关的各种文件,例如有关图纸、规范、施工计划、采购计划等,使它们一直反映和包容最新的变更。承包商应在相关的各工程小组和分包商的工作中落实变更指令,并提出相应的措施,对新出现的问题作解释和对策,同时又要协调好各方面工作。

5)分析工程变更的影响。工程变更是索赔机会,应在合同规定的索赔有效期内完成对它的索赔处理。在合同变更过程中就应记录、收集、整理所涉及的各种文件,如图纸、各种计划、技术说明、规范和发包人或工程师的变更指令,以作为进一步分析的依据和索赔的证据。

在工程变更中,特别应注意因变更造成返工、停工、窝工、修改计划等引起的损失,注意这方面证据的收集。在变更谈判中应对此进行商谈,保留索赔权。在实际工程中,人们常常会忽视这些损失证据的收集,而最后提出索赔报告时往往因举证和验证困难而被对方否决。

2. 发生不可抗力

在订立合同时,应明确不可抗力的范围,双方应承担的责任。在合同履行中加强管理和防范措施。当事人一方因不可抗力不能履行合同时,有义务及时通知对方,以减轻可能给对方造成的损失,并应当在合理期限内提供证明。

不可抗力发生后,承包人应在力所能及的条件下迅速采取措施,尽量减少损失,并在不可抗力事件发生过程中,每隔 7 天向工程师报告一次受害情况;不可抗力事件结束后 48 小时内向工程师通报受害情况和损失情况,及预计清理和修复的费用;14 天内向工程师提交清理和修复费用的正式报告。

因不可抗力事件导致的费用及延误的工期由合同双方承担责任:

(1)工程本身的损害、因工程损害导致第三方人员伤亡和财产损失以及运至施工现场用于施工的材料和待安装的设备的损害,由发包人承担。

(2)发包方承包方人员伤亡由其所在单位负责,并承担相应费用。

(3)承包人机械设备损坏及停工损失,由承包人承担。

(4)停工期间,承包人应工程师要求留在施工场地的必要的管理人员及保卫人员的费用由发包人承担。

(5)工程所需清理、修复费用,由发包人承担。

(6)延误的工期相应顺延。

因合同一方迟延履行合同后发生不可抗力的,不能免除迟延履行方的相应责任。

3. 合同的解除

合同解除是在合同依法成立之后的合同规定的有效期内,合同当事人的一方有充足的理由,提出终止合同的要求,并同时出具包括终止合同理由和具体内容的申请,合同双方经过协商,就提前终止合同达成书面协议,宣布解除双方由合同确定的经济承包关系。

合同解除的理由主要有:

(1)施工合同当事双方协商,一致同意解除合同关系。

(2)因为不可抗力或者是非合同当事人的原因,造成工程停建或缓建,致使合同无法履行。

(3)由于当事人一方违约致使合同无法履行。违约的主要表现有:

1)发包人不按合同约定支付工程款(进度款),双方又未达成延期付款协议,导致施工无法进行,承包人停止施工超过 56 天,发包人仍不支付工程款(进度款),承包人有权解除合同。

2)承包人发生将其承包的全部过程、或将其肢解以后以分包的名义分别转包给他人;或将工程的主要部分、或群体工程的半数以上的单位工程倒手转包给其他施工单位等转包。

3)合同当事人一方的其他违约行为致使合同无法履行,合同双方可以解除合同。

当合同当事一方主张解除合同时,应向对方发出解除合同的书面通知,并在发出通知前 7 天告知对方。通知到达对方时合同解除。对解除合同有异议时,按照解决合同争议程序处理。

合同解除后的善后处理:

(1)合同解除后,当事人双方约定的结算和清理条款仍然有效。

(2)承包人应当按照发包人要求妥善做好已完工程和已购材料、设备的保护和移交工作,按照发包人要求将自有机械设备和人员撤出施工现场。发包人应为承包人撤出提供必要条件,支付以上所发生的费用,并按合同约定支付已完工程款。

(3)已订货的材料、设备由订货方负责退货或解除订货合同,不能退还的货款和退货、解除订货合同发生的费用,由发包人承担。

4. 违背合同

违背合同又称违约,是指当事人在执行合同的过程中,没有履行合同所规定的义务的行为。项目经理在违约责任的管理方面,首先要管好己方的履约行为,避免承担违约责任。如果发包人违约,应当督促发包人按照约定履行合同,并与之协商违约责任的承担。特别应当注意收集和整理对方违约的证据,以在必要时以此作为依据、证据来维护自己的合法权益。

(1)违约行为和责任。在履行施工合同过程中,主要的违约行为和责任是:

1)发包人违约：

①发包人不按合同约定支付各项价款，或工程师不能及时给出必要的指令、确认，致使合同无法履行，发包人承担违约责任，赔偿因其违约给承包人造成的直接损失，延误的工期相应顺延。

②未按合同规定的时间和要求提供材料、场地、设备、资金、技术资料等，除竣工日期得以顺延外，还应赔偿承包方因此而发生的实际损失。

③工程中途停建、缓建或由于设计变更或设计错误造成的返工，应采取措施弥补或减少损失。同时应赔偿承包方因停工、窝工、返工和倒运、人员、机械设备调迁、材料和构件积压等实际损失。

④工程未经竣工验收，发包单位提前使用或擅自动用，由此发生的质量问题或其他问题，由发包方自己负责。

⑤超过承包合同规定的日期验收，按合同的违约责任条款的规定，应偿付逾期违约金。

2)承包人违约：

①承包工程质量不符合合同规定，负责无偿修理和返工。由于修理和返工造成逾期交付的，应偿付逾期违约金。

②承包工程的交工时间不符合合同规定的期限，应按合同中违约责任条款，偿付逾期违约金。

③由于承包方的责任，造成发包方提供的材料、设备等丢失或损坏，应承担赔偿责任。

(2)违约责任处理原则：

1)承担违约责任应按"严格责任原则"处理，无论合同当事人主观上是否有过错，只要合同当事人有违约事实，特别是有违约行为并造成损失的，就要承担违约责任。

2)在订立合同时，双方应当在专用条款内约定发(承)包人赔偿承(发)包人损失的计算方法或者发(承)包人应当支付违约金的数额和计算方法。

3)当事人一方违约后，另一方可按双方约定的担保条款，要求提供担保的第三方承担相应责任。

4)当事人一方违约后，另一方要求违约方继续履行合同时，违约方承担继续履行合同、采取补救措施或者赔偿损失等责任。

5)当事人一方违约后，对方应当采取适当措施防止损失的扩大，否则不得就扩大的损失要求赔偿。

6)当事人一方因不可抗力不能履行合同时，应对不可抗力的影响部分(或者全部)免除责任，但法律另有规定的除外。当事人延迟履行后发生不可抗力的，不能免除责任。

第三节　建设工程施工合同争议处理

一、建设工程施工合同常见争议

工程施工合同中,常见的争议有以下几个方面。

1. 工程进度款支付、竣工结算及审价争议

尽管合同中已列出了工程量,约定了合同价款,但实际施工中会有很多变化,包括设计变更、现场工程师签发的变更指令、现场条件变化如地质、地形等,以及计量方法等引起的工程数量的增减。这种工程量的变化几乎每天或每月都会发生,而且承包商通常在其每月申请工程进度付款报表中列出,希望得到(额外)付款,但常因与现场监理工程师有不同意见而遭拒绝或者拖延不决。这些实际已完的工程而未获得付款的金额,由于日积月累,在后期可能增大到一个很大的数字,发包人更加不愿支付了,因而造成更大的分歧和争议。

在整个施工过程中,发包人在按进度支付工程款时往往会根据监理工程师的意见,扣除那些他们未予确认的工程量或存在质量问题的已完工程的应付款项,这种未付款项累积起来往往可能形成一笔很大的金额,使承包商感到无法承受而引起争议,而且这类争议在工程施工的中后期可能会越来越严重。承包商会认为由于未得到足够的应付工程款而不得不将工程进度放慢下来,而发包人则会认为在工程进度拖延的情况下更不能多支付给承包商任何款项,这就会形成恶性循环而使争端愈演愈烈。

更主要的是,大量的发包人在资金尚未落实的情况下就开始工程的建设,致使发包人千方百计要求承包商垫资施工、不支付预付款、尽量拖延支付进度款、拖延工程结算及工程审价进程,致使承包商的权益得不到保障,最终引起争议。

2. 工程价款支付主体争议

施工企业被拖欠巨额工程款已成为整个建设领域中屡见不鲜的“正常事”。往往出现工程的发包人并非工程真正的建设单位,并非工程的权利人。在该种情况下,发包人通常不具备工程价款的支付能力,施工单位该向谁主张权利,以维护其合法权益会成为争议的焦点。在此情况下,施工企业应理顺关系,寻找突破口,向真正的发包方主张权利,以保证合法权利不受侵害。

3. 工程工期拖延争议

一项工程的工期延误,往往是由于错综复杂的原因造成的。在许多合同条件中都约定了竣工逾期违约金。由于工期延误的原因可能是多方面的,要分清各方的责任往往十分困难。我们经常可以看到,发包人要求承包商承担工程竣工逾期的违约责任,而承包商则提出因诸多发包人方的原因及不可抗

力等工期应相应顺延,有时承包商还就工期的延长要求发包人承担停工、窝工的费用。

4．安全损害赔偿争议

安全损害赔偿争议包括相邻关系纠纷引发的损害赔偿、设备安全、施工人员安全、施工导致第三人安全、工程本身发生安全事故等等方面的争议。其中,建筑工程相邻关系纠纷发生的频率已越来越高,其牵涉主体和财产价值也越来越多,业已成为城市居民十分关心的问题。《建筑法》第 39 条为建筑施工企业设定了这样的义务:"施工现场对毗邻的建筑物、构筑物和特殊作业环境可能造成损害的,建筑施工企业应当采取安全防护措施。"

5．合同中止及终止争议

中止合同造成的争议有:承包商因这种中止造成的损失严重而得不到足够的补偿,发包人对承包商提出的就终止合同的补偿费用计算持有异议,承包商因设计错误或发包人拖欠应支付的工程款而造成困难提出中止合同,发包人不承认承包商提出的中止合同的理由,也不同意承包商的责难及其补偿要求等。

除非不可抗拒力外,任何终止合同的争议往往是难以调和的矛盾造成的。终止合同一般都会给某一方或者双方造成严重的损害。如何合理处置终止合同后的双方的权利和义务,往往是这类争议的焦点。终止合同可能有以下几种情况:

(1)属于承包商责任引起的终止合同。

(2)属于发包人责任引起的终止合同。

(3)不属于任何一方责任引起的终止合同。

(4)任何一方由于自身需要而终止合同。

6．工程质量及保修争议

质量方面的争议包括工程中所用材料不符合合同约定的技术标准要求,提供的设备性能和规格不符,或者不能生产出合同规定的合格产品,或者是通过性能试验不能达到规定的产量要求,施工和安装有严重缺陷等。这类质量争议在施工过程中主要表现为,工程师或发包人要求拆除和移走不合格材料,或者返工重做,或者修理后予以降价处置。对于设备质量问题,则常见于在调试和性能试验后,发包人不同意验收移交,要求更换设备或部件,甚至退货并赔偿经济损失。而承包商则认为缺陷是可以改正的,或者业已改正;对生产设备质量则认为是性能测试方法错误,或者制造产品所投入的原料不合格或者是操作方面的问题等,质量争议往往变成为责任问题争议。

此外,在保修期的缺陷修复问题往往是发包人和承包商争议的焦点,特别是发包人要求承包商修复工程缺陷而承包商拖延修复,或发包人未经通知承包商就自行委托第三方对工程缺陷进行修复。在此情况下,发包人要在预留的保修金扣除相应的修复费用,承包商则主张产生缺陷的原因不在承包商或发包人未履行通知义务且其修复费用未经其确认而不予同意。

二、建设工程施工合同争议解决方式

合同当事人在履行施工合同时,解决所发生争议、纠纷的方式有和解、调解、仲裁和诉讼等。

1. 和解

和解是指争议的合同当事人,依据有关法律规定或合同约定,以合法、自愿、平等为原则,在互谅互让的基础上,经过谈判和磋商,自愿对争议事项达成协议,从而解决分歧和矛盾的一种方法。和解方式无需第三者介入,简便易行,能及时解决争议,避免当事人经济损失扩大,有利于双方的协作和合同的继续履行。

2. 调解

调解是指争议的合同当事人,在第三方的主持下,通过其劝说引导,以合法、自愿、平等为原则,在分清是非的基础上,自愿达成协议,以解决合同争议的一种方法。调解有民间调解、仲裁机械调解和法庭调解3种。调解协议书对当事人具有与合同一样的法律约束力。运用调解方式解决争议,双方不伤和气,有利于今后继续履行合同。

3. 仲裁

仲裁也称公断,是双方当事人通过协议自愿将争议提交第三者(仲裁机构)做出裁决,并负有履行裁决义务的一种解决争议的方式。仲裁包括国内仲裁和国际仲裁。仲裁须经双方同意并约定具体的仲裁委员会。仲裁可以不公开审理从而保守当事人的商业秘密,节省费用,一般不会影响双方日后的正常交往。

4. 诉讼

诉讼是指合同当事人相互间发生争议后,只要不存在有效的仲裁协议,任何一方向有管辖权的法院起诉并在其主持下,为维护自己的合法权益的活动。通过诉讼,当事人的权力可得到法律的严格保护。

5. 其他方式

除了上述4种主要的合同争议解决方式外,在国际工程承包中,又出现了一些新的有效的解决方式,正在被广泛应用。比如FIDIC《土木工程施工合同条件》(红皮书)中有关"工程师的决定"的规定。当业主和承包商之间发生任何争端,均应首先提交工程师处理。工程师对争端的处理决定,通知双方后,在规定的期限内,双方均未发出仲裁意向通知,则工程师的决定即被视为最后的决定并对双方产生约束力。又比如在FIDIC《设计-建筑与交钥匙工程合同条件》(橘皮书)中规定业主和承包商之间发生任何争端,应首先以书面形式提交由合同双方共同任命的争端审议委员会(DRB)裁定。争端审议委员会对争端做出决定并通知双方后,在规定的期限内,如果任何一方未将其不满事宜通知对方,则该决定即被视为最终的决定并对双方产生约束力。无论工程师的决定,还是争端审议委员会的决定,都与合同具有同等的约束力。任何一方不执行决定,另一方即可将其不执行决定的行为提交仲裁。这种方式不同于调解,因其决定不是争端双方达成的协议;也不同于仲裁,因工程师和争端审议委员会只能以专家的身份做出决定,不能以仲裁人的身份做出裁决,其决定的效力不同于仲裁裁决的效力。

三、建设工程施工合同争议解决有关规定

当承包商与发包人(或分包商)在合同履行的过程中发生争议和纠纷,应根据平等协商的原则先行和解,尽量取得一致意见。若双方和解不成,则可要求有关主管部门调解。双方属于同一部门或行业,可由行业或部门的主管单位负责调解;不属于上述情况的可由工程所在地的建设主管部门负责调解;若调解无效,根据当事人的申请,在受到侵害之日起一年之内,可送交工程所在地工商行政管理部门的经济合同仲裁委员会进行仲裁,超过一年期限者,一般不予受理。仲裁是解决经济合同的一项行政措施,是维护合同法律效力的必要手段。仲裁是依据法律、法令及有关政策,处理合同纠纷,责令责任方赔偿、罚款,直至追究有关单位或人员的行政责任或法律责任。处理合同纠纷也可不经仲裁,而直接向人民法院起诉。

一旦合同争议进入仲裁或诉讼,项目经理应及时向企业领导汇报和请示。因为仲裁和诉讼必须以企业(具有法人资格)的名义进行,由企业作出决策。

在一般情况下,发生争议后,双方都应继续履行合同,保持施工连续,保护好已完工程。

只有发生下列情况时,当事人方可停止履行施工合同:

(1)单方违约导致合同确已无法履行,双方协议停止施工。

(2)调解要求停止施工,且为双方接受。

(3)仲裁机关要求停止施工。

(4)法院要求停止施工。

四、建设工程施工合同争议管理

1. 有理有礼有节,争取协商调解

施工企业面临着众多争议而且又必须设法解决的困惑,不少企业都参照国际惯例,设置并逐步完善了自己的内部法律机构或部门,专职实施对争议的管理,这是企业进入市场之必须。要注意预防解决争议找法院打官司的单一思维,通过诉讼解决争议未必是最有效的方法。由于工程施工合同争议情况复杂,专业问题多,有许多争议法律无法明确规定,往往造成主审法官难以判断、无所适从。因此,要深入研究案情和对策,处理争议要有理有礼有节,

能采取协商、调解、甚至争议评审方式解决争议的,尽量不要采取诉讼或仲裁方式。因为,通常情况,工程合同纠纷案件经法院几个月的审理,由于解决困难,法庭只能采取反复调解的方式,以求调解结案。

2. 重视诉讼、仲裁时效,及时主张权利

通过仲裁、诉讼的方式解决建设工程合同纠纷的,应当特别注意有关仲裁时效与诉讼时效的法律规定,在法定诉讼时效或仲裁时效内主张权利。

所谓时效制度是指一定的事实状态经过一定的期间之后即发生一定的法律后果的制度。民法上所称的时效,可分为取得时效和消灭时效,一定事实状态经过一定的期间之后即取得权利的,为取得时效;一定事实状态经过一定的期间之后即丧失权利的,为消灭时效。

法律确立时效制度的意义在于,首先是为了防止债权债务关系长期处于不稳定状态;其次是为了催促债权人尽快实现债权;再次,确立时效制度的积极意义还在于,可以避免债权债务纠纷因年长日久而难以举证,不便于解决纠纷。

所谓仲裁时效是指当事人在法定申请仲裁的期限内没有将其纠纷提交仲裁机关进行仲裁的,即丧失请求仲裁机关保护其权利的权利。在明文约定合同纠纷由仲裁机关仲裁的情况下,若合同当事人在法定提出仲裁申请的期限内没有依法申请仲裁的,则该权利人的民事权利不受法律保护,债务人可依法免于履行债务。

所谓诉讼时效,是指权利人在法定提起诉讼的期限内如不主张其权利,即丧失请求法院依诉讼程序强制债务人履行债务的权利。诉讼时效实质上就是消灭时效,诉讼时效期间届满后,债务人依法可免除其应负之义务。换言之,若权利人在诉讼时效期间届满后才主张权利的,丧失了胜诉权,其权利不受司法保护。

(1)关于仲裁时效期间和诉讼时效期间的计算问题。追索工程款、勘察费、设计费,仲裁时效期间和诉讼时效期间均为两年,从工程竣工之日起计算,双方对付款时间有约定的,从约定的付款期限届满之日起计算。

工程因建设单位的原因中途停工的,仲裁时效期间和诉讼时效期间应当从工程停工之日起计算。

工程竣工或工程中途停工,施工单位应当积极主张权利。实践中,施工单位提出工程竣工结算报告或对停工工程提出中间工程竣工结算报告,系施工单位主张权利的基本方式,可引起诉讼时效的中断。

追索材料款、劳务款,仲裁时效期间和诉讼时效期间亦为两年,从双方约定的付款期限届满之日起计算;没有约定期限的,从购方验收之日起计算,或从劳务工作完成之日起计算。

出售质量不合格的商品未声明的,仲裁时效期间和诉讼时效期间均为 1

年,从商品售出之日起计算。

(2)适用时效规定、及时主张自身权利的具体做法。根据《民法通则》的规定,诉讼时效因提起诉讼、债权人提出要求或债务人同意履行债务而中断。从中断时起,诉讼时效期间重新计算。因此,对于债权,具备申请仲裁或提起诉讼条件的,应在诉讼时效的期限内提请仲裁或提起诉讼。尚不具备条件的,应设法引起诉讼时效中断,具体办法有:

1)工程竣工后或工程中间停工的,应尽早向建设单位或监理单位提出结算报告;对于其他债权,亦应以书面形式主张债权,对于履行债务的请求,应争取到对方有关工作人员签名、盖章,并签署日期。

2)债务人不予接洽或拒绝签字盖章的,应及时将要求该单位履行债务的书面文件制作一式数份,自存至少一份备查后,将该文件以电报的形式或其他妥善的方式,即将请求履行债务的要求通知对方。

(3)主张债权已超过诉讼时效期间的补救办法。债权人主张债权超过诉讼时效期间的,除非债务人自愿履行,否则债权人依法不能通过仲裁或诉讼的途径使其履行。在这种情况下,应设法与债务人协商,并争取达成履行债务的协议。只要签订该协议,债权人仍可通过仲裁或诉讼途径使债务人履行债务。

3. 全面搜集证据,确保客观充分

搜集证据是一项十分重要的准备工作,根据法律规定和司法实践,搜集证据应当遵守如下要求:

(1)为了及时发现和收集到充分、确凿的证据,在搜集证据以前应当认真研究已有材料,分析案情,并在此基础上制定搜集证据的计划、确定搜集证据的方向、调查的范围和对象、应当采取的步骤和方法,同时还应考虑到可能遇到的问题和困难,以及解决问题和克服困难的办法等。

(2)搜集证据的程序和方式必须符合法律规定。凡是搜集证据的程序和方式违反法律规定的,例如,以贿赂的方式使证人作证的,或不经过被调查人同意擅自进行录音的等等,所收集到的材料一律不能作为证据来使用。

(3)搜集证据必须客观、全面。搜集证据必须尊重客观事实,按照证据的本来面目进行收集,不能弄虚作假,断章取义,制造假证据。全面搜集证据就是要收集能够收集到的、能够证明案件真实情况的全部证据,不能只收集对自己有利的证据。

(4)搜集证据必须深入、细致。实践证明,只有深入、细致地搜集证据,才能把握案件的真实情况,因此,搜集证据必须杜绝粗枝大叶、马虎行事、不求甚解的做法。

(5)搜集证据必须积极主动、迅速,证据虽然是客观存在的事实,但可能由于外部环境或外部条件的变化而变化,如果不及时予以收集,就有可能灭失。

4. 摸清财务状况,做好财产保全

(1)调查债务人的财产状况。对建设工程承包合同的当事人而言,提起诉讼的目的,大多数情况下是为了实现金钱债权,因此,必须在申请仲裁或者提起诉讼前调查债务人的财产状况,为申请财产保全做好充分准备。根据司法实践,调查债务人的财产范围应包括:

1)固定资产,如房地产、机器设备等,尽可能查明其数量、质量、价值,是否抵押等具体情况。

2)开户行、账号、流动资金的数额等情况。

3)有价证券的种类、数额等情况。

4)债权情况,包括债权的种类、数额、到期日等。

5)对外投资情况(如与他人合股、合伙创办经济实体),应了解其股权种类、数额等。

6)债务情况。债务人是否对他人尚有债务未予清偿,以及债务数额、清偿期限的长短等,都会影响到债权人实现债权的可能性。

7)此外,如果债务人系企业的,还应调查其注册资金与实际投入资金的具体情况,两者之间是否存在差额,以便确定是否请求该企业的开办人对该企业的债务在一定范围内承担清偿责任。

(2)做好财产保全。《民事诉讼法》第 92 条中规定:"人民法院对于可能因当事人一方的行为或者其他原因,使判决不能执行或者难以执行的案件,可以根据对方当事人的申请,作出财产保全的裁定;当事人没有提出申请的,人民法院在必要时也可以裁定采取财产保全措施。"第 93 条中同时规定:"利害关系人因情况紧急,不立即申请财产保全将会使其合法权益受到难以弥补的损害的,可以在起诉前向人民法院申请采取财产保全措施。"应当注意,申请财产保全,一般应当向人民法院提供担保,且起诉前申请财产保全的,必须提供担保。担保应当以金钱、实物或者人民法院同意的担保等形式实现,所提供的担保的数额应相当于请求保全的数额。

因此,申请财产保全的应当先作准备,了解保全财产的情况后,缜密做好以上各项工作后,即可申请仲裁或提起诉讼。

5. 聘请专业律师,尽早介入争议处理

施工单位不论是否有自己的法律机构,当遇到案情复杂难以准确判断的争议,应当尽早聘请专业律师,避免走弯路。目前,不少施工单位的经理抱怨,官司打赢了,得到的却是一纸空文,判决无法执行,这往往和起诉时未确定真正的被告和未事先调查执行财产并及时采取诉讼保全有关。施工合同争议的解决不仅取决于对行业情况的熟悉,很大程度上取决于诉讼技巧和正确的策略,而这些都是专业律师的专长。

第四节　建设工程施工合同常用示范文本

一、《建设项目工程总承包合同(示范文本)》(GF—2011—0216)

GF—2011—0216

建设项目工程总承包合同

（示范文本）

（试行）

住 房 和 城 乡 建 设 部
国家工商行政管理总局　制定

合同协议书

发包人(全称):＿＿＿＿＿＿＿＿＿＿＿＿＿＿＿＿＿＿＿＿＿＿＿＿＿＿＿

承包人(全称):＿＿＿＿＿＿＿＿＿＿＿＿＿＿＿＿＿＿＿＿＿＿＿＿＿＿＿

　　依照《中华人民共和国合同法》、《中华人民共和国建筑法》、《中华人民共和国招标投标法》及相关法律、行政法规,遵循平等、自愿、公平和诚信原则,合同双方就＿＿＿＿＿＿＿项目工程总承包事宜经协商一致,订立本合同。

　　一、工程概况

　　工程名称:＿＿＿＿＿＿＿＿＿＿＿＿＿＿＿＿＿＿＿＿＿＿＿＿＿＿＿＿

　　工程批准、核准或备案文号:＿＿＿＿＿＿＿＿＿＿＿＿＿＿＿＿＿＿＿＿＿

　　工程内容及规模:＿＿＿＿＿＿＿＿＿＿＿＿＿＿＿＿＿＿＿＿＿＿＿＿＿

　　工程所在省市详细地址:＿＿＿＿＿＿＿＿＿＿＿＿＿＿＿＿＿＿＿＿＿＿

　　工程承包范围:＿＿＿＿＿＿＿＿＿＿＿＿＿＿＿＿＿＿＿＿＿＿＿＿＿＿

　　二、工程主要生产技术(或建筑设计方案)来源

　　＿＿＿＿＿＿＿＿＿＿＿＿＿＿＿＿＿＿＿＿＿＿＿＿＿＿＿＿＿＿＿＿＿

　　三、主要日期

　　设计开工日期(绝对日期或相对日期):＿＿＿＿＿＿＿＿＿＿＿＿＿＿＿＿

　　施工开工日期(绝对日期或相对日期):＿＿＿＿＿＿＿＿＿＿＿＿＿＿＿＿

　　工程竣工日期(绝对日期或相对日期):＿＿＿＿＿＿＿＿＿＿＿＿＿＿＿＿

　　四、工程质量标准

　　工程设计质量标准:＿＿＿＿＿＿＿＿＿＿＿＿＿＿＿＿＿＿＿＿＿＿＿＿

　　工程施工质量标准:＿＿＿＿＿＿＿＿＿＿＿＿＿＿＿＿＿＿＿＿＿＿＿＿

　　五、合同价格和付款货币

　　合同价格为人民币(大写),＿＿＿＿＿＿＿元(小写金额:＿＿＿＿＿＿＿元)。详见合同价格清单分项表。除根据合同约定的在工程实施过程中需进行增减的款项外,合同价格不作调整。

　　六、定义与解释

　　本协议书中有关词语的含义与通用条款中赋予的定义与解释相同。

　　七、合同生效

　　本合同在以下条件全部满足之后生效:＿＿＿＿＿＿＿＿＿＿＿＿＿＿＿＿

　　发包人:　　　　　　　　　　　　　承包人:

　　(公章或合同专用章)　　　　　　　(公章或合同专用章)

　　法定代表人或其授权代表:　　　　　法定代表人或其授权代表:

　　　　(签字)　　　　　　　　　　　　　(签字)

工商注册住所：　　　　　　　　工商注册住所：
企业组织机构代码：　　　　　　　企业组织机构代码：
邮政编码：　　　　　　　　　　　邮政编码：
法定代表人：　　　　　　　　　　法定代表人：
授权代表：　　　　　　　　　　　授权代表：
电　话：　　　　　　　　　　　　电　话：
传　真：　　　　　　　　　　　　传　真：
电子邮箱：　　　　　　　　　　　电子邮箱：
开户银行：　　　　　　　　　　　开户银行：
账　号：　　　　　　　　　　　　账　号：
合同订立时间：_____年_____月_____日
合同订立地点：_____。

第二部分　通用条款

第1条　一般规定

1.1　定义与解释

1.1.1　合同，指由第1.2.1项所述的各项文件所构成的整体。

1.1.2　通用条款，指合同当事人在履行工程总承包合同过程中依法所遵守的一般性条款，由本文件第1条至第20条组成。

1.1.3　专用条款，指合同当事人根据工程总承包项目的具体情况，对通用条款进行细化、完善、补充、修改或另行约定，并同意共同遵守的条款。

1.1.4　工程总承包，指承包人受发包人委托，按照合同约定对工程建设项目的设计、采购、施工（含竣工试验）、试运行等阶段实行全过程或若干阶段的工程承包。

1.1.5　发包人，指在合同协议书中约定的，具有项目发包主体资格和支付工程价款能力的当事人或取得该当事人资格的合法继承人。

1.1.6　承包人，指在合同协议书中约定的，被发包人接受的具有工程总承包主体资格的当事人，包括其合法继承人。

1.1.7　联合体，指经发包人同意由两个或两个以上法人或者其他组织组成的，作为工程承包人的临时机构，联合体各方向发包人承担连带责任。联合体各方应指定其中一方作为牵头人。

1.1.8　分包人，指接受承包人根据合同约定对外分包的部分工程或服务的、具有相应资格的法人或其他组织。

1.1.9　发包人代表，指发包人指定的履行本合同的代表。

1.1.10　监理人,指发包人委托的具有相应资质的工程监理单位。

1.1.11　工程总监,指由监理人授权、负责履行监理合同的总监理工程师。

1.1.12　项目经理,指承包人按照合同约定任命的负责履行合同的代表。

1.1.13　工程,指永久性工程和(或)临时性工程。

1.1.14　永久性工程,指承包人根据合同约定,进行设计、采购、施工、竣工试验、竣工后试验和试运行考核并交付发包人进行生产操作或使用的工程。

1.1.15　单项工程,指专用条件中列明的具有某项独立功能的工程单元,是永久性工程的组成部分。

1.1.16　临时性工程,指为实施、完成永久性工程及修补任何质量缺陷,在现场所需搭建的临时建筑物、构筑物,以及不构成永久性工程实体的其他临时设施。

1.1.17　现场或场地,指合同约定的由发包人提供的用于承包人现场办公、工程物资、机具设施存放和工程实施的任何地点。

1.1.18　项目基础资料,指发包人提供给承包人的经有关部门对项目批准或核准的文件、报告(如选厂报告、资源报告、勘察报告等)、资料(如气象、水文、地质等)、协议(如原料、燃料、水、电、气、运输等)和有关数据等,以及设计所需的其他基础资料。

1.1.19　现场障碍资料,指发包人需向承包人提供的进行工程设计、现场施工所需的地上和地下已有的建筑物、构筑物、线缆、管道、受保护的古建筑、古树木等坐标方位、数据和其他相关资料。

1.1.20　设计阶段,指规划设计、总体设计、初步设计、技术设计和施工图设计等阶段。设计阶段的组成,视项目情况而定。

1.1.21　工程物资,指设计文件规定的将构成永久性工程实体的设备、材料和部件,以及进行竣工试验和竣工后试验所需的材料等。

1.1.22　施工,指承包人把设计文件转化为永久性工程的过程,包括土建、安装和竣工试验等作业。

1.1.23　竣工试验,指工程或(和)单项工程被发包人接收前,应由承包人负责进行的机械、设备、部件、线缆和管道等性能试验。

1.1.24　变更,指在不改变工程功能和规模的情况下,发包人书面通知或书面批准的,对工程所作的任何更改。

1.1.25　施工竣工,指工程已按合同约定和设计要求完成土建、安装,并通过竣工试验。

1.1.26　工程接收,指工程或(和)单项工程通过竣工试验后,为使发包人的操作人员、使用人员进入岗位进行竣工后试验、试运行准备,由承包人与发包人进行工程交接,并由发包人颁发接收证书的过程。

1.1.27　竣工后试验,指工程被发包人接收后,按合同约定由发包人自行或在发包人组织领导下由承包人指导进行的工程的生产或(和)使用功能试验。

　　1.1.28　试运行考核,指根据合同约定,在工程完成竣工试验后,由发包人自行或在发包人的组织领导下由承包人指导进行的包括合同目标考核验收在内的全部试验。

　　1.1.29　考核验收证书,指试运行考核的全部试验完成并通过验收后,由发包人签发的验收证书。

　　1.1.30　工程竣工验收,指承包人接到考核验收证书、完成扫尾工程和缺陷修复,并按合同约定提交竣工验收报告、竣工资料、竣工结算资料,由发包人组织的工程结算与验收。

　　1.1.31　合同期限,指从合同生效之日起,至双方在合同下的义务履行完毕之日止的期间。

　　1.1.32　基准日期,指递交投标文件截止日期之前 30 日的日期。

　　1.1.33　项目进度计划,指自合同生效之日起,按合同约定的工程全部实施阶段(包括设计、采购、施工、竣工试验、工程接收、竣工后试验至试运行考核等阶段)或若干实施阶段的时间计划安排。

　　1.1.34　施工开工日期,指合同协议书中约定的,承包人开始现场施工的绝对日期或相对日期。

　　1.1.35　竣工日期,指合同协议书中约定的,由承包人完成工程施工(含竣工试验)的绝对日期或相对日期,包括合同约定的任何延长日期。

　　1.1.36　绝对日期,指以公历年、月、日所表明的具体期限。

　　1.1.37　相对日期,指以公历天数表明的具体期限。

　　1.1.38　关键路径,指项目进度计划中直接影响到竣工日期的时间计划线路。该关键路径由合同双方在讨论项目进度计划时商定。

　　1.1.39　日、月、年,指公历的日、月、年。本合同中所使用的任何期间的起点均指相应事件发生之日的下一日。如果任何时间的起算是以某一期间届满为条件,则起算点为该期间届满之日的下一日。任何期间的到期日均为该期间届满之日的当日。

　　1.1.40　工作日,指除中国法定节假日之外的其他公历日。

　　1.1.41　合同价格,指合同协议书中约定的,承包人进行设计、采购、施工、竣工试验、竣工后试验、试运行考核和服务等工作的价款。

　　1.1.42　合同价格调整,指依据法律及合同约定需要增减的费用而对合同价格进行的相应调整。

　　1.1.43　合同总价,指根据合同约定,经调整后的合同结算价格。

　　1.1.44　预付款,指根据合同约定,由发包人预先支付给承包人的款项。

　　1.1.45　工程进度款,指发包人根据合同约定的支付内容、支付条件,分期向承包人支付的设计、采购、施工和竣工试验的进度款,竣工后试验和试运行考核的服务费以及工程总承包管理费等款项。

1.1.46　工程质量保修责任书,指依据有关质量保修的法律规定,发包人与承包人就工程质量保修相关事宜所签订的协议。

1.1.47　缺陷责任保修金,指按合同约定发包人从工程进度款中暂时扣除的,作为承包人在施工过程及缺陷责任期内履行缺陷责任担保的金额。

1.1.48　缺陷责任期,指承包人按合同约定承担缺陷保修责任的期间,一般应为 12 个月。因缺陷责任的延长,最长不超过 24 个月。具体期限在专用条款约定。

1.1.49　书面形式,指合同书、信件和数据电文等可以有形地表现所载内容的形式。数据电文包括:电传、传真、电子数据交换和电子邮件等。

1.1.50　违约责任,指合同一方不履行合同义务或履行合同义务不符合合同约定所须承担的责任。

1.1.51　不可抗力,指不能预见、不能避免并不能克服的客观情况,具体情形由双方在专用条款中约定。

1.1.52　根据本合同工程的特点,需补充约定的其他定义,在专用条款中约定。

1.2　合同文件

1.2.1　合同文件的组成。合同文件相互解释,互为说明。除专用条款另有约定外,组成本合同的文件及优先解释顺序如下:

(1)本合同协议书

(2)本合同专用条款

(3)中标通知书

(4)招投标文件及其附件

(5)本合同通用条款

(6)合同附件

(7)标准、规范及有关技术文件

(8)设计文件、资料和图纸

(9)双方约定构成合同组成部分的其他文件

双方在履行合同过程中形成的双方授权代表签署的会议纪要、备忘录、补充文件、变更和洽商等书面形式的文件构成本合同的组成部分。

1.2.2　当合同文件的条款内容含糊不清或不相一致,并且不能依据合同约定的解释顺序阐述清楚时,在不影响工程正常进行的情况下,由当事人协商解决。当事人经协商未能达成一致,根据 16.3 款关于争议和裁决的约定解决。

1.2.3　合同中的条款标题仅为阅读方便,不作为对合同条款解释的依据。

1.3　语言文字

合同文件以中国的汉语简体语言文字编写、解释和说明。合同当事人在专用条款约定使用两种及以上语言时,汉语为优先解释和说明本合同的主导语言。

在少数民族地区,当事人可以约定使用少数民族语言编写、解释和说明本合同文件。

1.4　适用法律

本合同遵循中华人民共和国法律,指中华人民共和国法律、行政法规、部门规章以及工程所在地的地方法规、自治条例、单行条例和地方政府规章。需要明示的国家和地方的具体适用法律的名称在专用条款中约定。

在基准日期之后,因法律变化导致承包人的费用增加的,发包人应合理增加合同价格;如果因法律变化导致关键路径工期延误的,应合理延长工期。

1.5　标准、规范

1.5.1　适用于本工程的国家标准规范、和(或)行业标准规范、和(或)工程所在地方的标准规范、和(或)企业标准规范的名称(或编号),在专用条款中约定。

1.5.2　发包人使用国外标准、规范的,负责提供原文版本和中文译本,并在专用条款中约定提供的标准、规范的名称、份数和时间。

1.5.3　没有相应成文规定的标准、规范时,由发包人在专用条款中约定的时间向承包人列明技术要求,承包人按约定的时间和技术要求提出实施方法,经发包人认可后执行。承包人需要对实施方法进行研发试验的,或须对施工人员进行特殊培训的,除合同价格已包含此项费用外,双方应另行签订协议作为本合同附件,其费用由发包人承担。

1.5.4　在基准日期之后,因国家颁布新的强制性规范、标准导致承包人的费用增加的,发包人应合理增加合同价格;导致关键路径工期延误的,发包人应合理延长工期。

1.6　保密事项

当事人一方对在订立和履行合同过程中知悉的另一方的商业秘密、技术秘密,以及任何一方明确要求保密的其他信息,负有保密责任,未经同意,不得对外泄露或用于本合同以外的目的。一方泄露或者在本合同以外使用该商业秘密、技术秘密等保密信息给另一方造成损失的,应承担损害赔偿责任。当事人为履行合同所需要的信息,另一方应予以提供。当事人认为必要时,可签订保密协议,作为合同附件。

第2条　发包人

2.1　发包人的主要权利和义务

2.1.1　负责办理项目的审批、核准或备案手续,取得项目用地的使用权,完成拆迁补偿工作,使项目具备法律规定的及合同约定的开工条件,并提供立项文件。

2.1.2　履行合同中约定的合同价格调整、付款、竣工结算义务。

2.1.3　有权按照合同约定和适用法律关于安全、质量、环境保护和职业健康等强制性标准、规范的规定,对承包人的设计、采购、施工、竣工试验等实施工作提出建议、修改和变更,但不得违反国家强制性标准、规范的规定。

2.1.4　有权根据合同约定,对因承包人原因给发包人带来的任何损失和损害,提出赔偿。

2.1.5　发包人认为必要时,有权以书面形式发出暂停通知。其中,因发包人原因造成的暂停,给承包人造成的费用增加由发包人承担,造成关键路径延误的,竣工日期相应顺延。

2.2　发包人代表

发包人委派代表,行使发包人委托的权利,履行发包人的义务,但发包人代表无权修改合同。发包人代表依据本合同并在其授权范围内履行其职责．发包人代表根据合同约定的范围和事项,向承包人发出的书面通知,由其本人签字后送交项目经理。发包人代表的姓名、职务和职责在专用条款约定。发包人决定替换其代表时,应将新任代表的姓名、职务、职权和任命时间在其到任的 15 日前,以书面形式通知承包人。

2.3　监理人

2.3.1　发包人需对工程实行监理的,监理人的名称、工程总监、监理范围、内容和权限在专用条款中写明。

监理人按发包人委托监理的范围、内容、职权和权限,代表发包人对承包人实施监督。监理人向承包人发出的通知,以书面形式由工程总监签字后送交承包人实施,并抄送发包人。

2.3.2　工程总监的职权与发包人代表的职权相重叠或不明确时,由发包人予以协调和明确,并以书面形式通知承包人。

2.3.3　除专用条款另有约定外,工程总监无权改变本合同当事人的任何权利和义务。

2.3.4　发包人更换工程总监时,应提前 5 日以书面形式通知承包人,并在通知中写明替换者的姓名、职务、职权、权限和任命时间。

2.4　安全保证

2.4.1　除专用条款另有约定外,发包人应负责协调处理施工现场周围的地下、地上已有设施和邻近建筑物、构筑物、古树名木、文物及坟墓等的安全保护工作,维护现场周围的正常秩序,并承担相关费用。

2.4.2　除专用条款另有约定外,发包人应负责对工程现场临近发包人正在使用、运行、或由发包人用于生产的建筑物、构筑物、生产装置、设施、设备等,设置隔离设施,竖立禁止入内、禁止动火的明显标志,并以书面形式通知承包人须遵守的安全规定和位置范围。因发包人的原因给承包人造成的损失和伤害,由发包人负责。

2.4.3　本合同未作约定,而在工程主体结构或工程主要装置完成后,发包人要求进行涉及建筑主体及承重结构变动、或涉及重大工艺变化的装修工程时,双方可另行签订委托合同,作为本合同附件。

发包人自行决定此类装修或发包人与第三方签订委托合同,由发包人或发包人另行委托的第三方提出设计方案及施工的,由此造成的损失、损害由发包人负责。

2.4.4 发包人负责对其代表、雇员、监理人及其委托的其他人员进行安全教育,并遵守承包人工程现场的安全规定。承包人应在工程现场以标牌明示相关安全规定,或将安全规定发送给发包人。因发包人的代表、雇员、监理人及其委托的其他人员未能遵守承包人工程现场的安全规定所发生的人身伤害、安全事故,由发包人负责。

2.4.5 发包人、发包人代表、雇员、监理人及其委托的其他人员应遵守 7.8 款职业健康、安全和环境保护的相关约定。

2.5 保安责任

2.5.1 现场保安工作的责任主体由专用条款约定。承担现场保安工作的一方负责与当地有关治安部门的联系、沟通和协调,并承担所发生的相关费用。

2.5.2 发包人与承包人商定工程实施阶段及区域的保安责任划分,并编制各自的相关保安制度、责任制度和报告制度,作为合同附件。

2.5.3 发包人按合同约定占用的区域、接收的单项工程和工程,由发包人承担相关保安工作,及因此产生的费用、损害和责任。

第 3 条 承包人

3.1 承包人的主要权利和义务

3.1.1 承包人应按照合同约定的标准、规范、工程的功能、规模、考核目标和竣工日期,完成设计、采购、施工、竣工试验和(或)指导竣工后试验等工作,不得违反国家强制性标准、规范的规定。

本工程的具体承包范围,应依据合同协议书第一项"工程概况"中有关"工程承包范围"的约定。

3.1.2 承包人应按合同约定,自费修复因承包人原因引起的设计、文件、设备、材料、部件、施工中存在的缺陷,或在竣工试验和竣工后试验中发现的缺陷。

3.1.3 承包人应按合同约定和发包人的要求,提交相关报表。报表的类别、名称、内容、报告期、提交时间和份数,在专用条款中约定。

3.1.4 承包人有权根据 4.6.4 款承包人的复工要求、14.9 款付款时间延误和 17 条不可抗力的约定,以书面形式向发包人发出暂停通知。除此之外,凡因承包人原因的暂停,造成承包人的费用增加由其自负,造成关键路径延误的应自费赶上。

3.1.5 对因发包人原因给承包人带来任何损失、损害或造成工程关键路径延误的,承包人有权要求赔偿或(和)延长竣工日期。

3.2 项目经理

3.2.1 项目经理,应是当事人双方所确认的人选。项目经理经授权并代表承包人负责履行本合同。项目经理的姓名、职责和权限在专用条款中约定。

项目经理应是承包人的员工,承包人应在合同生效后 10 日内向发包人提交项目经理与承包人之间的劳动合同,以及承包人为项目经理缴纳社会保险的有效证明,承包人不提交上述文件的,项目经理无权履行职责,由此影响工程进度或发生其他问题的,由承包人承担责任。

项目经理应常驻项目现场,且每月在现场时间不得少于专用条款约定的天数。项目经理不得同时担任其他项目的项目经理。项目经理确需离开项目现场时应事先取得发包人同意,并指定一名有经验的人员临时代行其职责。

承包人违反上述约定的,按照专用条款的约定,承担违约责任。

3.2.2 项目经理按合同约定的项目进度计划,并按发包人代表和(或)工程总监依据合同发出的指令组织项目实施。在紧急情况下,且无法与发包人代表和(或)工程总监取得联系时,项目经理有权采取必要的措施保证人身、工程和财产的安全,但须在事后 48 小时内向发包人代表和(或)工程总监送交书面报告。

3.2.3 承包人需更换项目经理时,提前 15 日以书面形式通知发包人,并征得发包人的同意。继任的项目经理须继续履行第 3.2.1 款约定的职责和权限。未经发包人同意,承包人不得擅自更换项目经理。承包人擅自更换项目经理的,按专用条款的约定,承担违约责任。

3.2.4 发包人有权以书面形式通知更换其认为不称职的项目经理,应说明更换因由,承包人应在接到更换通知后 15 日内向发包人提出书面的改进报告。发包人收到改进报告后仍以书面形式通知更换的,承包人应在接到第二次更换通知后的 30 日内进行更换,并将新任命的项目经理的姓名、简历以书面形式通知发包人。新任项目经理继续履行第 3.2.1 款约定的职责和权限。

3.3 工程质量保证

承包人应按合同约定的质量标准规范,确保设计、采购、加工制造、施工、竣工试验等各项工作的质量,建立有效的质量保证体系,并按照国家有关规定,通过质量保修责任书的形式约定保修范围、保修期限和保修责任。

3.4 安全保证

3.4.1 工程安全性能

承包人应按照合同约定和国家有关安全生产的法律规定,进行设计、采购、施工、竣工试验,保证工程的安全性能。

3.4.2 安全施工

承包人应遵守 7.8 款职业健康、安全和环境保护的约定。

3.4.3 因承包人未遵守发包人按 2.4.2 款通知的安全规定和位置范围限定所造成的损失和伤害,由承包人负责。

3.4.4 承包人全面负责其施工场地的安全管理,保障所有进入施工场地的人员的安全。因承包人原因所发生的人身伤害、安全事故,由承包人负责。

3.5　职业健康和环境保护保证

3.5.1　工程设计

承包人应按照合同约定,并遵照《建设工程勘察设计管理条例》、《建设工程环境保护条例》及其他相关法律规定进行工程的环境保护设计及职业健康防护设计,保证工程符合环境保护和职业健康相关法律和标准规定。

3.5.2　职业健康和环境保护

承包人应遵守 7.8 款职业健康、安全和环境保护的约定。

3.6　进度保证

承包人按 4.1 款约定的项目进度计划,合理有序地组织设计、采购、施工、竣工试验所需要的各类资源,以及派出有经验的竣工后试验的指导人员,采用有效的实施方法和组织措施,保证项目进度计划的实现。

3.7　现场保安

承包人承担其进入现场、施工开工至发包人接收单项工程或(和)工程之前的现场保安责任(含承包人的预制加工场地、办公及生活营区),并负责编制相关的保安制度、责任制度和报告制度,提交给发包人。

3.8　分包

3.8.1　分包约定

承包人只能对专用条款约定列出的工作事项(含设计、采购、施工、劳务服务、竣工试验等)进行分包。

专用条款未列出的分包事项,承包人可在工程实施阶段分批分期就分包事项向发包人提交申请,发包人在接到分包事项申请后的 15 日内,予以批准或提出意见。发包人未能在 15 日批准亦未提出意见的,承包人有权在提交该分包事项后的第 16 日开始,将提出的拟分包事项对外分包。

3.8.2　分包人资质

分包人应符合国家法律规定的企业资质等级,否则不能作为分包人。承包人有义务对分包人的资质进行审查。

3.8.3　承包人不得将承包的工程对外转包,也不得以肢解方式将承包的全部工程对外分包。

3.8.4　设计、施工和工程物资等分包人,应严格执行国家有关分包事项的管理规定。

3.8.5　对分包人的付款

承包人应按分包合同约定,按时向分包人支付合同价款。除非专用条款另有约定外,未经承包人同意,发包人不得以任何形式向分包人支付任何款项。

3.8.6　承包人对发包人负责

承包人对分包人的行为向发包人负责,承包人和分包人就分包工作向发包人承担连带责任。

第 4 条　进度计划、延误和暂停

4.1　项目进度计划

4.1.1　项目进度计划

承包人负责编制项目进度计划,项目进度计划中的施工期限(含竣工试验),应符合合同协议书的约定。关键路径及关键路径变化的确定原则、承包人提交项目进度计划的份数和时间,在专用条款约定。

项目进度计划经发包人批准后实施,但发包人的批准并不能减轻或免除承包人的合同责任。

4.1.2　自费赶上项目进度计划

因承包人原因使工程实际进度明显落后于项目进度计划时,承包人有义务、发包人也有权利要求承包人自费采取措施,赶上项目进度计划。

4.1.3　项目进度计划的调整

出现下列情况,竣工日期相应顺延,并对项目进度计划进行调整:

(1)发包人根据 5.2.1 款提供的项目基础资料和现场障碍资料不真实、不准确、不齐全、不及时,或未能按 14.3.1 款约定的预付款金额和(或)14.3.2 款约定的预付款时间付款,导致 4.2.2 款约定的设计开工日期延误,或 4.3.2 款约定的采购开始日期延误,或造成 4.4.2 款施工开工日期延误的。

(2)根据 4.2.4 款第(2)项的约定,因发包人原因,导致某个设计阶段审核会议时间的延误。

(3)根据 4.2.4 款第(3)项的约定,相关设计审查部门批准时间较合同约定的时间延长的。

(4)合同约定的其他可延长竣工日期的情况。

4.1.4　发包人的赶工要求

合同实施过程中发包人书面提出加快设计、采购、施工、竣工试验的赶工要求,被承包人接受时,承包人应提交赶工方案,采取赶工措施。因赶工引起的费用增加,按 13.2.4 款的变更约定执行。

4.2　设计进度计划

4.2.1　设计进度计划

承包人根据批准的项目进度计划和 5.3.1 款约定的设计审查阶段及发包人组织的设计阶段审查会议的时间安排,编制设计进度计划。设计进度计划经发包人认可后执行。发包人的认可并不能减轻或免除承包人的合同责任。

4.2.2　设计开工期

承包人收到发包人按 5.2.1 款提供的项目基础资料、现场障碍资料,及14.3.2 款的预付款收到后的第 5 日,作为设计开工日期。

4.2.3　设计开工日期延误

因发包人未能按 5.2.1 款的约定提供设计基础资料、现场障碍资料等相关资料、或未按 14.3.1 款和 14.3.2 款约定的预付款金额和支付时间支付预付款,造成设计开工日期延误的,设计开工日期和工程竣工日期相应顺延因承包人原因造成设计开工日期延误的,按 4.1.2 款的约定,自费赶上。因发包人原因给承包人造成经济损失的,应支付相应费用。

4.2.4 设计阶段审查日期的延误

(1)因承包人原因,未能按照合同约定的设计审查阶段及其审查会议的时间安排提交相关阶段的设计文件、或提交的相关设计文件不符合相关审核阶段的设计深度要求时,造成设计审查会议延误的,由承包人依据 4.1.2 款的约定,自费采取措施赶上,造成关键路径延误,或给发包人造成损失(审核会议准备费用)的,由承包人承担。

(2)因发包人原因,未能遵守合同约定的设计阶段审查会议的时间安排,造成某个设计阶段审查会议延误的,竣工日期相应顺延。因此给承包人带来的窝工损失,由发包人承担。

(3)政府相关设计审查部门批准时间较合同约定时间延长的,竣工日期相应顺延。因此给双方带来的费用增加,由双方各自承担。

4.3 采购进度计划

4.3.1 采购进度计划

承包人的采购进度计划应符合项目进度计划的时间安排,并与设计、施工和(或)竣工试验及竣工后试验的进度计划相衔接。采购进度计划的提交份数和日期,在专用条款约定。

4.3.2 采购开始日期

采购开始日期在专用条款约定。

4.3.3 采购进度延误

因承包人的原因导致采购延误,造成的停工、窝工损失和竣工日期延误,由承包人负责。因发包人原因导致采购延误,给承包人造成的停工、窝工损失,由发包人承担,若造成关键路径延误,竣工日期相应顺延。

4.4 施工进度计划

4.4.1 施工进度计划

承包人应在现场施工开工 15 日前向发包人提交一份包括施工进度计划在内的总体施工组织设计。施工进度计划的开竣工时间,应符合合同协议书对施工开工和工程竣工日期的约定,并与项目进度计划的安排协调一致。发包人需承包人提交关键单项工程或(和)关键分部分项工程施工进度计划的,在专用条款中约定提交的份数和时间。

4.4.2 施工开工日期延误

施工开工日期延误的,根据下列约定确定延长竣工日期:

(1)因发包人原因造成承包人不能按时开工的,开竣工日期相应顺延。给承包人造成经济损失的应支付相应费用。

(2)因承包人原因不能按时开工的,需说明正当理由,自费采取措施及早开工,竣工日期不予延长。

(3)因不可抗力造成施工开工日期延误的,竣工日期相应顺延。

4.4.3　竣工日期

(1)承包项目的实施阶段含竣工试验阶段时,按以下方式确定计划竣工日期和实际竣工日期。

1)根据专用条款(9.1款工程接收)约定的单项工程竣工日期,为单项工程的计划竣工日期。工程中最后一个单项工程的计划竣工日期,为工程的计划竣工日期;

2)单项工程中最后一项竣工试验通过的日期,为该单项工程的实际竣工日期;

3)工程中最后一个单项工程通过竣工试验的日期,为工程的实际竣工日期。

(2)承包项目的实施阶段不含竣工试验阶段时,按以下方式确定计划竣工日期和实际竣工日期:

1)根据专用条款(9.1款工程接收)中所约定的单项工程竣工日期,为单项工程的计划竣工日期;工程中最后一个单项工程的计划竣工日期,为工程的计划竣工日期;

2)承包人按合同约定,完成施工图纸规定的单项工程中的全部施工作业,且符合合同约定的质量标准的日期,为单项工程的实际竣工日期;

3)承包人按合同约定,完成施工图纸规定的工程中最后一个单项工程的全部施工作业,且符合合同约定的质量标准的日期,为工程的实际竣工日期。

(3)承包人为竣工试验、或竣工后试验预留的施工部位、或发包人要求预留的施工部位、不影响发包人实质操作使用的未完扫尾工程和缺陷修复,不影响竣工日期的确定。

4.5　误期损害赔偿

因承包人原因,造成工程竣工日期延误的,由承包人承担误期损害赔偿责任。每日延误的赔偿金额,及累计的最高赔偿金额在专用条款中约定。发包人有权从工程进度款、竣工结算款或约定提交的履约保函中扣除赔偿金额。

4.6　暂停

4.6.1　因发包人原因的暂停

因发包人原因通知的暂停,应列明暂停的日期及预计暂停的期限。双方应遵守2.1.5款和3.1.4款的相关约定。

4.6.2　因不可抗力造成的暂停

因不可抗力造成工程暂停时,双方根据17.1款不可抗力发生时的义务和

17.2 款不可抗力的后果的条款的约定,安排各自的工作。

4.6.3 暂停时承包人的工作

当发生 4.6.1 款发包人的暂停和 4.6.2 款因不可抗力约定的暂停时,承包人应立即停止现场的实施工作,并根据合同约定负责在暂停期间,对工程、工程物资及承包人文件等进行照管和保护。因承包人未能尽到照管、保护的责任,造成损坏、丢失等,使发包人的费用增加,和(或)竣工日期延误的,由承包人负责。

4.6.4 承包人的复工要求

根据发包人通知暂停的,承包人有权在暂停 45 日后向发包人发出要求复工的通知。不能复工时,承包人有权根据 13.2.5 款调减部分工程的约定,以变更方式调减受暂停影响的部分工程。

发包人的暂停超过 45 日且暂停影响到整个工程,或发包人的暂停超过 180日,或因不可抗力的暂停致使合同无法履行,承包人有权根据 18.2 款由承包人解除合同的约定,发出解除合同的通知。

4.6.5 发包人的复工

发包人发出复工通知后,有权组织承包人对受暂停影响的工程、工程物资进行检查,承包人应将检查结果及需要恢复、修复的内容和估算通知发包人,经发包人确认后,所发生的恢复、修复价款由发包人承担。因恢复、修复造成工程关键路径延误的,竣工日期相应延长。

4.6.6 因承包人原因的暂停

因承包人原因造成部分工程或工程的暂停的,所发生的损失、损害及竣工日期延误,由承包人负责。

4.6.7 工程暂停时的付款

因发包人原因暂停的复工后,未影响到整个工程实施时,双方应依据 2.1.5款的约定商定因该暂停给承包人所增加的合理费用,承包人应将其款项纳入当期的付款申请,由发包人审查支付。

因发包人原因暂停的复工后,影响到部分工程实施时,且承包人根据 4.6.4款要求调减部分工程并经发包人批准,发包人应从合同价格中调减该部分款项,双方还应依据 2.1.5 款的约定商定承包人因该暂停所增加的合理费用,承包人应将其增减的款项纳入当期付款申请,由发包人审查支付。

因发包人原因的暂停,致使合同无法履行时,且承包人根据 4.6.4 款第二段的约定发出解除合同的通知后,双方应根据 18.2 款由承包人解除合同的相关约定,办理结算和付款。

第 5 条 技术与设计

5.1 生产工艺技术、建筑设计方案

5.1.1 承包人提供的生产工艺技术和(或)建筑设计方案

承包人负责提供生产工艺技术(含专利技术、专有技术、工艺包)和(或)建筑设计方案(含总体布局、功能分区、建筑造型和主体结构等)时,应对所提供的工艺流程、工艺技术数据、工艺条件、软件、分析手册、操作指导书、设备制造指导书和其他资料要求,和(或)总体布局、功能分区、建筑造型及其结构设计等负责。

承包人应对专用条款约定的试运行考核保证值、和(或)使用功能保证的说明负责。该试运行考核保证值、和(或)使用功能保证的说明,作为发包人根据10.3.3 款进行试运行考核的评价依据。

5.1.2　发包人提供的生产工艺技术和(或)建筑设计方案

发包人负责提供的生产工艺技术(含专利技术、专有技术、工艺包)和(或)建筑设计方案(含总体布局、功能分区、建筑造型、主体结构,或发包人委托第三方设计单位提供的建筑设计方案)时,应对所提供的工艺流程、工艺技术数据、工艺条件、软件、分析手册、操作指导书、设备制造指导书和其他承包人的文件资料、发包人的要求,和(或)总体布局、功能分区、建筑造型、主体结构等,或第三方设计单位提供的建筑设计方案负责。

发包人有义务指导、审查由承包人根据发包人提供的上述资料所进行的生产工艺设计和(或)建筑设计,并予以确认。工程和(或)单项工程试运行考核的各项保证值、或使用功能保证说明及双方各自应承担的考核责任,在专用条款中约定,并作为发包人根据10.3.3 款进行试运行考核和考核责任的评价依据。

5.2　设计

5.2.1　发包人的义务

(1)提供一项目基础资料。发包人应按合同约定、法律或行业规定,向承包人提供设计需要的项目基础资料,并对其真实性、准确性、齐全性和及时性负责。上述项目基础资料不真实、不准确或不齐全时,发包人有义务按约定的时间向承包人提供进一步补充资料。提供项目基础资料的类别、内容、份数和时间在专用条款中约定。其中,工程场地的基准坐标资料(包括基准控制点、基准控制标高和基准坐标控制线),发包人应按约定的时间,有义务配合承包人在现场的实测复验。承包人因纠正坐标资料中的错误,造成费用增加或(和)工期延误,由发包人负责其相关费用增加,竣工日期给予合理延长。

发包人提供的项目基础资料中有专利商提供的技术或工艺包,或是第三方设计单位提供的建筑造型等,发包人应组织专利商或第三方设计单位与承包人进行数据、条件和资料的交换、协调和交接。

发包人未能按约定时间提供项目基础资料及其补充资料、或提供的资料不真实、不准确、不齐全、或发包人计划变更,造成承包人设计停工、返工或修改的,发包人应按承包人额外增加的设计工作量赔偿其损失。造成工程关键路径延误的,竣工日期相应顺延。

(2)提供现场障碍资料。除专用条款另有约定外,发包人应按合同约定和适用法律规定,在设计开始前,提供与设计、施工有关的地上、地下已有的建筑物、构筑物等现场障碍资料,并对其真实性、准确性、齐全性和及时性负责。因提供的资料不真实、不准确、不齐全、不及时,造承包人的设计停工、返工和修改的,发包人应按承包人额外增加的设计工作量赔偿其损失。造成工程关键路径延误的,竣工日期相应顺延。提供项目障碍资料的类别、内容、份数和时间安排,在专用条款中约定。

(3)承包人无法核实发包人所提供的项目基础资料中的数据、条件和资料的,发包人有义务给予进一步确认。

5.2.2 承包人的义务

(1)承包人与发包人(及其专利商、第三方设计单位)应以书面形式交接发包人按 5.2.1 款第(1)项提供与设计有关的项目基础资料、第(2)项提供的与设计有关的现场障碍资料。对这些资料中的短缺、遗漏、错误、疑问,承包人应在收到发包人提供的上述资料后 15 日内向发包人提出进一步的要求。因承包人未能在上述时间内提出要求而发生的损失由承包人自行承担;由此造成工程关键路径延误的,竣工日期不予顺延。其中,对工程场地的基准坐标资料(包括基准控制点、基准控制标高和基准坐标控制线),承包人有义务约定实测复验的时间并纠正其错误(如果有),因承包人对此项工作的延误,导致的费用增加和关键路线延误,由承包人承担。

(2)承包人有义务按照发包人提供的项目基础资料、现场障碍资料和国家有关部门、行业工程建设标准规范规定的设计深度开展工程设计,并对其设计的工艺技术和(或)建筑功能,及工程的安全、环境保护、职业健康的标准,设备材料的质量、工程质量和完成时间负责。因承包人设计的原因,造成的费用增加、竣工日期延误,由承包人承担。

5.2.3 遵守标准、规范

(1)1.5 款约定的标准、规范,适用于发包人按单项工程接收和(或)整个工程接收。

(2)在合同实施过程中国家颁布了新的标准或规范时,承包人应向发包人提交有关新标准、新规范的建议书。对其中的强制性标准、规范,承包人应严格遵守,发包人作为变更处理;对于非强制性的标准、规范,发包人可决定采用或不采用,决定采用时,作为变更处理。

(3)依据适用法律和合同约定的标准、规范所完成的设计图纸、设计文件中的技术数据和技术条件,是工程物资采购质量、施工质量及竣工试验质量的依据。

5.2.4 操作维修手册

由承包人指导竣工后试验和试运行考核试验,并编制操作维修手册的,发包人应按 5.2.1 款第(1)项第二段的约定,责令其专利商或发包人的其他承包人向承包人提供其操作指南及分析手册,并对其资料的真实性、准确性、齐全性和及时性负责,专用条款另有约定时除外。发包人提交操作指南、分析手册,及承包人提交操作维修手册的份数、提交期限,在专用条款中约定。

5.2.5　设计文件的份数和提交时间

相关设计阶段的设计文件、资料和图纸的提交份数和时间在专用条款中约定。

5.2.6　设计缺陷的自费修复,自费赶上

因承包人原因,造成设计文件存在遗漏、错误、缺陷和不足的,承包人应自费修复、弥补、纠正和完善。造成设计进度延误时,应自费采取措施赶上。

5.3　设计阶段审查

5.3.1　本工程的设计阶段、设计阶段审查会议的组织和时间安排,在专用条款约定。发包人负责组织设计阶段审查会议,并承担会议费用及发包人的上级单位、政府有关部门参加审查会议的费用。

5.3.2　承包人应根据5.3.1款的约定,向发包人提交相关设计审查阶段的设计文件,设计文件应符合国家有关部门、行业工程建设标准规范对相关设计阶段的设计文件、图纸和资料的深度规定。承包人有义务自费参加发包人组织的设计审查会议、向审查者介绍、解答、解释其设计文件,并自费提供审查过程中需提供的补充资料。

5.3.3　发包人有义务向承包人提供设计审查会议的批准文件和纪要。承包人有义务按相关设计审查阶段批准的文件和纪要,并依据合同约定及相关设计规定,对相关设计进行修改、补充和完善。

5.3.4　因承包人原因,未能按5.2.5款约定的时间,向发包人提交相关设计审查阶段的完整设计文件、图纸和资料,致使相关设计审查阶段的会议无法进行或无法按期进行,造成的竣工日期延误、窝工损失,及发包人增加的组织会议费用,由承包人承担。

5.3.5　发包人有权在5.3.1款约定的各设计审查阶段之前,对相关设计阶段的设计文件、图纸和资料提出建议、进行预审和确认,发包人的任何建议、预审和确认,并不能减轻或免除承包人的合同责任和义务。

5.4　操作维修人员的培训

发包人委托承包人对发包人的操作维修人员进行培训的,另行签订培训委托合同,作为本合同的附件。

5.5　知识产权

双方可就本合同涉及的合同一方、或合同双方(含一方或双方相关的专利商、第三方设计单位或设计人)的技术专利、建筑设计方案、专有技术、设计文件著作权等知识产权,签订知识产权及保密协议,作为本合同的组成部分。

第6条　工程物资

6.1　工程物资的提供

6.1.1　发包人提供的工程物资

（1）发包人应依据5.2.3款第（3）项设计文件规定的技术参数、技术条件、性能要求、使用要求和数量，负责组织工程物资（包括其备品备件、专用工具及厂商提交的技术文件）的采购，负责运抵现场，并对其需用量、质量检查结果和性能负责。

由发包人负责提供的工程物资的类别、数量，在专用条款中列出。

（2）因发包人采购提供的工程物资（包括建筑构件等）不符合国家强制性标准、规范的规定，存在质量缺陷、延误抵达现场，给承包人造成窝工、停工、或导致关键路径延误的，按13条变更和合同价款调整的约定执行。

在履行合同过程中，由于国家新颁布的强制性标准、规范，造成发包人负责提供的工程物资（包括建筑构件等）不符合新颁布的强制性标准时，由发包人负责修复或重新订货。如委托承包人修复，作为一项变更。

（3）发包人请承包人参加境外采购工作时，所发生的费用由发包人承担。

6.1.2　承包人提供的工程物资

（1）承包人应依据5.2.3款第（3）项设计文件规定的技术参数、技术条件、性能要求、使用要求和数量，负责组织工程物资采购（包括备品备件、专用工具及厂商提交的技术文件），负责运抵现场，并对其需用量、质量检查结果和性能负责。

由承包人负责提供的工程物资的类别、数量，在专用条款中列出。

（2）因承包人提供的工程物资（包括建筑构件等）不符合国家强制性标准、规范的规定或合同约定的标准、规范，所造成的质量缺陷，由承包人自费修复，竣工日期不予延长。

在履行合同过程中，由于国家新颁布的强制性标准、规范，造成承包人负责提供的工程物资（包括建筑构件等），虽符合合同约定的标准，但不符合新颁布的强制性标准时，由承包人负责修复或重新订货，并作为一项变更。

（3）由承包人提供的竣工后试验的生产性材料，在专用条款中列出类别或（和）清单。

6.1.3　承包人对供应商的选择

承包人应通过招标等竞争性方式选择相关工程物资的供货商或制造厂。对于依法必须进行招标的工程建设项目，应按国家相关规定进行招标。

承包人不得在设计文件中或以口头暗示方式指定供应商和制造厂，只有唯一厂家的除外。发包人不得以任何方式指定供应商和制造厂。

6.1.4　工程物资所有权

承包人根据6.1.2款约定提供的工程物资，在运抵现场的交货地点并支付了采购进度款，其所有权转为发包人所有。在发包人接收工程前，承包人有义务对工程物资进行保管、维护和保养，未经发包人批准不得运出现场。

6.2　检验

6.2.1　工厂检验与报告

(1)承包人应遵守相关法律规定,负责6.1.2款约定的工程物资的强制性检查、检验、监测和试验,并向发包人提供相关报告。报告提供日期、报告内容和提交份数,在专用条款中约定。

(2)承包人邀请发包人参检时,应在进行相关加工制造阶段的检查、检验、监测和试验之前,以书面形式通知发包人参检的内容、地点和时间。发包人在接到邀请后的5日内,以书面形式通知承包人参检或不参检。

(3)发包人承担其参检人员在参检期间的工资、补贴、差旅费和住宿费等,承包人负责办理进入相关厂家的许可,并提供方便。

(4)发包人委托有资格、有经验的第三方代表发包人自费参检时,应在接到承包人邀请函后5日内,以书面形式通知承包人,并写明受托单位及受托人员的名称、姓名及授予的职权。

(5)发包人及其委托人的参检,并不能解除承包人对其采购的工程物资的质量责任。

6.2.2　覆盖和包装的后果

发包人已在6.2.1款约定的日期内以书面形式通知承包人参检,并依据约定日期提前或按时到达指定地点,但加工制造的工程物资未经发包人现场检验已经被覆盖、包装或已运抵启运地点时,发包人有权责令承包人将其运回原地、拆除覆盖、包装,重新进行检查或检验或检测或试验及复原,承包人应承担由此发生的费用。造成工程关键路径延误的,竣工日期不予延长。

6.2.3　未能按时参检

发包人未能按6.2.1款的约定时间参检,承包人可自行组织检查、检验、检测和试验,质检结果视为是真实的。发包人有权在此后,以变更指令通知承包人重新检查、检验、检测和试验,或增加试验细节或改变试验地点。工程物资经质检合格的,所发生的费用由发包人承担,造成工程关键路径延误的,竣工日期相应顺延,工程物资经质检不合格时,所发生的费用由承包人承担,竣工日期不予延长。

6.2.4　现场清点与检查

(1)发包人应在其根据6.1.1款约定负责提供的工程物资运抵现场前5日通知承包人。发包人(或包括为发包人提供工程物资的供应商)与承包人(或包括其分包人)按每批货物的提货单据清点箱件数是及进行外观检查,并根据装箱单清点箱内数量、出厂合格证、图纸、文件资料等,并进行外观检查。经检查清点后双方人员签署交接清单。

经现场检查清点发现箱件短缺,箱件内的物资数量、图纸、资料短缺,或有外观缺陷的,发包人应负责补齐或自费修复,工程物资在缺陷未能修复之前不得用于工程。当发包人委托承包人修复缺陷时,另行签订追加合同。因上述情况造成工程关键路径延误的,接工日期相应顺延。

(2)承包人应在其根据6.1.2款约定负责提供的工程物资运抵现场前5日通

知发包人。承包人(或包括为承包人提供工程物资的供应商、或分包人)与发包人(包括代表、或其监理人)按每批货物的提货单据清点箱内数量及进行外观检查,并根据装箱单清点箱内数盘、出厂合格证、图纸、文件资料等,并进行外观检查。经检查清点后,双方人员签署开箱检验证明。

经现场检查清点发现箱件短缺,箱件内的数量、图纸、资料短缺,或有外观缺陷的,承包人应负责补齐或自费修复,工程物资在缺陷未能修复之前不得用于工程。因此造成的费用增加、竣工日期延误,由承包人负责。

6.2.5　质量监督部门及消防、环保等部门的参检

发包人、承包人随时接受质量监督部门、消防部门、环保部门、行业等专业检查人员对制造、安装及试验过程的现场检查,其费用由发包人承担。承包人为此提供方便。造成工程关键路径延误的,竣工日期相应顺延。

因上述部门在参检中提出的修改、更换等意见所增加的相关费用,应根据6.1.1款或6.1.2款约定的提供工程物资的责任方来承担。因此造成工程关键路径延误的,责任方为承包人时,竣工日期不予延长,责任方为发包人时,竣工日期相应顺延。

6.3　进口工程物资的采购、报关、清关和商检

6.3.1　工程物资的进口采购责任方,及采购方式,在专用条款中约定。采购责任方负责报关、清关和商检,另一方有义务协助。

6.3.2　因工程物资报关、清关和商检的延误,造成工程关键路径延误时,承包人负责进口采购的,竣工日期不予延长,增加的费用由承包人承担,发包人负责进口采购的,竣工日期给予相应延长,承包人由此增加的费用由发包人承担。

6.4　运输与超限物资运输

承包人负责采购的超限工程物资(超重、超长、超宽、超高)的运输,由承包人负责,该超限物资的运输费用及其运输途中的特殊措施、拆迁、赔偿等全部费用,包含在合同价格内。运输过程中的费用增加,由承包人承担. 造成工程关键路径延误时,竣工日期不予延长。专用条款另有约定除外。

6.5　重新订货及后果

6.5.1　依据6.1.1款及6.3.1款的约定,由发包人负责提供的工程物资存在缺陷时,经发包人组织修复仍不合格的,由发包人负责重新订货并运抵现场。因此造成承包人停工、窝工的,由发包人承担所发生的实际费用,导致关键路径延误时,竣工日期相应顺延。

6.5.2　依据6.1.2款及6.3.1款的约定,由承包人负责提供的工程物资存在缺陷时,经承包人修复仍不合格的,由承包人负责重新订货并运抵现场。因此造成的费用增加、竣工日期延误,由承包人承担。

6.6　工程物资保管与剩余

6.6.1　工程物资保管

　　根据 6.1.1 款由发包人负责提供的工程物资、6.1.2 款由承包人负责提供的工程物资的约定并委托承包人保管的,工程物资的类别和数量在专用条款中约定。

　　承包人应按说明书的相关规定对工程物资进行保管、维护、保养,防止变形、变质、污染和对人身造成伤害。承包人提交保管维护方案的时间在专用条款中约定,保管维护方案应包括:工程物资分类和保管、保养、保安、领用制度,以及库房、特殊保管库房、堆场、道路、照明、消防、设施、器具等规划。保管所需的一切费用,包含在合同价格内。由发包人提供的库房、堆场、设施和设备,在专用条款中约定。

　　6.6.2　剩余工程物资的移交

　　承包人保管的工程物资(含承包人负责采购提供的工程物资并收到了采购进度款,及发包人委托保管的工程物资),在竣工试验完成后,剩余部分由承包人无偿移交给发包人,专用条款另有约定时除外。

　　第 7 条　施工

　　7.1　发包人的义务

　　7.1.1　基准坐标资料

　　承包人因放线需请发包人与相关单位联系的事项,发包人有义务协助。

　　7.1.2　审查总体施工组织设计

　　发包人有权对承包人根据 7.2.2 款约定提交的总体施工组织设计进行审查,并在接到总体施工组织设计后 20 日内提出建议和要求。发包人的建议和要求,并不能减轻或免除承包人的任何合同责任。发包人未能在 20 日内提出任何建议和要求的,承包人有权按提交的总体施工组织设计实施。

　　7.1.3　进场条件和进场日期

　　除专用条款另有约定外,发包人应根据批准的初步设计和 7.2.3 款约定由承包人提交的临时占地资料,与承包人约定进场条件,确定进场日期。发包人应提供施工场地,完成进场道路、用地许可、拆迁及补偿等工作,保证承包人能够按时进入现场开始准备工作。进场条件和进场日期在专用条款中约定。

　　因发包人原因造成承包人进场时间延误的,竣工日期相应顺延。发包人承担承包人因此发生的相关窝工费用。

　　7.1.4　提供临时用水、用电等和节点铺设

　　除专用条款另有约定外,发包人应按 7.2.4 款的约定,在承包人进场前将施工临时用水、用电等接至约定的节点、位置,并保证其需要。上述临时使用的水、电等的类别、取费单价在专用条款中约定,发包人按实际计量结果收费。发包人无法提供的水、电等在专用条款中约定,相关费用由承包人纳入报价并承担相关责任。

　　发包人未能按约定的类别和时间完成节点铺设,使开工时间延误,竣工日期

相应顺延。未能按约定的品质、数量和时间提供水、电等,给承包人造成的损失由发包人承担,导致工程关键路径延误的,竣工日期相应顺延。

7.1.5　办理开工等批准手续

发包人应在施工开工日期前,取得开工批准文件或施工许可证等许可、证件或批文,完成工程质量监督、安全监督等手续的办理。

7.1.6　施工过程中须由发包人办理的批准

承包人在施工过程中根据 7.2.6 款的约定,通知而由发包人办理的各项批准手续,由发包人申请办理。

因发包人未能按时办妥上述批准手续,给承包人造成的窝工损失,由发包人承担。导致工程关键路径延误的,竣工日期相应顺延。

7.1.7　提供施工障碍资料

发包人按合同约定的内容和时间提供与施工场地相关的地下和地上的建筑物、构筑物和其他设施的坐标位置。发包人根据 5.2.1 款第(1)项、第(2)项的约定,已经提供的可不再提供。承包人对发包人在合同约定时间之后提供的障碍资料,可依据 13.2.3 款施工变更的约定提交变更申请,对于承包人的合理请求发包人应予以批准。因发包人未能提供上述施工障碍资料或提供的资料不真实、不准确、不齐全,给承包人造成损失或损害的,由发包人承担赔偿责任。导致工程关键路径延误的,竣工日期相应顺延。

7.1.8　承包人新发现的施工障碍

发包人应根据承包人按照 7.2.8 款的约定发出的通知,与有关单位进行联系、协调、处理施工场地周围及临近的影响工程实施的建筑物、构筑物、文物建筑、古树、名木、地下管线、线缆、设施以及地下文物、化石和坟墓等的保护工作,并承担相关费用。

对于新发现的施工障碍,承包人可依据 13.2.3 款施工变更范围第(3)项的约定提交变更申请,对于承包人的合理请求发包人应予以批准。施工障碍导致工程关键路径延误的,竣工日期相应顺延。

7.1.9　职业健康、安全、环境保护管理计划确认

发包人应在收到承包人根据 7.8 款约定提交的"职业健康、安全和环境保护"管理计划后 20 日内对之进行确认。发包人有权检查其实施情况并对检查中发现的问题提出整改建议,承包人应按照发包人合理建议自费整改。

7.1.10　其他义务

发包人应履行专用条款中约定的由发包人履行的其他义务。

7.2　承包人的义务

7.2.1　放线

承包人负责对工程、单项工程、施工部位的放线,并对放线的准确性负责。

7.2.2　施工组织设计

承包人应在施工开工 15 日前或双方约定的其他时间内,向发包人提交总体施工组织设计。随着施工进展向发包人提交主要单项工程和主要分部分项工程的施工组织设计。对发包人提出的合理建议和要求,承包人应自费修改完善。

总体施工组织设计提交的份数和时间,及需要提交施工组织设计的主要单项工程和主要分部分项工程的名称、份数和时间,在专用条款中约定。

7.2.3 提交临时占地资料

承包人应按专用条款约定的时间向发包人提交以下临时占地资料:

(1)根据 6.6.1 款保管工程物资所需的库房、堆场、道路用地的坐标位置、面积、占用时间、用途说明,并须单列需要由发包人租地的坐标位置、面积、占用时间和用途说明;

(2)施工用地的坐标位置、面积、占用时间、用途说明,并须单列要求发包人租地的坐标位置、面积、占用时间和用途说明;

(3)进入施工现场道路的入口坐标位置,并须指明要求发包人铺设与城乡公共道路相连接的道路走向、长度、路宽、等级、桥涵承重、转弯半径和时间要求。

因承包人未能按时提交上述资料,导致 7.1.3 款约定的进场日期延误的,由此增加的费用和(或)竣工日期延误,由承包人负责。

7.2.4 临时用水、用电等

承包人应在施工开工日期 30 日前或双方约定的其他时间,按本专用条款中约定的发包人能够提供的临时用水、用电等类别,向发包人提交施工(含工程物资保管)所需的临时用水、用电等的品质、正常用量、高峰用量、使用时间和节点位置等资料。承包人自费负责计量仪器的购买、安装和维护,并依据 7.1.4 款专用条款中约定的单价向发包人交费,双方另有约定时除外。

因承包人未能按合同约定提交上述资料,造成发包人费用增加和竣工日期延误时,由承包人负责。

7.2.5 协助发包人办理开工等批准手续

承包人应在工程开工 20 日前,通知发包人向有关部门办理须由发包人办理的开工批准或施工许可证、工程质量监督手续及其他许可、证件、批件等。发包人需要时,承包人有义务提供协助. 发包人委托承包人代办并被承包人接受时,双方可另行签订协议,作为本合同的附件。

7.2.6 施工过程中需通知办理的批准

承包人在施工过程中因增加场外临时用地,临时要求停水、停电、中断道路交通,爆破作业,或可能损坏道路、管线、电力、邮电、通讯等公共设施的,应提前 10 日通知发包人办理相关申请批准手续,并按发包人的要求,提供需要承包人提供的相关文件、资料、证件等。

因承包人未能在 10 日前通知发包人或未能按时提供由发包人办理申请所需的承包人的相关文件、资料和证件等,造成承包人窝工、停工和竣工日期延误的,由承包人负责。

7.2.7　提供施工障碍资料

承包人应按合同约定,在每项地下或地上施工部位开工 20 日前,向发包人提交施工场地的具体范围及其坐标位置,发包人须就上述范围内提供相关的地下和地上的建筑物、构筑物和其他设施的坐标位置(不包括发包人根据 5.2.1 款第(1)项、第(2)项中已提供的现场障碍资料)。发包人在合同约定时间之后提出现场障碍资料的,按照 13.2.3 款的施工变更的约定办理。

发包人已提供上述相关资料,因承包人未能履行保护义务,造成的损失、损害和责任,由承包人负责. 因此造成工程关键路径延误的,承包人按 4.1.2 款的约定,自费赶上。

7.2.8　新发现的施工障碍

承包人应对在施工过程中新发现的场地周围及临近影响施工的建筑物、构筑物、文物建筑、古树、名木,以及地下管线、线缆、构筑物、文物、化石和坟墓等,立即采取保护措施,并及时通知发包人。新发现的施工障碍,按照 13.2.3 款的施工变更约定办理。

7.2.9　施工资源

承包人应保证其人力、机具、设备、设施、措施材料、消耗材料、周转材料及其他施工资源,满足实施工程的需求。

7.2.10　设计文件的说明和解释

承包人应在施工开工前向施工分包人和监理人说明设计文件的意图,解释设计文件,及时解决施工过程中出现的有关问题。

7.2.11　工程的保护与维护

承包人应从开工之日起至发包人接收工程或单项工程之日止,负责工程或单项工程的照管、保护、维护和保安责任,保证工程或单项工程除不可抗力外,不受到任何损失、损害。

7.2.12　清理现场

承包人负责在施工过程中及完工后对现场进行清理、分类堆放,将残余物、废弃物、垃圾等运往发包人、或当地有关部门指定的地点。清理现场的费用在专用条款中写明。承包人应将不再使用的机具、设备、设施和临时工程等撤离现场,或运到发包人指定的场地。

7.2.13　其他义务

承包人应履行专用条款中约定的应由承包人履行的其他相关义务。

7.3　施工技术方法

承包人的施工技术方法应符合有关操作规程、安全规程及质量标准。

发包人应在收到承包人提交的该方法后的 5 日内予以确认或提出建议,发包人的任何此类确认和建议,并不能减轻或免除承包人的合同责任。

7.4　人力和机具资源

7.4.1　承包人应按专用条款约定的格式、内容、份数和提交时间,向发包人提交施工人力资源计划一览表。施工人力资源计划应符合施工进度计划的需要:并按专用条款约定的报表格式、内容、份数和报告期,向发包人提供实际进场的人力资源信息。

承包人未能按施工人力资源计划一览表投入足够工种和人力,导致实际施工进度明显落后于施工进度计划时,发包人有权通知承包人按计划一览表列出的工种和人数,在合理时间内调派人员进入现场,并自费赶上进度。否则,发包人有权责令承包人将某些单项工程、分部分项工程的施工另行分包,因此发生的费用及延误的时间由承包人承担。

7.4.2　承包人应按专用条款约定的格式、内容、份数和提交时间,向发包人提交主要施工机具资源计划一览表。施工机具资源计划应符合施工进度计划的需要,并按专用条款约定的报表格式、内容、份数和报告期,向发包人提供实际进场的主要施工机具信息。

承包人未能按施工机具资源计划一览表投入足够的机具,导致实际施工进度落后于施工进度计划时,发包人有权通知承包人按该一览表列出的机具数量,在合理时间内调派机具进入现场。否则,发包人有权向承包人提供相关机具,因此所发生的费用及延误的时间由承包人承担。

7.5　质量与检验

7.5.1　质量与检验

(1)承包人及其分包人应随时接受发包人、监理人所进行的安全、质量的监督和检查。承包人应为此类监督、检查提供方便。

(2)发包人委托第三方对施工质量进行检查、检验、检测和试验时,应以书面形式通知承包人。第三方的验收结果视为发包人的验收结果。

(3)承包人应遵守施工质量管理的存关规定,负有对其操作人员进行培训、考核、图纸交底、技术交底、操作规程交底、安全程序交底和质量标准交底,及消除事故隐患的责任。

(4)承包人应按照设计文件、施工标准和合同约定,负责编写施工试验和检测方案,对工程物资(包括建筑构配件)进行检查、检验、检测和试验,不合格的不得使用。并有义务自费修复和(或)更换不合格的工程物资,因此造成竣工日期延误的,由承包人负责发包人提供的工程物资经承包人检查、检验、检测和试验不合格的,发包人应自费修复和(或)更换,因此造成关键路径延误的,竣工日期相应顺延。承包人因此增加的费用,因发包人承担。

(5)承包人的施工应符合合同约定的质量标准。施工质量评定以合同中约定的质量检验评定标准为依据。对不符合质量标准的施工部位,承包人应自费修复、返工、更换等。因此造成竣工日期延误的,由承包人负责。

7.5.2 质检部位与参检方。质检部位分为:发包人、监理人与承包人三方参检的部位,监理人与承包人两方参检的部位;第三方或(和)承包人一方参检的部位。对施工质量进行检查的部位、检查标准及验收的表格格式在专用条款中约定。

承包人应将按上述约定,经其一方检查合格的部位报发包人或监理人备案。发包人和工程总监有权随时对备案的部位进行抽查或全面检查。

7.5.3 通知参检方的参检。承包人自行检查、检验、检测和试验合格的,按7.5.2款专用条款约定的质检部位和参检方,通知相关参检单位在24小时内参加检查。参检方未能按时参加的,承包人应将自检合格的结果于其后的24小时内送交发包人和(或)监理人签字,24小时后未能签字,视为质检结果已被发包人认可。此后3日内,承包人可发出视为发包人和(或)监理人已确认该质检结果的通知。

7.5.4 质量检查的权利。发包人及其授权的监理人或第三方,在不妨碍承包人正常作业的情况下,具有对任何施工区域进行质量监督、检查、检验、检测和试验的权利。承包人应为此类质量检查活动提供便利。经质检发现因承包人原因引起的质量缺陷时,发包人有权下达修复、暂停、拆除、返工、重新施工、更换等指令。由此增加的费用由承包人承担,竣工日期不予延长。

7.5.5 重新进行质量检查。按7.5.3款的约定,经质量检查合格的工程部位,发包人有权在不影响工程正常施工的条件下,重新进行质量检查。检查、检验、检测、试验结果不合格时,因此发生的费用由承包人承担,造成工程关键路径延误的,竣工日期不予延长;检查、检验、检测、试验的结果合格时,承包人增加的费用由发包人承担,工程关键路径延误的,竣工日期相应顺延。

7.5.6 因发包人代表和(或)监理人的指令失误,或其他非承包人原因发生的追加施工费用,由发包人承担。造成工程关键路径延误的,竣工日期相应顺延。

7.6 隐蔽工程和中间验收

7.6.1 隐蔽工程和中间验收。需要质检的隐蔽工程和中间验收部位的分类、部位、质检内容、质检标准、质检表格和参检方在专用条款中约定。

7.6.2 验收通知和验收。承包人对自检合格的隐蔽工程或中间验收部位,应在隐蔽工程或中间验收前的48小时以书面形式通知发包人和(或)监理人验收。通知应包括隐蔽和中间验收的内容、验收时间和地点。验收合格,双方在验收记录上签字后,方可覆盖、进行紧后作业,编制并提交隐蔽工程竣工资料以及发包人或监理人要求提供的相关资料。

发包人和(或)监理人在验收合格24小时后不在验收记录上签字的,视为发包人和(或)监理人已经认可验收记录,承包人可隐蔽或进行紧后作业。经发包人和(或)监理人验收不合格的,承包人俯在发包人和(或)监理人限定的时间内修复,重新通知发包人和(或)监理人验收。

7.6.3　未能按时参加验收。发包人和(或)监理人不能按时参加隐蔽工程或中间验收部位验收的,应在收到验收通知24小时内以书面形式向承包人提出延期要求,延期不能超过48小时。发包人未能按以上时间提出延期验收,又未能参加验收的,承包人可自行组织验收,其验收记录视为已被发包人、监理人认可。

因应发包人和(或)监理人要求所进行延期验收造成关键路径延误的,竣工日期相应顺延;给承包人造成的停工、窝工损失,由发包人承担。

7.6.4　再检验。发包人和(或)监理人在任何时间内,均有权要求对已经验收的隐蔽工程重新检验,承包人应按要求拆除覆盖、剥离或开孔,并在检验后重新覆盖或修复。隐蔽工程经重新检验不合格的,由此发生的费用由承包人承担,竣工日期不予延长;经检验合格的,承包人因此增加的费用由发包人承担,工程关键路径延误的,竣工日期相应顺延。

7.7　对施工质量结果的争议

7.7.1　双方对施工质量结果有争议时,应首先协商解决。经协商未达成一致意见的,委托双方一致同意的具有相应资质的工程质量检测机构进行检测。

根据检测机构的鉴定结果,责任方为承包人时,因此造成的费用增加或竣工日期延误,由承包人负责。责任方为发包人时,因此造成的费用增加由发包人承担,工程关键路径因争议受到延误的,竣工日期相应顺延。

7.7.2　根据检测机构的鉴定结果,合同双方均有责任时,根据各方的责任大小,协商分担发生的费用;因此造成工程关键路径延误时,商定对竣工日期的延长时间。双方对分担的费用、竣工日期延长不能达成一致时,按16.3款争议和裁决的约定程序解决。

7.8　职业健康、安全、环境保护

7.8.1　职业健康、安全、环境保护管理

(1)遵守有关健康、安全、环境保护的各项法律规定,是双方的义务。

(2)职业健康、安全、环境保护管理实施计划。承包人应在现场开工前或约定的其他时间内,将职业健康、安全、环境保护管理实施计划提交给发包人。该计划的管理、实施费用包括在合同价格中。发包人应在收到该计划后15日内提出建议,并予以确认。承包人应根据发包人的建议自费修正。职业健康、安全、环境保护管理实施计划的提交份数和提交时间,在专用条款中约定。

(3)在承包人实施职业健康、安全、环境保护管理实施计划的过程中,发包人需要在该计划之外采取特殊措施的,按13条变更和合同价格调整的约定,作为变更处理。

(4)承包人应确保其在现场的所有雇员及其分包人的雇员都经过了足够的培训并具有经验,能够胜任职业健康、安全、环境保护管理工作。

(5)承包人应遵守所有与实施本工程和使用施工设备相关的现场职业健康、安全和环境保护的法律规定,并按规定各自办理相关手续。

(6)承包人应为现场开工部分的工程建立职业健康保障条件、搭设安全设施并采取环保措施等,为发包人办理施工许可证提供条件。因承包人原因导致施工许可的批准推迟,造成费用增加或工程关键路径延误时,由承包人负责。

(7)承包人应配备专职工程师或管理人员,负责管理、监督、指导职工职业健康、安全防护和环境保护工作。承包人应对其分包人的行为负责。

(8)承包人应随时接受政府有关行政部门、行业机构、发包人、监理人的职业健康、安全、环境保护检查人员的监督和检查,并为此提供方便。

7.8.2 现场职业健康管理

(1)承包人应遵守适用的职业健康的法律和合同约定(包括对雇用、职业健康、安全、福利等方面的规定),负责现场实施过程中其人员的职业健康和保护。

(2)承包人应遵守适用的劳动法规,保护其雇员的合法休假权等合法权益,并为其现场人员提供劳动保护用品、防护器具、防暑降温用品、必要的现场食宿条件和安全生产设施。

(3)承包人应对其施工人员进行相关作业的职业健康知识培训、危险及危害因素交底、安全操作规程交底,采取有效措施,按有关规定提供防止人身伤害的保护用具。

(4)承包人应在有毒有害作业区域设置警示标志和说明。发包人及其委托人员未经承包人允许、未配备相关保护器具,进入该作业区域所造成的伤害,由发包人承担责任和费用。

(5)承包人应对有毒有害岗位进行防治检查,对不合格的防护设施、器具、搭设等及时整改,消除危害职业健康的隐患。

(6)承包人应采取卫生防疫措施,配备医务人员、急救设施,保持食堂的饮食卫生,保持住地及其周围的环境卫生,维护施工人员的职业健康。

7.8.3 现场安全管理

(1)发包人、监理人应对其在现场的人员进行安全教育,提供必要的个人安全用品,并对他们所造成的安全事故负责。发包人、监理人不得强令承包人违反安全施工、安全操作及竣工试验和(或)竣工后试验的有关安全规定。因发包人、监理人及其现场工作人员的原因,导致的人身伤害和财产损失,由发包人承担相关责任及所发生的费用。工程关键路径延误时,竣工日期给予顺延。

因承包人原因,违反安全施工、安全操作、竣工试验和(或)竣工后试验的有关安全规定,导致人身伤害和财产损失及工程关键路径延误时,由承包人负责。

(2)双方人员应遵守有关禁止通行的须知,包括禁止进入工作场地以及临近工作场地的特定区域。未能遵守此约定,造成伤害、损坏和损失的,由未能遵守此项约定的一方负责。

(3)承包人应按合同约定负责现场的安全工作,包括其分包人的现场。对有条件的现均实行封闭管理。应根据工程特点,在施工组织设计文件中制定相应的安全技术措施,并对专业性较强的工程部分编制专项安全施工组织设计,包括维护安全、防范危险和预防火灾等措施。

(4)承包人(包括承包人的分包人、供应商及其运输单位)应对其现场内及进出现场途中的道路、桥梁、地下设施等,采取防范措施使其免遭损坏,专用条款另有约定时除外。因未按约定采取防范措施所造成的损坏和(或)竣工日期延误,由承包人负责。

(5)承包人应对其施工人员进行安全操作培训,安全操作规程交底,采取安全防护措施,设置安全警示标志和说明,进行安全检查,消除事故隐患。

(6)承包人在动力设备、输电线路、地下管道、密封防震车间、高温高压、易燃易爆区域和地段,以及临街交通要道附近作业时,应对施工现场及毗邻的建筑物、构筑物和特殊作业环境可能造成的损害采取安全防护措施。施工开始前承包人须向发包人和(或)监理人提交安全防护措施方案,经认可后实施。发包人和(或)监理人的认可,并不能减轻或免除承包人的责任。

(7)承包人实施爆破、放射性、带电、毒害性及使用易燃易爆、毒害性、腐蚀性物品作业(含运输、储存、保管)时,应在施工前10日以书面形式通知发包人和(或)监理人,并提交相应的安全防护措施方案,经认可后实施。发包人和(或)监理人的认可,并不能减轻或免除承包人的责任。

(8)安全防护检查。承包人应在作业开始前,通知发包人代表和(或)监理人对其提交的安全措施方案,及现场安全设施搭设、安全通道、安全器具和消防器具配置、对周围环境安全可能带来的隐患等进行检查,并根据发包人和(或)监理人提出的整改建议自费整改。发包人和(或)监理人的检查、建议,并不能减轻或免除承包人的合同责任。

7.8.4　现场的环境保护管理

(1)承包人应负责在现场施工过程中对现场周围的建筑物、构筑物、文物建筑、古树、名水,及地下管线、线缆、构筑物、文物、化石和坟墓等进行保护。因承包人未能通知发包人,并在未能得到发包人进一步指示的情况下,所造成的损害、损失、赔偿等费用增加,和(或)竣工日期延误,由承包人负责。

(2)承包人应采取措施,并负责控制和(或)处理现场的粉尘、废气、废水、固体废物和噪声对环境的污染和危害。因此发生的伤害、赔偿、罚款等费用增加,和(或)竣工日期延误,由承包人负责。

(3)承包人及时或定期将施工现场残留、废弃的垃圾运到发包人或当地有关行政部门指定的地点,防止对周围环境的污染及对作业的影响。因违反上述约定导致当地行政部门的罚款、赔偿等增加的费用,由承包人承担。

7.8.5　事故处理

(1)承包人(包括其分包人)的人员,在现场作业过程中发生死亡、伤害事件时,承包人应立即采取救护措施,并立即报告发包人和(或)救援单位,发包人有义务为此项抢救提供必要条件。承包人应维护好现场并采取防止事故蔓延的相应措施。

（2）对重大伤亡、重大财产、环境损害及其他安全事故，承包人应按有关规定立即上报有关部门，并立即通知发包人代表和监理人。同时，按政府有关部门的要求处理。

（3）合同双方对事故责任有争议时，依据 16.3 款争议和裁决的约定程序解决。

（4）因承包人的原因致使建设工程在合理使用期限、设备保证期内造成人身和财产损害的，由承包人承担损害赔偿责任。

（5）因承包人原因发生员工食物中毒及职业健康事件的，承包人应承担相关责任。

第 8 条　竣工试验

本合同工程包含竣工试验的，遵守本条约定。

8.1　竣工试验的义务

8.1.1　承包人的义务

（1）承包人应在单项工程和（或）工程的竣工试验开始前，完成相应单项工程和（或）工程的施工作业（不包括：为竣工试验、竣工后试验必须预留的施工部位、不影响竣工试验的缺陷修复和零星扫尾工程）；并在竣工试验开始前，按合同约定需完成对施工作业部位的检查、检验、检测和试验。

（2）承包人应在竣工试验开始前，根据 7.6 款隐蔽工程和中间验收部位的约定，向发包人提交相关的质检资料及其竣工资料。

（3）根据第 10 条竣工后试验的约定，由承包人指导发包人进行竣工后试验的，承包人应完成 5.4 款约定的操作维修人员培训，并在竣工试验前提交 5.2.4 款约定的操作维修手册。

（4）承包人应在达到竣工试验条件 20 日前，将竣工试验方案提交给发包人。发包人应在 10 日内对方案提出建议和意见，承包人应根据发包人提出的合理建议和意见，自费对竣工试验方案进行修正。竣工试验方案经发包人确认后，作为合同附件，由承包人负责实施。发包人的确认并不能减轻或免除承包人的合同责任．竣工试验方案应包括以下内容。

1）竣工试验方案编制的依据和原则；

2）组织机构设置、责任分工；

3）单项工程竣工试验的试验程序、试验条件；

4）单件、单体、联动试验的试验程序、试验条件；

5）竣工试验的设备、材料和部件的类别、性能标准、试验及验收格式；

6）水、电、动力等条件的品质和用量要求；

7）安全程序、安全措施及防护设施；

8)竣工试验的进度计划、措施方案、人力及机具计划安排；

9)其他。

竣工试验方案提交的份数和提交时间，在专用条款中约定。

(5)承包人的竣工试验包括根据 6.1.2 款约定的由承包人提供的工程物资的竣工试验，及根据 8.1.2 款第(3)项发包人委托给承包人进行工程物资的竣工试验。

(6)承包人应按照试验条件、试验程序，及 5.2.3 款第(3)项约定的标准、规范和数据，完成竣工试验。

8.1.2　发包人的义务

(1)发包人应按经发包人确认后的竣工试验方案，提供电力、水、动力及由发包人提供的消耗材料等。提供的电力、水、动力及相关消耗材料等应满足竣工试验对其品质、用量及时间的要求。

(2)当合同约定应由承包人提供的竣工试验的消耗材料和备品备件用完或不足时，发包人有义务提供其库存的竣工试验所需的相关消耗材料和备品备件。其中：因承包人原因造成损坏的或承包人提供不足的，发包人有权从合同价格中扣除相应款项；因合理耗损或发包人原因造成的，发包人应免费提供。

(3)发包人委托承包人对根据 6.1.1 款约定由发包人提供的工程物资进行竣工试验的服务费，已包含在合同价格中。发包人在合同实施过程中委托承包人进行竣工试验的，依据 13 条变更和合同价格调整的约定，作为变更处理。

(4)承包人应按发包人提供的试验条件、试验程序对发包人根据本款第(3)项委托给承包人工程物资进行竣工试验，其试验结果须符合 5.2.3 款第(3)项约定的标准、规范和数据，发包人对该部分的试验结果负责。

8.1.3　竣工试验领导机构。竣工试验领导机构负责竣工试验的领导、组织和协调。承包人提供竣工试验所需的人力、机具并负责完成试验．发包人负责组织、协调、提供竣工试验方案中约定的相关条件及竣工试验的验收。

8.2　竣工试验的检验和验收

8.2.1　承包人应根据 5.2.3 款第(3)项约定的标准、规范、数据，及 8.1.1 款第(4)项竣工试验方案的第 5)子项的约定进行检验和验收。

8.2.2　承包人应在竣工试验开始前，依据 8.1.1 款的约定，对各方提供的试验条件进行检查落实，条件满足的，双方人员应签字确认。因发包人提供的竣工试验条件延误，给承包人带来的窝工损失，由发包人负责。导致竣工试验进度延误的，竣工日期相应顺延；因承包人原因未能技时落实竣工试验条件，使竣工试验进度延误时，承包人应按 4.1.2 款的约定自费赶上。

8.2.3　承包人应在某项竣工试验开始 36 小时前，向发包人和(或)监理人发出通知，通知应包括试验的项目、内容、地点和验收时间。发包人和(或)监理人应在接到通知后的 24 小时内，以书面形式作出回复，试验合格后，双方应在试验记录及验收表格上签字。

发包人和(或)监理人在验收合格的 24 小时后,不在试验记录和验收表格上签字,视为发包人和(或)监理人已经认可此项验收,承包人可进行隐蔽和(或)紧后作业。

验收不合格的,承包人应在发包人和(或)监理人指定的时间内修正,并通知发包人和(或)监理人重新验收。

8.2.4　发包人和(或)监理人不能按时参加试验和验收时,应在接到通知后的 24 小时内以书面形式向承包人提出延期要求,延期不能超过 24 小时。未能按以上时间提出延期试验,又未能参加试验和验收的,承包人可按通知的试验项目内容自行组织试验,试验结果视为经发包人和(或)监理人认可。

8.2.5　不论发包人和(或)监理人是否参加竣工试验和验收,发包人均有权责令重新试验。如因承包人的原因重新试验不合格,承包人应承担由此所增加的费用,造成竣工试验进度延误时,竣工日期不予延长。如重新试验合格,承包人增加的费用,和(或)竣工日期的延长,按照 13 条变更和合同价格调整的约定,作为变更处理。

8.2.6　竣工试验验收日期的约定

(1)某项竣工试验的验收日期和时间:按该项竣工试验通过的日期和时间,作为该项竣工试验验收的日期和时间;

(2)单项工程竣工试验的验收日期和时间:按其中最后一项竣工试验通过的日期和时间,作为该单项工程竣工试验验收的日期和时间;

(3)工程的竣工试验日期和时间:按最后一个单项工程通过竣工试验的日期和时间,作为整个工程竣工试验验收的日期和时间。

8.3　竣工试验的安全和检查

8.3.1　承包人应按 7.8 款职业健康、安全和环境保护的约定,并结合竣工试验的通电、通水、通气、试压、试漏、吹扫、转动等特点,对触电危险、易燃易爆、高温高压、压力试验、机械设备运转等制定竣工试验的安全程序、安全制度、防火措施、事故报告制度及事故处理方案在内的安全操作方案,并将该方案提交给发包人确认,承包人应按照发包人提出的合理建议、意见和要求,自费对方案修正,并经发包人确认后实施。发包人的确认并不能减轻或免除承包人的合同责任。承包人为竣工试验提供安全防护措施和防护用品的费用已包含在合同价格中。

8.3.2　承包人应对其人员进行竣工试验的安全培训,并对竣工试验的安全操作程序、场地环境、操作制度、应急处理措施等进行交底。

8.3.3　发包人和(或)监理人有义务按照经确认的竣工试验安全方案中的安全规程、安全制度、安全措施等,对其管理人员和操作维修人员进行竣工试验的安全教育,自费提供参加监督、检查人员的防护设施。

8.3.4　发包人和(或)监理人有权监督、检查承包人在竣工试验安全方案中列出的工作及落实情况，有权提出安全整改及发出整顿指令。承包人有义务按照指令进行整改、整顿，所增加的费用由承包人承担。因此造成工程竣工试验进度计划延误时，承包人应遵照 4.1.2 款的约定自费赶上。

8.3.5　按 8.1.3 款竣工试验领导机构的决定，双方密切配合开展竣工试验的组织、协调和实施工作，防止人身伤害和事故发生。

因发包人的原因造成的事故，由发包人承担相应责任、费用和赔偿。造成工程竣工试验进度计划延误时，竣工日期相应顺延。

因承包人的原因造成的事故，由承包人承担相应责任、费用和赔偿。造成工程竣工试验进度计划延误时，承包人应按 4.1.2 款的约定自费赶上。

8.4　延误的竣工试验

8.4.1　因承包人的原因使某项、某单项工程落后于竣工试验进度计划的，承包人应按 4.1.2 款的约定自费采取措施，赶上竣工试验进度计划。

8.4.2　因承包人的原因造成竣工试验延误，致使合同约定的工程竣工日期延误时，承包人应根据 4.5 款误期损害赔偿的约定，承担误期赔偿责任。

8.4.3　承包人无正当理由，未能按竣工试验领导机构决定的竣工试验进度计划进行某项竣工试验，且在收到试验领导机构发出的通知后的 10 日内仍未进行该项竣工试验时，造成竣工日期延误时，由承包人承担误期赔偿责任。且发包人有权自行组织该项竣工试验，由此产生的费用由承包人承担。

8.4.4　发包人未能根据 8.1.2 款的约定履行其义务，导致承包人竣工试验延误，发包人应承担承包人因此发生的合理费用；竣工试验进度计划延误时，竣工日期相应顺延。

8.5　重新试验和验收

8.5.1　承包人未能通过相关的竣工试验的，可依据 8.1.1 款第（6）项的约定重新进行此项试验，并按 8.2 款的约定进行检验和验收。

8.5.2　不论发包人和（或）监理人是否参加竣工试验和验收，承包人未能通过竣工试验时，发包人均有权通知承包人再次按 8.1.1 款第（6）项的约定进行此项竣工试验，并按 8.2 款的约定进行检验和验收。

8.6　未能通过竣工试验

8.6.1　因发包人的下述原因导致竣工试验未能通过的，承包人进行竣工试验的费用由发包人承担，竣工试验进度计划延误的，竣工日期相应延长。

（1）发包人未能按确认的竣工试验方案中的技术参数、时间及数量提供电力、动力、水等试验条件，导致竣工试验未能通过；

（2）发包人指令承包人按发包人的竣工试验条件、试验程序和试验方法进行试验和竣工试验，导致该项竣工试验未能通过；

（3）发包人对承包人竣工试验的干扰，导致竣工试验未能通过；

（4）因发包人的其他原因，导致竣工试验未能通过。

8.6.2　因承包人原因未能通过竣工试验,该项竣工试验允许再进行,但再进行最多为两次,两次试验后仍不符合验收条件的,相关费用、竣工日期及相关事项,按下述约定处理:

(1)该项竣工试验未能通过,对该项操作或使用不存在实质影响,承包人自费修复。无法修复时,发包人有权扣减该部分的相应付款,视为通过。

(2)该项竣工试验未能通过,对该单项工程未产生实质性操作和使用影响,发包人相应扣减该单项工程的合同价款的,可视为通过;若使竣工日期延误的,承包人承担误期损害赔偿责任。

(3)该项竣工试验未能通过,对操作或使用有实质性影响,发包人有权指令承包人更换相关部分,并进行竣工试验。发包人因此增加的费用,由承包人承担。使竣工日期延误的,承包人承担误期损害赔偿责任。

(4)未能通过竣工试验,使单项工程的任何主要部分丧失了生产、使用功能时,发包人有权指令承包人更换相关部分,承包人自行承担因此增加的费用;竣工日期延误的,并应承担误期损害赔偿责任。发包人因此增加费用的,由承包人负责赔偿。

(5)未能通过竣工试验,使整个工程丧失了生产和(或)使用功能时,发包人有权指令承包人重新设计、重置相关部分,承包人承担因此增加的费用(包括发包人的费用);竣工日期延误的,并应承担误期损害赔偿责任。发包人有权根据16.2.1款发包人的索赔约定,向承包人提出索赔,或根据18.1.2款第(7)项的约定,解除合同。

8.7　竣工试验结果的争议

8.7.1　协商解决。双方对竣工试验结果有争议的,应首先通过协商解决。

8.7.2　委托鉴定机构。双方经协商,对竣工试验结果仍有争议的,共同委托一个具有相应资质的检测机构进行检测,经检测鉴定后,按下述约定处理:

(1)责任方为承包人时,所需的鉴定费用及因此造成发包人增加的合理费用由承包人承担,竣工日期不予延长。

(2)责任方为发包人时,所需的鉴定费用及因此造成承包人增加的合理费用由发包人承担,竣工日期相应顺延。

(3)双方均有责任时,根据责任大小协商分担费用,并按竣工试验计划的延误情况协商竣工日期的延长时间。

8.7.3　如双方对检测机构的鉴定结果有争议,依据16.3款争议和裁决的约定解决。

第9条　工程接收

9.1　工程接收

9.1.1　按单项工程和(或)按工程接收。根据工程项目的具体情况和特点,在专用条款约定按单项工程和(或)按工程进行接收。

（1）根据第 10 条竣工后试验的约定，由承包人负责指导发包人进行单项工程和（或）工程竣工后试验，并承担试运行考核责任的，在专用条款中约定接收单项工程的先后顺序及时间安排，或接收工程的时间安排。

由发包人负责单项工程和（或）工程竣工后试验及其试运行考核责任的，在专用条款中约定接收工程的日期或接收单项工程的先后顺序及时间安排。

（2）对不存在竣工试验或竣工后试验的单项工程和（或）工程，承包人完成扫尾工程和缺陷修复，并符合合同约定的验收标准的，根据合同约定按单项工程和（或）工程办理工程接收和竣工验收。

9.1.2　接收工程时承包人提交的资料。除按 8.1.1 款（1）至（3）项约定已经提交的资料外，需提交竣工试验完成的验收资料的类别、内容、份数和提交时间，在专用条款中约定。

9.2　接收证书

9.2.1　承包人应在工程和（或）单项工程具备接收条件后的 10 日内，向发包人提交接收证书申请，发包人应在接到申请后的 10 日内组织接收，并签发工程和（或）单项工程接收证书。

单项工程的接收以 8.2.6 款第（2）项约定的日期，作为接收日期。

工程的接收以 8.2.6 款第（3）项约定的日期，作为接收日期。

9.2.2　扫尾工程和缺陷修复。对工程或（和）单项工程的操作、使用没有实质影响的扫尾工程和缺陷修复，不能作为发包人不接收工程的理由。经发包人与承包人协商确定的承包人完成该扫尾工程和缺陷修复的合理时间，作为接收证书的附件。

9.3　接收工程的责任

9.3.1　保安责任。自单项工程和（或）工程接收之日起，发包人承担其保安责任。

9.3.2　照管责任。自单项工程和（或）工程接收之日起，发包人承担其照管责任。发包人负责单项工程和（或）工程的维护、保养、维修，但不包括需由承包人完成的缺陷修复和零星扫尾的工程部位及其区域。

9.3.3　投保责任。如合同约定施工期间工程的应投保方是承包人时，承包人应负责对工程进行投保并将保险期限保持到 9.2.1 款约定的发包人接收工程的日期。该日期之后由发包人负责对工程投保。

9.4　未能接收工程

9.4.1　不接收工程。如发包人收到承包人送交的单项工程和（或）工程接收证书申请后的 15 日内不组织接收，视为单项工程、和（或）工程的接收证书申请已被发包人认可。从第 16 日起，发包人应根据 9.3 款的约定承担相关责任。

9.4.2　未按约定接收工程。承包人未按约定提交单项工程和（或）工程接收证书申请的、或未符合单项工程或工程接收条件的，发包人有权拒绝接收单项工程和(或)工程。

发包人未能遵守本款约定,使用或强令接收不符合接收条件的单项工程和(或)工程的,将承担 9.3 款接收工程约定的相关责任,以及已被使用或强令接收的单项工程和(或)工程后进行操作、使用等所造成的损失、损坏、损害和(或)赔偿责任。

第 10 条　竣工后试验

本合同工程包含竣工后试验的,遵守本条约定。

10.1　权利与义务

10.1.1　发包人的权利与义务

(1)发包人有权对第 10.1.2 款第(2)项约定的由承包人协助发包人编制的竣工后试验方案进行审查并批准,发包人的批准并不能减轻或免除承包人的合同责任。

(2)竣工后试验联合协调领导机构由发包人组建,在发包人的组织领导下,由承包人指导,依据批准的竣工后试验方案进行分工、组织完成竣工后试验的各项准备工作、进行竣工后试验和试运行考核。联合协调领导机构的设置方案及其分工职责等作为本合同的组成部分。

(3)发包人对承包人根据 10.1.2 款第(4)项提出的建议,有权向承包人发出不接受或接受的通知。

发包人未能接受承包人的上述建议,承包人有义务仍按本款第(2)项的组织安排执行。承包人因执行发包人的此项安排而发生事故、人身伤害和工程损害时,由发包人承担其责任。

(4)发包人在竣工后试验阶段向承包人发出的组织安排、指令和通知,应以书面形式送达承包人的项目经理,由项目经理在回执上签署收到日期、时间和签名。

(5)发包人有权在紧急情况下,以口头、或书面形式向承包人发出紧急指令,承包人应立即执行。如承包人未能核发包人的指令执行,因此造成的事故责任、人身伤害和工程损害,由承包人承担。发包人应在发出口头指令后 12 小时内,将该口头指令再以书面形式送达承包人的项目经理。

(6)发包人在竣工后试验阶段的其他义务和工作,在专用条款中约定。

10.1.2　承包人的责任和义务

(1)承包人应在发包人组建的竣工后试验联合协调领导机构的统一安排下,派出具有相应资格和经验的人员指导竣工后试验。承包人派出的开车经理或指导人员在竣工后试验期间离开现场,必须事先得到发包人批准。

(2)承包人应根据合同约定和工程竣工后试验的特点,协助发包人编制竣工后试验方案,并在竣工试验开始前编制完成。竣工后试验方案应包括:工程、单项工程及其相关部位的操作试验程序、资源条件、试验条件、操作规程、安全规程、事故处理程序及进度计划等。竣工后试验方案经发包人审查批准后实施。竣工后试验方案的份数和时间在专用条款约定。

(3)因承包人未能执行发包人的安排、指令和通知,而发生的事故、人身伤害和工程损害,由承包人承担其责任。

(4)承包人有义务对发包人的组织安排、指令和通知提出建议,并说明因由。

(5)在紧急情况下,发包人有权口头指令承包人进行操作、工作及作业,承包人应立即执行。承包人应对此项指令做好记录,并做好实施的记录。发包人应在12小时内,将上述口头指令再以书面形式送达承包人。

发包人未能在12小时内将此项口头指令以书面形式送达承包人时,承包人及其项目经理有权在接到口头指令后的24小时内,以书面形式将该口头指令交发包人,发包人须在回执上签字确认,并签署接到的日期和时间。当发包人未能在24小时内在回执上签字确认,视为已被发包人确认。

承包人因执行发包人的口头指令而发生事故责任、人身伤害、工程损害和费用增加时,由发包人承担。但承包人错误执行上述口头指令而发生事故责任、人身伤害、工程损害和费用增加时,由承包人负责。

(6)操作维修手册的缺陷责任。因承包人负责编制的操作维修手册存在缺陷所造成的事故责任、人身伤害和工程损害,由承包人承担;因发包人(包括其专利商)提供的操作指南存在缺陷,造成承包人操作手册的缺陷,因此发生事故责任、人身伤害、工程损害和承包人费用增加时,由发包人负责。

(7)承包人根据合同约定和(或)行业规定,在竣工后试验阶段的其他义务和工作,在专用条款中约定。

10.2 竣工后试验程序

10.2.1 发包人应根据联合协调领导机构批准的竣工后试验方案,提供全部电力、水、燃料、动力、原材料、辅助材料、消耗材料以及其他试验条件,并组织安排其管理人员、操作维修人员和其他各项准备工作。

10.2.2 承包人应根据经批准的竣工后试验方案,提供竣工后试验所需要的其他临时辅助设备、设施、工具和器具,及应由承包人完成的其他准备工作。

10.2.3 发包人应根据批准的竣工后试验方案,按照单项工程内的任何部分、单项工程、单项工程之间、或(和)工程的竣工后试验程序和试验条件,组织竣工后试验。

10.2.4 联合协调领导机构组织全面检查并落实工程、单项工程及工程的任何部分竣工后试验所需要的资源条件、试验条件、安全设施条件、消防设施条件、紧急事故处理设施条件和(或)相关措施,保证记录仪器、专用记录表格的齐全和数量的充分。

10.2.5 竣工后试验日期的通知。发包人应在接收单项工程或(和)接收工程日期后的15日内通知承包人开始竣工后试验的日期,专用条款另有约定时除外。

因发包人原因未能在接收单项工程和(或)工程的 20 日内,或在专用条款中约定的日期内进行竣工后试验,发包人应自第 21 日开始或自专用条款中约定的开始日期后的第二日开始,承担承包人由此发生的相关窝工费用,包括人工费、临时辅助设备、设施的闲置费、管理费及其合理利润。

10.3　竣工后试验及试运行考核

10.3.1　按照批准的竣工后试验方案的试验程序、试验条件、操作程序进行试验,达到合同约定的工程和(或)单项工程的生产功能和(或)使用功能。

10.3.2　发包人的操作人员和承包人的指导人员,在竣工后试验过程中的同一个岗位上的试验条件记录、试验记录及表格上,应如实填写数据、条件、情况、时间、姓名及约定的其他内容。

10.3.3　试运行考核

(1)根据 5.1.1 款约定,由承包人提供生产工艺技术和(或)建筑设计方案的,承包人应保证工程在试运行考核周期内,达到 5.1.1 款专用条款中约定的考核保证值和(或)使用功能。

(2)根据 5.1.2 款约定,由发包人提供生产工艺技术和(或)建筑设计方案的,承包人应保证在试运行考核周期内达到 5.1.2 款专用条款中约定的,应由承包人承担的工程相关部分的考核保证值和(或)使用功能。

(3)试运行考核的时间周期由双方根据相关行业对试运行考核周期的规定,在专用条款中约定。

(4)试运行考核通过后或使用功能通过后,双方应共同整理竣工后试验及其试运行考核结果,并编写评价报告。报告一式两份,经合同双方签字或盖章后各持一份,作为本合同组成部分。发包人并应根据 10.7 款的约定颁发考核验收证书。

10.3.4　产品和(或)服务收益的所有权。单项工程和(或)工程竣工后试验及试运行考核期间的任何产品收益和(或)服务收益,均属发包人所有。

10.4　竣工后试验的延误

10.4.1　根据 10.2.5 款竣工后试验日期通知的约定,非因承包人原因,发包人未能在发出竣工后试验通知后的 90 日内开始竣工后试验的,工程和(或)单项工程视为通过了竣工后试验和试运行考核。除非专用条款另有约定。

10.4.2　因承包人的原因造成竣工后试验延误时,承包人应采取措施,尽快组织、配合发包人开始并通过竣工后试验。当延误造成发包人的费用增加时,发包人有权根据 16.2.1 款的约定向承包人提出索赔。

10.4.3　按 10.3.3 款第(3)项试运行考核时间周期的约定,在试运行考核期间,因发包人原因导致考核中断或停止,且中断或停止的累计天数超过第 10.3.3 款第(3)项专用条款中约定的试运行考核周期时,试运行考核应在中断或停止后的 60 日内重新开始,超过此期限视为单项工程和(或)工程已通过了试运行考核。

10.5　重新进行竣工后试验

10.5.1　根据 5.1.1 款或 5.1.2 款及其专用条款中的约定,因承包人原因导致工程、单项工程或工程的任何部分未能通过竣工后试验,承包人应自费修补其缺陷,由发包人依据第 10.2.3 款约定的试验程序、试验条件,重新组织进行此项试验。

10.5.2　承包人根据 10.5.1 款重新进行试验,仍未能通过该项试验时,承包人应自费继续修补缺陷,并在发包人的组织领导下,按 10.2.3 款约定的试验程序、试验条件,再次指导发包人进行此项试验。

10.5.3　因承包人原因,重新进行竣工后试验,给发包人增加了额外费用时,发包人有权根据 16.2.1 款的约定向承包人提出索赔。

10.6　未能通过考核

因承包人原因使工程和(或)单项工程未能通过考核,但尚具有生产功能、使用功能时,按以下约定处理:

(1)未能通过试运行考核的赔偿

1)承包人提供的生产工艺技术或建筑设计方案未能通过试运行考核

承包人提供的生产工艺技术和(或)建筑设计方案未能通过试运行考核时,承包人在根据 5.1.1 款专用条款约定的工程和(或)单项工程试运行考核保证值和(或)使用功能保证的说明书,并按照在本项专用条款中约定的未能通过试运行考核的赔偿金额、或赔偿计算公式计算的金额,向发包人支付相应赔偿金额后,视为承包人通过了试运行考核。

2)发包人提供的生产工艺技术或建筑设计方案未能通过试运行考核

发包人提供的生产工艺技术和(或)建筑设计方案未能通过试运行考核时,承包人根据 5.1.2 款专用条款约定的工程和(或)单项工程试运行考核中应由承包人承担的相关责任,并按照在本项专用条款对相关责任约定的赔偿金额、或赔偿公式计算的金额,向发包人支付相应赔偿金额后,视为承包人通过了试运行考核。

(2)承包人对未能通过试运行考核的工程和(或)单项工程,若提出自费调查、调整和修正并被发包人接受时,双方可商定相应的调查、修正和试验期限,发包人应为此提供方便。在通过该项考核之前,发包人可暂不按 10.6 款第(1)项约定提出赔偿。

(3)发包人接受了本款第(2)项约定,但在商定的期限内发包人未能给承包人提供方便,致使承包人无法在约定期限内进行调查、调整和修正的,视为该项试运行考核已被通过。

10.7　竣工后试验及考核验收证书

10.7.1　在专用条款中约定按工程和(或)按单项工程颁发竣工后试验及考核验收证书。

10.7.2　发包人根据 10.3 款、10.4 款、10.5.1 款、10.5.2 款及 10.6 款的约

定对通过或视为通过竣工后试验和(或)试运行考核的,应按10.7.1款颁发竣工后试验及考核验收证书。该证书中写明的试运行考核通过的日期和时间,为实际完成考核或视为通过试运行考核的日期和时间。

10.8　丧失了生产价值和使用价值

因承包人的原因,工程和(或)单项工程未能通过竣工后试验,并使整个工程丧失了生产价值或使用价值时,发包人有权提出未能履约的索赔,并扣罚已提交的履约保函。但发包人不得将本合同以外的连带合同损失包括在未履约索赔之中。

连带合同损失指市场销售合同损失、市场预计盈利、生产流动资金贷款利息、竣工后试验及试运行考核周期以外所签订的原材料、辅助材料、电力、水、燃料等供应合同损失,以及运输合同等损失,适用法律另有规定时除外。

第11条　质量保修责任

11.1　质量保修责任书

11.1.1　质量保修责任书

按照相关法律规定签订质量保修责任书是竣工验收的条件之一。双方应按法律规定的保修内容、范围、期限和责任,签订质量保修责任书,作为本合同附件。9.2.1款接收证书中写明的单项工程和(或)工程的接收日期,或单项工程和(或)工程视为被接收的日期,是承包人保修责任开始的日期,也是缺陷责任期的开始日期。

11.1.2　未提交质量保修责任书

承包人未能提交质量保修责任书、无正当理由不与发包人签订质量保修责任书,发包人可不与承包人办理竣工结算,不承担尚未支付的竣工结算款项的相应利息,即使合同已约定延期支付利息。

如承包人提交了质量保修责任书,提请与发包人签订该责任书并在合同中约定了延期付款利息,但因发包人原因未能及时签署质量保修责任书,发包人应从接到该责任书的第11日起承担竣工结算款项延期支付的利息。

11.2　缺陷责任保修金

11.2.1　缺陷责任保修金金额

缺陷责任保修金的金额,在专用条款中约定。

11.2.2　缺陷责任保修金的暂扣

缺陷责任保修金的暂扣方式,在专用条款中约定。

11.2.3　缺陷责任保修金的支付

发包人应依据第14.5.2款缺陷责任保修金支付的约定,支付被暂扣的缺陷责任保修金。

第12条　工程竣工验收

12.1　竣工验收报告及完整的竣工资料

12.1.1　工程符合 9.1 款工程接收的相关约定,和(或)发包人已按 10.7 款的约定颁发了竣工后试验及考核验收证书,且承包人完成了 9.2.2 款约定的扫尾工程和缺陷修复,经发包人或监理人验收后,承包人应依据 8.1.1 款(1)、(2)、(3)项、8.2 款竣工试验的检验与验收、10.3.3 款第(4)项竣工后试验及其试运行考核结果等资料,向发包人提交竣工验收报告和完整的工程竣工资料。竣工验收报告和完整的竣工资料的格式、内容和份数在专用条款约定。

12.1.2　发包人应在接到竣工验收报告和完整的竣工资料后 25 日内提出修改意见或予以确认,承包人应按照发包人的意见自费对竣工验收报告和竣工资料进行修改。25 日内发包人未提出修改意见,视为竣工资料和竣工验收报告已被确认。

12.1.3　分期建设、分期投产或分期使用的工程,按 12.1.1 款及 12.1.2 款的约定办理。

12.2　竣工验收

12.2.1　组织竣工验收

发包人应在接到竣工验收报告和完整的竣工资料,并根据 12.1.2 款的约定被确认后的 30 日内,组织竣工验收。

12.2.2　延后组织的竣工验收

发包人未能根据 12.2.1 款的约定,在 30 日内组织竣工验收时,应按照 14.12.1 至 14.12.3 款的约定,结清竣工结算的款项。

在 12.2.1 款约定的时间之后,发包人进行竣工验收时,承包人有义务参加。发包人在验收后的 25 日内,对承包人的竣工验收报告或竣工资料提出的进一步修改意见的,承包人应按照发包人的意见自费修改。

12.2.3　分期竣工验收

分期建设、分期投产或分期使用的合同工程的楼工验收,按 12.1.3 款、12.2.1 款的约定,分期组织竣工验收。

第 13 条　变更和合同价格调整

13.1　变更权

13.1.1　变更权

发包人拥有批准变更的权限。自合同生效后至工程竣工验收前的任何时间内,发包人有权依据监理人的建议、承包人的建议,及 13.2 款约定的变更范围,下达变更指令。变更指令以书面形式发出。

13.1.2　变更

由发包人批准并发出的书面变更指令,属于变更。包括发包人直接下达的变更指令,或经发包人批准的由监理人下达的变更指令。

承包人对自身的设计、采购、施工、竣工试验、竣工后试验存在的缺陷,应自费修正、调整和完善,不属于变更。

13.1.3　变更建议权

承包人有义务随时向发包人提交书面变更建议,包括缩短工期,降低发包人的工程、施工、维护、营运的费用,提高竣工工程的效率或价值,给发包人带来的长远利益和其他利益。发包人接到此类建议后,应发出不采纳、采纳或补充进一步资料的书面通知。

13.2　变更范围

13.2.1　设计变更范围

(1)对生产工艺流程的调整,但未扩大或缩小初步设计批准的生产路线和规模,或未扩大或缩小合同约定的生产路线和规模;

(2)对平面布置、竖面布置、局部使用功能的调整,但未扩大初步设计批准的建筑规模,未改变初步设计批准的使用功能;或未扩大合同约定的建设规模,未改变合同约定的使用功能;

(3)对配套工程系统的工艺调整、使用功能调整;

(4)对区域内基准控制点、基准标高和基准线的调整;

(5)对设备、材料、部件的性能、规格和数量的调整;

(6)因执行基准日期之后新颁布的法律、标准、规范引起的变更;

(7)其他超出合同约定的设计事项;

(8)上述变更所需的附加工作。

13.2.2　采购变更范围

(1)承包人已按合同约定的程序,与相关供货商签订采购合同或已开始加工制造、供货、运输等,发包人通知承包人选择另一家供货商;

(2)因执行基准日期之后新颁布的法律、标准、规范引起的变更;

(3)发包人要求改变检查、检验、检测、试验的地点和增加的附加试验;

(4)发包人要求增减合同中约定的备品备件、专用工具、竣工后试验物资的采购数量;

(5)上述变更所需的附加工作。

13.2.3　施工变更范围

(1)根据 13.2.1 款的设计变更,造成施工方法改变、设备、材料、部件、人工和工程量的增减;

(2)发包人要求增加的附加试验、改变试验地点;

(3)除 5.2.1 款第(1)项、第(2)项之外,新增加的施工障碍处理;

(4)发包人对竣工试验经验收或视为验收合格的项目,通知重新进行竣工试验;

(5)因执行基准日期之后新颁布的法律、标准、规范引起的变更;

(6)现场其他签证;

(7)上述变更所需的附加工作。

13.2.4　发包人的赶工指令。承包人接受了发包人的书面指示,以发包人认为必要的方式加快设计、施工或其他任何部分的进度时,承包人为实施该赶工指令需对项目进度计划进行调整,并对所增加的措施和资源提出估算,经发包人批准后,作为一项变更。发包人未能批准此项变更的,承包人有权按合同约定的相关阶段的进度计划执行。

因承包人原因,实际进度明显落后于上述批准的项目进度计划时,承包人应按4.1.2款的约定,自费赶上;竣工日期延误时,按 4.5 款的约定承担误期赔偿责任。

13.2.5　调减部分工程。发包人的暂停超过 45 日,承包人请求复工时仍不能复工,或因不可抗力持续而无法继续施工的,双方可按合同约定以变更方式调减受暂停影响的部分工程。

13.2.6　其他变更。根据工程的具体特点,在专用条款中约定。

13.3　变更程序

13.3.1　变更通知。发包人的变更应事先以书面形式通知承包人。

13.3.2　变更通知的建议报告。承包人接到发包人的变更通知后,有义务在10 日内向发包人提交书面建议报告,

(1)如承包人接受发包人变更通知中的变更时,建议报告中应包括:支持此项变更的理由、实施此项变更的工作内容、设备、材料、人力、机具、周转材料、消耗材料等资源消耗,以及相关管理费用和合理利润的估算。相关管理费用和合理利润的百分比,应在专用条款约定。此项变更引起竣工日期延长时,应在报告中说明理由,并提交与此项变更相关的进度计划。

承包人未提交增加费用的估算及竣工日期延长,视为该项变更不涉及合同价格调整和竣工日期延长,发包人不再承担此项变更的任何费用及竣工日期延长的责任。

(2)如承包人不接受发包人变更通知中的变更时,建议报告中应包括不支持此项变更的理由,理由包括:

1)此变更不符合法律、法规等有关规定;

2)承包人难以取得变更所需的特殊设备、材料、部件;

3)承包人难以取得变更所前的工艺、技术;

4)变更将降低工程的安全性、稳定性、适用性;

5)对生产性能保证值、使用功能保证的实现产生不利影响等。

13.3.3　发包人的审查和批准。发包人应在接到承包人根据 13.3.2 款约定提交的书面建议报告后 10 日内对此项建议给予审查,并发出批准、撤销、改变、提出进一步要求的书面通知。承包人在等待发包人回复的时间内,不能停止或延误任何工作。

(1)发包人接到承包人根据 13.3.2 款第(1)项的约定提交的建议报告,对其理由、估算、和(或)竣工日期延长经审查批准后,应以书面形式下达变更指令。

发包人在下达的变更指令中,未能确认承包人对此项变更提出的估算和(或)竣工日期延长亦未提出异议的,由发包人接到此项书面建议报告后的第 11 日开始,视为承包人提交的变更估算、和(或)竣工日期延长,已被发包人批准。

(2)发包人对承包人根据 13.3.2 款第(2)项提交的不接受此项变更的理由进行审查后,发出继续执行、改变、提出进一步补充资料的书面通知,承包人应予以执行。

13.3.4　承包人根据 13.1.3 款的约定提交变更建议书的,其变更程序按照本变更程序的约定办理。

13.4　紧急性变更程序

13.4.1　发包人有权以书面形式或口头形式发出紧急性变更指令,责令承包人立即执行此项变更。承包人接到此类指令后,应立即执行。发包人以口头形式发出紧急性变更指令的,须在 48 小时内以书面方式确认此项变更,并送交承包人项目经理。

13.4.2　承包人应在紧急性变更指令执行完成后的 10 日内,向发包人提交实施此项变更的工作内容,资源消耗和估算。因执行此项变更造成工程关键路径延误时,可提出竣工日期延长要求,但应说明理由,并提交与此项变更相关的进度计划。

承包人未能在此项变更完成后的 10 日内提交实际消耗的估算、和(或)延长竣工日期的书面资料,视为该项变更不涉及合同价格调整和竣工日期延长,发包人不再承担此项变更的任何责任。

13.4.3　发包人应在接到承包人根据 13.4.2 款提交的书面资料后的 10 日内,以书面形式通知承包人被批准的合理估算,和(或)给予竣工日期的合理延长。

发包人在接到承包人的此项书面报告后的 10 日内,未能批准承包人的估算和(或)竣工日期延长亦未说明理由的,自接到该报告的第 11 日后,视为承包人提交的估算、和(或)竣工日期延长已被发包人批准。

承包人对发包人批准的变更费用、竣工日期的延长存有争议时,双方应友好协商解决,协商不成时,依据 16.3 款争议和裁决的程序解决。

13.5　变更价款确定

变更价款按以下方法确定:

13.5.1　合同中已有相应人工、机具、工程量等单价(含取费)的,按合同已布的相应人工、机具、工程量等单价(含取费)确定变更价款;

13.5.2　合同中无相应人工、机具、工程量等单价(含取费)的,按类似于变更工程的价格确定变更价款;

13.5.3　合同中已有相应人工、机具、工程量等单价(含取费),亦无类似于变更工程的价格的,双方通过协商确定变更价款。

13.5.4　专用条款中约定的其他方法。

13.6 　建议变更的利益分享

因发包人批准采用承包人根据 13.1.3 款提出的变更建议，使工程的投资减少、工期缩短、发包人获得长期运营效益或其他利益的，双方可按专用条款的约定进行利益分享，必要时双方可另行签订利益分享补充协议，作为合同附件。

13.7 　合同价格调整

在下述情况发生后 30 日内，合同双方均有权将调整合同价格的原因及调整金额，以书面形式通知对方或监理人。经发包人确认的合理金额，作为合同价格的调整金额，并在支付当期工程进度款时支付或扣减调整的金额。一方收到另一方通知后 15 日内不予确认，也未能提出修改意见的，视为已经同意该项价格的调整。合同价格调整包括以下情况：

（1）合同签订后，因法律、国家政策和需遵守的行业规定发生变化，影响到合同价格增减的；

（2）合同执行过程中，工程造价管理部门公布的价格调整，涉及承包人投入成本增减的；

（3）一周内非承包人原因的停水、停电、停气、道路中断等，造成工程现场停工累计超过 8 小时的（承包人须提交报告并提供可证实的证明和估算）；

（4）发包人根据 13.3 款至 13.5 款变更程序中批准的变更估算的增减；

（5）本合同约定的其他增减的款项调整。

对于合同中未约定的增减款项，发包人不承担调整合同价格的责任，适用法律另有规定时除外。合同价格的调整不包括合同变更。

13.8 　合同价格调整的争议

经协商，双方未能对工程变更的费用、合同价格的调整或竣工日期的延长达成一致时，根据 16.3 款关于争议和裁决的约定解决。

第 14 条 　合同总价和付款

14.1 　合同总价和付款

14.1.1 　合同总价

本合同为总价合同，除根据第 13 条变更和合同价格的调整，以及合同中其他相关增减金额的约定进行调整外，合同价格不做调整。

14.1.2 　付款

（1）合同价款的货币币种为人民币，由发包人在中国境内支付给承包人。

（2）发包人应依据合同约定的应付款类别和付款时间安排，向承包人支付合同价款。承包人指定的银行账户，在专用条款中约定。

14.2 　担保

14.2.1 　履约保函

合同约定由承包人向发包人提交履约保函时，履约保函的格式、金额和提交时间，在专用条款中约定。

14.2.2　支付保函

合同约定由承包人向发包人提交履约保函时,发包人应向承包人提交支付保函。支付保函的格式、内容和提交时间在专用条款中约定。

14.2.3　预付款保函

合同约定由承包人向发包人提交预付款保函时,预付款保函的格式、金额和提交时间在专用条款中约定。

14.3　预付款

14.3.1　预付款金额

发包人同意将按合同价格的一定比例作为预付款金额,具体金额在专用条款中约定。

14.3.2　预付款支付

合同约定了预付款保函时,发包人应在合同生效及收到承包人提交的预付款保函后 10 日内,根据 14.3.1 款约定的预付款金额,一次支付给承包人;未约定预付款保函时,发包人应在合同生效后 10 日内,根据 14.3.1 款约定的预付款金额,一次支付给承包人。

14.3.3　预付款抵扣

(1)预付款的抵扣方式、抵扣比例和抵扣时间安排,在专用条款中约定。

(2)在发包人签发工程接收证书或合同解除时,预付款尚未抵扣完的,发包人有权要求承包人支付尚未抵扣完的预付款。承包人未能支付的,发包人有权按如下程序扣回预付款的余额:

1)从应付给承包人的款项中或属于承包人的款项中一次或多次扣除;

2)应付给承包人的款项或属于承包人的款项不足以抵如时,发包人有权从预付款保函(如约定提交)中扣除尚未抵扣完的预付款;

3)应付给承包人或属于承包人的款项不足以抵扣且合同未约定承包人提交预付款保函时,承包人应与发包人签订支付尚未抵扣完的预付款支付时间安排协议书;

4)承包人未能按上述协议书执行,发包人有权从履约保函(如有)中抵扣尚未扣完的预付款。

14.4　工程进度款

14.4.1　工程进度款。工程进度款支付方式、支付条件和支付时间等,在专用条款中约定。

14.4.2　根据工程具体情况,应付的其他进度款,在专用条款约定。

14.5　缺陷责任保修金的暂扣与支付

14.5.1　缺陷责任保修金的暂时扣减。发包人可根据 11.2.1 款约定的缺陷责任保修金金额和 11.2.2 款缺陷责任保修金暂扣的约定,暂时扣减缺陷责任保修金。

14.5.2　缺陷责任保修金的支付

(1)发包人应在办理工程竣工验收和竣工结算时,将按14.5.1款暂时扣减的全部缺陷责任保修金金额的一半支付给承包人,专用条款另有约定时除外。此后,承包人未能按发包人通知修复缺陷责任期内出现的缺陷或委托发包人修复该缺陷的,修复缺陷的费用,从余下的缺陷责任保修金金额中扣除。发包人应在缺陷责任期届满后15日内,将暂扣的缺陷责任保修金余额支付给承包人。

(2)专用条款约定承包人可提交缺陷责任保修金保函的,在办理工程竣工验收和竣工结算时,如承包人请求提供用于替代剩余的缺陷责任保修金的保函,发包人应在接到承包人按合同约定提交的缺陷责任保修金保函后,向承包人支付保修金的剩余金额。此后,如承包人未能自费修复缺陷责任期内出现的缺陷或委托发包人修复该缺陷的,修复缺陷的费用从该保函中扣除。发包人应在缺陷责任期届满后15日内,退还该保函。保函的格式、金额和提交时间,在专用条款约定。

14.6　按月工程进度申请付款

14.6.1　按月申请付款。按月申请付款的,承包人应以合同协议书约定的合同价格为基础,按每月实际完成的工程盐(含设计、采购、施工、竣工试验和竣工后试验等)的合同金额,向发包人或监理人提交付款申请。承包人提交付款申请报告的格式、内容、份数和时间,在专用条款约定。

按月付款申请报告中的款项包括:

(1)按14.4款工程进度款约定的款项类别;

(2)按13.7款合同价格调整约定的增减款项;

(3)按14.3款预付款约定的支付及扣减的款项;

(4)按14.5款缺陷责任保修金约定暂扣1及支付的款项;

(5)根据16.2款索赔结果增减的款项;

(6)根据另行签订的本合同补充协议增减的款项。

14.6.2　如双方约定了14.6.1款按月工程进度申请付款的方式时,则不能再约定按14.7款按付款计划表申请付款的方式。

14.7　按付款计划表申请付款

14.7.1　按付款计划表申请付款

按付款计划表申请付款的,承包人应以合同协议书约定的合同价格为基础,按照专用条款约定的付款期数、计划每期达到的主要形象进度和(或)完成的主要计划工程量(含设计、采购、施工、竣工试验和竣工后试验等)等目标任务,以及每期付款金额,并依据专用条款约定的格式、内容、份数和提交时间,向发包人或监理人提交当期付款申请报告。

每期付款申请报告中的款项包括:

(1)按专用条款中约定的当期计划申请付款的金额;

(2)按13.7款合同价款调整约定的增减款项;

（3）按 14.3 款预付款约定的，支付及扣减的款项；

（4）按 14.5 款缺陷责任保修金约定暂扣及支付的款项；

（5）根据 16.2 款索赔结果增减的款项；

（6）根据另行签订的本合同的补充协议增减的款项。

14.7.2　发包人按付款计划表付款时，承包人的实际工作和（或）实际进度比付款计划表约定的关键路径的目标任务落后 30 日及以上时，发包人有权与承包人商定减少当期付款金额，并有权与承包人共同调整付款计划表。承包人以后各期的付款申请及发包人的付款，以调整后的付款计划表为依据。

14.7.3　如双方约定了按 14.7 款付款计划表的方式申请付款时，不能再约定按 14.6 款按月工程进度付款申请的方式。

14.8　付款条件与时间安排

14.8.1　付款条件

双方约定由承包人提交履约保函时，履约保函的提交应为发包人支付各项款项的前提条件；未约定履约保函时，发包人按约定支付各项款项。

14.8.2　预付款的支付

工程预付款的支付依据 14.3.2 款预付款支付的约定执行。预付款抵扣完后，发包人应及时向承包人退还预付款保函。

14.8.3　工程进度款

（1）按月工程进度申请与付款。依据 14.6.1 款按月工程进度申请付款和付款时，发包人应在收到承包人按 14.6.1 款提交的每月付款申请报告之日起的 25 日内审查并支付。

（2）按付款计划表申请与付款。依据 14.7.1 款按付款计划表申请付款和付款时，发包人应在收到承包人按 14.7.1 款提交的每期付款申请报告之日起的 25 日内审查并支付。

14.9　付款时间延误

14.9.1　因发包人的原因未能按 14.8.3 款约定的时间向承包人支付工程进度款的，应从发包人收到付款申请报告后的第 26 日开始，以中国人民银行颁布的同期同类贷款利率向承包人支付延期付款的利息，作为延期付款的违约金额。

14.9.2　发包人延误付款 15 日以上，承包人有权向发包人发出要求付款的通知，发包人收到通知后仍不能付款的，承包人可暂停部分工作，视为发包人导致的暂停，并遵照 4.6.1 款发包人的暂停的约定执行。

双方协商签订延期付款协议书的，发包人应按延期付款协议书中约定的期数、时间、金额和利息；付款如双方未能达成延期付款协议，导致工程无法实施，承包人可停止部分或全部工程，发包人应承担违约责任，导致工程关键路径延误时，竣工日期顺延。

14.9.3　发包人的延误付款达 60 日以上，并影响到整个工程实施的，承包人有权根据 18.2 款的约定向发包人发出解除合同的通知,并有权就因此增加的相关费用向发包人提出索赔。

14.10　税务与关税

14.10.1　发包人与承包人按国家有关纳税规定,各自履行各自的纳税义务,含与进口工程物资相关的各项纳税义务。

14.10.2　合同一方享有本合同进口工程设备、材料、设备配件等进口增值税和关税减免时,另一方有义务就办理减免税手续给予协助和配合。

14.11　索赔款项的支付

14.11.1　经协商或调解确定的、或经仲裁裁决的、或法院判决的发包人应得的索赔款项,发包人可从应支付给承包人的当月工程进度款或当期付款计划表的付款中扣减该索赔款项。当支付给承包人的各期工程进度款中不足以抵扣发包人的索赔款项时,承包人应当另行支付。承包人未能支付,可协商支付协议,仍未支付时,发包人可从履约保函(如有)中抵扣。如履约保函不足以抵扣时,承包人须另行支付该索赔款项,或以双方协商一致的支付协议的期限支付。

14.11.2　经协商或调解确定的、或经仲裁裁决的、或法院判决的承包人应得的索赔款项,承包人可在当月工程进度款或当期付款计划表的付款申请中单列该索赔款项,发包人应在当期付款中支付该索赔款项。发包人未能支付该索赔款项时,承包人有权从发包人提交的支付保函(如有)中抵扣。如未约定支付保函时,发包人须另行支付该索赔款项。

14.12　竣工结算

14.12.1　提交竣工结算资料

承包人应在根据 12.1 款的约定提交的竣工验收报告和完整的竣工资料被发包人确认后的 30 日内,向发包人递交竣工结算报告和完整的竣工结算资料。竣工结算资料的格式、内容和份数,在专用条款中约定。

14.12.2　最终竣工结算资料

发包人应在收到承包人提交的竣工结算报告和完整的竣工结算资料后的 30 日内,进行审查并提出修改意见,双方就竣工结算报告和完整的竣工结算资料的修改达成一致意见后,由承包人自费进行修正,并提交最终的竣工结算报告和最终的结算资料。

14.12.3　结清竣工结算的款项

发包人应在收到承包人按 14.12.2 款的约定提交的最终竣工结算资料的 30 日内,结清竣工结算的款项。竣工款结清后 5 日内,发包人应将承包人按 14.2.1 款约定提交的履约保函返还给承包人;承包人应将发包人按 14.2.2 款约定提交的支付保函返还给发包人。

14.12.4　未能答复竣工结算报告

发包人在接到承包人根据 14.12.1 款约定提交的竣工结算报告和完整的竣

工结算资料的 30 日内,未能提出修改意见,也未予答复的,视为发包人认可了该竣工结算资料作为最终竣工结算资料。发包人应根据 14.12.3 款的约定,结清竣工结算的款项。

14.12.5　发包人未能结清竣工结算的款项

(1)发包人未能按 14.12.3 款的约定,结清应付给承包人的竣工结算的款项余额的,承包人有权从发包人根据 14.2.2 款约定提交的支付保函中扣减该款项的余额。

合同未约定发包人按 14.2.2 款提交支付保函或支付保函不足以抵偿应向承包人支付的竣工结算款项时,发包人从承包人提交最终结算资料后的第 31 日起,支付拖欠的竣工结算款项的余额,并按中国人民银行同期同类贷款利率支付相应利息。

(2)根据 14.12.4 款的约定,发包人未能在约定的 30 日内对竣工结算资料提出修改意见和答复,也未能向承包人支付竣工结算款项的余额的,应从承包人提交该报告后的第 31 日起,支付拖欠的竣工结算款项的余额,并按中国人民银行同期同类贷款利率支付相应利息。

发包人在承包人提交最终竣工结算资料的 90 日内,仍未结清竣工结贷款项的,承包人可依据第 16.3 款争议和裁决的约定解决。

14.12.6　未能按时提交竣工结算报告及完整的结算资料

工程竣工验收报告经发包人认可后的 30 日内,承包人未能向发包人提交竣工结算报告及完整的结算资料,造成工程竣工结算不能正常进行、或工程竣工结算不能按时结清,发包人要求承包人交付工程时,承包人应进行交付;发包人未要求交付工程时,承包人须承担保管、维护和保养的费用和责任,不包括根据第 9 条工程接收的约定已被发包人使用、接收的单项工程和工程的任何部分。

14.12.7　承包人未能支付竣工结算的款项

(1)承包人未能按 14.12.3 款的约定,结清应付给发包人的竣工结算中的款项余额时,发包人有权从承包人根据 14.2.1 款约定提交的履约保函中扣减该款项的余额。

履约保函的金额不足以抵偿时,承包人应从最终竣工结算资料提交之后的 31 日起,支付拖欠的竣工结算款项的余额,并按中国人民银行同期同类贷款利率支付相应利息。承包人在最终竣工结算资料提交后的 90 日内仍未支付时,发包人有权根据第 16.3 款争议和裁决的约定解决。

(2)合同未约定履约保函时,承包人应从最终竣工结算资料提交后的第 31 日起,支付拖欠的竣工结算款项的余额,并按中国人民银行同期同类贷款利率支付相应利息。如承包人在最终竣工结算资料提交后的 90 日内仍未支付时,发包人有权根据第 16.3 款争议和裁决的约定解决。

14.12.8　竣工结算的争议

如在发包人收到承包人递交的竣工结算报告及完整的结算资料后的 30 日内,双方对工程竣工结算的价款发生争议时,应共同委托一家具有相应资质等级的工程造价咨询单位进行竣工结算审核,按审核结果,结清竣工结算的款项。审核周期由合同双方与工程造价审核单位约定。对审核结果仍有争议时,依据第 16.3 款争议和裁决的约定解决。

第 15 条　保险

15.1　承包人的投保

15.1.1　按适用法律和专用条款约定的投保类别,由承包人投保的保险种类,其投保费用包含在合同价格中。由承包人投保的保险种类、保险范围、投保金额、保险期限和持续有效的时间等在专用条款中约定。

(1)适用法律规定及专用条款约定的,由承包人负责投保的,承包人应依据工程实施阶段的需要按期投保;

(2)在合同执行过程中,新颁布的适用法律规定由承包人投保的强制性保险,根据 13 条变更和合同价格调整的约定调整合同价格。

15.1.2　保险单对联合被保险人提供保险时,保险赔偿对每个联合被保险人分别施用。承包人应代表自己的被保险人,保证其被保险人遵守保险单约定的条件及其赔偿金额。

15.1.3　承包人从保险人收到的理赔款项,应用于保单约定的损失、损害、伤害的修复、购置、重建和赔偿。

15.1.4　承包人应在投保项目及其投保期限内,向发包人提供保险单副本、保费支付单据复印件和保险单生效的证明。

承包人未提交上述证明文件的,视为未按合同约定投保,发包人可以自己名义投保相应保险,由此引起的费用及理赔损失,由承包人承担。

15.2　一切险和第三方责任险

对于建筑工程一切险、安装工程一切险和第三者责任险,无论应投保方是任何一方,其在投保时均应将本合同的另一方、本合同项下分包商、供货商、服务商同时列为保险合同项下的被保险人。具体的应投保方在专用条款中约定。

15.3　保险的其他规定

15.3.1　由承包人负责采购运输的设备、材料、部件的运输险,由承包人投保。此项保险费用已包含在合同价格中,专用条款中另有约定时除外。

15.3.2　保险事项的意外事件发生时,在场的各方均有责任努力采取必要措施,防止损失、损害的扩大。

15.3.3　本合同约定以外的险种,根据各自的需要自行投保,保险费用由各自承担。

第 16 条　违约、索赔和争议

16.1　违约责任

16.1.1　发包人的违约责任

当发生下列情况时：

(1)发包人未能履行 5.1.2 款、5.2.1 款第(1)、(2)项的约定，未能按时提供真实、准确、齐全的工艺技术和(或)建筑设计方案、项目基础资料和现场障碍资料；

(2)发包人未能按 13 条的约定调整合同价格，未能按 14 条有关预付款、工程进度款、竣工结算约定的款项类别、金额、承包人指定的账户和时间支付相应款项；

(3)发包人未能履行合同中约定的其他责任和义务。

发包人应采取补救措施，并赔偿因上述违约行为给承包人造成的损失。因其违约行为造成工程关键路径延误时，竣工日期顺延。发包人承担违约责任，并不能减轻或免除合同中约定的应由发包人继续履行的其他责任和义务。

16.1.2　承包人的违约责任

当发生下列情况时：

(1)承包人未能履行第 6.2 款对其提供的工程物资进行检验的约定、7.5 款施工质量与检验的约定，未能修复缺陷；

(2)承包人经三次试验仍未能通过竣工试验，或经三次试验仍未能通过竣工后试验，导致的工程任何主要部分或靠在个工程丧失了使用价值、生产价值、使用利益；

(3)承包人未经发包人同意、或未经必要的许可、或适用法律不允许分包的，将工程分包给他人；

(4)承包人未能履行合同约定的其他责任和义务。

承包人应采取补救措施，并赔偿因上述违约行为给发包人造成的损失。承包人承担违约责任，并不能减轻或免除合同中约定的由承包人继续履行的其他责任和义务。

16.2　索赔

16.2.1　发包人的索赔

发包人认为，承包人未能履行合同约定的职责、责任、义务，且根据本合同约定、与本合同有关的文件、资料的相关情况与事项，承包人应承担损失、损害赔偿责任，但承包人未能按合同约定履行其赔偿责任时，发包人有权向承包人提出索赔。索赔依据法律及合同约定，并遵循如下程序进行：

(1)发包人应在索赔事件发生后的 30 日内，向承包人送交索赔通知。未能在索赔事件发生后的 30 日内发出索赔通知，承包人不再承担任何责任，法律另有规定的除外；

(2)发包人应在发出索赔通知后的 30 日内，以书面形式向承包人提供说明索赔事件的正当理由、条款根据、有效的可证实的证据和索赔估算等相关资料；

（3）承包人应在收到发包人送交的索赔资料后 30 日内与发包人协商解决，或给予答复，或要求发包人进一步补充提供索赔的理由和证据；

（4）承包人在收到发包人送交的索赔资料后 30 日内未与发包人协商、未予答复、或未向发包人提出进一步要求，视为该项索赔已被承包人认可；

（5）当发包人提出的索赔事件持续影响时，发包人每周应向承包人发出索赔事件的延续影响情况，在该索赔事件延续影响停止后的 30 日内，发包人应向承包人送交最终索赔报告和最终索赔估算。索赔程序与本款第（1）项至第（4）项的约定相同。

16.2.2　承包人的索赔

承包人认为，发包人未能履行合同约定的职责、责任和义务，且根据本合同的任何条款的约定、与本合同有关的文件、资料的相关情况和事项，发包人应承担损失、损害赔偿责任及延长竣工日期的，发包人未能按合同约定履行其赔偿义务或延长竣工日期时，承包人有权向发包人提出索赔。索赔依据法律和合同约定，并遵循如下程序进行：

（1）承包人应在索赔事件发生后 30 日内，向发包人发出索赔通知。未在索赔事件发生后的 30 日内发出索赔通知，发包人不再承担任何责任，法律另有规定除外；

（2）承包人应在发出索赔事件通知后的 30 日内，以书面形式向发包人提交说明索赔事件的正当理由、条款根据、有效的可证实的证据和索赔估算资料的报告；

（3）发包人应在收到承包人送交的有关索赔资料的报告后 30 日内与承包人协商解决，或给予答复，或要求承包人进一步补充索赔理由和证据；

（4）发包人在收到承包人按本款第（3）项提交的报告和补充资料后的 30 日内未与承包人协商、或未予答复、未向承包人提出进一步补充要求，视为该项索赔已被发包人认可；

（5）当承包人提出的索赔事件持续影响时，承包人每周应向发包人发出索赔事件的延续影响情况，在该索赔事件延续影响停止后的 30 日内，承包人向发包人送交最终索赔报告和最终索赔估算。索赔程序与本款第（1）项至第（4）项的约定相同。

16.3　争议和裁决

16.3.1　争议的解决程序

根据本合同或与本合同相关的事项所发生的任何索赔争议，合同双方首先应通过友好协商解决。争议的方，应以书面形式通知另方，说明争议的内容、细节及因由。在上述书面通知发出之日起的 30 日内，经友好协商后仍存争议时，合同双方可提请双方一致同意的工程所在地有关单位或权威机构对此项争议进行调解；在争议提交调解之日起 30 日内，双方仍存争议时，或合同任何一方不同意调解的，按专用条款的约定通过仲裁或诉讼方式解决争议事项。

16.3.2　争议不应影响履约

发生争议后,须继续履行其合同约定的责任和义务,保持工程继续实施。除非出现下列情况,任何一方不得停止工程或部分工程的实施,

(1)当事人一方违约导致合同确已无法履行,经合同双方协议停止实施;

(2)仲裁机构或法院责令停止实施。

16.3.3　停止实施的工程保护

根据 16.3.2 款约定,停止实施工程或部分工程时,双方应按合同约定的职责、责任和义务,保护好与合同工程有关的各种文件、资料、图纸、已完工程,以及尚未使用的工程物资。

第 17 条　不可抗力

17.1　不可抗力发生时的义务

17.1.1　通知义务

觉察或发现不可抗力事件发生的一方,有义务立即通知另一方。根据本合同约定,工程现场照管的责任方,在不可抗力事件发生时,应在力所能及的条件下迅速采取措施,尽力减少损失;另一方全力协助并采取措施。需暂停实施的施工或工作,立即停止。

17.1.2　通报义务

工程现均发生不可抗力时,在不可抗力事件结束后的 48 小时内,承包人(如为工程现场的照管方)须向发包人通报受害和损失情况。当不可抗力事件持续发生时,承包人每周应向发包人和工程总监报告受害情况。对报告周期另有约定时除外。

17.2　不可抗力的后果

因不可抗力事件导致的损失、损害、伤害所发生的费用及延误的竣工日期,按如下约定处理:

(1)永久性工程和工程物资等的损失、损害,由发包人承担;

(2)受雇人员的伤害,分别按照各自的雇佣合同关系负责处理;

(3)承包人的机具、设备、财产和临时工程的损失、损害,由承包人承担;

(4)承包人的停工损失,由承包人承担;

(5)不可抗力事件发生后,因一方迟延履行合同约定的保护义务导致的延续损失、损害,由迟延履行义务的一方承担相应责任及其损失;

(6)发包人通知恢复建设时,承包人应在接到通知后的 20 日内、或双方根据具体情况约定的时间内,提交清理、修复的方案及其估算,以及进度计划安排的资料和报告,经发包人确认后,所需的清理、修复费用由发包人承担。恢复建设的竣工日期合理顺延。

第 18 条　合同解除

18.1　由发包人解除合同

18.1.1　通知改正

承包人未能按合同履行其职责、责任和义务,发包人可通知承包人,在合理的时间内纠正并补救其违约行为。

18.1.2　由发包人解除合同

发包人有权基于下列原因,以书面形式通知解除合同或解除合同的部分工作。发包人应在发出解除合同通知 15 日前告知承包人。发包人解除合同并不影响其根据合同约定享有的其他权利。

(1)承包人未能遵守 14.2.1 款履约保函的约定;

(2)承包人未能执行 18.1.1 款通知改正的约定;

(3)承包人未能遵守 3.8.1 款至 3.8.4 款的有关分包和转包的约定;

(4)承包人实际进度明显落后于进度计划,发包人指令其采取措施并修正进度计划时,承包人无作为;

(5)工程质量有严重缺陷,承包人无正当理由使修复开始日期拖延达 30 日以上;

(6)承包人明确表示或以自己的行为明显表明不履行合同、或经发包人以书面形式通知其履约后仍未能依约履行合同、或以明显不适当的方式履行合同;

(7)根据 8.6.2 款第(5)项(或)和 10.8 款的约定,未能通过的竣工试验、未能通过的竣工后试验,使工程的任何部分和(或)按个工程丧失了主要使用功能、生产功能;

(8)承包人破产、停业清理或进入清算程序,或情况表明承包人将进入破产和(或)清算程序。

发包人不能为另行安排其他承包人实施工程而解除合同或解除合同的部分工作。发包人违反该约定时,承包人有权依据本项约定,提出仲裁或诉讼。

18.1.3　解除合同后停止和进行的工作

承包人收到解除合同通知后的工作。承包人应在解除合同 30 日内或双方约定的时间内,完成以下工作:

(1)除了为保护生命、财产或工程安全、清理和必须执行的工作外,停止执行所有被通知解除的工作;

(2)将发包人提供的所有信息及承包人为本工程编制的设计文件、技术资料及其他文件移交给发包人。在承包人留有的资料文件中,销毁与发包人提供的所有信息相关的数据及资料的备份;

(3)移交已完成的永久性工程及负责已运抵现场的工程物资。在移交前,妥善做好已完工程和已运抵现场的工程物资的保管、维护和保养;

(4)移交相应实施阶段已经付款的并已完成的和尚待完成的设计文件、图纸、资料、操作维修手册、施工组织设计、质检资料、竣工资料等;

(5)向发包人提交全部分包含同及执行情况说明。其中包括:承包人提供的工程物资(含在现场保管的、已经订货的、正在加工的、运输途中的、运抵现场尚未交接的),发包人应承担解除合同通知之日之前发生的、合同约定的此类款项。承包人有义务协助并配合处理与其有合同关系的分包人的关系;

(6)经发包人批准,承包人应将其与被解除合同或被解除合同中的部分工作相关的和正在执行的分包合同及相关的责任和义务转让至发包人和(或)发包人指定方的名下,包括永久性工程及工程物资,以及相关工作;

(7)承包人应按照合同约定,继续履行其未被解除的合同部分工作;

(8)在解除合同的结算尚未结清之前,承包人不得将其机具、设备、设施、周转材料、措施材料撤离现场和(或)拆除,除非得到发包人同意。

18.1.4　解除日期的结算

依据 18.1.2 款的约定,承包人收到解除合同或解除合同部分工作的通知后,发包人应立即与承包人商定已发生的合同款项,包括 14.3 款的预付款、14.4 款的工程进度款、13.7 款的合同价格调整的款项、14.5 款的缺陷责任保修金暂扣的款项、16.2 款的索赔款项、本合同补充协议的款项,及合同约定的任何应增减的款项。经双方协商一致的合同款项,作为解除日期的结算依据。

18.1.5　解除合同后的结算

(1)双方应根据 18.1.4 款解除合同日期的结算资料,结清双方应收应付款项的余额。此后,发包人应将承包人根据 14.2.1 款约定提交的履约保函返还给承包人,承包人应将发包人根据 14.2.2 款约定提交的支付保函返还给发包人。

(2)如合同解除时仍有未被扣减完的预付款,发包人应根据 14.3.3 预付款抵扣的约定扣除,并在此后将约定提交的预付款保函返还给承包人。

(3)发包人尚有其他未能扣减完的应收款余额时,有权从 14.2.1 款约定的承包人提交的履约保函中冲减,并在此后将履约保函返还给承包人。

(4)发包人按上述约定扣减后,仍有未能收回的款项时,或合同未能约定提交履约保函和预付款保函时,仍有未能扣减应收款项的余额时,可扣留与应收款价值相当的承包人的机具、设备、设施、周转材料等作为抵偿。

18.1.6　承包人的撤离

(1)全部合同解除的撤离。承包人有权按 18.1.5 款第(4)项的约定,将未被因抵偿扣留的机具、设备、设施等自行撤离现场,并承担撤离和拆除临时设施的费用。发包人应为此提供必要条件。

(2)部分合同解除的撤离。承包人应在接到发包人发出撤离现场的通知后,将其多余的机具、设备、设施等自费拆除并自费撤离现场(不包括根据 18.1.5 款第(4)项约定被抵偿的机具等)。发包人应为此提供必要条件。

18.1.7　解除合同后继续实施工程的权利。发包人可继续完成工程或委托其他承包人继续完成工程。发包人有权与其他承包人使用已移交的永久性工程的物资,及承包人为本工程编制的设计文件、实施文件及资料,以及使用根据

18.1.5 款第(4)项约定扣留抵偿的设施、机具和设备。

18.2　由承包人解除合同

18.2.1　由承包人解除合同。基于下列原因，承包人有权以书面形式通知发包人解除合同，但应在发出解除合同通知15日前告知发包人：

(1)发包人延误付款达60日以上，或根据4.6.4款承包人要求复工，但发包人在180日内仍未通知复工的。

(2)发包人实质上未能根据合同约定履行其义务，影响承包人实施工作停止30日以上。

(3)发包人未能按14.2.2款的约定提交支付保函。

(4)出现第17条约定的不可抗力事件，导致继续履行合同主要义务已成为不可能或不必要。

(5)发包人破产、停业清理或进入清算程序、或情况表明发包人将进入破产或(和)清算程序，或发包人无力支付合同款项。

发包人接到承包人根据本款第(1)项、(2)项、(3)项解除合同的通知后，发包人随后给予了付款，或同意复工，或继续履行其义务，或提供了支付保函时，承包人应尽快安排并恢复正常工作。因此造成关键路线延误时，竣工日期顺延；承包人因此增加的费用，由发包人承担。

18.2.2　承包人发出解除合同的通知后，有权停止和必须进行的工作如下：

(1)除为保护生命、财产、工程安全、清理和必须执行的工作外，停止所有进一步的工作。

(2)移交已完成的永久性工程及承包人提供的工程物资(包括现场保管的、已经订货的、正在加工制造的、正在运输途中的、现场尚未交接的)。在未移交之前，承包人有义务妥善做好已完工程和已购工程物资的保管、维护和保养。

(3)移交已经付款并已经完成和尚待完成的设计文件、图纸、资料、操作维修手册、施工组织设计、质检资料、竣工资料等。应发包人的要求，对已经完成但尚未付款的相关设计文件、图纸和资料等，按商定的价格付款后，承包人按约定的时间提交给发包人。

(4)向发包人提交全部分包合同及执行情况说明，由发包人承担其费用。

(5)应发包人的要求，将分包合同转给发包人或(和)发包人指定方的名下，包括永久性工程及其物资，以及相关工作。

(6)在承包人自留文件资料中，销毁发包人提供的所有信息及其相关的数据及资料的备份。

18.2.3　解除合同日期的结算依据

根据18.2.1款的约定，发包人收到解除合同的通知后，应与承包人商定已发生的合同款项，包括：14.3款预付款、14.4款工程进度款、13.7款合同价格调整的款项、14.5款保修金暂扣与支付的款项、16.2款索赔的款项、本合同补充协议的款项,及合同任何条款约定的增减款项,以及承包人拆除临时设施和机具、设品等撤离到承包人企业所在地的费用(当出现 18.2.1 款第(4)项不可抗力的情况,撤离费用由承包人承担)。经双方协商一致的合同款项,作为解除日期的结算依据。

18.2.4　解除合同后的结算

(1)双方应根据 18.2.3 款解除合同日期的结算资料,结清解除合同时双方的应收应付款项的余额。此后,承包人应将发包人根据 14.2.2 款约定提交的支付保函返还给发包人,发包人将承包人根据 14.2.1 款约定提交的履约保函返还给承包人。

(2)如合同解除时发包人仍有未被扣减完的预付款,发包人可根据 14.3.3 款预付款抵扣的约定扣除,此后,应将预付款保函返还给承包人。

(3)如合同解除时承包人尚有其他未能收回的应收款余额,承包人可从 14.2.2 款约定的发包人提交的支付保函中扣减,此后,应将支付保函返还给发包人。

(4)如合同解除时承包人尚有其他未能收回的应收款余额,而合同未约定发包人按 14.2.2 款提交支付保函时,发包人应根据 18.2.3 款的约定,经协商一致的解除合同日期结算资料后的第 1 日起,按中国人民银行同期同类贷款利率,支付拖欠款项的利息。发包人在此后的 60 日内仍未支付,承包人有权根据第 16.3 款争议和裁决的约定解决。

(5)如合同解除时承包人尚有未能付给发包人的付款余额,发包人有权根据 18.1.5 款约定的解除合同后的结算中的第(2)项至第(4)项进行结算。

18.2.5　承包人的撤离。在合同解除后,承包人应将除为安全需要以外的所有其他物资、机具、设备和设施,全部撤离现场。

18.3　合同解除后的事项

18.3.1　付款约定仍然有效

合同解除后,由发包人或由承包人解除合同的结算及结算后的付款约定仍然有效,直至解除合同的结算工作结束。

18.3.2　解除合同的争议

合同双方对解除合同或对解除日期的结算有争议的,应采取友好协商方式解决。经友好协商仍存在争议、或有方不接受友好协商时,根据 16.3 款争议和裁决的约定解决。

第 19 条　合同生效与合同终止

19.1　合同生效

在合同协议书中约定的合同生效条件满足之日生效。

19.2　合同份数

合同正本、合同副本的份数,及合同双方应持的份数,在专用条款中约定。

19.3　后合同义务

合同双方应在合同终止后,遵循诚实信用原则,履行通知、协助、保密等义务。

第 20 条　补充条款

双方对本通用条款内容的具体约定、补充或修改在专用条款中约定。

第三部分　专用条款

第 1 条　一般规定

1.1　定义与解释

1.1.51　双方约定的视为不可抗力事件处理的其他情形如下:＿＿＿＿＿＿

1.1.52　双方根据本合同工程的特点,补充约定的其他定义:＿＿＿＿＿＿

1.3　语言文字

本合同除使用汉语外,还使用＿＿＿＿＿＿＿＿＿＿语言。

1.4　适用法律

合同双方需要明示的法律、行政法规、地方性法规:＿＿＿＿＿＿＿＿＿

＿＿＿＿＿＿＿＿＿＿＿＿＿＿＿＿＿＿＿

1.5　标准、规范

1.5.1　本合同适用的标准、规范(名称、编号):＿＿＿＿＿＿＿＿

1.5.2　发包人提供的国外标准、规范的名称、份数和时间:＿＿＿＿＿＿

1.5.3　没有成文规范、标准规定的约定:

发包人的技术要求及提交时间:＿＿＿＿＿＿＿＿＿＿＿＿

承包人提交实施方法的时间:＿＿＿＿＿＿＿＿＿＿＿

1.6　保密事项

双方签订的商业保密协议(名称):＿＿＿＿＿＿＿＿＿,作为本合同附件。

双方签订的技术保密协议(名称):＿＿＿＿＿＿＿＿＿,作为本合同附件。

第 2 条　发包人

2.2　发包人代表

发包人代表的姓名:＿＿＿＿＿＿＿＿＿＿＿

发包人代表的职务:＿＿＿＿＿＿＿＿＿＿＿

发包人代表的职责:＿＿＿＿＿＿＿＿＿＿＿

2.3　监理人

2.3.1　监理单位名称:＿＿＿＿＿＿＿＿＿＿＿

工程总监姓名:＿＿＿＿＿＿＿＿＿＿＿＿＿

监理的范围:＿＿＿＿＿＿＿＿＿＿＿＿＿

监理的内容:＿＿＿＿＿＿＿＿＿＿＿

监理的权限:＿＿＿＿＿＿＿＿＿＿＿

2.5　保安责任

2.5.1　现场保安责任的约定。在以下两者中选择其一，作为合同双方对现场保安责任的约定。

□发包人负责保安的归口管理

□委托承包人负责保安管理

2.5.2　保安区域责任划分及双方相关保安制度、责任制度和报告制度的约定：＿＿＿＿＿

第3条　承包人

3.1　承包人的主要权利和义务

3.1.3　经合同双方商定，承包人应提交的报表类别、名称、内容、报告期、提交的时间和份数：＿＿＿＿＿

3.2　项目经理

3.2.1　项目经理姓名：＿＿＿＿＿＿＿＿＿

项目经理职责：＿＿＿＿＿＿＿＿＿＿＿

项目经理权限：＿＿＿＿＿＿＿＿＿＿＿

项目经理每月在现场时间不得少于＿＿＿＿＿日

因擅自更换项目经理或项目经理兼职其他项目经理的违约约定：＿＿＿＿＿

项目经理每月在现场时间未达到合同约定天数的，每少一天应向发包人支付违约金＿＿＿＿＿＿＿元。

3.8　分包

3.8.1　分包约定

约定的分包工作事项：＿＿＿＿＿＿＿＿＿

第4条　进度计划、延误和暂停

4.1　项目进度计划

4.1.1　项目进度计划中的关键路径及关键路径变化的确定原则：＿＿＿＿＿

承包人提交项目进度计划的份数和时间：＿＿＿＿＿＿＿＿

4.3　采购进度计划

4.3.1　采购进度计划提交的份数和日期：＿＿＿＿＿

4.3.2　采购开始日期：＿＿＿＿＿＿＿＿＿

4.4　施工进度计划

4.4.1　施工进度计划（以表格或文字表述）

提交关键单项工程施工计划的名称、份数和时间：＿＿＿＿＿

提交关键分部分项工程施工计划的名称、份数和时间：＿＿＿＿＿

4.5　误期损害赔偿

因承包人原因使竣工日期延误，每延误1天的误期赔偿金额为合同协议书的合同价格的＿＿＿＿＿％或人民币金额为：＿＿＿＿＿、累计最高赔偿金额为合同协议书的合同价格的_____%或人民币金额为：_____。

第5条　技术与设计

5.1　生产工艺技术、建筑设计方案

5.1.1　承包人提供的生产工艺技术和(或)建筑设计方案

根据工程考核特点，在以下类型中选择其一，作为双方的约定。

□按工程考核，工程考核保证值和(或)使用功能说明：

_____

□按单项工程考核，各单项工程考核保证值和(或)使用功能说明：

_____

5.1.2　发包人提供的生产工艺技术和(或)建筑设计方案

其中，

发包人应承担的工程和(或)单项工程试运行考核保证值和(或)使用功能说明如下：_____

承包人应承担的工程和(或)单项工程试运行考核保证值和(或)使用功能说明如下：_____。

5.2　设计

5.2.1　发包人的义务

(1)提供项目基础资料。发包人提供的项目基础资料的类别、内容、份数和时间：_____

(2)提供现场障碍资料。发包人提供的现场障碍资料的类别、内容、份数和时间：_____

5.2.2　承包人的义务

(1)经合同双方商定，发包人提供的项目基础资料、现场障碍资料的如下部分，可按本款中约定的如下时间期限，提出进一步要求：_____

5.2.4　操作维修手册

发包人提交的操作指南、分析手册的份数和提交期限：_____

承包人提交的操作维修手册的份数和最终提交期限：_____

5.2.5　设计文件的份数和提交时间

规划设计阶段设计文件、资料和图纸的份数和提交时间：_____

初步设计阶段设计文件、资料和图纸的份数和提交时间：_____

技术设计阶段设计文件、资料和图纸的份数和提交时间：_____

施工图设计阶段设计文件、资料和图纸的份数和提交时间：_____

5.3　设计阶段审查

5.3.1　设计审查阶段及审查会议时间

本工程的设计审查阶段(名称)：_____

设计审查阶段及其审查会议的时间安排：_____

第 6 条 工程物资

6.1 工程物资的提供

6.1.1 发包人提供的工程物资

(1)工程物资的类别、估算数量:＿＿＿＿＿＿＿＿＿

6.1.2 承包人提供的工程物资

(1)工程物资的类别、估算数量:＿＿＿＿＿＿＿＿＿

(3)竣工后试验的生产性材料的类别或(和)清单:＿＿＿＿＿＿

6.2 检验

6.2.1 工厂检验与报告

(1)报告提交日期、报告内容和提交份数:＿＿＿＿＿＿＿

6.3 进口工程物资的采购、报关和清关

6.3.1 采购责任方及采购方式:＿＿＿＿＿＿＿

6.6 工程物资保管与剩余

6.6.1 工程物资保管

委托承包人保管的工程物资的类别和估算数量:＿＿＿＿＿＿＿＿

承包人提交保管、维护方案的时间:＿＿＿＿＿＿＿

由发包人提供的库房、堆场、设施及设备:＿＿＿＿＿＿＿

第 7 条 施工

7.1 发包人的义务

7.1.3 进场条件和进场日期

承包人的进场条件:＿＿＿＿＿＿＿＿

承包人的进厂日期:＿＿＿＿＿＿＿＿

7.1.4 临时用水电等提供和节点铺设

发包人提供的临时用水、用电等类别、取费单价:＿＿＿＿＿＿

7.1.10 由发包人履行的其他义务:＿＿＿＿＿＿

7.2 承包人的义务

7.2.2 施工组织设计

提交工程总体施工组织设计的份数和时间:＿＿＿＿＿

需要提交的主要单项工程、主要分部分项工程施工组织设计的名称、份数和时间:＿＿＿＿＿

7.2.3 提交临时占地资料

提交临时占地资料的份数和时间:＿＿＿＿＿＿

7.2.4 提供临时用水电等资料

承包人需要水电等品质、正常用量、高峰用量和使用时间:＿＿＿＿＿

发包人能够满足施工临时用水、电等类别和数量:＿＿＿＿＿＿

水电等节点位置资料的提交时间:＿＿＿＿＿

7.2.12 清理现场的费用：＿＿＿＿＿＿＿＿＿＿＿

7.2.13 由承包人履行的其他义务：＿＿＿＿＿＿＿＿

7.4 人力和机具资源

7.4.1 人力资源计划一览表的格式、内容、份数和提交时间：＿＿＿＿＿＿＿

人力资源实际进场的报表格式、份数和报告期：＿＿＿＿＿＿＿

7.4.2 提交主要机具计划一览表的格式、内容、份数和时间：＿＿＿＿＿＿＿

主要机具实际进场的报表格式、份数和报告期：＿＿＿＿＿＿＿

7.5 质量与检验

7.5.2 质检部位与参检方

三方参检的部位、标准及表格形式：＿＿＿＿＿＿＿

两方参检的部位、标准及表格形式：＿＿＿＿＿＿＿

第三方检查的部位、标准及表格形式：＿＿＿＿＿＿＿

承包人自检的部位、标准及表格形式：＿＿＿＿＿＿＿

7.6 隐蔽工程和中间验收

7.6.1 隐蔽工程和中间验收

需要质检的隐蔽工程和中间验收部位的分类、部位、质检内容、标准、表格和参检方的约定：＿＿＿＿＿＿＿＿＿＿＿＿＿＿＿＿

7.8 职业健康、安全、环境保护

7.8.1 职业健康、安全、环境保护管理

（2）提交职业健康、安全、环境保护管理实施计划的份数和时间：＿＿＿＿＿＿＿

第 8 条 竣工试验

本合同工程，包含竣工试验阶段/不包含竣工试验阶段。保留其一，作为双方约定。

8.1 竣工试验的义务

8.1.1 承包人的一般义务

（4）竣工试验方案

提交竣工试验方案的份数和时间：＿＿＿＿＿＿＿＿＿＿＿＿＿

第 9 条 工程接收

9.1 工程接收

9.1.1 按单项工程或（和）按工程接收

在以下两种情况中选择其一，作为双方对工程接收的约定。

□由承包人负责指导发包人进行单项工程或（和）工程竣工后试验，并承担试运行考核责任的，接收单项工程的先后顺序及时间安排，或接收工程的时间安排如下：＿＿＿＿＿＿＿＿＿＿＿

□由发包人负责单项工程或（和）工程竣工后试验及其试运行考核责任的，接

收单项工程的先后顺序及时间安排,或接收工程的时间安排如下:

_____

9.1.2　接收工程提交的资料

提交竣工试验资料的类别、内容、份数和时间:_____

第 10 条　竣工后试验

本合同包含承包人指导竣工后试验/不含承包人指导竣工后试验。保留其一,作为双方约定。

10.1　权利和义务

10.1.1　发包人的权利和义务

(6)其他义务和工作:_____

10.1.2　承包人的责任和义务

(2)竣工后试验方案的份数和完成时间:_____

(7)其他义务和工作:_____

10.2　竣工后试验程序

10.2.5　竣工后试验日期的通知

单项工程或(和)工程竣工后试验开始日期的约定:_____

10.3　竣工后试验及试运行考核

10.3.3　试运行考核

(3)试运行考核周期:_____小时(或天、周、月、年)

10.6　未能通过考核

(1)未能通过试运行考核的赔偿

1)承包人提供的生产工艺技术或建筑设计方案未能通过试运行考核的赔偿。根据工程情况,在以下方式中选择一项,作为双方的考核赔偿约定。

□各单项工程的赔偿金额(或赔偿公式)分别为:_____

□工程的赔偿金额(或赔偿公式)为:_____

2)发包人提供的生产工艺技术或建筑设计方案未能通过试运行考核的赔偿

其中,承包人应承担相关责任的赔偿金额(或赔偿公式)为:_____

10.7　考核验收证书

10.7.1　在以下方式中选择其一,作为颁发竣工后试验及考核验收证书的约定。

□按工程颁发竣工后试验及考核验收证书

□按单项工程和工程颁发竣工后试验及考核验收证书

第 11 条　质量保修责任

11.2　缺陷责任保修金

11.2.1　缺陷责任保修金金额

缺陷责任保修金金额为合同协议书约定的合同价格的_____%。

11.2.2 缺陷责任保修金金额的暂扣

缺陷责任保修金金额的暂扣方式：＿＿＿＿＿＿＿＿＿＿＿

第 12 条　工程竣工验收

12.1　竣工验收报告及完整的竣工资料

12.1.1　竣工资料和竣工验收报告

竣工验收报告的格式、份数和提交时间：＿＿＿＿＿＿＿＿＿

完整的竣工资料的格式、份数和提交时间：＿＿＿＿＿＿＿＿

第 13 条　变更和合同价格调整

13.2　变更范围

13.2.6　其他变更

双方根据本工程特点，商定的其他变更范围：＿＿＿＿＿＿＿

13.5　变更价款确定

13.5.4　变更价款约定的其他方法：＿＿＿＿＿＿＿＿＿＿＿

13.6　建议变更的利益分享

建议变更的利益分享的约定：＿＿＿＿＿＿＿＿＿＿＿＿＿

第 14 条　合同总价和付款

14.1　合同总价和付款

14.1.2　付款

(2)承包人指定的开户银行及银行账户：＿＿＿＿＿＿＿＿＿

14.2　担保

14.2.1　履约保函

在以下方式中选择其一，作为双方对履约保函的约定。

□承包人不提交履约保函。

□承包人提交履约保函的格式、金额和时间：＿＿＿＿＿＿＿

14.2.2　支付保函

在以下方式中选择其一，作为双方对支付保函的约定。

□发包人不提交支付保函。

□发包人提交支付保函的格式、金额和时间：＿＿＿＿＿＿＿

14.2.3　预付款保函

在以下方式中选择其一，作为双方对预付款保函的约定。

□承包人不提交预付款保函。

□承包人提交预付款保函的格式、金额和时间：＿＿＿＿＿＿

14.3　预付款

14.3.1　预付款金额

预付款的金额为：＿＿＿＿＿＿＿＿＿＿＿＿＿

14.3.3　预付款抵扣

(1)预付款的抵扣方式、抵扣比例和抵扣时间安排：＿＿＿＿＿＿

14.4　工程进度款

14.4.1　工程进度款

工程进度款的支付方式、支付条件和支付时间：＿＿＿＿＿＿

14.4.2　其他进度款

其他进度款有：＿＿＿＿＿＿＿＿＿

14.5　缺陷责任保修金的暂扣与支付

14.5.2　缺陷责任保修金的支付

(2)缺陷责任保修金保函的格式、金额和时间：＿＿＿＿＿＿

14.6　按月工程进度申请付款

按月付款申请报告的格式、内容、份数和提交时间：＿＿＿＿＿＿

14.7　按付款计划表申请付款

付款期数、每期付款金额、每期需达到的主要计划形象进度和主要计划工程量进度：＿＿＿＿＿＿＿＿＿

付款申请报告的格式、内容、份数和提交时间：＿＿＿＿＿＿

14.12　竣工结算

14.12.1　提交竣工结算资料

竣工结算资料的格式、内容和份数：＿＿＿＿＿＿

第 15 条　保险

15.1　承包人的投保

15.1.1　合同双方商定，由承包人负责投保的保险种类、保险范围、投保金额、保险期限和持续有效的时间：＿＿＿＿＿＿

15.2　一切险和第三方责任

土建工程一切险的投保方及对投保的相关要求：＿＿＿＿＿＿

安装工程及竣工试验一切险的投保方及对投保的相关要求：＿＿＿＿＿＿

第三者责任险的应投保方及对投保的相关要求：＿＿＿＿＿＿

第 16 条　违约、索赔和争议

16.3　争议和裁决

16.3.1　争议的解决程序

在争议提交调解之日起 30 日内，双方仍存有争议时，或合同任何一方不同意调解的，在以下方式中选择其一，作为双方解决争议事项的约定。

□提交＿＿＿＿＿＿仲裁委员会，按照申请仲裁时该会有效的仲裁规则进行仲裁。仲裁裁决是终局的，对双方均有约束力。

□向＿＿＿＿＿＿所在地人民法院提起诉讼。

第 19 条　合同生效与合同终止

19.2　合同份数

本合同正本一式：_____份，合同副本一式：_____份。合同双方应持的正本份数：_____，副本份数：_____。

第 20 条　补充条款

20.1　承包合同工程的内容及合同工作范围划分：_____

20.2　承包合同的单项工程一览表：_____

20.3　合同价格清单分项表：_____

20.4　其他合同附件：_____

二、《建设工程施工合同(示范文本)》(GF—1999—0201)

GF—1999—0201

建设工程施工合同

（示范文本）

中华人民共和国建设部
国家工商行政管理局　制定
一九九九年十二月

第一部分　协议书

发包人(全称)：_____

承包人(全称)：_____

　　依照《中华人民共和国合同法》、《中华人民共和国建筑法》及其他有关法律、行政法规,遵循平等、自愿、公平和诚实信用的原则,双方就本建设工程施工事项协商一致,订立本合同。

　　一、工程概况

　　工程名称：_____

　　工程地点：_____

　　工程内容：_____

　　群体工程应附承包人承揽工程项目一览表(附件1)

　　工程立项批准文号：_____

　　资金来源：_____

　　二、工程承包范围

　　承包范围：_____

　　三、合同工期

　　开工日期：_____

　　竣工日期：_____

　　合同工期总日历天数_____天。

　　四、质量标准

　　工程质量标准：_____

　　五、合同价款

　　金额(大写)_____元(人民币)　　￥_____元

　　六、组成合同的文件

　　组成本合同的文件包括：

　　1. 本合同协议书

　　2. 中标通知书

　　3. 投标书及其附件

4. 本合同专用条款

5. 本合同通用条款

6. 标准、规范及有关技术文件

7. 图纸

8. 工程量清单

9. 工程报价单或预算书

双方有关工程的洽商、变更等书面协议或文件视为本合同的组成部分。

七、本协议书中有关词语含义与本合同第二部分《通用条款》中分别赋予它们的定义相同。

八、承包人向发包人承诺按照合同约定进行施工、竣工并在质量保修期内承担工程质量保修责任。

九、发包人向承包人承诺按照合同约定的期限和方式支付合同价款及其他应当支付的款项。

十、合同生效

合同订立时间：_____年____月____日

合同订立地点：_____

本合同双方约定_____天后生效。

发包人：(公章)　　　　　　　　　承包人：(公章)

住　　所：　　　　　　　　　　　住　　所：

法定代表人：　　　　　　　　　　法定代表人：

委托代理人：　　　　　　　　　　委托代理人：

电　　话：　　　　　　　　　　　电　　话：

传　　真：　　　　　　　　　　　传　　真：

开户银行：　　　　　　　　　　　开户银行：

账　　号：　　　　　　　　　　　账　　号：

邮政编码：　　　　　　　　　　　邮政编码：

第二部分　通用条款

一、词语定义及合同文件

1. 词语定义

下列词语除专用条款另有约定外，应具有本条所赋予的定义：

1.1　通用条款：是根据法律、行政法规规定及建设工程施工的需要订立，通用于建设工程施工的条款。

1.2　专用条款:是发包人与承包人根据法律、行政法规规定,结合具体工程实际,经协商达成一致意见的条款,是对通用条款的具体化、补充或修改。

1.3　发包人:指在协议书中约定,具有工程发包主体资格和支付工程价款能力的当事人以及取得该当事人资格的合法继承人。

1.4　承包人:指在协议书中约定,被发包人接受的具有工程施工承包主体资格的当事人以及取得该当事人资格的合法继承人。

1.5　项目经理:指承包人在专用条款中指定的负责施工管理和合同履行的代表。

1.6　设计单位:指发包人委托的负责本工程设计并取得相应工程设计资质等级证书的单位。

1.7　监理单位:指发包人委托的负责本工程监理并取得相应工程监理资质等级证书的单位。

1.8　工程师:指本工程监理单位委派的总监理工程师或发包人指定的履行本合同的代表,其具体身份和职权由发包人承包人在专用条款中约定。

1.9　工程造价管理部门:指国务院有关部门、县级以上人民政府建设行政主管部门或其委托的工程造价管理机构。

1.10　工程:指发包人承包人在协议书中约定的承包范围内的工程。

1.11　合同价款:指发包人承包人在协议书中约定,发包人用以支付承包人按照合同约定完成承包范围内全部工程并承担质量保修责任的款项。

1.12　追加合同价款:指在合同履行中发生需要增加合同价款的情况,经发包人确认后按计算合同价款的方法增加的合同价款。

1.13　费用:指不包含在合同价款之内的应当由发包人或承包人承担的经济支出。

1.14　工期:指发包人承包人在协议书中约定,按总日历天数(包括法定节假日)计算的承包天数。

1.15　开工日期:指发包人承包人在协议书中约定,承包人开始施工的绝对或相对的日期。

1.16　竣工日期:指发包人承包人在协议书中约定,承包人完成承包范围内工程的绝对或相对的日期。

1.17　图纸:指由发包人提供或由承包人提供并经发包人批准,满足承包人施工需要的所有图纸(包括配套说明和有关资料)。

1.18　施工场地:指由发包人提供的用于工程施工的场所以及发包人在图纸中具体指定的供施工使用的任何其他场所。

1.19　书面形式:指合同书、信件和数据电文(包括电报、电传、传真、电子数据交换和电子邮件)等可以有形地表现所载内容的形式。

1.20　违约责任:指合同一方不履行合同义务或履行合同义务不符合约定所

应承担的责任。

1.21 索赔:指在合同履行过程中,对于并非自己的过错,而是应由对方承担责任的情况造成的实际损失,向对方提出经济补偿和(或)工期顺延的要求。

1.22 不可抗力:指不能预见、不能避免并不能克服的客观情况。

1.23 小时或天:本合同中规定按小时计算时间的,从事件有效开始时计算(不扣除休息时间);规定按天计算时间的,开始当天不计入,从次日开始计算。时限的最后一天是休息日或者其他法定节假日的,以节假日次日为时限的最后一天,但竣工日期除外。时限的最后一天的截止时间为当日 24 时。

2. 合同文件及解释顺序

2.1 合同文件应能相互解释,互为说明。除专用条款另有约定外,组成本合同的文件及优先解释顺序如下:

(1)本合同协议书。

(2)中标通知书。

(3)投标书及其附件。

(4)本合同专用条款。

(5)本合同通用条款。

(6)标准、规范及有关技术文件。

(7)图纸。

(8)工程量清单。

(9)工程报价单或预算书。

合同履行中,发包人承包人有关工程的洽商、变更等书面协议或文件视为本合同的组成部分。

2.2 当合同文件内容含糊不清或不相一致时,在不影响工程正常进行的情况下,由发包人承包人协商解决。双方也可以提请负责监理的工程师作出解释。双方协商不成或不同意负责监理的工程师的解释时,按本通用条款第 37 条关于争议的约定处理。

3. 语言文字和适用法律、标准及规范

3.1 语言文字

本合同文件使用汉语语言文字书写、解释和说明。如专用条款约定使用两种以上(含两种)语言文字时,汉语应为解释和说明本合同的标准语言文字。

在少数民族地区,双方可以约定使用少数民族语言文字书写和解释、说明本合同。

3.2 适用法律和法规

本合同文件适用国家的法律和行政法规。需要明示的法律、行政法规,由双方在专用条款中约定。

3.3 适用标准、规范

双方在专用条款内约定适用国家标准、规范的名称;没有国家标准、规范但有行业标准、规范的,约定适用行业标准、规范的名称;没有国家和行业标准、规范的,约定适用工程所在地地方标准、规范的名称。发包人应按专用条款约定的时间向承包人提供一式两份约定的标准、规范。

国内没有相应标准、规范的,由发包人按专用条款约定的时间向承包人提出施工技术要求,承包人按约定的时间和要求提出施工工艺,经发包人认可后执行。发包人要求使用国外标准、规范的,应负责提供中文译本。

本条所发生的购买、翻译标准、规范或制定施工工艺的费用,由发包人承担。

4. 图纸

4.1　发包人应按专用条款约定的日期和套数,向承包人提供图纸。承包人需要增加图纸套数的,发包人应代为复制,复制费用由承包人承担。发包人对工程有保密要求的,应在专用条款中提出保密要求,保密措施费用由发包人承担,承包人在约定保密期限内履行保密义务。

4.2　承包人未经发包人同意,不得将本工程图纸转给第三人。工程质量保修期满后,除承包人存档需要的图纸外,应将全部图纸退还给发包人。

4.3　承包人应在施工现场保留一套完整图纸,供工程师及有关人员进行工程检查时使用。

二、双方一般权利和义务

5. 工程师

5.1　实行工程监理的,发包人应在实施监理前将委托的监理单位名称、监理内容及监理权限以书面形式通知承包人。

5.2　监理单位委派的总监理工程师在本合同中称工程师,其姓名、职务、职权由发包人承包人在专用条款内写明。工程师按合同约定行使职权,发包人在专用条款内要求工程师在行使某些职权前需要征得发包人批准的,工程师应征得发包人批准。

5.3　发包人派驻施工场地履行合同的代表在本合同中也称工程师,其姓名、职务、职权由发包人在专用条款内写明,但职权不得与监理单位委派的总监理工程师职权相互交叉。双方职权发生交叉或不明确时,由发包人予以明确,并以书面形式通知承包人。

5.4　合同履行中,发生影响发包人承包人双方权利或义务的事件时,负责监理的工程师应依据合同在其职权范围内客观公正地进行处理。一方对工程师的处理有异议时,按本通用条款第37条关于争议的约定处理。

5.5　除合同内有明确约定或经发包人同意外,负责监理的工程师无权解除本合同约定的承包人的任何权利与义务。

5.6　不实行工程监理的,本合同中工程师专指发包人派驻施工场地履行合同的代表,其具体职权由发包人在专用条款内写明。

6. 工程师的委派和指令

6.1　工程师可委派工程师代表,行使合同约定的自己的职权,并可在认为必要时撤回委派。委派和撤回均应提前7天以书面形式通知承包人,负责监理的工程师还应将委派和撤回通知发包人。委派书和撤回通知作为本合同附件。

工程师代表在工程师授权范围内向承包人发出的任何书面形式的函件,与工程师发出的函件具有同等效力。承包人对工程师代表向其发出的任何书面形式的函件有疑问时,可将此函件提交工程师,工程师应进行确认。工程师代表发出指令有失误时,工程师应进行纠正。

除工程师或工程师代表外,发包人派驻工地的其他人员均无权向承包人发出任何指令。

6.2　工程师的指令、通知由其本人签字后,以书面形式交给项目经理,项目经理在回执上签署姓名和收到时间后生效。确有必要时,工程师可发出口头指令,并在48小时内给予书面确认,承包人对工程师的指令应予执行。工程师不能及时给予书面确认的,承包人应于工程师发出口头指令后7天内提出书面确认要求。工程师在承包人提出确认要求后48小时内不予答复的,视为口头指令已被确认。

承包人认为工程师指令不合理,应在收到指令后24小时内向工程师提出修改指令的书面报告,工程师在收到承包人报告后24小时内作出修改指令或继续执行原指令的决定,并以书面形式通知承包人。紧急情况下,工程师要求承包人立即执行的指令或承包人虽有异议,但工程师决定仍继续执行的指令,承包人应予执行。因指令错误发生的追加合同价款和给承包人造成的损失由发包人承担,延误的工期相应顺延。

本款规定同样适用于由工程师代表发出的指令、通知。

6.3　工程师应按合同约定,及时向承包人提供所需指令、批准并履行约定的其他义务。由于工程师未能按合同约定履行义务造成工期延误,发包人应承担延误造成的追加合同价款,并赔偿承包人有关损失,顺延延误的工期。

6.4　如需更换工程师,发包人应至少提前7天以书面形式通知承包人,后任继续行使合同文件约定的前任的职权,履行前任的义务。

7. 项目经理

7.1　项目经理的姓名、职务在专用条款内写明。

7.2　承包人依据合同发出的通知,以书面形式由项目经理签字后送交工程师,工程师在回执上签署姓名和收到时间后生效。

7.3　项目经理按发包人认可的施工组织设计(施工方案)和工程师依据合同发出的指令组织施工。在情况紧急且无法与工程师联系时,项目经理应当采取保证人员生命和工程、财产安全的紧急措施,并在采取措施后48小时内向工程师送交报告。责任在发包人或第三人,由发包人承担由此发生的追加合同价款,相应顺延工期;责任在承包人,由承包人承担费用,不顺延工期。

7.4　承包人如需更换项目经理,应至少提前 7 天以书面形式通知发包人,并征得发包人同意。后任继续行使合同文件约定的前任的职权,履行前任的义务。

7.5　发包人可以与承包人协商,建议更换其认为不称职的项目经理。

8. 发包人工作

8.1　发包人按专用条款约定的内容和时间完成以下工作:

(1)办理土地征用、拆迁补偿、平整施工场地等工作,使施工场地具备施工条件,在开工后继续负责解决以上事遗留问题;

(2)将施工所需水、电、电讯线路从施工场地外部接至专用条款约定地点,保证施工期间的需要;

(3)开通施工场地与城乡公共道路的通道,以及专用条款约定的施工场地内的主要道路,满足施工运输的需要,保证施工期间的畅通;

(4)向承包人提供施工场地的工程地质和地下管线资料,对资料的真实准确性负责;

(5)办理施工许可证及其他施工所需证件、批件和临时用地、停水、停电、中断道路交通、爆破作业等的申请批准手续(证明承包人自身资质的证件除外);

(6)确定水准点与坐标控制点,以书面形式交给承包人,进行现场交验;

(7)组织承包人和设计单位进行图纸会审和设计交底;

(8)协调处理施工场地周围地下管线和邻近建筑物、构筑物(包括文物保护建筑)、古树名木的保护工作,承担有关费用;

(9)发包人应做的其他工作,双方在专用条款内约定。

8.2　发包人可以将 8.1 款部分工作委托承包人办理,双方在专用条款内约定,其费用由发包人承担。

8.3　发包人未能履行 8.1 款各项义务,导致工期延误或给承包人造成损失的,发包人赔偿承包人有关损失,顺延延误的工期。

9. 承包人工作

9.1　承包人按专用条款约定的内容和时间完成以下工作:

(1)根据发包人委托,在其设计资质等级和业务允许的范围内,完成施工图设计或与工程配套的设计,经工程师确认后使用,发包人承担由此发生的费用;

(2)向工程师提供年、季、月度工程进度计划及相应进度统计报表;

(3)根据工程需要,提供和维修非夜间施工使用的照明、围栏设施,并负责安全保卫;

(4)按专用条款约定的数量和要求,向发包人提供施工场地办公和生活的房屋及设施,发包人承担由此发生的费用;

(5)遵守政府有关主管部门对施工场地交通、施工噪音以及环境保护和安全生产等的管理规定,按规定办理有关手续,并以书面形式通知发包人,发包人承担

由此发生的费用,因承包人责任造成的罚款除外;

(6)已竣工工程未交付发包人之前,承包人按专用条款约定负责已完工程的保护工作,保护期间发生损坏,承包人自费予以修复;发包人要求承包人采取特殊措施保护的工程部位和相应的追加合同价款,双方在专用条款内约定;

(7)按专用条款约定做好施工场地地下管线和邻近建筑物、构筑物(包括文物保护建筑)、古树名木的保护工作;

(8)保证施工场地清洁符合环境卫生管理的有关规定,交工前清理现场达到专用条款约定的要求,承担因自身原因违反有关规定造成的损失和罚款;

(9)承包人应做的其他工作,双方在专用条款内约定。

9.2　承包人未能履行 9.1 款各项义务,造成发包人损失的,承包人赔偿发包人有关损失。

三、施工组织设计和工期

10. 进度计划

10.1　承包人应按专用条款约定的日期,将施工组织设计和工程进度计划提交工程师,工程师按专用条款约定的时间予以确认或提出修改意见,逾期不确认也不提出书面意见的,视为同意。

10.2　群体工程中单位工程分期进行施工的,承包人应按照发包人提供图纸及有关资料的时间,按单位工程编制进度计划,其具体内容双方在专用条款中约定。

10.3　承包人必须按工程师确认的进度计划组织施工,接受工程师对进度的检查、监督。工程实际进度与经确认的进度计划不符时,承包人应按工程师的要求提出改进措施,经工程师确认后执行。因承包人的原因导致实际进度与进度计划不符,承包人无权就改进措施提出追加合同价款。

11. 开工及延期开工

11.1　承包人应当按照协议书约定的开工日期开工。承包人不能按时开工,应当不迟于协议书约定的开工日期前 7 天,以书面形式向工程师提出延期开工的理由和要求。工程师应当在接到延期开工申请后的 48 小时内以书面形式答复承包人。工程师在接到延期开工申请后 48 小时内不答复,视为同意承包人要求,工期相应顺延。工程师不同意延期要求或承包人未在规定时间内提出延期开工要求,工期不予顺延。

11.2　因发包人原因不能按照协议书约定的开工日期开工,工程师应以书面形式通知承包人,推迟开工日期。发包人赔偿承包人因延期开工造成的损失,并相应顺延工期。

12. 暂停施工

工程师认为确有必要暂停施工时,应当以书面形式要求承包人暂停施工,并在提出要求后 48 小时内提出书面处理意见。承包人应当按工程师要求停止施工,并妥善保护已完工程。承包人实施工程师作出的处理意见后,可以书面形式提出复工要求,工程师应当在 48 小时内给予答复。工程师未能在规定时间内提出处理意见,或收到承包人复工要求后 48 小时内未予答复,承包人可自行复工。因发包人原因造成停工的,由发包人承担所发生的追加合同价款,赔偿承包人由此造成的损失,相应顺延工期;因承包人原因造成停工的,由承包人承担发生的费用,工期不予顺延。

13. 工期延误

13.1　因以下原因造成工期延误,经工程师确认,工期相应顺延:

(1)发包人未能按专用条款的约定提供图纸及开工条件;

(2)发包人未能按约定日期支付工程预付款、进度款,致使施工不能正常进行;

(3)工程师未按合同约定提供所需指令、批准等,致使施工不能正常进行;

(4)设计变更和工程量增加;

(5)一周内非承包人原因停水、停电、停气造成停工累计超过 8 小时;

(6)不可抗力;

(7)专用条款中约定或工程师同意工期顺延的其他情况。

13.2　承包人在 13.1 款情况发生后 14 天内,就延误的工期以书面形式向工程师提出报告。工程师在收到报告后 14 天内予以确认,逾期不予确认也不提出修改意见,视为同意顺延工期。

14. 工程竣工

14.1　承包人必须按照协议书约定的竣工日期或工程师同意顺延的工期竣工。

14.2　因承包人原因不能按照协议书约定的竣工日期或工程师同意顺延的工期竣工的,承包人承担违约责任。

14.3　施工中发包人如需提前竣工,双方协商一致后应签订提前竣工协议,作为合同文件组成部分。提前竣工协议应包括承包人为保证工程质量和安全采取的措施、发包人为提前竣工提供的条件以及提前竣工所需的追加合同价款等内容。

四、质量与检验

15. 工程质量

15.1　工程质量应当达到协议书约定的质量标准,质量标准的评定以国家或行业的质量检验评定标准为依据。因承包人原因工程质量达不到约定的质量标准,承包人承担违约责任。

15.2　双方对工程质量有争议,由双方同意的工程质量检测机构鉴定,所需费用及因此造成的损失,由责任方承担。双方均有责任,由双方根据其责任分别承担。

16. 检查和返工

16.1　承包人应认真按照标准、规范和设计图纸要求以及工程师依据合同发出的指令施工,随时接受工程师的检查检验,为检查检验提供便利条件。

16.2　工程质量达不到约定标准的部分,工程师一经发现,应要求承包人拆除和重新施工,承包人应按工程师的要求拆除和重新施工,直到符合约定标准。因承包人原因达不到约定标准,由承包人承担拆除和重新施工的费用,工期不予顺延。

16.3　工程师的检查检验不应影响施工正常进行。如影响施工正常进行,检查检验不合格时,影响正常施工的费用由承包人承担。除此之外影响正常施工的追加合同价款由发包人承担,相应顺延工期。

16.4　因工程师指令失误或其他非承包人原因发生的追加合同价款,由发包人承担。

17. 隐蔽工程的中间验收

17.1　工程具备隐蔽条件或达到专用条款约定的中间验收部位,承包人进行自检,并在隐蔽或中间验收前 48 小时以书面形式通知工程师验收。通知包括隐蔽和中间验收的内容、验收时间和地点。承包人准备验收记录,验收合格,工程师在验收记录上签字后,承包人可进行隐蔽和继续施工。验收不合格,承包人在工程师限定的时间内修改后重新验收。

17.2　工程师不能按时进行验收,应在验收前 24 小时以书面形式向承包人提出延期要求,延期不能超过 48 小时。工程师未能按以上时间提出延期要求,不进行验收,承包人可自行组织验收,工程师应承认验收记录。

17.3　经工程师验收,工程质量符合标准、规范和设计图纸等要求,验收 24 小时后,工程师不在验收记录上签字,视为工程师已经认可验收记录,承包人可进行隐蔽或继续施工。

18. 重新检验

无论工程师是否进行验收,当其要求对已经隐蔽的工程重新检验时,承包人应按要求进行剥离或开孔,并在检验后重新覆盖或修复。检验合格,发包人承担由此发生的全部追加合同价款,赔偿承包人损失,并相应顺延工期。检验不合格,承包人承担发生的全部费用,工期不予顺延。

19. 工程试车

19.1　双方约定需要试车的,试车内容应与承包人承包的安装范围相一致。

19.2　设备安装工程具备单机无负荷试车条件,承包人组织试车,并在试车前 48 小时以书面形式通知工程师。通知包括试车内容、时间、地点。承包人准备试车记录,发包人根据承包人要求为试车提供必要条件。试车合格,工程师在试车记录上签字。

19.3　工程师不能按时参加试车,须在开始试车前 24 小时以书面形式向承包人提出延期要求,延期不能超过 48 小时。工程师未能按以上时间提出延期要求,不参加试车,应承认试车记录。

19.4　设备安装工程具备无负荷联动试车条件,发包人组织试车,并在试车前 48 小时以书面形式通知承包人。通知包括试车内容、时间、地点和对承包人的要求,承包人按要求做好准备工作。试车合格,双方在试车记录上签字。

19.5　双方责任

(1)由于设计原因试车达不到验收要求,发包人应要求设计单位修改设计,承包人按修改后的设计重新安装。发包人承担修改设计、拆除及重新安装的全部费用和追加合同价款,工期相应顺延。

(2)由于设备制造原因试车达不到验收要求,由该设备采购一方负责重新购置或修理,承包人负责拆除和重新安装。设备由承包人采购的,由承包人承担修理或重新购置、拆除及重新安装的费用,工期不予顺延;设备由发包人采购的,发包人承担上述各项追加合同价款,工期相应顺延。

(3)由于承包人施工原因试车达不到验收要求,承包人按工程师要求重新安装和试车,并承担重新安装和试车的费用,工期不予顺延。

(4)试车费用除已包括在合同价款之内或专用条款另有约定外,均由发包人承担。

(5)工程师在试车合格后不在试车记录上签字,试车结束 24 小时后,视为工程师已经认可试车记录,承包人可继续施工或办理竣工手续。

19.6　投料试车应在工程竣工验收后由发包人负责,如发包人要求在工程竣工验收前进行或需要承包人配合时,应征得承包人同意,另行签订补充协议。

五、安全施工

20.　安全施工与检查

20.1　承包人应遵守工程建设安全生产有关管理规定,严格按安全标准组织施工,并随时接受行业安全检查人员依法实施的监督检查,采取必要的安全防护措施,消除事故隐患。由于承包人安全措施不力造成事故的责任和因此发生的费用,由承包人承担。

20.2　发包人应对其在施工场地的工作人员进行安全教育,并对他们的安全负责。发包人不得要求承包人违反安全管理的规定进行施工。因发包人原因导致的安全事故,由发包人承担相应责任及发生的费用。

21.　安全防护

21.1　承包人在动力设备、输电线路、地下管道、密封防震车间、易燃易爆地段以及临街交通要道附近施工时,施工开始前应向工程师提出安全防护措施,经工程师认可后实施,防护措施费用由发包人承担。

21.2　实施爆破作业,在放射、毒害性环境中施工(含储存、运输、使用)及使用毒害性、腐蚀性物品施工时,承包人应在施工前 14 天以书面形式通知工程师.

并提出相应的安全防护措施,经工程师认可后实施,由发包人承担安全防护措施费用。

22. 事故处理

22.1　发生重大伤亡及其他安全事故,承包人应按有关规定立即上报有关部门并通知工程师,同时按政府有关部门要求处理,由事故责任方承担发生的费用。

22.2　发包人承包人对事故责任有争议时,应按政府有关部门的认定处理。

六、合同价款与支付

23. 合同价款及调整

23.1　招标工程的合同价款由发包人承包人依据中标通知书中的中标价格在协议书内约定。非招标工程的合同价款由发包人承包人依据工程预算书在协议书内约定。

23.2　合同价款在协议书内约定后,任何一方不得擅自改变。下列三种确定合同价款的方式,双方可在专用条款内约定采用其中一种:

(1)固定价格合同。双方在专用条款内约定合同价款包含的风险范围和风险费用的计算方法,在约定的风险范围内合同价款不再调整。风险范围以外的合同价款调整方法,应当在专用条款内约定。

(2)可调价格合同。合同价款可根据双方的约定而调整,双方在专用条款内约定合同价款调整方法。

(3)成本加酬金合同。合同价款包括成本和酬金两部分,双方在专用条款内约定成本构成和酬金的计算方法。

23.3　可调价格合同中合同价款的调整因素包括:

(1)法律、行政法规和国家有关政策变化影响合同价款;

(2)工程造价管理部门公布的价格调整;

(3)一周内非承包人原因停水、停电、停气造成停工累计超过8小时;

(4)双方约定的其他因素。

23.4　承包人应当在23.3款情况发生后14天内,将调整原因、金额以书面形式通知工程师,工程师确认调整金额后作为追加合同价款,与工程款同期支付。工程师收到承包人通知后14天内不予确认也不提出修改意见,视为已经同意该项调整。

24. 工程预付款

实行工程预付款的,双方应当在专用条款内约定发包人向承包人预付工程款的时间和数额,开工后按约定的时间和比例逐次扣回。预付时间应不迟于约定的开工日期前7天。发包人不按约定预付,承包人在约定预付时间7天后向发包人发出要求预付的通知,发包人收到通知后仍不能按要求预付,承包人可在发出通知后7天停止施工,发包人应从约定应付之日起向承包人支付应付款的贷款利息,并承担违约责任。

25. 工程量的确认

25.1　承包人应按专用条款约定的时间,向工程师提交已完工程量的报告。工程师接到报告后 7 天内按设计图纸核实已完工程量(以下称计量),并在计量前 24 小时通知承包人,承包人为计量提供便利条件并派人参加。承包人收到通知后不参加计量,计量结果有效,作为工程价款支付的依据。

25.2　工程师收到承包人报告后 7 天内未进行计量,从第 8 天起,承包人报告中开列的工程量即视为被确认,作为工程价款支付的依据。工程师不按约定时间通知承包人,致使承包人未能参加计量,计量结果无效。

25.3　对承包人超出设计图纸范围和因承包人原因造成返工的工程量,工程师不予计量。

26. 工程款(进度款)支付

26.1　在确认计量结果后 14 天内,发包人应向承包人支付工程款(进度款)。按约定时间发包人应扣回的预付款,与工程款(进度款)同期结算。

26.2　本通用条款第 23 条确定调整的合同价款,第 31 条工程变更调整的合同价款及其他条款中约定的追加合同价款,应与工程款(进度款)同期调整支付。

26.3　发包人超过约定的支付时间不支付工程款(进度款),承包人可向发包人发出要求付款的通知,发包人收到承包人通知后仍不能按要求付款,可与承包人协商签订延期付款协议,经承包人同意后可延期支付。协议应明确延期支付的时间和从计量结果确认后第 15 天起计算应付款的贷款利息。

26.4　发包人不按合同约定支付工程款(进度款),双方又未达成延期付款协议,导致施工无法进行,承包人可停止施工,由发包人承担违约责任。

七、材料设备供应

27. 发包人供应材料设备

27.1　实行发包人供应材料设备的,双方应当约定发包人供应材料设备的一览表,作为本合同附件(附件 2)。一览表包括发包人供应材料设备的品种、规格、型号、数量、单价、质量等级、提供时间和地点。

27.2　发包人按一览表约定的内容提供材料设备,并向承包人提供产品合格证明,对其质量负责。发包人在所供材料设备到货前 24 小时,以书面形式通知承包人,由承包人派人与发包人共同清点。

27.3　发包人供应的材料设备,承包人派人参加清点后由承包人妥善保管,发包人支付相应保管费用。因承包人原因发生丢失损坏,由承包人负责赔偿。

发包人未通知承包人清点,承包人不负责材料设备的保管,丢失损坏由发包人负责。

27.4　发包人供应的材料设备与一览表不符时,发包人承担有关责任。发包人应承担责任的具体内容,双方根据下列情况在专用条款内约定:

(1)材料设备单价与一览表不符,由发包人承担所有价差;

(2)材料设备的品种、规格、型号、质量等级与一览表不符,承包人可拒绝接收保管,由发包人运出施工场地并重新采购;

(3)发包人供应的材料规格、型号与一览表不符,经发包人同意,承包人可代为调剂串换,由发包人承担相应费用;

(4)到货地点与一览表不符,由发包人负责运至一览表指定地点;

(5)供应数量少于一览表约定的数量时,由发包人补齐,多于一览表约定数量时,发包人负责将多出部分运出施工场地;

(6)到货时间早于一览表约定时间,由发包人承担因此发生的保管费用;到货时间迟于一览表约定的供应时间,发包人赔偿由此造成的承包人损失,造成工期延误的,相应顺延工期;

27.5　发包人供应的材料设备使用前,由承包人负责检验或试验,不合格的不得使用,检验或试验费用由发包人承担。

27.6　发包人供应材料设备的结算方法,双方在专用条款内约定。

28. 承包人采购材料设备

28.1　承包人负责采购材料设备的,应按照专用条款约定及设计和有关标准要求采购,并提供产品合格证明,对材料设备质量负责。承包人在材料设备到货前24小时通知工程师清点。

28.2　承包人采购的材料设备与设计或标准要求不符时,承包人应按工程师要求的时间运出施工场地,重新采购符合要求的产品,承担由此发生的费用,由此延误的工期不予顺延。

28.3　承包人采购的材料设备在使用前,承包人应按工程师的要求进行检验或试验,不合格的不得使用,检验或试验费用由承包人承担。

28.4　工程师发现承包人采购并使用不符合设计或标准要求的材料设备时,应要求由承包人负责修复、拆除或重新采购,并承担发生的费用,由此延误的工期不予顺延。

28.5　承包人需要使用代用材料时,应经工程师认可后才能使用,由此增减的合同价款双方以书面形式议定。

28.6　由承包人采购的材料设备,发包人不得指定生产厂或供应商。

八、工程变更

29. 工程设计变更

29.1　施工中发包人需对原工程设计进行变更,应提前14天以书面形式向承包人发出变更通知。变更超过原设计标准或批准的建设规模时,发包人应报规划管理部门和其他有关部门重新审查批准,并由原设计单位提供变更的相应图纸和说明。承包人按照工程师发出的变更通知及有关要求,进行下列需要的变更:

(1)更改工程有关部分的标高、基线、位置和尺寸;

(2)增减合同中约定的工程量;

（3）改变有关工程的施工时间和顺序；

（4）其他有关工程变更需要的附加工作。

因变更导致合同价款的增减及造成的承包人损失，由发包人承担，延误的工期相应顺延。

29.2　施工中承包人不得对原工程设计进行变更。因承包人擅自变更设计发生的费用和由此导致发包人的直接损失，由承包人承担，延误的工期不予顺延。

29.3　承包人在施工中提出的合理化建议涉及对设计图纸或施工组织设计的更改及对材料、设备的换用，须经工程师同意。未经同意擅自更改或换用时，承包人承担由此发生的费用，并赔偿发包人的有关损失，延误的工期不予顺延。

工程师同意采用承包人合理化建议，所发生的费用和获得的收益，发包人承包人另行约定分担或分享。

30. 其他变更

合同履行中发包人要求变更工程质量标准及发生其他实质性变更，由双方协商解决。

31. 确定变更价款

31.1　承包人在工程变更确定后14天内，提出变更工程价款的报告，经工程师确认后调整合同价款。变更合同价款按下列方法进行：

（1）合同中已有适用于变更工程的价格，按合同已有的价格变更合同价款；

（2）合同中只有类似于变更工程的价格，可以参照类似价格变更合同价款；

（3）合同中没有适用或类似于变更工程的价格，由承包人提出适当的变更价格，经工程师确认后执行。

31.2　承包人在双方确定变更后14天内不向工程师提出变更工程价款报告时，视为该项变更不涉及合同价款的变更。

31.3　工程师应在收到变更工程价款报告之日起14天内予以确认，工程师无正当理由不确认时，自变更工程价款报告送达之日起14天后视为变更工程价款报告已被确认。

31.4　工程师不同意承包人提出的变更价款，按本通用条款第37条关于争议的约定处理。

31.5　工程师确认增加的工程变更价款作为追加合同价款，与工程款同期支付。

31.6　因承包人自身原因导致的工程变更，承包人无权要求追加合同价款。

九、竣工验收与结算

32. 竣工验收

32.1　工程具备竣工验收条件，承包人按国家工程竣工验收有关规定，向发包人提供完整竣工资料及竣工验收报告。双方约定由承包人提供竣工图的，应当在专用条款内约定提供的日期和份数。

32.2　发包人收到竣工验收报告后 28 天内组织有关单位验收,并在验收后 14 天内给予认可或提出修改意见。承包人按要求修改,并承担由自身原因造成修改的费用。

32.3　发包人收到承包人送交的竣工验收报告后 28 天内不组织验收,或验收后 14 天内不提出修改意见,视为竣工验收报告已被认可。

32.4　工程竣工验收通过,承包人送交竣工验收报告的日期为实际竣工日期。工程按发包人要求修改后通过竣工验收的,实际竣工日期为承包人修改后提请发包人验收的日期。

32.5　发包人收到承包人竣工验收报告后 28 天内不组织验收,从第 29 天起承担工程保管及一切意外责任。

32.6　中间交工工程的范围和竣工时间,双方在专用条款内约定,其验收程序按本通用条款 32.1 款至 32.4 款办理。

32.7　因特殊原因,发包人要求部分单位工程或工程部位甩项竣工的,双方另行签订甩项竣工协议,明确双方责任和工程价款的支付方法。

32.8　工程未经竣工验收或竣工验收未通过的,发包人不得使用。发包人强行使用时,由此发生的质量问题及其他问题,由发包人承担责任。

33. 竣工结算

33.1　工程竣工验收报告经发包人认可后 28 天内,承包人向发包人递交竣工结算报告及完整的结算资料,双方按照协议书约定的合同价款及专用条款约定的合同价款调整内容,进行工程竣工结算。

33.2　发包人收到承包人递交的竣工结算报告及结算资料后 28 天内进行核实,给予确认或者提出修改意见。发包人确认竣工结算报告后通知经办银行向承包人支付工程竣工结算价款。承包人收到竣工结算价款后 14 天内将竣工工程交付发包人。

33.3　发包人收到竣工结算报告及结算资料后 28 天内无正当理由不支付工程竣工结算价款,从第 29 天起按承包人同期向银行贷款利率支付拖欠工程价款的利息,并承担违约责任。

33.4　发包人收到竣工结算报告及结算资料后 28 天内不支付工程竣工结算价款,承包人可以催告发包人支付结算价款。发包人在收到竣工结算报告及结算资料后 56 天内仍不支付的,承包人可以与发包人协议将该工程折价,也可以由承包人申请人民法院将该工程依法拍卖,承包人就该工程折价或者拍卖的价款优先受偿。

33.5　工程竣工验收报告经发包人认可后 28 天内,承包人未能向发包人递交竣工结算报告及完整的结算资料,造成工程竣工结算不能正常进行或工程竣工结算价款不能及时支付,发包人要求交付工程的,承包人应当交付;发包人不要求交付工程的,承包人承担保管责任。

33.6　发包人承包人对工程竣工结算价款发生争议时,按本通用条款第37条关于争议的约定处理。

34. 质量保修

34.1　承包人应按法律、行政法规或国家关于工程质量保修的有关规定,对交付发包人使用的工程在质量保修期内承担质量保修责任。

34.2　质量保修工作的实施。承包人应在工程竣工验收之前,与发包人签订质量保修书,作为本合同附件(附件3)(略)。

34.3　质量保修书的主要内容包括:

(1)质量保修项目内容及范围;

(2)质量保修期;

(3)质量保修责任;

(4)质量保修金的支付方法。

十、违约、索赔和争议

35. 违约

35.1　发包人违约。当发生下列情况时:

(1)本通用条款第24条提到的发包人不按时支付工程预付款;

(2)本通用条款第26.4款提到的发包人不按合同约定支付工程款,导致施工无法进行;

(3)本通用条款第33.3款提到的发包人无正当理由不支付工程竣工结算价款;

(4)发包人不履行合同义务或不按合同约定履行义务的其他情况。

发包人承担违约责任,赔偿因其违约给承包人造成的经济损失,顺延延误的工期。双方在专用条款内约定发包人赔偿承包人损失的计算方法或者发包人应当支付违约金的数额或计算方法。

35.2　承包人违约。当发生下列情况时:

(1)本通用条款第14.2款提到的因承包人原因不能按照协议书约定的竣工日期或工程师同意顺延的工期竣工;

(2)本通用条款第15.1款提到的因承包人原因工程质量达不到协议书约定的质量标准;

(3)承包人不履行合同义务或不按合同约定履行义务的其他情况。

承包人承担违约责任,赔偿因其违约给发包人造成的损失。双方在专用条款内约定承包人赔偿发包人损失的计算方法或者承包人应当支付违约金的数额或计算方法。

35.3　一方违约后,另一方要求违约方继续履行合同时,违约方承担上述违约责任后仍应继续履行合同。

36. 索赔

36.1　当一方向另一方提出索赔时,要有正当索赔理由,且有索赔事件发生时的有效证据。

36.2　发包人未能按合同约定履行自己的各项义务或发生错误以及应由发包人承担责任的其他情况,造成工期延误和(或)承包人不能及时得到合同价款及承包人的其他经济损失,承包人可按下列程序以书面形式向发包人索赔:

(1)索赔事件发生后 28 天内,向工程师发出索赔意向通知;

(2)发出索赔意向通知后 28 天内,向工程师提出延长工期和(或)补偿经济损失的索赔报告及有关资料;

(3)工程师在收到承包人送交的索赔报告和有关资料后,于 28 天内给予答复,或要求承包人进一步补充索赔理由和证据;

(4)工程师在收到承包人送交的索赔报告和有关资料后 28 天内未予答复或未对承包人作进一步要求,视为该项索赔已经认可;

(5)当该索赔事件持续进行时,承包人应当阶段性向工程师发出索赔意向,在索赔事件终了后 28 天内,向工程师送交索赔的有关资料和最终索赔报告。索赔答复程序与(3)、(4)规定相同。

36.3　承包人未能按合同约定履行自己的各项义务或发生错误,给发包人造成经济损失,发包人可按 36.2 款确定的时限向承包人提出索赔。

37. 争议

37.1　发包人承包人在履行合同时发生争议,可以和解或者要求有关主管部门调解。当事人不愿和解、调解或者和解、调解不成的,双方可以在专用条款内约定以下一种方式解决争议:

第一种解决方式:双方达成仲裁协议,向约定的仲裁委员会申请仲裁;

第二种解决方式:向有管辖权的人民法院起诉;

37.2　发生争议后,除非出现下列情况的,双方都应继续履行合同,保持施工连续,保护好已完工程:

(1)单方违约导致合同确已无法履行,双方协议停止施工;

(2)调解要求停止施工,且为双方接受;

(3)仲裁机构要求停止施工;

(4)法院要求停止施工。

十一、其他

38. 工程分包

38.1　承包人按专用条款的约定分包所承包的部分工程,并与分包单位签订分包合同。非经发包人同意,承包人不得将承包工程的任何部分分包。

38.2　承包人不得将其承包的全部工程转包给他人,也不得将其承包的全部工程肢解以后以分包的名义分别转包给他人。

38.3　工程分包不能解除承包人任何责任与义务。承包人应在分包场地派驻相应管理人员,保证本合同的履行。分包单位的任何违约行为或疏忽导致工程损害或给发包人造成其他损失,承包人承担连带责任。

38.4　分包工程价款由承包人与分包单位结算。发包人未经承包人同意不得以任何形式向分包单位支付各种工程款项。

39. 不可抗力

39.1　不可抗力包括因战争、动乱、空中飞行物体坠落或其他非发包人承包人责任造成的爆炸、火灾,以及专用条款约定的风、雨、雪、洪、震等自然灾害。

39.2　不可抗力事件发生后,承包人应立即通知工程师,并在力所能及的条件下迅速采取措施,尽力减少损失,发包人应协助承包人采取措施。工程师认为应当暂停施工的,承包人应暂停施工。不可抗力事件结束后 48 小时内承包人向工程师通报受害情况和损失情况及预计清理和修复的费用。不可抗力事件持续发生,承包人应每隔 7 天向工程师报告一次受害情况。不可抗力事件结束后 14 天内,承包人向工程师提交清理和修复费用的正式报告及有关资料。

39.3　因不可抗力事件导致的费用及延误的工期由双方按以下方法分别承担:

(1)工程本身的损害、因工程损害导致第三人人员伤亡和财产损失以及运至施工场地用于施工的材料和待安装的设备的损害,由发包人承担;

(2)发包人承包人人员伤亡由其所在单位负责,并承担相应费用;

(3)承包人机械设备损坏及停工损失,由承包人承担;

(4)停工期间,承包人应工程师要求留在施工场地的必要的管理人员及保卫人员的费用由发包人承担;

(5)工程所需清理、修复费用,由发包人承担;

(6)延误的工期相应顺延。

39.4　因合同一方迟延履行合同后发生不可抗力的,不能免除迟延履行方的相应责任。

40. 保险

40.1　工程开工前,发包人为建设工程和施工场地内的自有人员及第三人人员生命财产办理保险,支付保险费用。

40.2　运至施工场地内用于工程的材料和待安装设备,由发包人办理保险,并支付保险费用。

40.3　发包人可以将有关保险事项委托承包人办理,费用由发包人承担。

40.4　承包人必须为从事危险作业的职工办理意外伤害保险,并为施工场地内自有人员生命财产和施工机械设备办理保险,支付保险费用。

40.5　保险事故发生时,发包人承包人有责任尽力采取必要的措施,防止或者减少损失。

40.6　具体投保内容和相关责任,发包人承包人在专用条款中约定。

41. 担保

41.1　发包人承包人为了全面履行合同,应互相提供以下担保:

(1)发包人向承包人提供履约担保,按合同约定支付工程价款及履行合同约定的其他义务。

(2)承包人向发包人提供履约担保,按合同约定履行自己的各项义务。

41.2　一方违约后,另一方可要求提供担保的第三人承担相应责任。

41.3　提供担保的内容、方式和相关责任,发包人承包人除在专用条款中约定外,被担保方与担保方还应签订担保合同,作为本合同附件。

42. 专利技术及特殊工艺

42.1　发包人要求使用专利技术或特殊工艺,应负责办理相应的申报手续,承担申报、试验、使用等费用;承包人提出使用专利技术或特殊工艺,应取得工程师认可,承包人负责办理申报手续并承担有关费用。

42.2　擅自使用专利技术侵犯他人专利权的,责任者依法承担相应责任。

43. 文物和地下障碍物

43.1　在施工中发现古墓、古建筑遗址等文物及化石或其他有考古、地质研究等价值的物品时,承包人应立即保护好现场并于 4 小时内以书面形式通知工程师,工程师应于收到书面通知后 24 小时内报告当地文物管理部门,发包人承包人按文物管理部门的要求采取妥善保护措施。发包人承担由此发生的费用,顺延延误的工期。

如发现后隐瞒不报,致使文物遭受破坏,责任者依法承担相应责任。

43.2　施工中发现影响施工的地下障碍物时,承包人应于 8 小时内以书面形式通知工程师,同时提出处置方案,工程师收到处置方案后 24 小时内予以认可或提出修正方案。发包人承担由此发生的费用,顺延延误的工期。

所发现的地下障碍物有归属单位时,发包人应报请有关部门协同处置。

44. 合同解除

44.1　发包人承包人协商一致,可以解除合同。

44.2　发生本通用条款第 26.4 款情况,停止施工超过 56 天,发包人仍不支付工程款(进度款),承包人有权解除合同。

44.3　发生本通用条款第 38.2 款禁止的情况,承包人将其承包的全部工程转包给他人或者肢解以后以分包的名义分别转包给他人,发包人有权解除合同。

44.4　有下列情形之一的,发包人承包人可以解除合同:

(1)因不可抗力致使合同无法履行;

(2)因一方违约(包括因发包人原因造成工程停建或缓建)致使合同无法履行。

44.5　一方依据 44.2、44.3、44.4 款约定要求解除合同的,应以书面形式向对方发出解除合同的通知,并在发出通知前 7 天告知对方,通知到达对方时合同解除。对解除合同有争议的,按本通用条款第37条关于争议的约定处理。

44.6　合同解除后,承包人应妥善做好已完工程和已购材料、设备的保护和移交工作,按发包人要求将自有机械设备和人员撤出施工场地。发包人应为承包人撤出提供必要条件,支付以上所发生的费用,并按合同约定支付已完工程价款。已经订货的材料、设备由订货方负责退货或解除订货合同,不能退还的货款和因退货、解除订货合同发生的费用,由发包人承担,因未及时退货造成的损失由责任方承担。除此之外,有过错的一方应当赔偿因合同解除给对方造成的损失。

44.7　合同解除后,不影响双方在合同中约定的结算和清理条款的效力。

45.　合同生效与终止

45.1　双方在协议书中约定合同生效方式。

45.2　除本通用条款第34条外,发包人承包人履行合同全部义务,竣工结算价款支付完毕,承包人向发包人交付竣工工程后,本合同即告终止。

45.3　合同的权利义务终止后,发包人承包人应当遵循诚实信用原则,履行通知、协助、保密等义务。

46.　合同份数

46.1　本合同正本两份,具有同等效力,由发包人承包人分别保存一份。

46.2　本合同副本份数,由双方根据需要在专用条款内约定。

47.　补充条款

双方根据有关法律、行政法规规定,结合工程实际,经协商一致后,可对本通用条款内容具体化、补充或修改,在专用条款内约定。

第三部分　专用条款

一、词语定义及合同文件

2.　合同文件及解释顺序

合同文件组成及解释顺序：＿＿＿＿＿＿＿＿＿＿＿＿＿＿

3.　语言文字和适用法律、标准及规范

3.1　本合同除使用汉语外,还使用＿＿＿＿＿语言文字。

3.2　适用法律和法规

需要明示的法律、行政法规：＿＿＿＿＿＿＿＿＿＿＿＿＿

3.3　适用标准、规范

适用标准、规范的名称：＿＿＿＿＿＿＿＿＿＿＿＿＿

发包人提供标准、规范的时间：＿＿＿＿＿＿＿＿＿＿＿

国内没有相应标准、规范时的约定：＿＿＿＿＿＿＿＿＿＿＿

4.　图纸

4.1　发包人向承包人提供图纸日期和套数：＿＿＿＿＿＿＿＿＿＿

4.2　发包人对图纸的保密要求：＿＿＿＿＿＿＿＿＿＿＿＿

使用国外图纸的要求及费用承担：＿＿＿＿＿＿＿＿＿＿＿

二、双方一般权利和义务

5. 工程师

5.2　监理单位委派的工程师

姓名：＿＿＿＿＿＿＿＿职务：＿＿＿＿＿＿＿

发包人委托的职权：＿＿＿＿＿＿＿＿＿＿＿＿

需要取得发包人批准才能行使的职权：＿＿＿＿＿＿＿＿＿＿＿＿＿

5.3　发包人派驻的工程师

姓名：＿＿＿＿＿＿＿＿职务：＿＿＿＿＿＿＿

职权：＿＿＿＿＿＿＿＿＿＿＿＿＿＿＿＿＿＿＿

5.6　不实行监理的，工程师的职权：＿＿＿＿＿＿＿＿＿＿＿

7. 项目经理

姓名：＿＿＿＿＿＿＿＿职务：＿＿＿＿＿＿＿

8. 发包人工作

8.1　发包人应按约定的时间和要求完成以下工作：

(1)施工场地具备施工条件的要求及完成的时间：＿＿＿＿＿＿＿＿＿＿

(2)将施工所需的水、电、电讯线路接至施工场地的时间、地点和供应要求：＿＿＿＿＿＿＿＿＿＿

(3)施工场地与公共道路的通道开通时间和要求：＿＿＿＿＿＿＿＿＿

(4)工程地质和地下管线资料的提供时间：＿＿＿＿＿＿＿＿＿＿

(5)由发包人办理的施工所需证件、批件的名称和完成时间：＿＿＿＿＿

(6)水准点与坐标控制点交验要求：＿＿＿＿＿＿＿＿＿＿＿

(7)图纸会审和设计交底时间：＿＿＿＿＿＿＿＿＿＿＿

(8)协调处理施工场地周围地下管线和邻近建筑物、构筑物(含文物保护建筑)、古树名木的保护工作：＿＿＿＿＿＿＿＿＿＿

(9)双方约定发包人应做的其他工作：＿＿＿＿＿＿＿＿＿

8.2　发包人委托承包人办理的工作：＿＿＿＿＿＿＿＿＿

9. 承包人工作

9.1　承包人应按约定时间和要求，完成以下工作：

(1)需由设计资质等级和业务范围允许的承包人完成的设计文件提交时间：＿＿＿＿＿＿＿＿＿

(2)应提供计划、报表的名称及完成时间：＿＿＿＿＿＿＿＿

(3)承担施工安全保卫工作及非夜间施工照明的责任和要求：＿＿＿＿＿

(4)向发包人提供的办公和生活房屋及设施的要求：＿＿＿＿＿＿＿＿

（5）需承包人办理的有关施工场地交通、环卫和施工噪音管理等手续：_____

（6）已完工程成品保护的特殊要求及费用承担：_____

（7）施工场地周围地下管线和邻近建筑物、构筑物（含文物保护建筑）、古树名木的保护要求及费用承担：_____

（8）施工场地清洁卫生的要求：_____

（9）双方约定承包人应做的其他工作：_____

三、施工组织设计和工期

10. 进度计划

10.1　承包人提供施工组织设计（施工方案）和进度计划的时间：_____
工程师确认的时间：_____

10.2　群体工程中有关进度计划的要求：_____

13. 工期延误

13.1　双方约定工期顺延的其他情况：_____

四、质量与验收

17. 隐蔽工程和中间验收

17.1　双方约定中间验收部位：_____

19. 工程试车

19.5　试车费用的承担：_____

五、安全施工

六、合同价款与支付

23. 合同价款及调整

23.2　本合同价款采用_____方式确定。

（1）采用固定价格合同，合同价款中包括的风险范围：_____
风险费用的计算方法：_____
风险范围以外合同价款调整方法：_____

（2）采用可调价格合同，合同价款调整方法：_____

（3）采用成本加酬金合同，有关成本和酬金的约定：_____

23.3　双方约定合同价款的其他调整因素：_____

24. 工程预付款

发包人向承包人预付工程款的时间和金额或占合同价款总额的比例：_____

扣回工程款的时间、比例：_____

25. 工程量确认

25.1　承包人向工程师提交已完工程量报告的时间：_____

26. 工程款（进度款）支付

双方约定的工程款（进度款）支付的方式和时间：_____

七、材料设备供应

27. 发包人供应材料设备

27.4　发包人供应的材料设备与一览表不符时,双方约定发包人承担责任如下:

(1)材料设备单价与一览表不符:＿＿＿＿＿＿＿＿＿＿＿＿＿

(2)材料设备的品种、规格、型号、质量等级与一览表不符:＿＿＿＿＿＿＿＿＿＿

(3)承包人可代为调剂串换的材料:＿＿＿＿＿＿＿＿＿＿＿

(4)到货地点与一览表不符:＿＿＿＿＿＿＿＿＿＿＿

(5)供应数量与一览表不符:＿＿＿＿＿＿＿＿＿＿＿

(6)到货时间与一览表不符:＿＿＿＿＿＿＿＿＿＿＿

27.6　发包人供应材料设备的结算方法:＿＿＿＿＿＿＿＿＿

28. 承包人采购材料设备

28.1　承包人采购材料设备的约定:＿＿＿＿＿＿＿＿＿＿

八、工程变更

九、竣工验收与结算

32. 竣工验收

32.1　承包人提供竣工图的约定:＿＿＿＿＿＿＿＿＿＿

32.6　中间交工工程的范围和竣工时间:＿＿＿＿＿＿＿＿

十、违约、索赔和争议

35. 违约

35.1　本合同中关于发包人违约的具体责任如下:＿＿＿＿＿＿＿

本合同通用条款第 24 条约定发包人违约应承担的违约责任:＿＿＿＿＿＿＿

本合同通用条款第 26.4 款约定发包人违约应承担的违约责任:＿＿＿＿＿＿

本合同通用条款第 33.3 款约定发包人违约应承担的违约责任:＿＿＿＿＿

双方约定的发包人其他违约责任:＿＿＿＿＿＿＿＿＿＿

35.2　本合同中关于承包人违约的具体责任如下:

本合同通用条款第 14.2 款约定承包人违约应承担的违约责任:＿＿＿＿＿＿

本合同通用条款第 15.1 款约定承包人违约应承担的违约责任:＿＿＿＿＿＿

双方约定的承包人其他违约责任:＿＿＿＿＿＿＿＿＿＿

37. 争议

37.1　本合同在履行过程中发生的争议,由双方当事人协商解决,协商不成的,按下列第＿＿＿＿＿＿种方式解决:

(一)提交＿＿＿＿＿＿仲裁委员会仲裁;

(二)依法向人民法院起诉。

十一、其他

38. 工程分包

38.1　本工程发包人同意承包人分包的工程：_____

分包施工单位为：_____

39. 不可抗力

39.1　双方关于不可抗力的约定：_____

40. 保险

40.6　本工程双方约定投保内容如下：_____

(1)发包人投保内容：_____

发包人委托承包人办理的保险事项：_____

(2)承包人投保内容：_____

41. 担保

41.3　本工程双方约定担保事项如下：

(1)发包人向承包人提供履约担保，担保方式为：_____担保合同作为本合同附件。

(2)承包人向发包人提供履约担保，担保方式为：_____担保合同作为本合同附件。

(3)双方约定的其他担保事项：_____

46. 合同份数

46.1　双方约定合同副本份数：_____

47. 补充条款_____

附件 1　　　　　承包人承揽工程项目一览表

单位工程名称	建设规模	建筑面积（平方米）	结构	层数	跨度（米）	设备安装内容	工程造价（元）	开工日期	竣工日期

附件 2　　　　　发包人供应材料设备一览表

序号	材料设备品种	规格型号	单位	数量	单价	质量等级	供应时间	送达地点	备注

第八章 建设工程物资采购合同管理

第一节 建设工程物资采购合同概述

一、建设工程物资采购合同的特点

建设物资采购合同，是指具有平等民事主体资格的法人、其他经济组织相互之间，为实现建设物资买卖，明确相互权利义务关系的协议。依照协议，卖方将建设物资交付给买方，买方接受该项建设物资并支付价款。

建设物资是工程项目顺利完成的物质保证。通过合同形式实现建设物资的采购，使得建设物资买卖双方的经济关系成为法律关系，是我国建设物资市场的发展规律在法律上的反映，是国家运用法律手段对物资市场实现有效管理和监督的意志体现。随着我国建设物资市场体系的建立，建设物资合同制度必将逐步完善起来，并在经济建设中发挥重要的作用。

建设工程物资采购合同属于买卖合同，具有买卖合同的一般特点：

(1)出卖人与买受人订立买卖合同，是以转移财产所有权为目的的。

(2)买卖合同的买受人取得财产所有权，必须支付相应的价款；出卖人转移财产所有权，必须以买受人支付价款为对价。

(3)买卖合同是双务、有偿合同。所谓双务有偿是指合同双方互负一定义务，出卖人应当保质、保量、按期交付合同订购的物资、设备，买受人应当按合同约定的条件接收货物并及时支付货款。

(4)买卖合同是诺成合同。除了法律有特殊规定的情况外，当事人之间意思表示一致，买卖合同即可成立，并不以实物的交付为合同成立的条件。

建设物资采购合同是当事人在平等互利的基础上，经过充分协商达成一致的意思表示，体现了平等互利、协商一致的原则，因此具有如下特征：

(1)建设物资采购合同应依据工程承包合同订立。无论是业主提供建设物资，还是承包商提供建设物资，均须符合工程承包合同有关对物资的质量要求和工程进度需要的安排，也就是说，建设物资采购合同的订立要以工程承包合同为依据。

(2)建设物资采购合同以转移物资和支付货款为基本内容。依照建设物资采购合同，卖方收取相应的价款而将建设物资转移给买方，买方接受建设物资并支付价款，这是建设物资采购合同属于买卖合同的重要法律特征。

(3)建设物资采购合同的标的品种繁多，供货条件复杂。建设物资的特点在于品种、质量、数量和价格差异大，根据不同的建设工程的需要，有的数量庞大，有的则技术条件要求严格,因此,在合同中必须对各种所需物资逐一明细,以确保工程施工的需要。

(4)建设物资采购合同应实际履行。由于建设物资采购合同是基于工程承包合同的需要订立的,物资采购合同的履行直接影响工程承包合同的履行,因此,建设物资采购合同成立后,卖方必须按合同规定实际交付标的,不允许卖方以支付违约金或损害赔偿金的方式代替合同的履行,除非卖方延迟履行合同,使合同标的的交付对于买方已无意义。

(5)建设物资采购合同的书面形式。根据《合同法》规定,当事人订立合同既可以用书面形式,又可以用口头形式。法律、法规规定采用书面形式的,应当采用书面形式。当事人约定采用书面形式的,应当采用书面形式。国家根据需要下达指令性任务或者国家订货任务的,有关法人、其他组织之间应当依照有关法律、行政法规规定的权利和义务订立合同。

从实践中来看,建设工程合同涉及国家指令性计划又涉及市场调节,而且建设物资采购合同中的标的物用量大,质量要求高,且根据工程进度计划分期分批的履行,同时还涉及售后维修服务工作。因此,此合同履行周期长,采用口头方式很不适宜,应采用书面形式。

二、建设工程物资采购合同的分类

工程项目建设阶段需要采购的物资种类繁多,合同形式各异,但根据合同标的物供应方式的不同,可将涉及的各种合同大致划分为物资设备采购合同和大型设备采购合同两大类。物资设备采购合同,是指采购方(业主或承包商)与供货方(供货商或生产厂家)就供应工程建设所需的建筑材料和市场上可直接购买定型生产的中小型通用设备所签订的合同;而大型设备采购合同则是指采购方(通常为业主,也可能是承包商)与供货方(大多为生产厂家,也可能是供货商)为提供工程项目所需的大型复杂设备而签订的合同。大型设备采购合同的标的物可能是非标准产品,需要专门加工制作,也可能是虽为标准产品,但技术复杂而市场需求量较小,一般没有现货供应,待双方签订合同后由供货方专门进行加工制作。

物资设备采购合同与大型设备采购合同主要有以下区别:

(1)设备采购合同的标的是物的转移,而大型设备采购合同的标的是完成约定的工作,并表现为一定的劳动成果。大型设备采购合同的定作物表面上与物资设备采购合同的标的物没有区别,但它却是供货方按照采购方提出的特殊要求加工制造的,或虽有定型生产的设计和图纸,但不是大批量生产的产品。还可能采购方根据工程项目特点,对定型设计的设备图纸提出更改某些技术参数或结构要求后,厂家再进行制造。

(2)物资设备采购合同的标的物可以是在合同成立时已经存在,也可能是签订合同时还未生产,而后按采购方要求数量生产。而作为大型设备采购合同的标的物,必须是合同成立后供货方依据采购方的要求而制造的特定产品,它在合同签约前并不存在。

(3)物资设备采购合同的采购方只能在合同约定期限到来时要求供货方履行,一般无权过问供货方是如何组织生产的。而大型设备采购合同的供货方必须按照采购方交付的任务和要求去完成工作,在不影响供货方正常制造的情况下,采购方还要对加工制造过程中的质量和期限等进行检查和监督,一般情况下都派有驻厂代表或聘请监理工程师(也称设备监造)负责对生产过程进行监督控制。

(4)物资设备采购合同中订购的货物不一定是供货方自己生产的,他也可以通过各种渠道去组织货源,完成供货任务。而大型设备采购合同则要求供货方必须用自己的劳动、设备、技能独立地完成定作物的加工制造。

(5)物资设备采购合同供货方按质、按量、按期将订购货物交付采购方后即完成了合同义务;而大型设备采购合同中有时还可能包括要求供货方承担设备安装服务,或在其他承包商进行设备安装时负责协助、指导等的合同约定,以及对生产技术人员的培训服务等内容。

三、加强建设物资采购合同管理的意义

(1)加强建设物资采购合同管理,有利于降低工程成本,实现投资效益。建设物资费用在工程项目中是构成直接费用的重要指标,加强对建设物资采购合同的管理,是挖掘节约投资潜力的重要技术措施,工程项目的用料是否合理,能否降低物耗、降低购买及储运的损耗和费用,直接影响工程成本的降低,对实现投资效益有重要作用。

(2)加强建设物资采购合同管理,有利于协调施工时间,确保实现进度控制目标。建设物资的供货时间对工程项目确保工期极为重要,一旦建设物资不能按工期进度需要供货,或供货质量不符合工程项目的要求,都将导致延误工期的不良后果。因此,在影响进度的各种因素中,建设物资的供应是占有显著地位的。

(3)加强建设物资采购合同管理,有利于提高工程质量,达到规范要求。建设物资采购合同中对物资的质量要求是否与工程承包合同中的要求一致,以及供货方在履行合同义务时是否符合合同要求都直接影响工程质量控制目标的实现。据有关专家分析,在造成工程质量不符合合同要求的各种原因时,近20%的情况是由于材料、设备的质量问题造成的。因此,在工程项目承包中,无论是哪一方为建设物资的提供者,都应加强对建设物资采购合同的订立及履行的严格管理。

四、物资购销合同履行过程中的管理

1. 交货数量的允许增减范围

合同履行过程中,经常会发生发货数量与实际验收数量不符,或实际交货数量与合同约定的交货数量不符的情况。其原因可能是供货方的责任,也可能是运输部门的责任,或由于运输过程中的合理损耗,前两种情况要追究有关方的责任。第三种情况则应控制在合理的范围之内。有关行政主管部门对通用的物资和材料规定了货物交接过程中允许的合理磅差和尾差界限,如果合同约定供应的货物

无规定可循,也应在条款内约定合理的差额界限,以免交接验收时发生合同争议。交付货物数量的差额在规定的尾差或磅差范围之内,不按多交或少交对待,双方互不退补;超过范围内,按有关主管部门的规定或合同约定的计算方法,计算多交或少交部分的数量。

合同内对磅差和尾差规定出合理的界限范围,既可以划清责任,还可以供货方合理组织发运提供灵活变通的条件。如果超过允许范围时,则按实际交货数量计算。不足部分,由供货方按合同约定的数量补齐,或退回不足部分的货款;多交付部分,采购方也应主动承付溢出部分的货款。但在计算多交或少交部分的数量时,均不再考虑合理磅差或尾差因素。

2. 货物的交接管理

(1)采购方自提货物。采购方应在合同约定的时间或接到供货方发出的提货通知后,到指定地点提货。采购方如果不能按时提货,应承担逾期提货的违约责任。当供货方早于合同约定日期发出提货通知时,采购方可根据施工的实际需要和仓储保管能力,决定是否按通知时间的提前提货。他有权拒绝提前提货,也可以按通知时间提货后仍按合同规定的交货时间付款。

(2)供货方负责送货到指定地点。货物的运输费用由采购方承担,但应在合同内写明是由供货方送货到现场还是代运,因为这两种方式判定供货方是否按期履行合同的时间责任不一样。合同内约定采用代运方式时,供货方必须根据合同规定的交货期、数量、到站、接货人等,按期编制运输作业计划,办理托运、装车(船)、查验等发货手续,并将货运单、合格证等交寄对方,以便采购方在指定车站或码头接货。如果因单证不齐导致采购方无法接货,由此造成的站场存储费和运输罚款等额外支出费用,应由供货方承担。

3. 货物的验收管理

(1)验收方法。到货产品的验收,可分为数量验收和质量验收。

(2)责任划分。不论采用何种交接方式,采购方均应在合同规定由供货方对质量负责的条件和期限内,对交付产品进行验收和试验。某些必须安装运转后才能发现内在质量缺陷的设备,也应于合同内规定的缺陷责任期或保修期。在此期限内,凡检测不合格的物资或设备,均由供货方负责。如果采购方在规定时间内未提出质量异议,或因其使用、保管、保养不善而造成质量下降,供货方均不再负责。

由供货方代运的货物,采购方在站场提货地点应与运输部门共同验货,以便发现灭失、短少、损坏等情况时,能及时分清责任。采购方接收后,运输部门不再负责。属于交运前出现的问题,由供货方负责;运输过程中发生的问题,由运输部门负责。

1)凭印记交接的货物。凡原装、原封、原标记完好无异,但发货数量少于合同约定,属于供货方责任。采购方凭运输部门编制的记录证明,可以拒付短缺部分的货款,并在到货后10天内通知供货方,否则即视为验收无误。供货方接到通知后,应于10天内答复,提出处理意见。逾期不签复,即按少交货物论处。虽然件数相符,但重量、尺寸短缺,或实际重量与包装标明重量相符而包装内数量短缺,采购方可凭本单位的书面证明,拒付短缺部分的货款,亦应在到货后10天内通知对方。

封印脱落、损坏时,发生货物灭失、短少、损坏、变质、污染等情况,除能证明属于供货方责任外,均由运输部门负责。

2)凭现状交接的货物。货物发生短少、损坏、变质、污染等情况,如果发生在交付运输部门前,由供货方负责;发生在运输过程中,由运输部门负责;发生在采购方接货后,自行负责。凡采购方在接货时无法从外部发现短少、损坏的情况,应由供货方负责的部分,采购方凭运输部门的交接证明和本单位的验收书面证明,在承付期内可以拒付短少、损坏部分的货款,并在到货后10天内通知对方,否则视为验收无误。

3)质量争议。如果当事人双方对产品的质量检测、试验结果发生争议,应按《中华人民共和国标准化管理条例》的规定,请标准化管理部门的质量监督检验机构进行仲裁检验。

4. 结算管理

产品的货款、实际支付的运杂费和其他费用的结算,应按照合同中商定的结算方式和中国人民银行结算办法的规定办理。但对以下两点应予注意:

(1)变更银行账户。采用转账方式和托收承付方式办理结算手续时,均由供货方将有关单证交付采购方开户银行办理划款手续。当采购方变更合同内注明的开户银行、账户名称和账号时,应在合同规定的交货期前30天通知供货方。如果未及时通知或通知有错误而影响结算,采购方要负逾期付款责任。若供货方接到通知后仍按变更前的账户办理,后果由供货方承担。

(2)拒付货款。采购方拒付货款,应当按照中国人民银行结算办法的拒付规定办理。采用托收承付结算时,如果采购方的拒付手续超过承付期,银行不予受理。采购方无理拒付货款,经银行说服无效,可由银行强制执行。由于无理拒付而增加银行审查时间,自承付期满的次日起按逾期付款处理。采购方对拒付货款的产品必须负责接收,并妥为保管不准动用。如果发现动用,由银行代供货方扣收货款,并按逾期付款对待。

第二节　物资设备采购合同管理

一、物资设备采购合同的主要内容

采购建筑材料和通用设备的购销合同,分为约首、合同条款和约尾3部分。约首主要写明采购方和供货方的单位名称、合同编号和签约地点。约尾是双方当事人就条款内容达成一致后,最终签字盖章使合同生效的有关内容,包括签字的法定代表人或委托代理人、开户银行和账号、合同的有效起止日期等。双方在合同中的权利和义务,均由条款部分来约定。国内物资购销合同的示范文本规定,条款部分应包括以下几方面内容:

(1)产品名称、商标、型号、生产厂家、订购数量、合同金额、供货时间及每次供应数量。

(2)质量要求的技术标准、供货方对质量负责的条件和期限。

(3)交(提)货地点、方式。

(4)运输方式及到站、港和费用的负担责任。

(5)合理损耗及计算方法。

(6)包装标准、包装物的供应与回收。

(7)验收标准、方法及提出异议的期限。

(8)随机备品、配件、工具数量及供应办法。

(9)结算方式及期限。

(10)如需要提供担保,另立合同担保书作为合同附件。

(11)违约责任。

(12)解决合同争议的方法。

(13)其他约定事项。

主要条款的约定内容包括:

(1)合同的标的。在物资采购供应合同中也称标的物,它涉及物资采购供应合同的成立与履行,应在合同中予以明确和具体化,把物资的内在素质和外观形态综合表露出来,它也是物资采购供应合同的最主要的条款之一。在具体签订合同时,应首先写明物资的名称,名称要写全称,同时,要明确该标的物的品种、型号、规格、等级、花色。此外,还要约定对合同标的物不符合品种、型号、规格、等级、花色等合同要求而提出异议的时间,因为只有在法定或约定的时间提出异议,供货方才有义务负责。

(2)质量要求和技术标准。产品的质量关系到该产品能否满足社会和用户的需要,是否适用于约定的用途,它体现在产品的性能、耐用程度、可靠性、外观、经济性等方面。产品的技术标准则是指国家对建设物资的性能、规格、质量、检验方法、包装以及储运条件等所作的统一规定,是设计、生产、检验、供应、使用该产品的共同技术依据。质量条款是物资采购供应合同中的重要条款,也是产品的验收和区分责任的依据。实践中,相当多的经济纠纷是因合同质量问题引起的,因此,一定要在合同中注明产品质量要求和技术标准。合同双方当事人在确定质量标准时,一定要看产品属于什么种类,是否有各种法定标准,如有国家标准或行业标准的,要按照国家标准或行业标准签订;没有国家标准和行业标准的,按企业标准签订;当事人有特殊要求的,由双方协商签订。

此外,在订立本条款时还要注意以下内容:

1)成套产品的合同,不仅对主件有质量要求,而且对附件也要有质量要求,一定要在合同中写清楚。有些单位在订合同时往往只注意到主件,而忽视附件,因而很多合同都在附件上出毛病,引起纠纷。

2)确定供方对产品质量负责任的期限。供方对产品的质量是要负责任的,但并不是无期限、无条件地负责,而是要有时间和条件的限制。为此,双方应该尽可能在合同中做出明确的规定,即供方在什么条件下和多长时间内对产品的质量负责。这样,只要在这个限度内产品出现质量问题,需方就有权要求供方承担责任。

3)有些产品由于其特性及检测条件等限制,不可能当时检验产品内在质量,而必须在安装运转后才有可能发现内在质量缺陷。对于这类产品,需方对内在质量缺陷提出异议的条件和时间,如果法律有规定的,按规定执行;如没有规定,双方应在合同中做出明确规定,即产品在安装运行后,在什么条件下和多长时间内,需方若发现产品内在质量缺陷,可以向供方提出,要求供方承担责任,如果过了期限再提出,供方则不予负责。

4)如果双方是按样品订货,按样品验收,最好对样品的质量标准做出明确的说明,也可以封存样品。

5)对于有有效期限的商品,其剩余有效期在 2/3 以上的,供方可以发货;剩余有效期在 2/3 以下的,供方应征得需方同意后才能发货。

6)对特定的建设物资,如化学原料、试剂等,由于其用途不一样,质量要求也不同。为避免发生纠纷,应写明用途。

(3)数量和计量单位。物资采购供应合同的数量是衡量当事人权利、义务大小的一个尺度,如果没有规定数量,一旦发生纠纷就很难分清责任。因此,数量应由合同双方当事人在合同中确定,计量单位应具体明确,切忌使用含糊不清的计量概念。这便于履行合同,检验交付的货物是否与合同规定相符,也可以减少不必要的纠纷。

计量单位应采用国家法定计量单位,即国际单位制计量单位和国家规定的其他计量单位。如质量用千克、克,长度用米、厘米、毫米等。有的还需要用复式单位,如电动机用千瓦/台、拖拉机用马力/台来表示。不能用一堆、一袋、一箱、一包、一车、一捆等含混不清的计量概念。对于以箱、包、车、袋、捆、堆为单位的货物,必须明确规定每箱、每包、每袋、每捆、每堆的具体数量或件数。否则容易出现差错,发生纠纷。

对于成套供应的产品,应明确规定成套供应的范围。如对于机电设备,除了应对主机的数量有规定以外,必要时应当对随主机的辅机、附件、配套的产品、易损耗备品、配件和安装修理工具等在合同中明确规定出来,要附一个清单,把这些都列清楚。

物资采购供应合同双方还要规定交货数量的正负尾差、合理磅差和在途中自然减增的计算方法。对机电设备，必要时应在合同中明确规定随主机的辅机、附件、配套的产品、易损耗的备用品、配件和安装工具等。对成套产品应提出成套供应清单。

有些产品（如钢材、水泥、纸张等）允许有一定范围内的差额，如正负尾差、合理磅差和自然减（增）量等。对于这些差额幅度，应在合同中明确规定出来，如主管部门有规定差额的，按规定执行；如没有规定的，当事人应自由协商确定。

交货数量的正负尾差是指供方实际交货数量与合同规定的交货数量之间的最大正负差额。在合同规定的正负尾差和合理磅差的范围内，需方对供方少交部分不能要求补交，供方也不能要求需方退回多交部分；如果供方交付产品数量的尾差和需方验收时的磅差超过了合同规定的范围，需方有权要求供方补交少交部分或退回多交部分。

自然减量指产品因在运输过程中的自然损耗而使实际验收数与实际发货数之间出现的差额。在有关部门规定的损耗定额以内的，由需方自行处理，超过定额损耗的，其超过部分按不同情况，区别处理，属于承运部门责任的，向承运部门索赔；属于供方责任的，在规定时间内向供方索赔。

（4）包装条款。产品的包装标准，是对产品包装的类型、规格、容量、印刷标志以及产品的盛放、衬垫、封袋方法等统一规定的技术要求；产品的包装是产品安全运送和完好储存的重要保证。包装问题，也是物资采购供应合同的重要内容，但却在许多合同里被忽视，常常引起纠纷。因此，为了保证货物的安全运输和完好储存，双方必须对包装条款做出明确规定。

（5）交货条款。交货条款包括明确交货的单位、交货方法、运输方式、到货地点、提货人、交（提）货期限等内容。

建设物资的交货单位通常是供方或供方委托的单位，如果供方亲自送货的，那么供方为交货单位；如果是供方为托运人，交给运输部门托运的，承运单位为交货单位。

交货方法是指一次交货，还是分期分批交货；是供方送货或由供方代办托运，还是需方自提；需方需要派人押运等，都要在合同中作出明确规定。供需双方不论在两地或一地，一般都应由供方实行送货或代办托运，特别是两地相距较远的地方，更应由供方负责送货或托运。

运输方式指建设物资在空间实际转移过程中所采取的方法。运输方式分为铁路运输、公路运输、水路运输、航空运输、管道运输以及民间运输等。当事人在签订物资采购供应合同时，应根据各种运输工具的特点，结合产品的特性和数量、路程的远近、供应任务的缓急等因素协商选择合理的运输、路线和工具。

到货地点，即合同履行地。合同履行地一般在合同中明确规定。通常履行地与交货方式有关，需方自提自运的，合同履行地为供方所在地；送货或代运式的，合同履行地方需方所在地或其他地点。合同应对建设物资到达的地点（包括码头、车站或专用线)尽可能具体明确。

提货人,一般是物资采购供应合同的需方当事人,但是,在有的物资采购供应合同中,需方是为第三方采购的建设物资,这时,提货人可能就是第三方,也有可能需方委托第三方提货人,因此,为了避免发生差错,应在合同中明确具体的提货人。

交货期限,即货物由供方转移给需方的具体时间要求,它涉及合同是否按期履行问题和货物意外灭失危险的责任承担问题。合同中的建设物资交(提)货期限,应写明月份,有条件的和有季节性的产品,要规定更具体的交货期限(如旬、日等);有特殊原因的,也可以按季度规定交货期限,生产周期超过一年的大型专用设备和试制产品,可以由供需双方商定交货期限。不得订立没有交货期限的合同。

确定和计算交(提)货的期限,实行供方送货或代运的产品交货日期,以供方发运产品时承运部门签发戳记的日期为准(法律另有规定或当事人另行约定者除外);合同规定由需方自提产品,以供方按合同规定通知的提货日期为准。但供方的通知应给需方必要的途中时间。实际交(提)货日期早于或迟于合同规定期限的,即视为提前或逾期交(提)货,有关当事人应承担相应的责任。

(6)验收条款。验收是指需方按合同规定的标准和方法对货物的名称、品种、规格、型号、花色、数量、质量、包装等进行检测和测试,以确定是否与合同相符。验收也是物资采购供应合同的一项主要条款。通过验收可以检验供方履行义务的好坏。如果验收不合格,那么需方有权拒付货款,要求供方修理、更换或退货等。在确定这项条款时,应注意以下几个问题:

1)验收根据。供货方交付产品时,可以作为双方验收依据的资料包括:

①双方签订的采购合同。

②供货方提供的发货单、计量单、装箱单及其他有关凭证。

③合同内约定的质量标准。应写明执行的标准代号、标准名称。

④产品合格证、检验单。

⑤图纸、样品或其他技术证明文件。

⑥双方当事人共同封存的样品。

2)验收内容。验收内容包括:产品的名称、规格、型号、数量、质量;设备的主机、配件是否齐全;包装是否完整,外表有无损坏;需要化验的材料进行必要的物理化学检验;合同规定的其他事项。

3)验收的方法。对数量主要检验是否与合同规定相符,具体可采取:

①衡量法,即根据各种物资不同的计量单位,进行检尺、衡量其长度、面积、体积、重量等。

②理论换算法。

③查点法,即定量包装的计件物资,包装内的产品数量由生产企业或封装单

位负责,直接查点,不必拆开检验。

对质量的检验验收方法主要有:

①经验鉴别,通过目测手触或常用的检验工具测量后即可判定是否符合合同规定。

②物理试验,如拉伸、压缩、冲击、金相及硬度试验等。

③化学分析,即抽样进行定性或定量分析。

4)验收标准。验收标准要根据质量条款所确定的技术指标和质量要求来确定。如果质量标准是国家标准、行业(部)标准、企业标准,那么就分别按国家标准、行业(部)标准、企业标准验收;如果质量标准是双方当事人确定的其他标准,就按确定的标准验收,供方应附产品合格证或质量保证书及必要的技术资料;如果质量标准是以样品为依据的,双方要共同封存样品,分别保管,按封存的样品进行验收。

5)验收期限。验收期限是确定双方责任的时间界限。验收一定要有时间限制,因为货物随着时间的推移,有自然损耗的问题,如不及时验收,一旦发生质量缺陷,不易区分责任。如果在验收期限内发现货物质量、数量等问题,就要视情况由供方或承运方负责;如果验收期限过后发现问题,则由需方自负。某些产品,主管部门有验收期限的,按规定执行。一般产品,如果是需方自提,则在提货时当面点清,即时验收,如果是供方送货或代运,则货到后10天内验收完。当然,双方也可以根据数量、验收手段、产品性质等另行确定验收时间。如果数量多,验收手段复杂,需要在试验室测试等,则可以规定较长的验收期限;如果数量少,验收手段简单,通过感观对货物进行外观验收的,就可以规定较短的验收期限;如果必须安装运行后才能发现质量缺陷,那么要确定安装运行后多长时间内作为验收期限。另外,用词上要准确、具体,避免出现“货到验收”、“随时验收”之类不确定的词语。

6)验收地点。验收地点是供需双方行使权力和履行义务的空间界限,所以合同一定要写明是在需方所在地验收,还是在供方所在地验收。一般供方送货或代运的,以需方所在地为验收地;需方自提,则以供方所在地为验收地。双方也可以确定其他地点为验收地。

7)对产品提出异议的时间和办法。合同内应具体写明采购方对不合格产品提出异议的时间和拒付货款的条件。在采购方提出的书面异议中,应说明检验情况,出具检验证明和对不符合规定产品提出具体处理意见。凡因采购方使用、保管、保养不善原因导致的质量下降,供货方不承担责任。在接到采购方的书面异议通知后,供货方应在10天内(或合同商定的时间内)负责处理,否则即视为默认采购方提出的异议和处理意见。

(7)货款结算条款。合同内应明确规定以下各项内容:

1)支付货款的条件。合同内需明确是验单付款还是验货后付款,然后再约定结算方式和结算时间。验单付款是指委托供货方代运的货物,供货方把货物交付承运部门并将运输单证寄给采购方，采购方在收到单证后合同约定的期限内即应支付的结算方式。尤其对分批交货的物资，每批交付后应在多少天内支付货款也应明确注明。

2）结算支付的方式。结算方式可以是现金支付、转账结算或异地托收承付。现金结算只适用于成交货物数量少，且金额小的购销合同；转账结算适用于同城市或同地区内的结算；托收承付适用于合同双方不在同一城市的结算方式。

3）拒付货款条件。采购方拒付货款，应当按照中国人民银行结算办法的拒付规定办理。采用托收承付结算时，如果采购方的拒付手续超过承付期，银行不予受理。采购方对拒付货款的产品必须负责接收，并妥为保管不准动用。如果发现动用，由银行代供货方扣收货款，并按逾期付款对待。

采购方有权部分或全部拒付货款的情况大致包括：

①交付货物的数量少于合同约定，拒付少交部分的货款。

②拒付质量不符合合同要求部分货物的货款。

③供货方交付的货物多于合同规定的数量且采购方不同意接收部分的货物，在承付期内可以拒付。

（8）违约责任。物资采购供应合同签订后，供需双方就应及时、全面地履行合同中约定的义务，结果一方或双方违反合同义务，迟延履行、不履行或不全面履行义务，就要承担相应的违约责任。

1）承担违约责任的形式。当事人任何一方不能正确履行合同义务时，均应以违约金的形式承担违约赔偿责任。国务院颁布的《工矿产品购销合同条例》对违约金的计算作出了明确规定，通用产品的违约金按违约部分货款总额的 $1\%\sim5\%$ 计算；专用产品按违约部分货款总额的 $10\%\sim30\%$ 计算。双方应通过协商，将具体采用的比例数写明在合同条款内。

2）供方的违约责任：

①未能按合同约定交付货物。这类违约行为可能包括不能供货和不能按期供货两种情况，由于这两种错误行为给对方造成的损失不同，因此承担违约责任的形式也不完全一样。

如果因供货方的原因导致不能全部或部分交货，应按合同约定的违约金比例乘以不能交货部分货款计算违约金。若违约金不足以偿付采购方所受到的实际损失时，可以修改违约金的计算方法，使实际受到的损害能够得到合理的补偿。如施工承包人为了避免停工待料，不得不以较高价格紧急采购不能供应部分的货物而受到的价差损失等。

供货方不能按期交货的行为，又可以进一步区分为逾期交货和提前交货两种情况：

a. 逾期交货。不论合同内规定由他将货物送达指定地点交接，还是采购方去自提，均要按合同约定依据逾期交货部分货款总价计算违约金。对约定由采购方自提货物而不能按期交付时，若发生采购方的其他额外损失，这笔实际开支的费用也应由供货方承担。如采购方已按期派车到指定地点接收货物，而供货方又不能交付时，则派车损失应由供货方支付费用。发生逾期交货事件后，供货方还应在发货前与采购方就发货的有关事宜进行协商。采购方仍需要时，可继续发货照数补齐，并承担逾期交货责任；如果采购方认为已不再需要，有权在接到发货协商通知后的 15 天内，通知供货方办理解除合同手续。但逾期不予答复视为同意供货方继续发货。

b. 提前交付货物。属于约定由采购方自提货物的合同，采购方接到对方发出的提前提货通知后，可以根据自己的实际情况拒绝提前提货；对于供货方提前发运或交付的货物，采购方仍可按合同规定的时间付款，而且对多交货部分，以及品种、型号、规格、质量等不符合合同规定的产品，在代为保管期内实际支出的保管、保养等费用由供货方承担。代为保管期内，不是因采购方保管不善原因而导致的损失，仍由供货方负责。

交货数量与合同不符。交付的数量多于合同规定，且采购方不同意接受时。可在承付期内拒付多交部分的货款和杂运费。合同双方在同一城市，采购方可以拒收多交部分；双方不在同一城市，采购方应先把货物接收下来并负责保管，然后将详细情况和处理意见在到货后的 10 天内通知对方。当交付的数量少于合同规定时，采购方凭有关的合法证明在承付期内可以拒付少交部分的货款，也应在到货后的 10 天内将详情和处理意见通知对方。供货方接到通知后应在 10 天内答复，否则视为同意对方的处理意见。

②产品的规格、品种、质量不符合合同规定的，如果需方同意利用，应当按质论价，由供方负责包修包换或者包退，并承担修理、调换、退货所支付的实际费用。不能修理或调换的，按不能交货处理。在交售建设物资中掺杂使假，以次充好的，需方有权拒收，供方同时应向需方偿付相应的违约金。

③产品包装不符合合同规定，必须返修重新包装的，供方应当负责返修或重新包装，并承担因此支付的费用，由于返修或重新包装而造成逾期交货的，应偿付需方该不合格包装物低于合格包装物的价值部分。因包装不符合规定造成货物损坏或者灭失的，供方应当负责赔偿。

④产品错发到货地点或接货单位（人），除按合同规定负责运到规定的到货地点或接货单位（人）外，并承担因此而多支付的运杂费；如果造成逾期交货的，应偿付逾期交货的违约金。未经需方同意，擅自改变运输路线和运输工具的，应承担由此增加的费用。

3）需方的违约责任：

①中途退货或无故拒收送货或代运的产品，应偿付违约金、赔偿金，并承担供方由此支付的费用和赔偿由此造成的损失。

②未按合同规定的时间和要求提供应交的技术资料或包装物的，除交货日期

得以顺延外,比照中国人民银行有关延期付款的规定,按顺延交货部分总值计算,向供方支付违约金,并赔偿由此造成的损失。如果不能提供技术资料和包装物的,按中途退货处理。

③自提产品未按供方通知的日期或合同规定的日期提货的,比照中国人民银行有关延期付款的规定,按逾期提货部分货款总值计算,支付违约金,并承担供方在此期间所支付的保管费、保养费。

④未按合同规定日期付款的,比照中国人民银行延期付款的规定支付供方违约金。在此期间如遇国家规定的价格上涨时,按新价格结算;价格下降时,按原价格结算。

⑤错填或临时变更到货地点的,承担由此而多支付的费用。

⑥在合同规定的验收期限内,未进行验收或验收后在规定的期限内,未提出异议,即视为默认。对于提出质量异议或因其他原因提出拒收的一般产品,在代保管期内,必须按原包装妥善保管、保养,不得动用,一经动用即视为接收,应按价向供方付款,否则按延期付款处理。

二、物资设备采购合同的订立方式

1. 公开招标

即由招标单位通过报刊、广播、电视等公开发表招标广告。采用公开招标方式进行材料采购,适用于大宗材料采购合同。与工程施工招标相比,材料采购的公开招标程序比较简单。其招标程序是:

(1)由主持招标的单位编制招标文件。招标文件应包括招标通告、投标者须知、投标格式、合同格式、货物清单、质量标准(技术规范)以及必要的附件。

(2)刊登招标广告。

2. 询价、报价、签订合同

建设材料需方向若干建材厂商或建材经销商发出询价函,表明其所需之材料品种、规格、质量、数量,要求他们在规定的期限内作出报价,在收到厂商的报价后,经过充分比较,实地考察,选定报价合理、社会信誉高、有充分生产能力的厂商签订合同。

3. 直接定购

建设材料需方直接向材料生产厂商或材料经销商报价,生产厂商或经销商接受报价,签订合同。

在实际生活中较常见的是第二种方法,对于标的数额较大,采用招标方式,能使采购方获得物美价廉的商品,对于标的数额较少,用时很紧的建设材料可采用直接定购方式。

三、物资设备采购合同的履行

物资设备采购合同依法订立后,当事人应当全面履行合同规定的义务,否则,不仅影响到当事人的经济利益,而且会影响施工合同的全面履行。因此,要求合同当事人按照"实际履行原则"和"全面履行原则"履行经济合同。

1. 按约定的标的履行

卖方交付的货物必须与合同规定的名称、品种、规模、型号相一致，这是贯彻实际履行原则的根本要求，除非买方同意，卖方不得以其他货物代替合同的标的，也不允许以支付违约金或赔偿金的方式，代替履行合同，特别是在有些材料的市场波动比较大的情况下。强调这一原则，更具重要意义。

2. 按合同规定的期限、地点交付货物

交付货物的日期应在合同规定的交付期限内，交付的地点应符合合同的指定。如果实际交付日期早于或迟于合同规定的交付期限，即视为提前交付或逾期交付。提前交付，买方可拒绝接受；逾期交付，应承担逾期交付的责任。如果逾期交货，买方不再需要，应在接到卖方通知后 15 天内通知买方，逾期未通知，则视为同意延期交货。

交付标的应视为买卖双方的行为，只有在双方协调配合下才能完成货物的移交，而不应视为只是卖方的义务。对于买方来说，依据合同规定接受货物既是权利，也是义务，不能按合同规定接受货物同样应当承担责任。

3. 按合同规定的数量和质量交付货物

对于交付的货物应当场检验，清点数目后，由双方当事人签字。对质量的检验，外在质量可当场检验，对内在质量，需做物理或化学试验的，以试验结果为验收的依据。卖方在交货时，应将产品合格证（或质量保证书）随同产品（或运单）交买方据以验收。

在合同履行中，货物质量是比较容易发生争议的方面，特别是工程施工用料必须经监理工程师认可，因此，买方在验收材料时，可根据需要采取适当的验收方式，比如驻厂验收、入库验收或提运验收等，以满足工程施工对材料的要求。

4. 物资设备采购合同的变更或解除

合同履行过程中，如需变更合同内容或解除合同，都必须依据《合同法》的有关规定执行。一方当事人要求变更或解除合同时，在未达成新的协议前，原合同仍然有效。要求变更或解除合同一方应及时将自己的意图通知对方，对方也应在接到书面通知后的 15 天或合同约定的时间内予以答复，逾期不答复的视为默认。

物资采购合同变更的内容可能涉及订购数量的增减、包装物标准的改变、交货时间和地点的变更等方面。采购方对合同内约定的订购数量不得少要或不要，否则要承担中途退货的责任。只有当供货方不能按期交付货物，或交付的货物存在严重质量问题而影响工程使用时，采购方认为继续履行合同已成为不必要，才可以拒收货物，甚至解除合同关系。如果采购方要求变更到货地点或接货人，应在合同规定的交货期限届满前 40 天通知供货方，以便供货方修改发运计划和组织运输工具。迟于上述规定期限，双方应当立即协商处理。如果已不可能变更或变更后会发生额外费用支出，其后果均应由采购方负责。

5. 违约责任

在合同履行过程中,任何一方都不应借故延迟履约或拒绝履行合同义务,否则应追究违约当事人的法律责任。

(1)由于卖方交货不符合合同规定,如交付设备不符合合同规定的标准,或交付的设备未达到质量技术要求,或数量、交货日期等与合同规定不符时,卖方应承担违约责任。

(2)由于卖方中途解除合同,买方可采取合理的补救措施,并要求卖方赔偿损失。

(3)买方在验收货物后,不能按期付款时,应按中国人民银行有关延期付款的规定支付违约金。

(4)买方中途退货,卖方可采取合理的补救措施,并要求买方赔偿损失。

第三节　大型设备采购合同管理

一、设备采购合同的主要内容

大型设备采购合同指采购方(通常为业主,也可能是承包人)与供货方(大多为生产厂家,也可能是供货商)为提供工程项目所需的大型复杂设备而签订的合同。大型设备采购合同的标的物可能是非标准产品,需要专门加工制作,也可能虽为标准产品,但技术复杂而市场需求量较小,一般没有现货供应,待双方签订合同后由供货方专门进行加工制作,因此属于承揽合同的范畴。一个较为完备的大型设备采购合同,通常由合同条款和附件组成。

1. 合同条款的主要内容

当事人双方在合同内根据具体订购设备的特点和要求,约定以下几方面的内容:合同中的词语定义;合同标的;供货范围;合同价格;付款;交货和运输;包装与标记;技术服务;质量监造与检验;安装、调试、时运和验收;保证与索赔;保险;税费;分包与外购;合同的变更、修改、中止和终止;不可抗力;合同争议的解决;其他。

2. 合同条款的主要附件

为了对合同中某些约定条款涉及内容较多部分作出更为详细的说明,还需要编制一些附件作为合同的一个组成部分。附件通常可能包括:技术规范;供货范围;技术资料的内容和交付安排;交货进度;监造、检验和性能验收试验;价格表;技术服务的内容;分包和外购计划;大部件说明表等。

二、大型设备采购合同的设备监造

设备监造也称设备制造监理,指在设备制造过程中采购方委托有资质的监造单位派出驻厂代表,对供货方提供合同设备的关键部位进行质量监督。但质量监造不解除供货方对合同设备质量应负的责任。

　　设备制造前,供货方向监理提交订购设备的设计和制造、检验的标准,包括与设备监造有关的标准、图纸、资料、工艺要求。在合同约定的时间内,监理应组织有关方面和人员进行会审后尽快给予同意与否的答复。尤其对生产厂家定型设计的图纸需要作部分改动要求时,对修改后的设计进行慎重审查。

　　1. 设备监造方式

　　监理对设备制造过程的监造实行现场见证和文件见证。

　　(1)现场见证的形式包括:

　　1)以巡视的方式监督生产制造过程,检查使用的原材料、元件质量是否合格,制造操作工艺是否符合技术规范的要求等。

　　2)接到供货方的通知后,参加合同内规定的中间检查试验和出厂前的检查试验。

　　3)在认为必要时,有权要求进行合同内没有规定的检验。如对某一部分的焊接质量有疑问,可以对该部分进行无损探伤试验。

　　(2)文件见证指对所进行的检查或检验认为质量达到合同规定的标准后,在检查或试验记录上签署认可意见,以及就制造过程中有关问题发给供货方的相关文件。

　　2. 对制造质量的监督

　　(1)监督检验的内容。采购方和供货方应在合同内约定设备监造的内容,监理依据合同的规定进行检查和试验。具体内容可能包括监造的部套(以订购范围确定);每套的监造内容;监造方式(可以是现场见证、文件见证或停工待检之一);检验的数量等。

　　(2)检查和试验的范围包括:

　　1)原材料和元器件的进厂检验。

　　2)部件的加工检验和实验。

　　3)出厂前预组装检验。

　　4)包装检验。

　　(3)制造质量责任包括:

　　1)监理在监造中对发现的设备和材料质量问题,或不符合规定标准的包装,有权提出改正意见并暂不予以签字时,供货方需采取相应改进措施保证交货质量。无论监理是否要求和是否知道,供货方均有义务主动及时地向其提供设备制造过程中出现的较大的质量缺陷和问题,不得隐瞒,在监理不知道的情况下供货方不得擅自处理。

　　2)监造代表发现重大问题要求停工检验时,供货方应当遵照执行。

　　3)不论监理是否参与监造与出厂检验,或者参加了监造与检验并签署了监造与检验报告,均不能被视为免除供方对设备质量应负的责任。

　　3. 监理工作应注意的事项

　　(1)制造现场的监造检验和见证,尽量结合供货方工厂实际生产过程进行,不应影响正常的生产进度(不包括发现重大问题时的停工检验)。

(2)监理应按时参加合同规定的检查和实验。若监理不能按供货方通知时间及时到场,供货方工厂的试验工作可以正常进行,试验结果有效。但是监理有权事后了解、查阅、复制检查试验报告和结果(转为文件见证)。若供货方未及时通知监造代表而单独检验,监理不承认该检验结果,供货方应在监理在场的情况下进行该项试验。

(3)供货方供应的所有合同设备、部件(包括分包与外购部分),在生产过程中都需进行严格的检验和试验,出厂前还需进行部套或整机总装试验。所有检验、试验和总装(装配)必须有正式的记录文件。只有以上所有工作完成后才能出厂发运。这些正式记录文件和合格证明提交给监理,作为技术资料的一部分存档。此外,供货方还应在随机文件中提供合格证和质量证明文件。

4. 对生产进度的监督

(1)对供货方在合同设备开始投料制造前提交的整套设备的生产计划进行审查并签字认可。

(2)每个月末供货方均应提供月报表,说明本月包括制造工艺过程和检验记录在内的实际生产进度,以及下一月的生产、检验计划。中间检验报告需说明检验的时间、地点、过程、试验记录,以及不一致性原因分析和改进措施。监理审查同意后,作为对制造进度控制和与其他合同及外部关系进行协调的依据。

三、大型采购合同的现场交货

1. 准备工作

(1)供货方应在发运前合同约定的时间内向采购方发出通知,以便对方做好接货准备工作。

(2)供货方向承运部门办理申请发运设备所需的运输工具计划,负责合同设备从供货方到现场交货地点的运输。

(3)供货方在每批货物备妥及装运车辆(船)发出 24 小时内,应以电报或传真将该批货物的如下内容通知采购方:合同号;机组号;货物备妥发运日期;货物名称及编号和价格;货物总毛重;货物总体积;总包装件数;交运车站(码头)的名称、车号(船号)和运单号;重量超过 20t 或尺寸超过 9m×3m×3m 的每件特大型货物的名称、重量、体积和件数,以及对每件该类设备(部件)还必须标明重心和吊点位置,并附有草图。

(4)采购方应在接到发运通知后做好现场接货的准备工作。并按时到运输部门提货。

(5)如果由于采购方原因要求供货方推迟设备发货,应及时通知对方,并承担推迟期间的仓储费和必要的保养费。

2. 到货检验

(1)检验程序为:

1)货物到达目的地后,采购方向供货方发出到货检验通知,邀请对方派代表共同进行检验。

2)货物清点。双方代表共同根据运单和装箱单对货物的包装、外观和件数进行清点。如果发现任何不符之处,经过双方代表确认属于供货方责任后,由供货方处理解决。

3)开箱检验。货物运到现场后,采购方应尽快与供货方共同进行开箱检验,如果采购方未通知供货方而自行开箱或每一批设备到达现场后在合同规定时间内不开箱,产生的后果由采购方承担。双方共同检验货物的数量、规格和质量,检验结果和记录对双方有效,并作为采购方向供货方提出索赔的证据。

(2)损害、缺陷、短少的责任:

1)现场检验时,如发现设备由于供货方原因(包括运输)有任何损坏、缺陷、短少或不符合合同中规定的质量标准和规范,应做好记录,并由双方代表签字,各执一份,作为采购方向供货方提出修理或更换索赔的依据。如果供货方要求采购方修理损坏的设备,所有修理设备的费用由供货方承担。

2)由于采购方原因,发现损坏或短缺,供货方在接到采购方通知后,应尽快提供或替换相应的部件,但费用由采购方自负。

3)供货方如对采购方提出修理、更换、索赔的要求有异议,应在接到采购方书面通知后合同约定的时间内提出,否则上述要求即告成立。如有异议,供货方应在接到通知后派代表赴现场同采购方代表共同复验。

4)双方代表在共同检验中对检验记录不能取得一致意见时,可由双方委托的权威第三方检验机构进行裁定检验。检验结果对双方都有约束力,检验费用由责任方负担。

5)供货方在接到采购方提出的索赔后,应按合同约定的时间尽快修理、更换或补发短缺部分,由此产生的制造、修理和运费及保险费均应由责任方负担。

四、大型设备采购合同的设备安装验收

1. 启动试车

安装调试完毕后,双方共同参加启动试车的检验工作。试车分成无负荷空运和带负荷试运行两个步骤进行,且每一阶段均应按技术规范要求的程序维持一定的持续时间,以检验设备的质量。试验合格后,双方在验收文件上签字,正式移交采购方进行生产运行。若检验不合格,属于设备质量原因,由供货方负责修理、更换并承担全部费用;如果是由于工程施工质量问题,由采购方负责拆除纠正缺陷。不论何种原因试车不合格,经过修理或更换设备后应再次进行试车试验,直到满足合同规定的试车质量要求为止。

2. 性能验收

性能验收又称性能指标达标考核。启动试车只是检验设备安装完毕后是否能够顺利安全运行,但各项具体的技术性能指标是否达到供货方在合同内承诺的保证值还无法判定,因此合同中均要约定设备移交试生产稳定运行多少个月后进行性能测试。由于合同规定的性能验收时间采购方已正式投产运行,这项验收试验由采购方负责,供货方参加。

试验大纲由采购方准备,与供货方讨论后确定。试验现场和所需的人力、物力由供货方提供。供货方应提供试验所需的测点、一次性元件和装设的试验仪表,以及做好技术配合和人员配合工作。

性能验收试验完毕,每套合同设备都达到合同规定的各项性能保证值指标后,采购方与供货方共同会签合同设备初步验收证书。

如果合同设备经过性能测试检验表明未能达到合同约定的一项或多项保证指标,可以根据缺陷或技术指标试验值与供货方在合同内的承诺值偏差程度,按下列原则区别对待:

(1)在不影响合同设备安全、可靠运行的条件下,如有个别微小缺陷,供货方在双方商定的时间内免费修理,采购方则可同意签署初步验收证书。

(2)如果第一次性能验收试验达不到合同规定的一项或多项性能保证值,则双方应共同分析原因,澄清责任,由责任一方采取措施,并在第一次验收试验结束后合同约定的时间内进行第二次验收试验。如能顺利通过,则签署初步验收证书。

(3)在第二次性能验收试验后,如仍有一项或多项指标未能达到合同规定的性能保证值,按责任的原因分别对待。

1)属于采购方原因,合同设备应被认为初步验收通过,共同签署初步验收证书。此后供货方仍有义务与采购方一起采取措施,使合同设备性能达到保证值。

2)属于供货方原因,则应按照合同约定的违约金计算方法赔偿采购方的损失。

(4)在合同设备稳定运行规定的时间后,如果由于采购方原因造成性能验收试验的延误超过约定的期限,采购方也应签署设备初步验收证书,视为初步验收合格。

初步验收证书只是证明供货方所提供的合同设备性能和参数截至出具初步验收证明时可以按合同要求予以接受,但不能视为供货方对合同设备中存在的可能引起合同设备损坏的潜在缺陷所应负责任解除的证据。所谓潜在缺陷指设备的隐患在正常情况下不能在制造过程中被发现,供货方应承担纠正缺陷责任。供货方的质量缺陷责任期时间应保证到合同规定的保证期终止后或到第一次大修时。当发现这类潜在缺陷时,供货方应按照本合同的规定进行修理或调换。

3. 最终验收

(1)合同内应约定具体的设备保证期限。保证期从签发初步验收证书之日起开始计算。

(2)在保证期内的任何时候,如果由于供货方责任而需要进行的检查、试验、再试验、修理或调换,当供货方提出请求时,采购方应作好安排进行配合以便进行上述工作。供货方应负担修理或调换的费用,并按实际修理或更换使设备停运所延误的时间将保证期限作相应延长。

(3)如果供货方委托采购方施工人员进行加工、修理、更换设备,或由于供货方设计图纸错误以及因供货方技术服务人员的指导错误造成返工,供货方应承担因此所发生合理费用的责任。

(4)合同保证期满后,采购方在合同规定时间内应向供货方出具合同设备最终验收证书。条件是此前供货方已完成采购方保证期满前提出的各项合理索赔要求,设备的运行质量符合合同的约定。供货方对采购方人员的非正常维修和误操作,以及正常磨损造成的损失不承担责任。

(5)每套合同设备最后一批交货到达现场之日起,如果因采购方原因在合同约定的时间内未能进行试运行和性能验收试验,期满后即视为通过最终验收。此后采购方应与供货方共同会签合同设备的最终验收证书。

五、大型设备采购合同的价格与支付

1. 合同价格

设备采购合同通常采用固定总价合同,在合同交货期内为不变价格。合同价内包括合同设备(含备品备件、专用工具)、技术资料、技术服务等费用,还包括合同设备的税费、运杂费、保险费等与合同有关的其他费用。

2. 付款

支付的条件、支付的时间和费用内容应在合同内具体约定。目前大型设备采购合同较多采用如下的程序。

(1)支付条件。合同生效后,供货方提交金额为约定的合同设备价格某一百分比不可撤销的履约保函,作为采购方支付合同款的先决条件。

(2)支付程序为:

1)合同设备款的支付。订购的合同设备价格分3次支付:

①设备制造前供货方提交履约保函和金额为合同设备价格10%的商业发票后,采购方支付合同设备价格的10%作为预付款。

②供货方按交货顺序在规定的时间内将每批设备(部组件)运到交货地点,并将该批设备的商业发票、清单、质量检验合格证明、货运提单提供给采购方,支付该批设备价格的80%。

③剩余合同设备价格的10%作为设备保证金,待每套设备保证期满没有问题,采购方签发设备最终验收证书后支付。

2)技术服务费的支付。合同约定的技术服务费分两次支付:

①第一批设备交货后,采购方支付给供货方该套合同设备技术服务费的30%。

②每套合同设备通过该套机组性能验收试验,初步验收证书签署后,采购方支付该套合同设备技术服务费的70%。

3)运杂费的支付。运杂费在设备交货时由供货方分批向采购方结算,结算总额为合同规定的运杂费。

第四节　建设物资采购供应合同示范文本

GF—2000—0104

木材买卖(订货)合同

(示范文本)

买受人		签订地点：		计量单位：													合同编号	
出卖人																		
收货单位	到　站			品种	树材种	产地	规格	等级	单价(元)	总数量	总金额	交(提)货时间、数量						
	路局	车站(港口)	专用线									月	月	月	月	月	月	
1																		
2																		

买　受　人				出　卖　人			
开户银行		账户名称		开户银行		账户名称	
账　号		通讯地址		账　号		通讯地址	
邮　编	电话		E—Mail	邮　编	电话		E—Mail

1. 本合同按《合同法》、《木材统一送货办法》等有关规定执行。	8. 如需提供担保,另立合同担保书,作为合同附件。
2. 运输方式：	9. 违约责任：
3. 结算方式：	10. 合同争议的解决方式:本合同在履行过程中发生的争议,由双方当事人协商解决;协商不成的,按下列第　种方式解决：
4. 交(提)货地点、方式：	（一）提交　　　　仲裁委员会仲裁。
5. 包装标准,包装物的供应与回收：	（二）依法向人民法院起诉。
6. 检验的标准、地点及期限：	11. 其他约定事项：
7. 检疫办法、地点及费用负担：	备注:木材运输需依法办理木材运输证。

买受人:(章)　　委托代理人:(签字)　　　　出卖人:(章)　　委托代理人:(签字)

年　月　日　　　　　　　　　　　　　年　月　日

GF—2000—0105

家 具 买 卖 合 同

（示范文本）

出卖人：_____　　　　　　合同编号：_____
买受人：_____　　　　　　签订地点：_____
　　　　　　　　　　　　　　　　签订时间：_____年___月___日

第一条　家具名称、数量、价款。

家具名称	商标或品牌	规格型号	材质	颜色	生产厂家	数量	单价	金额

合计人民币金额（大写）：

（注：空格如不够用，可以另接）

第二条　质量标准：_____
_____
_____

第三条　家具保修期为____月，在保修期内出现家具质量问题，由出卖人在
____天内修理好或更换，修理不好或不能更换的，予以退货。

第四条　定做家具图纸提供办法及要求：_____
_____
_____

第五条 交货时间:_____

_____

_____

第六条 交(提)货方式、地点:_____

_____

_____

第七条 运输方式及费用负担:_____

_____

_____

第八条 检验标准、方法及提出异议的期限:_____

_____

_____

第九条 付款方式及期限:_____

_____

_____

第十条 违约责任:_____

_____

_____

第十一条 合同争议的解决方式:本合同在履行过程中发生的争议,由双方当事人协商解决;也可由有关部门调解;协商或调解不成的,按下列第____种方式解决。

(一)提交_____仲裁委员会仲裁。

(二)依法向人民法院起诉。

第十二条 其他约定事项:_____

_____

出卖人名称(章):	买受人名称(章):
住所:	住所:
委托代理人:	委托代理人:
电话:	电话:
开户银行:	开户银行:
账号:	账号:
邮政编码:	邮政编码:

　　监制部门:　　　　　　　　　　　印制单位:

GF—2000—0106

地质机械仪器产品买卖合同

（示范文本）

地　质

依照《中华人民共和国合同法》，经双方协商一致，签订本合同并严肃执行。

本合同共__页第__页　签订地点_____　签订时间_____年___月___日　合同编号_____号

买受人		代表人		出卖人	代表人	
订货单位		邮政编码		供货单位	邮政编码	
结算单位		电　话		结算单位	电　话	
通讯地址		传　真		通讯地址	传　真	
结算银行		账　号		结算银行	账　号	
结算银行	结算期限	税登记号		代签合同单位代表	质量标准：	
收货单位		到站	整车		验收方法及期限：	
通讯地址			零担	记		
运输方式	交(提)货地点	交货方式	出卖人 买受人	事		
产品名称	型号规格	单位	数量	单价(元)	总价(元)	交(提)货时间
						一季度 二季度 三季度 四季度

产品名称	型号规格	单位	数量	单价(元)	总价(元)	一季度	二季度	三季度	四季度	运杂费何方承付：
										包装要求及费用：

金额总计(大写)

违约责任	出卖人不能交货，向买受人偿付不能交货货款总值_____的违约金。买受人中途退货，向出卖人偿付退货部分货款总值_____%的违约金。其余违约责任，双方均按《中华人民共和国合同法》的规定承担。	鉴(公)证意见：
争议解决方式	本合同在履行过程中发生的争议，由双方当事人协商解决；协商不成的，按下列第_____种方式解决： (一)提交_____仲裁委员会仲裁；(二)依法向人民法院起诉。	鉴(公)证机关(章) 经办人 　　　　年　月　日

双方商定的其他事项别另附，本合同附件____份。　　此合同一式____份，出卖人____份，买受人____份，鉴(公)证机关____份。

地质机械仪器产品买卖合同附表

地　质

本合同共＿＿＿页第＿＿＿页　签订日期＿＿＿＿年＿＿月＿＿日　出卖人合同编号＿＿＿＿号

序号	产品名称	规格、型号或图号	单位	数量	交货期				单价(元)	金额(元)	备注
					一季度	二季度	三季度	四季度			

GF—1999—0107

民用爆破器材买卖合同

（示范文本）

生产企业：　　执行年度：　年　签订地点：　　　合同编号：

签订时间：　年　月　日　调拨通知书编号：　字　号

产品名称：	规格型号	计量单位	数量	单价（元）	金额（元）	交（提）货时间及数量												
						数量合计（大写）	1月	2月	3月	4月	5月	6月	7月	8月	9月	10月	11月	12月

金额合计：　　　　　　　　金额合计（人民币大写）：

一、本合同按《中华人民共和国合同法》及国家有关民用爆破器材管理法规、规定执行。

二、质量标准、质量要求：

三、交（提）货地点、方式：

四、运输方式及到达站（港）和费用负担：

五、包装标准、包装物的供应与回收和费用负担：

六、验收标准、方法及提出异议的期限：

七、结算方式及期限：

八、违约责任：

九、解决合同争议方式：本合同在履行过程中发生争议，由当事人双方协商解决。协商不成，当事人双方同意由_____仲裁委员会仲裁（当事人双方未在本合同中约定仲裁机构，事后又未达成书面仲裁协议的，可向人民法院起诉）。

十、其他约定事项：

出卖人	买受人	民爆器材行业行政管理部门审核批准：
单位名称（章）：_____	单位名称（章）：_____	
单位地址：_____	单位地址：_____	
法定代表人：_____	法定代表人：_____	
委托代理人：_____	委托代理人：_____	（专用章）
电话：____传真：____	电话：____传真：____	年　月　日
开户银行：_____	开户银行：_____	鉴（公）证意见：
账　号：_____	账　号：_____	
邮政编码：_____	邮政编码：_____	鉴（公）证机关（章）：经办人：年　月　日
发货单位：_____	收货单位：_____	（注）：除国家另有规定外，鉴（公）证实行自愿原则。

监制部门：国家工商行政管理局　印制单位：国防科工委民用爆破器材行业管理办公室

GF—2000—0108

煤矿机电产品买卖合同

(示范文本)

买受人编号：   合同编号：

设备(配件)名称		计量单位		数量	要求交货期		合同价格(万元)	单价： 总价：	合同交货期	
主辅机型号规格：			买 受 人				出 卖 人			
		订货单位				供货单位				
		单项工程				通讯地址				
		通讯地址				邮政编码		委托代理人		
		邮政编码		委托代理人		电话		传真		
		电话		传真		开户银行				
		开户银行				账号				
		账号				质量标准：				
运输方式		验收方式		结算方式		质量保证期： 防爆检验合格证号： 验收方法及期限： 运杂费用承担： 包装费用承担：				
交(提)货地点		包装方式		到站	整车： 零担：					
违约责任						鉴(公)证意见：				
选择供货厂家		争议解决方式	本合同在履行过程中发生的争议，由双方当事人协商解决；协商不成的，按下列第 种方式解决：(一)提交仲裁委员会仲裁；(二)依法向人民法院起诉。				鉴(公)证机关(章) 经办人： 年 月 日			
其他约定事项										
承包单位(章)		此合同一式 份，出卖人 份，买受人 份，鉴(公)证机关 份。								

说明：本合同未尽事宜按《中华人民共和国合同法》有关规定执行。

合同签订地点：＿＿＿＿＿＿＿＿＿   合同签订时间＿＿＿＿年＿＿月＿＿日

监制部门：   印制单位：

GF—1999—0109

煤炭买卖合同

（示范文本）

出卖人：＿＿＿＿＿＿＿＿＿　　　　合同编号：
买受人：＿＿＿＿＿＿＿＿＿　　　　签订地点：
一、收货人名称、发到站、品种规格、质量、交（提）货时间、数量。

签订时间：　年　月　日

收货人名称	发 站	到 站	品种规格	质 量	交（提）货时间、数量（吨）												
					全年合计	一季度			二季度			三季度			四季度		
						1	2	3	4	5	6	7	8	9	10	11	12

（注：空格如不够用，可以另接）

二、交（提货方式）：＿＿＿＿＿＿＿＿＿＿＿＿＿＿＿＿
三、质量和数量验收标准及方法：＿＿＿＿＿＿＿＿＿＿
四、煤炭单价及执行期：＿＿＿＿＿＿＿＿＿＿＿＿＿
五、货款、运杂费结算方式及结算期限：＿＿＿＿＿＿＿
六、违约责任：＿＿＿＿＿＿＿＿＿＿＿＿＿＿＿＿＿
七、解决合同争议的方式：＿＿＿＿＿＿＿＿＿＿＿＿
八、其他约定事项：＿＿＿＿＿＿＿＿＿＿＿＿＿＿＿

出　卖　人		买　受　人		鉴（公）证意见：
出卖人名称(章)：	开户银行：	买受人名称(章)：	开户银行：	
住　所：	账　号：	住　所：	账　号：	鉴（公）证机关（章）
法定代表人：	纳税人登记号：	法定代表人：	纳税人登记号：	经办人：
委托代理人：	邮政编码：	委托代理人：	邮政编码：	年　月　日
电　话：		电　话：		（注）：除国家另有规定外，鉴（公）
电报挂号：		电报挂号：		证实行自愿原则。

第五节　建设物资采购供应合同参考文本

水 泥 购 销 合 同

甲方(购方)：_____

地　　　址：_____邮政编码：_____电话：_____

法定代表人：_____职　　务：_____

乙方(销方)：_____

地　　　址：_____邮政编码：_____电话：_____

法定代表人：_____职　　务：_____

经双方协定一致,签订水泥购销合同条款如下。

一、数量、计量单位、单价、金额。

品　名	规　格	单　位	数　量	单价(元)	金额(元)	备　注

价金总额(大写)　拾　万　仟　佰　拾　元　角　分　¥_____

二、质量标准:水泥标号执行国家规定标准。由乙方按批向甲方交送水泥出厂质量通知单。甲方凭单验质。

三、袋重合格率达到国家规范。

四、交货方式、地点和运杂费负担:甲方组织运输工具到乙方仓库提货,运费、上、下车费等均由甲方自理,乙方凭合同和甲方收货人出具的证明发货。若遇便车,乙方可以代运,其代运费用概由甲方负担。乙方垫付的款项,随同水泥价款一并结算。

五、甲乙双方必须按如下期限提(供)货

____年____月____日前提(供)____吨。其中:____吨,____吨。

____年____月____日前提(供)____吨。其中:____吨,____吨。

____年____月____日前提(供)____吨。其中:____吨,____吨。

____年____月____日前提(供)____吨。其中:____吨,____吨。

甲方逾期提(收)货的。乙方有权处理该货,并不免除甲方责任。

六、付款办法和期限

1. 甲方在_____年____月____日前付定金_____元。

2. 采取先汇款后结算方式:甲方按购水泥总金额分期先汇款。

____年____月____日前电汇____元；____年____月____日前电汇____元；

____年____月____日前电汇____元；____年____月____日前电汇____元。

3. 采取托收承付方式：按《中国人民银行结算办法》第八条第一、二、三、五、六、七、八项规定执行。乙方每月____日～____日凭实发水泥开具销售发票向甲方开户银行办理托收。

七、违约责任

甲方责任：

1. 中途退货或违约拒收的，偿付退（或拒收）货部分货款总值____％的违约金。逾期提货的，每天偿付逾期提货部分货款总值____％的违约金，并承担乙方实际支付的代管费用。

2. 逾期付款的。每天偿付逾期付款总额____％的违约金。

乙方责任：

1. 不能交货的，偿付不能交货部分货款总值 5％的违约金；逾期交货的，按逾期交货部分货款总值计算，每天偿付____％的违约金。

2. 所交水泥质量、规格不符合同规定，除自费负责处理外，还要赔偿实际经济损失。

八、本合同一式____份。经法定代表人签字后生效。有效期自_____年____月____日起至_____年____月____日止。

甲　　　方：_____

代 表 人：_____

开户银行：_____

账　　号：_____　　　　　_____年____月____日

乙　　　方：_____

代 表 人：_____

开户银行：_____

账　　号：_____　　　　　_____年____月____日

建 材 订 货 合 同

甲方(需方)：_____

地　　　址：_____　邮政编码：_____　电话：_____

法定代表人：_____　职　　务：_____

乙方(供方)：_____

地　　　址：_____　邮政编码：_____　电话：_____

法定代表人：_____　职　　务：_____

第一条　甲方向乙方订货总值为人民币_____元。其产品名称、规格、质量(技术指标)、单价、总价等如表所列

材料名称及花色	规格(毫米)及型号	质量标准或技术指标	计量单位	单价(元)	合计(元)

第二条　产品包装规格及费用_____

第三条　验收方法_____

第四条　货款及费用等付款及结算办法_____

第五条　交货规定

1. 交货方式:_____

2. 交货地点:_____

3. 交货日期:_____

4. 运输费:_____

第六条　经济责任

(一)乙方的责任

1. 产品花色、品种、规格、质量不符本合同规定时,甲方同意利用者,按质论价。不能利用的,乙方应负责保修、保退、保换。由于上述原因致延误交货时间,每逾期一日,乙方应按逾期交货部分货款总值的____%向甲方偿付逾期交货的违约金。

2. 乙方未按本合同规定的产品数量交货时,少交的部分,甲方如果需要,应照数补交。甲方如不需要,可以退货。由于退货所造成的损失,由乙方承担。如甲方需要而乙方不能交货,则乙方应付给甲方不能交货部分货款总值的 5% 的罚金。

3. 产品包装不符本合同规定时,乙方应负责返修或重新包装,并承担返修或重新包装的费用。如甲方要求不返修或不重新包装,乙方应按不符合同规定包装价值____%的罚金付给甲方。

4. 产品交货时间不符合同规定时,每延期一天,乙方应偿付甲方延期交货部分货款总值_____%的罚金。

(二)甲方的责任

1. 甲方如中途变更产品花色、品种、规格、质量或包装的规格,应偿付变更部分货款(或包装价值)总值____%的罚金。

2. 甲方如中途退货,应事先与乙方协商,乙方同意退货的,应由甲方偿付乙方退货部分货款总值____%的罚金。乙方不同意退货的,甲方仍须按合同规定

收货。

3. 甲方未按规定时间和要求向乙方交付技术资料、原材料或包装物时,除乙方得将交货日期顺延外,每顺延一日,甲方应付给乙方顺延交货产品总值____%的罚金。如甲方始终不能提出应提交的上述资料等,应视同中途退货处理。

4. 属甲方自提的材料,如甲方未按规定日期提货,每延期一天,应偿付乙方延期提货部分货款总额____%的罚金。

5. 甲方如未按规定日期向乙方付款,每延期一天,应按延期付款总额__%付给乙方,延期罚金。

6. 乙方送货或代运的产品,如甲方拒绝接货,甲方应承担因而造成的损失和运输费用及罚金。

第七条　产品价格如需调整,必须经双方协商,并报请物价部门批准后方能变更。在物价主管部门批准前,仍应按合同原订价格执行。如乙方因价格问题而影响交货,则每延期交货一天,乙方应按延期交货部分总值的____%作为罚金付给甲方。

第八条　甲、乙任何一方如要求全部或部分注销合同,必须提出充分理由,经双方协商,并报请上级主管部门备案。提出注销合同一方须向对方偿付注销合同部分总额____%的补偿金。

第九条　如因生产资料、生产设备、生产工艺或市场发生重大变化,乙方须变更产品品种、花色、规格、质量、包装时,应提前____天与甲方协商。

第十条　本合同所订一切条款,甲、乙任何一方不得擅自变更或修改。如一方单独变更、修改本合同,对方有权拒绝生产或收货,并要求单独变更、修改合同一方赔偿一切损失。

第十一条　甲、乙任何一方如确因不可抗力的原因,不能履行本合同时,应及时向对方通知不能履行或须延期履行、部分履行合同的理由。在取得对方主管机关证明后,本合同可以不履行或延期履行或部分履行,并免予承担违约责任。

第十二条　本合同在执行中如发生争议或纠纷,甲、乙双方应协商解决,解决不了时,按以下第（　）项处理:(1)申请仲裁机构仲裁;(2)向人民法院起诉。

第十三条　本合同自双方签章之日起生效,到乙方将全部订货送齐经甲方验收无误,并按本合同规定将货款结算以后作废。

第十四条　本合同在执行期间,如有未尽事宜,由甲乙双方协商,另订附则附于本合同之后,所有附则在法律上均与本合同有同等效力。

第十五条　本合同共一式__份,由甲、乙双方各执正本一份、副本__份,报双方主管部门各一份。

第十六条　本合同有效期自____年__月__日起至____年__月__日止。

订立合同人:

甲方：_____(盖章)

　　经办人：_____

　　负责人：_____

　　电　话：_____

　　开户银行账号：_____　　　　_____年___月___日

乙方：_____(盖章)

　　经办人：_____

　　负责人：_____

　　电　话：_____

　　开户银行账号：_____　　　　_____年___月___日

中外货物买卖合同(FOB 条款)

买　　　方：_____

地　　　址：_____邮政编码：_____电话：_____

法定代表人：_____职　　务：_____

卖　　　方：_____

地　　　址：_____邮政编码：_____电话：_____

法定代表人：_____职　　务：_____

买卖双方遵循平等、自愿、互利、互惠原则协商并达成如下协议，共同信守。

第一条　品名、规格、数量及单位

_____

_____

_____

_____

_____。

第二条　合同总值

第三条　原产国别及制造厂商

第四条　装运港

第五条　目的港

第六条　装运期

　　　　　分运：

　　　　　转运：

第七条　包装

所供货物必须由卖方妥善包装，适合远洋和长途陆路运输，防潮、防湿、防振、防锈、耐野蛮装卸。任何由于卖方包装不善而造成的损失由卖方负担。

第八条　唛头

卖方须用不褪色油漆于每件包装上印刷包装编号、尺码、净重、提吊位置及"此端向上"、"小心轻放"、"切勿受潮"等字样及下列唛头。

第九条　保险

装运后由买方投保。

第十条　付款条件

1. 买方在收到备货电传通知后及装运期前 30 天,开立以卖方为受益人的不可撤销信用证,其金额为合同总值的____%,计_____。_____行收到下列单证经核对无误后,承付信用证款项(如果分运,应按分运比例承付)。

a. 全套可议付已装船清洁海运提单,外加两套副本,注明"运费待收",空白抬头,空白,已通知到货口岸_____运输公司。

b. 商业发票一式五份,注明合同号,信用证号和唛头。

c. 装箱单一式四份,注明每包装物数量,毛重和净重。

d. 由制造厂家出具并由卖方签署的品质证明书一式三份。

e. 提供全套技术文件的确认书一式两份。

2. 卖方在装船后 10 天内,须挂号航空邮寄三套上述文件,一份寄买方,两份寄目的港_____运输公司。

3. _____银行收到合同中规定的,经双方签署的验收证明后,承付合同总值的____%,金额为_____。

4. 买方在付款时,有权按合同第十五、十八条规定扣除应由卖方支付的延期罚款金额。

5. 一切在中国境内的银行费用均由____方承担,一切在中国境外的银行费用均由____方承担。

第十一条　装运条款

1. 卖方必须在装运期前 45 天,用电报/电传向买方通知合同号、货物品名、数量、发票金额、件数、毛重、尺码及备货日期,以便买方安排订仓。

2. 如果货物任一包装达到或超过重____吨,长____米,宽____米,高____米,卖方应在装船前 50 天,向买方提供五份包装图纸,说明详细尺码和每件重量,以便买方安排运输。

3. 买方须在预计船抵达装运港日期前 10 天,通知卖方船名,预计装船日期,合同号和装运港船方代理,以便卖方安排装船。如果需要更改载装船只,提前或推后船期,买方或船方代理应及时通知卖方。如果货船未能在买方通知的抵达日期后 30 天内到达装运港,从第 31 天起,在装运港所发生的一切仓储和保险费由买方承担。

4. 船按期抵达装运港后,如果卖方未能备货待装,一切空仓费和滞期费由卖方承担。

　　5. 在货物越过船舷脱离吊钩前,一切风险及费用由卖方承担。在货物越过船舷脱离吊钩后,一切风险及费用由买方承担。

　　6. 卖方在货物全部装运完毕后 48 小时内,须以电报/电传通知买方合同号、货物品名、数量、毛重、发票金额、载货船名和启运日期。如果由于卖方未及时电告买方,以致货物未及时保险而发生的一切损失由卖方承担。

　　第十二条　技术文件

　　1. 下述全套英文本技术文件应随货物发运:

　　a. 基础设计图;

　　b. 接线说明书、电路图和气/液压连接图;

　　c. 易磨损件制造图纸和说明书;

　　d. 零备件目录;

　　e. 安装、操作和维修说明书。

　　2. 卖方应在签订合同后 60 天内,向买方或用户挂号航空邮寄本条第 1 款规定的技术文件,否则买方有权拒开信用证或拒付货款。

　　第十三条　保质条款

　　卖方保证货物系用上等的材料和一流工艺制成、崭新、未曾使用,并在各方面与合同规定的质量、规格和性能相一致,在货物正确安装、正常操作和维修情况下,卖方对合同货物的正常使用给予＿＿＿天的保证期,此保证期从货物到达＿＿＿＿起开始计算。

　　第十四条　检验条款

　　1. 卖方/制造厂必须在交货前全面、准确地检验货物的质量、规格和数量,签发质量证书,证明所交货物与合同中有关条款规定相符,但此证明书不作为货物的质量、规格、性能和数量的最后依据,卖方或制造厂商应将记载检验细节和结果的书面报告附在质量证明书内。

　　2. 在货物抵达目的港之后,买方须申请＿＿＿＿＿＿＿国商品检验局(以下称商检局)就货物质量、规格和数量进行初步检验并签发检验证明书,如果商检局的检验发现到货的质量、规格或数量与合同不符,除应由保险公司或船方负责者外,买方在货物到港＿＿＿天内有权拒收货物,向卖方提出索赔。

　　3. 如果发现货物质量和规格与合同规定不符,或货物在合同第十三条所规定的保证期内证明有缺陷,包括内在的缺陷或使用不良的原材料,买方将安排商检局检验,并有权依据商检证书向卖方索赔。

　　4. 如果由于某种不能预料的原因,在合同有效期内检验证书不及办妥,买方需电告卖方延长商检期限＿＿＿天。

　　第十五条　索赔

　　1. 卖方对货物不符合本合同规定负有责任且买方按照本合同第十三条和第

十四条规定,在检验和质量保证期内提出索赔时,卖方在征得买方同意后,可按下列方法之一种或几种理赔。

a. 同意买方退货,并将所退货物金额用合同规定的货币偿还买方,并承担买方因退货而蒙受的一切直接损失和费用,包括利息、银行费用、运费、保险费、检验费、仓储、码头装卸及监管保护所退货物的一切其他必要的费用。

b. 按照货物的质量低劣程度、损失程度和买方蒙受损失的金额将货物贬值。

c. 用符合合同规定、质量和性能的部件替换有瑕疵部件,并承担买方所蒙受的一切直接损失和费用,新替换部件的保质期须相应延长。

2. 卖方在收到买方索赔书后一个月之内不予答复,则视为卖方接受索赔。

第十六条　不可抗力

1. 签约双方中任何一方受不可抗力所阻无法履约,履约期限则应按不可抗力影响履约的期限相应延长。

2. 受阻方应在不可抗力发生或终止时尽快电告另一方,并在事故发生后 14 天内将有关当局出具的事故证明书挂号航空邮寄给另一方认可。

3. 如果不可抗力事故持续超过 120 天,另一方有权用挂号航空邮寄书面通知,通知受阻方终止合同,通知立即生效。

第十七条　仲裁

双方对执行合同时发生的一切争执均应通过友好协商解决,如果不能解决,按(　)项仲裁。

(1)提交中国国际经济贸易仲裁委员会,根据该会的仲裁程序进行仲裁。

(2)提交双方同意的第三国仲裁机构仲裁。

仲裁机构的裁决具有最终效力,双方必须遵照执行,仲裁费用由败诉方承担,除非仲裁机构另有裁定。

仲裁期间,双方须继续执行合同中除争议部分之外的其他条款。

第十八条　延期和罚款

如果卖方不能按合同规定及时交货,除因不可抗力者外,若卖方同意支付延期罚款,买方应同意延期交货。罚款通过在议付行付款时扣除,但罚款总额不超过延期货物总值的 5%,罚款率按每星期 0.5% 计算,少于 7 天者按 7 天计。如果卖方交货延期超过合同规定船期 10 个星期时,买方有权取消合同。尽管取消了合同,但卖方仍须立即向买方交付上述规定罚款。

第十九条　附加条款

_____。

_____。

_____。

_____。

_____。

本合同由双方于_____年____月____日在_____市用_____文签署。正本一式____份,买卖双方各执____份。本合同以下述第( )款方式生效。

1. 立即生效。

2. 合同签署后____天内,由双方确认生效。

买方:_____签名:_____

卖方:_____签名:_____

签署日期:_____年____月____日

中外货物买卖合同(CFR 或 CIF 条款)

买　　　　方:_____

地　　　　址:_____邮政编码:_____电话:_____

法定代表人:_____职　　务:_____

卖　　　　方:_____

地　　　　址:_____邮政编码:_____电话:_____

法定代表人:_____职　　务:_____

买方和卖方在平等、自愿、互惠、互利原则上,经充分协商签订本合同,双方同意按下述条款全面履行。

第一条　品名、规格、数量及单价

_____

_____

_____

_____

_____

第二条　合同总值

第三条　原产国别及制造厂商

第四条　装运港

第五条　目的港

第六条　装运期

　　　　　分运:

　　　　　转运:

第七条　包装

所供货物必须由卖方妥善包装,适合远洋及长途陆路运输,防潮、防湿、防振、防锈、耐野蛮装卸，以确保货物不致由上述原因受损，使之完好安全到达安装或建筑工地。任何由于包装不善所致任何损失均由卖方负担。

第八条　唛头

卖方必须用不褪色油漆于每一包装箱上印刷包装编号、尺码、毛重、净重、提吊位置、"此端向上"、"小心轻放"、"保持干燥"等字样及下列唛头。

第九条　保险

在 CIF 条款下：由卖方出资按 110% 发票金额投保。

在 CFR 条款下：装运后由买方投保。

第十条　付款条件

1. 买方在装运期前 30 天，通过＿＿＿＿＿＿＿银行开立由买方支付以卖方为受益人的不可撤销信用证，其金额为合同总值的＿＿＿%，计＿＿＿。该信用证在＿＿＿＿＿＿＿银行收到下列单证并核对无误后承付（在分运情况下，则按分运比例承付）。

a. 全套可议付已装船清洁海运提单，外加两份副本，注明"运费已付"、空白抬头、空白背书、已通知到货口岸＿＿＿＿＿＿＿运输公司。

b. 商业发票一式五份，注明合同号、信用证号和唛头。

c. 装箱单一式四份，注明每包装货物数量、毛重和净重。

d. 由制造厂家出具并由卖方签字的品质证明书一式三份。

e. 已交付全套技术文件的确认书一式两份。

f. 装运后即刻发给买方的已装运通知电报/电传附本一份。

g. 在 CIF 条款下。

2. 全套按发票金额 110% 投保＿＿＿＿＿＿＿的保险费。

3. 卖方在装运后 10 天内，需航空邮寄三套上述文件（f 除外）一份寄给买方，两份寄目的港＿＿＿＿＿＿＿运输公司。

4. 银行在收到合同中规定的、由双方签署的验收证明后，在天＿＿＿＿内，承付合同金额的百分之＿＿＿＿＿＿，金额为＿＿＿＿＿＿＿。

5. 按本合同第 15 条和 18 条，规定买方在付款时有权将应由卖方支付的延期货物罚款扣除。

6. 所有发生在买方国境内的银行费用应由＿＿＿＿方承担。所有发生在买方国境外的银行费用应由＿＿＿＿方承担。

第十一条　装运条件

1. 卖方必须在装运前 40 天向买方通知预订的船只及其运输路线，供买方确认。

2. 卖方必须在装运前 20 天通知买方预计发货时间、合同号、发票金额、发运件数及每件的重量和尺码。

3. 卖方必须在装船完毕后 48 小时内，以电报/电传方式向买方通知货物名称、数量、毛重、发票金额、船名和启运日期。

4. 如果任一单件货物的重量达到或超过____吨,长____米,宽____米,卖方须在装船期前 50 天向买方提供 5 份详细包装图纸,注明详细的尺码和重量,以便买方安排内陆运输。

5. 在 CFR 条款下:如果由于卖方未及时按 11 条第(3)款执行,以致买方未能将货物及时保险而造成的一切损失,由卖方承担。

第十二条　技术文件

1. 下述全套英文本技术文件一份必须随每批货物一同包装发运。

a. 基础设计图。

b. 接线说明书、电路图、气/液压连图。

c. 易磨损件的制造图纸和说明书。

d. 零配件目录。

e. 安装、操作和维修说明书。

2. 此外,在签订合同 60 天内,卖方必须向买方或最终用户挂号航空邮寄本条第 1 项中规定的技术文件。否则,买方有权拒开信用证或付货款。

第十三条　保质条款

卖方必须保证所供货物系用上等材料和一流工艺制造、崭新、未曾使用,并在各方面与合同规定的质量、规格和性能相一致,在货物正确安装、正常操作和维修情况下,卖方必须对合同货物的正常使用给予____天的保证期,此保证期从货物到达起开始计算。

第十四条　检验

1. 卖方/制造厂商必须在交货前全面、准确地检验货物的质量、规格和数量,签发质量证明书,证明所交货物与合同中有关条款规定相符,但此证明书不作为货物质量、规格、性能和数量的最后依据,卖方或制造厂商应将记载检验细节和结果的书面报告附在质量说明书内。

2. 在货物抵达目的地港之后,买方须申请____国商品检验局(以下称商检局)就货物质量、规格和数量进行初步检验,并签发检验证明书。如果发现到货的质量、规格和数量与合同不符,除应由保险公司或船方负责者外,买方在货物抵达目的港后____天内有权拒收货物,向卖方索赔。

3. 如果发现货物的质量和规格与合同规定不符或货物在本合同第 13 条所述保证期内被证明有缺陷,包括内在缺陷或使用不适当原材料,买方将安排商检局检验,并有权依据检验证书向卖方索赔。

4. 如果由于某种不能预料的原因在合同有效期内检验证书不及办妥,买方应电告卖方延长商检期____天。

第十五条　索赔

1. 若卖方所供货物与合同规定不符,且买方在本合同第 13 条、第 14 条规定的检验和质量保证期之内提出索赔时,卖方在征得买方同意后,须按下列之一种或几种索赔。

a. 同意买方退货,并将所退货物金额用合同规定的货币偿还买方,并承担因退货造成的一切直接损失和费用,包括:利息、银行费用、运费、保险费、检验费、仓储、码头装卸费以及监管保护所退货物的一切其他必要费用。

b. 按照货物质量低劣程度、损坏程度和买方蒙受损失金额将货物贬值。

c. 用符合合同规定的规格质量和性能的新部件替换有瑕疵部件,并承担买方所蒙受的一切直接损失及费用,新替换部件的保质期须相应延长。

2. 若卖方在收到买方上述索赔书后一个月之内未予答复,则视为卖方接受索赔。

第十六条　不可抗力

1. 如签约双方中任何一方受不可抗力所阻,无法履约,履约期限则按照不可抗力影响履约的时间作相应延长。

2. 受阻方应在不可抗力发生和终止时尽快电告另一方,并在事故发生后 14 天内将主管机构出具的事故证明书挂号航空邮寄给另一方认可。

3. 不可抗力事件持续超过 120 天,另一方有权用挂号航空寄书面通知,通知受阻一方终止合同,通知立即生效。

第十七条　仲裁

由于执行本合同而发生的一切争执,应通过友好协商解决,如果不能解决,按下述第(　)项仲裁:

1. 提交中国北京中国国际经济贸易仲裁委员会,按照其程序仲裁;

2. 提交双方同意的第三国仲裁机构仲裁。

仲裁机构的裁决具有最终效力,双方必须遵照执行。仲裁费用败诉一方承担,仲裁机构另有裁定者除外。

仲裁期间,双方应继续执行除争议部分之外的合同其他条款。

第十八条　延期和罚款

如卖方不能按合同规定及时交货,除因不可抗力事故之外,若卖方同意支付延期罚款,买方应同意延期交货,罚款通过议付行在付付时扣除,但是罚款额不得超过货物总值的 5%。罚金率按每星期 0.5% 计算。不足一星期者按一星期计。如果卖方交货延期超过合同规定船期 10 星期,买方有权撤销合同,尽管撤销了合同,卖方仍须向买方立即支付规定罚款。

第十九条　附加条款

本合同由双方于＿＿＿＿＿＿ 年 ＿＿＿ 月 ＿＿＿ 日在 ＿＿＿＿＿＿ 国 ＿＿＿＿＿＿ 市用＿＿＿＿＿＿文字签署,正本一式＿＿＿份,买卖双方各执＿＿＿份,合同以下述(　)款为生效方式:

1. 立即生效;

2. 合同签署后＿＿＿天内,由双方交换确认书后生效。

买方：_____
签名：_____
卖方：_____
签名：_____

签署日期：_____年____月____日

国际货物贸易合同

卖　　　方：_____
地　　　址：_____邮政编码：_____电话：_____
法定代表人：_____职　　务：_____
买　　　方：_____
地　　　址：_____邮政编码：_____电话：_____
法定代表人：_____职　　务：_____

经买卖双方友好协商一致同意成交下列商品，订立条款如下，共同遵守以下条款。

1. 商品：_____
2. 规格：_____
3. 数量：_____
4. 单价：_____
5. 总价：U. S. D(大写：)_____
6. 包装：_____
7. 装运期：_____收到信用证后____天。
8. 装运口岸和目的地：从_____经_____至_____。
9. 保险：_____
10. 付款条件：_____

(1)买方须于_____年____月____日前将保兑的、不可撤销的、可转让、可分割的即期信用证开到卖方。信用证议付有效期延至上列装运期后____天在_____到期。

(2)买方须于签约后即付定金____%。

11. 装船标记及交货条件：货运标记由卖方指定。

12. 注意：开立信用证时请注明合同编号号码。

卖方：_____

代表：＿＿＿＿＿＿＿＿＿＿

买方：＿＿＿＿＿＿＿＿＿＿
代表：＿＿＿＿＿＿＿＿＿＿

签订日期：＿＿＿＿＿年＿＿＿月＿＿＿日

国 际 商 业 合 同

买　　　　方：＿＿＿＿＿＿＿＿＿＿＿＿＿＿＿＿＿＿＿
地　　　　址：＿＿＿＿＿＿＿＿邮政编码：＿＿＿＿＿＿＿电话：＿＿＿＿＿＿＿＿
法定代表人：＿＿＿＿＿＿＿职　　务：＿＿＿＿＿＿＿国籍：＿＿＿＿＿＿＿
卖　　　　方：＿＿＿＿＿＿＿＿＿＿＿＿＿＿＿＿＿＿＿
地　　　　址：＿＿＿＿＿＿＿＿邮政编码：＿＿＿＿＿＿＿电话：＿＿＿＿＿＿＿＿
法定代表人：＿＿＿＿＿＿＿职　　务：＿＿＿＿＿＿＿国籍：＿＿＿＿＿＿＿

买卖双方在平等、互利的原则上，经协商达成本协议条款，以共同遵守，全面履行。

第一条　品名、规格、价格、数量。

单位：＿＿＿＿＿＿＿＿＿＿＿＿

数量：＿＿＿＿＿＿＿＿＿＿＿＿

单价：＿＿＿＿＿＿＿＿＿＿＿＿

总价：＿＿＿＿＿＿＿＿＿＿＿＿

总金额：＿＿＿＿＿＿＿＿＿＿＿

第二条　原产国别和生产厂。

第三条　包装。

1. 须用坚固的木箱或纸箱包装。以宜于长途海运/邮寄/空运及适应气候的变化。并具备良好的防潮抗震能力。

2. 由于包装不良而引起的货物损伤或由于防护措施不善而引起货物锈蚀，卖方应赔偿由此而造成的全部损失费用。

3. 包装箱内应附有完整的维修保养、操作使用说明书。

第四条　装运标记。

卖方应在每个货箱上用不褪色油漆标明箱号、毛重、净重、长、宽、高并书写"防潮"、"小心轻放"、"此面向上"等字样和装运：＿＿＿＿＿＿＿。

第五条　装运日期：＿＿＿＿＿＿＿＿

第六条　装运港口：＿＿＿＿＿＿＿

第七条　卸货港口：＿＿＿＿＿＿＿

第八条　保　　险:＿＿＿＿＿＿＿

装运后由买方投保。

第九条　支付条件。

按下列(　)项条件支付。

1. 采用信用证:买方收到卖方交货通知,应在交货日前 15～20 天,由＿＿＿＿＿银行开出以卖方为受益人的与装运全金额相同的不可撤销信用证。卖方须向开证行出具 100％发票金额即期汇票并附装运单据。开证行收到上述汇票和装运单据即予支付。信用证于装运日期后 15 天内有效。

2. 托收。

货物装运后,卖方出具即期汇票,连同装运单据,通过卖方所在地银行和买方＿＿＿＿＿＿银行交给买方进行托收。

3. 直接付款。

买方收到卖方装运单据后 7 天内,以电汇或航邮向卖方支付货款。

第十条　单据。

1. 海运:全套洁净海运提单,标明"运费付讫"/"运费预付",作成空白背书并加注目的港＿＿＿＿＿＿公司。

2. 空运:空运提单副本一份,标明"运费付讫"/"运费预付",寄交买方。

3. 航邮:航邮收据副本一份,寄交买方。

4. 发票一式五份,标明合同号和货运唛头,发票根据有关合同详细填写。

5. 由厂商出具的装箱清单一式两份。

6. 由厂商出具的质量和数量保证书。

7. 货物装运后立即用电报/信件通知买方。

此外,货发 10 天内,卖方将上述单据航空邮寄两份,一份直接寄买方,另一份直接寄目的港＿＿＿＿＿＿公司。

第十一条　装运。

1. FOB 条款。

a. 卖方于合同规定的装运日期前 30 天,用电报/信件将合同号、品名、数量、价值、箱号、毛重、装箱尺码和货抵装运港日期通知买方,以便买方租船订舱。

b. 卖方船运代理＿＿＿＿＿＿公司＿＿＿＿＿＿,(电报:＿＿＿＿＿＿),负责办理租船订舱事宜。

c. ＿＿＿＿＿＿租船公司或其港口代理(或班轮代理),预计船达装运港 10 天之前,即将船名、预计装货日期、合同号等通知卖方以便卖方安排装运,要求卖方与船方代理保持密切联系。当需要更换运载船舶及船舶提前、推迟抵达时,买方或船方代理应及时通知卖方。

若船在买方通知日后 30 天内尚未抵达,则第 30 天后仓储费和保险费由买方承担。

d. 若载运船舶如期抵达装运港,卖方因备货未妥而影响装船,则空舱费和滞期费均由卖方承担。

e. 货物越过船舷并从吊钩卸下之前,一切费用和风险由卖方承担;货物越过船舷并从吊钩卸下,一切费用和风险属买方。

2. CFR 条款。

a. 在装运期内,卖方负责将货物从装运港运至目的港。不允许转船。

b. 货物经航邮/空运时,卖方于本合同第 5 条规定的交货日前 30 天,以电报/信件把交货预定期、合同号、品名、发票金额等通知买方。货物交办发运,卖方即刻以电报/信件将合同号、品名、发票金额、交办日期通知买方,以便买方及时投保。

第十二条　装运通知。

货物业经全部装船,卖方应将合同号、品名、数量、发票金额、毛重、船名和起航日期等立即以电报/信件通知买方。若因卖方通知不及时使买方不能及时投保,卖方则承担全部损失。

第十三条　质量保证。

卖方保证:所供货物,系由最好的材料兼以高超工艺制成,商标为新的和未经使用的,其质量和规格符合本合同所作的说明。自货到目的港起 12 个月为质量保证期。

第十四条　索赔。

自货到目的港起 90 天内,经发现货物质量、规格、数量与合同规定不符者,除应由保险公司或船方承担的部分外,买方可凭_____出具的商检证书,有权要求更换或索赔。

货到目的港起 12 个月内,使用过程中由于材料质量低劣和工艺不佳而出现的损伤,买方立即以书面形式通知卖方并出具_____商检局开列的检验证书,提出索赔。商检验书乃索赔之依据。按买方索赔要求,卖方有责任立即排除货物之缺陷,全部或部分更换货物或根据缺陷情况将货物作降价处理。

第十五条　不可抗力。

在货物制造和装运过程中,由于发生不可抗力事故致使延期交货或不能交货,卖方概不负责。卖方于不可抗力事件发生后,即刻通知买方并在事发 14 天内,以航空邮件将事故发生所在地当局签发的证书寄交卖方以作证据,即使在此情况下,卖方仍有责任采取必要措施促使尽快交货。

不可抗力事故发生后超过 10 个星期而合同尚未履行完毕,买方有权撤销合同。

第十六条　违约责任。

除本合同 15 条所述不可抗力原因,卖方若不能按合同规定如期交货,按照卖方确认的罚金支付,买方可同意延期交货,付款银行相应减少议定的支付金额,但罚款不得超过迟交货物总额的 5%,卖方若逾期 10 个星期仍不能交货,买方有权撤销合同,尽管合同已撤销,但卖方仍应如期支付上述罚金。

第十七条 仲裁。

涉及本合同或因执行本合同而发生的一切争执,应通过友好协商解决。如果协商不能解决,按（ ）项解决。

1. 提交＿＿＿方所在国仲裁机构根据该机构的仲裁法则和程序进行仲裁,仲裁裁决是终局裁决,对双方都有约束力,仲裁费用由败诉方承担。

2. 在双方均能接受的第三国进行仲裁。

第十八条 附加条款。

本合同正本一式两份,经双方签字生效,具有同等效力。

卖方：＿＿＿＿＿＿＿

代表：＿＿＿＿＿＿＿

买方：＿＿＿＿＿＿＿

代表：＿＿＿＿＿＿＿

签署日期：＿＿＿＿年＿＿月＿＿日

国际货物买卖合同

买　　　方：＿＿＿＿＿＿＿＿＿＿＿＿＿＿＿

地　　　址：＿＿＿＿＿＿邮政编码：＿＿＿＿电话：＿＿＿＿

法定代表人：＿＿＿＿＿＿职　　务：＿＿＿＿国籍：＿＿＿＿

卖　　　方：＿＿＿＿＿＿＿

地　　　址：＿＿＿＿＿＿邮政编码：＿＿＿＿电话：＿＿＿＿

法定代表人：＿＿＿＿＿＿职　　务：＿＿＿＿国籍：＿＿＿＿

经买卖双方在平等、互利原则上协商一致,达成本协议各条款,共同履行。

第一条 货物名称：＿＿＿＿＿＿

第二条 产　　地：＿＿＿＿＿＿

第三条 数　　量：＿＿＿＿＿＿

第四条 商　　标：＿＿＿＿＿＿

第五条 价　　格：＿＿＿＿＿＿FOB＿＿＿＿＿＿

第六条 包　　装：＿＿＿＿＿＿

第七条 付款条件：签订合同后买方于 7 个银行日内开出以卖方为受益人的、经确认的、不可撤销的、可分割、可转让的、不得分批装运的、无追索权的信用证。

第八条 装船：从卖方收到买方信用证日期算起,45 天内予以装船,若发生买方所订船舶未按时到达装货,按本合同规定,卖方有权向买方索赔损毁/耽搁费,按总金额＿＿＿％计算为限。因此,买方需向卖方提供银行保证。

第九条 保证金：卖方收到买方信用证的 14 个银行日内,向买方寄出＿＿＿％

的保证金或银行保函。若卖方不执行本合同,其保证金买方予以没收。

第十条　应附的单据:卖方向买方提供。

1. 全套清洁提货单;

2. 一式四份经签字的商业发票;

3. 原产地证明书;

4. 装箱单;

5. 为出口_____所需的其他主要单据。

第十一条　装船通知:卖方在规定的装货时间至少 14 天前用电报方式将装船条件告知买方,买方或其代理人将装货船估计到达装货港的时间告知卖方。

第十二条　其他条款:质量、数量和重量的检验可于装货港一次进行,若要求提供所需的其他证件,其办理手续费、领事签证费应由买方负担。

第十三条　装船时间。

第十四条　装货效率:每一个晴天工作日,除星期日、节假日外,每舱口进货为_____立方(吨)。

第十五条　延期费/慢装卸罚款:对于_____载重吨船来说,每天_____ U. S. D. 。

第十六条　不可抗力:签约双方的任何一方由于台风、地震和双方同意的不可抗力事故而影响合同执行时,则延迟合同的期限应相当于事故所影响的时间。

第十七条　合同争议的解决。

第十八条　本合同于_____年____月____日在_____市用_____文签署,正本一式两份,买卖双方各执一份,买卖双方签字生效。

买方:_____　　　　　　卖方:_____

代表:_____　　　　　　代表:_____

日期:_____　　　　　　日期:_____

签约日期:_____年____月____日

国 际 售 购 合 同

甲　　　　方:_____

地　　　　址:_____邮政编码:_____电话:_____

法定代表人:_____职　　务:_____国籍:_____

乙　　　　方:_____

地　　　　址:_____邮政编码:_____电话:_____

法定代表人:_____职　　务:_____国籍:_____

_____（以下简称买方）为一方，与_____（以下简称卖方），根据下列条款买方同意购买，卖方同意出售下列货物，于____年__月__日签订本合同如下。

第一条　货物名称及规格：_____

第二条　质量和数量的保证：_____

卖方保证商品系全新的且符合合同规定的规格和质量的各项指标，质量保证有效期为货物到目的港后的 12 个月。

第三条　单位：_____　数量：_____

第四条　生产国别和制造厂商：_____

第五条　包装：_____

第六条　单价：_____　总值：_____

第七条　付款条件。

1. 离岸价条款。

a. 按合同规定卖方应在装运之前 30 天用电报（或函件）通知买方合同号码、品名、数量、价值、箱号、毛重、尺寸及何时可在发运港口交货，以便买方订舱。

b. 若货物系由邮寄（或空运），卖方应在发运前 30 天，按照第 8 条规定，用电报（或信件）通知买方大约的发货期、合同号码、货物名称、价格等。卖方在发货后应立即用函电将合同号码、货物名称、价格及发货日期通知买方，以便于买方及时购买保险。

第八条　装运口岸：_____

装运通知：卖方在装货结束后应立即用函电将合同号码、货物名称、数量、发票价格、毛重、船名和船期通知买方。由于卖方未能及时通知造成买方不能及时买保险，则一切损失均由卖方负责。

第九条　装运条件。

1. 海运：全套洁净已装船提单，作成空白抬头，由发货人空白背书注明"运费到付"/"运费付讫"并通知目的港的_____公司。

2. 航空邮包：_____提供一份空运单，注明"运费到付"/"运费已付"，交付买方。

寄一份航空邮包收据给买方。

3. 发票 5 份，注明合同号码和装运唛头（若超过一个装运唛头，发票应分开，细节应根据合同办理）。

4. 由制造厂开出一式两份的装箱单。

5. 由制造厂开出的数量和质量证书一份。

6. 在装运之后，立即通过电报/或信件将有关装运之细节通知买方。此外，卖方在装船后的 10 天内，要用空邮另寄两份所有上述文件，一份直接寄给收货人，另一份直接寄给目的口岸_____公司。

第十条　目的港及收货人：_____。

第十一条　装运期限：收到不可撤销信用证____天。

第十二条　装运唛头。

卖方应在每个箱上清楚地刷上箱号、毛重、净重、体积及"防潮"、"小心搬动"、"此边朝上"及装运唛头等字样。

第十三条　保险。

□装运后由买方自理。

□由卖方投保_____。

第十四条　交货条件：_____。

第十五条　索赔。

在货物到达目的口岸之后的 90 天内，若发现商品的质量、规格或数量不符合合同之规定，则买方凭_____检验局颁发的检验证书有权提出更换质量合格的新商品或要求赔偿，且所有的费用（如检验费、保险费及装卸货费等）均由卖方负担。但所提的索赔属于保险公司或承运方的责任，则卖方不负责任。货到目的口岸之后的 12 个月内，在使用过程中若由于质劣而出现损坏，买方应通过书面立即通知卖方并凭_____检验局所颁发之检验证书为依据，提出索赔要求。根据买方的要求，卖方应负责立即排除缺陷，必要时，买方可自行排除缺陷，费用由卖方负责，若卖方收到上述要求之后 1 个月内未能答复买方，则便视为卖方已接受要求。

第十六条　不可抗力。

本合同内所述的全部商品，在制造和装运过程中，如因人力不可抗拒的原因，拖延装运或无法交货，则卖方概不负责。卖方应将上述的事故立刻通知买方，且在其后的 14 天内航空邮寄一份由政府签发的事故证书给买方，作为证据。卖方仍应负责采取必要的措施加速交货，若事故持续超过 10 个星期，则买方有权取消合同。

第十七条　延迟交货和罚款。

本合同内所述的全部或部分商品，若卖方不能按时交货或延迟交货，且卖方同意罚款，则买方应同意其延迟交货，但本合同第 16 条规定的由于人力不可抗拒的原因而造成延迟交货则不罚款，所罚的款项经协商可由付款银行从付款中扣除。罚款不应超过延迟交货的货物总值之 5%，罚款率每 7 天为 0.5%，不足 7 天的天数按 7 天算。若卖方超过本合同规定的装运时间 10 个星期仍然不能交货，则买方有权取消本合同。尽管合同已取消，卖方仍然应毫不延迟地支付上述罚款给买方。

第十八条　仲裁。

凡因执行本协议所发生的一切争执，双方应友好协商解决，如果协商不能获得解决，则提交_____仲裁委员会，根据该会的仲裁程序进行仲裁。仲裁裁决是终局的，对双方都有约束力，仲裁费用由败诉方负担。

本合同由双方签署后生效,中英文正本各两份,双方各持一份为据,两份具有同等的效力。

买方:_____   卖方:_____

代表签字:_____   代表签字:_____

_____年____月___日   _____年____月____日

货物赊欠买卖合同

出卖人:_____(以下简称甲方),买受人:_____(以下简称乙方),兹为_____货物欠款买卖,经双方缔结合同如下。

第一条　甲方愿将_____货_____件卖与乙方,约定_____年____月__日交付清楚。

第二条　货价议定每件人民币_____元整(或依照交货日交货地的市价为标准)。

第三条　乙方应自交货日起算_____日内支付货价与甲方清楚,不得有拖延短欠等情形。

第四条　甲方如届交货期不能交货,或仅能交付一部分时,于_____日前通知乙方延缓日期,乙方不允者可解除买卖合同,但须接到通知日起算_____日内答复逾期即视为承认延期。

第五条　甲方如届期不交货又未经依前条约定通知乙方时,乙方可限相当日期催交货,倘逾期仍不交付,乙方可解除合同。

第六条　如因天灾地变,或其他不可抗力事由,致甲方不能照期交货或一部分货品未能交清的,可以延缓至不能交货原因消除后_____日内交付。

第七条　乙方交款之期以甲方交货之期为标准。

第八条　乙方逾交款日期不为交款的,甲方可以定相当期限催告交款,并请求自约定交款日期起算至交款日止,按每百元日折计算迟延利息。

第九条　甲方所交付的货品,如有不合规格或品质恶劣或数量短少时,甲方应负补充或交换或减少价金的义务。

第十条　乙方发现货品有瑕疵时,应即通知甲方并限期请求甲方履行前条的义务,倘甲方不履行义务时,乙方除可解除合同外并可请求损害赔偿,甲方无异议。

本合同一式两份,甲、乙双方各执一份为凭。

出卖人(甲方):

买受人(乙方):

_____年____月___日

分期付款买卖合同

出卖人：_____（以下简称甲方）

买受人：_____（以下简称乙方）

今甲方（出卖人兼所有人）与乙方（买受人兼使用人）就产品分期买卖事宜，达成以下协议。

第一条　本合同的标的物为_____，分期付款总额定为人民币_____元整。乙方可以依照下列规定支付款项予甲方。

(1)前款_____元。

(2)余款_____元。

(3)月息_____元。

第二条　乙方预付_____元予甲方，余款自_____年_____月_____日至_____年_____月_____日止。每月_____日前各支付_____元。

第三条　乙方可以就上述提供担保，于本合同成立时，以前条所载的金额与日期，开出支票_____张交付甲方。

上述支票的保管处理权限属甲方，每次交付支票，即视为乙方偿还货款。

第四条　甲方于本合同订立的同时，将_____产品交予乙方，并同意乙方对该产品的使用。

第五条　乙方若能支付第二条分期付款金额、及其他应付的各项费用，须自支付日始以日息_____分支付甲方作为延迟损失金。

第六条　乙方须以正当的方式使用_____产品，若有违反，甲方可立即解除本合同。

第七条　乙方连续两次未支付价款，并且未支付到期价款的金额达到全部价款的五分之一的，甲方可以请求乙方支付到期以及未到期的全部价款或者解除合同。甲方解除合同的，可以向乙方请求支付该标的物的使用费。

出卖人(甲方)：

买受人(乙方)：

_____年____月____日

分期付款买卖机器合同

出卖人：_____（以下简称甲方）

买受人：_____（以下简称乙方）

保证人：_____（以下简称丙方）

上列甲乙双方就机器的买卖事宜,订立合同如下。

第一条　甲方向乙方保证,根据本合同的各项条款,将机器售予乙方,乙方买受。

第二条　买卖价款与付款条件规定如下。

(1)总金额人民币_____元整。

(2)付款方式。

①于本合同成立时,即付预付款_____元。

②余款_____元,在交货试机完成后,分二十期平均摊付。

③分期付款的交付日期,以订金付日该月的翌月开始,每月二十日之前截止。

④为支付上述分期付款,乙方应与丙方以共同汇出的名义,汇出支票二十张付予甲方。支付日期订于机器交付之时。

第三条　交货的时间与方法规定如下。

(1)交货时间　____月____日前。

(2)交货地点　约定于乙方的_____工厂,应安装妥后,先行试机。

(3)交货方法　于试机完成后,甲方应将机器交付予乙方,乙方则须依第二条第(2)项第④款的约定,将二十张分期付款的支票支付予甲方。

第四条　机器的所有权暂由甲方保留,待乙方付清第二条的全部货款时,再将所有权移转予乙方。

第五条　机器交货之后,若因不可抗力的因素,而致机器毁损、遗失时,一切责任归由乙方负担。

第六条　丙方与乙方须连带对甲方保证,对本合同必须负担的一切债务(除货款债务外,包括毁损、赔偿债务)并负完全支付的责任。

第七条　乙方或丙方若发生下列事项,则与本合同有关的债务毋须通知催告,即自动消失,分期付款的利益,所有余款皆必须一次付清。

(1)乙方或丙方的支票无法兑现,或停止付款时。

(2)乙方或丙方因滞纳税款,或有破产、和解及其他类似判决上的情形的。

(3)就机器发生被依法扣押或先予执行等情形的。

(4)机器因乙的故意或重大过失,以致毁损、灭失的。

(5)乙方从未支付第二条的分期付款时。

(6)其他违反本合同的事项。

第八条　乙方应根据正确用法使用机器,并由优秀的管理人员负责保管。

第九条　乙方发生第七条情形的,即失去使用机器的权利,且该机器必须归还甲方。

第十条　若发生第九条的情形,甲方可对撤回的机器作适度的评估,并据货款与评估之间的差额作为损害赔偿金,联同已收取的货款,抵消债务,如有余额则退还乙方。

第十一条　甲方需保证机器的性能完全与说明书(如附文)相符,且交货后一年内自然发生的故障,甲方亦需负责修理。

第十二条　机器交货后经三个月的,除前条规定的情形外,甲方不负保证所有瑕疵的责任。即使交付后三个月内,亦只容许交换机器,因机器故障而发生的损害,甲方不负其责。

第十三条　有关本合同乙方的债务,期满后的赔偿金订为日息四分。

第十四条　对于机器,乙方需为甲方办理由总货款扣除预付款的余额作为投保火险的金额,并为保险金请求权设置质权的手续,其费用由乙方负担。

第十五条　甲乙双方于＿＿＿＿＿年＿＿＿月＿＿＿日前至公证处办理公证事宜,认同本合同各条款金钱债务及机器给付义务并载明应该受强制执行。

本合同一式两份,甲、乙双方各执一份为凭。

出卖人(甲方):

买受人(乙方):

保证人(丙方):

＿＿＿＿＿＿年＿＿＿月＿＿＿日

第九章　建设工程物资租赁合同管理

第一节　物资租赁合同概述

一、租赁合同的概念

所谓租赁合同,是指出租人将租赁物交付承租人使用、收益,承租人支付租金的合同。交付租赁物的一方为出租人,接受租赁物的一方为承租人。

租赁合同作为人们生产和生活中使用较为普遍的一种合同得到了各国民事立法的认可。该类合同具有较高的社会经济价值,它不但给其中的一方当事人提供了买卖合同,获取标的物的使用和收益的机会,而且还给另一方当事人提供了融通资金、盘活资产的可能,使承租人和出租人双方的利益通过买卖即可得到满足,实现物尽其用。随着社会主义市场经济的进一步发展,租赁合同将日益发挥其重要的作用。

二、租赁合同的法律特征

1. 租赁合同为双务有偿合同,为诺成性合同

租赁合同的双方当事人既负有一定的义务,也享有一定的权利,其中出租人负担交付租赁物供承租人使用收益的义务,承租人负担交付租金的义务,双方当事人的权利义务具有对应性和对价性,所以租赁合同为双务有偿合同。合同法上,关于双务和有偿合同的规定,如风险负担的规定、同时履行的规定、出租人瑕疵担保责任的规定等,对于租赁合同都有适用余地。租赁合同自双方当事人达成协议时成立,其成立无须进行实际的履行行为,故为诺成性合同。因此,租赁合同与使用供贷合同存在明显区别,使用供贷合同尽管也转移标的物的使用权,但其为无偿、单务合同。另外使用供贷合同的成立,以出供人实际交付标的物于供用人为要件,故为实践合同。

2. 租赁合同是转移财产使用收益权利的合同

租赁合同是以承租人一方取得承租物的使用收益为目的的,因而租赁合同仅转移标的物的使用收益权,不转移物的所有权。这是租赁合同区别于买卖合同等转移财产所有权合同的基本特征。

由于租赁合同转移的权是对标的物的使用收益的权利,因而承租人并不享有对物的处分权,承租人的债权不能以租赁物清偿承租人的债务,在承租人破产时租赁物也不能列入破产财产,出租人有收回权。这是租赁合同区别于消费借款合同的重要一点。因为承租人在取得了特定物的使用收益的权利后,出租人即无从对物进行使用收益,所以租赁合同的标的物仅为有体物。对无体物使用权的取得

不适用租赁合同。

租赁合同既以物的使用收益为目的,出租人就负有将租赁物交付承租人使用的义务。因此租赁合同的出租人应为租赁物的所有人或使用权人。但出租人是否为租赁物的所有人或使用权人,不影响租赁合同的效力。以他人之物出租的,租赁合同仍为有效,不过出租人负有将租赁物交付承租人使用的义务。如出租人不能将标的物交付承租人使用,应承担债务不履行的责任;如出租人将标的物交付承租人使用,则承租人仍应交付租金,而不得以租赁物非为出租人所有而对抗。也就是说,承租人不得以出租人不享有租赁物的所有权或使用权为由而拒绝支付租金。出租人以他人之物出租的,对标的物的所有人构成侵权或不当得利的,应向标的物的所有人或合法使用人负侵权的民事责任或返还不当得利的责任。出租物的所有人或合法使用人请求承租人返还标的物的,因承租人与其并无租赁关系,所以承租人不得拒绝,承租人因此而受到的损失也只能请求出租人赔偿。当然,承租人对租赁物的所有人或使用权人也不负交付租金的义务或侵权的民事责任。但若承租人明知租赁物非为出租人所有,仍与出租人订立租赁合同,以故意侵害标的物所有人或使用权人利益的,则与出租人构成共同侵权行为,应共同向标的物的所有人或使用权人承担共同侵权的民事责任。但出租人以法律禁止租赁的财产出租的,租赁合同为无效。

3. 租赁合同是承租人须交付租金的合同

租赁合同是承租人取得标的物的使用收益,以支付租金为代价的合同。当事人一方取得标的物的使用权是否须交付租金,为租赁合同与其他类似合同的根本区别。如借用合同也是以取得标的物的使用权为目的,但借用人一方对标的物的使用无须给付代价。若使用标的物的一方须给付代价,则当事人双方之间的关系即为租赁而非供用。所以,租金是租赁合同的必要条款。租赁合同中若无租金条款,租赁合同不能成立。此种情况下,可能成立供用合同(民间使用供贷合同)。

租金为承租人使用租赁物的代价,一般以现金的方式计算,也可以是实物。但以法律禁止流通的物为租金的,应为无效。此时的无效应为租金条款的无效,承租人得以其他物或金钱代之。出租人不得请求承租人交付约定的"物",并非指承租人不负交付租金的义务,也不是指租赁合同全部无效。

4. 租赁合同具有临时性

租赁合同是出租人将其财产的使用收益临时转让给承租人,因此,租赁合同具有临时性的特征,不适用于财产的永久性使用。许多国家的法律都规定了租赁合同的最长期限。如《日本民法典》第604条规定:"租赁的存续期间不得超过20年。长于20年的租赁者,其期间缩短为20年"。我国学者一般也认为租期应有所限制,因为租赁让渡的是租赁物的使用和收益,使用完毕后承租人须返还原物。而物的使用价值是有一定期限的。如果当事人之间约定的租赁期过长,既与临时让渡物的使用收益的目的不符,也容易就物的返还状态发生争议,甚至使物的使用价值丧失殆尽。

我国《合同法》也确认了租赁合同的临时性,该法第 214 条规定:"租赁期限不得超过 20 年。超过 20 年的,超过部分无效。""租赁期间届满,当事人可以续订租赁合同,但约定的租赁期限自续订之日起不得超过 20 年。"

5. 租赁合同终止后承租人须返还原物

承租人为了使用收益的需要对租赁物有权占有,但无权处分。这是因为承租人须返还原物,而不能以其他物代原物返还,所以,如上所述,租赁的标的物一般只能是特定的非消耗物。以消耗物为标的,则必须是不能用于消费使用。租赁合同的这一特征也是与消费供贷合同的主要区别。

三、租赁合同的种类

我国《合同法》中的租赁合同不同于融资租赁合同。租赁合同所讲的租赁是指传统租赁,即出租人让渡物的使用权而收取租金的租赁。租赁合同根据不同的标准,可以划分为以下 3 种。

1. 动产租赁合同和不动产租赁合同

这是依据租赁物的性质不同来划分的。动产租赁合同是指以动产为租赁标的物的租赁合同。不动产租赁合同则是指以不动产为租赁标的物的租赁合同,通常包括房屋租赁合同。以土地使用权为租赁标的物的,也可视为不动产租赁合同。对于不动产租赁合同法律有特别的要求,例如登记;对于动产租赁合同法律一般无特别的规定。

2. 定期租赁合同和不定期租赁合同

这是根据租赁合同是否有期限来划分的。定期租赁合同是指当事人双方约定有租期的租赁合同。定期租赁合同的期限即为合同的有效期限。我国《合同法》对租赁合同的有效期限作了限定。如果当事人约定的期限超过 20 年,则超过部分的约定无效。不定期的租赁合同是指当事人双方未约定期限或者约定不明确的租赁合同。在不定期租赁合同关系中,除法律另有规定的以外,当事人的任何一方可随时解除合同,但出租人解除合同应当在合理期限之前通知承租人。

3. 一般租赁合同和特别租赁合同

这是依据法律对租赁合同有无特别规定而划分的。一般租赁合同是指法律没有特别规定的租赁合同。特别租赁合同是指法律有特别规定的租赁合同。如船舶租赁合同、航空租赁合同分别在海商法、航空法上有特别规定。房屋租赁合同则在城市房地产管理法和合同法上有特别规定。

四、租赁合同的形式

根据《合同法》第 215 条规定:"租赁合同期限 6 个月以上的,应当采用书面形式。当事人未采用书面形式的,视为不定期租赁"。这说明了租赁合同的形式既可以是口头的,也可以是书面的。但对于租期超过 6 个月的,则应当采用书面形式。书面形式是合同成立的有力证据,可以避免或减少合同双方当事人发生纠纷。当事人对租赁期限有争议的,法律上不承认其他方式的证明效力。当事人未采用书面形式订立合同的,视为不定期租赁。但租赁合同是否采用书面形式,并不影响合同的成立和效力。

五、租赁合同的内容

1. 租赁合同的主要条款

租赁合同的主要条款是指合同当事人经过协商一致所达成协议的主要内容。根据《合同法》第 213 条的规定,租赁合同一般包括以下主要条款:

(1)租赁合同的当事人。在租赁合同中,其双方当事人包括出租人和承租人。出租人是提供租赁物,并收取租金的一方当事人,一般为租赁物的所有权人、使用权人。承租人是指交付租金,取得租赁物占有、使用权的另一方当事人。

(2)租赁物的名称。租赁物是租赁合同的标的物,它是出租人于合同生效后应交付给承租人使用、收益的物。租赁物一般为不可代替的非消耗物,应具有合法性。法律禁止流通或限制流通的物不能成为租赁合同的标的物,否则合同无效。一般地说,合同中租赁物的名称要明确、具体,避免发生歧义或产生误解而导致合同无法履行,甚至无效。

(3)租赁物的数量和质量。数量和质量是衡量租赁标的物的尺度,它必须按国家法定计量单位计量,符合我国法律的有关规定。对数量和质量不仅要填写准确,而且还应规定合理的磨损和消耗标准,以便返还原物时有据可依。

(4)租赁物的用途。合同中应明确租赁物的用途,以便承租人依照租赁物的性能和使用范围合理地加以使用,避免使用不当致使租赁物受到损失。这对于双方当事人正确履行合同,明确双方义务有着重要的意义。

(5)租赁期限。租赁期限即租期,是合同中约定出租人与承租人权利和义务开始与终止的界限。一般情况下,租赁合同应明确租赁期限。《合同法》第 214 条规定:"租赁期限不得超过 20 年。超过 20 年,超过部分无效。租赁期间届满,当事人可以续订租赁合同,但约定的租赁期限自续订之日起不得超过二十年"。《合同法》第 232 条规定:"如果当事人在合同中对租赁期限没有约定或者约定不明确的,依照本法第 61 条的规定仍不能确定的,视为不定期租赁。当事人可以随时解除合同,但出租人解除合同时应当在合理期限之前通知承租人。"

(6)租金及其支付期限和方式。租金是承租人使用租赁物而向出租人支付的报酬,它体现了租赁合同的有偿性。在我国,租金通常以人民币支付,双方当事人也可以在合同中约定以实物支付。租金支付期限是承租人履行支付租金义务的时间界限。租金支付方式是指承租人履行合同约定支付租金的具体方法,如一次付清,或按月、按年支付等等。

(7)租赁物的维修。《合同法》第 220 条规定:"出租人应当履行租赁物的维修义务,但当事人另有约定的除外。"之所以规定一般由出租人负有维修保养责任,这是因为出租人应对租赁物享有所有权,有义务保证租赁物随时处于良好的状态。在租赁物不合约定的使用收益状态时,出租人应对租赁物加以修理,以使承租人得以按照约定正确使用收益,对于出租人保持租赁物的良好使用状态所实施的修理行为,承租人不得拒绝。由于租赁物由承租人占有、使用,出于维修保养方便,《合同法》第 7 条规定了当事人双方也可以约定租赁物的维修责任与费用承担。当合同双方当事人没有约定或约定不明确的,则应由出租人承担维修义务。

(8)其他条款。除上述条款以外,租赁合同的双方当事人还可根据合同的性质在合同中约定其他条款,如约定违约责任、解决争议的方式等内容。

2. 租赁合同的期限

租赁合同的期限,各国法律一般不设最短期限限制,但一般却都设有最长期限的规定。如《德国民法典》第 567 条第 1 项规定:"租赁合同的期限愈 30 年者,在经 30 年后,当事人的任何一方,均得在遵照法定期限的情形下,为预告终止契约的通知。"《意大利民法典》第 1573 条规定:"除法律不同规定外,租赁不得约定超过 30 年。如果约定期间超 30 年或者是永久的,则将被减至 30 年。"《日本民法典》第 604 条规定:"租赁的存续期间不得超过 20 年。长于 20 年的租赁者,其期间缩短为 20 年。"前苏联民法典规定,按照一般规则,财产租赁合同的最长期限为 10 年。但是,一个社会主义组织向另一个社会主义组织租赁建筑物和非居住房屋不得超过 5 年,租赁设备和其他财产,不得超过 1 年。我国合同法将租赁合同的最长期限规定为 20 年。但也有例外,《瑞士债务法》就未设最长期限的限制,而是认可在有重大事由时得依预告终止契约。租之所以应有所限制是因为租赁合同中让渡的是标的物的使用和收益权,于租期届满时承租人须返还原物。物的使用价值是有一定期限的。如果当事人之间约定的租赁期过长,既与临时让渡物的使用和收益的初衷不符,也容易就物的返还状态产生纠纷。正是基于以上考虑,各国法大多都调用最长期限限制。

就租赁合同,法律规定有最长期限的,当事人约定租赁合同的租赁期限不能超过法定的最长期限。否则超过的期限应为无效,租赁期应缩短为法定的最长期限。这正如我国合同法所规定的:"当事人约定的租赁期限不得超过 20 年。超过 20 年的,超过部分无效。"但是,"租赁期间届满,当事人可以续订租赁合同……"应注意的是,所谓续订并非指另行订立一租赁合同,而是指在原租赁合同与其他内容不变的情形下,延长合同的期限。故续订又被称为租赁合同期限的更新,它不同于一般合同中履行期限的变更。在为租赁期限更新的前后,尽管维持着租赁的同一性,但却相当于两个租赁合同。如果在当事人约定的租赁期限内,当事人协议更改租赁期限,则属于合同的变更而不属于合同更新。租赁合同更新只能发生于租赁期限届满时,并且更新时延长租赁期限续订合同。但应注意的是,我国合同法规定,租赁合同期限的更新,当事人约定的租赁期限"自续订之日起不得超过 20 年。"

实践中,租赁双方当事人更新期限续订合同有两种方式:即约定更新和法定更新。约定更新又称为明示更新，是指当事人于租赁合同期限届满后另订一合同，约定延长租赁期限。此时另订的租赁合同的期限，如前所述，同样要受最高期限的限制。法定更新又称默示更新，是指于租赁期限届满后，当事人的行为表明其租赁关系继续存在。对此我国合同法设有明文认可："租赁期间届满，承租人继续使用租赁物，出租人没有提出异议的，原租赁合同继续有效，但租赁期限为不定期。"

3. 租赁合同中的风险负担

我国《合同法》第 231 条规定："因不可归责于承租人的事由，致使租赁物部分或者全部毁损、灭失的，承租人可以请求减少租金或者不支付租金"；"因租赁物部分或者全部毁损、灭失，致使不能实现合同目的的，承租人可以解除合同。"该条即包含有对租赁合同中的风险负担的规定。

当由于既不可归责于承租人，又不可归责于出租人的事由，致使租赁物部分或全部毁损、灭失的，就产生了租赁合同中的风险负担问题。租赁合同中的风险负担问题，可以分解为两个问题来考察。

首先是租赁物的风险负担问题，即当由于不可归责于承租人和出租人双方当事人的事由，致使租赁物部分或全部毁损、灭失的，租赁物部分或全部毁损、灭失的损失应由谁负担。就此问题，自罗马法以来，就形成了由物之所有人负担风险，即天灾归物权人负担的法律思想。因而，出租人应负担此种情形下标的物毁损、灭失的风险。

其次是因不可归责于双方当事人的事由致使租赁物部分或全部毁损、灭失的，从而引致租赁合同部分或全部不能履行时，风险应由谁负担的问题。与租赁物的风险负担不同，此处的风险负担主要解决双务合同对待给付义务的履行问题，尤其是承租人支付租金义务的履行问题。如何分配合同不有履行的风险，尽管与租赁物毁损、灭失的风险有所不同，但二者并非毫无关系，实际上，租赁物毁损、灭失风险的分配，决定着合同不能履行风险的分配，故当因不可归责于双方当事人的事由致使合同部分或全部不能履行时，承租人即可相应地减少履行或不履行其对待给付义务——即请求减少租金或者不支付租金。

此时应注意：

（1）所谓灭失，应依社会上的立场来考察，作宽泛的解释，即使是租赁物仍实际存在，但由于战争或其他特殊的社会情况，致使标的物被无偿征收或征用，也应视为租赁物灭失。确定灭失部分的比例，不应以灭失部分的面积大小为标准，而应以灭失部分的使用收益的价值大小为标准。如果租赁物虽有部分灭失，但不影响租赁物的使用收益，则不发生租金的减少问题。

（2）租赁物部分灭失、毁损时，承租人的租金减少请求权，何时发生，存在争议。有学者认为，只能在租赁物修缮不能时始得发生，如修缮可能，则以承租人对于出租人请求修缮义务的履行为限，不得为租金减少的请求；也有学者认为，减少租金的请求,不限于修缮不能的情形,在修缮可能时,承租人可以选择请求修缮义务的履行或请求减少租金。我们认为,两种观点都有不妥之处,请求修缮义务的履行,并不妨碍请求使用收益不完全期间租金的减少。

(3)承租人请求减少租金时,是只能就请求后的租金产生减少的效力,还是溯及于租赁物部分毁损、灭失时产生效力,也有不同观点。有学者认为,依该条规定,租金的减少须基于承租人的请求,在承租人未为请求前,出租人仍享有全部的租金支付请求权,如承租人不为减少租金的请求仍然全部履行租金支付义务,则无权就已支付的部分请求不当得利的返还。因此就租金的减少,只能向将来发生效力。也有学者认为,租金的减少应有溯及力。我们同意前一种观点。

当租赁物是由于可归责于出租人的事由部分或全部毁损、灭失时,则发生违约责任的承担问题。此时,出租人应承担相应的违约责任,其内容首先包括赔偿因此给承租人造成的损失,包括承租人的营业损失。

第二节　　租赁合同当事人的权利和义务

一、出租人的权利和义务

1. 出租人的权利

(1)对租赁物保持其所有权。出租人将租赁物交给承租人使用,转让的是租赁物的占有、使用和收益权。无论承租人使用租赁物的期限有多长,出租人都对租赁物享有所有权。如果在租赁合同存继期间,出租人转让租赁物的所有权的,原租赁合同继续有效,只是出租方变更为租赁物的受让人(新的所有权人)。

(2)收取租金权。依合同约定按期收取租金是出租人的主要权利,也是出租人参与租赁关系的根本目的。双方当事人可以在法律规定的范围内约定租金的数额、支付期限和方式。承租人无正当理由未支付或者迟延支付租金的,出租人可以要求承租人在合理期限内支付。承租人逾期不支付的,出租人可以解除合同。

(3)在合同终止时有权收回租赁物。由于出租人是租赁物的所有权人,因此有权在合同终止时及时收回租赁物。租赁合同终止的情况有两种:一是因租赁期限届满而承租人不续订租赁合同的,出租人有权收回租赁物;二是因承租人不交租金或擅自转租等违约行为发生致使出租人行使合同解除权而提前终止合同时,出租人也有权收回租赁物。

(4)合同解除权。出租人的合同解除权主要体现在下列几个方面:一是承租人无正当理由未支付或者迟延支付租金的,出租人可以要求承租人在合理期限内支付。承租人逾期不支付的,出租人可以解除合同;二是承租人未按约定的方法或者租赁物的性质使用租赁物,致使租赁物受到损失的,出租人可以解除合同;三是承租人未经出租人同意而将租赁物转租给第三个人的,出租人可以解除合同;

四是在不定期租赁合同中,双方当事人均可随时解除合同,但出租人解除合同应在合理期限之前通知承租人。

（5）请求恢复原状和请求赔偿损失权。请求恢复原状权的行使是以租赁物能恢复原状为条件的。请求赔偿权的行使是以承租人违反约定的用途和方法使用租赁物并造成损失为条件的。当承租人未按约定的方法或者租赁物的性质使用租赁物,致使租赁物受到损失的,出租人可以请求赔偿损失。承租人未经出租人同意对租赁物进行改善或者增设他物的,出租人可以请求承租人恢复原状或者赔偿损失。如果无法恢复原状或恢复后租赁物价值严重受损的,出租人可以要求承租人赔偿相应的损失。

2. 出租人的主要义务

（1）交付租赁物并保持租赁物符合约定用途的义务。承租人订立租赁合同的目的在于对租赁物的使用、收益。因此,出租人按合同约定交付租赁物给承租人,并在租赁期间保持租赁物符合约定的用途,是出租人的基本义务。出租人不仅应按时交付租赁物,而且交付的租赁物必须合于约定的使用、收益目的。同时,出租人不但交付的租赁物应适于约定的用途,而且在整个租赁关系存续期间应保持租赁物适于约定的用途。凡妨害承租人对租赁物的使用、收益,出租人都有义务加以排除,以保障租赁物的性能和用途。

（2）对租赁物的瑕疵担保义务。出租的瑕疵担保义务包括物的瑕疵担保责任和权利瑕疵担保责任。出租人的物的瑕疵担保,是指出租人应担保所交付的租赁物能够为承租人按给正常使用收益。如果租赁物存有瑕疵,即租赁物的品质性能或数量不合约定的标准或者不合标的物通常使用的状态,出租人即应承担责任,承租人有权解除合同或者请求减少租金。出租人的权利瑕疵担保,是指出租人应担保不因第三人对承租人的主张权利而使承租人不能按约定使用收益。否则,出租人即应负瑕疵担保责任。除承租人有权解除合同外,出租人还应对承租人因此所受到的损失负赔偿责任。

（3）对租赁物的维修义务。除当事人另有约定外,出租人应当履行租赁物的维修义务。出租人对租赁物加以修理,是为了保证租赁物在租期间符合约定的使用、收益状态。但并非任何情况下都由出租人承担维修义务。出租人承担维修义务应当具备以下 4 个条件:

1) 有维修的必要。若租赁物虽有损毁但并不妨碍承租人按约使用收益的,则没有修理的必要。对于因承租人过错造成租赁物损坏的,出租人不负修理义务。

2) 有维修的可能。若租赁物在事实上已不能修好,或虽能修好,但花费太大,就没有修理的必要。

3) 承租人通知。租赁物需要加以修理的,除承租人已知外,承租人应当及时通知出租人。否则,出租人无法履行维修的义务。

4) 当事人无另外的约定。出租人的维修义务,不是法律强制性规定。因此当事人若另有约定由承租人维修的,出租人不负维修义务。

对于出租人未履行维修义务的,《合同法》规定了其相应的法律后果。该法第 221 条规定:"承租人在租赁物需要维修时可以要求出租人在合理期限内维修。出租人未履行维修义务的,承租人可以自行维修,维修费用由出租人负担。因维修租赁物影响承租人使用的,应当相应减少租金或者延长租期。"

(4)有关事项的通知义务。为了特别保护房屋承租人的利益,《合同法》第 330 条规定:"出租人出卖租赁屋的,应当在出卖之前的合理期限内通知承租人,承租人享有以同等条件优先购买的权利"。如果房屋出租人未提前通知承租人,而将房屋出售,承租人可以主张房屋买卖合同无效,也可以同等价格先购买其租赁的房屋。

二、承租人的权利和义务

1. 承租人的主要权利

(1)占有租赁物并要求出租人保障租赁符合约定用途的权利。承租人有权要求出租人按合同约定交付租赁物并占有租赁物,同时在整个租赁期间有权要求出租人保障租赁物处于良好的使用状态,使之符合约定的用途。否则,承租人有权要求出租人承担违约责任。

(2)独占的使用、收益权。承租人既有权要求出租人按约定交付租赁物,也有权按照合同的约定使用租赁物。承租人占有、使用租赁物以及通过租赁物取得收益是承租人最重要的权利。《合同法》第 225 条规定:"在租赁期间因占有、使用租赁物获得的收益归承租人所有,但当事人另有约定的除外"。这说明,承租人接受出租人交付的租赁物后,在租赁期间,对租赁物享有独占的使用权,对使用租赁物所取得的收益可独立处分。然而当事人约定不得利用租赁物收益的除外。

(3)合同解除权。承租人的合同解除权主要表现在以下几个方面:

1)发生不可抗力事件,致使租赁合同的全部义务不能履行。如《合同法》第 331 条规定:"因不可归责于承租人的事由,致使租赁物部分或者全部毁损、灭失的,承租人可以请求减少租金或者不无能为力付租金;因租赁物部分或者全部毁损、灭失,致使不能实现合同的目的,承租人可以解除合同。"

2)为保障承租人的人身安全,《合同法》第 233 条规定:"租赁物危及承租人的安全或者健康的,即使承租人订立合同时明知该租赁物质量不合格,承租人仍然可以随时解除合同"。

3)对不定期租赁合同,承租人和出租人一样均可以随时解除合同,但同时应当在合理期限之前通知对方。

4)承租人和出租人在合同约定的解除条件已经出现时均可解除租赁合同。

(4)优先购买权。出租人是租赁物的所有权人,所以在租赁期届满后,承租人应当将租赁物返还给出租人。但对于有些特殊租赁合同,《合同法》则规定了出租人出卖租赁物时承租人在相同条件下享有优先购买的权利。如《合同法》第 330

条规定:"出租人出卖租赁房屋的,应当在出卖之前的合理期限内通知承租人,承租人享有以下同等条件优先购买的权利。"

2. 承租人的主要义务

(1)按照约定的方法使用租赁物的义务。根据《合同法》第 217 条"承租人应当按照约定的方法使用租赁物。对租赁物的使用方法没有约定或者约定不明确,依照本法第 61 条的规定仍不能确定的,应当按照租赁物的性质使用"的规定,所以按合同约定的用途和方式使用租赁物是承租人的一项基本义务。

(2)妥善保管租赁物的义务。承租人在租赁期间作为租赁物的使用、收益人,有妥善保管租赁物的义务。《合同法》第 222 条明确规定:"承租人应当妥善保管租赁物,因保管不善造成租赁物毁损、灭失的,应当承担损害赔偿责任。"

(3)支付租金的义务。租金是承租人获得租赁物使用、收益权的对价。按合同约定的期限、地点、数额向出租人支付租金,这是承租人的主要义务,也是租赁合同与借用合同的根本区别。

租金通常以现金支付,也可由双方当事人约定以实物支付。但不得以承租人的劳务代替租金。关于租金的支付期限,《合同法》第 226 条明确规定:"承租人应当按照约定的期限支付租金。对支付期限没有约定或者约定不明确,依照本法第 61 条的规定仍不能确定的,租赁期间不满一年的,应当在租赁期间届满时支付;租赁期间一年以上的,应当在每届满一年时支付,剩余期间不满一年的,应当在租赁期间届满时支付。"

(4)有关事项的通知义务。由于承租人对租赁物有妥善保管的义务,因此在租赁关系存续期间出现应通知出租人的情况时,承租人有及时通知的义务。具体表现在:

1)当租赁物有维修的必要,而出租人又不知情的情形下,承租人应当及时通知出租人;

2)因第三人主张权利,致使承租人不能对租赁物使用、收益的,承租人应当及时通知出租人;

3)其他应当通知的事由。如租赁物因不可抗力损毁或灭失或因第三人侵害受损等,承租人也应及时通知出租人。

(5)返还租赁物的义务。承租人在租赁合同终止时应向出租人返还租赁物,并符合合同约定的状态或者符合承租人正常使用、收益后的合理损耗状态。《合同法》第 235 条规定:"租赁期间届满,承租人应当返还租赁物。返还租赁物应当符合按照约定或者租赁物的性质使用后的状态。"承租人不及时返还租赁物的,应补交租金,并承担违约责任。

如果租赁关系终止时,租赁物已经灭失,承租人则不承担此项义务。但要视造成租赁物灭失的原因,确定承租人是否承担赔偿损失的责任。如果租赁物的灭失是由承租人的过错造成的,承租人应当赔偿出租人的相应损失;否则,承租人不负赔偿责任。

第三节　租赁合同的特殊效力及合同终止

一、租赁合同的特殊效力

　　租赁合同是以租赁权为主要内容的,租赁权空间属物权还是属债权? 传统民法上向来有两种不同的观点。债权说主张,租赁权是基于租赁合同而产生的,而租赁合同又体现了合同之债,因此租赁双方的权利就是基于合同而产生的债权。如果出租人将租赁物出卖给新的所有权人不受原租赁关系的约束,可以基于所有权人的身份而决定该租赁物的处置和状态。此又称为买卖破租赁说。物权说主张,租赁权虽然基于合同而产生,但它一旦成立,就是一种独立的权利,这种权利具有排他性和对世性,所有财产所有权均受其约束,因此,即使出租人将租赁物出卖给他人,租赁权的效力不因主体的变更而受影响。此又称为买卖不破租赁说。现代民法认为,租赁权是债权,但作为处于弱者地位的承租人仅依靠债权的救济往往不足以保护其合法权益,也不利于对租赁物的利用。所以,在现代民法立法中,正在不断提高承租人的地位,赋予租赁合同一些特殊的效力,出现了租赁权物权化的趋势。

　　租赁权物权化的特殊效力具体体现在以下几个方面。

　　1. 租赁权的对抗效力

　　《合同法》第229条规定:"租赁物在租赁期间发生所有权变动的,不影响租赁合同的效力。"租赁物发生所有权变动,就是指在租赁期间租赁物所有权的归属发生了变化,原为出租人所有,后经买卖或其他法律行为该租赁物变属他人所有。为了保护此种情况下承租人的合法权益,法律特别规定,租赁合同对新的所有人和承租人继续有效。基于《合同法》的该项规定,我们可以作这样理解:

　　(1)出租人与承租人之间原签订的租赁合同仍然有效,其权利义务不因所有权的变动而发生任何变化,承租人仍能据此主张自己的权利,并履行应尽的义务,一旦发生纠纷,法律对于原合同中规定的内容予以保护。

　　(2)经变动后享有租赁物所有权的人,同时应承认并认可出租人与承租人的原租赁合同,不能因为享有所有权而任意改变原租赁合同的效力。

　　(3)出租人亦不能因为租赁物的所有权发生变动而主张撤销原租赁合同。

　　2. 承租人的优先购买权效力

　　《合同法》第230条规定:"出租人出卖租赁房屋的,应当在出卖之前的合理期限内通知承租人,承租人享有以同等条件优先购买的权利。"由此可见,对于房屋这种不动产特种租赁,法律规定在所有权可能因出卖而发生变化时,承租人在同等的购买价格、购买期限等条件下,依法享有优先于其他人而购买该房屋的权利。这一优先购买权制度的设立,不仅有利于稳定租赁关系,也有利于保障承租人优

先得到租赁的房屋所有权的合法权益。根据该项法律规定,我们对"优先购买权"的理解和运用应注意以下问题:

(1)出卖行为必须发生在承租人租赁房屋期间内。也就是说,只有正处于租赁期间的承租人方可行使优先购买权,对以往曾经租赁过该房屋但已结束租赁关系的承租人,不具有优先购买效力。

(2)出卖房屋之前,出租人应当在合理的期限内首先通知承租人。这是承租人得以行使优先购买权的前提。所谓合理期限有一定的任意性和选择性,在过去的司法实践中一般为3个月之前。

(3)承租人仅在同等条件下享有优先购买权。此处的同等条件主要指价格的同一,当然也包括交付房价的期限、支付方式等问题,应予综合考虑。

3. 对抗第三人侵害租赁权的效力

依《合同法》有关规定,当租赁权受到第三人侵害时,承租人可以直接请求第三人排除妨碍。例如,承租人所租用的设备受到第三人损毁时,不仅设备的所有权人(即出租人)可以对侵害主张损害赔偿,承租人也可基于租赁权的存在,而直接向第三人主张损害赔偿;又如对于第三人损坏房前道路而影响承租人正常通行的,承租人可以直接以自己的名义向法院提起诉讼,要求第三人修复道路,排除妨碍。这时,承租人虽然不是租赁物的所有权人,但他已基于租赁权而享有了某些物的权利,这正是"租赁权物权化"的效力体现。

4. 租赁权的承续效力

《合同法》第234条规定:"承租人在房屋租赁期间死亡的,与其生前共同居住的人可以按照原租赁合同租赁该房屋。"这是房屋租赁合同与一般合同的区别之处。因为在一般合同关系中,合同一方当事人死亡,则合同一方主体不存在,合同关系自然终止。但房屋租赁合同有其特殊性,即承租人虽然以其个人名义与出租人签订合同,但租赁的目的在于解决与其共同生活的人的居住问题。承租人与其共同生活的人构成了一个利益共同体,此时租赁合同不仅涉及承租人与出租人的利益,也涉及与承租人共同生活的人的利益。如果允许出租人因承租人死亡而终止合同的履行,必然有损于与承租人共同生活的人的利益,且不利于维护正常的社会生活秩序。针对这种情况,法律赋予租赁权以承续性的效力,使其具有物权的性质,从表面看来限制了所有权人的权利,但对整个社会是有益的。

二、租赁合同的终止

1. 租赁合同终止的原因

租赁合同除了因一般合同终止的事由而终止外,尚基于特殊事由而归于消灭。这些特殊事由具体包括:

(1)依据我国《合同法》的规定,当租赁物由于不可归责于承租人的事由,部分或全部毁损、灭失,致使租赁合同的目的无法实现时,承租人可以解除合同,终止双方当事人间的租赁关系。

承租人行使解除合同的权利,在租赁物的毁损、灭失是由于可归责于出租人的事由所致时,系违约的救济手段,在租赁物的毁损、灭失是由于不可归责于双方当事人的事由所致时,系不可抗力制度作为合同法定解除事由的运用。

(2)不定期租赁合同中,租赁合同要基于当事人的任意解除权而终止。

我国《合同法》第232条规定:"当事人对租赁期限没有约定或者约定不明确,依照本法第61条的规定仍不能确定的,视为不定期租赁。当事人可以随时解除合同,但出租人解除合同时应当在合理期限之前通知承租人。"该条即是关于不定期租赁合同中当事人任意解除权的规定。

租赁合同可以区分为定期租赁合同和不定期租赁合同。当事人在租赁合同中明确约定了租赁期限,或者是起初没有约定明确的租赁期限,但随后又签订了补充协议,确定了租赁期限;或是根据合同的相关条款、承租人使用租赁物的目的、交易习惯能够确定租赁期限的租赁合同,都是定期租赁合同。反之,当事人对租赁期限没有约定或者约定不明确,并且事后也没有签订补充协议,根据合同的相关条款、承租人使用租赁物的目的以及交易习惯也无法确定租赁期限的租赁合同,为不定期租赁。

对于不定期租赁合同,各个国家和地区的立法,一般都设有明文。《德国民法典》第564条第2项规定:"未定租赁期限者,各当事人得依第365条的规定,为预告终止契约的通知。"我国台湾地区民法第450条第2项规定:"未定期限者,各当事人得随时终止契约。但有利于承租人之习惯者,从其习惯。"我国《合同法》的立法旨趣与之相同,规定就不定期租赁,当事人可以随时解除合同。

(3)租赁合同得基于承租人在特定情形下的任意解除权而终止。

我国《合同法》第233条规定:"租赁物危及承租人的安全或者健康的,即使承租人订立合同时明知该租赁物质量不合格,承租人仍然可以随时解除合同。"该条即是关于承租人在特定情况下任意解除合同权利的规定。

在租赁合同中,出租人应承担物的瑕疵担保责任。在一般情况下,出租人物的瑕疵担保责任的承担,以承租人在订立合同时,不知标的物的瑕疵的存在为前提。如果承租人在订立合同时明知租赁物存有瑕疵,则出租人免于承担物的瑕疵担保责任,不得主张减少租金或请求解除租赁合同。但在租赁物有缺陷时,即租赁物的瑕疵危及承租人的安全或健康时,为保证承租人的人身安全和健康,例外地规定,即使此时承租人在订立合同时,即明知租赁物质量不合格,仍可随时行使解除合同的权利。

与我国的立法有所不同,其他国家和地区的立法,一般将该项规定的适用,限制在房屋租赁。如我国台湾地区民法第424条规定:"租赁物为房屋或其他供居住之处所者,如有瑕疵,危及承租人或其同居人之安全或健康时,承租人虽于订约时已知其瑕疵,或已抛弃其终止契约之权利,仍得终止契约。"

2. 租赁合同的默示更新

关于租赁合同默示更新的规定,《合同法》第 236 条规定:"租赁期间届满,承租人继续使用租赁物,出租人没有提出异议的,原租赁合同继续有效,但租赁期限为不定期。"

租赁合同的双方当事人在租赁合同规定的租赁期限届满时,可以续订合同。所谓续订并非指另行订立一租赁合同,而是指在原租赁合同其他内容不变的情形下,延长合同的期限,所以续订租赁合同又被称为期限更新或租赁合同的更新。租赁合同的更新不同于租赁合同的期限变更,期限变更是指在租赁合同双方当事人约定的租赁期限内,协议更改租赁期。租赁合同的更新只能发生在租赁期限届满时。

租赁合同的双方当事人更新期限续订合同有两种方式:约定更新和法定更新。

约定更新,又称明示更新,是指当事人于租赁合同期限届满后,另订一合同,约定延长租赁期限。当事人另订租赁合同的,租赁的期限也不得超过法律规定的最高期限。

法定更新又称租赁合同默示的更新,是指租赁期限届满后,承租人仍为租赁物的使用收益人,而出租人不表示反对的意思,视为以不定期限继续租赁合同。

租赁合同的默示更新必须注意以下问题:

(1)更新后的租赁关系,与更新前的租赁关系,其租金及其他条件为同一。只有关于租赁期限,视为未定期限。

(2)必须是承租人继续使用受益租赁物,如果承租人未继续使用租赁物,例如承租人仅为出租人容许的一时使用,则不得发生默示的更新,就次承租人继续使用租赁物,是否可视为使用之继续,通说持否定见解。

(3)就出租人是否须知道承租人继续使用租赁物,《德国民法典》第 568 条规定须出租人知有继续使用的事实。《瑞士债务法》第 268 条规定须出租人知而未提出异议。《日本民法典》亦然,该法典第 619 条第 1 项规定:"在租赁期间届满之后,承租人对于租赁物继续使用或收益场合,出租人之所以在这不提出异议,推定以与前一租赁同一条件为再租赁。……"日本借地法第六条规定:"(1)借地权人借地权消灭后继续使用土地场合,土地所有权人不提出异议时,视为与以前契约同一条件设定供地权。……(2)在前项场合有建筑物时,土地所有人非有第四条第 1 项规定的事由,不得提出异议。"就土地所有权人的无迟延的异议,是否以土地所有权人知有租赁期限届满的事实,日本学者有不同见解。我国台湾地区民法对此未设明文规定,学者意见不一。史尚宽先生认为,应解释为只要出租人可能知道承租人使用租赁物的继续即可,如果因正当理由不知道的,可以在知道后再表示异议。

(4)出租人异议的表示,既可以在租赁期限届满后进行,也可以在租赁期限届满前表示。就出租人表示异议的时间,《德国民法典》第 568 条第 1 项将其规定为租赁期限届满后两个星期内。出租人异议的表示,既可以采取明示的方式,也可以采取默示的方式。

(5)就默示更新的适用范围而言,其适用于定有期限的租赁,自是理所当然。对于不定期限的租赁,能否适用,有不同认识。德国学者多持肯定见解。日本学者亦然。日本的立法对此还设有明文:日本借家法第 3 条第 2 项规定:"前条第 2 项的规定,于租赁因解约声明而终止场合准用之。"表达了肯定意向。但瑞士民法对此有相反的看法,认为法定更新对于特定情形下终止的不定期租赁,无适用余地,如不定期租赁关系的终止是由于承租人不履行相应的合同债务。或是因有法定原因而经通知终止的不定期租赁,都无法定更新的适用。史尚宽先生认为,法定更新仅应适用于定期租赁,不能适用于不定期租赁,因为出租人通知终止租赁关系,已表明了其不欲继续租赁关系的意图。此见解应予赞同。

(6)原来第三人为租赁合同的履行所提供的保证或物上担保,除非第三人明确表示继续存在,则于法定更新后,归于消灭。承租人所提供的担保,仍继续存在,与租赁合同的其他条款一起,保持其同一性。

第四节　《建筑施工物资租赁合同示范文本》

GF—2000—0604

建筑施工物资租赁合同

(示范文本)

合同编号:＿＿＿＿＿＿＿＿＿＿＿＿＿

出租人:＿＿＿＿＿＿＿＿＿＿＿　签订地点:＿＿＿＿＿＿＿＿＿＿＿＿

承租人:＿＿＿＿＿＿＿＿＿＿＿　签订时间:＿＿＿年＿＿＿月＿＿＿日

根据《中华人民共和国合同法》的有关规定,按照平等互利的原则,为明确出租人与承租人的权利义务,经双方协商一致,签订本合同。

第一条　租赁物资的品名、规格、数量、质量(详见合同附件):

＿＿＿＿＿＿＿＿＿＿＿＿＿＿＿＿＿＿＿＿＿＿＿＿＿＿＿＿＿＿＿＿＿＿＿

＿＿＿＿＿＿＿＿＿＿＿＿＿＿＿＿＿＿＿＿＿＿＿＿＿＿＿＿＿＿＿＿＿＿＿

第二条　租赁物资的用途及使用方法:＿＿＿＿＿＿＿＿＿＿＿＿＿＿＿＿＿

＿＿＿＿＿＿＿＿＿＿＿＿＿＿＿＿＿＿＿＿＿＿＿＿＿＿＿＿＿＿＿＿＿＿＿

第三条　租赁期限:自＿＿＿年＿＿＿月＿＿＿日至＿＿＿年＿＿＿月

_____日,共计_____天。承租人因工程需要延长租期,应在合同届满前_____日内,重新签订合同。

第四条　租金、租金支付方式和期限

收取租金的标准:_____

租金的支付方式和期限:_____。

_____

第五条　押金(保证金)

经双方协商,出租人收取承租人押金_____元。承租人交纳押金后办理提货手续。租赁期间不得以押金抵作租金;租赁期满,承租人返还租赁物资后,押金退还承租人。

第六条　租赁物资交付的时间、地点及验收方法:_____

_____

_____。

第七条　租赁物资的保管与维修

一、承租人对租赁物资要妥善保管。租赁物资返还时,双方检查验收,如因保管不善造成租赁物资损坏、丢失的,要按照双方议定的《租赁物资缺损赔偿办法》,由承租人向出租人偿付赔偿金。

二、租赁期间,租赁物资的维修及费用由_____人承担。

第八条　出租人变更

一、在租赁期间,出租人如将租赁物资所有权转移给第三人,应正式通知承租人,租赁物资新的所有权人即成为本合同的当然出租人。

二、在租赁期间,承租人未经出租人同意,不得将租赁物资转让、转租给第三人使用,也不得变卖或作抵押品。

第九条　租赁期满租赁物资的返还时间为:_____。

第十条　本合同解除的条件:_____

_____

_____。

第十一条　违约责任

一、出租人违约责任:

1. 未按时间提供租赁物资,应向承租人偿付违约期租金_____%的违约金。

2. 未按质量提供租赁物资,应向承租人偿付违约期租金_____%的违约金。

3. 未按数量提供租赁物资,致使承租人不能如期正常使用的,除按规定如数补齐外,还应偿付违约期租金_____%的违约金。

4. 其他违约行为:_____

_____。

二、承租人违约责任:

1. 不按时交纳租金,应向出租人偿付违约期租金_____%的违约金。

2. 逾期不返还租赁物资,应向出租人偿付违约期租金_____%的违约金。

3. 如有转让、转租或将租赁物资变卖、抵押等行为,除出租人有权解除合同,限期如数收回租赁物资外,承租人还应向出租人偿付违约期租金_____%的违约金。

4. 其他违约行为:_____

_____。

第十二条　本合同在履行过程中发生的争议,由双方当事人协商解决;也可由当地工商行政管理部门调解;协商或调解不成的,按下列第_____种方式解决:

(一)提交_____仲裁委员会仲裁;

(二)依法向人民法院起诉。

第十三条　其他约定事项:_____

_____。

第十四条　本合同未作规定的,按照《中华人民共和国合同法》的规定执行。

第十五条　本合同一式_____份,合同双方各执_____份。本合同附件_____份都是合同的组成部分,与合同具有同等效力。

出租人	承租人	鉴(公)证意见:
出租人(章):	承租人(章):	
住所:	住所:	
法定代表人(签名):	法定代表人(签名):	
委托代理人(签名):	委托代理人(签名):	
电话:	电话:	
传真:	传真:	
开户银行:	开户银行:	鉴(公)证机关(章)
账号:	账号:	经办人
邮政编码:	邮政编码:	年　　月　　日

监制部门:　　　　印制单位:

第十章　建设工程施工索赔

第一节　建设工程施工索赔概述

在市场经济条件下,建筑市场中的工程索赔是一种正常的现象。在我国,由于正处在计划经济体制向社会主义市场经济体制转变时期,在工程实施中,发包人往往忌讳索赔,承包商不敢索赔,也不懂如何索赔,对工程的风险意识和索赔意识还不强,监理工程师也不善于处理索赔。面对这种情况,在建筑市场中,应当大力提高发包人和承包商对工程索赔的认识,加强对索赔理论和方法的研究,认真对待和搞好工程索赔。

工程索赔在国际建筑市场上是承包商保护自身正当权益、补偿工程损失、提高经济效益的重要和有效手段。许多国际工程项目,通过成功的索赔能使工程收入的改善达到工程造价的 10%～20%,有些工程的索赔额甚至超过了工程合同额本身。"中标靠低标,盈利靠索赔"便是许多国际承包商的经验总结。指望通过招投标获得一个优惠的高价合同是不现实的,通过勤于索赔,精于索赔的造价履约管理,从而获得相对高的结算造价则是完全可能的、现实的,因此,必须切实把索赔作为合同造价履约管理最重要的工作,从某种意义上说以造价为中心,就是以索赔为中心,造价管理就是索赔管理,尤其是签订合同是难以确定合同造价的,履约过程中的中间预、决算和变更、增加款项,都只能通过扎实的、有效的索赔才能实现。

一、索赔的概念与特征

索赔是当事人在合同实施过程中,根据法律、合同规定及惯例,对不应由自己承担责任的情况造成的损失,向合同的另一方当事人提出给予赔偿或补偿要求的行为。

建设工程索赔通常是指在工程合同履行过程中,合同当事人一方因非自身因素或对方不履行或未能正确履行合同而受到经济损失或权利损害时,通过一定的合法程序向对方提出经济或时间补偿的要求。索赔是一种正当的权利要求,它是发包方、监理工程师和承包方之间一项正常的、大量发生而且普遍存在的合同管理业务,是一种以法律和合同为依据的、合情合理的行为。

建设工程索赔包括狭义的建设工程索赔和广义的建设工程索赔。

狭义的建设工程索赔,是指人们通常所说的工程索赔或施工索赔。工程索赔是指建设工程承包商在由于发包人的原因或发生承包商和发包人不可控制的因素而遭受损失时,向发包人提出的补偿要求。这种补偿包括补偿损失费用和延长工期。

广义的建设工程索赔,是指建设工程承包商由于合同对方的原因或合同双方不可控制的原因而遭受损失时,向对方提出的补偿要求。这种补偿可以是损失费用索赔,也可以是索赔实物。它不仅包括承包商向发包人提出的索赔,而且还包括承包商向保险公司、供货商、运输商、分包商等提出的索赔。

从索赔的基本含义,可以看出索赔具有以下基本特征:

(1)索赔是双向的,不仅承包人可以向发包人索赔,发包人同样也可以向承包人索赔。由于实践中发包人向承包人索赔发生的频率相对较低,而且在索赔处理中,发包人始终处于主动和有利地位,对承包人的违约行为他可以直接从应付工程款中扣抵、扣留保留金或通过履约保函向银行索赔来实现自己的索赔要求。因此在工程实践中大量发生的、处理比较困难的是承包人向发包人的索赔,也是工程师进行合同管理的重点内容之一。

(2)只有实际发生了经济损失或权利损害,一方才能向对方索赔。经济损失是指因对方因素造成合同外的额外支出,如人工费、材料费、机械费、管理费等额外开支;权利损害是指虽然没有经济上的损失,但造成了一方权利上的损害,如由于恶劣气候条件对工程进度的不利影响,承包人有权要求工期延长等。因此发生了实际的经济损失或权利损害,应是一方提出索赔的一个基本前提条件。

(3)索赔是一种未经对方确认的单方行为。它与我们通常所说的工程签证不同。在施工过程中签证是承发包双方就额外费用补偿或工期延长等达成一致的书面证明材料和补充协议,它可以直接作为工程款结算或最终增减工程造价的依据,而索赔则是单方面行为,对对方尚未形成约束力,这种索赔要求能否得到最终实现,必须要通过确认(如双方协商、谈判、调解或仲裁、诉讼)后才能实现。

因此归纳起来,索赔具有如下一些本质特征:

(1)索赔是要求给予补偿(赔偿)的一种权利、主张。

(2)索赔的依据是法律法规、合同文件及工程建设惯例,但主要是合同文件。

(3)索赔是因非自身原因导致的,要求索赔一方没有过错。

(4)与合同相比较,已经发生了额外的经济损失或工期损害。

(5)索赔必须有切实有效的证据。

(6)索赔是单方行为,双方没有达成协议。

二、索赔发生的原因

在现代承包工程中,特别在国际承包工程中,索赔经常发生,而且索赔额很大。这主要是由如下几方面原因造成的:

(1)施工延期引起索赔。施工延期是指由于非承包商的各种原因而造成工程的进度推迟,施工不能按原计划时间进行。大型的土木工程项目在施工过程中,由于工程规模大,技术复杂,受天气、水文地质条件等自然因素影响,又受到来自于社会的政治经济等人为因素影响,发生施工进度延期是比较常见的。施工延期的原因有时是单一的,有时又是多种因素综合交错形成。施工延期的事件发生后,会给承包商造成两个方面的损失:一项损失是时间上的损失,另一项损失是经济方面的损失。因此,当出现施工延期的索赔事件时,往往在分清责任和损失补偿方面,合同双方易发生争端。常见的施工延期索赔多由于发包人征地拆迁受阻,未能及时提交施工场地;以及气候条件恶劣,如连降暴雨,使大部分的土方工程无法开展等。

(2)恶劣的现场自然条件引起索赔。这种恶劣的现场自然条件是指一般有经验的承包商事先无法合理预料的,例如地下水、未探明的地质断层、溶洞、沉陷等;另外还有地下的实物障碍,如:经承包商现场考察无法发现的、发包人资料中未提供的地下人工建筑物,地下自来水管道、公共设施、坑井、隧道、废弃的建筑物混凝土基础等,这都需要承包商花费更多的时间和金钱去克服和除掉这些障碍与干扰。因此,承包商有权据此向发包人提出索赔要求。

(3)合同变更引起索赔。合同变更的含义是很广泛的,它包括了工程设计变更、施工方法变更、工程量的增加与减少等。对于土木工程项目实施过程来说,变更是客观存在的。只是这种变更必须是指在原合同工程范围内的变更,若属超出工程范围的变更,承包商有权予以拒绝。特别是当工程量变化超出招标时工程量清单的 20%以上时,可能会导致承包商的施工现场人员不足,需另雇工人;也可能会导致承包商的施工机械设备失调,工程量的增加,往往要求承包商增加新型号的施工机械设备,或增加机械设备数量等。人工和机械设备的需求增加,则会引起承包商额外的经济支出,扩大了工程成本。反之,若工程项目被取消或工程量大减,又势必会引起承包商原有人工和机械设备的窝工和闲置,造成资源浪费,导致承包商的亏损。因此,在合同变更时,承包商有权提出索赔。

(4)合同矛盾和缺陷引起索赔。合同矛盾和缺陷常出现在合同文件规定不严谨,合同中有遗漏或错误,这些矛盾常反映为设计与施工规定相矛盾,技术规范和设计图纸不符合或相矛盾,以及一些商务和法律条款规定有缺陷等。在这种情况下,承包商应及时将这些矛盾和缺陷反映给监理工程师,由监理工程师作出解释。若承包商执行监理工程师的解释指令后,造成施工工期延长或工程成本增加,则承包商可提出索赔要求,监理工程师应予以证明,发包人应给予相应的补偿。因为发包人是工程承包合同的起草者,应该对合同中的缺陷负责,除非其中有非常明显的遗漏或缺陷,依据法律或合同可以推定承包商有义务在投标时发现并及时向发包人报告。

(5)参与工程建设主体的多元性。由于工程参与单位多,一个工程项目往往会有发包人、总包商、监理工程师、分包商、指定分包商、材料设备供应商等众多参加单位,各方面的技术、经济关系错综复杂,相互联系又相互影响,只要一方失误,不仅会造成自己的损失,而且会影响其他合作者,造成他人损失,从而导致索赔和争执。

以上这些问题会随着工程的逐步开展而不断暴露出来,使工程项目必然受到影响,导致工程项目成本和工期的变化,这就是索赔形成的根源。因此,索赔的发生,不仅是一个索赔意识或合同观念的问题,从本质上讲,索赔也是一种客观存在。

现代建筑市场竞争激烈,承包商的利润水平逐步降低,大部分靠低标价甚至保本价中标,回旋余地较小。施工合同在实践中往往承发包双方风险分担不公,把主要风险转嫁于承包商一方,稍遇条件变化,承包商即处于亏损的边缘,这必然迫使他寻找一切可能的索赔机会来减轻自己承担的风险。因此索赔实质上是工程实施阶段承包商和发包人之间在承担工程风险比例上的合理再分配,这也是目前国内外建筑市场上,施工索赔无论在数量、款额上呈增长趋势的一个重要原因。

三、索赔的作用

索赔与工程施工合同同时存在,它的主要作用有:

(1)索赔是合同和法律赋予正确履行合同者免受意外损失的权利,索赔是当事人一种保护自己、避免损失、增加利润、提高效益的重要手段。

(2)索赔是落实和调整合同双方经济责、权、利关系的手段,也是合同双方风险分担的又一次合理再分配,离开了索赔,合同责任就不能全面体现,合同双方的责、权、利关系就难以平衡。

(3)索赔是合同实施的保证。索赔是合同法律效力的具体体现,对合同双方形成约束条件,特别能对违约者起到警戒作用,违约方必须考虑违约后的后果,从而尽量减少其违约行为的发生。

(4)索赔对提高企业和工程项目管理水平起着重要的促进作用。我国承包商在许多项目上提不出或提不好索赔,与其企业管理松散混乱、计划实施不严、成本控制不力等有着直接关系;没有正确的工程进度网络计划就难以证明延误的发生及天数;没有完整翔实的记录,就缺乏索赔定量要求的基础。

承包商应正确地、辩证地对待索赔问题。在任何工程中,索赔是不可避免的,通过索赔能使损失得到补偿,增加收益。所以承包商要保护自身利益,争取盈利,不能不重视索赔问题。

但从根本上说,索赔是由于工程受干扰引起的。这些干扰事件对双方都可能造成损失,影响工程的正常施工,造成混乱和拖延。所以从合同双方整体利益的角度出发,应极力避免干扰事件,避免索赔的产生。而且对一具体的干扰事件,能否取得索赔的成功,能否及时地、如数地获得补偿,是很难预料的,也很难把握。这里有许多风险,所以承包商不能以索赔作为取得利润的基本手段,尤其不应预先寄希望于索赔,例如在投标中有意压低报价,获得工程,指望通过索赔弥补损失。这是非常危险的。

四、索赔的分类

索赔从不同的角度、按不同的方法和不同的标准,可以有多种分类的方法,见

表 10-1。

表 10-1 索赔的分类

分类标准	索赔类别	说 明
按索赔的目的分类	工期索赔	由于非承包人责任的原因而导致施工进程延误,要求批准顺延合同工期的索赔,称之为工期索赔。工期索赔形式上是对权利的要求,以避免在原定合同竣工日不能完工时,被发包人追究拖期违约责任。一旦获得批准合同工期顺延后,承包人不仅免除了承担拖期违约赔偿费的严重风险,而且可能提前工期得到奖励,最终仍反映在经济收益上
	费用索赔	费用索赔的目的是要求经济补偿。当施工的客观条件改变导致承包人增加开支时,要求对超出计划成本的附加开支给予补偿,以挽回不应由他承担的经济损失
按索赔当事人分类	承包商与发包人间索赔	这类索赔大都是有关工程量计算、变更、工期、质量和价格方面的争议,也有中断或终止合同等其他违约行为的索赔
	承包商与分包商间索赔	其内容与前一种大致相似,但大多数是分包商向总包商索要付款和赔偿及承包商向分包商罚款或扣留支付款等
	承包商与供货商间索赔	其内容多系商贸方面的争议,如货品质量不符合技术要求、数量短缺、交货拖延、运输损坏等
按索赔的原因分类	工程延误索赔	因发包人未按合同要求提供施工条件,如未及时交付设计图纸、施工现场、道路等,或因发包人指令工程暂停或不可抗力事件等原因造成工期拖延的,承包商对此提出索赔
	工程范围变更索赔	工作范围的索赔是指发包人和承包商对合同中规定工作理解的不同而引起的索赔。其责任和损失不如延误索赔那么容易确定,如某分项工程所包含的详细工作内容和技术要求,施工要求很难在合同文件中用语言描述清楚,设计图纸也很难对每一个施工细节的要求都说得清清楚楚。另外设计的错误和遗漏,或发包人和设计者主观意志的改变都会向承包商发布变更设计的命令。 工作范围的索赔很少能独立于其他类型的索赔,例如,工作范围的索赔通常导致延期索赔。如设计变更引起的工作量和技术要求的变化都可能被认为是工作范围的变化,为完成此变更可能增加时间,并影响原计划工作的执行,从而可能导致随之而来的延期索赔

(续一)

分类标准	索赔类别	说　　明
按索赔的原因分类	施工加速索赔	施工加速索赔经常是延期或工作范围索赔的结果,有时也被称为"赶工索赔"。而加速施工索赔与劳动生产率的降低关系极大,因此又可称为劳动生产率损失索赔。 如果发包人要求承包商比合同规定的工期提前,或者因工程前段的承包商的工程拖期,要后一阶段工程的另一位承包商弥补已经损失的工期,使整个工程按期完工。这样,承包商可以因施工加速成本超过原计划的成本而提出索赔,其索赔的费用一般应考虑加班工资,雇用额外劳动力,采用额外设备,改变施工方法,提供额外监督管理人员和由于拥挤、干扰加班引起的疲劳造成的劳动生产率损失等所引起的费用的增加。在国外的许多索赔案例中对劳动生产率损失的索赔通常数量很大,但一般不易被发包人接受。这就要求承包商在提交施工加速索赔报告中提供施工加速对劳动生产率的消极影响的证据
	不利现场条件索赔	不利的现场条件是指合同的图纸和技术规范中所描述的条件与实际情况有实质性的不同或虽合同中未作描述,却是一个有经验的承包商无法预料的。一般是地下的水文地质条件,但也包括某些隐藏着的不可知的地面条件。 不利现场条件索赔近似于工作范围索赔,然而又不太像大多数工作范围索赔。不利现场条件索赔应归咎于确实不易预知的某个事实。如现场的水文地质条件在设计时全部弄得一清二楚几乎是不可能的,只能根据某些地质钻孔和土样试验资料来分析和判断。要对现场进行彻底全面的调查将会耗费大量的成本和时间,一般发包人不会这样做,承包商在较短的投标报价时间内更不可能做这种现场调查工作。这种不利现场条件的风险由发包人来承担是合理的
按索赔的合同依据分类	合同内索赔	此种索赔是以合同条款为依据,在合同中有明文规定的索赔,如工期延误、工程变更、工程师提供的放线数据有误、发包人不按合同规定支付进度款等等。这种索赔由于在合同中有明文规定,往往容易成功
		此种索赔在合同文件中没有明确的叙述,但可以根据合同文件的某些内容合理推断出可以进行此类索赔,而且此索赔并不违反合同文件的其他任何内容。例如在国际工程承包中,当地货币贬值可能给承包商造成损失,对于合同工期较短的,合同条件中可能没有规定如何处理。当由于发包人原因使工期拖延,而又出现汇率大幅度下跌时,承包商可以提出这方面的补偿要求

（续二）

分类标准	索赔类别	说　明
按索赔的合同依据分类	道义索赔（又称额外支付）	道义索赔是指承包商在合同内或合同外都找不到可以索赔的合同依据或法律根据，因而没有提出索赔的条件和理由，但承包商认为自己有要求补偿的道义基础，而对其遭受的损失提出具有优惠性质的补偿要求，即道义索赔。道义索赔的主动权在发包人手中，发包人在下面四种情况下，可能会同意并接受这种索赔：第一，若另找其他承包商，费用会更大；第二，为了树立自己的形象；第三，出于对承包商的同情和信任；第四，谋求与承包商更理解或更长久的合作
按索赔的处理方式分类	单项索赔	单项索赔是针对某一干扰事件提出的，在影响原合同正常运行的干扰事件发生时或发生后，由合同管理人员立即处理，并在合同规定的索赔有效期内向发包人或监理工程师提交索赔要求和报告。单项索赔通常原因单一，责任单一，分析起来相对容易，由于涉及的金额一般较小，双方容易达成协议，处理起来也比较简单。因此合同双方应尽可能地用此种方式来处理索赔
	综合索赔	综合索赔又称一揽子索赔，一般在工程竣工前和工程移交前，承包商将工程实施过程中因各种原因未能及时解决的单项索赔集中起来进行综合考虑，提出一份综合索赔报告，由合同双方在工程交付前后进行最终谈判，以一揽子方案解决索赔问题。在合同实施过程中，有些单项索赔问题比较复杂，不能立即解决，为不影响工程进度，经双方协商同意后留待以后解决。有的是发包人或监理工程师对索赔采用拖延办法，迟迟不作答复，使索赔谈判旷日持久。还有的是承包商因自身原因，未能及时采用单项索赔方式等，都有可能出现一揽子索赔。由于在一揽子索赔中许多干扰事件交织在一起，影响因素比较复杂而且相互交叉，责任分析和索赔值计算都很困难，索赔涉及的金额往往又很大，双方都不愿或不容易作出让步，使索赔的谈判和处理都很困难。因此综合索赔的成功率比单项索赔要低得多

五、索赔的要求及其条件

1. 索赔的要求

在承包工程中，索赔要求通常有两个：

（1）合同工期的延长。承包合同中都有工期（开始时间和持续时间）和工程拖延的罚款条款。如果工程拖期是由承包商管理不善造成的，则必须由自己承担责任,接受合同规定的处罚。而对外界干扰引起的工期拖延,承包商可以通过索赔,取得发包人对合同工期延长的认可,则在这个范围内可免去对承包商的合同处罚。

(2)费用补偿。由于非承包商自身责任造成工程成本增加,使承包商增加额外费用,蒙受经济损失,承包商可以根据合同规定提出费用赔偿要求。如果该要求得到发包人的认可,发包人应向承包商追加支付这笔费用以补偿损失。这样,实质上承包商通过索赔提高了合同价格,常常不仅可以弥补损失,而且能增加工程利润。

2. 索赔的条件

索赔的根本目的在于保护自身利益,追回损失(报价低也是一种损失),避免亏本,因此是不得已而用之。要取得索赔的成功,索赔要求必须符合3个基本条件。

(1)客观性。确实存在不符合合同或违反合同的干扰事件,它对承包商的工期和成本造成影响。这是事实,有确凿的证据证明。由于合同双方都在进行合同管理,都在对工程施工过程进行监督和跟踪,对索赔事件都应该,也都能清楚地了解。所以承包商提出的任何索赔,首先必须是真实的。

(2)合法性。干扰事件非承包商自身责任引起,按照合同条款对方应给予补(赔)偿。索赔要求必须符合本工程承包合同的规定。合同作为工程中的最高法律,由它判定干扰事件的责任由谁承担,承担什么样的责任,应赔偿多少等。所以不同的合同条件,索赔要求就有不同的合法性,就会有不同的解决结果。

(3)合理性。索赔要求合情合理,符合实际情况,真实反映由于干扰事件引起的实际损失,采用合理的计算方法和计算基础。承包商必须证明干扰事件与干扰事件的责任、与施工过程所受到的影响、与承包商所受到的损失、与所提出的索赔要求之间存在着因果关系。

六、索赔策略和技巧

索赔工作既有科学严谨的一面,又有艺术灵活的一面。对于一个确定的索赔事件往往没有预定的、确定的解,它往往受制于双方签订的合同文件、各自的工程管理水平和索赔能力以及处理问题的公正性、合理性等因素。因此索赔成功不仅需要令人信服的法律依据、充足的理由和正确的计算方法,索赔的策略、技巧和艺术也相当重要。如何看待和对待索赔,实际上是个经营战略问题,是承包商对利益、关系、信誉等方面的综合权衡。首先承包商应防止两种极端倾向:

(1)只讲关系、义气和情景,忽视应有的合理索赔,致使企业遭受不应有的经济损失。

(2)不顾关系,过分注重索赔,斤斤计较,缺乏长远和战略目光,以致影响合同关系、企业信誉和长远利益。

1.索赔策略

索赔成功的首要条件,是建好工程。只有建好工程,才能赢得业主和监理工程师在索赔问题上的合作态度,才能使承包商在索赔争端的调解和仲裁中处于有利的位置。因此,必须把建好合同项目,认真履行合同义务放在首要的位置上。

索赔的战略和策略研究,针对不同的情况,包含着不同的内容,有不同的侧重点。一般应研究以下几个方面:

(1)确定索赔目标。承包商的索赔目标是指承包商对索赔的基本要求,可对要达到的目标进行分解,按难易程度排队,并大致分析它们各自实现的可能性,从而确定最低、最高目标。

分析实现目标的风险状况,如能否在索赔有效期内及时提出索赔,能否按期完成合同规定的工程量,按期交付工程,能否保证工程质量,等等。总之,要注意对索赔风险的防范,否则会影响索赔目标的实现。

(2)对被索赔方的分析。分析对方的兴趣和利益所在,要让索赔在友好和谐的气氛中进行。处理好单项索赔和一揽子索赔的关系,对于理由充分而重要的单项索赔应力争尽早解决,对于发包人坚持后拖解决的索赔,要按发包人意见认真积累有关资料,为一揽子解决准备充分的材料。要根据对方的利益所在,对双方感兴趣的地方,承包商就在不过多损害自己利益的情况下作适当让步,打破问题的僵局。在责任分析和法律分析方面要适当,在对方愿意接受索赔的情况下,就不要得理不让人,否则反而达不到索赔目的。

(3)承包商的经营战略分析。承包商的经营战略直接制约着索赔的策略和计划。在分析发包人情况和工程所在地情况以后,承包商应考虑有无可能与发包人继续进行新的合作,是否在当地继续扩展业务,承包商与发包人之间的关系对在当地开展业务有何影响等等。这些问题决定着承包商的整个索赔要求和解决的方法。

(4)对外关系分析。利用同监理工程师、设计单位、发包人的上级主管部门对发包人施加影响,往往比同发包人直接谈判更有效。承包商要同这些单位搞好关系,取得他们的同情和支持,并与发包人沟通。这就要求承包商对这些单位的关键人物进行分析,同他们搞好关系,利用他们同发包人的微妙关系从中斡旋、调停,能使索赔达到十分理想的效果。

(5)谈判过程分析。索赔一般都在谈判桌上最终解决,索赔谈判是合同双方面对面的较量,是索赔能否取得成功的关键。一切索赔的计划和策略都要在谈判桌上体现和接受检验,因此,在谈判之前要做好充分准备,对谈判的可能过程要做好分析。

因为索赔谈判是承包商要求业主承认自己的索赔,承包商处于很不利的地位,如果谈判一开始就气氛紧张,情绪对立,有可能导致发包人拒绝谈判,使谈判旷日持久,这是最不利于解决索赔问题的。谈判应从发包人关心的议题入手,从发包人感兴趣的问题开谈,稳扎稳打,并始终注意保持友好和谐的谈判气氛。

2. 索赔技巧

索赔的技巧是为索赔的战略和策略目标服务的,因此,在确定了索赔的战略和策略目标之后,索赔技巧就显得格外重要,它是索赔策略的具体体现。索赔技巧应因人、因客观环境条件而异,现提出以下各项供参考。

(1)要及早发现索赔机会。一个有经验的承包商,在投标报价时就应该考虑到将来可能要发生索赔的问题,要仔细研究招标文件中的合同条款和规范,仔细查勘施工现场,探索可能索赔的机会,在报价时要考虑索赔的需要。在进行单价分析时,应列入生产效率,把工程成本与投入资源的效率结合起来。这样,在施工过程中论证索赔原因时,可引用效率降低来论证索赔的根据。

在索赔谈判中,如果没有效率降低的资料,则很难说服监理工程师和发包人,索赔无取胜可能。反而可能被认为,生产效率的降低是承包商施工组织不好,没达到投标时的效率,应采取措施提高效率,赶上工期。

要论证效率降低,承包商应做好施工记录,记录好每天使用的设备工时、材料和人工数量,完成的工程量及施工中遇到的问题。

(2)商签好合同协议。在商签合同过程中,承包商应对明显把重大风险转嫁给承包商的合同条件提出修改的要求,对其达成修改的协议应以"谈判纪要"的形式写出,作为该合同文件的有效组成部分。

(3)对口头变更指令要得到确认。工程师常常乐于用口头指令工程变更,如果承包商不对工程师的口头指令予以书面确认,就进行变更工程的施工。此后,有的工程师矢口否认,拒绝承包商的索赔要求,使承包商有苦难言。

(4)及时发出"索赔通知书"。一般合同都规定,索赔事件发生后的一定时间内,承包商必须送出"索赔通知书",过期无效。

(5)索赔事由论证要充足。承包合同通常规定,承包商在发出"索赔通知书"后,每隔一定时间,应报送一次证据资料,在索赔事件结束后的 28 日内报送总结性的索赔计算及索赔论证,提交索赔报告。索赔报告一定要令人信服,经得起推敲。

(6)索赔计价方法和款额要适当。索赔计算时采用"附加成本法"容易被对方接受。因为这种方法只计算索赔事件引起的计划外的附加开支,计价项目具体,使经济索赔能较快得到解决。另外索赔计价不能过高,要价过高容易让对方发生反感,使索赔报告束之高阁,长期得不到解决。另外还有可能让发包人准备周密的反索赔计价,以高额的反索赔对付高额的索赔,使索赔工作更加复杂化。

(7)力争单项索赔,避免一揽子索赔。单项索赔事件简单,容易解决,而且能及时得到支付。一揽子索赔,问题复杂,金额大,不易解决,往往到工程结束后还得不到付款。

(8)坚持采用"清理账目法"。承包商往往只注意接受发包人按月结算索赔款,而忽略了索赔款的不足部分,没有以文字的形式保留自己今后应获得不足部分款额的权利,等于同意并承认了发包人对该项索赔的付款,以后再无权追索。

因为在索赔支付过程中,承包商和工程师对确定新单价和工程量方面经常存在不同意见。按合同规定,工程师有决定单价的权力,如果承包商认为工程师的决定不尽合理,而坚持自己的要求时,可同意接受工程师决定的"临时单价",或按"临时价格"付款,先拿到一部分索赔款,对其余不足部分,则书面通知工程师和发包人,作为索赔款的余额,保留自己的索赔权利,否则,将失去了将来要求付款的权利。

（9）力争友好解决,防止对立情绪。索赔争端是难免的,如果遇到争端不能理智地协商讨论问题,使一些本来可以解决的问题悬而未决。承包商尤其要头脑冷静,防止对立情绪,力争友好解决索赔争端。

（10）注意同工程师搞好关系。工程师是处理解决索赔问题的公正的第三方,注意同工程师搞好关系,争取工程师的公正裁决,竭力避免仲裁或诉讼。

七、施工索赔在工程项目管理中的意义

施工索赔是承包商维护自己正当合法权益的重要手段,承包商可以通过施工索赔在以下四个方面加强对项目的管理。

（1）加强合同管理。索赔和合同管理有直接联系,合同是索赔的依据。整个索赔处理的过程就是执行合同的过程,所以有人称索赔为合同索赔。

从项目招投标开始,发包人和承包商就要对合同的索赔条款认真分析。工程开工之后,合同管理人员要将每日实施合同的情况与签订合同时分析的结果相对照,如果合同实施受到干扰,就要分析是否有索赔机会,一旦出现索赔机会,承包商就应及时对是否提出索赔作出决定。

（2）重视施工计划管理。工程计划管理一般指项目实施方案、进度安排、施工顺序和对所需劳动力、机械、材料的使用安排。在施工过程中,实际实施情况与原计划进行比较,一旦发生偏离就要分析其原因和责任,如果这种偏离使合同的一方受到损失,损失方就应向责任方提出索赔。为了免受索赔,合同双方都必须重视自己在完成工程计划中的责任,加强对工程计划的管理。所以说索赔是计划管理的动力。

（3）注意工程成本控制。工程投标报价的基础是工程成本的计算,承包商按合同规定的工程类别和工程量、工程所处的自然、经济和社会环境、企业内部的技术和经营管理水平,对工程的成本作出详细的计算。在合同实施过程中,承包商可以通过对工程成本的控制,找出实际成本与报价时计算的预算成本发生差异的原因,如果实际工程成本增加不是承包商自身的原因造成的,就应该寻找索赔机会,及时挽回工程成本的损失。索赔是以赔偿实际损失为原则,故要有切实可靠的工程成本计算依据。这就要求承包商必须建立完整的工程成本核算体系,及时准确地提供工程的成本核算资料。

(4)提高文档管理水平。索赔必须要求有充分证据,证据是索赔报告的重要组成部分,证据不足或证据不充分,要取得索赔成功是相当困难的。因建筑工程施工期长、工程涉及的面很广,工程资料多。如果文档管理混乱,资料不及时整理和保存,就会给索赔证据的提供带来很大的困难。因此,承包商应派专人负责工程资料和各种经济活动的资料的收集和整理,要利用计算机管理信息系统提高文档管理水平。

八、通常可能提出索赔的干扰事件

在施工过程中,通常可能提出索赔的干扰事件主要有:

(1)发包人没有按合同规定的时间交付设计图纸数量和资料,未按时交付合格的施工现场等,造成工程拖延和损失。

(2)工程地质条件与合同规定、设计文件不一致。

(3)发包人或监理工程师变更原合同规定的施工顺序,扰乱了施工计划及施工方案,使工程数量有较大增加。

(4)发包人指令提高设计、施工、材料的质量标准。

(5)由于设计错误或发包人、工程师错误指令,造成工程修改、返工、窝工等损失。

(6)发包人和监理工程师指令增加额外工程,或指令工程加速。

(7)发包人未能及时支付工程款。

(8)物价上涨,汇率浮动,造成材料价格、工人工资上涨,承包商蒙受较大损失。

(9)国家政策、法令修改。

(10)不可抗力因素等。

第二节　　建设工程施工索赔处理

一、索赔工作的特点

与工程项目的其他管理工作不同,索赔的处理和解决有如下特点:

(1)对一特定干扰事件的索赔没有预定的统一的标准解决方式。要达到索赔的目的需要许多条件。主要影响因素有:

1)合同背景,即合同的具体规定。索赔的处理过程、解决方法、依据、索赔值的计算方法都由合同规定。不同的合同,对风险有不同的定义和规定,有不同的赔(补)偿范围、条件和方法,则索赔就会有不同的解决结果,甚至有时索赔还涉及适用于合同关系的法律。

2)发包人以及工程师的信誉、公正性和管理水平。如果发包人和工程师的信誉好,处理问题比较公正,能实事求是地对待承包商的索赔要求,则索赔比较容易解决;如果他们中有一人或两人都不讲信誉,办事不公正,则索赔就很难解决。虽然承包商有将索赔争执提交仲裁的权力,但大多数索赔争执是不能提交仲裁的,因为仲裁费时、费钱、费精力,而且大多数索赔数额较小,不值得仲裁。它们的解决只有靠发包人、工程师和承包商三方协商。

3)承包商的工程管理水平。从承包商的角度来说,这是影响索赔的主要因素,包括:

①承包商能否全面完成合同责任,严格执行合同,不违约。

②工程管理中有无失误行为。

③是否有一整套合同监督、跟踪、诊断程序,并严格执行这些程序。

④是否有健全有效的文档管理系统等。

4)承包商的索赔业务能力。如果承包商重视索赔,熟悉索赔业务,严格按合同规定的要求和程序提出索赔,有丰富的索赔处理经验,注重索赔策略和方法的研究,则容易取得索赔的成功。

5)合同双方的关系。合同双方关系密切,发包人对承包商的工作和工程感到满意,则索赔易于解决;如果双方关系紧张,发包人对承包商抱着不信任的,甚至是敌对的态度,则索赔难以解决。

(2)索赔和律师打官司相似,索赔的成败常常不仅在于事件本身的实情,而且在于能否找到有利于自己的书面证据,能否找到为自己辩护的法律(合同)条文。

(3)对干扰事件造成的损失,承包商只有"索",发包人才有可能"赔",不"索"则不"赔"。如果承包商自己放弃索赔机会,例如,没有索赔意识,不重视索赔,或不懂索赔;不精通索赔业务,不会索赔;或对索赔缺乏信心,怕得罪发包人,失去合作机会,或怕后期合作困难,不敢索赔。任何发包人都不可能主动提出赔偿,一般情况下,工程师也不会提示或主动要求承包商向发包人索赔。所以索赔完全在于承包商自己,他必须有主动性和积极性。

(4)索赔是以利益为原则,而不是以立场为原则,不以辨明是非为目的。承包商追求的是,通过索赔(当然也可以通过其他形式或名目)使自己的损失得到补偿,获得合理的收益。在整个索赔的处理和解决过程中,承包商必须牢牢把握这个方向。由于索赔要求只有最终获得发包人、工程师、或调解人、或仲裁人等的认可才有效,最终获得赔偿才算成功,所以索赔的技巧和策略极为重要。承包商应考虑采用不同的形式、手段,采取各种措施争取索赔的成功,同时既不损害双方的友谊,又不损害自己的声誉。

(5)由于合同管理注重实务,所以对案例的研究是十分重要的。在国际工程中,许多合同条款的解释和索赔的解决要符合通常大家公认的一些案例,甚至可以直接引用过去典型案例的解决结果作为索赔理由。但对索赔事件的处理和解决又要具体问题具体分析,不可盲目照搬以前的案例或一味凭经验办事。

二、索赔工作的程序

索赔工作程序是指从索赔事件产生到最终处理全过程所包括的工作内容和

工作步骤。由于索赔工作实质上是承包商和业主在分担工程风险方面的重新分配过程，涉及双方的众多经济利益，因而是一项繁琐、细致、耗费精力和时间的过程。因此，合同双方必须严格按照合同规定办事，按合同规定的索赔程序工作，才能获得成功的索赔。

承包人的索赔程序通常可分为以下几个步骤(图 10-1)。

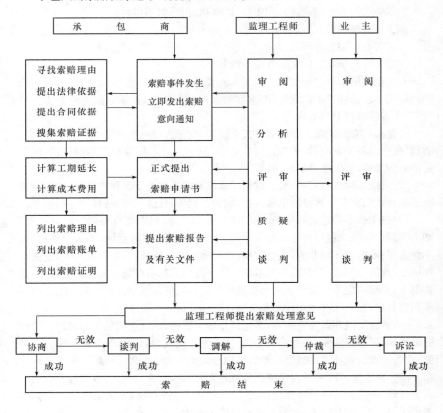

图 10-1　施工索赔程序示意图

1. 发出索赔意向通知

索赔事件发生后，承包商应在合同规定的时间内，及时向发包人或工程师书面提出索赔意向通知，亦即向发包人或工程师就某一个或若干个索赔事件表示索赔愿望、要求或声明保留索赔的权利。索赔意向的提出是索赔工作程序中的第一步，其关键是抓住索赔机会，及时提出索赔意向。

我国建设工程施工合同条件规定:承包商应在索赔事件发生后的 28 天内,将其索赔意向通知工程师。反之如果承包商没有在合同规定的期限内提出索赔意向或通知,承包商则会丧失在索赔中的主动和有利地位,发包人和工程师也有权拒绝承包商的索赔要求,这是索赔成立的有效和必备条件之一。因此在实际工作中,承包商应避免合理的索赔要求由于未能遵守索赔时限的规定而导致无效。

施工合同要求承包商在规定期限内首先提出索赔意向,是基于以下考虑:

(1)提醒发包人或工程师及时关注索赔事件的发生、发展等全过程。

(2)为发包人或工程师的索赔管理作准备,如可进行合同分析、搜集证据等。

(3)如属发包人责任引起索赔,发包人有机会采取必要的改进措施,防止损失的进一步扩大。

(4)对于承包商来讲,意向通知也可以起到保护作用,使承包商避免"因被称为'志愿者'而无权取得补偿"的风险。

在实际的工程承包合同中,对索赔意向提出的时间限制不尽相同,只要双方经过协商达成一致并写入合同条款即可。

一般索赔意向通知仅仅是表明意向,应写的简明扼要,涉及索赔内容但不涉及索赔数额。通常包括以下几个方面的内容:

(1)事件发生的时间和情况的简单描述。

(2)合同依据的条款和理由。

(3)有关后续资料的提供,包括及时记录和提供事件发展的动态。

(4)对工程成本和工期产生的不利影响的严重程度,以期引起工程师(发包人)的注意。

2. 资料准备

监理工程师和发包人一般都会对承包商的索赔提出一些质疑,要求承包商作出解释或出具有力的证明材料。因此,承包商在提交正式的索赔报告之前,必须尽力准备好与索赔有关的一切详细资料,以便在索赔报告中使用,或在监理工程师和发包人要求时出示。根据工程项目的性质和内容不同,索赔时应准备的证据资料也是多种多样,复杂万变的。但从多年工程的索赔实践来看,承包商应该准备和提交的索赔账单和证据资料主要如下:

(1)施工日志。应指定有关人员现场记录施工中发生的各种情况,包括天气、出工人数、设备数量及使用情况、进度情况、质量情况、安全情况、监理工程师在现场有什么指示、进行了什么试验、有无特殊干扰施工的情况、遇到了什么不利的现场条件、多少人员参观了现场等等。这种现场记录和日志有利于及时发现和正确分析索赔,可能成为索赔的重要证明材料。

(2)来往信件。对与监理工程师、发包人和有关政府部门、银行、保险公司的来往信函,必须认真保存,并注明发送和收到的详细时间。

(3)气象资料。在分析进度安排和施工条件时,天气是应考虑的重要因素之一,因此,要保持一份真实、完整、详细的天气情况记录,包括气温、风力、湿度、降雨量、暴风雪、冰雹等。

(4)备忘录。承包商对监理工程师和发包人的口头指示和电话应随时用书面记录,并请签字给予书面确认。事件发生和持续过程中的重要情况都应有记录。

(5)会议纪要。承包商、发包人和监理工程师举行会议时要做好详细记录,对其主要问题形成会议纪要,并由会议各方签字确认。

(6)工程照片和工程声像资料。这些资料都是反映工程客观情况的真实写照,也是法律承认的有效证据,对重要工程部位应拍摄有关资料并妥善保存。

(7)工程进度计划。承包商编制的经监理工程师或发包人批准同意的所有工程总进度、年进度、季进度、月进度计划都必须妥善保管,任何有关工期延误的索赔中,进度计划都是非常重要的证据。

(8)工程核算资料。所有人工、材料、机械设备使用台账,工程成本分析资料,会计报表,财务报表,货币汇率,现金流量,物价指数,收付款票据,都应分类装订成册,这些都是进行索赔费用计算的基础。

(9)工程报告。包括工程试验报告、检查报告、施工报告、进度报告、特别事件报告等。

(10)工程图纸。工程师和发包人签发的各种图纸,包括设计图、施工图、竣工图及其相应的修改图,承包商应注意对照检查和妥善保存。对于设计变更索赔,原设计图和修改图的差异是索赔最有力的证据。

(11)招投标阶段有关现场考察和编标的资料,各种原始单据(工资单,材料设备采购单),各种法规文件,证书证明等,都应积累保存,它们都有可能是某项索赔的有力证据。

由此可见,高水平的文档管理信息系统,对索赔的资料准备和证据提供是极为重要的。

3. 索赔报告的编写

索赔报告是承包商在合同规定的时间内向监理工程师提交的要求发包人给予一定经济补偿和延长工期的正式书面报告。索赔报告的水平与质量如何,直接关系到索赔的成败与否。大型土木工程项目的重大索赔报告,承包商都是非常慎重、认真而全面地论证和阐述,充分地提供证据资料,甚至专门聘请合同及索赔管理方面的专家,帮助编写索赔报告,以尽力争取索赔成功。承包商的索赔报告必须有力地证明:自己正当合理的索赔报告资格,受损失的时间和金钱,以及有关事项与损失之间的因果关系。

编写索赔报告应注意以下几个问题:

(1)索赔报告的基本要求。首先,必须说明索赔的合同依据,即基于何种理由都有资格提出索赔要求,一种是根据合同某条某款规定,承包商有资格因合同变更或追加额外工作而取得费用补偿和(或)延长工期;一种是发包人或其代理人如何违反合同规定给承包商造成损失，承包商有权索取补偿。第二，索赔报告中必须有详细准确的损失金额及时间的计算。第三，要证明客观事实与损失之间的因果关系，说明索赔事件前因后果的关联性，要以合同为依据，说明发包人违约或合同变更与引起索赔的必然性联系。如果不能有理有据说明因果关系，而仅在事件的严重性和损失的巨大上花费过多的笔墨，对索赔的成功都无济于事。

（2）索赔报告必须准确。编写索赔报告是一项比较复杂的工作，须有一个专门的小组和各方的大力协助才能完成。索赔小组的人员应具有合同、法律、工程技术、施工组织计划、成本核算、财务管理、写作等各方面的知识，进行深入的调查研究，对较大的、复杂的索赔需要请有关专家咨询，对索赔报告进行反复讨论和修改，写出的报告不仅有理有据，而且必须准确可靠。应特别强调以下几点：

1）责任分析应清楚、准确。在报告中所提出索赔的事件的责任是对方引起的，应把全部或主要责任推给对方，不能有责任含混不清和自我批评式的语言。要做到这一点，就必须强调索赔事件的不可预见性，承包商对它不能有所准备，事发后尽管采取能够采取的措施也无法制止；指出索赔事件使承包商工期拖延，费用增加的严重性和索赔值之间的直接因果关系。

2）索赔值的计算依据要正确，计算结果要准确。计算依据要用文件规定的和公认合理的计算方法，并加以适当的分析。数字计算上不要有差错，一个小的计算错误可能影响到整个计算结果，容易给人对索赔的可信度产生不好的印象。

3）用词要婉转和恰当。在索赔报告中要避免使用强硬的不友好的抗议式的语言。不能因语言而伤害了和气和双方的感情。切记断章取义、牵强附会、夸大其词。

（3）索赔报告的内容。在实际承包工程中，索赔报告通常包括 3 个部分：

1）承包商或其他的授权人致发包人或工程师的信。信中简要介绍索赔的事项、理由和要求，说明随函所附的索赔报告正文及证明材料情况等。

2）索赔报告正文。针对不同格式的索赔报告，其形式可能不同，但实质性的内容相似，一般主要包括：

①题目。简要地说明针对什么提出索赔。

②索赔事件陈述。叙述事件的起因，事件经过，事件过程中双方的活动，事件的结果，重点叙述我方按合同所采取的行为，对方不符合合同的行为。

③理由。总结上述事件，同时引用合同条文或合同变更和补充协议条文，证明对方行为违反合同或对方的要求超过合同规定，造成了该项事件，有责任对此造成的损失作出赔偿。

④影响。简要说明事件对承包商施工过程的影响，而这些影响与上述事件有直接的因果关系。重点围绕由于上述事件原因造成的成本增加和工期延长。

⑤结论。对上述事件的索赔问题作出最后总结，提出具体索赔要求，包括工期索赔和费用索赔。

3)附件。该报告中所列举事实、理由、影响的证明文件和各种计算基础、计算依据的证明文件。

索赔报告正文该编写至何种程度,需附上多少证明材料,计算书该详细到和准确到何种程度,这都根据监理工程师评审索赔报告的需要而定。对承包商来说,可以用过去的索赔经验或直接询问工程师或发包人的意图,以便配合协调,有利于施工和索赔工作的开展。

4. 索赔报告的递交

索赔意向通知提交后的 28 天内,或工程师可能同意的其他合理时间,承包人应递送正式的索赔报告。

如果索赔事件的影响持续存在,28 天内还不能算出索赔额和工期展延天数时,承包人应按工程师合理要求的时间间隔(一般为 28 天),定期陆续报出每一个时间段内的索赔证据资料和索赔要求。在该项索赔事件的影响结束后的 28 天内,报出最终详细报告,提出索赔论证资料和累计索赔额。

承包人发出索赔意向通知后,可以在工程师指示的其他合理时间内再报送正式索赔报告,也就是说,工程师在索赔事件发生后有权不马上处理该项索赔。如果事件发生时,现场施工非常紧张,工程师不希望立即处理索赔而分散各方抓施工管理的精力,可通知承包人将索赔的处理留待施工不太紧张时再去解决。但包人的索赔意向通知必须在事件发生后的 28 天内提出,包括因对变更估价双方不能取得一致意见,而先按工程师单方面决定的单价或价格执行时,承包人提出的保留索赔权利的意向通知。如果承包人未能按时间规定提出索赔意向和索赔报告,则他就失去了就该项事件请求补偿的索赔权力。此时他所受到损害的补偿,将不超过工程师认为应主动给予的补偿额。

5. 索赔报告的审查

施工索赔的提出与审查过程,是当事双方在承包合同基础上,逐步分清某些索赔事件中的权力和责任以使其数量化的过程。作为发包人或工程师,应明确审查的目的和作用,掌握审查的内容和方法,处理好索赔审查中的特殊问题,促进工程的顺利进行。

当承包商将索赔报告呈交工程师后,工程师首先应予以审查和评价,然后与发包人和承包商一起协商处理。

在具体索赔审查操作中,应首先进行索赔资格条件的审查,然后进行索赔具体数据的审查,如图 10-2 所示。

(1)工程师审核承包人的索赔申请。接到承包人的索赔意向通知后,工程师应建立自己的索赔档案,密切关注事件的影响,检查承包人的同期记录时,随时就记录内容提出他的不同意见或他希望应予以增加的记录项目。

在接到正式索赔报告以后,认真研究承包人报送的索赔资料。首先在不确认责任归属的情况下,客观分析事件发生的原因,重温合同的有关条款,研究承包人

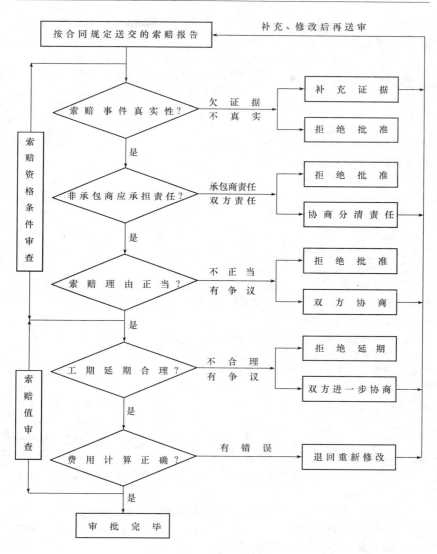

图 10-2　索赔审查的程序

的索赔证据,并检查他的同期记录;其次通过对事件的分析,工程师再依据合同条款划清责任界限,必要时还可以要求承包人进一步提供补充资料。尤其是对承包人与发包人或工程师都负有一定责任的事件影响,更应划出各方应该承担合同责任的比例。最后再审查承包人提出的索赔补偿要求,剔除其中的不合理部分,拟定自己计算的合理索赔数额和工期顺延天数。

(2)判定索赔成立的原则。工程师判定承包人索赔成立的条件为:

1)与合同相对照,事件已造成了承包人施工成本的额外支出,或总工期延误。

2)造成费用增加或工期延误的原因,按合同约定不属于承包人应承担的责任,包括行为责任或风险责任。

3)承包人按合同规定的程序提交了索赔意向通知和索赔报告。

上述3个条件没有先后主次之分,应当同时具备。只有工程师认定索赔成立后,才处理应给予承包人的补偿额。

(3)对索赔报告的审查。

1)事态调查。通过对合同实施的跟踪、分析了解事件经过、前因后果,掌握事件详细情况。

2)损害事件原因分析。即分析索赔事件是由何种原因引起,责任应由谁来承担。在实际工作中,损害事件的责任有时是多方面原因造成,故必须进行责任分解,划分责任范围。按责任大小,承担损失。

3)分析索赔理由。主要依据合同文件判明索赔事件是否属于未履行合同规定义务或未正确履行合同义务导致,是否在合同规定的赔偿范围之内。只有符合合同规定的索赔要求才有合法性,才能成立。

4)实际损失分析。即分析索赔事件的影响,主要表现为工期的延长和费用的增加。如果索赔事件不造成损失,则无索赔可言。损失调查的重点是分析、对比实际和计划的施工进度,工程成本和费用方面的资料,在此基础核算索赔值。

5)证据资料分析。主要分析证据资料的有效性、合理性、正确性,这也是索赔要求有效的前提条件。如果在索赔报告中提不出证明其索赔理由、索赔事件的影响、索赔值的计算等方面的详细资料,索赔要求是不能成立的。如果工程师认为承包人提出的证据不能足以说明其要求的合理性时,可以要求承包人进一步提交索赔的证据资料。

(4)工程师可根据自己掌握的资料和处理索赔的工作经验提出以下问题:

1)索赔事件不属于发包人和监理工程师的责任,而是第三方的责任。

2)事实和合同依据不足。

3)承包商未能遵守意向通知的要求。

4)合同中的开脱责任条款已经免除了发包人补偿的责任。

5)索赔是由不可抗力引起的,承包商没有划分和证明双方责任的大小。

6)承包商没有采取适当措施避免或减少损失。

7)承包商必须提供进一步的证据。

8)损失计算夸大。

9)承包商以前已明示或暗示放弃了此次索赔的要求等等。

在评审过程中，承包商应对工程师提出的各种质疑作出圆满的答复。

6. 索赔的处理与解决

从递交索赔文件到索赔结束是索赔的处理与解决过程。经过工程师对索赔文件的评审，与承包商进行比较充分的讨论后，工程师应提出对索赔处理决定的初步意见，并参加发包人和承包商之间的索赔谈判，根据谈判达成索赔最后处理的一致意见。

如果索赔在发包人和承包商之间未能通过谈判得以解决，可将有争议的问题进一步提交工程师决定，如果一方对工程师的决定不满意，双方可寻求其他友好解决方式，例如中间人调解、争议评审团评议等，如果友好解决无效，一方可将争端提交仲裁或诉讼。

一般合同条件规定争端的解决程序如下：

（1）合同的一方就其争端的问题书面通知工程师，并将一份副本提交对方。

（2）工程师应在收到有关争端的通知后在合同规定的时间内作出决定，并通知发包人和承包商。

（3）发包人和承包商在收到工程师决定的通知后均未在合同规定的时间内发出要将该争端提交仲裁的通知，则该决定视为最后决定，对发包人和承包商均有约束力。若一方不执行此决定，另一方可按对方违约提出仲裁通知，并开始仲裁。

（4）如果发包人或承包商对工程师的决定不同意，或在要求工程师作决定的书面通知发出后，未在合同规定的时间内得到工程师决定的通知，任何一方可在其后按合同规定的时间内就其所争端的问题向对方提出仲裁意向通知，将一份副本送交工程师。在仲裁开始前应设法友好协商解决双方的争端。

工程项目实施中会发生各种各样、大大小小的索赔、争议等问题，应该强调，合同各方应该争取尽量在最早的时间、最低的层次，尽最大可能以友好协商的方式解决索赔问题，不要轻易提交仲裁。因为对工程争议的仲裁往往是非常复杂的，要花费大量的人力、物力、财力和精力，对工程建设也会带来不利，有时甚至是严重的影响。

《示范文本》规定，承包人未能按合同约定履行自己的各项义务或发生错误而给发包人造成损失时，发包人也应按合同约定向承包人提出索赔。

三、索赔机会

在合同实施过程中经常会发生一些非承包商责任引起的，而且承包商不能影响的干扰事件。它们不符合"合同状态"，造成施工工期的拖延和费用的增加是承包商的索赔机会。承包商必须对索赔机会有敏锐的感觉。寻找和发现索赔机会是索赔的第一步。

在承包合同的实施中，索赔机会通常表现为如下现象：

（1）发包人或他的代理人、工程师等有明显的违反合同，或未正确地履行合同责任的行为。

(2)承包商自己的行为违约,已经或可能完不成合同责任,但究其原因却在发包人、工程师或他的代理人等。由于合同双方的责任是互相联系,互为条件的,如果承包商违约的原因是发包人造成,同样是承包商的索赔机会。

(3)工程环境与"合同状态"的环境不一样,与原标书规定不一样,出现"异常"情况和一些特殊问题。

(4)合同双方对合同条款的理解发生争执,或发现合同缺陷,图纸出错等。

(5)发包人和工程师作出变更指令,双方召开变更会议,双方签署了会谈纪要、备忘录、修正案、附加协议。

(6)在合同监督和跟踪中承包商发现工程实施偏离合同,如月形象进度与计划不符、成本大幅度增加、资金周转困难、工程停滞、质量标准提高、工程量增加、施工计划被打乱、施工现场紊乱、实际的合同实施不符合合同事件表中的内容或存在差异等。

寻找索赔机会是合同管理人员的工作重点之一。一经发现索赔机会就应进行索赔处理,不能有任何拖延。

四、索赔证据

1. 索赔证据的收集

索赔证据是关系到索赔成败的重要文件之一,在索赔过程中应注重对索赔证据的收集。否则即使抓住了合同履行中的索赔机会,但拿不出索赔证据或证据不充分,则索赔要求往往难以成功或被大打折扣。又或者拿出的证据漏洞百出,前后自相矛盾,经不起对方的推敲和质疑,不仅不能促进自方索赔要求的成功,反而会被对方作为反索赔的证据,使承包商在索赔问题上处于极为不利的地位。因此,收集有效的证据是搞好索赔管理中不可忽视的一部分。

2. 索赔证据的分类

索赔证据通常有表 10-2 中的几类。

表 10-2　　　　　　　　　　　索赔证据的分类

索赔证据的种类	证明干扰事件存在和事件经过的证据,主要有来往信件、会谈纪要、发包人指令等
	证明干扰事件责任和影响的证据
	证明索赔理由的证据,如合同文件、备忘录等
	证明索赔值的计算基础和计算过程的证据,如各种账单、记工单、工程成本报表等

3. 有效索赔证据特征

在合同实施过程中,资料很多,面很广。因而在索赔中要分析考虑发包人和仲裁人需要哪些证据,及哪些证据最能说明问题,最有说服力等,这需要索赔管理人员有较丰富的索赔工作经验。而在诸多证据中,有效的索赔证据是顺利成功地解决索赔争端的有利条件。

一般有效的索赔证据都具有以下几个特征:

(1)及时性:既然干扰事件已发生,又意识到需要索赔,就应在有效时间内提出索赔意向。在规定的时间内报告事件的发展影响情况,在规定时间内提交索赔的详细额外费用计算账单,对发包人或工程师提出的疑问及时补充有关材料。如果拖延太久,将增加索赔工作的难度。

(2)真实性:索赔证据必须是在实际过程中产生,完全反映实际情况,能经得住对方的推敲。由于在工程过程中合同双方都在进行合同管理,收集工程资料,所以双方应有相同的证据。使用不实的、虚假证据是违反商业道德甚至法律的。

(3)全面性:所提供的证据应能说明事件的全过程。索赔报告中所涉及的干扰事件、索赔理由、影响、索赔值等都应有相应的证据,不能凌乱和支离破碎,否则发包人将退回索赔报告,要求重新补充证据。这会拖延索赔的解决,损害承包商在索赔中的有利地位。

(4)法律证明效力:索赔证据必须有法律证明效力,特别对准备递交仲裁的索赔报告更要注意这一点。

1)证据必须是当时的书面文件,一切口头承诺、口头协议不算。

2)合同变更协议必须由双方签署,或以会谈纪要的形式确定,且为决定性决议。一切商讨性、意向性的意见或建议都不算。

3)工程中的重大事件、特殊情况的记录应由工程师签署认可。

4. 索赔证据的种类

索赔的证据主要来源于施工过程中的信息和资料。承包商只有平时经常注意这些信息资料的收集、整理和积累,存档于计算机内,才能在索赔事件发生时,快速地调出真实、准确、全面、有说服力、具有法律效力的索赔证据来。

可以直接或间接作为索赔证据的资料很多,详见表 10-3。

表 10-3　　　　　　　　　　　　　索赔的证据

施工记录方面	财务记录方面
(1)施工日志	(1)施工进度款支付申请单
(2)施工检查员的报告	(2)工人劳动计时卡
(3)逐月分项施工纪要	(3)工人分布记录
(4)施工工长的日报	(4)材料、设备、配件等的采购单
(5)每日工时记录	(5)工人工资单
(6)同发包人代表的往来信函及文件	(6)付款收据

（续表）

施工记录方面	财务记录方面
(7)施工进度及特殊问题的照片或录像带	(7)收款单据
(8)会议记录或纪要	(8)标书中财务部分的章节
(9)施工图纸	(9)工地的施工预算
(10)发包人或其代表的电话记录	(10)工地开支报告
(11)投标时的施工进度表	(11)会计日报表
(12)修正后的施工进度表	(12)会计总账
(13)施工质量检查记录	(13)批准的财务报告
(14)施工设备使用记录	(14)会计往来信函及文件
(15)施工材料使用记录	(15)通用货币汇率变化表
(16)气象报告	(16)官方的物价指数、工资指数
(17)验收报告和技术鉴定报告	

第三节　建设工程施工索赔计算

一、索赔项目的分类

对每项工程索赔，首先要提出索赔的事件和索赔的理由，不同的索赔事件和索赔理由所能得到的赔偿是不同的。因此，在进行索赔计算前，首先要对索赔项目按事件和原因分类，然后进行索赔分析，接着研究计算方法。

索赔项目按索赔事件和原因分类是很多的，要将它们一一列举是比较困难的，不过可以将它们进行归类，分别列出索赔的事件类型和索赔的原因类型，并将它们之间的关系用矩阵表达，见表 10-4。

表 10-4　　　　索赔事件类型与索赔原因类型关系矩阵

索赔事件类型	工程延期索赔	工程变更索赔	加速施工索赔	不利施工条件索赔
施工顺序变化	○	○	○	○
设计变更	○	√	○	○
放慢施工速度	√	×	×	×
工程师指令错误或未能及时给出指示	√	○	○	×
图纸或规范错误	○	√	×	√

（续表）

索赔事件类型	工程延期索赔	工程变更索赔	加速施工索赔	不利施工条件索赔
现场条件不符	○	×	×	√
地下障碍和文物	○	×	√	√
发包人未及时提供占用权	√	×	○	×
发包人不及时付款	√	×	×	×
发包人采购的材料设备问题	√	×	○	×
不利气候条件	√	×	○	√
暂时停工	√	×	○	×
不可抗力	√	×	○	×

　　另外，对索赔费用也进行分类，按照索赔费用与索赔原因的关系，也可用一矩阵表达，见表 10-5。

表 10-5　　　　　　　　　索赔原因类型与索赔费用类型关系矩阵

索赔费用类型	工程延期索赔	工程变更索赔	加速施工索赔	不利施工条件索赔
增加直接工时	×	√	×	×
生产率损失增加的直接工时	√	○	√	○
增加的劳务费率	√	○	√	○
增加的材料数量	×	√	○	○
增加的材料单价	√	○	○	○
增加的分包商的工作	×	√	×	○
增加的分包商的费用	√	○	○	○
设备出租的费用	○	√	√	√
自有设备使用的费用	√	√	○	√
增加自有设备费率的费用	○	×	○	×
现场的工作管理费（可变）	○	√	○	○
现场的工作管理费（固定）	√	×	×	×
公司管理费（可变）	○	○	○	○
公司管理费（固定）	√	○	×	○

（续表）

索赔费用类型	工程延期索赔	工程变更索赔	加速施工索赔	不利施工条件索赔
资金成本利息	√	○	○	○
利润	○	√	○	√
机会利润损失	○	○	○	

表 10-4 和表 10-5 中的"√"表示有关系，"○"表示可能有关系，"×"表示没有关系。

索赔费用的计算与产生索赔的原因有着密切关系。例如延期索赔，就不能得到增加的直接工时、增加的材料、增加的分包商工作。这是因为延期索赔，是由于发包人或设计者的原因，只是使承包商不能按原计划进行工作，并没有增加额外的工作，所以直接增加的工时、材料、分包商的工作都不能得到索赔。但是由于延期，打乱了承包商原定的施工组织计划，在人力、设备、资金方面要重作安排，由于施工时间拖后，可能使施工的环境条件(如天气)发生变化。这样有可能导致劳动生产率降低，劳务价格、材料价格上涨等，在这方面承包商多花的费用都应得到索赔。

在进行索赔计算之前，首先按上面两个表列出的矩阵关系进行分析，可以找出索赔事件和可得到的各类索赔费用的一定联系，从而理清索赔计算的思路。

二、干扰事件影响分析方法

承包商的索赔要求都表现为一定的、具体的索赔值，通常有工期的延长和费用的增加。在索赔报告中必须准确地、客观地估算干扰事件对工期和成本的影响，定量地提出索赔要求，出具详细的索赔值计算文件。计算文件通常是对方反索赔的攻击重点之一，所以索赔值的计算必须详细、周密，计算方法合情合理，各种计算基础数据有根有据。

但是，干扰事件直接影响的是承包商的施工过程。干扰事件造成施工方案、工程施工进度，劳动力、材料、机械的使用和各种费用支出的变化，最终表现为工期的延长和费用的增加。所以干扰事件对承包商施工过程的影响分析，是索赔值计算的前提。只有分析准确、透彻，索赔值计算才能正确、合理。

为了区分各方面的责任，这里的干扰事件必须是非承包商自己责任引起，而且不在合同规定的承包商应承担的风险范围内，符合合同规定的赔偿条件。

1. 分析基础

干扰事件的影响分析基础有两个：

(1)干扰事件的实情。干扰事件的实情，也就是事实根据。承包商可以提出索赔的干扰事件必须符合两个条件：

1)该干扰事件确实存在,而且事情的经过有详细的具有法律证明效力的书面证据。不真实、不肯定、没有证据或证据不足的事件是不能提出索赔的。在索赔报告中必须详细地叙述事件的前因后果,并附相应的各种证据。

2)干扰事件非承包商责任。干扰事件的发生不是由承包商引起的,或承包商对此没有责任。对在工程中因承包商自己或他的分包商等管理不善、错误决策、施工技术和施工组织失误、能力不足等原因造成的损失,应由承包商自己承担。所以在干扰事件的影响分析中应将双方的责任区分开来。

(2)合同背景。合同是索赔的依据,当然也是索赔值计算的依据。合同中对索赔有专门的规定,这首先必须落实在计算中。这主要有:

1)合同价格的调整条件和方法。

2)工程变更的补偿条件和补偿计算方法。

3)附加工程的价格确定方法。

4)发包人的合作责任和工期补偿条件等。

2. 分析方法

在实际工程中,干扰事件的原因比较复杂,许多因素、甚至许多干扰事件搅在一起,常常双方都有责任,难以具体分清。在这方面的争执较多。通常可以从对如下 3 种状态的分析入手,分清各方的责任,分析各干扰事件的实际影响,以准确地计算索赔值。

(1)合同状态分析。这里不考虑任何干扰事件的影响,仅对合同签订的情况作重新分析。

1)合同状态及分析基础。从总体上说,合同状态分析是重新分析合同签订时的合同条件、工程环境、实施方案和价格。其分析基础为招标文件和各种报价文件、包括合同条件、合同规定的工程范围、工程量表、施工图纸、工程说明、规范、总工期、双方认可的施工方案和施工进度计划、合同报价的价格水平等。

在工程施工中,由于干扰事件的发生,造成合同状态其他几个方面——合同条件、工程环境、实施方案的变化,原合同状态被打破。这是干扰事件影响的结果,就应按合同的规定,重新确定合同工期和价格。新的工期和价格必须在合同状态的基础上分析计算。

2)分析的内容和次序。合同状态分析的内容和次序为:

①各分项工程的工程量。

②按劳动组合确定人工费单价。

③按材料采购价格、运输、关税、损耗等确定材料单价。

④确定机械台班单价。

⑤按生产效率和工程量确定总劳动力用量和总人工费。

⑥列各事件表,进行网络计划分析,确定具体的施工进度和工期。

⑦劳动力需求曲线和最高需求量。

⑧工地管理人员安排计划和费用。

⑨材料使用计划和费用。

⑩机械使用计划和费用。

⑪各种附加费用。

⑫各分项工程单价、报价。

⑬工程总报价等。

3)分析的结论。合同状态分析确定的是:如果合同条件、工程环境、实施方案等没有变化,则承包商应在合同工期内,按合同规定的要求完成工程施工,并得到相应的合同价格。

合同状态的计算方法和计算基础是极为重要的,它直接制约着后面所述的两种状态的分析计算。它的计算结果是整个索赔值计算的基础。在实际工作中,人们往往仅以自己的实际生产值、生产效率、工资水平和费用支出作为索赔值的计算基础,以为这即是索赔实际损失原则,这是一种误解。这样做常常会过高地计算了赔偿值,而使整个索赔报告被对方否定。

(2)可能状态分析。合同状态仅为计划状态或理想状态。在任何工程中,干扰事件是不可避免的,所以合同状态很难保持。要分析干扰事件对施工过程的影响,必须在合同状态的基础上加上干扰事件的分析。为了区分各方面的责任,这里的干扰事件必须为非承包商自己责任引起,而且不在合同规定的承包商应承担的风险范围内,才符合合同规定的赔偿条件。

仍然引用上述合同状态的分析方法和分析过程,再一次进行工程量核算,网络计划分析,确定这种状态下的劳动力、管理人员、机械设备、材料、工地临时设施和各种附加费用的需要量,最终得到这种状态下的工期和费用。

这种状态实质上仍为一种计划状态,是合同状态在受外界干扰后的可能情况,所以被称为可能状态。

(3)实际状态分析。按照实际的工程量、生产效率、人力安排、价格水平、施工方案和施工进度安排等确定实际的工期和费用。这种分析以承包商的实际工程资料为依据。

比较上述 3 种状态的分析结果可以看到:

1)实际状态和合同状态结果之差即为工期的实际延长和成本的实际增加量。这里包括所有因素的影响,如发包人责任的,承包商责任的,其他外界干扰的等。

2)可能状态和合同状态结果之差即为按合同规定承包商真正有理由提出工期和费用赔偿的部分。它直接可以作为工期和费用的索赔值。

3)实际状态和可能状态结果之差为承包商自身责任造成的损失和合同规定的承包商应承担的风险。它应由承包商自己承担,得不到补偿。

3. 分析注意事项

上述分析方法从总体上将双方的责任区分开来,同时又体现了合同精神,比较科学和合理。分析时应注意:

(1)索赔处理方法不同,分析的对象也会有所不同。在日常的单项索赔中仅需分析与该干扰事件相关的分部分项工程或单位工程的各种状态;而在一揽子索赔(总索赔)中,必须分析整个工程项目的各种状态。

(2)3 种状态的分析必须采用相同的分析对象、分析方法、分析过程和分析结果表达形式,如相同格式的表格。从而便于分析结果的对比,索赔值的计算,对方对索赔报告的审查分析等。

(3)分析要详细,能分出各干扰事件、各费用项目、各工程活动,这样使用分项法计算索赔值更方便。

(4)在实际工程中,不同种类、不同责任人、不同性质的干扰事件常常搅在一起。要准确地计算索赔值,必须将它们的影响区别开来,由合同双方分别承担责任。这是很困难的,会带来很大的争执。如果几类干扰事件搅在一起,互相影响,则分析就很困难。这里特别要注意各干扰事件的发生和影响之间的逻辑关系,即先后顺序关系和因果关系。这样干扰事件的影响分析和索赔值的计算才是合理的。

(5)如果分析资料多,对于复杂的工程或重大的索赔,采用人工处理必然花费许多时间和人力,常常达不到索赔的期限和准确度要求。在这方面引入计算机数据处理方法,将极大地提高工作效率。

三、工期索赔计算

1. 工期索赔的概念

在工程施工中,常常会发生一些未能预见的干扰事件使施工不能顺利进行,使预定的施工计划受到干扰,结果造成工期延长。

工期索赔就是取得发包人对于合理延长工期的合法性的确认。施工过程中,许多原因都可能导致工期拖延,但只有在某些情况下才能进行工期索赔,详见表10-6。

承包商进行工期索赔的目的通常有两个:

(1)免去或推卸自己对已经产生的工期延长的合同责任,使自己不支付或尽可能少支付工期延长的违约金。

(2)进行因工期延长而造成的费用损失的索赔。

表 10-6　　　　　　　　　　　　工期拖延与索赔处理

种　　类	原　因　责　任　者	处　　理
可原谅不补偿延期	责任不在任何一方 如:不可抗力、恶性自然灾害	工期索赔

(续表)

种　类	原　因　责　任　者	处　理
可原谅应补偿延期	发包人违约 非关键线路上工程延期引起费用损失	费用索赔
	发包人违约 导致整个工程延期	工期及费用索赔
不可原谅延期	承包商违约 导致整个工程延期	承包商承担违约罚款并承担违约后发包人要求加快施工或终止合同所引起一切经济损失

2. 工期索赔的原则

(1)工期索赔的一般原则。工期延误的影响因素,可以归纳为两大类:第一类是合同双方均无过错的原因或因素而引起的延误,主要指不可抗力事件和恶劣气候条件等;第二类是由于发包人或工程师原因造成的延误。

一般地说,根据工程惯例对于第一类原因造成的工程延误,承包商只能要求延长工期,很难或不能要求发包人赔偿损失;而对于第二类原因,假如发包人的延误已影响了关键线路上的工作,承包商既可要求延长工期,又可要求相应的费用赔偿;如果发包人的延误仅影响非关键线路上的工作,且延误后的工作仍属非关键线路,而承包商能证明因此,如劳动窝工、机械停滞费用等引起的损失或额外开支,则承包商不能要求延长工期,但完全有可能要求费用赔偿。

(2)交叉延误的处理原则。交叉延误的处理可能会出现以下几种情况:

1)在初始延误是由承包商原因造成的情况下,随之产生的任何非承包商原因的延误都不会对最初的延误性质产生任何影响,直到承包商的延误缘由和影响已不复存在。因而在该延误时间内,发包人原因引起的延误和双方不可控制因素引起的延误均为不可索赔延误。

2)如果在承包商的初始延误已解除后,发包人原因的延误或双方不可控制因素造成的延误依然在起作用,那么承包商可以对超出部分的时间进行索赔。

3)反之,如果初始延误是由于发包人或工程师原因引起的,那么其后由承包商造成的延误将不会使发包人摆脱(尽管有时或许可以减轻)其责任。此时承包商将有权获得从发包人的延误开始到延误结束期间的工期延长及相应的合理费用补偿。

4)如果初始延误是由双方不会控制因素引起的,那么在该延误时间内,承包商只可索赔工期,而不能索赔费用。

3. 工期索赔的依据与分析流程

工期索赔的依据主要有：

（1）合同规定的总工期计划。

（2）合同签订后由承包商提交的并经过工程师同意的详细的进度计划。

（3）合同双方共同认可的对工期的修改文件，如认可信、会谈纪要、来往信件等。

（4）发包人、工程师和承包商共同商定的月进度计划及其调整计划。

（5）受干扰后实际工程进度，如施工日记、工程进度表、进度报告等。

（6）承包商在每个月月底以及在干扰事件发生时都应分析对比上述资料，以发现工期拖延以及拖延原因，提出有说服力的索赔要求。

工期索赔的分析流程包括延误原因分析、网络计划（CPM）分析、发包人责任分析和索赔结果分析等步骤，具体内容可如图 10-3 所示。

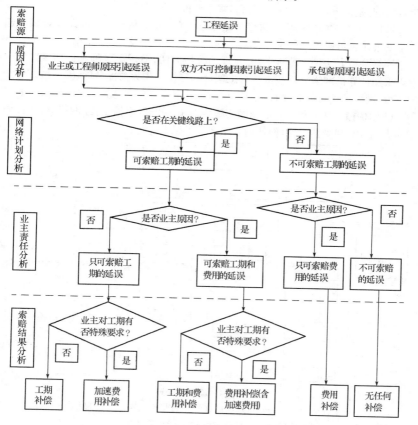

图 10-3　工期索赔的分析流程图

3. 工期索赔分析计算方法

(1)网络分析计算法。网络分析计算方法通过分析延误发生前后网络计划,对比两种工期计算结果,计算索赔值。

分析的基本思路为:假设工程施工一直按原网络计划确定的施工顺序和工期进行。现发生了一个或多个延误,使网络中的某个或某些活动受到影响,如延长持续时间,或活动之间逻辑关系变化,或增加新的活动。将这些活动受影响后的持续时间代入网络中,重新进行网络分析,得到一新工期。则新工期与原工期之差即为延误对总工期的影响,即为工期索赔值。通常,如果延误在关键线路上,则该延误引起的持续时间的延长即为总工期的延长值。如果该延误在非关键线路上,受影响后仍在非关键线路上,则该延误对工期无影响,故不能提出工期索赔。

这种考虑延误影响后的网络计划又作为新的实施计划,如果有新的延误发生,则在此基础上可进行新一轮分析,提出新的工期索赔。

这样,工程实施过程中的进度计划是动态的,会不断地被调整。而延误引起的工期索赔也可以随之同步进行。

网络分析方法是一种科学的、合理的分析方法,适用于各种延误的索赔。但它以采用计算机网络分析技术进行工期计划和控制作为前提条件,因为稍微复杂的工程,网络活动可能有几百个、甚至几千个、个人分析和计算几乎是不可能的。

【例10-1】 某工程主要活动的实施由图10-4的网络给出,经网络分析,计划工期为23周,现受到干扰,使计划实施产生了以下变化:

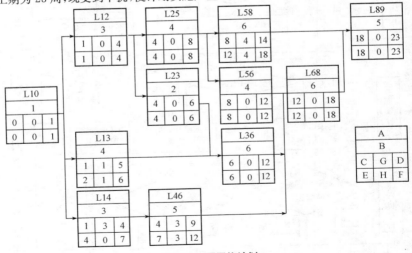

图10-4 原网络计划

A——工程活动号;B——持续时间;C——最早开始期;D——最早结束期;

E——最迟开始期;F——最迟结束期;G——总时差;H——自由时差

1)活动 L25 工期延长 2 周,即实际工期为 6 周。

2)活动 L46 工期延长 3 周,即实际工期为 8 周。

3)增加活动 L78,持续时间为 6 周,L78 在 L13 结束后开始,在 L89 开始前结束。

将它们一起代入原网络中,得到一新网络图,经过新一轮分析,总工期为 25 周(图 10-5)。即工程受到上述干扰事件的影响,总工期延长仅 2 周,这就是承包商可以有理由提出索赔的工期拖延。

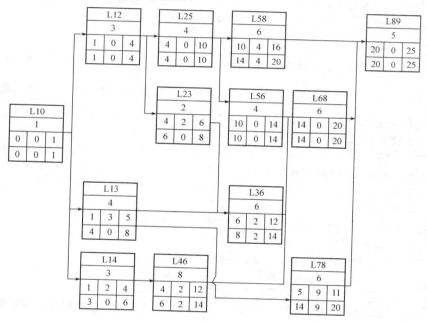

图 10-5　干扰后的网络计划

从上面的网络分析可见:总工期延长 2 周完全是由于 L25 活动的延长造成的,因为它在干扰前即为关键线路活动。它的延长直接导致总工期的延长。

而 L46 的延长不影响总工期,该活动在干扰前为非关键线路活动,在干扰发生后与 L56 等活动并立在关键线路上。

同样,L78 活动的增加也不影响总工期。在新网络中,它处于非关键线路上。

(2)比例分析计算法。网络分析法虽然最科学,也是最合理的,但在实际工程中,干扰事件常常仅影响某些单项工程、单位工程或分部分项工程的工期,分析它们对总工期的影响,可以采用更为简单的比例分析法,即以某个技术经济指标作为比较基础,计算出工期索赔值。

1)合同价比例法。对于已知部分工程的延期的时间:

$$工期索赔值=\frac{受干扰部分工程的合同价}{原整个工程合同总价}\times\frac{该部分工程受干扰}{工期拖延时间}$$

对于已知增加工程量或额外工程的价格:

$$工期索赔值=\frac{增加的工程量或额外工程的价格}{原合同总价}\times 原合同总工期$$

【例 10-2】 某工程施工中,发包人改变办公楼工程基础设计图纸的标准,使该单项工程延期10周,该单项工程合同价为 80 万美元,而整个工程合同总价为 400 万美元。则承包商提出工期索赔额可按上述公式计算:

$$工期索赔值=\frac{80}{400}\times 10\ 周=2\ 周$$

2)按单项工程拖期的平均值计算法。如有若干单项工程 $A_1,A_2,\cdots,A_m$,分别拖期 $d_1,d_2,\cdots,d_m$ 天,求出平均每个单项工程拖期天数 $\overline{D}=\sum\limits_{i=1}^{m}d_i/m$,则工期索赔值为 $T=\overline{D}+\Delta d$,Δd 为考虑各单项工程拖期对总工期的不均匀影响而增加的调整量($\Delta d>0$)。

【例 10-3】 某工程有 A、B、C、D、E 五个单项工程,合同规定由发包人提供水泥。在实际工程中,发包人没能按合同规定的日期供应水泥,造成停工待料。根据现场工程资料和合同双方的通信等证据证明,由于发包人水泥提供不及时对工程造成如下影响:

①单项工程 A 500m³ 混凝土基础推迟 21 天。

②单项工程 B 850m³ 混凝土基础推迟 7 天。

③单项工程 C 225m³ 混凝土基础推迟 10 天。

④单项工程 D 480m³ 混凝土基础推迟 10 天。

⑤单项工程 E 120m³ 混凝土基础推迟 27 天。

承包商在一揽子索赔中,对发包人材料供应不及时造成工期延长提出索赔要求如下:

$$总延长天数=21+7+10+10+27=75\ 天$$
$$平均延长天数=75/5=15\ 天$$

$$工期索赔值=15+5=20\ 天(加\ 5\ 天是为考虑单项工程的不均匀性对总工期$$
的影响)

比例计算法简单方便,但有时不符合实际情况。比例计算法不适用于变更施工顺序、加速施工、删减工程量等事件的索赔。

四、费用索赔计算

费用索赔是指承包商在非自身因素影响下而遭受经济损失时向发包人提出补偿其额外费用损失的要求。因此费用索赔应是承包商根据合同条款的有关规定,向发包人索取的合同价款以外的费用。

索赔费用不应被视为承包商的意外收入,也不应被视为发包人的不必要开支。实际上,索赔费用的存在是由于建立合同时还无法确定的某些应由发包人承担的风险因素导致的结果。承包商的投标报价中一般不考虑应由发包人承担的风险对报价的影响,因此一旦这类风险发生并影响承包商的工程成本时,承包商提出费用索赔是一种正常现象和合情合理的行为。

1. 费用索赔的特点

费用索赔是工程索赔的重要组成部分,是承包商进行索赔的主要目标。

与工期索赔相比,费用索赔有以下一些特点:

(1)费用索赔的成功与否及其大小事关承包商的盈亏,也影响发包人工程项目的建设成本,因而费用索赔常常是最困难、也是双方分歧最大的索赔。特别是对于发生亏损或接近亏损的承包商和财务状况不佳的发包人,情况更是如此。

(2)索赔费用的计算比索赔资格或权利的确认更为复杂。索赔费用的计算不仅要依据合同条款与合同规定的计算原则和方法,而且还可能要依据承包商投标时采用的计算基础和方法,以及承包商的历史资料等。索赔费用的计算没有统一、合同双方共同认可的计算方法,因此索赔费用的确定及认可是费用索赔中一项困难的工作。

(3)在工程实践中,常常是许多干扰事件交织在一起,承包商成本的增加或工期延长的发生时间及其原因也常常相互交织在一起,很难清楚、准确地划分开,尤其是对于一揽子综合索赔。对于像生产率降低损失及工程延误引起的承包商利润和总部管理费损失等费用的确定,很难准确计算出来,双方往往有很大的分歧。

2. 费用索赔的原因

引起费用索赔的原因是由于合同环境发生变化使承包商遭受了额外的经济损失。归纳起来,费用索赔产生的常见原因主要有:

(1)发包人违约索赔。

(2)工程变更。

(3)发包人拖延支付工程款或预付款。

(4)工程加速。

(5)发包人或工程师责任造成的可补偿费用的延误。

(6)工程中断或终止。

(7)工程量增加(不含发包人失误)。

(8)发包人指定分包商违约。

(9)合同缺陷。

(10)国家政策及法律、法令变更等。

3. 费用索赔的原则

费用索赔是整个施工阶段索赔的重点和最终目标,工期索赔在很大程度上也是为了费用索赔。因而费用索赔的计算就显得十分重要,必须按照如下原则进行：

(1)赔偿实际损失的原则,实际损失包括直接损失(成本的增加和实际费用的超支等)和间接损失(可能获得的利益的减少,比如发包人拖欠工程款,使得承包商失去了利息收入等)。

(2)合同原则,通常是指要符合合同规定的索赔条件和范围、符合合同规定的计算方法、以合同报价为计算基础等。

(3)符合通常的会计核算原则,通过计划成本或报价与实际工程成本或花费的对比得到索赔费用值。

(4)符合工程惯例,费用索赔的计算必须采用符合人们习惯的、合理、科学的计算方法,能够让发包人、监理工程师、调解人、仲裁人接受。

4. 索赔费用的构成

(1)可索赔费用的分类。按照可索赔费用的性质及构成,分类如下:

1)按可索赔费用的性质划分。在工程实践中,承包商的费用索赔包括额外工作索赔和损失索赔。

①损失索赔主要是由于发包人违约或监理工程师指令错误所引起,按照法律原则,对损失索赔,发包人应当给予损失的补偿,包括实际损失和可得利益或叫所失利益。这里的实际损失是指承包商多支出的额外成本。所失利益是指如果发包人或监理工程师不违约,承包商本应取得的,但因发包人等违约而丧失了的利益。

②额外工作索赔主要是因合同变更及监理工程师下达变更令引起的。对额外工作的索赔,发包人应以原合同中的合适价格为基础,或以监理工程师确定的合理价格予以付款。

计算损失索赔和额外工作索赔的主要差别在于损失索赔的费用计算基础是成本,而额外工作索赔的计算基础价格是成本和利润,甚至在该工作可以顺利列入承包商的工作计划,不会引起总工期延长,从而事实上承包商并未遭受到利润损失时也可计算利润在索赔款额内。

2)按可索赔费用的构成划分。可索赔费用按项目构成可分为直接费和间接费。其中直接费包括人工费、材料费、机构设备费、分包费,间接费包括现场和公司总部管理费、保险费、利息及保函手续费等项目。可索赔费用计算的基本方法是按上述费用构成项目分别分析、计算,最后汇总求出总的索赔费用。

按照工程惯例,承包商的索赔准备费用、索赔金额在索赔处理期间的利息、仲裁费用、诉讼费用等是不能索赔的,因而不应将这些费用包含在索赔费用中。

(2)常见索赔事件费用构成。对于不同的索赔事件,将会有不同的费用构成内容。索赔方应根据索赔事件的性质,分析其具体的费用构成内容。表10-7列出了工期延长、发包人指令工程加速、工程中断、工程量增加和附加工程等类索赔事件的可能费用损失项目的构成及其示例。

表 10-7　　　　　　　　索赔事件的费用项目构成示例表

索赔事件	可能的费用损失项目	示　例
工期延长	(1)人工费增加。 (2)材料费增加。 (3)现场施工机械设备停置费。 (4)现场管理费增加。 (5)因工期延长和通货膨胀使原工程成本增加。 (6)相应保险费、保函费用增加。 (7)分包商索赔。 (8)总部管理费分摊。 (9)推迟支付引起的兑换率损失。 (10)银行手续费和利息支出	包括工资上涨,现场停工、窝工,生产效率降低,不合理使用劳动力等的损失 因工期延长,材料价格上涨。 设备因延期所引起的折旧费、保养费或租赁费等。 包括现场管理人员的工资及其附加支出,生产补贴,现场办公设施支出,交通费用等。 分包商因延期向承包商提出的费用索赔。 因延期造成公司部部管理费增加。 工程延期引起支付延迟
发包人指令工程加速	(1)人工费增加。 (2)材料费增加。 (3)机械使用费增加。 (4)因加速增加现场管理人员的费用。 (5)总部管理费增加。 (6)资金成本增加	因发包人指令工程加速造成增加劳动力投入,不经济地使用劳动力,生产率降低和损失等。 不经济地使用材料,材料提前交货的费用补偿,材料运输费增加。 增加机械投入,不经济地使用机械。 费用增加和支出提前引起负现金流量所支付的利息
工程中断	(1)人工费。 (2)机械使用费。 (3)保函、保险费、银行手续费。 (4)贷款利息。 (5)总部管理费。 (6)其他额外费用	如留守人员工资,人员的遣返和重新招雇费,对工人的赔偿金等。 如设备停置费,额外的进出场费,租赁机械的费用损失等。 如停工、复工所产生的额外费用,工地重新整理费用等
工程量增加或附加工程	(1)工程量增加所引起的索赔额,其构成与合同报价组成相似。 (2)附加工程的索赔额,其构成与合同报价组成相似	工程量增加小于合同总额的 5%,为合同规定的承包商应承担的风险,不予补偿。 工程量增加超过合同规定的范围(如合同额的 15%~20%),承包商可要求调整单价,否则合同单价不变

5. 可以索赔的费用项目

(1)人工费。人工费属工程直接费,指直接从事施工的工人、辅助工人、工长的工资及其有关的费用。在施工索赔中的人工费是指额外劳务人员的雇用、加班工作、人员闲置和劳动生产率降低的工时所花费的费用。一般可用工时与投标时人工单价或折算单价相乘即得。

在索赔事件发生后,为了方便起见,工程师有时会实施计日工作。此时索赔费用计算可采用计日工作表中的人工单价。

发包人通常会认为不应计算闲置人员奖金,福利等报酬,常常将闲置人员的人工单价按折算人工单价计算,一般为 0.75。

除此之外,人工单价还可参考有关其他标准定额。

如何确定因劳动生产率降低而额外支出的人工费问题是一个很重要的问题,国外非常重视在这方面的索赔研究,索赔值相当可观。其计算方法,一般有以下3类方法:

1)实际成本和预算成本比较法。这种方法是用受干扰后的实际成本与合同中的预算成本比较,计算出由于劳动效率降低造成的损失金额。计算时需要详细的施工记录和合理的估价体系,只要两种成本的计算准确,而且成本增加确系发包人原因时,索赔成功的把握性很大。

2)正常施工期与受影响施工期比较法。这种方法是分别计算出正常施工期内和受干扰时施工期内的平均劳动生产率,求出劳动生产率降低值,而后求出索赔额:

$$人工费索赔额 = \frac{计划工时 \times 劳动生产率降低值}{正常情况下平均劳动生产率} \times 相应人工单价$$

3)用科学模型计量的方法。利用科学模型来计量劳动生产率损失是一种较为可信的科学方法,它是根据对生产率损失的观察和分析,建立一定的数学模型,然后运用这种模型来进行生产率损失的计算。在运用这种计量模型时,要求承包商能在确认索赔事件发生后立即意识到为选用的计量模型记录和收集资料。有关生产率损失计量模型请读者参阅有关资料。

(2)材料费。材料费的索赔主要包括材料涨价费用、额外新增材料运输费用、额外新增材料使用费、材料破损消耗估价费用等。

由于建设工程项目的施工周期通常较长,在合同工期内,材料涨价降价会经常发生。为了进行材料涨价的索赔,承包商必须出示原投标报价时的采购计划和材料单价分析表,并与实际采购计划、工期延期、变更等结合起来,以证明实际的材料购买确实滞后于计划时间,再加上出具有关订货单或涨价的价格指数,运费票据等,以证明材料价和运费已确实上涨。

额外工程材料的使用,主要表现为追加额外工作、工程变更、改变施工方法等。计算时应将原来的计划材料用量与实际消耗使用了的材料定购单、发货单、领料单或其他材料单据加以比较,以确定材料的增加量。还有工期的延误会造成材料采购不到位,不得不采用代用材料或进行设计变更时增加的工程成本也可以列入材料费用索赔之中。

(3)施工机械费。机械费索赔包括增加台班量、机械闲置或工作效率降低、台班费率上涨等费用。

台班费率按照有关定额和标准手册取值。对于工作效率降低,可参考劳动生产率降低的人工费索赔的计算方法。台班量的计算数据来自机械使用记录。对于租赁的机械,取费标准按租赁合同计算。

在索赔计算中,多采用以下方法计算:

1)采用公布的行业标准的租赁费率。承包商采用租赁费率是基于以下两种考虑:一是如果承包商的自有设备不用于施工,他可将设备出租而获利;二是虽然设备是承包商自有,他却要为该设备的使用支出一笔费用,这费用应与租用某种设备所付出的代价相等。因此在索赔计算中,施工机械的索赔费用的计算表达如下:

$$机械索赔费 = 设备额外增加工时(包括闲置) \times 设备租赁费率$$

这种计算,发包人往往会提出不同的意见,他认为承包商不应得到使用租赁费率中所得的附加利润。因此一般将租赁费率打一折扣。

2)参考定额标准进行计算。在进行索赔计算中,采用标准定额中的费率或单价是一种能为双方所接受的方法。对于监理工程师指令实施的计日工作,应采用计日工作表中的机械设备单价进行计算。对于租赁的设备,均采用租赁费率。

在考察机械合理费用单价的组成时,可将其费用划分为两大部分,即不变费用和可变费用。其中折旧费、大修费、安拆费场外运输费、养路费、车船使用税等,一般都是按年度分摊的,称为不变费用,它是相对固定的,与设备的实际使用时间无直接关系。人工费,燃料动力费,轮胎磨损费等随设备实际使用时间的变化而变化,称之可变费用。在设备闲置时,除司机工资外,可变费用也不会发生。因此,在处理设备闲置时的单价时,一般都建议对设备标准费率中的不变费用和可变费用分别扣除50%和25%。

(4)管理费。管理费包括现场管理费(工地管理费)和总部管理费(公司管理费、上级管理费)两部分。

1)现场管理费。现场管理费是具体于某项工程合同而发生的间接费用,该项索赔费用应列入以下内容:额外新增工作雇佣额外的工程管理人员费,管理人员工作时间延长的费用,工程延长期的现场管理费,办公设施费,办公用品费,临时供热、供水及照明费,保险费,管理人员工资和有关福利待遇的提高费等。

现场管理费一般占工程直接成本的8%～15%。其索赔值用下式计算:

$$现场管理费索赔值 = 索赔的直接成本费 \times 现场管理费率$$

现场管理费率的确定可选用下面的方法:

①合同百分比法:按合同中规定的现场管理费率。

②行业平均水平法:选用公开认可的行业标准现场管理费率。

③原始估价法:采用承包时,报价时确定的现场管理费率。

④历史数据法:采用以往相似工程的现场管理费率。

2)总部管理费。总部管理费是属于承包商整个公司,而不能直接归于直接工程项目的管理费用。它包括有:总部办公大楼及办公用品费用、总部职工工资、投标组织管理费用、通讯邮电费用、会计核算费用、广告及资助费用、差旅费等其他管理费用。总部管理费一般占工程成本的 3%～10%左右。总部管理费的索赔值用下列方法计算:

①日费率分摊法。在延期索赔中采用,计算公式如下:

$$\begin{array}{l}\text{延期合同应分摊}\\\text{的管理费}(A)\end{array}=\frac{\text{延期合同额}}{\text{同时期公司所有合同额之和}}\times\begin{array}{l}\text{同期公司总}\\\text{计划管理费}\end{array}$$

$$\begin{array}{l}\text{单位时间(日或周)}\\\text{管理费率}(B)\end{array}=A/\text{计划合同期(日或周)}$$

$$\text{管理费索赔值}(C)=B\times\text{延期时间(日或周)}$$

②总直接费分摊法。在工作范围变更索赔中采用,计算公式为:

$$\begin{array}{l}\text{被索赔合同应分摊}\\\text{的管理费}(A_1)\end{array}=\frac{\text{被索赔合同原计划直接费}}{\text{同期公司所有合同直接费总和}}\times\begin{array}{l}\text{同期公司计}\\\text{划管理费总和}\end{array}$$

$$\begin{array}{l}\text{每元直接费包含}\\\text{管理费率}(B_1)\end{array}=(A_1)/\text{被索合同原计划直接费}$$

$$\begin{array}{l}\text{应索赔的总部}\\\text{管理费}(C_1)\end{array}=B_1\times\begin{array}{l}\text{工作范围变更}\\\text{索赔的直接费}\end{array}$$

③分摊基础法。这种方法是将管理费支出按用途分成若干分项,并规定了相应的分摊基础,分别计算出各分项的管理费索赔额,加总后即为总部管理费总索赔额,其计算结果精确,但比较繁琐,实践中应用较少,仅用于风险高的大型项目。表 10-8 列举了管理费各构成项目的分摊基础。

表 10-8　　　　　　　　　　　管理费的不同分摊基础

管　理　费　分　项	分　摊　基　础
管理人员工资及有关费用	直接人工工时
固定资产使用费	总直接费
利息支出	总直接费
机械设备配件及各种供应	机械工作时间
材料的采购	直接材料费

按上述公式计算的管理费数额,还可经发包人、监理工程师和承包商三方经

过协商一致以后,再具体确定。或者还可以采用其他恰当的计算方法来确定。一般地讲,管理费是一相对固定的收入部分,若工期不延长或有所缩短,则对承包商更加有利;若工期不得不延长,就可以索赔延期管理费而作为一种补偿和收入。

(5)利润。利润是承包商的净收入,是施工的全部收入减去成本支出后的盈余。利润索赔包括额外工作应得的利润部分和由于发包人违约等造成的可能的利润损失部分。具体利润索赔主要发生在以下几个方面:

1)合同及工程变更。此项利润的索赔计算直接与投标报价相关联。

2)合同工期延长。延期利润损失是一种机会损失的补偿,具体款额计算可据工程项目情况及机会损失多少而定。

3)合同解除。该项索赔的计算比较灵活多变,主要取决于该工程项目的实际盈利性,以及解除合同时已完工作的付款数额。

(6)融资成本。融资成本又称资金成本,即取得和使用资金所付出的代价,其中最主要的是支付资金供应者的利息。

由于承包商只能在索赔事件处理完结以后的一段时间内才能得到其索赔费用,所以承包商不得不从银行贷款或以自己的资金垫付。这就产生了融资成本问题,主要表现在额外贷款利息的支出和自有资金的机会损失。在以下几种情况下,可以进行利息索赔:

1)业主推迟支付工程款和保留金,这种金额的利息通常以合同中约定的利率计算。

2)承包商借款或动用自己的资金来弥补合法索赔事项所引起的现金流量缺口。在这种情况下,可以参照有关金融机构的利率标准,或者假定把这些资金用于其他工程承包可得到的收益来计算索赔费用,后者实际上是机会利润损失。

从以上具体各项索赔费用的内容可以看出,引起索赔的原因和费用都是多方面的和复杂的,在具体一项索赔事件的费用计算时,应该具体问题具体分析,并分项列出详细的费用开支和损失证明及单据,交由监理工程师审核和批准。

在处理索赔事件的过程中,往往由于承包商和监理工程师对索赔的看法、经验、计算方法等不同,双方所计算的索赔金额差距较大,这一点值得承包商注意。一般地讲,索赔得以成功的最重要依据在于合同条件的规定,如 FIDIC 合同条件,对索赔的各种情况已作出了具体规定,就比较好操作。

6. 费用索赔计算方法

费用索赔的计算方法一般有两种:一是总费用法;一是分项法。

(1)总费用法。

1)基本思路。总费用法的基本思路是把固定总价合同转化为成本加酬金合同,以承包商的额外成本为基点加上管理费和利润等附加费作为索赔值。

2)使用条件。这是一种最简单的计算方法,但通常用得较少,且不容易被对方、调解人和仲裁人认可,因为它的使用有几个条件:

①合同实施过程中的总费用核算是准确的;工程成本核算符合普遍认可的会计原则;成本分摊方法,分摊基础选择合理;实际总成本与报价总成本所包括的内容一致。

②承包商的报价是合理的,反映实际情况。如果报价计算不合理,则按这种方法计算的索赔值也不合理。

③费用损失的责任,或干扰事件的责任完全在于发包人或其他人,承包商在工程中无任何过失,而且没有发生承包商风险范围内的损失。

④合同争执的性质不适用其他计算方法。例如由于发包人原因造成工程性质发生根本变化,原合同报价已完全不适用。这种计算方法常用于对索赔值的估算。有时,发包人和承包商签订协议,或在合同中规定,对于一些特殊的干扰事件,例如特殊的附加工程、发包人要求加速施工、承包商向发包人提供特殊服务等,可采用成本加酬金的方法计算赔(补)偿值。

3)注意点。在计算过程中要注意以下几个问题:

①索赔值计算中的管理费率一般采用承包商实际的管理费分摊率。这符合赔偿实际损失的原则。但实际管理费率的计算和核实是很困难的,所以通常都用合同报价中的管理费率,或双方商定的费率。这全在于双方商讨。

②在费用索赔的计算中,利润是一个复杂的问题,故一般不计利润,以保本为原则。

③由于工程成本增加使承包商支出增加,这会引起工程的负现金流量的增加。为此,在索赔中可以计算利息支出(作为资金成本)。利息支出可按实际索赔数额、拖延时间和承包商向银行贷款的利率(或合同中规定的利率)计算。

(2)分项法。分项法是按每个(或每类)干扰事件,以及这事件所影响的各个费用项目分别计算索赔值的方法,其特点有:

1)它比总费用法复杂,处理起来困难。

2)它反映实际情况,比较合理、科学。

3)它为索赔报告的进一步分析评价、审核,双方责任的划分,双方谈判和最终解决提供方便。

4)应用面广,人们在逻辑上容易接受。

所以,通常在实际工程中费用索赔计算都采用分项法。但对具体的干扰事件和具体费用项目,分项法的计算方法又是千差万别。分项法计算索赔值,通常分3 步:

1)分析每个或每类干扰事件所影响的费用项目。这些费用项目通常应与合同报价中的费用项目一致。

2)确定各费用项目索赔值的计算基础和计算方法,计算每个费用项目受干扰事件影响后的实际成本或费用值,并与合同报价中的费用值对比,即可得到该项费用的索赔值。

3)将各费用项目的计算值列表汇总,得到总费用索赔值。

用分项法计算,重要的是不能遗漏。在实际工程中,许多现场管理者提交索赔报告时常常仅考虑直接成本,即现场材料、人员、设备的损耗(这是由他直接负责的),而忽略计算一些附加的成本,例如工地管理费分摊;由于完成工程量不足而没有获得企业管理费;人员在现场延长停滞时间所产生的附加费,如假期、差旅费、工地住宿补贴、平均工资的上涨;由于推迟支付而造成的财务损失;保险费和保函费用增加等。

第四节　建设工程施工反索赔

一、反索赔的概念及特征

1. 反索赔的概念

按《合同法》和《通用条款》的规定,索赔应是双方面的。在工程项目过程中,发包人与承包商之间,总承包商和分包商之间,合伙人之间,承包商与材料和设备供应商之间都可能有双向的索赔与反索赔。例如承包商向发包人提出索赔,则发包人反索赔;同时发包人又可能向承包商提出索赔;则承包商必须反索赔;而工程师一方面通过圆满的工作防止索赔事件的发生,另一方面又必须妥善地解决合同双方的各种索赔与反索赔问题。按照通常的习惯,我们把追回自方损失的手段称为索赔,把防止和减少向自方提出索赔的手段称为反索赔。

索赔和反索赔是进攻和防守的关系。在合同实施过程中,合同双方都在进行合同管理,都在寻找索赔机会,一经干扰事件发生,都在企图推卸自己的合同责任,都在企图进行索赔。不能进行有效的反索赔,同样要蒙受损失,所以反索赔和索赔具有同等重要的地位。

2. 反索赔的特点

发包人的反索赔或向承包商的索赔具有以下特点:首先是发包人反过来向承包商的索赔发生频率要低得多,原因是工程发包人在工程建设期间,本身的责任重大,除了要向承包商按期付款,提供施工现场用地和协调管理工程的责任外,还要承担许多社会环境、自然条件等方面的风险,且这些风险是发包人所不能主观控制的,因而发包人要扣留承包商在现场的材料设备;承包商违约时提取履约保函金额等发生的几率很少。其次是在反索赔时,发包人处于主动的有利地位,发包人在经工程师证明承包商违约后,可以直接从应付工程款中扣回款额,或从银行保函中得以补偿。一般地从理论上讲,反索赔和索赔是对立的统一,是相辅相成的。有了承包商的索赔要求,发包人也会提出一些反索赔要求,这是很常见的情况。

二、反索赔的作用

反索赔对合同双方具有同等重要的作用,主要表现为:

(1)成功的反索赔能防止或减少经济损失。如果不能进行有效的反索赔,不能推卸自己对干扰事件的合同责任,则必须满足对方的索赔要求,支付赔偿费用,致使自己蒙受损失。对合同双方来说,反索赔同样直接关系工程经济效益的高低,反映着工程管理水平。

(2)成功的反索赔能增长管理人员士气,促进工作的开展。在国际工程中常常有这种情况:由于企业管理人员不熟悉工程索赔业务,不敢大胆地提出索赔,又不能进行有效的反索赔,在施工干扰事件处理中,总是处于被动地位,工作中丧失了主动权。常处于被动挨打局面的管理人员必然受到心理的挫折,进而影响整体工作。

(3)成功的反索赔必然促进有效的索赔。能够成功有效地进行反索赔的管理者必然熟知合同条款内涵,掌握干扰事件产生的原因,占有全面的资料。具有丰富的施工经验,工作精细、能言善辩的管理者在进行索赔时,往往能抓住要害,击中对方弱点,使对方无法反驳。

同时,由于工程施工中干扰事件的复杂性,往往双方都有责任,双方都有损失。有经验的索赔管理人员在对索赔报告仔细审查后,通过反驳索赔不仅可以否定对方的索赔要求,使自己免于损失,而且可以重新发现索赔机会,找到向对方索赔的理由。

三、反索赔的种类及内容

1. 常见的反索赔种类

由发包人向承包商提出的索赔,一般有以下 3 种情况:

(1)工程质量问题。发包人在工程施工期间和缺陷责任期(保修期)内认为工程质量没有达到合同要求,并且这种质量缺陷是由于承包商的责任造成的,而承包商又没有采取适当的补救措施,发包人可以向承包商要求赔偿,这种赔偿一般采用从工程款或保留金(保修金)中扣除的办法。

(2)工程拖期。由于承包商的原因,部分或整个工程未能按合同规定的日期(包括已批准的工期延长时间)竣工,则发包人有权索取延期赔偿。一般合同中已规定了工程延期赔偿的标准,在此基础上按延期天数计算即可。如果仅是部分工程延期,而其他部分已颁发移交证书,则应按延期部分在整个工程中所占价值比重进行折算。如果延期部分是关键工程,即该部分工程的延期将影响整个工程的主要使用功能,则不应进行折算。

(3)其他损失索赔。根据合同条款,如果由于承包商的过失给发包人造成其他经济损失时,发包人也可提出索赔要求。常见的有以下几项:

1)承包商运送自己的施工设备和材料时,损坏了沿途的公路或桥梁,引起相应管理机构索赔。

2)承包商的建筑材料或设备不符合合同要求而进行重复检验时,所带来的费用开支。

3)工程保险失效,带给发包人员的物质损失。

4)由于承包商的原因造成工程拖期时,在超出计划工期的拖期时段内的工程师服务费用等。

2. 反索赔的内容

依据工程承包的惯例和实践,常见的发包人反索赔及具体内容主要有以下五种:

(1)工程质量缺陷反索赔。对于土木工程承包合同,都严格规定了工程质量标准,有严格细致的技术规范和要求。因为工程质量的好坏直接与发包人的利益和工程的效益紧密相关。发包人只承担直接负责设计所造成的质量问题,工程师虽然对承包商的设计、施工方法、施工工艺工序以及对材料进行过批准、监督、检查,但只是间接责任,并不能因而免除或减轻承包商对工程质量应负的责任。在工程施工过程中,若承包商所使用的材料或设备不符合合同规定或工程质量不符合施工技术规范和验收规范的要求,或出现缺陷而未在缺陷责任期满之前完成修复工作,发包人均有权追究承包商的责任,并提出由承包商所造成的工程质量缺陷所带来的经济损失的反索赔。另外,发包人向承包商提出工程质量缺陷的反索赔要求时,不仅包括工程缺陷所产生的直接经济损失,也包括该缺陷带来的间接经济损失。

常见的工程质量缺陷表现为:

1)由承包商负责设计的部分永久工程和细部构造,虽然经过工程师的复核和审查批准,仍出现了质量缺陷或事故。

2)承包商的临时工程或模板支架设计安排不当,造成了施工后的永久工程的缺陷,如悬臂浇注混凝土施工的连续梁,由于挂篮设计强度及稳定性不够,造成梁段下挠严重,致使跨中无法合拢。

3)承包商使用的工程材料和机械设备等不符合合同规定和质量要求,从而使工程质量产生缺陷。

4)承包商施工的分项分部工程,由于施工工艺或方法问题,造成严重开裂、下挠、倾斜等缺陷。

5)承包商没有完成按照合同条件规定的工作或隐含的工作,如对工程的保护和照管、安全及环境保护等。

(2)拖延工期反索赔。依据土木工程施工承包合同条件规定,承包商必须在合同规定的时间内完成工程的施工任务。如果由于承包商的原因造成不可原谅的完工日期拖延,则影响到发包人对该工程的使用和运营生产计划,从而给发包人带来了经济损失。此项发包人的索赔,并不是发包人对承包商的违约罚款,而只是发包人要求承包商补偿拖期完工给发包人造成的经济损失。承包商则应按签订合同时双方约定的赔偿金额以及拖延时间长短向发包人支付这种赔偿金，而不再需要去寻找和提供实际损失的证据去详细计算。在有些情况下，拖期损失赔偿金若按该工程项目合同价的一定比例计算，若在整个工程完工之前，工程师已经对一部分工程颁发了移交证书，则对整个工程所计算的延误赔偿金数量应给予适当的减少。

（3）经济担保的反索赔。经济担保是国际工程承包活动中的不可缺少部分，担保人要承诺在其委托人不适当履约的情况下代替委托人来承担赔偿责任或原合同所规定的权利与义务。在土木工程项目承包施工活动中，常见的经济担保有：预付款担保和履约担保等。

1）预付款担保反索赔。预付款是指在合同规定开工前或工程款支付之前，由发包人预付给承包商的款项。预付款的实质是发包人向承包商发放的无息贷款。对预付款的偿还，一般是由发包人在应支付给承包商的工程进度款中直接扣还。为了保证承包商偿还发包人的预付款，施工合同中都规定承包商必须对预付款提供等额的经济担保。若承包商不能按期归还预付款，发包人就可以相应的从担保款额中取得补偿，这实际上是发包人向承包商的索赔。

2）履约担保反索赔。履约担保是承包商和担保方为了发包人的利益不受损害而作的一种承诺，担保承包商按施工合同所规定的条件进行工程施工。履约担保有银行担保和担保公司担保的方法，以银行担保较常见，担保金额一般为合同价的 10％～20％，担保期限为工程竣工期或缺陷责任期满。

当承包商违约或不能履行施工合同时，持有履约担保文件的发包人，可以很方便地在承包商的担保人的银行中取得金钱补偿。

（4）保留金的反索赔。保留金的作用是对履约担保的补充形式。一般的工程合同中都规定有保留金的数额为合同价的 5％左右，保留金是从应支付给承包商的月工程进度款中扣下一笔合同百分比的基金，由发包人保留下来，以便在承包商一旦违约时直接补偿发包人的损失。所以说保留金也是发包人向承包商索赔的手段之一。保留金一般应在整个工程或规定的单项工程完工时退还保留金款额的 50％，最后在缺陷责任期满后再退还剩余的 50％。

（5）发包人其他损失的反索赔。依据合同规定，除了上述发包人的反索赔外，当发包人在受到其他由于承包商原因造成的经济损失时，发包人仍可提出反索赔要求。比如：由于承包商的原因，在运输施工设备或大型预制构件时，损坏了旧有的道路或桥梁；承包商的工程保险失效，给发包人造成的损失等。

四、索赔防范

在建设工程承包施工合同中，发生索赔与反索赔的事情是很正常的。但由于索赔与反索赔事件而发生合同争端，给工程项目进展带来了不必要的麻烦和困难。在履行施工承包合同的过程中，发包人、工程师和承包商三方都应采取积极措施，尽量预防和减少索赔事件的发生，把索赔事件减少到最低限度。下面分别从发包人和承包商双方各自的角度来进行阐述。

1. 发包人防范索赔的措施

发包人是工程承包合同的主导方,关键问题的决策要由发包人掌握。有经验的发包人总是预先采取措施防止索赔的发生,还善于针对承包商提出的索赔为自己辩护,以减少责任。此外,发包人还经常主动提出反索赔,以抵消、反击承包商提出的索赔。在实际工程中,发包人方面可采取的措施如下:

(1)增加限制索赔的合同条款。发包人最常用的方式是通过对某些常用合同条件的修改,增加一些限制索赔条款,以减少责任,将工程中的风险转移到承包商一方,防止可能产生的索赔。由于招标文件和合同条件一般由发包人准备并提供,发包人往往聘请有经验的法律专家和工程咨询顾问起草合同,并在合同中加入限制索赔条款,如:发包人对招标文件中的地质资料和试验数据的准确性不负责任,要求承包商自己进行勘察和试验;发包人对不利的自然条件引起的工程延误的经济损失不承担责任等等。

应该明确,当发包人将某些风险转移到承包商一方后,虽然减少了索赔,提高建设成本的确定性,但承包商在投标报价中必然会考虑这一风险因素。长期来看,会使承包商报价提高,发包人的工程建设成本增大。因此,发包人往往在合同中规定,同意补偿有经验的承包商无法预见的不利的现场条件给承包商造成的额外成本开支,并调整工期,而不补偿利润,这样,从长期来看可降低承包商的报价,减少发包人的工程成本。

(2)提高招标文件的质量。发包人可通过作好招标前的准备工作,提高招标文件的质量,委托技术力量强的咨询公司准备招标文件,以提高规范和图纸的质量,减少设计错误和缺陷,防止漏项,并减少规范和图纸的矛盾和冲突,避免承包商由此而提出的索赔。

发包人还可通过咨询公司,提高招标文件中工程量表中的工程数量的准确性,防止承包商提出的因实际工程量变化过大引起合同总价的变化超过合同规定的限度而产生的要求调整合同价格的索赔。

(3)全面履行合同规定的义务。发包人要做好合同规定的工程施工前期准备工作(如:按时移交无障碍物的工地、支付预付款、移交图纸),并按时履行合同规定的义务(如:按时向承包商提供应由发包人提供的设备、材料等,协助承包商办理劳动证、居住证),防止和减少由于发包人的延误或违约而引起的索赔。

发包人对自身的失误,通常及时采取补救措施,以减少承包商的损失,防止损失扩大出现重大索赔问题。

(4)改变建设工程承包方式和合同形式。在传统的建设工程承包中,发包人常常采用施工合同,由发包人委托设计单位提供图纸,并委托工程师对项目实施过程进行监理,承包商只负责按照发包人提供的图纸和规范施工。在这种承包方式中,往往由于图纸变更和规范缺陷产生大量索赔。近些年来,在英、美一些国家,发包人为了减少索赔,增加建设项目成本的确定性,减少风险,往往将设计和施工一并委托一家承包商总承包,由承包商对设计和施工质量负责,达到预防和减少索赔,控制工程建设成本的目的。

(5)建立索赔信号系统。发包人预防并减少索赔的一个有效办法,就是尽早发现索赔征兆与信号,及时采取准备措施,有针对性地作好详细记录,以便提出索赔与反索赔,避免延误索赔时机,使索赔权利受到限制。常见的索赔信号有:合同文件含糊不清、承包商的投标报价过低或工程出现亏损、工程中变更频繁或工程变更通知单对工程范围规定不详等。通过对这些索赔信号的分析辨识,发现其产生的原因,并预测其产生的后果,防止并减少工程索赔,为索赔和反索赔提供依据。

2. 承包商防范反索赔的措施

依据合同条件规定,为了维护承包商应得的经济利益,赋予了承包商的索赔权利,所以承包商是索赔事件的发起者。但是,为了承包商自身的利益和信誉,承包商应慎重使用自己的权利。一方面要建好工程,加强合同管理和成本管理,控制好工程进度,预防发包人的反索赔;另一方面要善于申报和处理索赔事项,尽量减少索赔的数量,并实事求是地进行索赔。一般地讲,承包商在预防和减少索赔与反索赔方面,可以采取的措施如下:

(1)严肃认真地对待投标报价。在每项工程招标投标与报价过程中,承包商都应仔细研究招标文件,全面细致地进行施工现场查勘,认真地进行投标估算,正确地决定报价。切不可疏忽大意进行报价,或者为了中标,故意压低标价,企图在中标后靠索赔弥补盈利,这样在投标时即留下冒险和亏损的根子,在工程施工过程中,千方百计去寻找索赔的机会。实际上这种索赔很难成功,并往往会影响承包商的经济效益和承包信誉。

(2)注意签订合同时的协商与谈判。承包商在中标以后,在与发包人正式签订合同的谈判过程中,应对工程项目合同中存在的疑问进行澄清,并对重大工程风险问题,提出来与发包人协商谈判,以修改合同中不适当的地方。特别是对于工程项目承包合同中的特殊合同条件,若不允许索赔,付款无限制期限,无利息等,都要据理力争,促成对这些合同条款的修改,以"合同谈判纪要"的形式写成书面内容,作为本合同文件的有效组成部分。这样,对合同中的问题都补充为明文条款,也可预防和避免施工中不必要的索赔争端。

(3)加强施工质量管理。承包商应严格按照合同文件中规定的设计、施工技术标准和规范进行工作,并注意按设计图施工,对原材料到各工艺工序严格把关,推行全面的质量管理,尽量避免和消除工程质量事故的缺陷,则可避免发包人对施工缺陷的反索赔事项发生。

(4)加强施工进度计划与控制。承包商应尽力做好施工组织与管理,从各个方面保证施工进度计划的实现,防止由于承包商自身管理不善造成的工程进度拖延。若由于发包人或其他客观原因造成工程进度延误,承包商应及时申报延期索赔申请,以获得合理的工期延长,预防和减少发包人的因"拖期竣工的赔偿金"的反索赔。

(5)注意发包人不得随意工程变更及工程范围扩大。承包商应注意发包人不能随意扩大工程范围。另外,所有的工程变更都必须有书面的工程变更指令,以便对变更工程进行计价。若发包人或工程师下达了口头变更指令,要求承包商执行变更工作,承包商可以予以书面记录,并请发包人或工程师签字确认,若工程师不愿确认,承包商可以不执行该变更工程,以免得不到应有的经济补偿。

(6)加强工程成本的核算与控制。承包商的工程成本管理工作是保证实现施工经济效益的关键工作,也是避免和减少索赔与反索赔工作的关键所在。承包商自身要加强工程成本核算,严格控制工程开支,使施工成本不超过投标报价时的成本计划。当成本中某项直接费的支出款额超过计划成本时,要立即进行分析,查清原因,若属于自己方面原因,要对成本进行分指标分工艺工序控制;若属于发包人原因或其他客观原因,就要熟悉施工单价调整方法,熟悉和掌握索赔款具体计价的方法,采用实际工程成本法、总费用法、或修正的总费用法等,使索赔款额的计算比较符合实际,切不可抬高过多,反而导致索赔失败或发包人的反索赔发生。

五、反索赔步骤

在接到对方索赔报告后,就应着手进行分析、反驳。反索赔与索赔有相似的处理过程,但也有其特殊性。通常对方提出的索赔的反驳处理过程如图 10-6 所示。

1. 合同总体分析

反索赔同样是以合同作为法律,作为反驳的理由和根据。合同分析的目的是分析、评价对方索赔要求的理由和依据。在合同中找出对对方不利,对自方有利的合同条文,以构成对对方索赔要求否定的理由。合同总体分析的重点是,与对方索赔报告中提出的问题有关的合同条款,通常有:合同的法律基础;合同的组成及其合同变更情况;合同规定的工程范围和承包商责任;工程变更的补偿条件、范围和方法;合同价格,工期的调整条件、范围和方法,以及对方应承担的风险;违约责任;争执的解决方法等。

2. 事态调查

反索赔仍然基于事实基础之上,以事实为根据。这个事实必须有己方对合同实施过程跟踪和监督的结果,即各种实际工程资料作为证据,用以对照索赔报告所描述的事情经过和所附证据。通过调查可以确定干扰事件的起因,事件经过,持续时间,影响范围等真实的详细的情况。

在此应收集整理所有与反索赔相关的工程资料。

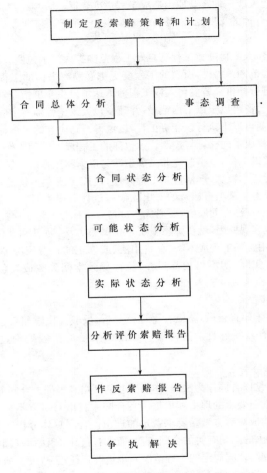

图 10-6　反索赔步骤

3. 三种状态分析

在事态调查和收集、整理工程资料的基础上进行合同状态、可能状态、实际状态分析。通过三种状态的分析可以达到：

(1)全面地评价合同、合同实际状况，评价双方合同责任的完成情况。

(2)对对方有理由提出索赔的部分进行总概括。分析出对方有理由提出索赔的干扰事件有哪些，索赔的大约值或最高值。

(3)对对方的失误和风险范围进行具体指认，这样在谈判中有攻击点。

　　(4)针对对方的失误作进一步分析,以准备向对方提出索赔。这样在反索赔中同时使用索赔手段。国外的承包商和发包人在进行反索赔时,特别注意寻找向对方索赔的机会。

　　4. 分析评价索赔报告

　　对索赔报告进行全面分析,对索赔要求、索赔理由进行逐条分析评价。

　　分析评价索赔报告,可以通过索赔分析评价表进行。其中,分别列出对方索赔报告中的干扰事件、索赔理由、索赔要求、提出己方的反驳理由、证据、处理意见或对策等。

　　5. 起草并向对方递交反索赔报告

　　反索赔报告也是正规的法律文件。在调解或仲裁中,对方的索赔报告和我方的反索赔报告应一起递交调解人或仲裁人。反索赔报告的基本要求与索赔报告相似。通常反索赔报告的主要内容有:

　　(1)合同总体分析简述。

　　(2)合同实施情况简述和评价。这里重点针对对方索赔报告中的问题和干扰事件,叙述事实情况,应包括前述 3 种状态的分析结果,对双方合同责任完成情况和工程施工情况作评价。目标是,推卸自己对对方索赔报告中提出的干扰事件的合同责任。

　　(3)反驳对方索赔要求。按具体的干扰事件,逐条反驳对方的索赔要求,详细叙述自己的反索赔理由和证据,全部或部分地否定对方的索赔要求。

　　(4)提出索赔。对经合同分析和 3 种状态分析得出的对方违约责任,提出己方的索赔要求。对此,有不同的处理方法。通常,可以在本反索赔报告中提出索赔,也可另外出具己方的索赔报告。

　　(5)总结。对反索赔作全面总结,通常包括如下内容:

　　1)对合同总体分析作简要概括。

　　2)对合同实施情况作简要概括。

　　3)对对方索赔报告作总评价。

　　4)对己方提出的索赔作概括。

　　5)双方要求,即索赔和反索赔最终分析结果比较。

　　6)提出解决意见。

　　7)附各种证据。即本反索赔报告中所述的事件经过、理由、计算基础、计算过程和计算结果等证明材料。

　　六、反驳索赔报告

　　对于索赔报告的反驳,通常可从以下几个方面着手:

　　1. 索赔事件的真实性

　　对于对方提出的索赔事件,应从两方面核实其真实性:一是对方的证据。如果对方提出的证据不充分,可要求其补充证据,或否定这一索赔事件。二是己方的记录。如果索赔报告中的论述与己方关于工程记录不符,可向其提出质疑,或否定索赔报告。

2. 索赔事件责任分析

认真分析索赔事件的起因,澄清责任。以下5种情况可构成对索赔报告的反驳:

(1)索赔事件是由索赔方责任造成的,如管理不善,疏忽大意,未正确理解合同文件内容等等。

(2)此事件应视作合同风险,且合同中未规定此风险由己方承担。

(3)此事件责任在第三方,不应由己方负责赔偿。

(4)双方都有责任,应按责任大小分摊损失。

(5)索赔事件发生以后,对方未采取积极有效的措施以降低损失。

3. 索赔依据分析

对于合同内索赔,可以指出对方所引用的条款不适用于此索赔事件,或者找出可为己方开脱责任的条款,以驳倒对方的索赔依据。对于合同外索赔,可以指出对方索赔依据不足,或者错解了合同文件的原意,或者按合同条件的某些内容,不应由己方负责此类事件的赔偿。

另外,可以根据相关法律法规,利用其中对自己有利的条文,来反驳对方的索赔。

4. 索赔事件的影响分析

分析索赔事件对工期和费用是否产生影响以及影响的程度,这直接决定着索赔值的计算。对于工期的影响,可分析网络计划图,通过每一工作的时差分析来确定是否存在工期索赔。通过分析施工状态,可以得出索赔事件对费用的影响。例如业主未按时交付图纸,造成工程拖期,而承包商并未按合同规定的时间安排人员和机械,因此工期应予顺延,但不存在相应的各种闲置费。

5. 索赔证据分析

索赔证据不足、不当或片面的证据,都可以导致索赔不成立。索赔事件的证据不足,对索赔事件的成立可提出质疑。对索赔事件产生的影响证据不足,则不能计入相应部分的索赔值。仅出示对自己有利的片面的证据,将构成对索赔的全部或部分的否定。

6. 索赔值审核

索赔值的审核工作量大,涉及的资料和证据多,需要花费许多时间和精力。审核的重点在于:

(1)数据的准确性。对索赔报告中的各种计算基础数据均须进行核对,如工程量增加的实际量方、人员出勤情况、机械台班使用量、各种价格指数等。

(2)计算方法的合理性。不同的计算方法得出的结果会有很大出入。应尽可能选择最科学、最精确的计算方法。对某些重大索赔事件的计算,其方法往往需双方协商确定。

(3)是否有重复计算。索赔的重复计算可能存在于单项索赔与一揽子索赔之间,相关的索赔报告之间,以及各费用项目的计算中。索赔的重复计算包括工期和费用两方面,应认真比较核对,剔除重复索赔。

第五节　工程师的索赔管理

一、工程师与工程索赔

工程师在工程中具有以下双重作用:

1. 作为发包人的代理人

工程师的首要作用是:作为发包人的代理人,为发包人进行工程管理。通常对发包人投资一个项目的建设,他必须具备全部的项目管理能力。工程师在项目中为发包人提供专职的从咨询、设计、计划,到工程实施控制,甚至运行管理等全套的咨询和管理服务,为发包人承担工程项目管理的大量事务性工作。这有如下好处:

(1)方便、简单、省事。发包人只需和工程师签订监理合同,支付监理费,在工程中按合同检查、监督工程师的工作。对承包商的工程只需作总体把握,答复请示,作决策,而具体事务性管理工作都由工程师承担。

而如果发包人自己管理工程,则他必须招雇各种专业人员,组建项目管理小组。按承包合同原则,发包人必须组织并协调设计事务所、各承包商、设备和材料供应商等的工作,及时提供施工条件,及时发布信息,发出指令,并承担这方面工作失误造成的损失责任。这一切对一个不熟悉工程项目管理的发包人来说太复杂,耗费精力太大,而且很难胜任这方面工作。

(2)通过工程师卓有成效的工作,能排除或降低各种干扰的影响,保证工程按预定计划投入运行,交付使用,及早实现投资目的,发包人能获得一个整体效益高的工程。

(3)有助于工程管理社会化和专业化。

2. 作为承包合同的中间人

工程师作为承包合同的第三方、中间人,在合同双方之间起协调、平衡作用,站在公正的立场上,对承包合同实施起社会监督作用。

由于承包合同双方利益和立场不一致,在合同执行中会有许多争执,例如对合同条文的理解、对双方责任和权力的划分、干扰事件的性质、工程定价等问题产生分歧。这会造成双方行为的不一致。如果不能很好地解决争执,协调好各方面的关系,工程是不能顺利实施的。当然对于重大的争执,可以提交仲裁或诉讼。而在工程中出现、面广量大的矛盾和争执,必须而且也只能内部解决。工程师可以在工程中起缓冲作用,调解争执,协调双方的立场,使合同双方的各自利益得到

保护和平衡。他的具体作用有:

(1)保证发包人能够及时地获得承包合同所确定的合格工程,并保护发包人利益。一般发包人不精通承包合同和相应的法律,不懂工程管理和工程技术,所以他很难有效地保护自己的利益。作为工程师,他首先必须保护发包人利益。这不仅因为他受雇于发包人进行工程管理,而且通常为发包人的根本利益而节约投资,尽早实现投资目的,这与工程管理的总目标是一致的。

(2)使承包商获得合同规定的合理报酬,保护承包商的合法权益。由于利益、立场、专业知识局限、偏见等原因,发包人常常不能公正地对待承包商。例如承包商要求合理分担风险、合理的施工条件、合理的索赔权力等,发包人常常不能理解。而在工程中,发包人处于有利的主导地位。例如他通过起草合同条件使合同中的风险分配不平等、不合理,增加对承包商单方面约束性条款;在工程中滥用指令权、检查权、满意权等,苛刻地要求承包商;不承认承包商的合理的索赔要求等。这一切对承包商的地位很不利。

承包商的权益受到侵害不仅会造成法律上的问题,影响承包商履约积极性,使工程不能按计划、有秩序地顺利实施。而且投标时承包商必须考虑这些因素,提高报价,最终对发包人、对工程的整体效益不利。

所以,监理工程师不仅要保护发包人利益,而且还要劝说发包人正确对待承包商的利益。

(3)从工程整体效益和社会效益的角度出发,客观、公正地解释合同,处理工程事务。通常承包合同赋予工程师许多权力和职责。在工程中,发包人和承包商一般不直接交往,具体事务都通过工程师联系、转达。工程师作为双方的纽带,可以缓冲矛盾,保证双方有一个良好的合作环境和气氛,提高工程的整体效益。为了这个目的,工程师有权根据合同自己作出判断,下达指令,作出决定,调解争执,对此合同双方都无权干涉。

所以,工程师在工程中不仅仅是发包人的雇员,而且是有独立地位、独立解决问题和处理问题权力的人。

3. 工程师对工程索赔的影响

在发包人与承包人之间的索赔事件的处理和解决过程中,工程师是个核心。在整个合同的形成和实施过程中,工程师对工程索赔有如下影响:

(1)工程师受发包人委托进行工程项目管理。如果工程师在工作中出现问题、失误或行使施工合同赋予的权力造成承包人的损失,发包人必须承担合同规定的相应赔偿责任。承包人索赔有相当一部分原因是由工程师引起的。

(2)工程师有处理索赔问题的权力。

1)在承包人提出索赔意向通知以后,工程师有权检查承包人的现场同期记录。

2)对承包人的索赔报告进行审查分析,反驳承包人不合理的索赔要求,或索赔要求中不合理的部分。可指令承包人作出进一步解释，或进一步补充资料，提出审查意见。

3)在工程师与承包人共同协商确定给承包人的工期和费用的补偿量达不成一致时，工程师有权单方面作出处理决定。

4)对合理的索赔要求，工程师有权将它纳入工程进度付款中，签发付款证书，发包人应在合同规定的期限内支付。

(3)在争议的仲裁和诉讼过程中作为见证人。如果合同一方或双方对工程师的处理不满意，都可以按合同规定提交仲裁，也可以按法律程序提出诉讼。在仲裁或诉讼过程中，工程师作为工程全过程的参与者和管理者，可以作为见证人提供证据。

在一个工程中，发生索赔的频率、索赔要求和索赔的解决结果等，与工程师的工作能力、经验、工作的完备性、作出决定的公平合理性等有直接的关系。所以在工程项目施工过程中，工程师也必须有"风险意识"，必须重视索赔问题。

二、工程师索赔管理的任务

索赔管理是工程师工程项目管理的主要任务之一。由于工程师是发包人的代理人，又作为承包合同的中间人，所以他有独特的索赔管理任务。他的基本目标是：从工程整体效益的角度出发，尽量减少索赔事件的发生，降低损失，公平合理地解决索赔问题。

具体地说，他的索赔管理的任务如下：

1. 预测和分析导致索赔的原因和可能性

在承包合同的形成和实施过程中，工程师为业主承担大量的具体的技术、组织和管理工作。如果在这些工作中疏漏，给承包商的工程施工造成干扰，则产生了索赔。承包商的合同管理人员常常在寻找着这些疏漏，寻找索赔机会。工程师在工作中应能预测到自己行为的后果，堵塞漏洞，不留下把柄；在起草文件、下达指令、作出决定、答复请示时都应注意到完备性和严密性；颁发图纸、作计划和实施方案时都考虑其及时性、正确性和周密性。

2. 通过有效的合同管理减少干扰事件的发生，降低干扰事件的损失

工程师应以积极的态度和主动的精神为发包人管理好工程，为发包人和承包商提供良好的服务。在工程中，工程师作为双方的纽带，应做好协调、缓冲工作，为双方建立一个良好的合作气氛。通常，双方合作得越好，合同实施就越顺利，索赔事件越少，也越易于解决。

工程师应对合同实施进行有力的控制，这是他的主要工作。通过合同监督和跟踪，不仅可以及早发现干扰事件，还可以及早采取措施降低干扰事件的影响，减少双方损失，还可以及早了解情况，为合理地解决索赔提供条件。

3. 公正地处理和解决发包人与承包商之间的索赔事件

索赔的合理解决不仅要求符合工程师的工作目标，使承包商按合同得到支

付,而且还要符合工程总目标,索赔的合理解决是指:使承包商得到按合同规定的合理的补偿,而发包人又不多支付,合同双方都心悦诚服,对解决结果满意,仍然保持友好的合作关系。

三、工程师索赔管理原则

要使索赔得到公正合理的解决,工程师在工作中必须遵守如下基本原则:

1. 公正地行事

工程师作为施工合同的第三者、中间人,他必须公正地行事,以没有偏见的方式解释和履行合同,独立地作出判断,行使自己的权力。由于承包合同双方的利益和立场存在不一致、矛盾,甚至冲突,工程师起着缓冲和协调作用。他立场的公正性主要体现在如下几个方面:

(1)他必须从工程整体效益、工程总目标的角度出发作出判断,或采取行动,使合同风险分配、干扰事件责任分担、索赔的处理和解决不损害工程整体效益和不违背工程总目标。在这个基本点上,合同双方常常还是一致的,例如使工程顺利实施,尽早使工程竣工,投入生产;保证工程质量,按合同施工等。

(2)按照法律(合同)精神行事。合同是工程施工过程中的最高行为准则,作为工程师更应按合同办事,准确理解,正确执行合同。在索赔的处理和解决中应贯彻合同精神。

(3)从事实出发,实事求是。按照工程的实际实施过程、干扰事件的实情、承包商的实际损失和所提供的证据独立作出判断。

工程师只有公正地行事,双方才能心服口服,解决问题,才能使双方都满意。

2. 及时迅速地履行职责

在工程施工中,工程师必须及时地(有的合同规定具体的时间,或"在合理的时间内")行使权力,如作出决定,下达通知、指令,表示认可或满意等。这有如下重要作用:

(1)可以减少承包商的索赔机会。因为如果工程师不能迅速及时地行事,造成承包商的损失,必须给予工期和费用的补偿。

(2)制止干扰事件影响的扩大。若不及时行事会造成承包商停工等待指令;或承包商继续施工,造成更大范围的影响和损失。所以在工程施工过程中,工程师对于一个已发生的干扰事件并不是首先分析责任、确定赔偿问题,而是首先关心工程质量和进度,防止风险损失的扩大问题,指令采取措施,保证工程顺利施工。

(3)在收到承包商的索赔意向通知后应迅速作出反应,认真研究,密切注意干扰事件的发展。一方面可以及时采取措施降低损失;另一方面可以掌握干扰事件发生和发展过程,掌握第一手资料,为分析、评价、反驳承包商的索赔要求作准备。工程师应鼓励并要求承包商及时向他通报情况,及时提出索赔要求。

(4)不及时解决索赔问题会加深双方的不理解、不一致和矛盾。由于不能及时解决索赔问题,承包商资金周转困难,积极性受到影响,进度放慢,对工程师和发包人缺乏信任感;而发包人则会抱怨承包商拖延工程,不积极履约。这可能会导致双方激烈的冲突。

(5)不及时行事会造成索赔解决的困难。单个索赔集中起来,索赔额积累起来,不仅给分析、评价带来困难,而且会带来新的问题,使问题解决复杂化。

3. 与发包人和承包商协商一致原则

工程师在处理和解决索赔问题时应及时地与发包人和承包商沟通,保持经常联系。在作出决定,特别是调整价格、决定工期和费用补偿时,应与合同双方充分协商,最好达成一致,取得共识。这是避免索赔争执的最有效的办法。工程师应充分认识到,如果他的调解不成功,使索赔争执升级,则对合同双方都是损失,将会造成双方关系紧张,严重干扰工程施工过程,影响工程项目的整体效益。

在工程中,工程师切不可凭借他的地位和权力武断行事,特别对承包商不能随便以合同处罚相威胁,或盛气凌人。工程师应支持并鼓励承包商向他反映情况,诉说工程中的困难和问题,积极沟通。这样不仅可以掌握情况,及时采取补救措施,而且可解决承包商心理上的障碍。

从总体上,工程师对承包商的索赔要求应采取认真负责、积极而又慎重、公平合理的态度。

在索赔处理中,由于双方立场,对合同的理解、策略的不同,致使双方索赔要求有很大的差异。工程师要做艰苦的说明工作,向双方施加影响,减少差距,加深理解。有时向发包人作解释,分析并说明承包商的困难和索赔要求的合理性;同时又要对承包商提出合理批评,指出索赔要求的不实之处,最终使双方妥协、接近,达成一致。

4. 诚实守信原则

工程师有很大的工程管理权力,对工程的整体效益有关键性作用。发包人依赖他,将工程管理的任务完全交给他;承包商期望他公正行事。但他的经济责任较小,缺少对他的制约机制。所以工程师的工作在很大程度上靠他自身的工作积极性、责任心、他的诚实和信用以及职业道德来维持。

他必须以实事求是的态度对待工程问题,不能欺诈;公平合理地对待双方的要求。不仅要取得发包人和承包商的信任,而且要在发包人和承包商之间营造信任的氛围。

四、工程师索赔管理工作的主要内容

工程师的索赔管理任务必须贯彻在具体的工作中。与承包商的索赔管理相对应,工程师也必须从起草招标文件开始,直到工程的保修责任结束,发包人和承包商结清全部债权、债务,承包合同结束为止,实施有力的索赔管理。他主要应做好如下几方面工作。

1. 起草周密完备的招标文件

招标文件是承包商作工程预算和报价的依据,它是"合同状态"的构成因素之一。如果招标文件(特别是合同条件和技术文件)中有不完善的地方,如矛盾、漏洞,很可能会造成干扰事件,给承包商带来索赔机会(在整个过程中,承包商都在寻找这方面的漏洞)。招标文件有如下基本要求:

(1)资料齐全。按照诚信原则,工程师(发包人)应提供尽可能完备、详细的技术文件、水文地质勘探资料和各种环境资料,为承包商快速并可靠地作出实施方案和报价提供条件。

(2)合同条件的内容详细、条款齐全,对各种问题的规定比较具体。

(3)合同条款和技术文件准确、说明清楚,没有矛盾、错误、二义性。对技术设计的修改、设计错误、合同责任不明确、有的工作没有作定义等都可能是承包商的索赔机会。技术设计应建立在科学的基础上,一经确定,发包人不应随便指令修改。发包人随便改变主意,不仅打乱工程计划,而且会产生大量索赔。

(4)公平合理地分配工作、责任和风险。要在一个确定的环境内完成一个确定范围的工程,其总的工作任务和责任是一定的。作为工程师不仅要预测这些工作、责任、风险的范围,通过招标文件以准确地定义,而且要在合同的双方之间公平地分配。这对工程整体效益有利,对合同双方都有好处:承包商可以比较准确地投标报价,准确、周密地计划,干扰少,合同实施顺利;发包人能获得低而合理的报价。这样常常会减少索赔的争执。工程师应使用(或向发包人推荐)标准的合同文本,或按照标准文本起草合同。

在许多工程中,许多发包人希望在合同中增加对承包商的单方面约束性条款和责权利不平衡条款,增加对自己行为(失误)的免责条款来消除索赔,对此工程师应予以劝说和制止。这样做实质上对发包人、对工程实施不利。一方面,发包人已经"赔"了报价中的不可预见的风险费;另一方面,这样并不能减少索赔事件。承包商必须通过各种途径弥补已产生的损失。这会影响双方的合作气氛,影响承包商履约的积极性。

2. 为承包商确定"合同状态"提供帮助

承包商在获取招标文件后,即进行招标文件分析,作环境调查,确定实施计划,作工程报价。按照诚信原则,工程师应让承包商充分了解工程环境、发包人要求,以编制合理、可靠的投标书,双方应通过各种渠道进行积极的沟通。工程师应鼓励承包商向他提出问题,对承包商理解的错误应作出指正、解释,同时对招标文件中出现的问题、错误及时发出指令予以纠正。在合同签订前,双方沟通越充分,了解越深入,则索赔越少。

但在投标前的各种接触中(例如标前会议),工程师又应谨慎行事,认真研究各类问题,使作出的答复、指令都符合招标文件精神,符合发包人的要求。在签订合同前承包商常常就已经在寻找索赔机会,如果工程师的解释出现漏洞,或违背招标文件精神，就会引起索赔。

3. 协助发包人选择好承包商

承包商的信誉、诚实、工程经验、履约能力、报价的合理性都会影响工程索赔的数量。信誉不好、不诚实的承包商常常会采用各种手段搞索赔，不惜在合同、在工程过程中设置埋伏，或扩大干扰事件影响，扩大索赔值，加价索赔。

履约能力不强而报价又低的承包商也只有通过索赔弥补损失。甚至如果发包人不认可他的索赔要求（有时是不合理的），则他会以中止工程相威胁，逼迫发包人。

尽管选择承包商是发包人的权力，但工程师应当好他的参谋，做好评标工作。通过全面审查、综合分析，提出自己的评标报告，向发包人提出自己的授标意见、建议、甚至警告，使发包人的授标决策建立在科学、可靠的基础上，而不受最低标、私人关系和其他不正常因素的诱惑。如果承包商报价偏低，工程师要求他作出解释。如果得不到满意的解释，则不能轻易接受。国际工程实践证明，报价越低，工程中索赔频率越高，索赔值越大，合同争执越大。

为了防止工程中的索赔事件和争执，工程师应认真评标，对标书中的问题、错误、不清楚的地方请承包商解释、说明；注意承包商的投标策略；对标书中的附加说明、承包商的保留意见、建议应作认真研究，请示发包人，作出明确的处理。

4. 加强合同管理

在工程施工中，工程师的任务是承包合同管理。他在履行自己职责的时候必须做到：

（1）正确按合同规定行使自己的权力，不会引起索赔。在工程中，工程师工作中的任何失误、不严密的地方都可能是承包商的索赔机会，这要求工程师必须严格按合同行事。

1）工程师作出的任何指令、调解、决定、同意等都不能违背合同精神。工程师的合同意识应非常强。同时又不能有逻辑上，甚至文字上的漏洞。

2）及时地完成自己的合同责任，及时颁发图纸、指令、作出决定。同时敦促并协助发包人及时完成他自己的合同责任，如及时交付场地，提供施工条件等，避免造成工程干扰。在工程中认真做好合同监督，及时作出各种检查验收；尽量不要提出苛刻的超过合同范围的检查，避免进行一些事后的破坏性检查。因为这种检查，无论结果如何都会造成合同一方的损失，最终损害工程整体效益。

3）正确地履行职责，避免设计图纸、计划、指令、协调方案中的错误。

4）做好发包人的各承包商、材料和设备供应商、设计承包商之间的协调工作，这是工程师的重要职责。

（2）加强对干扰事件的控制。在工程施工中，许多干扰事件也不是工程师所能避免的，但工程师可以对它实施有力的控制：

1）预测干扰事件的发生可能、发生规律和一经发生其影响和损失的大小。在特定的外界环境和合同背景中,进行一项特定的工程的施工,其干扰事件的发生有一定的规律性,作为一个有经验的工程师,常常是可以预测的。作为一个管理工程师,同样要有索赔意识,对干扰事件应有敏锐的感觉。

对可能发生的干扰事件应考虑一定的对策措施予以防范。例如完善合同条文,堵塞漏洞;作好周密的计划,准备多套方案;更慎重、严密的工作等。

2)干扰事件一经发生,工程师应迅速作出反应,及时作出处理指令,控制干扰事件的影响范围,作好新的计划,或调整、协调好各方关系。

(3)工程师应注意到自己的职权范围和行使权力所应承担的责任后果。例如:

1)不要随便改变承包商的进度计划、施工次序和施工方案等。通常如果合同中未明确规定,它们一般属承包商的责任,同时又是他的权力。如果工程师指令改变,容易产生索赔。

2)承包商的施工方案要经过工程师"同意"才能实施或修改。这里应注意:

①如果工程师没有得力的证据证明承包商采用这种施工方案无法履行他的合同责任,则不能不"同意",否则容易导致工程变更。

②由于承包商自身原因(包括承包商应承担的风险)导致实施施工方案的变更,也要工程师"同意"才能实施。工程师签字同意时,应特别说明费用不予补偿,以免留下活口,引起不必要的争执。

③工程师在签字同意承包商修改实施方案时,应考虑到它对相应计划的影响,特别是发包人配套工作的调整和相关的其他承包商、供应商工作的调整。这些属于发包人责任,因为工程师一经签字同意承包商修改方案,则这个新方案对双方都有约束力。如果发包人无法提供相应的配合,使承包商受到干扰,则他有权索赔。

5. 处理索赔事务,解决双方争执

对承包商已提出的索赔要求,工程师应争取公平合理的解决:

(1)对承包商的索赔报告进行分析、反驳、确定其合理的部分,并使承包商得到相应的合理支付。

(2)劝说、敦促发包人认可承包商合理的索赔要求,同时使发包人并不多支付。

(3)以极大的耐心劝说双方,使双方要求趋于一致,以和平方式解决争执。

五、工程师在索赔中的责任

工程师应公正合理地处理索赔。工程师对索赔事件的处理应做到公正合理,应当以事实为根据,以合同为准绳,合理地进行估价损失。

1. 工程师首先必须分清索赔事件的责任

工程师在处理承包商的索赔事件时,首先要确定所受的损失应由谁负责,蒙受损失的责任方一般可分为发包人责任、承包商责任、工程师疏忽或失职、分包商的责任、供货商责任和保险公司责任等几方面。而只有由发包人直接或间接地承担责任时，承包商的索赔才能成立。但往往一件索赔事件的承担方并不明确，可能有几方责任交叉一起。因此，工程师就应严格按照合同条款的规定和承包商的做法来加以判断，并且要不失时机地进行反索赔。

2. 工程师对工期索赔的处理

工期索赔必须发生在网络计划的关键线路上。延误工期常有两种情况：一种是由于承包商的过失而导致工期延误；一种是正当的延误。

一般情况下，经业主和工程师确认，下列情况造成的工期延误可相应顺延：

(1)工程量变化和设计变更。

(2)一周内，非承包商原因停水、电、气，造成停工累计超过 8 小时。

(3)不可抗力事件。

(4)合同中约定或工程师和发包人同意给予顺延的其他情况。

除上述原因，工程如不能按合同工期竣工，则承包商要承担责任。

工程师不是等到工程竣工时再来采取措施，而是在工程施工过程中随时掌握进度情况，发现工期延误就采取对策。一般当工程师发现实际进度未能达到计划要求时，就要书面通知承包商，要求承包商采取一切措施来确保工程按期完成，并要求承包商做一份修正的进度计划。如工程师不满意，应拒绝采纳。这时，工程师要帮助承包商找出误工的真正原因，并可以提供建议，但决不可指示承包商如何加速施工。因为这样可能导致承包商向发包人索赔。如工程受到严重阻延时，工程师必须向发包人证实违约事实，然后由发包人决定是否按照工程师所证实的违约事实采取行动。发包人在下列情况下，有终止合同的权力：

(1)承包商放弃合同的执行。

(2)虽然工程师提出警告，但承包商并未遵从合同作业，或是当作业时固执己见，或不理会合同规定的责任。

(3)承包商未能动工或停工 28 天。

因一方违约使合同不能履行，另一方欲中止或解除全部合同时，应提前 10 天通知违约方后，方可终止或解除合同，并由违约方承担违约责任。

3. 监理工程师对费用索赔的处理

由于费用索赔所涉及的款项较多，内容繁杂，工程师在核查时应做到：

(1)取费要合理。索赔所涉及的费用项目很多，就一个索赔事件来说，一般要涉及其中的几项。因此，工程师首先应检查取费的合理性。

(2)计算准确。这不单单包括承包商的索赔申请中有无计算错误，还包括选用的费率是否合理适度。常采用的综合单价不仅含有直接费，还有间接费、风险费、辅助施工机械费、管理费和利润等摊销费用。

4. 其他

在工程实施过程中，也常有些事件是非发包人、工程师和承包商自身的责任，这就要求工程师在施工前要帮助发包人、承包商尽量地预测不可预见的事情。

当承包商有一般违约行为，发包人要求索赔时，如承包商的质量缺陷没有在工程师要求的期限内修复，发包人雇佣其他承包商来完成，而从他应得到的工程款中扣除，其金额由工程师和双方协商后可以作出决定，通知承包商并抄送发包人。若属于承包商严重违约，如果发包人要从承包商的滞留金或履约保函中扣款，甚至采取终止合同的行动，工程师有责任向合同双方提交事件发生前的有关证明材料或文件。

六、工程师对索赔的审查

1. 审查索赔证据

工程师对索赔报告审查时，首先判断承包人的索赔要求是否有理、有据。所谓有理，是指索赔要求与合同条款或有关法规是否一致，受到的损失应属于非承包人责任原因所造成。有据，是指提供的证据证明索赔要求成立。承包人可以提供的证据包括下列证明材料：

(1)合同文件中的条款约定。

(2)经工程师认可的施工进度计划。

(3)合同履行过程中的来往函件。

(4)施工现场记录。

(5)施工会议记录。

(6)工程照片。

(7)工程师发布的各种书面指令。

(8)中期支付工程进度款的单证。

(9)检查和试验记录。

(10)汇率变化表。

(11)各类财务凭证。

(12)其他有关资料。

2. 审查工期顺延要求

对索赔报告中要求顺延的工期，在审核中应注意以下几点：

(1)划清施工进度拖延的责任。因承包人的原因造成施工进度滞后，属于不可原谅的延期；只有承包人不应承担任何责任的延误，才是可原谅的延期。有时工期延期的原因中可能包含有双方责任，此时工程师应进行详细分析，分清责任比例，只有可原谅的延期部分才能批准顺延合同工期。可原谅延期，又可细分为可原谅并给予补偿费用的延期和可原谅但不给予补偿费用的延期；后者是指非承包人责任的影响并未导致施工成本的额外支出，大多属于发包人应承担风险责任事件的影响，如异常恶劣的气候条件造成的停工等。

(2)被延误的工作应是处于施工进度计划关键线路上的施工内容。只有位于关键线路上工作的滞后，才会影响到竣工日期。但有时也应注意，既要看被延误的工作是否在批准进度计划的关键路线上，又要详细分析这一延误对后续工作的可能影响。因为若对非关键路线工作的影响时间较长，超过了该工作可用于自由支配的时间，也会导致进度计划中非关键路线转化为关键路线，其滞后将导致总工期的拖延。此时，应充分考虑该工作的自由时间，给予相应的工期顺延，并要求承包人修改施工进度计划。

（3）无权要求承包人缩短合同工期。工程师有审核、批准承包人顺延工期的权力，但他不可以扣减合同工期。也就是说，工程师有权指示承包人删减掉某些合同内规定的工作内容，但不能要求他相应缩短合同工期。如果要求提前竣工的话，这项工作属于合同的变更。

3. 审查费用索赔要求

费用索赔的原因，可能是与工期索赔相同的内容，即属于可原谅并应予以费用补偿的索赔，也可能是与工期索赔无关的理由。工程师在审核索赔的过程中，除了划清合同责任以外，还应注意索赔计算的取费合理性和计算的正确性。

（1）审核索赔取费的合理性。费用索赔涉及的款项较多、内容庞杂。承包人都是从维护自身利益的角度解释合同条款，进而申请索赔额。工程师应公平地审核索赔报告申请，挑出不合理的取费项目或费率。

（2）审核索赔计算的正确性：

1）所采用的费率是否合理、适度。主要注意的问题包括：

①工程量表中的单价是综合单价，不仅含有直接费，还包括间接费、风险费、辅助施工机械费、公司管理费和利润等项目的摊销成本。在索赔计算中不应有重复取费。

②停工损失中，不应以计日工费计算。不应计算闲置人员在此期间的奖金、福利等报酬，通常采取人工单价乘以折算系数计算，停驶的机械费补偿，应按机械折旧费或设备租赁费计算，不应包括运转操作费用。

2）正确区分停工损失与因工程师临时改变工作内容或作业方法的功效降低损失的区别。凡可改作其他工作的，不应按停工损失计算，但可以适当补偿降效损失。

七、工程师对索赔的反驳

首先要说明的是，这里所讲的反驳索赔仅仅指的是反驳承包人不合理索赔或者索赔中的不合理部分，而绝对不是把承包人当做对立面，偏袒发包人，设法不给予或尽量少给予承包人补偿。反驳索赔的措施是指工程师针对一些可能发生索赔的领域，为了今后有充分证据反驳承包人的不合理要求而采取的监督管理措施。反驳索赔措施实际上是包括在工程师的日常监理工作中的。能否有力地反驳索赔，是衡量工程师工作成效的重要尺度。

对承包人的施工活动进行日常现场检查是工程师执行监理工作的基础，监督现场施工按合同要求进行。检查人员应具有一定的实践经验、认真的工作态度和良好的合作精神。人员素质的高低很大程度上将决定工程师监理工作的成效。检查人员应该善于发现问题,随时独立保持有关情况记录,绝对不能简单照抄承包人的记录。必要时应对某些施工情况摄取工程照片;每天下班前还必须把一天的施工情况和自己的观察结果简明扼要地写成"工程监理日志",其中特别要指出承包人在哪些方面没有达到合同或计划要求。这种日志应该逐级加以汇总分析,最后由工程师或其他授权代表把承包人施工中存在的问题连同处理建议书面通知承包人,为今后反驳索赔提供依据。

　　合同中通常都会规定承包人应该在多长时间内或什么时间以前向工程师提交什么资料供工程师批准、同意或参考。工程师最好是事先就编制一份"承包人应提交的资料清单",其内容包括资料名称、合同依据、时间要求、格式要求及工程师处理时间要求等,以便随时核对。如果到时承包人没有提交或提交资料的格式等不符合要求,则应该及时记录在案,并通知承包人。承包人的这种问题,可能是今后用来说明某项索赔或索赔中的某部分应由承包人自己负责的重要依据。

　　工程师要了解承包人施工材料和设备到货情况,包括材料质量、数量和存储方式以及设备种类、型号和数量。如果承包人的到货情况不符合合同要求或双方同意的计划要求,工程师应该及时记录在案,并通知承包人。这些也可能是今后反驳索赔的重要依据。

　　与承包人一样,对工程师来说,做好资料档案管理工作也非常重要。如果自己的资料档案不全,索赔处理终究会处于被动,只能是人云亦云。即便是明知某些要求不合理,也无法予以反驳。工程师必须保存好与工程有关的全部文件资料,特别是应该有自己独立采集的工程监理资料。

第十一章　建设工程其他合同文本

第一节　国有土地使用权出让合同示范文本

国有土地使用权出让合同使用说明

一、《国有土地使用权出让合同》包括合同正文和附件《出让宗地界址图》。

二、本合同的出让人为有权出让国有土地使用权的人民政府土地行政主管部门。

三、合同第四条土地用途按《城镇地籍调查规程》规定的土地二级分类填写，属于综合用地的，应注明各类具体用途及其所占的面积比例。

四、合同第五条中的土地条件按照双方实际约定选择和填写。属于原划拨土地使用权补办出让手续的，选择第三款；属于待开发建设的用地，应根据出让人承诺交地时的土地开发程度选择第一款或第二款，出让人承诺交付土地时完成拆迁和场地平整的，选择第一款，并注明地上待拆迁的建筑物和其他地上物面积等状况，基础设施条件按双方约定填写"七通"、"三通"等，并具体说明基础设施内容，如"通路、通电、通水"等。

五、合同第九条土地使用权出让金支付方式的规定中，双方约定土地使用权出让金一次性付清的，选择第一款，分期支付的，选择第二款。

六、合同第二十条中，属于房屋开发的，选择第一款；属于土地成片开发的，选择第二款。

七、合同第四十条关于合同生效的规定中，宗地出让方案业经有权人民政府批准的，按照第一款规定生效；宗地出让方案未经有权人民政府批准的，按照第二款规定生效。

国有土地使用权出让合同

第一章　总则

第一条　本合同当事人双方：

出让人：中华人民共和国＿＿＿＿＿＿＿省（自治区、直辖市）＿＿＿＿＿＿市（县）＿＿＿＿＿；

受让人：＿＿＿＿＿＿＿＿＿＿＿＿＿＿＿＿＿＿＿＿＿。

根据《中华人民共和国土地管理法》、《中华人民共和国合同法》和其他法律、行政法规、地方性法规，双方本着平等、自愿、有偿、诚实信用的原则，订立本合同。

第二条　出让人根据法律的授权出让土地使用权，出让土地的所有权属中华人民共和国，国家对其拥有宪法和法律授予的司法管辖权、行政管理权以及其他按中华人民共和国法律规定由国家行使的权力和因社会公众利益所必需的权益。地下资源、埋藏物和市政公用设施均不属于土地使用权出让范围。

第二章　　出让土地的交付与出让金的缴纳

第三条　出让人出让给受让人的宗地位于_____,宗地编号为_____,宗地总面积大写_____平方米(小写_____平方米)。宗地四至及界址点坐标见附件《出让宗地界址图》。

第四条　本合同项下出让宗地的用途为_____。

第五条　出让人同意在____年____月____日前将出让宗地交付给受让人,出让方同意在交付土地时该宗地应达到本条第_____款规定的土地条件:

(一)达到场地平整和周围基础设施_____通,即通_____。

(二)周围基础设施达到_____通,即通_____,但场地尚未拆迁和平整,建筑物和其他地上物状况如下:_____。

(三)现状土地条件。

第六条　本合同项下的土地使用权出让年限为_____,自出让方向受让方实际交付土地之日起算,原划拨土地使用权补办出让手续的,出让年限自合同签订之日起算。

第七条　本合同项下宗地的土地使用权出让金为每平方米人民币大写_____元(小写_____元);总额为人民币大写_____元(小写_____元)。

第八条　本合同经双方签字后____日内,受让人须向出让人缴付人民币大写_____元(小写_____元)作为履行合同的定金,定金抵作土地使用权出让金。

第九条　受让人同意按照本条第_____款的规定向出让人支付上述土地使用权出让金。

(一)本合同签认之日起_____日内,一次性付清上述土地使用权出让金。

(二)按以下时间和金额分_____期向出让人支付上述土地使用权出让金。

第一期　人民币大写_____元(小写_____元),付款时间:____年____月____日之前。

第二期　人民币大写_____元(小写_____元),付款时间:____年____月____日之前。

第　期　人民币大写_____元(小写_____元),付款时间:____年____月____日之前。

第　期　人民币大写_____元(小写_____元),付款时间:

_____年____月____日之前。

分期支付土地出让金的,受让人在支付第二期及以后各期土地出让金时,按照银行同期贷款利率向出让人支付相应的利息。

第三章　土地开发建设与利用

第十条　本合同签订后_____日内,当事人双方应依附件《出让宗地界址图》所标示坐标实地验明各界址点界桩,受让人应妥善保护土地界桩,不得擅自改动,界桩遭受破坏或移动时,受让人应立即向出让人提出书面报告,申请复界测量,恢复界桩。

第十一条　受让人在本合同项下宗地范围内新建建筑物的,应符合下列要求:

主体建筑物性质_____;

附属建筑物性质_____;

建筑容积率_____;

建筑密度_____;

建筑限高_____;

绿地比例_____;

其他土地利用要求_____。

第十二条　受让人同意在本合同项下宗地范围内一并修建下列工程,并在建后无偿移交给政府:

(1)_____

(2)_____

(3)_____

第十三条　受让人同意在_____年____月____日之前动工建设。

不能按期开工建设的,应提前 30 日向出让人提出延建申请,但延建时间最长不得超过一年。

第十四条　受让人在受让宗地内进行建设时,有关用水、用气、污水及其他设施同宗地外主管线、用电变电站接口和引入工程应按有关规定输入。

受让人同意政府为公用事业需要而敷设的各种管道与管线进山、通过、穿越受让宗地。

第十五条　受让人在按本合同约定支付全部土地使用权出让金之日起 30 日内,应持本合同和土地使用权出让金支付凭证,按规定向出让人申请办理土地登记,领取《国有土地使用证》,取得出让土地使用权。

出让人应在受理土地登记申请之日起 30 日内,依法为受让人办理出让土地使用权登记,颁发《国有土地使用证》。

第十六条　受让人必须依法合理利用土地,其在受让宗地上的一切活动,不得损害或者破坏周围环境和设施,使国家或他人遭受损失的受让人应负责赔偿。

第十七条 在出让期限内,受让人必须按照本合同规定的土地用途和土地使用条件利用土地,需要改变本合同规定的土地用途和土地使用条件的,必须依法办理有关批准手续,并向出让人申请,取得出让人同意,签订土地使用权出让合同变更协议或者重新签订土地使用权出让合同,相应调整土地使用权出让金,办理土地变更登记。

第十八条 政府保留对本合同项下宗地的城市规划调整权,原土地利用规划如有修改,该宗地已有的建筑物不受影响,但在使用期限内该宗地建筑物、附着物改建、翻建、重建或期限届满申请续期时,必须按届时有效的规划执行。

第十九条 出让人对受让人依法取得的土地使用权,在本合同约定的使用年限届满前不收回;在特殊情况下,根据社会公共利益需要提前收回土地使用权的,出让人应当依照法定程序报批,并根据收回时地上建筑物、其他附着物的价值和剩余年期土地使用权价格给予受让人相应的补偿。

第四章　土地使用权转让、出租、抵押

第二十条 受让人按照本合同约定已经支付全部土地使用出让金,领取《国有土地使用证》,取得出让土地使用权后,有权将本合同项下的全部或部分土地使用权转让、出租、抵押,但首次转让(包括出售、交换和赠与)剩余年期土地使用权时,应当经出让人认定符合下列第＿＿＿＿＿款规定之条件:

(一)按照本合同约定进行投资开发,完成开发投资总额的百分之二十五以上;

(二)按照本合同约定进行投资开发,形成工业用地或其他建设用地条件。

第二十一条 土地使用权转让、抵押,转让、抵押双方应当签订书面转让、抵押合同;土地使用权出租期限超过六个月的,出租人和承租人也应当签订书面出租合同。

土地使用权的转让、抵押及出租合同,不得违背国家法律、法规和本合同的规定。

第二十二条 土地使用权转让,本合同和登记文件中载明的权利、义务随之转移,转让后,其土地使用权的使用年限为本合同约定的使用年限减去已经使用年限后的剩余年限。本合同项下的全部或部分土地使用权出租后,本合同和登记文件中载明的权利、义务仍由受让人承租。

第二十三条 土地使用权转让、出租、抵押,地上建筑物、其他附着物转让、出租、抵押,地上建筑物、其他附着物转让、出租、抵押,土地使用权随之转让、出租、抵押。

第二十四条 土地使用权转让、出租、抵押的,转让、出租、抵押双方应在相应的合同签订之日起 30 日内,持本合同和相应的转让、出租、抵押合同及《国有土地使用证》,到土地行政主管部门申请办理土地登记。

第五章　期限届满

第二十五条　本合同约定的使用年限届满,土地使用者需要继续使用本合同项下宗地的,应当至迟于届满前一年向出让人提交续期申请书,除根据社会公共利益需要收回本合同项下土地的,出让人应当予以批准。

出让人同意续期的受让人应当依法办理有偿用地手续,与出让人重新签订土地有偿使用合同,支付土地有偿使用费。

第二十六条　土地出让期限届满,受让人没有提出续期申请或者虽申请续期但依照本合同第二十五条规定未获批准的,受让人应当交回《国有土地使用证》,出让人代表国家收回土地使用权,并依照规定办理土地使用权注销登记。

第二十七条　土地出让期限届满,受让人未申请续期的本合同项下土地使用权和地上建筑物及其他附着物由出让人代表国家无偿收回,受让人应当保持地上建筑物、其他附着物的正常使用功能,不得人为破坏,地上建筑物、其他附着物失去使用功能的,出让人可要求受让人移动或拆除地上建筑物、其他附着物,恢复场地平整。

第二十八条　土地出让期限届满,受让人提出续期申请而出让人根据本合同第二十五条之规定没有批准续期的,土地使用权由出让人代表国家无偿收回,但对于地上建筑物及其他附着物,出让人应当根据收回时地上建筑物,其他附着物的残余价值给予受让人相应补偿。

第六章　不可抗力

第二十九条　任何一方对由于不可抗力造成的部分或全部不能履行本合同不负责任,但应在条件允许下采取一切必要的补救措施以减少因不可抗力造成的损失。当事人迟延履行后发生不可抗力的,不能免除责任。

第三十条　遇有不可抗力的一方,应在_____小时内将事件的情况以信件、电报、电传、传真等书面形式通知另一方,并且在事件发生后_____日内,向另一方提交合同不能履行或部分不能履行或需要延期履行理由的报告。

第七章　违约责任

第三十一条　受让人必须按照本合同约定,按时支付土地使用权出让金。如果受让人不能按时支付土地使用权出让金的,自滞纳之日起,每日按迟延支付款项的_____‰向出让人缴纳滞纳金,延期付款超过6个月的,出让人有权解除合同,收回土地,受让人无权要求返还定金,出让人并可请求受让人赔偿因违约造成的其他损失。

第三十二条　受让人按合同约定支付土地使用权出让金的,出让人必须按照合同约定,按时提供出让土地。由于出让人未按时提供出让土地而致使受让人对本合同项下宗地占有延期的,每延期一日,出让人应当按受让人已经支付的土地使用权出让金的_____‰向受让人给付违约金。出让人延期交付土地超过6个月的,受让人有权解除合同,出让人应当双倍返还定金,并退还已经支付土地使用权出让金的其他部分,受让人并可请求出让人赔偿因违约造成的其他损失。

第三十三条　受让人应当按照合同约定进行开发建设,超过合同约定的动工开发是期满一年未动工开发的,出让人可以向受让人征收相当于土地使用权出让金 20%以下的土地闲置费;满 2 年未动工开发的,出让人可以无偿收回土地使用权;但因不可抗力或者政府、政府有关部门的行为或者动工开发必需的前期工作造成功开发迟延的除外。

第三十四条　出让人交付的土地未能达到合同约定的土地条件的,应视为违约。受让人有权要求出让人按照规定的条件履行义务,并且赔偿延误履行而给受让人造成的直接损失。

第八章　通知和说明

第三十五条　本合同要求或允许的通知和通讯,不论以何种方式传递,均自实际收到时起生效。

第三十六条　当事人变更通知、通讯地址或开户银行、账号的,应在变更后 15 日内,将新的地址或开户银行、账号通知另一方。因当事人一方迟延通知而造成的损失,由过错方承担责任。

第三十七条　在缔结本合同时,出让人有义务解签受让人对于本合同所提出的。

第九章　适用法律及争议解决

第三十八条　本合同订立、效力、解释、履行及争议双方协商解决,协商不成的,按本条第_____款规定的方式解决:

第三十九条　因履行本合发生争议,由争议双方协商解决,协商不成的,按本条第_____款规定的方式解决。

(一)提交_____仲裁委员会仲裁;

(二)依法向人民法院起诉。

第九章　附　则

第四十条　本合同依照本条第_____款之规定生效。

(一)本合同项下宗地出让方案业经_____人民政府批准,本合同自双方签订之日起生效。

(二)本合同项下宗地出让方案尚需经_____人民政府批准,本合同自_____人民政府批准之日起生效.

第四十一条　本合同一式_____份,具有同等法律效力,出让人、受让人各执_____份。

第四十二条　本合同和附件共_____页,以中文书写为准。

第四十三条　本合同的金额、面积等项应当同时以大、小写表示,大小写数额应当一致,不一致的,以大写为准。

第四十四条 本合同于 ＿＿＿＿ 年 ＿＿ 月 ＿＿ 日在中华人民共和国 ＿＿＿＿＿＿＿ 省(自治区、直辖市) ＿＿＿＿＿＿＿ 市(县)签订。

第四十五条 本合同未尽事宜,可由双方约定后作为合同附件,与本合同具有同等法律效力。

出让人(章):

住所:

法定代表人(委托代理人)(签字):

电话:

传真:

电报:

开户银行:

账号:

邮政编码:

受让人(章):

住所:

法定代表人(委托代理人)(签字):

电话:

传真:

电报:

开户银行:

账号:

邮政编号:

　　　　　　　年　　　月　　　日

附件:出让宗地界址图[注明边长(米)]

北

↑

界

址

图

粘

贴

线

比例尺 1:

第二节　工程担保合同示范文本

一、投标委托保证合同(试行)

投标委托保证合同(试行)

编号：（工　字）第　　　号

委托保证人(以下称甲方)：
住　　所：
法定代表人：
电　　话：

保证人(以下称乙方)：
住　　所：
法定代表人：
电　　话：

　　鉴于甲方参加_____项目的投标，乙方接受甲方的委托，同意为甲方以保证方式向_____(以下简称"招标人")提供投标担保。甲乙双方经协商一致，订立本合同。

　　第一条　定义

　　本合同所称投标担保是指乙方向招标人保证，当甲方未按照招标文件的规定履行投标人义务时，由乙方代为承担保证责任的行为。

　　第二条　保证的范围及保证金额

　　2.1　乙方保证的范围是甲方未按照招标文件的规定履行投标人义务，给招标人造成的实际损失。

　　乙方在甲方发生以下情形时承担保证责任：

　　(1)在招标文件规定的投标有效期内即_____年____月____日后至_____年____月____日内未经招标人许可撤回投标文件。

　　(2)中标后因中标人原因未在招标文件规定的时间内与招标人签订《建设工程施工合同》。

　　(3)中标后不能按照招标文件的规定提供履约保证。

　　(4)招标文件规定的投标人应支付投标保证金的其他情形。

　　2.2　乙方保证的金额为人民币_____元(大写：_____)。

　　第三条　保证的方式及保证期间

3.1　乙方保证的方式为：连带责任保证。

3.2　乙方保证的期间为：自保函生效之日起至招标文件规定的投标有效期届满后＿＿＿＿日，即至＿＿＿＿年＿＿月＿＿日止。

3.3　投标有效期延长的，经乙方书面同意后，保函的保证期间做相应调整。

第四条　承担保证责任的形式

4.1　乙方根据招标人要求以下列方式之一承担保证责任：

(1)代甲方支付投标保证金为人民币＿＿＿＿＿＿元。

(2)如果招标人选择重新招标，乙方支付重新招标的费用，但支付金额不超过本合同第二条约定的保证金额。

第五条　担保费及支付方式

5.1　担保费率根据担保额、担保期限、风险等因素确定。

5.2　双方确定的担保费率为：＿＿＿＿＿＿＿＿＿＿＿＿。

5.3　本合同生效后＿＿＿＿＿＿日内，甲方一次性支付乙方担保费共计人民币＿＿＿＿＿＿＿＿＿＿元(大写：＿＿＿＿＿＿)。

第六条　反担保

甲方必须按照乙方的要求向乙方提供反担保，由双方另行签订反担保合同。

第七条　乙方的追偿权

乙方按照本合同的约定承担保证责任后，即有权要求甲方立即归还乙方代偿的全部款项及乙方实现债权的费用，甲方另外应支付乙方代偿之日起企业银行同期贷款利息、罚息，并按上述代偿款项的＿＿＿＿＿＿％一次性支付违约金。

第八条　双方的其他权利义务

8.1　乙方在甲乙双方签订本合同，并收到甲方支付的担保费之日起＿＿＿＿＿＿日内，向招标人出具《投标保函》。

8.2　甲方如需变更名称、经营范围、注册资金、注册地、主要营业机构所在地、法定代表人或发生合并、分立、重组等重大经营举措应提前三十日通知乙方；发生亏损、诉讼等事项应立即通知乙方。

第九条　争议的解决

本合同发生争议或纠纷时，甲乙双方当事人可以通过协商解决，协商不成的，通过第＿＿＿＿＿＿款约定的方式解决：

9.1　向＿＿＿＿＿＿＿＿＿＿法院起诉；

9.2　向＿＿＿＿＿＿＿＿＿＿提起仲裁。(写明仲裁机构名称)

第十条　甲乙双方约定的其他事项

_____

_____

第十一条　合同的生效、变更和解除

11.1　本合同由甲乙双方法定代表人(或其授权代理人)签字或加盖公章后

生效。

11.2　本合同生效后,任何有关本合同的补充、修改、变更、解除等均需由甲乙双方协商一致并订立书面协议。

第十二条　附则

本合同一式＿＿＿＿＿＿份,甲乙双方各执＿＿＿＿＿＿份。

甲方:　　　　　　　　　　　　　　乙方:

法定代表人:　　　　　　　　　　　法定代表人
（或授权代理人）　　　　　　　　　（或授权代理人）
　　　年　　月　　日　　　　　　　　　　年　　月　　日

二、投标保函(试行)

投 标 保 函 (试行)

编号:（工　字)第　　号

＿＿＿＿＿＿＿＿＿＿＿＿（招标人）:

鉴于＿＿＿＿＿＿＿＿＿（以下简称投标人）参加＿＿＿＿＿＿＿项目投标,应投标人申请,根据招标文件,我方愿就投标人履行招标文件约定的义务以保证的方式向贵方提供如下担保:

一、保证的范围及保证金额

我方在投标人发生以下情形时承担保证责任:

1. 投标人在招标文件规定的投标有效期内即＿＿＿＿＿年＿＿＿月＿＿＿日后至＿＿＿＿＿年＿＿＿月＿＿＿日内未经贵方许可撤回投标文件;

2. 投标人中标后因自身原因未在招标文件规定的时间内与贵方签订《建设工程施工合同》;

3. 投标人中标后不能按照招标文件的规定提供履约保证;

4. 招标文件规定的投标人应支付投标保证金的其他情形。

我方保证的金额为人民币＿＿＿＿＿＿＿＿＿＿元(大写:＿＿＿＿＿＿＿＿＿＿)。

二、保证的方式及保证期间

我方保证的方式为:连带责任保证。

我方的保证期间为:自本保函生效之日起至招标文件规定的投标有效期届满后＿＿＿＿＿日,即至＿＿＿＿＿年＿＿＿月＿＿＿日止。

投标有效期延长的,经我方书面同意后,本保函的保证期间做相应调整。

三、承担保证责任的形式

我方按照贵方的要求以下列方式之一承担保证责任:

（1）代投标人向贵方支付投标保证金为人民币_____元。

（2）如果贵方选择重新招标，我方向贵方支付重新招标的费用，但支付金额不超过本保证函第一条约定的保证金额，即不超过人民币_____元。

四、代偿的安排

贵方要求我方承担保证责任的，应向我方发出书面索赔通知。索赔通知应写明要求索赔的金额，支付款项应到达的账号，并附有说明投标人违约造成贵方损失情况的证明材料。

我方收到贵方的书面索赔通知及相应证明材料后，在_____工作日内进行核定后按照本保函的承诺承担保证责任。

五、保证责任的解除

1. 保证期间届满贵方未向我方书面主张保证责任的，自保证期间届满次日起，我方解除保证责任。

2. 我方按照本保函向贵方履行了保证责任后，自我方向贵方支付（支付款项从我方账户划出）之日起，保证责任即解除。

3. 按照法律法规的规定或出现应解除我方保证责任的其他情形的，我方在本保函项下的保证责任亦解除。

我方解除保证责任后，贵方应按上述约定，自我方保证责任解除之日起_____个工作日内，将本保函原件返还我方。

六、免责条款

1. 因贵方违约致使投标人不能履行义务的，我方不承担保证责任。

2. 依照法律规定或贵方与投标人的另行约定，免除投标人部分或全部义务的，我方亦免除其相应的保证责任。

3. 因不可抗力造成投标人不能履行义务的，我方不承担保证责任。

七、争议的解决

因本保函发生的纠纷，由贵我双方协商解决，协商不成，通过诉讼程序解决，诉讼管辖地法院为_____法院。

八、保函的生效

本保函自我方法定代表人（或其授权代理人）签字或加盖公章并交付贵方之日起生效。

本条所称交付是指：

保证人：

法定代表人（或授权代理人）：

年　　月　　日

三、业主支付委托保证合同(试行)

业主支付委托保证合同(试行)

编号：(工　　　字)第　　　号

委托保证人(以下称甲方)：

住　　　所：

法定代表人：

电　　话：　　　　　　　　　　　　传　　真：

保证人(以下称乙方)：

住　　　所：

法定代表人：

电　　话：　　　　　　　　　　　　传　　真：

鉴于甲方与_____(以下简称承包商)就_____项目于____年___月___日签订编号为_____的《建设工程施工合同》(以下简称主合同)，乙方接受甲方的委托，同意为甲方以保证方式向承包商提供工程款支付担保。双方经协商一致，订立本合同。

第一条　定义

1.1　本合同所称业主支付担保是指，乙方向承包商保证，当甲方未按照主合同的约定支付工程款时，由乙方代为支付的行为。

1.2　本合同所称主合同约定的工程款是指主合同约定的除工程质量保修金以外的合同价款。

第二条　保证的范围及保证金额

2.1　乙方保证的范围是主合同约定的工程款。

2.2　乙方保证的金额是主合同约定的工程款的_____％，金额最高不超过_____人民币_____元(大写：_____)。

第三条　保证的方式及保证期间

3.1　乙方保证的方式为：连带责任保证。

3.2　乙方保证的期间为：自本合同生效之日起至主合同约定的工程款支付之日后_____日内。

3.3　甲方与承包商协议变更工程款支付日期的，经乙方书面同意后，保证期间按照变更后的支付日期做相应调整。

第四条　承担保证责任的形式

4.1　乙方承担保证责任的形式是代为支付。

4.2　甲方未按主合同约定向承包商支付工程款的，由乙方在保证金额内代为支付。

第五条　担保费及支付方式

5.1　担保费率根据担保额、担保期限、风险等因素确定。

5.2　双方确定的担保费率为：＿＿＿＿＿＿＿＿＿＿＿＿＿。

5.3　本合同生效后＿＿＿＿＿＿日内，甲方一次性支付乙方担保费共计人民币
＿＿＿＿＿＿＿＿＿＿元（大写：＿＿＿＿＿＿＿＿）。

第六条　反担保

甲方应按照乙方的要求向乙方提供反担保，由双方另行签订反担保合同。

第七条　乙方的追偿权

乙方按本合同的约定承担了保证责任后，即有权要求甲方立即归还乙方代
偿的全部款项及乙方实现债权的费用，甲方另外应支付乙方代偿之日起企业银行
同期贷款利息、罚息，并按上述代偿款项的＿＿＿＿＿＿％一次性支付违约金。

第八条　双方的其他权利义务

8.1　乙方在甲乙双方签订本合同，并收到甲方支付的担保费之日起＿＿＿＿＿＿
日内，向承包商出具《业主支付保函》。

8.2　甲方如需变更名称、经营范围、注册资金、注册地、主要营业机构所在
地、法定代表人或发生合并、分立、重组等重大经营举措应提前三十日通知乙方；
发生亏损、诉讼等事项应立即通知乙方。

8.3　甲方不得擅自将工程转让给第三人。甲方与承包商有关主合同的修
改、变更，应告知乙方；如发生结构、规模、标准等重大设计变更，应经乙方书面
同意。

8.4　甲方保证对已经落实的工程款项实行专款专用，及时向乙方通报工程
款项的支付和合同履行情况，积极配合乙方进行定期或随时检查和监督。必要时
乙方可要求甲方将已落实的工程款项打入乙方指定的账户，实行专款专用监督。

第九条　争议的解决

本合同发生争议或纠纷时，甲乙双方当事人可以通过协商解决，协商不成的，
通过第＿＿＿＿＿＿款约定的方式解决：

9.1　向＿＿＿＿＿＿＿＿＿＿法院起诉；

9.2　向＿＿＿＿＿＿＿＿＿＿提起仲裁。（写明仲裁机构名称）

第十条　甲乙双方约定的其他事项

_____

第十一条　合同的生效、变更和解除

11.1　本合同由甲乙双方法定代表人（或其授权代理人）签字或加盖公章
生效。

11.2　本合同生效后，任何有关本合同的补充、修改、变更、解除等均需由甲
乙双方协商一致并订立书面协议。

第十二条　附则

本合同一式＿＿＿＿＿份,甲乙双方各执＿＿＿＿份。

甲方:　　　　　　　　　　　乙方:

法定代表人:　　　　　　　　法定代表人
(或授权代理人)　　　　　　 (或授权代理人)
　　　　年　　月　　日　　　　　　年　　月　　日

四、业主支付保函(试行)

业主支付保函(试行)

编号:(工　　字)第　　号

＿＿＿＿＿＿＿＿＿＿＿(承包商)

　　鉴于贵方与＿＿＿＿＿(以下简称"业主")就＿＿＿＿＿＿＿＿项目＿＿＿＿年＿＿月＿＿日签订编号为＿＿＿＿＿的《建设工程施工合同》(以下简称主合同),应业主的申请,我方愿就业主履行主合同约定的工程款支付义务以保证的方式向贵方提供如下担保:

　　一、保证的范围及保证金额

　　我方的保证范围是主合同约定的工程款。

　　本保函所称主合同约定的工程款是指主合同约定的除工程质量保修金以外的合同价款。

　　我方保证的金额是主合同约定的工程款的＿＿＿＿＿＿％,数额最高不超过人民币＿＿＿＿＿＿＿＿元(大写:＿＿＿＿＿＿)。

　　二、保证的方式及保证期间

　　我方保证的方式为:连带责任保证。

　　我方保证的期间为:自本合同生效之日起至主合同约定的工程款支付之日后＿＿＿＿＿日内。

　　贵方与业主协议变更工程款支付日期的,经我方书面同意后,保证期间按照变更后的支付日期做相应调整。

　　三、承担保证责任的形式

　　我方承担保证责任的形式是代为支付。业主未按主合同约定向贵方支付工程款的,由我方在保证金额内代为支付。

　　四、代偿的安排

　　贵方要求我方承担保证责任的,应向我方发出书面索赔通知及业主未支付主合同约定工程款的证明材料。索赔通知应写明要求索赔的金额,支付款项应到达的账号。

在出现贵方与业主因工程质量发生争议，业主拒绝向贵方支付工程款的情形时，贵方要求我方履行保证责任代为支付的，还需提供项目总监理工程师、监理单位或符合相应条件要求的工程质量检测机构出具的质量说明材料。

我方收到贵方的书面索赔通知及相应证明材料后，在_____工作日内进行核定后按照本保函的承诺承担保证责任。

五、保证责任的解除

1. 在本保函承诺的保证期间内，贵方未书面向我方主张保证责任的，自保证期间届满次日起，我方保证责任解除。

2. 业主按主合同约定履行了工程款的全部支付义务的，自本保函承诺的保证期间届满次日起，我方保证责任解除。

3. 我方按照本保函向贵方履行保证责任所支付金额达到本保函金额时，自我方向贵方支付（支付款项从我方账户划出）之日起，保证责任即解除。

4. 按照法律法规的规定或出现应解除我方保证责任的其他情形的，我方在本保函项下的保证责任亦解除。

我方解除保证责任后，贵方应自我方保证责任解除之日起_____个工作日内，将本保函原件返还我方。

六、免责条款

1. 因贵方违约致使业主不能履行义务的，我方不承担保证责任。

2. 依照法律法规的规定或贵方与业主的另行约定，免除业主部分或全部义务的，我方亦免除其相应的保证责任。

3. 贵方与业主协议变更主合同的，如加重业主责任致使我方保证责任加重的，需征得我方书面同意，否则我方不再承担因此而加重部分的保证责任。

4. 因不可抗力造成业主不能履行义务的，我方不承担保证责任。

七、争议的解决

因本保函发生的纠纷，由贵我双方协商解决，协商不成的，通过诉讼程序解决，诉讼管辖地法院为_____法院。

八、保函的生效

本保函自我方法定代表人（或其授权代理人）签字或加盖公章并交付贵方之日起生效。

本条所称交付是指：

保证人：
法定代表人（或授权代理人）：
年　　月　　日

五、承包商履约委托保证合同(试行)

承包商履约委托保证合同(试行)

编号:(工　字)第　号

委托保证人(承包商,以下称甲方):

住　　　所:

法定代表人:

电　　　话:　　　　　　　　　　传　真:

保证人(以下称乙方):

住　　　所:

法定代表人:

电　　　话:　　　　　　　　　　传　真:

鉴于甲方与＿＿＿＿＿＿＿＿(以下简称业主)就＿＿＿＿＿＿＿项目于＿＿＿＿年＿＿＿月＿＿＿日签订编号为＿＿＿＿＿＿＿的《建设工程施工合同》(以下简称主合同),乙方接受甲方的委托,同意为甲方以保证方式向业主提供工程履约担保。甲乙双方经协商一致,订立本合同。

第一条　定义

本合同所称工程履约担保是指,乙方向业主保证,当甲方未按照主合同的约定履行主合同义务给业主造成损失时,由乙方按照本合同约定承担保证责任的行为。

第二条　保证的范围及保证金额

2.1　乙方保证的范围是甲方未履行主合同约定的义务,给业主造成的实际损失。

2.2　乙方保证的金额是主合同约定的合同总价款的＿＿＿＿＿＿%,数额最高不超过人民币＿＿＿＿＿＿＿＿＿元(大写:＿＿＿＿＿＿＿＿)。

第三条　保证的方式及保证期间

3.1　乙方保证的方式为:连带责任保证。

3.2　乙方保证的期间为:自本合同生效之日起至主合同约定的工程竣工日期后＿＿＿＿＿＿＿＿＿日内。

3.3　甲方与业主变更工程竣工日期的,经乙方书面同意后,保证期间按照变更后的竣工日期做相应调整。

第四条　承担保证责任的形式

4.1　乙方根据业主要求以下列方式之一承担保证责任:

(1)由乙方提供资金及技术援助,甲方继续履行工程交付义务,但乙方支付金额不超过本合同第二条规定的保证金额。

（2）由乙方在本合同第二条规定的保证金额内赔偿业主的损失。

第五条　担保费及支付方式

5.1　担保费率根据担保额、担保期限、风险等因素确定。

5.2　双方确定的担保费率为：＿＿＿＿＿＿＿＿＿＿＿。

5.3 本合同生效后＿＿＿＿日内，甲方一次性支付乙方担保费共计人民币＿＿＿＿＿＿＿＿元（大写：＿＿＿＿＿＿）。

第六条　反担保

甲方应按照乙方的要求向乙方提供反担保，由双方另行签订反担保合同。

第七条　乙方的追偿权

乙方按照本合同的约定承担了保证责任后，即有权要求甲方立即归还乙方代偿的全部款项及乙方实现债权的费用，甲方另外应支付乙方代偿之日起企业银行同期贷款利息、罚息，并按上述代偿款项的＿＿＿＿＿％一次性支付违约金。

第八条　双方的其他权利义务

8.1　乙方在甲乙双方签订本合同，并收到甲方支付的担保费之日起＿＿＿＿日内，向业主出具《承包商履约保函》。

8.2　甲方如需变更名称、经营范围、注册资金、注册地、主要营业机构所在地、法定代表人或发生合并、分立、重组等重大经营举措应提前三十日通知乙方；发生亏损、诉讼等事项应立即通知乙方。

8.3　甲方与业主有关主合同的修改、变更，应告知乙方；如发生结构、规模、标准等重大设计变更，应经乙方书面同意。

8.4　甲方应全面履行主合同，及时向乙方通报主合同的履行情况，乙方在进行定期或随时检查和监督时甲方应积极配合。

第九条　争议的解决

本合同发生争议或纠纷时，甲乙双方当事人可以通过协商解决，协商不成的，通过第＿＿＿＿款约定的方式解决：

9.1　向＿＿＿＿＿＿＿＿法院起诉；

9.2　向＿＿＿＿＿＿＿＿提起仲裁。（写明仲裁机构名称）

第十条　甲乙双方约定的其他事项

＿＿＿＿＿＿＿＿＿＿＿＿＿＿＿＿＿＿＿＿＿＿＿＿＿＿＿＿＿＿＿＿＿＿

第十一条　合同的生效、变更和解除

11.1　本合同由甲乙双方法定代表人（或其授权代理人）签字或加盖公章后生效。

11.2　本合同生效后，任何有关本合同的补充、修改、变更、解除等均需由甲乙双方协商一致并订立书面协议。

第十二条　附则

本合同一式_____份,甲乙双方各执_____份。

甲方:　　　　　　　　　　　　　　乙方:

法定代表人:　　　　　　　　　　　法定代表人
(或授权代理人)　　　　　　　　　　(或授权代理人)
　　　年　　月　　日　　　　　　　　　年　　月　　日

六、承包商履约保函(试行)

承包商履约保函(试行)

编号:(工　　字)第　　号

_____(业主):

鉴于贵方与_____(以下简称"承包商")就_____项目于_____年___月___日签订编号为_____的《建设工程施工合同》(以下简称主合同),应承包商申请,我方愿就承包商履行主合同约定的义务以保证的方式向贵方提供如下担保:

一、保证的范围及保证金额

我方的保证范围是承包商未按照主合同的约定履行义务,给贵方造成的实际损失。

我方保证的金额是主合同约定的合同总价款_____%,数额最高不超过人民币_____元(大写:_____)。

二、保证的方式及保证期间

我方保证的方式为:连带责任保证。

我方保证的期间为:自本合同生效之日起至主合同约定的工程竣工日期_____后_____日内。

贵方与承包商协议变更工程竣工日期的,经我方书面同意后,保证期间按照变更后的竣工日期做相应调整。

三、承担保证责任的形式

我方按照贵方的要求以下列方式之一承担保证责任:

(1)由我方提供资金及技术援助,使承包商继续履行主合同义务,支付金额不超过本保函第一条规定的保证金额。

(2)由我方在本保函第一条规定的保证金额内赔偿贵方的损失。

四、代偿的安排

贵方要求我方承担保证责任的,应向我方发出书面索赔通知及承包商未履行主合同约定义务的证明材料。索赔通知应写明要求索赔的金额,支付款项应到达的账号,并附有说明承包商违反主合同造成贵方损失情况的证明材料。

贵方以工程质量不符合主合同约定标准为由,向我方提出违约索赔的,还需同时提供符合相应条件要求的工程质量检测部门出具的质量说明材料。

我方收到贵方的书面索赔通知及相应证明材料后,在_____工作日内进行核定后按照本保函的承诺承担保证责任。

五、保证责任的解除

1. 在本保函承诺的保证期间内,贵方未书面向我方主张保证责任的,自保证期间届满次日起,我方保证责任解除。

2. 承包商按主合同约定履行了义务的,自本保函承诺的保证期间届满次日起,我方保证责任解除。

3. 我方按照本保函向贵方履行保证责任所支付的金额达到本保函金额时,自我方向贵方支付(支付款项从我方账户划出)之日起,保证责任即解除。

4. 按照法律法规的规定或出现应解除我方保证责任的其他情形的,我方在本保函项下的保证责任亦解除。

我方解除保证责任后,贵方应自我方保证责任解除之日起_____个工作日内,将本保函原件返还我方。

六、免责条款

1. 因贵方违约致使承包商不能履行义务的,我方不承担保证责任。

2. 依照法律法规的规定或贵方与承包商的另行约定,免除承包商部分或全部义务的,我方亦免除其相应的保证责任。

3. 贵方与承包商协议变更主合同的,如加重承包商责任致使我方保证责任加重的,需征得我方书面同意,否则我方不再承担因此而加重部分的保证责任。

4. 因不可抗力造成承包商不能履行义务的,我方不承担保证责任。

七、争议的解决

因本保函发生的纠纷,由贵我双方协商解决,协商不成的,通过诉讼程序解决,诉讼管辖地法院为_____法院。

八、保函的生效

本保函自我方法定代表人(或其授权代理人)签字或加盖公章并交付贵方之日起生效。

本条所称交付是指:

保证人:

法定代表人(或授权代理人):

年　　　月　　　日

七、总承包商付款(分包)委托保证合同(试行)

总承包商付款(分包)委托保证合同(试行)

编号：（工　字)第　　号

委托保证人(总承包商,以下称甲方)：

住　　　所：

法定代表人：

电　　　话：　　　　　　　　　传　　真：

保证人(以下称乙方)：

住　　　所：

法定代表人：

电　　　话：　　　　　　　　　传　　真：

鉴于甲方与_____(以下简称分包商)就_____项目于____年____月____日签订编号为_____号《分包合同》(以下简称主合同),乙方接受甲方的委托,同意以保证方式为甲方向分包商提供付款保证。甲乙双方经协商一致,订立本合同。

第一条　定义

1.1　本合同所称总承包商付款保证是指,乙方向分包商保证,当甲方未按照主合同的约定支付工程款时,由乙方按照本合同的约定代为支付的行为。

1.2　本合同所称工程款是指,_____。

第二条　保证的范围及保证金额

2.1　乙方提供保证的范围是主合同约定的甲方应向分包商支付的工程款。

2.2　甲方在上述保证范围内所承担的保证金额最高不超过人民币_____元(大写：_____)。

第三条　保证的方式及保证期间

3.1　乙方保证的方式为：连带责任保证。

3.2　乙方保证的期间为：自本合同生效之日起至主合同约定的工程款支付之日后_____日。

3.3　甲方与分包商协议变更主合同付款日期的,经乙方书面同意后,保证期间按照变更后的日期做相应调整。

第四条　承担保证责任的形式

乙方承担保证责任的形式为代为支付。当甲方未按照主合同的约定向分包商支付工程款时,由乙方代为履行支付义务,但乙方付款总额不超过本合同第二条约定的保证金额。

第五条　担保费及支付方式

5.1　担保费率根据担保额、担保期限、风险等因素确定,收取担保费。

5.2　双方确定的担保费率为:＿＿＿＿＿＿＿＿＿＿＿＿＿。

5.3 本合同生效后＿＿＿＿＿日内,甲方一次性支付乙方担保费共计人民币＿＿＿＿＿元(大写:＿＿＿＿＿＿＿＿)。

第六条　反担保

甲方应按照乙方的要求向乙方提供反担保,由双方另行签订反担保合同。

第七条　乙方的追偿权

乙方按照合同的约定承担保证责任后,即有权要求甲方立即归还乙方代偿的全部款项及乙方实现债权的费用,甲方另外应支付乙方代偿之日起企业银行同期贷款利息、罚息,并按上述代偿款项的＿＿＿＿＿‰一次性支付违约金。

第八条　双方的其他权利义务

8.1　乙方在甲乙双方签订本合同,并收到甲方支付的担保费之日起＿＿＿＿＿日内,向分包商出具《总承包商付款(分包)保函》。

8.2　甲方如需变更名称、经营范围、注册资金、注册地、主要营业机构所在地、法定代表人或发生合并、分立、重组等重大经营举措应提前三十日通知乙方;发生亏损、诉讼等事项应立即通知乙方。

8.3　甲方不得擅自将工程转让给第三人。甲方与分包商有关主合同的修改、变更,应告知乙方;如发生重大变更,应经乙方书面同意。

8.4　甲方应全面履行主合同,及时向乙方通报主合同的履行情况,乙方在进行定期或随时检查和监督时甲方应积极配合。

第九条　争议的解决

本合同发生争议或纠纷时,甲乙双方当事人可以通过协商解决,协商不成的,通过第＿＿＿＿＿款约定的方式解决:

9.1　向＿＿＿＿＿＿＿＿＿法院起诉;

9.2　向＿＿＿＿＿＿＿＿＿提起仲裁。(写明仲裁机构名称)

第十条　甲乙双方约定的其他事项

＿＿＿

第十一条　合同的生效、变更和解除

11.1　本合同由甲乙双方法定代表人(或其授权代理人)签字或加盖公章后生效。

11.2　本合同生效后,任何有关本合同的补充、修改、变更、解除等均需由甲乙双方协商一致并订立书面协议。

第十二条　附则

本合同一式_____份,甲乙方各执_____份。

甲方:　　　　　　　　　　　　　乙方:

法定代表人:　　　　　　　　　　法定代表人
(或授权代理人)　　　　　　　　(或授权代理人)
　　　年　　月　　日　　　　　　　　年　　月　　日

八、总承包商付款(分包)保函(试行)

总承包商付款(分包)保函(试行)

编号:(工　　　　字)第　　号

_____(分包商):

　　鉴于贵方与_____(以下简称"总承包商")就_____项目于_____年___月___日签订编号为_____的《分包合同》(以下简称主合同),应总承包商的申请,我方愿就总承包商履行主合同约定的工程款支付义务以保证的方式向贵方提供如下担保:

　　一、保证的范围及保证金额

　　我方的保证范围是主合同约定的总承包商应向贵方支付的工程款。

　　我方保证的金额是主合同约定工程款的_____%,数额最高不超过人民币_____元(大写:_____)。

　　本保函所称工程款是指_____。

　　二、保证的方式及保证期间

　　我方保证的方式为:连带责任保证。

　　我方保证的期间为:自本合同生效之日起至主合同约定的工程款支付之日后_____日内。

　　贵方与总承包商协议变更工程款支付日期的,经我方书面同意后,保证期间按照变更后的支付日期做相应调整。

　　三、承担保证责任的形式

　　我方承担保证责任的形式是代为支付。总承包商未按主合同约定向贵方支付工程款的,由我方在保证金额内代为支付。

　　四、代偿的安排

　　贵方要求我方承担保证责任的,应向我方发出书面索赔通知及总承包商未支付主合同约定的工程款的证明材料。索赔通知应写明要求索赔的金额,支付款项应到达的账号。

　　在出现贵方与总承包商因工程质量发生争议,总承包商拒绝向贵方支付工程款的情形时,贵方要求我方履行保证责任代为支付的,还需提供项目总监理工程师、监理单位或符合相应条件要求的工程质量检测机构出具的质量说明材料。

　　我方收到贵方的书面索赔通知及相应证明材料后,在＿＿＿＿＿＿工作日内进行核定后按照本保函的承诺承担保证责任。

　　五、保证责任的解除

　　1. 在本保函承诺的保证期间内,贵方未书面向我方主张保证责任的,自保证期间届满次日起,我方保证责任解除。

　　2. 总承包商按主合同约定履行了工程款支付义务的,自本保函承诺的保证期间届满次日起,我方保证责任解除。

　　3. 我方按照本保函向贵方履行保证责任所支付金额达到本保函金额时,自我方向贵方支付(支付款项从我方账户划出)之日起,保证责任即解除。

　　4. 按照法律法规的规定或出现应解除我方保证责任的其他情形的,我方在本保函项下的保证责任亦解除。

　　我方解除保证责任后,贵方应自我方保证责任解除之日起＿＿＿＿＿＿个工作日内,将本保函原件返还我方。

　　六、免责条款

　　1. 因贵方违约致使总承包商不能履行义务的,我方不承担保证责任。

　　2. 依照法律法规的规定或贵方与总承包商的另行约定,免除总承包商部分或全部义务的,我方亦免除其相应的保证责任。

　　3. 贵方与总承包商协议变更主合同的,如加重总承包商债务致使我方保证责任增加的,需征得我方书面同意,否则我方不再承担因此而加重部分的保证责任。

　　4. 因不可抗力造成总承包商不能履行义务的,我方不承担保证责任。

　　七、争议的解决

　　因本保函发生的纠纷,由贵我双方协商解决,协商不成的,通过诉讼程序解决,诉讼管辖地法院为＿＿＿＿＿＿＿＿＿＿法院。

　　八、保函的生效

　　本保函自我方法定代表人(或其授权代理人)签字或加盖公章并交付贵方之日起生效。

　　本条所称交付是指:

　　　　　　　　　　　　保证人:
　　　　　　　　　　　　法定代表人(或授权代理人):
　　　　　　　　　　　　　　　年　　　月　　　日

九、总承包商付款(供货)委托保证合同(试行)

总承包商付款(供货)委托保证合同(试行)

编号:(工　　　字)第　　号

委托保证人(总承包商,以下称甲方):

住　　　所:

法定代表人:

电　　话:　　　　　　　　　　　　传　　真:

保证人(以下称乙方):

住　　　所:

法定代表人:

电　　话:　　　　　　　　　　　　传　　真:

鉴于甲方与_____(以下简称供货商)于_____年___月___日签订编号为_____《买卖合同》(以下简称主合同),乙方接受甲方的委托,同意为甲方向供货商提供付款保证,甲乙双方经协商一致订立本合同。

第一条　定义

1.1　本合同所称总承包商付款保证是指,乙方向供货商保证,当甲方未按照主合同的约定支付货款时,由乙方按照本合同的约定代为支付的行为。

1.2　本合同所称货款是指_____。

第二条　保证的范围及保证金额

2.1　乙方保证的范围是主合同约定的甲方应向供货商支付的货款。

2.2　乙方保证的金额是甲方应支付货款的_____%,数额最高不超过人民币_____元(大写:_____)。

第三条　保证的方式及保证期间

3.1　乙方保证的方式是:连带责任保证。

3.2　乙方保证的期间为:自本合同生效之日起至主合同约定的甲方应履行付款义务期限届满之日后_____日。

3.3　如甲方与供货商协议变更主合同的付款时间,经乙方书面同意后,保证期间按变更后的时间做相应调整。

第四条　承担保证责任的形式

乙方承担保证责任的形式是代为支付。当甲方未按照主合同的约定向供货商支付货款时,由乙方向供货商支付。

第五条　担保费及支付方式

5.1　担保费率根据担保额、担保期限、风险等因素确定。

5.2　双方确定的担保费率为：＿＿＿＿＿＿＿＿＿＿＿。

5.3　本合同生效后＿＿＿＿＿＿＿日内，甲方一次性支付乙方担保费共计人民币＿＿＿＿＿＿＿＿＿元（大写：＿＿＿＿＿＿＿＿＿＿）。

第六条　反担保

甲方应按照乙方的要求向乙方提供反担保，由双方另行签订反担保合同。

第七条　乙方的追偿权

乙方按照合同的约定承担了保证责任后，即有权要求甲方立即归还乙方代偿的全部款项及乙方实现债权的费用，甲方另外应支付乙方代偿之日起企业银行同期贷款利息、罚息，并按上述代偿款项的＿＿＿＿＿＿＿％一次性支付违约金。

第八条　双方的其他权利义务

8.1　乙方在甲乙双方签订本合同，并收到甲方支付的担保费之日起＿＿＿＿＿＿＿日内，向供货商出具《总承包商付款（供货）保函》。

8.2　甲方如需变更名称、经营范围、注册资金、注册地、主要营业机构所在地、法定代表人或发生合并、分立、重组等重大经营举措应提前三十日通知乙方；发生亏损、诉讼等事项应立即通知乙方。

8.3　未经乙方同意，甲方不得擅自与供货商修改、变更主合同；未经乙方书面同意，甲方不得将其主合同的权利、义务转让给第三人。

8.4　甲方应全面履行主合同，及时向乙方通报主合同的履行情况，并积极配合乙方进行定期或随时检查和监督。

第九条　争议的解决

本合同发生争议或纠纷时，甲乙双方当事人可以通过协商解决，协商不成的，通过第＿＿＿＿＿＿＿款约定的方式解决：

9.1　向＿＿＿＿＿＿＿＿＿法院起诉；

9.2　向＿＿＿＿＿＿＿＿＿提起仲裁。（写明仲裁机构名称）

第十条　甲乙双方约定的其他事项

＿＿＿＿＿＿＿＿＿＿＿＿＿＿＿＿＿＿＿＿＿＿＿＿＿＿＿＿＿＿＿＿＿＿

＿＿＿＿＿＿＿＿＿＿＿＿＿＿＿＿＿＿＿＿＿＿＿＿＿＿＿＿＿＿＿＿＿＿

＿＿＿＿＿＿＿＿＿＿＿＿＿＿＿＿＿＿＿＿＿＿＿＿＿＿＿＿＿＿＿＿＿＿

＿＿＿＿＿＿＿＿＿＿＿＿＿＿＿＿＿＿＿＿＿＿＿＿＿＿＿＿＿＿＿＿＿＿

＿＿＿＿＿＿＿＿＿＿＿＿＿＿＿＿＿＿＿＿＿＿＿＿＿＿＿＿＿＿＿＿＿＿

＿＿＿＿＿＿＿＿＿＿＿＿＿＿＿＿＿＿＿＿＿＿＿＿＿＿＿＿＿＿＿＿＿＿

第十一条　合同的生效、变更和解除

11.1　本合同由甲乙双方法定代表人（或其授权代理人）签字或加盖公章后生效。

11.2　本合同生效后，任何有关本合同的补充、修改、变更、解除等均需由甲乙双方协商一致并订立书面协议。

第十二条　附则

本合同一式____份,甲乙双方各执____份。

甲方:　　　　　　　　　　　　　乙方:

法定代表人:　　　　　　　　　　法定代表人
(或授权代理人)　　　　　　　　 (或授权代理人)
　　年　月　日　　　　　　　　　　年　月　日

十、总承包商付款(供货)保函(试行)

总承包商付款(供货)保函(试行)

编号:(工　　字)第　号

_____(供货商)

鉴于贵方与_____(以下简称"总承包商")就_____项目于____年____月____日签订编号为_____的《买卖合同》(以下简称主合同),应总承包商的申请,我方愿就总承包商履行主合同约定的货款支付义务以保证的方式向贵方提供如下担保:

一、保证的范围及保证金额

我方的保证范围是主合同约定的货款。

本保函所称货款指_____。

我方保证的金额是主合同约定的货款的_____%,数额最高不超过人民币_____元(大写:_____)。

二、保证的方式及保证期间

我方保证的方式为:连带责任保证。

我方保证的期间为:自本合同生效之日起主合同约定的总承包商应履行支付货款义务期限届满之日后_____日。

贵方与总承包商协议变更货款支付日期的,经我方书面同意后,保证期间按照变更后的支付日期做相应调整。

三、承担保证责任的形式

我方承担保证责任的形式是代为支付。总承包商未按主合同约定向贵方支付货款的,由我方在保证金额内代为支付。

四、代偿的安排

贵方要求我方承担保证责任的,应向我方发出书面索赔通知及总承包商未支付货款的证明材料。索赔通知应写明要求索赔的金额,支付款项应到达的账号。

在出现贵方与总承包商因货物质量发生争议,总承包商拒绝向贵方支付货款的情形时,贵方要求我方履行保证责任代为支付的,还需提供_____部门出具的质量合格的说明。

我方收到贵方的书面索赔通知及相应证明材料后,在_____工作日内进行核定后按照本保函的承诺承担保证责任。

五、保证责任的解除

1. 在本保函承诺的保证期间内,贵方未书面向我方主张保证责任的,自保证期间届满次日起,我方保证责任解除。

2. 总承包商按主合同约定履行了货款支付义务的,自本保函承诺的保证期间届满次日起,我方保证责任解除。

3. 我方按照本保函向贵方履行保证责任所支付的金额达到本保函金额时,自我方向贵方支付(支付款项从我方账户划出)之日起,保证责任即解除。

4. 按照法律法规的规定或出现应解除我方保证责任的其他情形的,我方在本保函项下的保证责任亦解除。

我方解除保证责任后,贵方应自我方保证责任解除之日起_____个工作日内,将本保函原件返还我方。

六、免责条款

1. 因贵方违约致使总承包商不能履行义务的,我方不承担保证责任。

2. 依照法律法规的规定或贵方与总承包商的另行约定,免除总承包商部分或全部义务的,我方亦免除其相应的保证责任。

3. 贵方与总承包商协议变更主合同的,需征得我方书面同意,否则我方不再承担保证责任。

4. 因不可抗力造成总承包商不能履行义务的,我方不承担保证责任。

七、争议的解决

因本保函发生的纠纷,由贵我双方协商解决,协商不成的,通过诉讼程序解决,诉讼管辖地法院为_____法院。

八、保函的生效

本保函自我方法定代表人(或其授权代理人)签字或加盖公章并交付贵方之日起生效。

本条所称交付是指:

　　　　　　　　　　　保证人:

　　　　　　　　　　　法定代表人(或授权代理人):

　　　　　　　　　　　　　　年　　　月　　　日

第四节　建设工程分包合同示范文本

一、建设工程施工专业分包合同(示范文本)

GF—2003—0213

建设工程施工专业分包合同

（示范文本）

中华人民共和国建设部
国家工商行政管理总局

二〇〇〇年八月

第一部分　协议书

承包人（全称）：_____

分包人（全称）：_____

依照《中华人民共和国合同法》、《中华人民共和国建筑法》及其他有关法律、行政法规，遵循平等、自愿、公平和诚实信用的原则，鉴于_____（以下简称为"发包人"）与承包人已经签订施工总承包合同（以下称为"总包合同"），承包人和分包人双方就分包工程施工事项经协商达成一致，订立本合同。

一、分包工程概况

分包工程名称：

分包工程地点：

分包工程承包范围：

二、分包合同价款

金额：大写：人民币_____元，

　　　小写：_____元。

三、工期

开工日期：本分包工程定于_____年_____月_____日开工；

竣工日期：本分包工程定于_____年_____月_____日竣工；

合同工期总日历天数为：_____天。

四、工程质量标准

本分包工程质量标准双方约定为：_____。

五、组成分包合同的文件包括以下内容。

1. 本合同协议书。

2. 中标通知书（如有时）。

3. 分包人的报价书。

4. 除总包合同工程价款之外的总包合同文件。

5. 本合同专用条款。

6. 本合同通用条款。

7. 本合同工程建设标准、图纸及有关技术文件。

8. 合同履行过程中，承包人和分包人协商一致的其他书面文件。

六、本协议书中有关词语的含义与本合同第二部分《通用条款》中分别赋予它们的定义相同。

七、分包人向承包人承诺，按照合同约定的工期和质量标准，完成本协议书第一条约定的工程（以下简称为"分包工程"），并在质量保修期内承担保修责任。

八、承包人向分包人承诺，按照合同约定的期限和方式，支付本协议书第二条约定的合同价款（以下简称"分包合同价"），以及其他应当支付的款项。

九、分包人向承包人承诺,履行总包合同中与分包工程有关的承包人的所有义务,并与承包人承担履行分包工程合同以及确保分包工程质量的连带责任。

十、合同的生效

合同订立时间:＿＿＿＿年＿＿＿＿月＿＿＿＿日;

合同订立地点:＿＿＿＿＿＿＿＿＿＿＿＿＿＿＿＿;

本合同双方约定＿＿＿＿＿＿＿＿＿＿＿后生效。

承包人:(公章)	分包人:(公章)
住所:	住所:
法定代表人:	法定代表人:
委托代理人:	委托代理人:
电话:	电话:
传真:	传真:
开户银行:	开户银行:
账号:	账号:
邮政编码:	邮政编码:

第二部分　通用条款

一、词语定义及合同文件

1. 词语定义

下列词语除专用条款另有约定外,应具有本条款所赋予的定义。

1.1　通用条款:是根据法律、行政法规规定及建设工程施工的需要订立,通用于分包工程施工的条款。

1.2　专用条款:是承包人与分包人根据法律、行政法规规定,结合具体工程实际,经协商达成一致意见的条款,是对通用条款的具体化、补充或修改。

1.3　发包人:指在总包合同协议书中约定的具有工程发包主体资格和支付工程价款能力的当事人,以及取得该当事人资格的合法继承人。

1.4　承包人:指在总包合同协议书中约定的,被发包人接受的具有工程施工总承包主体资格的当事人,以及取得该当事人资格的合法继承人。

1.5　分包人:指在本分包合同协议书中约定的,被承包人接受的具有分包该工程资格的当事人,以及取得该当事人资格的合法继承人。

1.6　总包工程:指由发包人和承包人在总包合同协议书中约定的承包范围内的工程。

1.7　分包工程:指由承包人和分包人在本合同协议书中约定的分包范围内的工程。

1.8　工程师:指在总包合同中约定的由工程监理单位委派的工程师或发包

人指定的履行总包合同的代表,其具体身份和职权由发包人和承包人在总包合同专用条款中约定。

1.9　项目经理:指承包人在总包合同专用条款和本合同专用条款中指定的负责施工管理、履行总包合同及本合同的代表。

1.10　分包项目经理:指由分包人在分包合同专用条款中指定的负责施工管理和履行分包合同的代表。

1.11　总包合同:指发包人与承包人之间签订的施工总承包合同,由协议书、通用条款和专用条款组成。

1.12　总包合同条款:指中华人民共和国建设部和国家工商行政管理局于1999年修订印发的《建设工程施工合同文本》(建建[1999]313号)中的施工合同通用条款,以及经发包人和承包人协商一致的专用条款。

1.13　分包合同:指承包人和分包人之间签订的施工专业分包合同,由协议书、通用条款和专用条款组成。

1.14　工程建设标准:指与分包工程相关的工程建设标准,以及经承包人确认的,对工程建设标准进行的任何修改或增补。

1.15　图纸:指由承包人提供的符合总包合同要求及分包合同需要的所有图纸、计算书、配套说明以及相关的技术资料。

1.16　报价书:指由分包人根据分包合同的规定,为完成分包工程,向承包人提出的分包合同报价。在承包人采用招标方式确定分包人时,该报价书应与中标通知书中的中标价格一致。

1.17　中标通知书:指由承包人发出的确定分包人中标的通知。

1.18　开工日期:指承包人和分包人在本合同协议书中约定的,分包人开始施工的绝对或相对的日期。

1.19　竣工日期:指承包人和分包人在本合同协议书中约定的,分包人完成分包工程的绝对或相对的日期。

1.20　合同价款:指承包人与分包人在本合同协议书中约定,承包人用以支付分包人按照分包合同完成分包范围内全部工程并承担质量保修责任的款项。

1.21　追加合同价款:指在分包合同履行过程中发生需要增加合同款项的情况,经承包人确认后,按双方约定的计算合同价款的方法增加的合同价款。

1.22　施工场地:指由承包人提供的用于分包工程施工的场所,以及承包人在现场总平面图中具体指定的供分包人施工使用的任何其他场所。

1.23　书面形式:指分包合同、信件和数据电文(包括电报、电传、传真、电子数据交换和电子邮件)等可以有形地表现所载内容的形式。

1.24　违约责任:指合同一方不履行合同义务或履行合同义务不符合约定内容,所应承担的责任。

1.25　索赔:指在合同履行过程中,对于并非自己的过错,而是应由对方承担责任的情况造成的实际损失,向对方提出经济补偿和(或)工期顺延的要求。

1.26　不可抗力:指不能预见、不能避免并不能克服的客观情况。

1.27　小时或天:本合同中规定按小时计算时间的,从事件有效开始时计算(不扣除休息时间);规定按天计算时间的,开始当天不计入,从次日开始计算。时限的最后一天是休息日或者其他法定节假日的,以休息日或节假日次日为时限的最后一天,但竣工日期除外。时限的最后一天的截止时间为当日 24 时。

2. 合同文件及解释顺序

2.1　合同文件应能互相解释,互为说明。除本合同专用条款另有约定外,组成本合同的文件及优先解释顺序为如下所列出的顺序。

(1)本合同协议书。

(2)中标通知书(如有时)。

(3)分包人的投标函及报价书。

(4)除总包合同工程价款之外的总包合同文件。

(5)本合同专用条款。

(6)本合同通用条款。

(7)本合同工程建设标准、图纸。

(8)合同履行过程中,承包人和分包人协商一致的其他书面文件。

2.2　当合同文件内容出现含糊不清或不相一致时,应在不影响工程正常进行的情况下,由分包人和承包人协商解决。双方协商不成时,按本合同通用条款第 28 条关于争议的约定处理。

3. 语言文字和适用法律、行政法规及工程建设标准

3.1　语言文字。

除本合同专用条款中另有约定,本合同文件使用的语言文字应与总包合同文件使用的语言文字相同。

3.2　适用法律和行政法规。

除本合同专用条款中另有约定,本合同适用的法律、法规应与总包合同中规定适用的法律、法规相同。需要明示的法律、行政法规在专用条款内约定。

3.3　适用工程建设标准。

双方在本合同专用条款内约定适用的工程建设标准的名称;本合同专用条款没有具体约定的,应使用总包合同中所规定的与分包工程有关的工程建设标准。承包人应按本合同专用条款约定的时间向分包人提供一式两份约定的工程建设标准。

本合同中没有相应工程建设标准的,应由承包人按照本合同专用条款约定的时间向分包人提出施工技术要求,分包人按约定的时间和要求提出施工工艺,经承包人确认后执行。

4. 图纸

4.1　承包人应按照本合同专用条款约定的日期和套数,向分包人提供图纸。分包人需要增加约定以外图纸套数的,承包人应代为复制,复制费用由分包人承担;如根据总包合同,承包人对工程图纸负有保密义务的,分包人应负责分包工程范围内图纸的保密工作,分包人的保密义务在分包合同终止后,应当继续履行。

4.2　如分包工程的图纸不能完全满足施工需要,并且承包人委托分包人进行深化施工图设计的,分包人应在其设计资质等级和业务允许的范围内,在原分包工程图纸的基础上,根据国家有关工程建设标准进行深化设计,分包人的深化设计须经过承包人确认后方可进行施工。如分包人不具备相应的设计资质,应由承包人委托具有相应资质的单位进行深化设计。分包人应对自行设计的图纸负有全部的法律责任。

关于承包人委托分包人进行深化施工图设计的范围及发生的费用,双方应在专用条款中约定。

4.3　承包人提供的图纸不能满足分包工程施工需要时,双方在专用条款内约定复制、重新绘制、翻译、购买标准图纸等的责任和费用承担。

二、双方一般权利和义务

5.　总包合同

5.1　分包人对总包合同的了解。

承包人应提供总包合同(有关承包工程的价格内容除外)供分包人查阅。当分包人要求时,承包人应向分包人提供一份总包合同(有关承包工程的价格内容除外)的副本或复印件。分包人应全面了解总包合同的各项规定(有关承包工程的价格内容除外)。

5.2　分包人对有关分包工程的责任。

除本合同条款另有约定,分包人应履行并承担总包合同中与分包工程有关的承包人的所有义务与责任,同时应避免因分包人自身行为或疏漏造成承包人违反总包合同中约定的承包人义务的情况发生。

5.3　分包人与发包人的关系。

分包人须服从承包人转发的发包人或工程师与分包工程有关的指令。未经承包人允许,分包人不得以任何理由与发包人或工程师发生直接工作联系,分包人不得直接致函发包人或工程师,也不得直接接受发包人或工程师的指令。如分包人与发包人或工程师发生直接工作联系,将被视为违约,并承担违约责任。

6.　指令和决定

6.1　承包人指令。

就分包工程范围内的有关工作,承包人随时可以向分包人发出指令,分包人应执行承包人根据分包合同所发出的所有指令。分包人拒不执行指令,承包人可委托其他施工单位完成该指令事项,发生的费用从应付给分包人的相应款项中扣除。

6.2　发包人或工程师指令。

就分包工程范围内的有关工作,分包人应执行经承包人确认和转发的发包人或工程师发出的所有指令和决定。

7. 项目经理

7.1　项目经理的姓名、职称在本合同专用条款内写明。

7.2　项目经理可授权具体的管理人员行使自己的部分权利,并在认为有必要时可撤回授权,授权和撤回均应提前 7 天以书面形式通知分包人,委派书及撤回通知作为分包合同的附件。

7.3　承包人所发出的指令、通知,由项目经理(或其授权人)签字后,以书面形式交给分包人,分包项目经理在回执上签署自己的姓名及收到时间后生效。确有必要时,项目经理可发出口头指令,并在 48 小时内给予书面确认。项目经理在 48 小时后未予书面确认的,分包人应于承包人发出口头指令后 7 天内提出书面确认要求,项目经理在分包人提出确认要求后 7 天内不予答复,应视为分包人要求已被确认。分包人认为承包人指令不合理,应在收到指令后 24 小时内提出书面申告,承包人在收到分包人申告后 24 小时内作出修改指令或继续执行原指令的决定,并以书面形式通知分包人。紧急情况下,项目经理可发出要求分包人立即执行的指令,分包人如有异议也应执行。如承包人发出错误的指令,并给分包人造成经济损失的,则承包人应给予分包人相应的补偿,但因分包人违反分包合同引起的损失除外。

7.4　项目经理应按分包合同的约定,及时向分包人提供所需的指令、批准、图纸并履行其他约定的义务,否则分包人应在约定时间后 24 小时内将具体要求、需要的理由及延误的后果通知承包人,项目经理在收到通知后 48 小时内不予答复,应承担因延误造成的损失。

7.5　承包人如需更换项目经理,应至少提前 7 天以书面形式通知分包人,后任继续行使前任的职权,履行前任的义务。

8. 分包项目经理

8.1　分包项目经理的姓名、职称在本合同专用条款内写明。

8.2　分包人依据合同发出的请求和通知,以书面形式由分包项目经理签字后送交项目经理,项目经理在回执上签署姓名和收到的时间后生效。

8.3　分包项目经理按项目经理批准的施工组织设计(或施工方案)和依据分包合同发出的指令组织施工。在情况紧急且无法与项目经理取得联系时,分包项目经理应采取保证人员生命和工程、财产安全的紧急措施,并在采取措施后 48 小时内向项目经理送交报告。责任在承包人或第三人,由承包人承担由此发生的追加合同价款,相应顺延工期;责任在分包人,由分包人承担费用,不顺延工期。

8.4　分包人如需更换分包项目经理,应至少提前 7 天以书面形式通知承包人,并征得承包人同意,后任继续行使前任的职权,履行前任的义务。

8.5　承包人可与分包人协商,建议更换其认为不称职的分包项目经理。

9. 承包人的工作

9.1　承包人应按本合同专用条款约定的内容和时间,一次或分阶段完成下列工作。

(1)向分包人提供根据总包合同由发包人办理的与分包工程相关的各种证件、批件、各种相关资料,向分包人提供具备施工条件的施工场地。

(2)按本合同专用条款约定的时间,组织分包人参加发包人组织的图纸会审,向分包人进行设计图纸交底。

(3)提供本合同专用条款中约定的设备和设施,并承担因此发生的费用。

(4)随时为分包人提供确保分包工程的施工所要求的施工场地和通道等,满足施工运输的需要,保证施工期间的畅通。

(5)负责整个施工场地的管理工作,协调分包人与同一施工场地的其他分包人之间的交叉配合,确保分包人按照经批准的施工组织设计进行施工。

(6)承包人应做的其他工作,双方在本合同专用条款内约定。

9.2　承包人未履行前款各项义务,导致工期延误或给分包人造成损失的,承包人赔偿分包人的相应损失,顺延延误的工期。

10. 分包人的工作

10.1　分包人应按本合同专用条款约定的内容和时间,完成下列工作。

(1)分包人应按照分包合同的约定,对分包工程进行设计(分包合同有约定时)、施工、竣工和保修。分包人在审阅分包合同和(或)总包合同时,或在分包合同的施工中,如发现分包工程的设计或工程建设标准、技术要求存在错误、遗漏、失误或其他缺陷,应立即通知承包人。

(2)按照本合同专用条款约定的时间,完成规定的设计内容,报承包人确认后在分包工程中使用。承包人承担由此发生的费用。

(3)在本合同专用条款约定的时间内,向承包人提供年、季、月度工程进度计划及相应进度统计报表。分包人不能按承包人批准的进度计划施工时,应根据承包人的要求提交一份修订的进度计划,以保证分包工程如期竣工。

(4)分包人应在专用条款约定的时间内,向承包人提交一份详细施工组织设计,承包人应在专用条款约定的时间内批准,分包人方可执行。

(5)遵守政府有关主管部门对施工场地交通、施工噪声以及环境保护和安全文明生产等的管理规定,按规定办理有关手续,并以书面形式通知承包人,承包人承担由此发生的费用,因分包人责任造成的罚款除外。

(6)分包人应允许承包人、发包人、工程师及其三方中任何一方授权的人员在工作时间内,合理进入分包工程施工场地或材料存放的地点,以及施工场地以外与分包合同有关的分包人的任何工作或准备的地点,分包人应提供方便。

(7)已竣工工程未交付承包人之前,分包人应负责已完分包工程的成品保护工作,保护期间发生损坏,分包人自费予以修复;承包人要求分包人采取特殊措施保护的工程部位和相应的追加合同价款,双方在本合同专用条款内约定。

(8)分包人应做的其他工作,双方在本合同专用条款内约定。

10.2　分包人未履行前款各项义务,造成承包人损失的,分包人赔偿承包人有关损失。

11. 总包合同解除

11.1　如在分包人没有全面履行分包合同义务之前,总包合同解除,则承包人应及时通知分包人解除分包合同,分包人接到通知后应尽快撤离现场。

11.2　因本合同第11.1条款原因终止分包合同,分包人可以得到:已完工程价款、分包人员工的遣散费、二次搬运费等补偿。如本合同第11.1条款约定的总包合同终止是因为分包人的严重违约,则只能得到已完工程价款补偿。

11.3　在本合同第11.1条款解除分包合同的情况下,分包人经承包人同意为分包工程已采购或已运至施工场地的材料设备,应全部移交给承包人,由承包人按本合同专用条款约定的价格支付给分包人。

12. 转包与再分包

12.1　除12.2条款规定的情况外,分包人不得将其承包的分包工程转包给他人,也不得将其承包的分包工程的全部或部分再分包给他人。如分包人将其承包的分包工程转包或再分包,将被视为违约,并承担违约责任。

12.2　分包人经承包人同意可以将劳务作业再分包给具有相应劳务分包资质的劳务分包企业。

12.3　分包人应对再分包的劳务作业的质量等相关事宜进行督促和检查,并承担相关连带责任。

三、工期

13. 开工与延期开工

13.1　分包人应当按照本合同协议书约定的开工日期开工。分包人不能按时开工,应当不迟于本合同协议书约定的开工日期前5天,以书面形式向承包人提出延期开工的理由。承包人应当在接到延期开工申请后的48小时内以书面形式答复分包人。承包人在接到延期开工申请后48小时内不答复,视为同意分包人要求,工期相应顺延。承包人不同意延期要求或分包人未在规定时间内提出延期开工要求,工期不予顺延。

13.2　因承包人原因不能按照本合同协议书约定的开工日期开工,项目经理应以书面形式通知分包人,推迟开工日期。承包人赔偿分包人因延期开工造成的损失,并相应顺延工期。

14. 工期延误

14.1　因下列原因之一造成分包工程工期延误,经项目经理确认,工期相应顺延。

（1）承包人根据总包合同从工程师处获得与分包合同相关的竣工时间延长。

（2）承包人未按本合同专用条款的约定提供图纸、开工条件、设备设施、施工场地。

（3）承包人未按约定日期支付工程预付款、进度款，致使分包工程施工不能正常进行。

（4）项目经理未按分包合同约定提供所需的指令、批准或所发出的指令错误，致使分包工程施工不能正常进行。

（5）非分包人原因的分包工程范围内的工程变更及工程量增加。

（6）不可抗力的原因。

（7）本合同专用条款中约定的或项目经理同意工期顺延的其他情况。

14.2 分包人应在14.1条款约定情况发生后14天内，就延误的工期以书面形式向承包人提出报告。承包人在收到报告后14天内予以确认，逾期不予确认也不提出修改意见，视为同意顺延工期。

15. 暂停施工

15.1 发包人或工程师认为确有必要暂停施工时，应以书面形式通过承包人向分包人发出暂停施工指令，并在提出要求后48小时内提出书面处理意见。分包人停工和复工程序以及暂停施工所发生的费用，按总包合同相应条款履行。

16. 工程竣工

16.1 分包人应按照本合同协议书约定的竣工日期或承包人同意顺延的工期竣工。

16.2 因分包人原因不能按照本合同协议书约定的竣工日期或承包人同意顺延的工期竣工的，分包人承担违约责任。

16.3 提前竣工程序按总包合同相应条款履行。

四、质量与安全

17. 质量检查与验收

17.1 分包工程质量应达到本合同协议书和本合同专用条款约定的工程质量标准，质量评定标准按照总包合同相应条款履行。因分包人原因工程质量达不到约定的质量标准，分包人应承担违约责任，违约金计算方法或额度在本合同专用条款内约定。

17.2 双方对工程质量的争议，按照总包合同相应的条款履行。

17.3 分包工程的检查、验收及工程试车等，按照总包合同相应的条款履行。分包人应就分包工程向承包人承担总包合同约定的承包人应承担的义务，但并不免除承包人根据总包合同应承担的总包质量管理的责任。

17.4 分包人应允许并配合承包人或工程师进入分包人施工场地检查工程质量。

18. 安全施工

18.1　分包人应遵守工程建设安全生产有关管理规定,严格按照安全标准组织施工,承担由于自身安全措施不力造成事故的责任和因此发生的费用。

18.2　在施工场地涉及危险地区或需要安全防护措施施工时,分包人应提出安全防护措施,经承包人批准后实施,发生的相应费用由分包人承担。

18.3　发生安全事故,按照总包合同相应条款处理。

五、合同价款与支付

19. 合同价款及调整

19.1　招标工程的合同价款由承包人与分包人依据中标通知书中的中标价格在本合同协议书内约定;非招标工程的合同价款由承包人与分包人依据工程报价书在本合同协议书内约定。

19.2　分包工程合同价款在本合同协议书内约定后,任何一方不得擅自改变。下列三种确定合同价款的方式,双方可在本合同专用条款内约定采用其中一种(应与总包合同约定的方式一致)。

(1)固定价格。双方在本合同专用条款内约定合同价款包含的风险范围和风险费用的计算方法,在约定的风险范围内合同价款不再调整。风险范围以外的合同价款调整方法,应当在专用条款内约定。

(2)可调价格。合同价款可根据双方的约定而调整,双方在本合同专用条款内约定合同价款调整方法。

(3)成本加酬金。合同价款包括成本和酬金两部分,双方在本合同专用条款内约定成本构成和酬金的计算方法。

19.3　可调价格计价方式中合同价款的调整因素包括如下内容。

(1)法律、行政法规和国家有关政策变化影响合同价款。

(2)工程造价管理部门公布的价格调整。

(3)一周内非分包人原因停水、停电、停气造成停工累计超过8小时。

(4)双方约定的其他因素。

19.4　分包人应当在19.3条款情况发生后10天内,将调整原因、金额以书面形式通知承包人,承包人确认调整金额后作为追加合同价款,与工程价款同期支付。承包人收到通知后10天内不予确认也不提出修改意见,视为已经同意该项调整。

19.5　分包合同价款与总包合同相应部分价款无任何连带关系。

20. 工程量的确认

20.1　分包人应按本合同专用条款约定的时间向承包人提交已完工程量报告,承包人接到报告后7天内自行按设计图纸计量或报经工程师计量。承包人在自行计量或由工程师计量前24小时应通知分包人,分包人为计量提供便利条件并派人参加。分包人收到通知后不参加计量,计量结果有效,作为工程价款支付的依据;承包人不按约定时间通知分包人,致使分包人未能参加计量,计量结果无效。

20.2 承包人在收到分包人报告后 7 天内未进行计量或因工程师的原因未计量的，从第 8 天起，分包人报告中开列的工程量即视为被确认，作为工程价款支付的依据。

20.3 分包人未按本合同专用条款约定的时间向承包人提交已完工程量报告，或其所提交的报告不符合承包人要求且未做整改的，承包人不予计量。

20.4 对分包人自行超出设计图纸范围和因分包人原因造成返工的工程量，承包人不予计量。

21. 合同价款的支付

21.1 实行工程预付款的，双方应在本合同专用条款内约定承包人向分包人预付工程款的时间和数额，开工后按约定的时间和比例逐次扣回。

21.2 在确认计量结果后 10 天内，承包人应按专用条款约定的时间和方式，向分包人支付工程款（进度款）。按约定时间承包人应扣回的预付款，与工程款（进度款）同期结算。

21.3 分包合同约定的工程变更调整的合同价款、合同价款的调整、索赔的价款或费用以及其他约定的追加合同价款，应与工程进度款同期调整支付。

21.4 承包人超过约定的支付时间不支付工程款（预付款、进度款），分包人可向承包人发出要求付款的通知。

21.5 承包人不按分包合同约定支付工程款（预付款、进度款），导致施工无法进行，分包人可停止施工，由承包人承担违约责任。

六、工程变更

22. 工程变更

22.1 分包人应根据以下指令，以更改、增补或省略的方式对分包工程进行变更。

(1)工程师根据总包合同作出的变更指令。该变更指令由工程师作出并经承包人确认后通知分包人。

(2)除上述(1)项以外的承包人作出的变更指令。

22.2 分包人不执行从发包人或工程师处直接收到的未经承包人确认的有关分包工程变更的指令。如分包人直接收到此类变更指令，应立即通知项目经理并向项目经理提供一份该直接指令的复印件。项目经理应在 24 小时内提出关于对该指令的处理意见。

22.3 分包工程变更价款的确定应按照总包合同的相应条款履行。分包人应在工程变更确定后 11 天内向承包人提出变更分包工程价款的报告，经承包人确认后调整合同价款。

22.4 分包人在双方确定变更后 11 天内不向承包人提出变更分包工程价款的报告，视为该项变更不涉及合同价款的变更。

22.5　承包人在收到变更分包工程价款报告之日起 17 天内予以确认,无正当理由逾期未予确认时,视为该报告已被确认。

七、竣工验收及结算

23. 竣工验收

23.1　分包工程具备竣工验收条件的,分包人应向承包人提供完整的竣工资料及竣工验收报告。双方约定由分包人提供竣工图的,应在专用条款内约定提交日期和份数。

23.2　承包人应在收到分包人提供的竣工验收报告之日起 3 日内通知发包人进行验收,分包人应配合承包人进行验收。根据总包合同无需由发包人验收的部分,承包人应按照总包合同约定的验收程序自行验收。发包人未能按照总包合同及时组织验收的,承包人应按照总包合同规定的发包人验收的期限及程序自行组织验收,并视为分包工程竣工验收通过。

23.3　分包工程竣工验收未能通过且属于分包人原因的,分包人负责修复相应缺陷并承担相应的质量责任。

23.4　分包工程竣工日期为分包人提供竣工验收报告之日。需要修复的,为提供修复后竣工报告之日。

24. 竣工结算及移交

24.1　分包工程竣工验收报告经承包人认可后 14 天内,分包人向承包人递交分包工程竣工结算报告及完整的结算资料,双方按照本合同协议书约定的合同价款及本合同专用条款约定的合同价款调整内容,进行工程竣工结算。

24.2　承包人收到分包人递交的分包工程竣工结算报告及结算资料后 28 天内进行核实,给予确认或者提出明确的修改意见。承包人确认竣工结算报告后 7 天内向分包人支付分包工程竣工结算价款。分包人收到竣工结算价款之日起 7 天内,将竣工工程交付承包人。

24.3　承包人收到分包工程竣工结算报告及结算资料后 28 天内无正当理由不支付工程竣工结算价款,从第 29 天起按分包人同期向银行贷款利率支付拖欠工程价款的利息,并承担违约责任。

25. 质量保修

25.1　在包括分包工程的总包工程竣工交付使用后,分包人应按国家有关规定对分包工程出现的缺陷进行保修,具体保修责任按照分包人与承包人在工程竣工验收之前签订的质量保修书执行。

八、违约、索赔及争议

26. 违约

26.1　当发生下列情况之一时,视为承包人违约。

(1)本合同通用条款第 21.5 条款提到的承包人不按分包合同的约定支付工程预付款、工程进度款,导致施工无法进行。

（2）本合同通用条款第 24.3 条款提到的承包人不按分包合同的约定支付工程竣工结算价款。

（3）承包人不履行分包合同义务或不按分包合同约定履行义务的其他情况。

承包人承担违约责任，赔偿因其违约给分包人造成的经济损失，顺延延误的工期。双方在本合同专用条款内约定承包人赔偿分包人损失的计算方法或承包人应当支付违约金的数额。

26.2　当发生下列情况之一时，视为分包人违约。

（1）本合同通用条款第 5.3 条款提到的如分包人与发包人或工程师发生直接工作联系。

（2）本合同通用条款第 12.1 条款提到的分包人将其承包的分包工程转包或再分包。

（3）本合同通用条款第 16.2 条款提到的因分包人原因不能按照本合同协议书约定的竣工日期或承包人同意顺延的工期竣工的。

（4）本合同通用条款第 17.1 条款提到的因分包人原因工程质量达不到约定的质量标准。

（5）分包人不履行分包合同义务或不按分包合同约定履行义务的其他情况。

分包人承担违约责任，赔偿因其违约给承包人造成的经济损失。双方在本合同专用条款内约定分包人赔偿承包人损失的计算方法或分包人应当支付违约金的数额。

26.3　分包人违反本合同可能产生的后果

如分包人有违反分包合同的行为，分包人应保障承包人免于承担因此违约造成的工期延误、经济损失及根据总包合同承包人将负责的任何赔偿费。在此情况下，承包人可从本应支付分包人的任何价款中扣除此笔经济损失及赔偿费，并且不排除采用其他补救方法的可能。

27. 索赔

27.1　当一方向另一方提出索赔时，要有正当的索赔理由，且有索赔事件发生时的有效证据。

27.2　承包人未能按分包合同的约定履行自己的各项义务或发生错误以及应由承包人承担责任的其他情况，造成工期延误和（或）分包人不能及时得到合同价款或分包人的其他经济损失，分包人可按总包合同约定的程序以书面形式向承包人索赔。

27.3　在分包工程施工过程中，如分包人遇到不利外部条件等可以根据总包合同索赔的情况，分包人可按照总包合同约定的索赔程序通过承包人提出索赔要求。在承包人收到分包人索赔报告后 21 天内给予分包人明确的答复，或要求进一步补充索赔理由和证据。索赔成功后，承包人应将相应部分转交分包人。

分包人应按照总包合同的规定及时向承包人提交分包工程的索赔报告，以保证承包人可以及时向发包人进行索赔。承包人在35天内未能对分包人的索赔报告给予答复,视为分包人的索赔报告已经得到批准。

27.4　承包人根据总包合同的约定向工程师递交任何索赔意向通知或其他资料,要求分包人协助时,分包人应就分包工程方面的情况,以书面形式向承包人发出相关通知或其他资料以及保持并出示同期施工记录,以便承包人能遵守总包合同有关索赔的约定。

分包人未予积极配合,使得承包人涉及分包工程的索赔未获成功,则承包人可在按分包合同约定应支付给分包人的金额中扣除上述本应获得的索赔款项中适当比例的部分。

28.　争议

28.1　承包人分包人在履行合同时发生争议,可以和解或者要求有关部门调解。当事人不愿和解、调解或者和解、调解不成的,双方可以在本合同专用条款内约定以下一种方式解决争议。

(1)双方达成仲裁协议,向约定的仲裁委员会申请仲裁。

(2)向有管辖权的人民法院起诉。

28.2　发生争议后,除非出现下列情况,双方应继续履行合同,保持分包工程施工连续,保护好已完工程。

(1)单方违约导致合同确已无法履行,双方协议停止施工。

(2)调解要求停止施工,且为双方接受。

(3)仲裁机构要求停止施工。

(4)法院要求停止施工。

九、保障、保险及担保

29.　保障

29.1　除应由承包人承担的风险外,分包人应保障承包人免于承受在分包工程施工过程中及修补缺陷引起的下列损失、索赔及与此有关的索赔、诉讼、损害赔偿。

(1)人员的伤亡。

(2)分包工程以外的任何财产的损失或损害。

上列损失应由造成损失的责任方承担。

29.2　承包人应保障分包人免于承担与下列事宜有关的索赔、诉讼、损害赔偿费、诉讼费、指控费和其他开支。

(1)按分包合同约定,实施和完成分包合同以及保修过程当中所导致的无法避免的对财产的损害。

(2)由于发包人、承包人或其他分包商的行为或疏忽造成的人员伤亡或财产损失或损害,或与此相关的索赔、诉讼等。

上列损失应由造成损失的责任方承担。

30. 保险

30.1　承包人应为运至施工场地内用于分包工程的材料和待安装设备办理保险。发包人已经办理的保险视为承包人办理的保险。

30.2　分包人必须为从事危险作业的职工办理意外伤害保险，并为施工场地内自有人员生命财产和施工机械设备办理保险，支付保险费用。

30.3　保险事故发生时，承包人分包人均有责任尽力采取必要的措施，防止或者减少损失。

30.4　具体投保内容和相关责任，承包人分包人在本合同专用条款内约定。

31. 担保

31.1　如分包合同要求承包人向分包人提供支付担保时，承包人应与分包人协商担保方式和担保额度，在本合同专用条款内约定。

31.2　如分包合同要求分包人向承包人提供履约担保时，分包人应与承包人协商担保方式和担保额度，在本合同专用条款内约定。

31.3　分包人提供的履约担保，不应超过总包合同中承包人向发包人提供的履约担保的额度。

十、其他

32. 材料设备供应

32.1　有关材料设备供应的数量、程序及责任均按总包合同中发包人与承包人的有关约定履行。

32.2　总包合同约定，就分包工程部分由发包人供应的材料设备，视为承包人供应的材料设备。

32.3　除第 32.2 条款外的材料设备应由分包人按照本合同专用条款的约定采购，并提供产品合格证明，承包人不得指定生产厂或供应商。

33. 文物

33.1　承包人根据总包合同，应将涉及分包人施工场地以内需要保护的文物或古树名木通知分包人，分包人在施工中应认真保护，需要采取保护措施时，由承包人承担所需费用。

33.2　分包人在其施工场地内发现文物，应采取保护措施，并按照总包合同约定的时间和程序报告承包人。

34. 不可抗力

34.1　不可抗力包括的范围以及事件处理同总包合同相应条款。

34.2　不可抗力事件发生涉及分包人施工场地的，分包人应立即通知承包人，在力所能及的条件下，迅速采取措施，尽力减少损失。

34.3　分包人承担自身的人员和财产的损失。

34.4　因合同一方延迟履行合同后发生不可抗力的，不能免除延迟履行方的相应责任。

35. 分包合同解除

35.1　承包人和分包人协商一致,可以解除分包合同。

35.2　发生本合同通用条款第 21.5 条款情况,停止施工超过 28 天,承包人仍不支付工程款(预付款、进度款),分包人有权解除合同。

35.3　如分包人再分包或转包其承包的工程,承包人有权解除合同。

35.4　有下列情形之一的,承包人分包人可以解除合同。

(1)因不可抗力导致合同无法履行。

(2)因一方违约(包括因发包人原因造成工程停建或缓建)导致合同无法履行。

35.5　分包合同解除程序以及善后处理均按总包合同相应条款履行。

35.6　分包合同解除后,不影响双方在合同中约定的结算条款的效力。

36. 合同生效与终止

36.1　承包人分包人在本合同协议书中约定合同生效方式。

36.2　承包人分包人履行合同全部义务,竣工结算价款支付完毕,分包人向承包人交付竣工的分包工程后,本合同即告终止。

36.3　分包合同的权利义务终止后,承包人分包人应遵循诚实信用原则,履行通知、协助、保密等义务。

37. 合同份数

37.1　本合同正本两份,具有同等效力,由承包人分包人分别保存一份。

37.2　本合同副本份数,由双方根据需要在本合同专用条款内约定。

38. 补充条款

双方根据有关法律、行政法规规定,结合工程实际,经协商一致后,可对本合同通用条款内容具体化、补充或修改,在本合同专用条款内约定。

第三部分　专 用 条 款

一、词语定义及合同文件

2. 合同文件及解释顺序

合同文件及解释顺序:＿＿＿＿＿＿＿＿＿＿＿＿＿＿＿＿＿＿＿＿＿

3. 语言文字和适用法律、行政法规及工程建设标准

3.1　除总包合同文件规定的语言文字外,本合同还使用＿＿＿＿＿语言文字

3.2　本合同需要明示的法律、行政法规和规章:＿＿＿＿＿＿＿＿＿＿＿＿

＿＿＿＿＿＿＿＿＿＿＿＿＿＿＿＿＿＿＿＿＿＿＿＿＿＿＿＿＿＿＿＿＿＿＿

＿＿＿＿＿＿＿＿＿＿＿＿＿＿＿＿＿＿＿＿＿＿＿＿＿＿＿＿＿＿＿＿＿。

3.3　本分包工程适用的工程建设标准:＿＿＿＿＿＿＿＿＿＿＿＿＿＿＿＿

＿＿＿＿＿＿＿＿＿＿＿＿＿＿＿＿＿＿＿＿＿＿＿＿＿＿＿＿,除以上工程建设标准以外,总包合同中约定的与分包工程相关的工程建设标准均适用于本

分包工程。

　　承包人向分包人提出施工技术要求的内容和时间＿＿＿＿＿＿年＿＿＿＿＿＿月
＿＿＿＿＿＿日；

　　分包人向承包人提出相应的施工工艺的时间＿＿＿＿＿＿年＿＿＿＿＿＿月
＿＿＿＿＿＿日。

　　4. 图纸

　　4.1　承包人向分包人提供图纸的日期：＿＿＿＿＿＿年＿＿＿＿＿＿月＿＿＿＿＿＿日；
承包人向分包人提供图纸的套数：＿＿＿＿＿＿＿＿＿＿＿＿＿＿＿＿＿＿＿＿＿＿。

　　4.2　承包人委托分包人进行深化施工图设计的委托范围及费用承担：＿＿＿＿
＿＿＿＿＿＿＿＿＿＿＿＿＿＿＿＿＿＿＿＿＿＿＿＿＿＿＿＿＿＿＿＿＿＿＿＿＿＿
＿＿＿＿＿＿＿＿＿＿＿＿＿＿＿＿＿＿＿＿＿＿＿＿＿＿＿＿＿＿＿＿＿＿＿＿＿。

　　4.3　复制、重新绘制、翻译、购买标准图纸的责任和费用承担＿＿＿＿＿＿＿＿＿
＿＿＿＿＿＿＿＿＿＿＿＿＿＿＿＿＿＿＿＿＿＿＿＿＿＿＿＿＿＿＿＿＿＿＿＿＿＿
＿＿＿＿＿＿＿＿＿＿＿＿＿＿＿＿＿＿＿＿＿＿＿＿＿＿＿＿＿＿＿＿＿＿＿＿＿。

　　4.4　关于使用国外图纸的要求及费用承担：＿＿＿＿＿＿＿＿＿＿＿＿＿＿＿＿＿
＿＿＿＿＿＿＿＿＿＿＿＿＿＿＿＿＿＿＿＿＿＿＿＿＿＿＿＿＿＿＿＿＿＿＿＿＿。

　　二、双方一般权利和义务

　　7. 项目经理

　　姓名：＿＿＿＿＿＿＿＿＿＿职务＿＿＿＿＿＿＿＿（任命书作为分包合同附件）。

　　8. 分包项目经理

　　姓名：＿＿＿＿＿＿＿＿＿＿职务＿＿＿＿＿＿＿＿（任命书作为分包合同附件）。

　　9. 承包人的工作

　　9.1　承包人应完成下列工作。

　　(1)向分包人提供施工场地和施工所需的证件、批件的名称和完成时间：＿＿＿＿
＿＿＿＿＿＿＿＿＿＿＿＿＿＿＿＿＿＿＿＿＿＿＿＿＿＿＿＿＿＿＿＿＿＿＿＿＿＿
＿＿＿＿＿＿＿＿＿＿＿＿＿＿＿＿＿＿＿＿＿＿＿＿＿＿＿＿＿＿＿＿＿＿＿＿＿。

　　(2)组织分包人参加发包人会审图纸的时间：＿＿＿＿＿＿年＿＿＿＿＿＿月
＿＿＿＿＿＿日；

　　向分包人进行设计图纸交底的时间：＿＿＿＿＿＿年＿＿＿＿＿＿月＿＿＿＿＿＿日。

　　(3)承包人为本分包工程的实施提供的机械设备和(或)其他设施(如有时)，
及费用承担：＿＿＿＿＿＿＿＿＿＿＿＿＿＿＿＿＿＿＿＿＿＿＿＿＿＿＿＿＿＿＿＿
＿＿＿＿＿＿＿＿＿＿＿＿＿＿＿＿＿＿＿＿＿＿＿＿＿＿＿＿＿＿＿＿＿＿＿＿＿＿
＿＿＿＿＿＿＿＿＿＿＿＿＿＿＿＿＿＿＿＿＿＿＿＿＿＿＿＿＿＿＿＿＿＿＿＿＿。

　　(6)双方约定承包人应做的其他工作：＿＿＿＿＿＿＿＿＿＿＿＿＿＿＿＿＿＿＿
＿＿＿＿＿＿＿＿＿＿＿＿＿＿＿＿＿＿＿＿＿＿＿＿＿＿＿＿＿＿＿＿＿＿＿＿＿＿
＿＿＿＿＿＿＿＿＿＿＿＿＿＿＿＿＿＿＿＿＿＿＿＿＿＿＿＿＿＿＿＿＿＿＿＿＿。

10. 分包人的工作

10.1　分包人应完成下列工作。

(2)需完成的设计内容和提交时间：_____

_____

_____。

　　(3)分包人应在本合同签订生效后____天内向项目经理提交分包工程总体进度计划。分包人向承包人提交年、季度、月度、周工程进度计划及相应的进度统计报表时间为：_____

_____。

_____

承包人批准工程进度计划的时间：_____年_____月_____日。

(4)向承包人提交施工组织设计的时间：_____年_____月_____日；

承包人批准施工组织设计的时间：_____年_____月_____日。

(7)已完工程成品保护的特殊要求及费用承担：_____

_____

_____。

(8)双方约定分包人应做的其他工作：_____

_____

_____。

三、工期

14. 工期延误

14.1　双方约定工期顺延的其他情况：_____

_____

_____。

四、质量与安全

17. 质量检查与验收

17.1　双方关于分包工程质量标准的约定：_____

_____。

五、合同价款与支付

19. 合同价款及其调整

19.2　本合同价款采用_____种方式确定。

(1)采用固定价格的,合同价款包括的风险范围：_____

_____

_____。

风险费用的计算方法：_____

_____。

风险范围以外合同价款调整方法为：_____

_____。

(2)采用可调价格的,合同价款的调整方法：_____

_____。

(3)采用成本加酬金的,有关成本加酬金的约定为：_____

_____。

19.3　双方约定合同价款的其他调整因素：_____

_____。

20.　工程量确认

20.1　分包人向承包人提交已完工程量报告的时间：_____。

21.　合同价款的支付

21.1　承包人向分包人预付工程款的时间和数额：_____。

扣回时间和比例：_____。

21.2　承包人向分包人支付工程款(进度款)的时间和方式：_____

_____。

七、竣工验收及结算

23.　竣工验收

23.1　分包人提供竣工图的日期_____年_____月_____日。

分包人提供竣工图的份数_____份。

八、违约、索赔及争议

26.　违约

26.1　本合同关于承包人违约的具体责任。

(1)本合同通用条款第21.5款约定的承包人违约应承担的违约责任：_____

_____。

(2)本合同通用条款第24.3款约定的承包人违约应承担的违约责任：_____

_____。

(3)双方约定的承包人的其他违约责任：_____

_____。

26.2　本合同关于分包人违约的具体责任：

(1)本合同通用条款第5.3款约定的分包人违约应承担的违约责任：_____

_____。

(2)本合同通用条款第 12.1 款约定的分包人违约应承担的违约责任：_____

_____。

(3)本合同通用条款第 16.2 款约定的分包人违约应承担的违约责任：_____

_____。

(4)本合同通用条款第 17.1 款约定的分包人违约应承担的违约责任：_____

_____。

(5)双方约定的分包人的其他违约责任：_____

_____。

28. 争议

28.1　双方约定,在履行分包合同过程中发生争议,双方协商解决或者调解不成时,按下列第_____种方式解决争议：

(1)将争议提交_____仲裁委员会申请仲裁。

(2)依法向有管辖权的人民法院提起诉讼。

九、保障、保险及担保

30. 保险

30.1　承包人投保内容和责任：_____

_____。

30.2　分包人投保内容和责任：_____

_____。

31. 担保

17.1　承包人向分包人提供支付担保,担保方式：_____;担保额度_____。

31.2　分包人向承包人提供履约担保,担保方式：_____;担保额度_____。

十、其他

32. 材料设备供应

32.3　由分包人采购材料设备的约定：_____

_____。

37. 合同份数

36.2　双方约定本合同副本_____份,其中,承包人_____份,分包人_____份。

38. 补充条款：

_____

_____

_____。

二、建设工程施工劳务分包合同(示范文本)

GF—2003—0214

建设工程施工劳务分包合同

（示范文本）

中华人民共和国建设部
国家工商行政管理总局

二〇〇〇年八月

建设工程施工劳务分包合同示范文本

工程承包人[施工总承包人或专业工程承(分)包人]：_____
劳务分包人：_____
依照《中华人民共和国合同法》、《中华人民共和国建筑法》及其他有关法律、行政法规,遵循平等、自愿、公平和诚实信用的原则,鉴于_____
(以下简称为"发包人")与工程承包人已经签订施工总承包合同或专业承(分)包合同[以下称为"总(分)包合同"],双方就劳务分包事项协商达成一致,订立本合同。

　1. 劳务分包人资质情况
　资质证书号码：_____
　发证机关：_____
　资质专业及等级：_____
　复审时间及有效期：_____
　2. 劳务分包工作对象及提供劳务内容
　工程名称：_____
　工程地点：_____
　分包范围：_____
　提供分包劳务内容：_____

_____

　3. 分包工作期限
　开始工作日期：_____年_____月_____日结束工作日期：_____年_____月_____日总日历工作天数为：_____天。
　4. 质量标准
　工程质量：按总(分)包合同有关质量的约定、国家现行的《建筑安装工程施工及验收规范》和《建筑安装工程质量评定标准》,本工作必须达到质量评定_____等级。
　5. 合同文件及解释顺序
　组成本合同的文件及优先解释顺序如下。
　(1)本合同。
　(2)本合同附件。
　(3)本工程施工总承包合同。
　(4)本工程施工专业承(分)包合同。
　6. 标准规范
　除本工程总(分)包合同另有约定外,本合同适用标准规范如下。

（1）＿＿＿＿＿＿＿＿＿＿＿＿＿＿＿＿＿＿＿＿＿＿＿＿。

（2）＿＿＿＿＿＿＿＿＿＿＿＿＿＿＿＿＿＿＿＿＿＿＿＿＿。

7. 总（分）包合同

7.1　工程承包人应提供总（分）包合同（有关承包工程的价格细节除外），供劳务分包人查阅。当劳务分包人要求时，工程承包人应向劳务分包人提供一份总包合同或专业分包合同（有关承包工程的价格细节除外）的副本或复印件。

7.2　劳务分包人应全面了解总（分）包合同的各项规定（有关承包工程的价格细节除外）。

8. 图纸

8.1　工程承包人应在劳务分包工作开工＿＿＿＿＿＿天前，向劳务分包人提供图纸＿＿＿＿＿＿套，以及与本合同工作有关的标准图＿＿＿＿＿＿套。

9. 项目经理

9.1　工程承包人委派的担任驻工地履行本合同的项目经理为＿＿＿＿＿＿，职务：＿＿＿＿＿＿，职称：＿＿＿＿＿＿。

9.2　劳务分包人委派的担任驻工地履行本合同的项目经理为＿＿＿＿＿＿，职务：＿＿＿＿＿＿，职称：＿＿＿＿＿＿。

10. 工程承包人义务

10.1　组建与工程相适应的项目管理班子，全面履行总（分）包合同，组织实施施工管理的各项工作，对工程的工期和质量向发包人负责。

10.2　除非本合同另有约定，工程承包人完成劳务分包人施工前期的下列工作并承担相应费用：

（1）在＿＿＿＿＿＿年＿＿＿＿＿＿月＿＿＿＿＿＿日前向劳务分包人交付具备本合同项下劳务作业开工条件的施工场地，具备开工条件的施工场地交付要求为：＿＿＿＿＿＿＿＿＿＿＿＿。

（2）在＿＿＿＿＿＿年＿＿＿＿＿＿月＿＿＿＿＿＿日前完成水、电、热、电讯等施工管线和施工道路，并满足完成本合同劳务作业所需的能源供应、通讯及施工道路畅通的时间和质量要求。

（3）在＿＿＿＿＿＿年＿＿＿＿＿＿月＿＿＿＿＿＿日前向劳务分包人提供相应的工程地质和地下管网线路资料。

（4）在＿＿＿＿＿＿年＿＿＿＿＿＿月＿＿＿＿＿＿日前完成办理下列工作手续（包括各种证件、批件、规费，但涉及劳务分包人自身的手续除外）：＿＿＿＿＿＿＿＿＿＿。

（5）在＿＿＿＿＿＿年＿＿＿＿＿＿月＿＿＿＿＿＿日前向劳务分包人提供相应的水准点与坐标控制点位置，其交验要求与保护责任为：＿＿＿＿＿＿＿＿＿＿。

（6）在＿＿＿＿＿＿年＿＿＿＿＿＿月＿＿＿＿＿＿日前向劳务分包人提供下列生产、生活临时设施：＿＿＿＿＿＿＿＿＿＿＿＿＿＿＿＿＿＿＿＿，其交验要求与保护责任为：＿＿＿＿＿＿＿＿＿＿＿＿＿＿＿＿＿＿。

10.3　负责编制施工组织设计,统一制定各项管理目标,组织编制年、季、月施工计划、物资需用量计划表,实施对工程质量、工期、安全生产、文明施工,计量析测、实验化验的控制、监督、检查和验收。

10.4　负责工程测量定位、沉降观测、技术交底,组织图纸会审,统一安排技术档案资料的收集整理及交工验收。

10.5　统筹安排、协调解决非劳务分包人独立使用的生产、生活临时设施、工作用水、用电及施工场地。

10.6　按时提供图纸,及时交付应供材料、设备,所提供的施工机械设备、周转材料、安全设施保证施工需要。

10.7　按本合同约定,向劳务分包人支付劳动报酬。

10.8　负责与发包人、监理、设计及有关部门联系,协调现场工作关系。

11.　劳务分包人义务

11.1　对本合同劳务分包范围内的工程质量向工程承包人负责,组织具有相应资格证书的熟练工人投入工作;未经工程承包人授权或允许,不得擅自与发包人及有关部门建立工作联系;自觉遵守法律法规及有关规章制度。

11.2　劳务分包人根据施工组织设计总进度计划的要求,每月底前＿＿＿＿天提交下月施工计划,有阶段工期要求的提交阶段施工计划。必要时按工程承包人要求提交旬、周施工计划,以及与完成上述阶段、时段施工计划相应的劳动力安排计划,经工程承包人批准后严格实施。

11.3　严格按照设计图纸、施工验收规范、有关技术要求及施工组织设计精心组织施工,确保工程质量达到约定的标准;科学安排作业计划,投入足够的人力、物力,保证工期;加强安全教育,认真执行安全技术规范,严格遵守安全制度,落实安全措施,确保施工安全;加强现场管理,严格执行建设主管部门及环保、消防、环卫等有关部门对施工现场的管理规定,做到文明施工;承担由于自身责任造成的质量修改、返工、工期拖延、安全事故、现场脏乱造成的损失及各种罚款。

11.4　自觉接受工程承包人及有关部门的管理、监督和检查;接受工程承包人随时检查其设备、材料保管、使用情况,及其操作人员的有效证件、持证上岗情况;与现场其他单位协调配合,照顾全局。

11.5　按工程承包人统一规划堆放材料、机具,按工程承包人标准化工地要求设置标牌,搞好生活区的管理,做好自身责任区的治安保卫工作。

11.6　按时提交报表、完整的原始技术经济资料,配合工程承包人办理交工验收。

11.7　做好施工场地周围建筑物、构筑物和地下管线和已完工程部分的成品保护工作,因劳务分包人责任发生损坏,劳务分包人自行承担由此引起的一切经济损失及各种罚款。

11.8　妥善保管、合理使用工程承包人提供或租赁给劳务分包人使用的机具、周转材料及其他设施。

11.9　劳务分包人须服从工程承包人转发的发包人及工程师的指令。

11.10　除非本合同另有约定,劳务分包人应对其作业内容的实施、完工负责,劳务分包人应承担并履行总(分)包合同约定的、与劳务作业有关的所有义务及工作程序。

12. 安全施工与检查

12.1　劳务分包人应遵守工程建设安全生产有关管理规定,严格按安全标准进行施工,并随时接受行业安全检查人员依法实施的监督检查,采取必要的安全防护措施,消除事故隐患。由于劳务分包人安全措施不力造成事故的责任和因此而发生的费用,由劳务分包人承担。

12.2　工程承包人应对其在施工场地的工作人员进行安全教育,并对他们的安全负责。工程承包人不得要求劳务分包人违反安全管理的规定进行施工。因工程承包人原因导致的安全事故,由工程承包人承担相应责任及发生的费用。

13. 安全防护

13.1　劳务分包人在动力设备、输电线路、地下管道、密封防震车间、易燃易爆地段以及临街交通要道附近施工时,施工开始前应向工程承包人提出安全防护措施,经工程承包人认可后实施,防护措施费用由工程承包人承担。

13.2　实施爆破作业,在放射、毒害性环境中工作(含储存、运输、使用)及使用毒害性、腐蚀性物品施工时,劳务分包人应在施工前 10 天以书面形式通知工程承包人,并提出相应的安全防护措施,经工程承包人认可后实施,由工程承包人承担安全防护措施费用。

13.3　劳务分包人在施工现场内使用的安全保护用品(如安全帽、安全带及其他保护用品),由劳务分包人提供使用计划,经工程承包人批准后,由工程承包人负责供应。

14. 事故处理

14.1　发生重大伤亡及其他安全事故,劳务分包人应按有关规定立即上报有关部门并报告工程承包人,同时按国家有关法律、行政法规对事故进行处理。

14.2　劳务分包人和工程承包人对事故责任有争议时,应按相关规定处理。

15. 保险

15.1　劳务分包人施工开始前,工程承包人应获得发包人为施工场地内的自有人员及第三人人员生命财产办理的保险,且不需劳务分包人。支付保险费用。

15.2　运至施工场地用于劳务施工的材料和待安装设备,由工程承包人办理或获得保险,且不需劳务分包人支付保险费用。

15.3　工程承包人必须为租赁或提供给劳务分包人使用的施工机械设备办理保险,并支付保险费用。工程承包人自行投保的范围(内容)为:＿＿＿＿＿＿＿。

15.4　劳务分包人必须为从事危险作业的职工办理意外伤害保险,并为施工场地内自有人员生命财产和施工机械设备办理保险,支付保险费用。劳务分包人自行投保的范围(内容)为:＿＿＿＿＿＿＿＿＿＿＿＿＿＿＿＿＿。

15.5　保险事故发生时,劳务分包人和工程承包人有责任采取必要的措施,防止或减少损失。

16. 材料、设备供应

16.1　劳务分包人应在接到图纸后＿＿＿＿＿＿＿天内,向工程承包人提交材料、设备、构配件供应计划(具体表式见附件一);经确认后,工程承包人应按供应计划要求的质量、品种、规格、型号、数量和供应时间等组织货源并及时交付;需要劳务分包人运输、卸车的,劳务分包人必须及时进行,费用另行约定。如质量、品种、规格、型号不符合要求,劳务分包人应在验收时提出,工程承包人负责处理。

16.2　劳务分包人应妥善保管、合理使用工程承包人供应的材料、设备。因保管不善发生丢失、损坏,劳务分包人应赔偿,并承担因此造成的工期延误等发生的一切经济损失。

16.3　工程承包人委托劳务分包人采购下列低值易耗性材料(列明名称、规格、数量、质量或其他要求)。

＿＿＿＿＿＿＿＿＿＿＿＿＿＿＿＿采购材料费用为:＿＿＿＿＿＿＿(单价)

＿＿＿＿＿＿＿＿＿＿＿＿＿＿＿＿采购材料费用为:＿＿＿＿＿＿＿(单价)

＿＿＿＿＿＿＿＿＿＿＿＿＿＿＿＿采购材料费用为:＿＿＿＿＿＿＿(单价)

＿＿＿＿＿＿＿＿＿＿＿＿＿＿＿＿采购材料费用为:＿＿＿＿＿＿＿(单价)

16.4　工程承包人委托劳务分包人采购低值易耗性材料的费用,由劳务分包人凭采购凭证,另加＿＿＿＿＿＿％的管理费向工程承包人报销。

17. 劳务报酬

17.1　本工程的劳务报酬可采用下列任何一种方式计算。

(1)固定劳务报酬(含管理费)。

(2)约定不同工种劳务的计时单价(含管理费),按确认的工时计算。

(3)约定不同工作成果的计件单价(含管理费),按确认的工程量计算。

17.2　本工程的劳务报酬,除本合同17.6条款规定的情况外,均为一次包死,不再调整。

17.3　采用第(1)种方式计价的,劳务报酬共计＿＿＿＿＿＿＿元。

17.4　采用第(2)种方式计价的,不同工种劳务的计时单价分别为:

＿＿＿＿＿＿＿＿＿＿＿＿＿＿＿＿＿＿＿＿,单价为＿＿＿＿＿＿＿＿元;

＿＿＿＿＿＿＿＿＿＿＿＿＿＿＿＿＿＿＿＿,单价为＿＿＿＿＿＿＿＿元;

＿＿＿＿＿＿＿＿＿＿＿＿＿＿＿＿＿＿＿＿,单价为＿＿＿＿＿＿＿＿元;

＿＿＿＿＿＿＿＿＿＿＿＿＿＿＿＿＿＿＿＿,单价为＿＿＿＿＿＿＿＿元;

＿＿＿＿＿＿＿＿＿＿＿＿＿＿＿＿＿＿＿＿,单价为＿＿＿＿＿＿＿＿元。

17.5　采用第(3)种方式计价的,不同工作成果的计件单价分别为:

_____,单价为_____元;

_____,单价为_____元;

_____,单价为_____元;

_____,单价为_____元;

_____,单价为_____元。

17.6　在下列情况下,固定劳务报酬或单价可以调整。

(1)以本合同约定价格为基准,市场人工价格的变化幅度超过_____%,按变化前后价格的差额予以调整。

(2)后续法律及政策变化,导致劳务价格变化的,按变化前后价格的差额予以调整。

(3)双方约定的其他情形:_____

_____。

18. 工时及工程量的确认

18.1　采用固定劳务报酬方式的,施工过程中不计算工时和工程量。

18.2　采用按确定的工时计算劳务报酬的,由劳务分包人每日将提供劳务人数报工程承包人,由工程承包人确认。

18.3　采用按确认的工程量计算劳务报酬的,由劳务分包人按月(或旬、日)将完成的工程量报工程承包人,由工程承包人确认。对劳务分包人未经工程承包人认可,超出设计图纸范围和因劳务分包人原因造成返工的工程量,工程承包人不予计量。

19. 劳务报酬的中间支付

19.1　采用固定劳务报酬方式支付劳务报酬的,劳务分包人与工程承包人约定按下列方法支付。

(1)合同生效即支付预付款_____元。

(2)中间支付:

第一次支付时间为_____年_____月_____日,支付_____元;

第二次支付时间为_____年_____月_____日,支付_____元;

……

19.2　采用计时单价或计件单价方式支付劳务报酬的,劳务分包人与工程承包人双方约定支付方法为_____。

19.3　本合同确定调整的劳务报酬、工程变更调整的劳务报酬及其他条款中约定的追加劳务报酬,应与上述劳务报酬同期调整支付。

20. 施工机具、周转材料供应

20.1　工程承包人提供给劳务分包人劳务作业使用的机具、设备,性能应满足施工的要求,及时运入场地,安装调试完毕,运行良好后交付劳务分包人使用。周转材料、低值易耗材料(由工程承包人依据本合同委托劳务分包人采购的除外)

应按时运入现场交付劳务分包人,保证施工需要。如需要劳务分包人运输、卸车、安拆调试时,费用另行约定。

20.2　工程承包人应提供施工使用的机具、设备一览表见附件二。

20.3　工程承包人应提供的周转材料、低值易耗材料一览表见附件三。

21. 施工变更

21.1　施工中如发生对原工作内容进行变更,工程承包人项目经理应提前7天以书面形式向劳务分包人发出变更通知,并提供变更的相应图纸和说明。劳务分包人按照工程承包人(项目经理)发出的变更通知及有关要求,进行下列需要的变更。

(1)更改工程有关部分的标高、基线、位置和尺寸。

(2)增减合同中约定的工程量。

(3)改变有关的施工时间和顺序。

(4)其他有关工程变更需要的附加工作。

21.2　因变更导致劳务报酬的增加及造成的劳务分包人损失,由工程承包人承担,延误的工期相应顺延;因变更减少工程量,劳务报酬应相应减少,工期相应调整。

21.3　施工中劳务分包人不得对原工程设计进行变更。因劳务分包人擅自变更设计发生的费用和由此导致工程承包人的直接损失,由劳务分包人承担,延误的工期不予顺延。

21.4　因劳务分包人自身原因导致的工程变更,劳务分包人无权要求追加劳务报酬。

22. 施工验收

22.1　劳务分包人应确保所完成施工的质量,应符合本合同约定的质量标准。劳务分包人施工完毕,应向工程承包人提交完工报告,通知工程承包人验收;工程承包人应当在收到劳务分包人的上述报告后7天内对劳务分包人施工成果进行验收,验收合格或者工程承包人在上述期限内未组织验收的,视为劳务分包人已经完成了本合同约定工作。但工程承包人与发包人间的隐蔽工程验收结果或工程竣工验收结果表明劳务分包人施工质量不合格时,劳务分包人应负责无偿修复,不延长工期,并承担由此导致的工程承包人的相关损失。

22.2　全部工程竣工(包括劳务分包人完成工作在内)一经发包人验收合格,劳务分包人对其分包的劳务作业的施工质量不再承担责任,在质量保修期内的质量保修责任由工程承包人承担。

23. 施工配合

23.1　劳务分包人应配合工程承包人对其工作进行的初步验收,以及工程承包人按发包人或建设行政主管部门要求进行的涉及劳务分包人工作内容、施工场地的检查、隐蔽工程验收及工程竣工验收;工程承包人或施工场地内第三方的工作必须劳务分包人配合时,劳务分包人应按工程承包人的指令予以配合。除上述初步验收、隐蔽工程验收及工程竣工验收之外,劳务分包人因提供上述配合而发生的工期损失和费用由工程承包人承担。

23.2 劳务分包人按约定完成劳务作业,必须由工程承包人或施工场地内的第三方进行配合时,工程承包人应配合劳务分包人工作或确保劳务分包人获得该第三方的配合,且工程承包人应承担因此而发生的费用。

24. 劳务报酬最终支付

24.1 全部工作完成,经工程承包人认可后 14 天内,劳务分包人向工程承包人递交完整的结算资料,双方按照本合同约定的计价方式,进行劳务报酬的最终支付。

24.2 工程承包人收到劳务分包人递交的结算资料后 14 天内进行核实,给予确认或者提出修改意见。工程承包人确认结算资料后 14 天内向劳务分包人支付劳务报酬尾款。

24.3 劳务分包人和工程承包人对劳务报酬结算价款发生争议时,按本合同关于争议的约定处理。

25. 违约责任

25.1 当发生下列情况之一时,工程承包人应承担违约责任。

(1)工程承包人违反本合同第 19 条、第 24 条的约定,不按时向劳务分包人支付劳务报酬。

(2)工程承包人不履行或不按约定履行合同义务的其他情况。

25.2 工程承包人不按约定核实劳务分包人完成的工程量或不按约定支付劳务报酬或劳务报酬尾款时,应按劳务分包人同期向银行贷款利率向劳务分包人支付拖欠劳务报酬的利息,并按拖欠金额向劳务分包人支付每日＿＿＿＿‰的违约金。

25.3 工程承包人不履行或不按约定履行合同的其他义务时,应向劳务分包人支付违约金＿＿＿＿元,工程承包人尚应赔偿因其违约给劳务分包人造成的经济损失,顺延延误的劳务分包人工作时间。

25.4 当发生下列情况之一时,劳务分包人应承担违约责任。

(1)劳务分包人因自身原因延期交工的,每延误一日,应向工程承包人支付＿＿＿＿元的违约金。

(2)劳务分包人施工质量不符合本合同约定的质量标准,但能够达到国家规定的最低标准时,劳务分包人应向工程承包人支付＿＿＿＿的违约金。

(3)劳务分包人不履行或不按约定履行合同的其他义务时,应向工程承包人支付违约金＿＿＿＿元,劳务分包人尚应赔偿因其违约给工程承包人造成的经济损失,延误的劳务分包人工作时间不予顺延。

25.5 一方违约后,另一方要求违约方继续履行合同时,违约方承担上述违约责任后仍应继续履行合同。

26. 索赔

26.1　工程承包人根据总(分)包合同向发包人递交索赔意向通知或其他资料时,劳务分包人应予以积极配合,保持并出示相应资料,以便工程承包人能遵守总(分)包合同。

26.2　在劳务作业实施过程中,如劳务分包人遇到不利外部条件等根据总(分)包合同可以索赔的情形出现,则工程承包人应该采取一切合理步骤,向发包人主张追加付款或延长工期。当索赔成功后,工程承包人应该将索赔所得的相应部分转交给劳务分包人。

26.3　当本合同的一方向另一方提出索赔时,应有正当的索赔理由,并有索赔事件发生时有效的相应证据。

26.4　工程承包人未按约定履行自己的各项义务或发生错误,以及应由工程承包人承担责任的其他情况,造成工作时间延误和(或)劳务分包人不能及时得到合同报酬及劳务分包人的其他经济损失,劳务分包人可按下列程序以书面形式向工程承包人索赔。

(1)索赔事件发生后 21 天内,向工程承包人项目经理发出索赔意向通知。

(2)发出索赔意向通知后 21 天内,向工程承包人项目经理提出延长工作时间和(或)补偿经济损失的索赔报告及有关资料。

(3)工程承包人项目经理在收到劳务分包人送交的索赔报告和有关资料后,于 21 天内给予答复,或要求劳务分包人进一步补充索赔理由和证据。

(4)工程承包人项目经理在收到劳务分包人送交的索赔报告和有关资料后 21 天内未予答复或未对劳务分包人作进一步要求,视为该项索赔已经认可。

(5)当该项索赔事件持续进行时,劳务分包人应分阶段性地向工程承包人发出索赔意向,在索赔事件终了后 21 天内,向工程承包人项目经理送交索赔的有关资料和最终索赔报告。索赔答复程序与(3)、(4)规定相同。

26.5　劳务分包人未按约定履行自己的各项义务或发生错误,给工程承包人造成经济损失,工程承包人可按上述程序和时限以书面形式向劳务分包人索赔。

27. 争议

27.1　工程承包人和劳务分包人在履行合同时发生争议,可以自行和解或要求有关主管部门调解,任何一方不愿和解、调解或和解、调解不成的,双方约定采用下列第_____种方式解决争议。

(1)双方达成仲裁协议,向_____仲裁委员会申请仲裁。

(2)向有管辖权的人民法院起诉。

27.2　发生争议后,除非出现下列情况,双方都应继续履行合同,保持工作连续,保护好已完工作成果。

(1)单方违约导致合同确已无法履行,双方协议终止合同。

（2）调解要求停止合同工作，且为双方接受。

（3）仲裁机构要求停止合同工作。

（4）法院要求停止合同工作。

28. 禁止转包或再分包

28.1 劳务分包人不得将本合同项下的劳务作业转包或再分包给他人。否则，劳务分包人将依法承担责任。

29. 不可抗力

29.1 本合同中不可抗力的定义与总包合同中的定义相同。

29.2 不可抗力事件发生后，劳务分包人应立即通知工程承包人项目经理，并在力所能及的条件下迅速采取措施，尽力减少损失，工程承包人应协助劳务分包人采取措施。工程承包人项目经理认为劳务分包人应当暂停工作，劳务分包人应暂停工作。不可抗力事件结束后 48 小时内劳务分包人向工程承包人项目经理通报受害情况和损失情况，及预计清理和修复的费用。不可抗力事件持续发生，劳务分包人应每隔 7 天向工程承包人项目经理通报一次受害情况。不可抗力结束后 14 天内，劳务分包人应向工程承包人项目经理提交清理和修复费用的正式报告和有关资料。

29.3 因不可抗力事件导致的费用和延误的工作时间由双方按以下办法分别承担。

（1）工程本身的损害、因工程损害导致第三人人员伤亡和财产损失，以及运至施工场地用于劳务作业的材料和待安装的设备的损害，由工程承包人承担。

（2）工程承包人和劳务分包人的人员伤亡由其所在单位负责，并承担相应费用。

（3）劳务分包人自有机械设备损坏及停工损失，由劳务分包人自行承担。

（4）工程承包人提供给劳务分包人使用的机械设备损坏，由工程承包人承担，但停工损失由劳务分包人自行承担。

（5）停工期间，劳务分包人应工程承包人项目经理要求留在施工场地的必要的管理人员及保卫人员的费用由工程承包人承担。

（6）工程所需清理、修复费用，由工程承包人承担。

（7）延误的工作时间相应顺延。

29.4 因合同一方迟延履行合同后发生不可抗力的，不能免除迟延履行方的相应责任。

30. 文物和地下障碍物

30.1 在劳务作业中发现古墓、古建筑遗址等文物和化石或其他有考古、地质研究价值的物品时，劳务分包人应立即保护好现场并于 4 小时内以书面形式通知工程承包人项目经理，工程承包人项目经理应于收到书面通知后 24 小时内报告当地文物管理部门，工程承包人和劳务分包人按文物管理部门的要求采取妥善保护措施。工程承包人承担由此发生的费用,顺延合同工作时间。如劳务分包人发现后隐瞒不报或哄抢文物,致使文物遭受破坏,责任者依法承担相应责任。

30.2　劳务作业中发现影响工作的地下障碍物时,劳务分包人应于8小时内以书面形式通知工程承包人项目经理,同时提出处置方案。工程承包人项目经理收到处置方案后24小时内予以认可或提出修正方案,工程承包人承担由此发生的费用,顺延合同工作时间。所发现的地下障碍物有归属单位时,工程承包人应报请有关部门协同处置。

31. 合同解除

31.1　如果工程承包人不按照本合同的约定支付劳务报酬,劳务分包人可以停止工作。停止工作超过28天,工程承包人仍不支付劳务报酬,劳务分包人可以发出通知解除合同。

31.2　如在劳务分包人没有完全履行本合同义务之前,总包合同或专业分包合同终止,工程承包人应通知劳务分包人终止本合同。劳务分包人接到通知后尽快撤离现场,工程承包人应支付劳务分包人已完工程的劳务报酬,并赔偿因此而遭受的损失。

31.3　如因不可抗力致使本合同无法履行,或因一方违约或因发包人原因造成工程停建或缓建,致使合同无法履行的,工程承包人和劳务分包人可以解除合同。

31.4　合同解除后,劳务分包人应妥善做好已完工程和剩余材料、设备的保护和移交工作,按工程承包人要求撤出施工场地。工程承包人应为劳务分包人撤出提供必要条件,支付以上所发生的费用,并按合同约定支付已完工作劳务报酬。有过错的一方应当赔偿因合同解除给对方造成的损失。合同解除后,不影响双方在合同中约定的结算和清理条款的效力。

32. 合同终止

32.1　双方履行完合同全部义务,劳务报酬价款支付完毕,劳务分包人向工程承包人交付劳务作业成果,并经工程承包人验收合格后,本合同即告终止。

33. 合同份数

33.1　本合同正本两份,具有同等效力,由工程承包人和劳务分包人各执一份;本合同副本 _____ 份,工程承包人执 _____ 份,劳务分包人执 _____ 份。

34. 补充条款

_____

_____

35. 合同生效

合同订立时间:_____年_____月_____日。

合同订立地点:_____。

本合同双方约定＿＿＿＿＿＿＿＿＿＿＿＿＿＿＿＿＿＿＿＿＿＿后生效。

附件一:工程承包人供应材料、设备、构配件计划;

附件二:工程承包人提供施工机具、设备一览表;

附件三:工程承包人提供周转、低值易耗材料一览表。

工程承包人:(公章)　　　　　　　　劳务分包人:(公章)

住　　　所:　　　　　　　　　　　住　　　所:

法定代表人:　　　　　　　　　　　法定代表人:

委托代理人:　　　　　　　　　　　委托代理人:

开 户 银 行:　　　　　　　　　　　开 户 银 行:

账　　　号:　　　　　　　　　　　账　　　号:

邮 政 编 码:　　　　　　　　　　　邮 政 编 码:

附件一　工程承包人供应材料、设备、构配件计划

序号	品种	规格型号	单位	数量	单价	质量等级	供应时间	送达地点	备注

附件二　　工程承包人提供施工机具、设备一览表

序号	品种	规格型号	单位	数量	供应时间	送达地点	备注

附件三 工程承包人提供周转、低值易耗材料一览表

序号	品种	规格型号	单位	数量	供应时间	送达地点	备注

第五节　中介合同示范文本

一、建设工程招标代理合同

GF—2005—0215

建设工程招标代理合同

（示范文本）

中华人民共和国建设部
国家工商行政管理局　制定

工程建设项目招标代理协议书

委托人：＿＿＿＿＿＿＿＿＿＿＿＿＿＿＿＿＿＿＿＿＿＿＿

受托人：＿＿＿＿＿＿＿＿＿＿＿＿＿＿＿＿＿＿＿＿＿＿＿

依照《中华人民共和国合同法》、《中华人民共和国招标投标法》及国家的有关法律、行政法规，遵循平等、自愿、公平和诚实信用的原则，双方就招标代理事项协商一致，订立本合同。

一、工程概况。

工程名称：＿＿＿＿＿＿＿＿＿＿＿＿＿＿＿＿＿＿＿＿＿＿

地　　点：＿＿＿＿＿＿＿＿＿＿＿＿＿＿＿＿＿＿＿＿＿＿

规　　模：＿＿＿＿＿＿＿＿＿＿＿＿＿＿＿＿＿＿＿＿＿＿

招标规模：＿＿＿＿＿＿＿＿＿＿＿＿＿＿＿＿＿＿＿＿＿＿

总投资额：＿＿＿＿＿＿＿＿＿＿＿＿＿＿＿＿＿＿＿＿＿＿

二、委托人委托受托人为＿＿＿＿＿＿＿＿＿＿＿＿＿＿工程建设项目的招标代理机构，承担本工程的＿＿＿＿＿＿＿＿＿＿＿＿＿＿招标代理工作。

三、合同价款。

代理报酬为人民币＿＿＿＿＿＿元。

四、组成本合同的文件。

1. 本合同履行过程中双方以书面形式签署的补充和修正文件。

2. 本合同协议书。

3. 本合同专用条款。

4. 本合同通用条款。

五、本协议书中的有关词语定义与本合同第一部分《通用条款》中分别赋予它们的定义相同。

六、受托人向委托人承诺，按照本合同的约定，承担本合同专用条款中约定范围内的代理业务。

七、委托人向受托人承诺，按照本合同的约定，确保代理报酬的支付。

八、合同订立。

合同订立时间：＿＿＿＿＿年＿＿＿＿＿月＿＿＿＿＿日

合同订立地点：＿＿＿＿＿＿＿＿＿＿＿＿＿＿＿＿＿＿＿＿

九、合同生效。

本合同双方约定＿＿＿＿＿＿＿＿＿＿＿＿＿＿＿＿后生效。

委托人（盖章）：　　　　　　　　　受托人（盖章）：

法定代表人（签字或盖章）：　　　　法定代表人（签字或盖章）：

授权代理人（签字或盖章）：　　　　授权代理人（签字或盖章）：

单位地址：　　　　　　　　　　　单位地址：

邮政编码：　　　　　　　　　　　邮政编码：

联系电话：　　　　　　　　　　　联系电话：

传　　真：　　　　　　　　　　　传　　真：

电子信箱：　　　　　　　　　　　电子信箱：

开户银行：　　　　　　　　　　　开户银行：

账　　号：　　　　　　　　　　　账　　号：

第一部分　通 用 条 款

一、词语定义和适用法律

1　词语定义

下列词语除本合同专用条款另有约定外，应具有本条款所赋予的定义。

1.1　招标代理合同：委托人将工程建设项目招标工作委托给具有相应招标代理资质的受托人，实施招标活动签订的委托合同。

1.2　通用条款：是根据有关法律、行政法规和工程建设项目招标代理的需要所订立，通用于各类工程建设项目招标代理的条款。

1.3　专用条款：是委托人与受托人根据有关法律、行政法规规定，结合具体工程建设项目招标代理的实际，经协商达成一致意见的条款，是对通用条款的具体化、补充或修改。

1.4　委托人：指在合同中约定的，具有建设项目招标委托主体资格的当事人，以及取得该当事人资格的合法继承人。

1.5　受托人：指在合同中约定的，被委托人接受的具有建设项目招标代理主体资格的当事人，以及取得该当事人资格的合法继承人。

1.6　招标代理项目负责人：指受托人在专用条款中指定的负责合同履行的代表。

1.7　工程建设项目：指由委托人和受托人在合同中约定的委托代理招标的工程。

1.8　招标代理业务：委托人委托受托人代理实施工程建设项目招标的工作内容。

1.9　附加服务：指委托人和受托人在本合同通用条款4.1款和专用条款4.1款中双方约定工作范围之外的附加工作。

1.10　代理报酬：委托人和受托人在合同中约定的，受托人按照约定应收取的代理报酬总额。

1.11　图纸：指由委托人提供的满足招标需要的所有图纸、计算书、配套说明以及相关的技术资料。

1.12　书面形式：指具有公章、法定代表人或授权代理人签字的合同书、信件和数据电文(包括电报、电传、传真)等可以有形地表现所载内容的形式。

1.13　违约责任:指合同一方不履行合同义务或履行合同义务不符合约定所应承担的责任。

1.14　索赔:指在合同履行过程中,对于并非自己的过错,而是应由对方承担责任的情况造成的实际损失,向对方提出经济补偿或其他的要求。

1.15　不可抗力:指双方无法控制和不可预见的事件,但不包括双方的违约或疏忽。这些事件包括但不限于战争、严重火灾、洪水、台风、地震,或其他双方一致认为属于不可抗力的事件。

1.16　小时或天:本合同中规定按小时计算时间的,从事件有效开始时计算(不扣除休息时间);规定按天计算时间的,开始当天不计入,从次日开始计算。时限的最后一天是休息日或者其他法定节假日的,以节假日次日为时限的最后一天。时限的最后一天的截止时间为当日 24 时。

2　合同文件及解释顺序

2.1　合同文件应能互相解释,互为说明。除本合同专用条款另有约定外,组成本合同的文件及优先解释顺序如下所示。

(1)本合同履行过程中双方以书面形式签署的补充和修正文件。

(2)本合同协议书。

(3)本合同专用条款。

(4)本合同通用条款。

2.2　当合同文件内容出现含糊不清或不相一致时,应在不影响招标代理业务正常进行的情况下,由委托人和受托人协商解决。双方协商不成时,按本合同通用条款第 12 条关于争议的约定处理。

3　语言文字和适用法律

3.1　语言文字。

除本合同专用条款中另有约定,本合同文件使用汉语语言文字书写、解释和说明。如本合同专用条款约定使用两种以上(含两种)语言文字时,汉语应为解释和说明本合同的标准语言文字。

3.2　适用法律和行政法规。

本合同文件适用有关法律和行政法规。需要明示的法律和行政法规,双方可在本合同专用条款中约定。

二、双方一般权利和义务

4　委托人的义务

4.1　委托人将委托招标代理工作的具体范围和内容在本合同专用条款中约定。

4.2　委托人按本合同专用条款约定的内容和时间完成下列工作。

(1)向受托人提供本工程招标代理业务应具备的相关工程前期资料(如立项

批准手续规划许可、报建证等)及资金落实情况资料。

(2)向受托人提供完成本工程招标代理业务所需的全部技术资料和图纸,需要交底的须向受托人详细交底,并对提供资料的真实性、完整性、准确性负责。

(3)向受托人提供保证招标工作顺利完成的条件,提供的条件在本合同专用条款内约定。

(4)指定专人与受托人联系,指定人员的姓名、职务、职称在本合同专用条款内约定。

(5)根据需要,作好与第三方的协调工作。

(6)按本合同专用条款的约定支付代理报酬。

(7)依法应尽的其他义务,双方在本合同专用条款内约定。

4.3　受托人在履行招标代理业务过程中,提出的超出招标代理范围的合理化建议,经委托人同意并取得经济效益,委托人应向受托人支付一定的经济奖励。

4.4　委托人负有对受托人为本合同提供的技术服务进行知识产权保护的责任。

4.5　委托人未能履行以上各项义务,给受托人造成损失的,应当赔偿受托人的有关损失。

5　受托人的义务

5.1　受托人应根据本合同专用条款中约定的委托招标代理业务的工作范围和内容,选择有足够经验的专职技术经济人员担任招标代理项目负责人。招标代理项目负责人的姓名、身份证号在专用条款内写明。

5.2　受托人按本合同专用条款约定的内容和时间完成下列工作。

(1)依法按照公开、公平、公正和诚实信用原则,组织招标工作,维护各方的合法权益。

(2)应用专业技术与技能为委托人提供完成招标工作相关的咨询服务。

(3)向委托人宣传有关工程招标的法律、行政法规和规章,解释合理的招标程序,以便得到委托人的支持和配合。

(4)依法应尽的其他义务,双方在本合同专用条款内约定。

5.3　受托人应对招标工作中受托人所出具有关数据的计算、技术经济资料等的科学性和准确性负责。

5.4　受托人不得接受与本合同工程建设项目中委托招标范围之内的相关的投标咨询业务。

5.5　受托人为本合同提供技术服务的知识产权应属受托人专有。任何第三方如果提出侵权指控,受托人须与第三方交涉并承担由此而引起的一切法律责任和费用。

5.6　未经委托人同意,受托人不得分包或转让本合同的任何权利和义务。

5.7　受托人不得接受所有投标人的礼品、宴请和任何其他好处,不得泄露招标、评标、定标过程中依法需要保密的内容。合同终止后,未经委托人同意,受托人不得泄漏与本合同工程相关的任何招标资料和情况。

5.8　受托人未能履行以上各项义务,给委托人造成损失的,应当赔偿委托人的有关损失。

6　委托人的权利

6.1　委托人拥有下列权利。

(1)按合同约定,接收招标代理成果。

(2)向受托人询问本合同工程招标工作进展情况和相关内容或提出不违反法律、行政法规的建议。

(3)审查受托人为本合同工程编制的各种文件,并提出修正意见。

(4)要求受托人提交招标代理业务工作报告。

(5)与受托人协商,建议更换其不称职的招标代理从业人员。

(6)依法选择中标人。

(7)本合同履行期间,由于受托人不履行合同约定的内容,给委托人造成损失或影响招标工作正常进行的,委托人有权终止本合同,并依法向受托人追索经济赔偿,直至追究法律责任。

(8)依法享有的其他权利,双方在本合同专用条款内约定。

7　受托人的权利

7.1　受托人拥有下列权利。

(1)按合同约定收取委托代理报酬。

(2)对招标过程中应由委托人做出的决定,受托人有权提出建议。

(3)当委托人提供的资料不足或不明确时,有权要求委托人补足资料或作出明确的答复。

(4)拒绝委托人提出的违反法律、行政法规的要求,并向委托人作出解释。

(5)有权参加委托人组织的涉及招标工作的所有会议和活动。

(6)对于为本合同工程编制的所有文件拥有知识产权,委托人仅有使用或复制的权利。

(7)依法享有的其他权利,双方在本合同专用条款内约定。

三、委托代理报酬与收取

8　委托代理报酬

8.1　双方按照本合同约定的招标代理业务范围,在本合同专用条款内约定委托代理报酬的计算方法、金额、币种、汇率和支付方式、支付时间。

8.2　受托人对所承接的招标代业务需要出外考察的,其外出人员数量和费用,经委托人同意后,向委托人实报实销。

8.3　在招标代理业务范围内所发生的费用(如:评标会务费、评标专家的差旅费、劳务费、公证费等),由委托人与受托人在补充条款中约定。

9　委托代理报酬的收取

9.1　由委托人支付代理报酬的,在本合同签订后 10 日内,委托人应向受托人支付不少于全部代理报酬 20％的代理预付款,具体额度(或比例)双方在专用条款内约定。

由中标人支付代理报酬的,在中标人与委托人签订承包合同 5 日内,将本合同约定的全部委托代理报酬一次性支付给受托人。

9.2　受托人完成委托人委托的招标代理工作范围以外的工作,为附加服务项目,应收取的报酬由双方协商,签订补充协议。

9.3　委托人在本合同专用条款约定的支付时间内,未能如期支付代理预付费用,自应支付之日起,按同期银行贷款利率,计算支付代理预付费用的利息。

9.4　委托人在本合同专用条款约定的支付时间内,未能如期支付代理报酬,除应承担违约责任外,还应按同期银行贷款利率,计算支付应付代理报酬的利息。

9.5　委托代理报酬应由委托人按本合同专用条款约定的支付方法和时间,直接向受托人支付;或受托人按照约定直接向中标人收取。

四、违约、索赔和争议

10　违约

10.1　委托人违约,当发生下列情况时:

(1)本合同通用条款第 4.2－(3)款提到的委托人未按本合同专用条款的约定向委托人提供为保证招标工作顺利完成的条件,致使招标工作无法进行;

(2)本合同通用条款第 4.2－(6)款提到的委托人未按本合同专用条款的约定向受托人支付委托代理报酬;

(3)委托人不履行合同义务或不按合同约定履行义务的其他情况。

委托人承担违约责任,赔偿因其违约给受托人造成的经济损失,双方在本合同专用条款内约定委托人赔偿受托人损失的计算方法或委托人应当支付违约金的数额或计算方法。

10.2　受托人违约,当发生下列情况时:

(1)本合同通用条款第 5.2－(2)款提到的受托人未按本合同专用条款的约定,向委托人提供为完成招标工作的咨询服务;

(2)本合同通用条款第 5.4 款提到的受托人未按本合同专用条款的约定,接受了与本合同工程建设项目有关的投标咨询业务;

(3)本合同通用条款第 5.7 款提到的受托人未按本合同专用条款的约定,泄露了与本合同工程相关的任何招标资料和情况;

(4)受托人不履行合同义务或不按合同约定履行义务的其他情况。

受托人承担违约责任,赔偿因其违约给委托人造成的经济损失,双方在本合同专用条款内约定受托人赔偿委托人损失的计算方法或受托人应当支付违约金的数额或计算方法。受托人承担违约责任,赔偿金额最高不应超过委托代理报酬的金额(扣除税金)。

10.3 第三方违约:如果一方的违约被认定为是与第三方共同造成的,则应由合同双方中有违约的一方先行向另一方承担全部违约责任,再由承担违约责任的一方向第三方追索。

11 索赔

11.1 当事人一方向另一方提出索赔时,要有正当的索赔理由,且有索赔事件发生时的有效证据。

11.2 委托人未能按合同约定履行自己的各项义务,或者发生应由委托人承担责任的其他情况,给受托人造成损失,受托人可按下列程序以书面形式向委托人索赔:

(1)索赔事件发生后 7 天内,向委托人发出索赔报告及有关资料;

(2)委托人收到受托人的索赔报告及有关资料后,于 7 天内给予答复,或要求受托人进一步补充索赔理由和证据;

(3)委托人在收到受托人送交的索赔报告和有关资料后 7 天内未予答复,或未对受托人作进一步要求,视为该项索赔已经认可。

11.3 受托人未能按合同约定履行自己的各项义务,或者发生应由受托人承担责任的其他情况,给委托人造成经济损失,委托人可按 11.2 款确定的时限和程序向受托人提出索赔。

12 争议

12.1 委托人和受托人履行合同时发生争议,可以和解或者向有关部门或机构申请调解。当事人不愿和解、调解或者和解、调解不成的,双方可以在本合同专用条款约定以下一种方式解决争议:

(1)双方达成仲裁协议,向约定的仲裁委员会申请仲裁;

(2)向有管辖权的人民法院起诉。

五、合同变更、生效与终止

13 合同变更或解除

13.1 本合同签订后,由于委托人原因,使得受托人不能持续履行招标代理业务时,委托人应及时通知受托人暂停招标代理业务。当需要恢复招标代理业务时,应当在正式恢复前 7 天通知受托人。

若暂停时间超过六个月,当需要恢复招标代理业务时,委托人应支付重新启动该招标代理工作一定的补偿费用,具体计算方式经双方协商以补充协议确定。

13.2 本合同签订后,如因法律、行政法规发生变化或由于任何后续新颁布的法律、行政法规导致服务所需的成本或时间发生改变,则本合同约定的服务报酬和服务期限由双方签订补充协议进行相应调整。

13.3 本合同当事人一方要求变更或解除合同时,除法律、行政法规另有规定外,应与对方当事人协商一致并达成书面协议。未达成书面协议的,本合同依然有效。

13.4　因解除合同使当事人一放遭受损失的,除依法可以免除责任外,应由责任方负责赔偿对方的损失,赔偿方法与金额由双方在协议书中约定。

14　合同生效

14.1　除生效条件双方在协议书中另有约定外,本合同自双方签字盖章之日起生效。

15　合同终止

15.1　受托人完成委托人全部委托招标代理业务,且委托人或中标人支付了全部代理报酬(含附加服务的报酬)后本合同终止。

15.2　本合同终止并不影响各方应有的权利和应承担的义务。

15.3　因不可抗力,致使当事人一方或双方不能履行本合同时,双方应协商确定本合同继续履行的条件或终止本合同。如果双方不能就本合同继续履行的条件或终止本合同达成一致意见,本合同自行终止。除委托人应付给受托人已完成工作的报酬外,各自承担相应的损失。

15.4　本合同的权利和义务终止后,委托人和受托人应当遵循诚实信用原则,履行通知、协助、保密等义务。

六、其他

16　合同的份数

16.1　本合同正本一式两份,委托人和受托人各执一份。副本根据双方需要在本合同专用条款内约定。

17　补充条款

双方根据有关法律、行政法规规定,结合本合同招标工程实际,经协商一致后,可对本合同通用条款未涉及的内容进行补充。

第二部分　专用条款

一、词语定义和适用法律

2　合同文件及解释顺序

2.1　合同文件及解释顺序＿＿＿＿＿＿＿＿＿＿＿＿＿＿＿＿＿＿＿＿＿＿＿

＿＿＿＿＿＿＿＿＿＿＿＿＿＿＿＿＿＿＿＿＿＿＿＿＿＿＿＿＿＿＿＿＿＿＿＿＿

3　语言文字和适用法律

3.1　语言文字。

本合同采用的文字为:＿＿＿＿＿＿＿＿＿＿＿＿＿＿＿＿＿＿＿＿＿＿＿＿＿

3.2　本合同需要明示的法律、行政法规:＿＿＿＿＿＿＿＿＿＿＿＿＿＿＿＿＿

＿＿＿＿＿＿＿＿＿＿＿＿＿＿＿＿＿＿＿＿＿＿＿＿＿＿＿＿＿＿＿＿＿＿＿＿＿

二、双方一般权利和义务

4 委托人的义务

4.1 委托招标代理工作的具体范围和内容：＿＿＿＿＿＿＿＿＿＿＿＿＿＿
＿＿＿＿＿＿＿＿＿＿＿＿＿＿＿＿＿＿＿＿＿＿＿＿＿＿＿＿＿＿＿＿＿＿
＿＿＿＿＿＿＿＿＿＿＿＿＿＿＿＿＿＿＿＿＿＿＿＿＿＿＿＿＿＿＿＿＿＿

4.2 委托人应按约定的时间和要求完成下列工作。

(1)向受托人提供本工程招标代理业务应具备的相关工作前期资料(如立项批准手续、规划许可、报建证等)及资金落实情况资料的时间：＿＿＿＿＿＿＿＿＿
＿＿＿＿＿＿＿＿＿＿＿＿＿＿＿＿＿＿＿＿＿＿＿＿＿＿＿＿＿＿＿＿＿＿

(2)向受托人提供完全代理招标业务所需的全部资料的时间：＿＿＿＿＿＿＿

(3)向受托人提供保证招标工作顺利完成的条件：＿＿＿＿＿＿＿＿＿＿＿＿
＿＿＿＿＿＿＿＿＿＿＿＿＿＿＿＿＿＿＿＿＿＿＿＿＿＿＿＿＿＿＿＿＿＿
＿＿＿＿＿＿＿＿＿＿＿＿＿＿＿＿＿＿＿＿＿＿＿＿＿＿＿＿＿＿＿＿＿＿

(4)指定的与受托人联系的人员

姓名：＿＿＿＿＿＿＿＿＿＿＿＿＿＿＿＿

职务：＿＿＿＿＿＿＿＿＿＿＿＿＿＿＿＿

职称：＿＿＿＿＿＿＿＿＿＿＿＿＿＿＿＿

电话：＿＿＿＿＿＿＿＿＿＿＿＿＿＿＿＿

(5)需要与第三方协调的工作：＿＿＿＿＿＿＿＿＿＿＿＿＿＿＿＿＿＿＿＿
＿＿＿＿＿＿＿＿＿＿＿＿＿＿＿＿＿＿＿＿＿＿＿＿＿＿＿＿＿＿＿＿＿＿

(6)应尽的其他义务：＿＿＿＿＿＿＿＿＿＿＿＿＿＿＿＿＿＿＿＿＿＿＿＿
＿＿＿＿＿＿＿＿＿＿＿＿＿＿＿＿＿＿＿＿＿＿＿＿＿＿＿＿＿＿＿＿＿＿
＿＿＿＿＿＿＿＿＿＿＿＿＿＿＿＿＿＿＿＿＿＿＿＿＿＿＿＿＿＿＿＿＿＿

5 受托人的义务

5.1 招标代理项目负责人姓名：＿＿＿＿＿＿＿＿身份证号：＿＿＿＿＿＿＿

5.2 受托人应按约定的时间和要求完全下列工作。

(1)组织招标工作的内容和时间：(按招标工作的程序写明每项工作的具体内容和时间)＿＿＿＿＿＿＿＿＿＿＿＿＿＿＿＿＿＿＿＿＿＿＿＿＿＿＿＿＿＿＿
＿＿＿＿＿＿＿＿＿＿＿＿＿＿＿＿＿＿＿＿＿＿＿＿＿＿＿＿＿＿＿＿＿＿

(2)为招标人提供的为完成招标工作的相关咨询服务：＿＿＿＿＿＿＿＿＿＿
＿＿＿＿＿＿＿＿＿＿＿＿＿＿＿＿＿＿＿＿＿＿＿＿＿＿＿＿＿＿＿＿＿＿
＿＿＿＿＿＿＿＿＿＿＿＿＿＿＿＿＿＿＿＿＿＿＿＿＿＿＿＿＿＿＿＿＿＿

(3)承担招标代理业务过程中,应由受托人支付的费用：＿＿＿＿＿＿＿＿＿
＿＿＿＿＿＿＿＿＿＿＿＿＿＿＿＿＿＿＿＿＿＿＿＿＿＿＿＿＿＿＿＿＿＿

(4)应尽的其他义务：＿＿＿＿＿＿＿＿＿＿＿＿＿＿＿＿＿＿＿＿＿＿＿＿
＿＿＿＿＿＿＿＿＿＿＿＿＿＿＿＿＿＿＿＿＿＿＿＿＿＿＿＿＿＿＿＿＿＿

6　委托人的权利

6.1　委托人拥有的权利。

6.2　委托人拥有的其他权利：_____

_____

_____

_____

7　受托人的权利

7.1　受托人拥有的权利。

7.2　受托人拥有的其他权利：_____

_____

_____

_____

三、委托代理报酬与收取

8　委托代理报酬

8.1　代理报酬的计算方法：_____

　　　代理报酬的金额或收取比例：_____

　　　代理报酬的币种：_____ 汇率_____

　　　代理报酬的支付方式：_____

　　　代理报酬的支付时间：_____

9　委托代理报酬的收取

9.1　预计委托代理费用额度（比例）：_____

9.3　逾期支付时，银行贷款利率：_____

9.4　逾期支付时，应收取的利息：_____

四、违约、索赔和争议

10　违约

10.1　本合同关于委托人违约的具体责任。

（1）委托人未按照本合同通用条款第4.2－（3）款的约定，向受托人提供保证招标工作顺利完成的条件应承担的违约责任：_____

（2）委托人未按本合同通用条款第4.2－（6）款的约定，向受托人支付委托代理报酬应承担的违约责任：_____

_____

（3）双方约定的委托人的其他违约责任：_____

_____

_____

10.2　本合同关于受托人违约的具体责任。

（1）受托人未按照本合同通用条款第5.2－（2）款的约定，向委托人提供为完

成招标工作的咨询服务应承担的责任：_____

_____

_____

（2）受托人违反本合同通用条款第5.4款的约定,接受了与本合同工程建设项目有关的投标咨询业务应承担的违约责任：_____

_____

（3）受托人违反本合同通用条款第5.7款的约定,泄露了与本合同工程有关的任何不应泄露的招标资料和情况应承担的违约责任：_____

_____

_____

（4）双方约定的受托人的其他违约责任：_____

_____

_____

12　争议

12.1　双方约定,凡因执行本合同所发生的与本合同有关的一切争议,当和解或调解不成时,选择下列第_____种方式解决。

（1）将争议提交_____仲裁委员会仲裁。

（2）依法向_____人民法院提起诉讼。

六、其他

16　合同份数

16.2　双方约定本合同副本____份,其中,委托人____份,受托人____份。

17　补充条款

_____

_____

_____

_____

_____

_____

_____

_____

_____

_____

_____

_____

_____

二、建设工程造价咨询合同

GJ—2002—0212

建设工程造价咨询合同

（示范文本）

中华人民共和国建设部
国家工商行政管理局　制定

第一部分 建设工程造价咨询合同

_____(以下简称委托人)与_____(以下简称咨询人)经过双方协商一致,签订本合同。

一、委托人委托咨询人为以下项目提供建设工程造价咨询服务。

1. 项目名称:

2. 服务类别:

二、本合同的措辞和用语与所属建设工程造价咨询合同条件及有关附件同义。

三、下列文件均为本合同的组成部分。

1. 建设工程造价咨询合同标准条件。

2. 建设工程造价咨询合同专用条件。

3. 建设工程造价咨询合同执行中共同签署的补充与修正文件。

四、咨询人同意按照本合同的规定,承担本合同专用条件中议定范围内的建设工程造价咨询业务。

五、委托人同意按照本合同规定的期限、方式、币种、额度向咨询人支付酬金。

六、本合同的建设工程造价咨询业务自 年 月 日开始实施,至 年 月 日终结。

七、本合同一式四份,具有同等法律效力,双方各执两份。

委 托 人:(盖章)	咨 询 人:(盖章)
法定代表人:(签字)	法定代表人:(签字)
委托代理人:(签字)	委托代理人:(签字)
住 所:	住 所:
开户银行:	开户银行:
账 号:	账 号:
邮政编码:	邮政编码:
电 话:	电 话:
传 真:	传 真:
电子信箱:	电子信箱:
年 月 日	年 月 日

第二部分 建设工程造价咨询合同标准条件

词语定义、适用语言和法律、法规

第一条 下列名词和用语,除上下文另有规定外具有如下含义。

1. "委托人"是指委托建设工程造价咨询业务和聘用工程造价咨询单位的一方,以及其合法继承人。

2.“咨询人”是指承担建设工程造价咨询业务和工程造价咨询责任的一方,以及其合法继承人。

3.“第三人”是指除委托人、咨询人以外与本咨询业务有关的当事人。

4.“日”是指任何一天零时至第二天零时的时间段。

第二条　建设工程造价咨询合同适用的是中国的法律、法规,以及专用条件中议定的部门规章、工程造价有关计价办法和规定或项目所在地的地方法规、地方规章。

第三条　建设工程造价咨询合同的书写、解释和说明,以汉语为主导语言。当不同语言文本发生不同解释时,以汉语合同文本为准。

咨询人的义务

第四条　向委托人提供与工程造价咨询业务有关的资料,包括工程造价咨询的资质证书及承担本合同业务的专业人员名单、咨询工作计划等,并按合同专用条件中约定的范围实施咨询业务。

第五条　咨询人在履行本合同期间,向委托人提供的服务包括正常服务、附加服务和额外服务。

1.“正常服务”是指双方在专用条件中约定的工程造价咨询工作。

2.“附加服务”是指在“正常服务”以外,经双方书面协议确定的附加服务。

3.“额外服务”是指不属于“正常服务”和“附加服务”,但根据合同标准条件第十三条、第二十条和二十二条的规定,咨询人应增加的额外工作量。

第六条　在履行合同期间或合同规定期限内,不得泄露与本合同规定业务活动有关的保密资料。

委托人的义务

第七条　委托人应负责与本建设工程造价咨询业务有关的第三人的协调,为咨询人工作提供外部条件。

第八条　委托人应当在约定的时间内,免费向咨询人提供与本项目咨询业务有关的资料。

第九条　委托人应当在约定的时间内就咨询人书面提交并要求做出答复的事宜做出书面答复。咨询人要求第三人提供有关资料时,委托人应负责转达及资料转送。

第十条　委托人应当授权胜任本咨询业务的代表,负责与咨询人联系。

咨询人的权利

第十一条　委托人在委托的建设工程造价咨询业务范围内,授予咨询人以下权利。

1.咨询人在咨询过程中,如委托人提供的资料不明确时可向委托人提出书面报告。

2.咨询人在咨询过程中,有权对第三人提出与本咨询业务有关的问题进行核对或查问。

3. 咨询人在咨询过程中,有到工程现场勘察的权利。

委托人的权利

第十二条　委托人有下列权利。

1. 委托人有权向咨询人询问工作进展情况及相关的内容。

2. 委托人有权阐述对具体问题的意见和建议。

3. 当委托人认定咨询专业人员不按咨询合同履行其职责,或与第三人串通给委托人造成经济损失的,委托人有权要求更换咨询专业人员,直至终止合同并要求咨询人承担相应的赔偿责任。

咨询人的责任

第十三条　咨询人的责任期即建设工程造价咨询合同有效期。如因非咨询人的责任造成进度的推迟或延误而超过约定的日期,双方应进一步约定相应延长合同有效期。

第十四条　咨询人责任期内,应当履行建设工程造价咨询合同中约定的义务,因咨询人的单方过失造成的经济损失,应当向委托人进行赔偿。累计赔偿总额不应超过建设工程造价咨询酬金总额(除去税金)。

第十五条　咨询人对委托人或第三人所提出的问题不能及时核对或答复,导致合同不能全部或部分履行,咨询人应承担责任。

第十六条　咨询人向委托人提出赔偿要求不能成立时,则应补偿由于该赔偿或其他要求所导致委托人的各种费用的支出。

委托人的责任

第十七条　委托人应当履行建设工程造价咨询合同约定的义务,如有违反则应当承担违约责任,赔偿给咨询人造成的损失。

第十八条　委托人如果向咨询人提出赔偿或其他要求不能成立时,则应补偿由于该赔偿或其他要求所导致咨询人的各种费用的支出。

合同生效,变更与终止

第十九条　本合同自双方签字盖章之日起生效。

第二十条　由于委托人或第三人的原因使咨询人工作受到阻碍或延误以致增加了工作量或持续时间,则咨询人应当将此情况与可能产生的影响及时书面通知委托人。由此增加的工作量视为额外服务,完成建设工程造价咨询工作的时间应当相应延长,并得到额外的酬金。

第二十一条　当事人一方要求变更或解除合同时,则应当在提出要求前的14日通知对方;因变更或解除合同使一方遭受损失的,应由责任方负责赔偿。

第二十二条　咨询人由于非自身原因暂停或终止执行建设工程造价咨询业务,由此而增加的恢复执行建设工程造价咨询业务的工作,应视为额外服务,有权得到额外的时间和酬金。

第二十三条　变更或解除合同的通知或协议应当采取书面形式,新的协议未达成之前,原合同仍然有效。

咨询业务的酬金

第二十四条　正常的建设工程造价咨询业务,附加工作和额外工作的酬金,按照建设工程造价咨询合同专用条件约定的方法计取,并按约定的时间和数额支付。

第二十五条　如果委托人在规定的支付期限内未支付建设工程造价咨询酬金,自规定支付之日起,应当向咨询人补偿应支付的酬金利息。利息额按规定支付期限最后一日银行活期贷款乘以拖欠酬金时间计算。

第二十六条　如果委托人对咨询人提交的支付通知书中酬金或部分酬金项目提出异议,应当在收到支付通知书两日内向咨询人发出异议的通知,但委托人不得拖延其无异议酬金项目的支付。

第二十七条　支付建设工程造价咨询酬金所采取的货币币种、汇率由合同专用条件约定。

其　　他

第二十八条　因建设工程造价咨询业务的需要,咨询人在合同约定外的外出考察,经委托人同意,其所需费用由委托人负责。

第二十九条　咨询人如需外聘专家协助,在委托的建设工程造价咨询业务范围内其费用由咨询人承担;在委托的建设工程造价咨询业务范围以外经委托人认可其费用由委托人承担。

第三十条　未经对方的书面同意,各方均不得转让合同约定的权利和义务。

第三十一条　除委托人书面同意外,咨询人及咨询专业人员不应接受建设工程造价咨询合同约定以外的与工程造价咨询项目有关的任何报酬。

咨询人不得参与可能与合同规定的与委托人利益相冲突的任何活动。

合同争议的解决

第三十二条　因违约或终止合同而引起的损失和损害的赔偿,委托人与咨询人之间应当协商解决;如未能达成一致,可提交有关主管部门调解;协商或调解不成的,根据双方约定提交仲裁机关仲裁,或向人民法院提起诉讼。

第三部分　建设工程造价咨询合同专用条件

第二条　本合同适用的法律、法规及工程造价计价办法和规定。

第四条　建设工程造价咨询业务范围。

"建设工程造价咨询业务"是指以下服务类别的咨询业务:

(A 类)建设项目可行性研究投资估算的编制、审核及项目经济评价;

(B 类)建设工程概算、预算、结算、竣工结(决)算的编制、审核;

（C类）建设工程招标标底、投标报价的编制、审核；

（D类）工程洽商、变更及合同争议的鉴定与索赔；

（E类）编制工程造价计价依据及对工程造价进行监控和提供有关工程造价信息资料等。

第八条　双方约定的委托人应提供的建设工程造价咨询材料及提供时间。

第九条　委托人应在　　日内对咨询人书面提交并要求做出答复的事宜做出书面答复。

第十四条　咨询人在其责任期内如果失职，同意按以下办法承担因单方责任而造成的经济损失。

$$赔偿金＝直接经济损失×酬金比率（扣除税金）$$

第二十四条　委托人同意按以下的计算方法、支付时间与金额，支付咨询人的正常服务酬金。

委托人同意按以下计算方法、支付时间与金额，支付附加服务酬金。

委托人同意按以下计算方法、支付时间与金额，支付额外服务酬金。

第二十七条　双方同意用　　　　　　　　　　支付酬金，汇率计付。

第三十二条　建设工程造价咨询合同在履行过程中发生争议，委托人与咨询人应及时协商解决；如未能达成一致，可提交有关主管部门调解；协商或调解不成的，按下列第　　　种方式解决：

（一）提交　　　　　　仲裁委员会仲裁；

（二）依法向人民法院起诉。

附加协议条款：

《建设工程造价咨询合同》使用说明

《建设工程造价咨询合同》包括《建设工程造价咨询合同标准条件》和《建设工程造价咨询合同专用条件》（以下简称《标准条件》、《专用条件》）。

《标准条件》适用于各类建设工程项目造价咨询委托，委托人和咨询人都应当遵守。《专用条件》是根据建设工程项目特点和条件，由委托人和咨询人协商一致后进行填写。双方如果认为需要，还可在其中增加约定的补充条款和修正条款。

《专用条件》的填写说明。

《专用条件》应当对应《标准条件》的顺序进行填写。例如：第二条要根据建设工程的具体情况，如工程类别、建设地点等填写所适用的部门或地方法律法规及工程造价有关办法和规定。

第四条在协商和写明"建设工程造价咨询业务范围"时，首先应明确项目范围如工程项目、单项工程或单位工程以及所承担咨询业务与工程总承包合同或分包合同所涵盖工程范围相一致。其次应明确项目建设不同阶段如可行性研究、设计、招投标阶段或全过程工程造价咨询中投资估算、概算或预算的内容等。

在填写建设工程造价咨询酬金标准时应根据委托人委托的建设工程项目内容繁简程度，工作量大小、双方约定，一般应当在签订合同时预付 30% 预付款　　元，当工作量完成 70% 时，预付 70% 的工程款　　元，剩余部分待咨询结果定案时一次付清。如果由于委托人及第三人的阻碍或延误而使咨询人发生额外服务也应当支付酬金，并应约定好酬金的计算方法及支付时间，在写明其支付时间时应写明其后的多少天内支付。

如果经双方协商同意，可以设立奖罚条款，但必须是对等的。

第六节　城市供用水、气、热力合同示范文本

一、城市供用水合同示范文本
GF—1999—0501

城市供用水合同

合同编号：

签约地点：

签约时间：

供水人：＿＿＿＿＿＿＿＿＿＿＿＿＿＿＿＿＿＿＿＿＿＿＿＿＿＿＿＿＿

用水人：＿＿＿＿＿＿＿＿＿＿＿＿＿＿＿＿＿＿＿＿＿＿＿＿＿＿＿＿＿

为了明确供水人和用水人在水的供应和使用中的权利和义务，根据《中华人民共和国合同法》《城市供水条例》等有关法律、法规和规章，经供、用水双方协商，订立本合同，以便共同遵守。

第一条　用水地址、用水性质和用水量

(一)用水地址为＿＿＿＿＿＿＿＿＿＿＿＿＿＿＿＿＿＿＿。用水四至范围(即用水人用水区域四周边界)是＿＿＿＿＿＿＿＿＿＿＿＿＿＿＿＿(可制订详图作为附件)。

(二)用水性质系＿＿＿＿＿＿＿＿＿用水，执行＿＿＿＿＿＿＿＿＿供水价格。

(三)用水量为＿＿＿＿＿＿＿＿＿＿＿立方米/日；＿＿＿＿＿＿＿＿＿＿立方米/月。

(四)计费总水表安装地点为：＿＿＿＿＿＿＿＿＿＿＿＿＿＿＿＿(可制订详图作为附件)。

（五）安 装 计 费 总 水 表 共 ＿＿＿＿＿＿＿＿ 具，注 册 号
为＿＿＿＿＿＿＿＿＿＿＿＿＿＿＿。

第二条　供水方式和质量

（一）在合同有效期内，供水人通过城市公共供水管网及附属设施向用水人提供不间断供水。

（二）用水人不能间断用水或者对水压、水质有特殊要求的，应当自行设置贮水、间接加压设施及水处理设备。

（三）供水人保证城市公共供水管网水质符合国家《生活饮用水卫生标准》。

（四）供水人保证在计费总水表处的水压大于等于＿＿＿＿＿＿＿＿兆帕；以户表方式计费的，保证进入建筑物前阀门处的水压大于等于＿＿＿＿＿＿＿兆帕。

第三条　用水计量、水价及水费结算方式

（一）用水计量

1. 用 水 的 计 量 器 具 为：＿＿＿＿＿＿＿＿＿＿ 计 量 表；
＿＿＿＿＿＿＿＿＿＿＿＿ IC 卡计量表；或者＿＿＿＿＿＿＿＿＿。安装时应当登记注册。供、用水双方按照注册登记的计费水表计量的水量作为水费结算的依据。

结算用计量器具须经当地技术监督部门检定、认定。

2. 用水人用水按照用水性质实行分类计量。不同用水性质的用水共用一具计费水表时，供水人按照最高类别水价计收水费或者按照比例划分不同用水性质用水量分类计收水费。

（二）供水价格：供水人依据用水人用水性质，按照＿＿＿＿＿＿＿政府
＿＿＿＿＿＿＿＿＿＿（部门）批准的供水分类价格收取水费。

在合同有效期内，遇水价调整时，按照调价文件规定执行。

（三）水费结算方式

1. 供水人按照规定周期抄验表并结算水费，用水人在＿＿＿＿＿＿＿＿月
＿＿＿＿＿＿＿＿＿＿日前交清水费。

2. 水费结算采取＿＿＿＿＿＿＿＿＿＿＿＿＿＿＿＿方式。

第四条　供、用水设施产权分界与维护管理

（一）供、用水设施产权分界点是：供水人设计安装的计费总水表处。以户表计费的为进入建筑物前阀门处。

（二）产权分界点（含计费水表）水源侧的管道和附属设施由供水人负责维护管理。产权分界点另侧的管道及设施由用水人负责维护管理，或者有偿委托供水人维护管理。

第五条　供水人的权利和义务

（一）监督用水人按照合同约定的用水量、用水性质、用水四至范围用水。

（二）用水人逾期不缴纳水费，供水人有权从逾期之日起向用水人收取水费滞纳金。

（三）用水人搬迁或者其他原因不再使用计费水表和供水设施，又没有办理过户手续的，供水人有权拆除其计费水表和供水设施。

（四）因用水人表井占压、损坏及用水人责任等原因不能抄验水表时，供水人可根据用水人上＿＿＿＿＿＿个月最高月用水量估算本期水量水费。如用水人三个月不能解决妨碍抄验表问题，供水人不退还多估水费。

（五）供水人应当按照合同约定的水质不间断供水。除高峰季节因供水能力不足，经城市供水行政主管部门同意被迫降压外，供水人应当按照合同规定的压力供水。对有计划的检修、维修及新管并网作业施工造成停水的，应当提前24小时通知用水人。

（六）供水人设立专门服务电话实行24小时昼夜受理用水人的报修。遇有供水管道及附属设施损坏时，供水人应当及时进入现场抢修。

（七）如供水人需要变更抄验水表和收费周期时，应当提前一个月通知用水人。

（八）对用水人提出的水表计量不准，供水人负责复核和校验。对水表因自然损坏造成的表停、表坏，供水人应当无偿更换，供水人可根据用水人上＿＿＿＿＿＿＿＿＿＿个月平均用水量估算本期水量水费。由于供水人抄错表、计费水表计量不准等原因多收的水费，应当予以退还。

第六条　用水人的权利和义务

（一）监督供水人按照合同约定的水压、水质向用水人供水。

（二）有权要求供水人按照国家的规定对计费水表进行周期检定。

（三）有权向供水人提出进行计费水表复核和校验。

（四）有权对供水人收缴的水费及确定的水价申请复核。

（五）应当按照合同约定按期向供水人交水费。

（六）保证计费水表、表井(箱)及附属设施完好，配合供水人抄验表或者协助做好水表等设施的更换、维修工作。

（七）除发生火灾等特殊原因，用水人不得擅自开封启动无表防险(用水人消火栓)。需要试验内部消防设施的，应当通知供水人派人启封。发生火灾时，用水人可以自行启动使用，灭火后应当及时通知供水人重新铅封。

（八）不得私自向其他用水人转供水；不得擅自向合同约定的四至外供水。

（九）由于用水人用水量增加，连续半年超过水表公称流量时，应当办理换表手续；由于用水人全月平均小时用水量低于水表最小流量时，供水人可将水表口径改小，用水人承担工料费；当用水人月用水量达不到底度流量时，按照底度流量收费。

第七条　违约责任

（一）供水人的违约责任

1. 供水人违反合同约定未向用水人供水的，应当支付用水人停水期间正常用水量水费百分之＿＿＿＿＿＿的违约金。

2. 由于供水人责任事故造成的停水、水压降低、水质量事故，给用水人造成损失的，供水人应当承担赔偿责任。

3. 由于不可抗力的原因或者政府行为造成停水，使用水人受到损失的，供水人不承担赔偿责任。

（二）用水人的违约责任

1. 用水人未按期交水费的，还应当支付滞纳金。超过规定交费日期一个月的，供水人按照国家规定有权中止供水。当用水人于半年之内交齐水费和滞纳金后，供水人应当于 48 小时内恢复供水。中止供水超过半年，用水人要求复装的，应当交齐欠费和供水设施复装工料费后，另行办理新装手续。

2. 用水人私自改变用水性质、向其他用水人转供水、向合同约定的四至外供水，未到供水人处办理变更手续的，用水人除补交水价差价的水费外，还应当支付水费百分之＿＿＿＿＿＿的违约金。

3. 用水人终止用水，未到供水人处办理相关手续，给供水人造成损失的，由用水人承担赔偿责任。

第八条　合同有效期限

合同期限为＿＿＿＿年，从＿＿＿＿年＿＿月＿＿日起至＿＿＿＿年＿＿月＿＿日止。

第九条　合同的变更

当事人如需要修改合同条款或者合同未尽事宜，须经双方协商一致，签订补充协定，补充协定与本合同具有同等效力。

第十条　争议的解决方式

本合同在履行过程中发生争议时，由当事人双方协商解决。也可通过＿＿＿＿＿＿＿＿＿＿调解解决。协商或者调解不成，由当事人双方同意由＿＿＿＿＿＿＿＿＿＿仲裁委员会仲裁（当事人双方未在本合同中约定仲裁机构，事后又未达成书面仲裁协议的，可向人民法院起诉）。

第十一条　其他约定

＿＿。

供水人　　　　　　　　　　　　　用水人

（盖章）：　　　　　　　　　　　（盖章）：

住所：　　　　　　　　　　　　　住所：

法定代表人　　　　　　　　　法定代表人

(签字)：　　　　　　　　　　(签字)：

委托代理人　　　　　　　　　委托代理人

(签字)：　　　　　　　　　　(签字)：

开户银行：　　　　　　　　　开户银行：

账号：　　　　　　　　　　　账号：

电话：　　　　　　　　　　　电话：

二、城市供用气合同示范文本

GF—1999—0502

城市供用气合同

合同编号：

签约地点：

签约时间：

供气人：＿＿＿＿＿＿＿＿＿＿＿＿＿＿＿＿＿＿＿＿＿＿

用气人：＿＿＿＿＿＿＿＿＿＿＿＿＿＿＿＿＿＿＿＿＿＿

为了明确供气人和用气人在燃气供应和使用中的权利和义务,根据《中华人民共和国合同法》、《城市燃气管理办法》、《城市燃气安全管理规定》等法律、法规和规章,经供气人与用气人双方协商,签订本合同,以便共同遵守。

第一条　用气地址、种类、性质和用气量

(一)用气地址为＿＿＿＿＿＿＿＿＿＿＿＿＿＿＿＿＿＿(用气人燃气用具所在地的地址、用气贮气设备所在地的地址、燃气供应站的地址等)。

(二)用气种类为＿＿＿＿＿＿＿＿＿＿＿＿＿＿＿＿＿。

(三)用气性质为＿＿＿＿＿＿＿＿＿＿＿＿＿＿＿＿＿。

(四)用气数量

1. 用气量：＿＿＿＿＿立方米/年(吨/年)；＿＿＿＿＿立方米/月(吨/月)；＿＿＿＿＿立方米/日(吨/日)。

2. 用气调峰的约定：＿＿＿＿＿＿＿＿＿＿＿＿＿＿＿＿。

第二条　供气方式和质量

(一)供气方式

1. 供气人通过管道输送方式；瓶组供气方式；瓶装供气方式；或者＿＿＿＿＿＿＿＿设施,向用气人供气。

2. 燃气供应时间约定：24小时连续供气；自＿＿＿＿＿时起至＿＿＿＿＿时止。

或者_____。

（二）供气质量

1. 供气人所供燃气气质应当执行"天然气—GB 17820"；"人工煤气—GB 13612"；"液化气—GB 11174"标准。

2. 根据用气人用气性质，双方约定执行下述质量指标：

_____

_____

_____

_____

_____

3. 供气人保证在_____前气压大于等于_____千（兆）帕。

第三条　用气的价格、计量及气费结算方式。

（一）供气人根据用气人的用气性质和种类，按照_____政府_____（部门）批准的燃气价格：天然气_____元/立方米；人工煤气_____元/立方米；液化石油气_____元/吨（元/立方米）收取燃气费。

在合同有效期内，遇燃气价格调整时，按照调价文件规定执行。

（二）供用燃气的计量，气费结算方式

1. 供用燃气的计量器具为：_____燃气计量表；_____IC 卡燃气计量；_____衡；或者_____。

结算用计量器具须经当地技术监督部门检定、认定。

2. 供用燃气的计量

供、用气双方以管道燃气计量器具的读数为依据结算；瓶装燃气以供气人供应站检斤计量为依据结算；或者以_____为依据结算。

3. 结算方式

用气人于每月_____日前采取：通过银行方式交费；到供气人供应站交费；采取_____方式交费；供气人到用气场所收费。

第四条　供、用气设施产权分界与维护管理

（一）供、用气设施产权分界点是：_____。

（二）产权分界点（含）逆燃气流向的输、配气设施由供气人负责维护管理；产权分界点顺燃气流向的输、配气设施至燃气用气器具由用气人负责维护管理，或者有偿委托供气人维护管理。

第五条　供气人的权利和义务

（一）依照法律、法规和规章的规定，对用气人的用气设施运行状况和安全管理措施进行安全检查，监督用气人采取有效方式保证安全用气。

(二)监督用气人在合同约定的数量、使用范围内使用燃气,有权制止用气人超量、超使用范围用气。

(三)用气人逾期不交燃气费,供气人有权从逾期之日起向用气人收取滞纳金。

(四)用气人用气设施或者安全管理存在不安全隐患、可能造成供气设施损害时,或者用气人在合同约定的时限内拒不交燃气费的,供气人有权中断供气。

(五)供气人因供气设施计划检修、临时检修、依法限电或者用气人违法用气等原因,需要中断供气时,应提前72小时通过媒体或者其他方式通知用气人。因不可抗力原因中断供气时,供气人应及时抢修,并在2小时内通知用气人。

(六)有义务按照合同约定的数量、质量和使用范围向用气人供气。

第六条　用气人的权利和义务

(一)监督供气人按照合同约定的数量和质量向用气人提供燃气。

(二)有权要求供气人按照国家现行规定,对燃气计量器具进行周期检定。

(三)用气设施发生故障或者存在不安全隐患时,有权要求供气人提供(有偿、无偿)用气设施安全检查和维护保养的服务。

(四)按照合同约定交燃气费。

(五)按照合同约定的数量和使用范围使用燃气。

(六)未经供气人许可,不得添装、改装燃气管道,不得更动、损害供气人的供气设施,不得擅自更换、变动供气计量装置。

第七条　违约责任

(一)供气人的违约责任

1. 供气人未按照合同约定向用气人供气,应当向用气人支付正常用气量燃气费百分之_____的违约金。

2. 由于供气人责任事故,造成的停气、气压降低。质量事故,给用气人造成损失的,供气人应当承担赔偿责任。

3. 供气人在检修供气设施前未通报用气人,给用气人造成损失的,供气人应当承担赔偿责任。

4. 由于不可抗力的原因或者政府行为造成停气,使用气人受到损失的,供气人不承担赔偿责任。

(二)用气人的违约责任

1. 用气人未按照合同约定使用燃气,应当向供气人支付百分之_____的违约金。

2. 用气人未按期交燃气费的,还应当支付滞纳金。

3. 用气人未按照合同约定用气,给供气人造成损失的,用气人应当承担赔偿责任。

第八条　合同有效期限

合同期限为＿＿＿＿年,从＿＿＿＿年＿＿月＿＿日起至＿＿＿＿年＿＿月＿＿日止。

第九条 合同的变更

当事人如需要修改合同条款或者合同未尽事宜,须经双方协商一致,签订补充协定,补充协定与本合同具有同等效力。

第十条 争议的解决方式

本合同在履行过程中发生争议时,由当事人双方协商解决。也可通过＿＿＿＿＿＿＿＿＿＿＿＿＿＿＿＿＿调解解决。协商或者调解不成,由当事人双方同意由＿＿＿＿＿＿＿＿＿＿＿＿＿＿＿＿＿仲裁委员会仲裁(当事人双方未在本合同中约定仲裁机构,事后又未达成书面仲裁协议的,可向人民法院起诉)。

第十一条 其他约定

＿＿＿＿＿＿＿＿＿＿＿＿＿＿＿＿＿＿＿＿＿＿＿＿＿＿＿＿＿＿＿＿＿＿＿＿

＿＿＿＿＿＿＿＿＿＿＿＿＿＿＿＿＿＿＿＿＿＿＿＿＿＿＿＿＿＿＿＿＿＿＿＿

＿＿＿＿＿＿＿＿＿＿＿＿＿＿＿＿＿＿＿＿＿＿＿＿＿＿＿＿＿＿＿＿＿＿＿＿

供气人	用气人
(盖章):	(盖章):
住所:	住所:
法定代表人	法定代表人
(签字):	(签字):
委托代理人	委托代理人
(签字):	(签字)
开户银行:	开户银行:
账号:	账号:
电话:	电话:

三、城市供用热力合同示范文本

GF—1999—0503

城市供用热力合同

合同编号:

签约地点:

签约时间:

供热人：_____。

用热人：_____。

为了明确供热人和用热人在热力供应和使用中的权利和义务,根据《中华人民共和国合同法》等有关法律、法规和规章,经供、用热双方协商,订立本合同,以便共同遵守。

第一条　用热地点、面积及用热量

(一)用热地点：_____。

(二)用热面积(按照法定的建筑面积计算)：_____平方米,收费面积为_____平方米。

(三)用热量为：蒸汽量为_____吨/小时;生活热水为_____吉焦/小时;_____用热量为_____吉焦/小时。

第二条　供热期限及质量

(一)供热人在地方政府规定的供热期限内为用热人供热。冬季供热时间为每年____月____日起至次年____月____日止。

(二)供热期间,在供用热条件正常情况下,供热质量应当符合国家规定的质量标准,供热人要保证用热人正常的用热参数。

第三条　热费标准及结算方式

(一)供热价格：供热人根据用热人的用热种类和用热性质,按照_____政府_____(部门)批准的价格收取热费。

合同有效期内,遇价格调整时,按照调价文件规定执行。

(二)采暖性质的用热,用热人应当在每年____月____日前将热费以_____方式全额付给供热人。其他方式的用热,用热人的热费按月结算。

第四条　供、用热设施产权分界与维护管理

经供热人和用热人协商确认,供、用热设施产权分界点设在_____处。供、用热双方对各自负责的供、用热设施的维护、维修及更新改造负责。

第五条　供热人的权利和义务

(一)有权对用热人的用热情况及设施运行状况进行监督和检查。

(二)监督用热人在合同约定的用热地点、数量、范围内用热,有权制止用热人超量、超使用范围用热。

(三)对新增用热人,供热人有权在供热之前对用热人采暖系统进行检查验收。

(四)用热人违反操作规程,造成计量仪表显示数字与实际供热量不符、伪造供热记录的,供热人有权要求用热人立即改正。用热人应当按照本采暖期中最高用热月份用热量的热费收取当月热费。

(五)用热人用热设施或者安全管理存在不安全隐患、可能造成供热设施损害时,或者用热人在合同约定的时限内拒不交费的,供热人有权中断供热。

（六）属供热人产权范围内的供热设施出现故障,不能正常供热或者停热8个小时以上的,供热人应当通知用热人,并立即组织抢修,及时恢复供热。

（七）供热人因供热设施临时检修或者用热人违法用热等原因,需要中断供热时,应当提前＿＿＿＿小时通过媒体或者其他方式通知用热人。因不可抗力等原因中断供热时,供热人应当及时抢修,并在＿＿＿＿小时内通知用热人。

（八）有义务按照合同约定的数量、质量和使用范围向用热人供热。

第六条　用热人的权利和义务

（一）监督供热人按照合同约定的数量和质量向用热人提供热力。

（二）有权对供热人收取的热费及确定的热价申请复核。

（三）用热人新增或者增加用热,应当向供热人办理用热申请手续,并按照规定办理有关事项。

（四）用热人变更用热性质、变更户名、减少用热量、暂停或者停止用热、移动表位和迁移用热地址,应当事先向供热人办理手续。停止用热时,应当将热费结清。

（五）用热人的开户银行或者账号如有变更,应当及时通知供热人。

（六）应当按照合同约定向供热人交热费。

（七）对自己产权范围内的用热设施应当认真维护,及时检修。

第七条　违约责任

（一）供热人的违约责任

1. 因供热人责任未按照合同约定的期限向用热人供热的,除按照延误供热时间,折算标准热价减收或者退还用热人热费外,还应当向用热人支付热费百分之＿＿＿＿＿＿＿违约金。

2. 由于供热人责任事故,给用热人造成损失的,由供热人承担赔偿责任。供热人应当减收或者退还给用热人实际未达到供热质量标准部分的热费。

但有下列情况之一,造成供热质量达不到规定的标准,供热人不承担责任:

（1）用热人擅自改变居室结构和室内供热设施的;

（2）室内因装修和保温措施不当影响供热效果的;

（3）停水、停电造成供热中断的;

（4）热力设施正常的检修、抢修和供热试运行期间。

3. 供热人的供热设施出现故障,未能及时通知用热人,给用热人造成损失的,供热人应当承担赔偿责任。

4. 由于不可抗力的原因或者政府行为造成停止供热,使用热人受到损失的,供热人不承担赔偿责任。

（二）用热人的违约责任

1. 用热人逾期交热费的,还应当支付滞纳金。逾期一个月仍不交热费和滞纳金的,供热方有权限热或者停止供热。

2. 用热人违反合同约定,用热人应当向供热人支付百分之_____的违约金。

3. 用热人擅自进行施工用热,供热人有权立即停止供热,用热人应当赔偿供热人因此而受到的损失。损失额按照擅自进行施工用热的建筑物面积和实际用热天数热费的_____倍计算。开始擅自进行施工用热的时间难以确定的,按照当地开始供热时间为准。

第八条　合同有效期限

合同期限为_____年,从_____年____月____日起至_____年____月____日止。

第九条　合同的变更

当事人如需要修改合同条款或者合同未尽事宜,须经双方协商一致,签订补充协定,补充协定与本合同具有同等效力。

第十条　争议的解决方式

本合同在履行过程中发生争议时,由当事人双方协商解决。也可通过_____调解解决。协商或者调解不成,由当事人双方同意由_____仲裁委员会仲裁(当事人双方未在本合同中约定仲裁机构,事后又未达成书面仲裁协议的,可向人民法院起诉)。

第十一条　其他约定

_____

_____

_____

_____

_____

供热人　　　　　　　　　　用热人
(盖章):　　　　　　　　　 (盖章):
住所:　　　　　　　　　　　住所:
法定代表人　　　　　　　　 法定代表人
(签字):　　　　　　　　　 (签字):
委托代理人　　　　　　　　 委托代理人
(签字):　　　　　　　　　 (签字):
开户银行:　　　　　　　　　开户银行:
账号:　　　　　　　　　　　账号:
电话:　　　　　　　　　　　电话:

第七节　物流合同示范文本

一、水陆联运货物运输合同

GF—91—0401

水陆联运货物运输合同

（示范文本）

水陆联运货物承运收据

_____局　　　起运港站→托运人　　　运单（　）字第　　号

发站或起运港		托运人名称		到站或到达港		收货人名称			
货物名称	种类	件数	重　　量		费用项目	铁路	海运	江运	河运
			实际重量	计费重量		公里	公里	公里	公里
					运费				
					装（卸）费				
					换装费				
					港务费				
合　　计									
承运时核收									
支票号收款人（盖章）					合计				

二、铁路货物运输合同

GF—91—0402

铁路货物运输合同

（示范文本）

年　月份要车计划表

月　日提交　批准计划号码　单位章

发货单位	名称： 代号： 地址： 电话：

顺序号	到局：到站	电报号	专用线	收货单位 部门/省市 名称	代号	名称	代号	货物 名称	代号	吨数	车种代号	车数	特征代号	铁路 核减号	不合理	换装港	终到港	备注	发局
1																			发站电报号
2																			
3																			
4																				
5																				品类代号
6																			
合　计																			

注：车种代号为棚车 P，敞车 C，平板车 N，轻油罐车 Q，其他罐车 G，保温车 B，毒品车 PD，特种车 T，自备车在车种前加 Z。规格：135×297(500)。

三、水路货物运输合同

GF—97—0404

水路货物运输合同

（示范文本）

年　月度水路货物运输合同

> 本合同经托运人与承运人签章后即行生效，有关承运人与托运人、收货人之间的权利、义务和责任界限，适用于《水路货物运输规则》及运价、规费的有关规定。

编号：

托运人	全　称		承运人	全　称	
	地址、电话			地址、电话	
	银行、账号			银行、账号	
核定计划号码			费用结算方式		

货名	包装	重量(吨)	体积(m²)	起运港	到达港	换装港	运价率(元/吨)	收货人	
								全称	电话

特约事项和违约责任	

托运人签章　　　　　　　　　年　月　日	承运人签章　　　　　　　　　年　月　日

说明：1. 本合同正本一式二份，承托双方各执一份，副本若干份。

　　　2. 规格：长 21cm，宽 30cm。

四、航次租船合同
GF—97—0405

航 次 租 船 合 同

> 　　本合同经承租人与出租人签章后即行生效,有关承租人与出租人之间的权利、义务和责任界限,适用于《水路货物运输规则》及运价、规费的有关规定。

编号:

承租人	全称			出租人	全称	
	地址、电话				地址、电话	
	银行、账号				银行、账号	

船舶资料	船名		总舱容		吊杆数/负荷	
	船籍港		载货吨位		容载吃水	
	总吨/净吨		舱口数		满载吃水	

货　名	件　数	包　装	重量(吨)	体积(m³)	价值(元)

起运港		受载期限		装船期限		滞期费率	
到达港		运到期限		卸船期限		速遣费率	
运费					费用结算方式		
特约事项和违约责任							

托运人签章	承运人签章
年　月　日	年　月　日

说明:1. 本合同正本一式二份,承租双方各执一份,副本若干份。
　　　2. 规格:长17cm,宽27cm。

五、保管合同
GF—2000—0801

保 管 合 同

（示范文本）

合同编号：＿＿＿＿＿＿＿＿＿

保管人：＿＿＿＿＿＿＿　　　签订地点：＿＿＿＿＿＿＿＿＿

寄存人：＿＿＿＿＿＿＿　　　签订时间：＿＿＿＿年＿＿＿＿月＿＿＿＿日

第一条　保管物

保管物名称：＿＿＿＿＿＿＿＿＿＿＿＿＿＿＿＿＿＿＿＿＿＿＿＿＿

性质：＿＿＿＿＿＿＿＿＿＿＿＿＿＿＿＿＿＿＿＿＿＿＿＿＿＿＿＿

数量：＿＿＿＿＿＿＿＿＿＿＿＿＿＿＿＿＿＿＿＿＿＿＿＿＿＿＿＿

价值：＿＿＿＿＿＿＿＿＿＿＿＿＿＿＿＿＿＿＿＿＿＿＿＿＿＿＿＿

第二条　保管场所：＿＿＿＿＿＿＿＿＿＿＿＿＿＿＿＿＿＿＿＿＿＿。

第三条　保管方法：＿＿＿＿＿＿＿＿＿＿＿＿＿＿＿＿＿＿＿＿＿＿。

第四条　保管物（是/否）有瑕疵。瑕疵是：＿＿＿＿＿＿＿＿＿＿＿。

第五条　保管物（是/否）需要采取特殊保管措施。特殊保管措施是：＿＿＿＿。

第六条　保管物（是/否）有货币、有价证券或者其他贵重物。

第七条　保管期限自＿＿＿年＿＿＿月＿＿＿日至＿＿＿年＿＿＿月＿＿＿日止。

第八条　寄存人交付保管物时，保管人应当验收，并给付保管凭证。

第九条　保管人（是/否）允许保管人将保管物转交他人保管。

第十条　保管费（大写）＿＿＿＿＿＿元。

第十一条　保管费的支付方式与时间：＿＿＿＿＿＿＿＿＿＿＿＿＿＿＿＿＿。

第十二条　寄存人未向保管人支付保管费的，保管人（是/否）可以留置保管物。

第十三条　违约责任：＿＿＿＿＿＿＿＿＿＿＿＿＿＿＿＿＿＿＿＿＿＿。

第十四条　合同争议的解决方式：本合同在履行过程中发生的争议，由双方当事人协商解决；也可由当地工商行政管理部门调解；协商或调解不成的，按下列第＿＿＿＿＿种方式解决：

（一）提交＿＿＿＿＿＿＿＿＿＿＿＿＿＿＿＿＿＿＿仲裁委员会仲裁。

（二）依法向人民法院起诉。

第十五条　本合同自＿＿＿＿＿＿＿＿＿＿＿＿＿＿＿时成立。

第十六条　其他约定事项：＿＿＿＿＿＿＿＿＿＿＿＿＿＿＿＿＿＿＿＿。

保管人：　　　　　　　　　　寄存人：

监制部门：　　　　　　　　　印制单位：

六、仓储合同
GF—2000—0901

仓　储　合　同

（示范文本）

合同编号：＿＿＿＿＿＿＿＿＿
保管人：＿＿＿＿＿＿＿＿＿＿　签订地点：＿＿＿＿＿＿＿＿＿
存货人：＿＿＿＿＿＿＿＿＿＿　签订时间：＿＿年＿＿月＿＿日

第一条　仓储物

品名	品种规格	性质	数量	质量	包装	件数	标记

（注：空格如不够用，可以另接）

第二条　储存场所、储存物占用仓库位置及面积：＿＿＿＿＿＿＿＿＿
＿＿＿＿＿＿＿＿＿＿＿＿＿＿＿＿＿＿＿＿＿＿＿＿＿＿＿＿＿＿＿＿

第三条　仓储物（是/否）有瑕疵。瑕疵是：＿＿＿＿＿＿＿＿＿＿＿＿

第四条　仓储物（是/否）需要采取特殊保管措施。特殊保管措施是：＿＿
＿＿＿＿＿＿＿＿＿＿＿＿＿＿＿＿＿＿＿＿＿＿＿＿＿＿＿＿＿＿＿＿

第五条　仓储物入库检验的方法、时间与地点：＿＿＿＿＿＿＿＿＿＿

第六条　存货人交付仓储物后，保管人应当给付仓单。
第七条　储存期限：从＿＿＿＿年＿＿＿＿月＿＿＿＿日至＿＿＿＿年＿＿＿＿月
＿＿＿＿日止。
第八条　仓储物的损耗标准及计算方法：＿＿＿＿＿＿＿＿＿＿＿＿＿＿
＿＿＿＿＿＿＿＿＿＿＿＿＿＿＿＿＿＿＿＿＿＿＿＿＿＿＿＿＿＿＿＿

第九条　保管人发现仓储物有变质或损坏的，应及时通知存货人或仓单持
有人。
第十条　仓储物（是/否）已办理保险，险种名称：＿＿＿＿＿＿＿；保险金额

_____；保险期限：_____；保险人名称：_____。

第十一条　仓储物出库检验的方法与时间：_____

_____

第十二条　仓储费(大写)：_____元。

第十三条　仓储费结算方式与时间：_____

_____

第十四条　存货人未向保管人支付仓储费的,保管人(是/否)可以留置仓储物。

第十五条　违约责任：_____

_____

_____

第十六条　合同争议的解决方式:本合同在履行过程中发生的争议,由双方当事人协商解决;也可由当地工商行政管理部门调解:协商或调解不成的,按下列第_____种方式解决：

(一)提交_____仲裁委员会仲裁。

(二)依法向人民法院起诉。

第十七条　其他约定事项：_____

_____

_____

存　货　人	保　管　人	鉴(公)证意见：
存货人(章)：	保管人(章)：	
地址：	地址：	
法定代表人：	法定代表人：	
居民身份证号码：	居民身份证号码：	
委托代理人：	委托代理人：	
电话：	电话：	
传真：	传真：	
开户银行：	开户银行：	鉴(公)证机关(章)
账号：	账号：	经办人：
邮政编码：	邮政编码：	年　月　日

监制部门：　　　　　印制单位：

第八节　工程联营合同参考文本

联营合同文本

联营体_____(名)(在本协议中简称"联营体"),在工程_____中,预计工期_____,有如下企业——联营成员——缔结联营体,按他们的出资比例承担相应的工程责任,以实现联营的目的,并在工程中互相支持,进行技术和经济的总合作。

联营成员之间,以及联营体与其他第三者之间的法律关系按以下顺序执行:

(1)本合同规定

(2)民法通则

1. 联营成员

1.1　公司名_____地址_____电话_____电传_____邮政编码_____以下简称"_____"

1.2　公司名_____地址_____电话_____电传_____邮政编码_____以下简称"_____"

1.3　公司名_____地址_____电话_____电传_____邮政编码_____以下简称"_____"

1.4　(同上)

2. 联营体名称、地址和目的

2.1　联营体名_____简称为"_____联营体"或"联营体"。

2.2　联营体地址:

现场办公室地址_____电话_____电传_____邮政编码_____

2.3　联营体的目的是共同承担业主_____按照工程承包合同_____(承包合同名或合同号)所定义的建筑工程。联营体的目的还包括与该建筑物在时间和空间上有联系的附加工程的实施。但在建筑工程结束以后发包的工程不属于本合同的工程范围。本合同的责任和权利不可延伸到第三者或其他工程。

3. 出资比例和责任

联营成员之间的出资份额比例,按以下确定:

联营成员1_____(企业名),占_____%。

联营成员2_____(企业名),占_____%。

联营成员3_____(企业名),占_____%。

合计　　　　　　　　　100%。

这里并不涉及针对第三者特别是针对业主的总债务责任。

在联营体中,各联营成员权利和义务划分,特别是利润和亏损、担保责任和保证都按出资比例确定。

4. 投标工作

4.1　由于联营成员各方已通过业主的资格预审,且业主已认可以联营体的名义投标。如果联营体的标书为业主所接受,则中标后以同样名义与业主签订工程承包合同。

各联营成员受承包合同的制约,按承包合同和法律,各方负有连带责任和义务。

4.2　准备和编制投标报价书:

4.2.1　各联营成员对项目的投标所承担的报价范围由附表规定,按业主的工程量表或工程范围划分。

4.2.2　按照业主提供的投标条件,联营成员各方各自提交相应工程范围的预算报价。由联营体集中向业主提交总投标报价文件。

4.2.3　各联营成员的预算报价应由联营体认可。各方面应就一些基本费用价格和费率达成一致。如工地管理费、预计利润、保险费、不可预见风险费等。

4.2.4　如果联营成员各方对上述费用和费率不能达成一致,则本联营合同终止。联营成员之间相互不承担任何义务。

4.2.5　对按承包合同要求联营体提供的投标保函,由各联营成员按照出资比例或报价额比例提供相应份额的保函。

保函可以由各方分别向业主提供,也可以由联营体集中提供。

4.2.6　在与业主签订承包合同之前的所有准备投标文件及投标过程中的花费由各联营成员自己承担,联营体将不予补偿。

5. 联营工程范围

5.1　为实现联营目的,联营成员有责任按照出资比例完成联营体的工作(如提供资金,提供担保、机械材料和劳务,完成规定的工程),以及由合同导出的责任。

5.2　如果某个联营成员在适当的宽限期内没有按照合同要求完成他对联营体的责任,在不损害其他联营成员所有的合理要求及本合同赋予的权利情况下,他应清偿在从宽限期开始到工程承包合同的全部责任完成为止,因他的违约而引起的联营体的损失。

5.2.1　资金_____%　债务总额

5.2.2　担保_____%　担保总额

5.2.3　劳务_____%　每人·日

5.2.4　设备_____%　按设备表中月折旧和月利息

5.3　如果由于某联营成员未完成他的工程范围,可以通过变更出资比例公平合理地进行平衡，以使其他联营成员在不损害 5.2 款权益的情况下确定相应变更出资比例。新确定的出资比例由他已完成的工程范围与合同规定所承担的总工程量比例确定，并在确定的当月底有效。

5.3.1 针对出资比例变更所引起的合同争执，该联营成员可以在重新确定的当日起一个月内按第 27 款提出仲裁。

5.3.1.1 只有在如下情况下仲裁申诉有效：

5.3.1.1.1 按照仲裁协议引入仲裁程序；

5.3.1.1.2 按照正规法庭的管辖权提交起诉，并已提交。

5.3.1.2 如果在一个月内没有提出申诉，则出资比例变更对相关联营成员有效。

5.3.2 如果联营成员仅两方，出资比例只有通过仲裁（27 款）才能有效，并有如下要求：

5.3.2.1 从仲裁程序按照仲裁协议引入之日起。

5.3.2.2 从争执提交有正规管辖权的法庭之日起。

5.4 对于某联营成员没有完成他的合同范围的责任而引起联营体损失的补偿和对违约者的履约要求，也可以通过调整支付和/或调整出资比例的要求实现。

6. 联营体的组织机构

联营体的组织机构包括：

6.1 管理委员会（以下简称"管委会"）或联营成员大会

6.2 技术经理

6.3 商务经理

6.4 现场经理

7. 管理委员会

7.1 每一个联营成员在管委会中有代表。

7.2 在管委会中：

7.2.1 联营成员＿＿＿＿＿＿有＿＿＿＿＿＿票，

代表＿＿＿＿＿ 副代表＿＿＿＿＿；

7.2.2 联营成员＿＿＿＿＿＿有＿＿＿＿＿＿票，

代表＿＿＿＿＿ 副代表＿＿＿＿＿；

……（同上）

7.3 在例外以及障碍情况下，联营成员也可任命其他人代表。联营成员在管委会上出席的代表有全权，而联营成员派往联营体日常的工作人员不能在管委会中代表联营成员。

7.4 管委会是联营体的最高机构。

7.4.1 管委会对重大的问题，以及重大的决策和联营成员提交的涉及联营目的的问题作决定，它从整个联营体的利益出发，保证工程顺利实施，主合同顺利执行。它决定是否委托对一个争执进行法律咨询，或鉴定，以及进行相关的法律活动，并决定其费用的承担。它也可以决定委托一个联营成员企业的法律顾问承担这项工作。

7.4.2　只有当所有的联营成员代表按指定的时间出席或至少 2/3 出席时，管委会才有权作出决定。

如果由于出席人数达不到上述要求，管委会无决定权，则它在无决定权会议之后有权决定立即召集第二次会议，而不问已出席者的数量。

会议通知应至少在 8d 前及时送达各联营成员。在紧急情况下，通知期也可缩短。

7.5　管委会可以根据某联营成员要求或请求召开。技术经理负责召集并决定日程和会议地点。

如果管委会应联营成员要求召开，则一般在提出要求后 14d 内召开。

7.6　如果本合同没有其他规定，则只有在参加会议的联营成员一致同意后才能作出有法律约束力的决定。

如果没有一致通过，同时决定又不能推迟，则应在近期内立即重新举行管委会会议。在此情况下，以参加者多数意见作出决定。如果同意和反对的票数相同，则按第 7 或第 8 条款由承担相关业务经理的联营成员作出。

本规定不能改变联营成员之间应承担的联营法律责任。

在紧急情况下，决定还可以经所有联营成员经书面/电报/口头同意而作出。

7.7　在管委会会议上，技术经理要作记录，并在 10d 内将会议纪要送至联营成员各方。如果在收到会议纪要后 14d 内没有书面反对意见，则该纪要即被批准。

如果管委会意见构成工程范围，则所有的谈话都应写入纪要，并立即送达各联营成员。

7.8　有关本联营合同的变更和补充必须按照 12.8 的法律程序进行，必须有所有联营成员签字的书面协议。

在这种情况下，不能用一个签字的会谈纪要代替书面协议。

管委会出于一个重要的理由可以通过技术经理、商务经理、现场经理以外的所有联营成员一致同意，决定取消他们的职责。

7.9　由于管委会成员的活动使联营成员产生的费用是不能补偿的。

8. 技术经理

8.1　技术经理由联营成员_____承担，他负责主合同建筑计划的有序实施，负责履行联营合同和执行管委会技术方面的决定。

8.2　技术经理在与业主的事务中代表联营体，在商务活动中与商务经理一起处理对第三者仅涉及技术要求的事务，他可以以联营体名义签字，并注明"技术经理"。

8.3　技术报告必须按照技术经理的组织规划和格式提交。

8.4　技术经理工作主要包括:

8.4.1　负责整个建筑工程监督工作,向现场经理发出指令。

8.4.2　负责一切必要的建筑工程活动相关的批准以及由联营体作出的批准。

8.4.3　确定工程的监督管理人员,并向他们授予职责。

8.4.4　按照国家安全生产的法律和规范委托和任命安全负责人、监督安全工程师、职保医生和其他劳动保护专业人员的工作。劳动安全专业人员由联营成员_____承担。

8.4.5　与商务经理协同签订分包合同。在管委会授权范围内,分包协议可以由技术经理和商务经理共同或独立签署。

8.4.6　在主合同进行中,处理并解释与业主的合同关系,特别是处理建筑施工中的重大问题,合同的变更和扩展,以及与管委会一起批准追加款项。

8.4.7　出席承包合同工程的验收。

8.4.8　保存法律所要求的技术资料原件,必要时由管委会确定哪些资料作为技术资料。

8.4.9　保存商务经理按12.2.5条款所提供的保函文件。

8.5　技术经理负责提供监督工程实施必要的资料,并将副本或复印件提交各联营成员。这些资料包括:

所有承包合同资料,包括工作量说明(有工作量目录和工作过程);

报价计算书;

委托书和合同补充协议;

索赔文件;

工作核算文件;

预算和结算文件;

接收签证;

分包合同等。

8.6　如果管委会决定作工时"计划—实际"比较,这些资料由对此负责的联营成员向技术经理提供,以使他能在他的数据处理系统中及时整理并提供数据。

8.7　技术经理应将所有重要的业务事件及时地向所有的联营成员提出副本,送达书面文件,及时作出报告,让联营成员及时了解工地基本情况,使他们能参与工程管理。

9. 商务经理

9.1　商务经理由联营成员_____承担。他对联营体所有商务工作有秩序地实施承担责任,对遵守联营合同和执行管委会关于商务方面的决定负责。

9.2　他在针对第三者的商务活动中代表联营体,他使用联营体信封,并以联营体名义签字,并注明"商务经理"。

9.3　商务工作的进行和报告的提出必须按照组织规则和管委会提出的表格进行。

9.4　商务管理工作包括:

9.4.1　负责监督在施工现场及为施工现场服务的商务工作。

9.4.2　向有关当局发通知及接收通知,与医疗、保险、劳工局、社会保险、地方警察、财政局、就业协会、保险公司、国家机关进行经常性地交往。完成一些不由现场经理或会计承担的商务工作。

9.4.3　建立和取消联营体账号;委托和撤销与邮局、铁路、银行等的权力和职责关系;筹集和管理现金;按照管委会决定的数量申请、取消和归还银行贷款;要求联营成员提供担保;除了由技术经理保存以外,按照12.2.5条款保存和管理担保书,保管业主、分包商和其他第三者提供的担保和保险文件。

9.4.4　作簿记、提出短期核算报告、财产报告、最终收支平衡表、资产负债表以及一些不由现场经理承担的工作。

9.4.5　采购和保管材料(不由工地经理负责的,见14.2款)。

9.4.6　监督工资支出,检查工资表以及由联营成员负担的工资。商务经理的工资支付由技术经理审查。

9.4.7　签署联营合同,共同参与订立所有其他合同。

9.4.8　处理联营体的税负事务,在企业审计中代表联营体,按照法律规定提供统计数据。

9.4.9　按照法律规定保管商务资料,在必要的情况下,由管委会决定哪些属于商务资料。

9.5　对会计进行领导工作如下规定:

所有簿记有正规的并由专职人员签字的证据证明,证据应由现场经理和负责的采购人员确认。

9.5.1　包括支付凭证的簿记将由_____承担。

9.5.2　对领班、劳务人员以及联营体招雇人员工资的簿记由_____承担。工资簿记还包括:

9.5.2.1　向医疗保险、劳工局、社会保险、当地警察、财政局等的应缴款,并处理与他们的来往函件。

9.5.2.2　提交工资报表,月报应在下月_____号前提出,并提交业务年度报告。

9.5.3　对联营体所雇职员的工资簿记由_____负责(包括9.5.2.1、9.5.2.2定义的工作)。所有联营成员可以收到工资报表的复印件。

9.5.4　对外国人工作许可的申请由雇用他的联营成员负责,当地招雇的人员由被委托的联营成员负责。

9.5.5　由联营成员委派到联营体工作人员的工资计算(见 13.2.2)由原联营成员(母公司)负责。

9.5.6　工时的计划、预算以及它们与实际消耗的对比必须递交给联营成员_____。

9.6　总报表(包括账目汇总表,按月/季)应在下月_____号的当天提交给所有联营成员。总报表以及它的说明应符合联营成员的信息要求。在业主认可最终结算后,联营体的最终结算表最迟在一个月内提出,并交各联营成员,在特殊情况下管委会可另定日期。在主合同的所有业务进行后,应作出最终报表和最终纪要。任何联营成员对最终报表的异议应在最终报表提出后的三个月内以书面形式提出,并陈述理由。在最终报表生效后,则最终报表上包括的所有项目和数字有法定性、有效性。

联营体退还各个联营成员提供的担保,将它们记入各自的核算报表中。

9.7　通过银行直接完成联营体和各联营成员银行账户之间款项的划拨。

9.8　商务经理必须向其他联营成员报告所有重要商务活动,将汇票的复印件、来往通信副本转达他们。商务经理还应将最终支付或业主的指令立即通知技术经理。以使技术经理能及时对业主作相应的答复。

9.9　所有联营成员给联营体的账单应一式_____份,在相应供应或工作完成的第二个月向联营体提交,经审查和确认后转交给其他联营成员。提交者收到一个经过审查的账单回执。应将联营体给某联营成员和/或第三者的账单复印件提交其他联营成员,该账单应于供应和工程完成后的下个月_____号前提交。由联营体发出或收到的账单按时间排序并按确定的编目存放。账单中如果有_____元内的误差,则不予校正。

联营成员之间的账单在 30d 内按接收者账单科目作审查、确认或拒收。

10.　现场经理

10.1　现场经理有如下职责:

10.1.1　负责主合同建筑任务的实施,包括按技术经理和商务经理的指令提出核算材料。他全权参与业主的现场组织,处理现场问题。当管委会预先授权后,他可以处理主合同变更问题。

10.1.2　现场经理必须在次月_____号向各联营成员和管委会提供技术周/月报。并于每个月末向各联营成员提供人员状况报告(按联营成员和专业组、派遣人员和当地雇佣人员等分目)。

10.1.3　现场经理在每月初_____日向各联营成员报告上月已完工程量。

10.1.4　现场经理按 2.1 款以联营体的名义和现场经理的名义签字。

10.2　管理人员

10.2.1　技术工地长_____由联营成员_____承担,代表_____由联营成员_____承担；

10.2.2　商务采购_____由联营成员_____承担,代表_____由联营成员_____承担。

10.3　工地长和采购共同拥有签字权,在特殊情况下由代表签字。

11. 特殊工作的报酬

11.1　对技术经理、商务经理以及会计、数据处理工作、工时计划—实际比较以及工程安全管理专业人员的报酬按以下确定:

11.1.1　技术经理_____%营业额(见 11.9.1)。

11.1.2　商务经理_____%营业额(见 11.9.1);

簿记包括支付凭证_____%营业额(见 11.9.1)。

11.1.3　工资核算会计:

对临时招雇人员(见 9.5.2)按_____%净工资总额(见 11.9.2)或每月_____元/每位工资取得者。

费用总额中包括报表费用、数据处理费用、计划—实际工时对比报表及凭证。

11.1.4　对工程安全管理专业人员的计酬可按如下形式之一:

11.1.4.1　按联营体工资总额的_____%(包括临时招雇的工人和按 13.4 款列入工资总额的工人、分包商劳务人员和实施监督人员)。

11.1.4.2　每小时_____元或每月_____元或整个建筑工期总额_____元。

11.1.4.3　不支付,已包括在技术经理酬金中。

前述报酬是总的工资费用,包括附加费,如 13.4.7 款中个人汽车费以及差旅费。

11.1.5　如果按照 7.4.1 款聘请一个企业律师,则酬金按小时或天计,或按总额支付,这应在委托前达成一致。

11.1.6　如果要使用一个测量工程师、焊接工程师、混凝土技术人员和其他实验室力量,则由管委会决定酬金。

11.2　管委会决定设计、计划工作以及结构计算的委托,对这些工作的计酬可以:

11.2.1　由管委会确定酬金,或

11.2.2　将它纳入所承担的联营成员的工作中,计酬方式采用:

11.2.2.1　总额支付_____元,包括(或不包括)蓝图复印和其他方面费用,或

11.2.2.2　总营业额的_____%,包括(或不包括)蓝图复印和其他方面费用,或

11.2.2.3　特殊情况下,按如下支付:

	元/h	元/d
初步静力设计	_____	_____
静力设计和结构	_____	_____
绘图和出图	_____	_____
装饰和室内设施	_____	_____
其他	_____	_____

如果按小时计,则每天 8h。

这需要实际工时记录证明。

11.3　施工准备工作的委托由管委会决定。承担这项工作的联营成员为_____,其酬金支付:

11.3.1　总额支付_____元,包括(或不包括)蓝图复印和其他方面费用,或

11.3.2　按总营业额的_____%,包括(或不包括)蓝图复印和其他方面费用。

11.4　在 11.1、11.2、11.3 的报酬中,已包括了附加费用以及由联营成员开支的工资、工资附加费、办公费用、图纸材料费、电话费、差旅费、办公室维护和设施费用等。

11.5　蓝图和其他复制费用在 11.1 中包括,但如果在 11.2、11.3 中没有包括,则它按以下计算:

母图_____元/m²	母图 A3 _____元/张
母图 A4 _____元/张	蓝图(正常)_____元/m²
蓝图 A3(A4)_____元/张	其他复印 A3(A4)_____元/张
其他_____元/张	

11.6　联营成员所承担的社会保障费用和其他工作包括:

11.6.1　联营成员为联营体所承担的社会保障费用将由联营体按以下规定计算给联营成员:

11.6.1.1　工人工资　　　　　　　　　附加_____%;

领班工资　　　　　　　　　附加_____%;

材料费　　　　　　　　　　附加_____%,

分包商运输费　　　　　　　附加_____%;

修理费　　　　　　　　　　附加_____%;

设备保养费(按折旧及利息)　附加_____%;

雇员工资　　　　　　　　　附加_____%。

11.6.1.2　涉及业主的法律和劳资合同规定的开支不作为工资费用。它们与工器具和管理费一样归入附加费中。

11.6.1.3　附加费用按以下方式支付:

工人工资附加费包括在 13.4.3.3.1 或 13.4.3.3.2 或 11.6.1.1 中。

职员工资附加费按实际凭证支付。

11.6.1.4　如果在某一时间社会保障费用实际支付与原协议有根本性改变，则应达成新协议。

11.6.2　如下所列特殊工作，由管委会同意委托给某联营成员实施：

临时设施搭/拆；拌和设施搭/拆；塔吊搭/拆；电卫设施搭/拆；

板桩工程；焊接工程；测量工程；爆破工程；潜水工程；工地设备维修等。

它们可以按总价或按如下方式支付：

11.6.2.1　工人工资　　　　　　　　　　　　附加＿＿＿＿＿＿％；

　　　　　领班工资附加＿＿＿＿＿＿％；

　　　　　材料费　　　　　　　　　　　　　附加＿＿＿＿＿＿％；

　　　　　运输费　　　　　　　　　　　　　无附加；

　　　　　修理费　　　　　　　　　　　　　附加＿＿＿＿＿＿％；

　　　　　设备保养费（按折旧及利息）　　　附加＿＿＿＿＿＿％；

11.6.2.2　附加费用按以下方式付酬：

工人工资附加费按 13.4.3.3.1 或 13.4.3.3.2 或 11.6.2.1 计算。

职工工资附加费按支付凭证计算。

11.7　食宿费用：

11.7.1　如果联营体要求联营成员解决食宿，则应就每床位每天＿＿＿＿＿＿元支付达成一致。

11.7.2　如果食宿由联营成员承担，则应就每床每天＿＿＿＿＿＿元费用达成一致。

11.7.3　住宿地如果不再需要，则应提前 3d 通知。

11.8　联营成员的管理费不由联营体承担。

11.9　计算依据：

11.9.1　如果支付以营业额作为计算基础，则作为计算依据有：以工程合同价作为基础工程量，包括一切附加费的（即同计算营业税的计算基础）净额，为第三者完成的工程和供应，分包商工程量计算的营业税净额。但不包括联营体设备出租的抵消，食宿租赁费及为联营成员完成的工程及供应。如果没有其他协议，则计算应按月进行，分别对月工程量/联营体/各联营成员/各单项或单位工程费用作核算。

11.9.2　如果以工人工资及职员工资作为计算基础，则以工资净额作为社会保障的计算基础。

11.9.3　对建筑设备和建筑施工设备以合同基本价格作为依据。

12. 财务

12.1　联营体为各联营成员设立账户，进行财务核算，联营体所需要的资金由各联营成员提供。联营成员提供资金的数额按照他们参股的比例,并考虑到他们账户的状况,由商务经理确定。

如果联营成员有不同的意见,则由管委会裁决。

12.2　联营体的资金用于以下范围:

12.2.1　偿还某联营成员为联营体所作的现金支付。

12.2.2　经常性开支。

12.2.3　补充联营体的银行账户支出。

12.2.4　每月按参股比例轧平各联营成员账户(见 12.3)。

12.2.5　给联营成员按参股比例用现金支付。对此可以应某个联营成员的要求提供银行担保或其他担保作为保证。

这些平衡和支付必须书面送达所有联营成员。

12.3　如果可用的资金不足以平衡联营成员账户,则欠款的联营成员有责任按要求将现金投入以平衡他的账户。

12.4　联营成员账单的支付只有在账户平衡情况下才能获得联营体的支付,但按 14.2.1.2 的账单或按 11.2.2 支付的分包工程账单除外。联营成员之间的结清责任不属于本款范围。

12.5　联营成员工程量按高于中央银行贴现率_____%计算利息或不计息。

职员工资和其他支付从支付日期,所有联营成员的工程价款从工程量完成的次月末起计息。联营成员账户的利息按月/按季/在工程结束计算。

12.6　在联营体名下以所有联营成员的名义设立账户:

12.6.1　总账户_____在_____银行设立。

每个联营成员有两个人有权签字使用账户。他们分别是:(下为一表,略)

12.6.2　建筑工地账号_____在_____银行设立(可能有)。

本账户的使用由下表中的每两个签字共同使用。(表略)

12.6.3　如果有多个账户,则商务经理必须负责让业主的支付进入总账户。

12.7　到每月的_____日必须向各联营成员提交下期的财务计划,包括(或不包括)上期财务报告。

12.8　借银行信贷、汇兑、按联营体要求对第三者转让,需要全体联营成员的书面同意。联营体要求转让给某联营成员,需要其他联营成员的书面同意。

13. 劳务人员

13.1　一般规定:

工程施工所需要的劳动力按照管委会确定的数量由联营成员使用,按出资比例由联营成员向联营体提供的人员(见 13.2)执行联营体的指令。

外雇的人员由联营体授权的组织招雇。

13.1.1　人员的资格。人员的资格由现场经理决定,特殊情况下由管委会决定。不合格的人员应被拒绝,相关的联营成员应按要求立即替补。

13.1.2　人员的责任和行为。联营体对联营成员已向联营体派出的人员的行为承担法律和合同确定的雇主的责任。同时对他们承担由本合同 13.2.2 规定的责任,免除原联营成员(母公司)对这些人员义务。

13.1.3　报到。由联营成员向联营体派出的人员,必须在联营体支付工资之日前 14d 报到。派出人员一般分职员(技术或商务的)、领班和劳务三种。

13.1.4　母公司招回。一个职员由母公司招回需要管委会同意,而领班和短期劳务的召回由现场经理同意。

13.1.5　工作条例。工作条例包括:技术领导工作条例;联营成员条例;联营体运行规则。

对联营成员的企业代表,则包括相关的法律和劳资关系合同的规定。他们参加原母公司企业会议所引起的时间费用由原母公司承担。

13.1.6　考勤。现场经理分别做雇员、领班考勤表,并于第二月＿＿＿＿＿＿＿日向联营成员提交。

13.1.7　职员收入。职员收入以及收入的改变应及时通知联营成员。

13.2　人员派遣:

13.2.1　直接雇用。在联营体直接雇用职员和领班的情况下,这些人员与联营体构成劳务关系,通过联营体得到一个经常性的与当时水平相应的薪水,则管委会不必作出调整决定。

除了经常性薪水以外的费用也由联营体承担,不在本合同其他地方另行确定。

13.2.2　委派。对由联营成员向联营体委派的人员,他们与联营体没有劳务关系,则在母公司得到经常性薪水。母公司委派所产生的费用按 13.4 款由联营体向联营成员支付。

13.2.3　雇用形式:

13.2.3.1　雇员/领班/劳务由联营体直接从母公司雇用,或

13.2.3.2　雇员/领班/劳务由母公司派往联营体。

13.3　直接雇用人员规则:

13.3.1　雇员的接收:

13.3.1.1　若从某一月第一天派遣,则从该天开始,联营体对直接雇员承担劳务关系和工资簿记。

13.3.1.2　若直接雇员在某一月第一天以后才派遣,则到当月月底这段时间以委派的形式按 13.2.2 支付。如果被招回母公司,则也按直接雇用的形式算到当月月底。

13.3.2　劳务人员的接收:

13.3.2.1　对直接雇员劳务人员(包括领班)从工作承担之日起,劳务关系和工资簿记由联营体承担。若前面是节假日,则节假日工资由母公司承担;招回母公司时,若前面是节假日,则由联营体承担。

13.3.2.2　在仅几天或短期(三周内)由母公司给联营体派遣劳务人员或相反情况下,这些人员的工资计算按 13.4 款执行。

13.4　由联营成员派往联营体人员的支付:

13.4.1　被派遣雇员(不包括领班)的工资费用:

13.4.1.1　联营体以当时的工资水准为这些雇员向母公司支付薪水,管委会不另作决定,但由管委会决定的加班支付、特别支付等按 13.4.5 执行。

13.4.1.2　这些人员不按月计算薪水,而按日雇用(包括计算假期和病假),则当月按日数以月工资 1/20 计,即每周 5d 基本工作日。

13.4.1.3　按照劳资关系协议,应由母公司承担的回程日期的工资由联营体承担,附加费按 13.4.5 计算。

13.4.1.4　按 13.4.1、13.4.3、13.4.4、13.4.5 的支付由母公司按月根据总额分列,并按工资总额、工资附加费—工资税、工资附加费—非工资税、特别支付和其他费用向联营体提出账单。

13.4.1.4.1　包括账单复印件及证明文件向商务经理提交。账单应有检查印记,并向其他联营成员提交。

13.4.1.4.2　将附有证明文件的账单直接提交各联营成员。

13.4.2　被派遣的劳务人员和领班的工资费用:

由联营体按完成工作的时间支付此类费用。支付方式:

13.4.2.1　按实际工资水平,包括所有劳资合同附加费用,或

13.4.2.2　按照施工时有效劳资合同所确定的工资水平,包括各种附加。

13.4.2.3　领班的工资按工时计算。将月工资按劳资合同规定的工时平均。

13.4.2.4　按照劳资合同规定应由母公司支付的派遣人员回程工资,由联营体承担,包括 13.4.5 的附加费,但不包括 13.5.1 规定费用。

13.4.2.5　按 13.4.1、13.4.3、13.4.4、13.4.5 由母公司按月支付的费用总额由母公司向联营体提出账单。在账单中列出工资总额、工资附加费—工资税、工资附加费—非工资税、特别支付和附加费。账单或附件必须清楚注明:名字、职业、说明、工时/计件工时、工作日、工资和工资附加费。

13.4.3　工资附加费。工资附加费(包括膳食补贴、途中补贴、差旅费、返程费等)由联营体承担。

13.4.3.1　对职员(不包括领班)以实际或劳资合同确定的水准,由母公司按 13.4.6 条规定支付的工资附加费须将账单提交联营体。

13.4.3.2　对直接雇佣劳务人员(包括领班)按 13.5 规定或按实际水平支付。

13.4.3.3　对联营成员派遣人员(包括领班);

13.4.3.3.1　根据 13.4.6 规定按实际工资水平支付。

13.4.3.3.2　按＿＿＿＿＿元/工时,每天最多按 8h 计。

13.4.4　特别支付。管委会指定的特别支付按 16.4.5 规定的附加费形式支付,而不考虑 13.4.2.2、13.5.1 的规定。

13.4.5　在工资费基础上计算附加费。在联营体和联营成员之间结算的劳务费用将包括按如下比率计算的附加费:

13.4.5.1　劳 务 工 资 ＿＿＿＿＿%,职 员 工 资 ＿＿＿＿＿%,领 班 工资＿＿＿＿＿%。

13.4.5.2　劳务的特别支付＿＿＿＿＿%,领班的特别支付＿＿＿＿＿%,职员的特别支付＿＿＿＿＿%。

13.4.6　在所有工资附加费用、特别支付、其他开支上计算附加费。

在 13.4.5 计算的基础上计算工资税。

13.4.7　附加工资清偿。按 13.4.5 的附加工资已包括所有法律、劳资关系所确定的社会支付(包括节假日支付、社会保障、医疗保险支付、病假、伤亡支付以及不由联营体承担的支付)、业主工作、其他和工资相联系的费用,但不包括设备保养费、工地费用、营业费用和利润。

职员假期费用(包括领班)也属于 13.4.5 的附加工资中。

13.5　平衡规定:

13.5.1　工资附加费、工资津贴平衡:

13.5.1.1　在母公司发生的工资附加费,如住宿、招聘费用等仍由母公司承担。

13.5.1.2　由联营体支付并承担的直接雇佣的领班和劳务费用:

13.5.1.2.1　工资附加费(招聘、食宿补贴、差旅费、回程费用等),或

13.5.1.2.2　由母公司支付超过劳资合同规定的工资部分(工资津贴),或

13.5.1.2.3　按 11.7.1 的食宿费,或

13.5.1.2.4　人员调遣费及从工地遣散费。

由联营体分别计算,并包括 13.4.5、13.4.6 所确定的附加费用向母公司提出账单。

13.5.1.3　对由联营体直接雇佣的领班和劳务每天完成的工作,将由联营体记录在母公司的账户下(包括各种附加费)。

每工作日正常工作时间的超过或不足,不影响支付额。

13.5.1.4　参照 13.5.1.2、13.5.1.3 计算值按月计算。由联营体按月或到工程结束计算总额。

13.5.2　特殊支付包括:

13.5.2.1　建筑结束奖金。由管委会决定联营体给母公司工程结束奖金的

数额。联营成员公司内的结束奖金由母公司按企业习惯自己承担或分配。

13.5.2.2　由管委会决定的总工时节约奖、工期奖及其他奖金。联营体和联营成员相互之间的特别支付按 13.4.5.4～13.4.5.6 执行。

13.5.3　其他附加费支付。其他附加一次性支付如圣诞节附加费、13 个月的收入、忠诚奖、生辰红包、生病津贴等(但不包括 13.5.2 的特别支付),按如下处理:

13.5.3.1　由原公司支付。

13.5.3.2　联营体允许每个联营成员为他派遣的人员开支清偿他企业的其他开支和社会费用,联营体必须按月/季/年/工程结束以如下方式汇总计入贷方科目。

13.5.3.2.1　按总酬金(包括按 13.4.5 的附加费用)计算:
劳务＿＿＿＿＿＿％　　领班＿＿＿＿＿＿％　　职员＿＿＿＿＿＿％
而不考虑直接雇员的其他费用和建筑结束奖金,或

13.5.3.2.2　对总酬金由管委会决定一个统一的值,按派遣人员记入每个联营成员账户的贷方。

13.5.3.3　由联营体招雇的外部人员其他费用则由管委会决定,并由它承担。

13.5.4　职员和领班的假期:

13.5.4.1　被派遣到联营体的职员和领班应由联营体承担部分的假期费用,联营体和联营成员之间的分摊按 13.5.4.2 规定处理。

13.5.4.2　对派遣的职员和领班在将被招回母公司时提出假期要求,则由联营体承担假期费用。如果假期要求超过所用假期,则联营体将相应假期费用按 13.4.5.2、13.4.5.3 记入母公司的贷方,即由该联营成员承担。退回前三个月的工资额包括假期费用由工资会计按每个岗位一起计算。

13.5.5　对派遣人员在假期和工资支付基础上的社会负担计算。对不由联营体现金出纳支出的社会负担,按派遣人员所支付的假期和工资总额的＿＿＿＿＿＿％,将按 13.5.1.4 规定算给派遣母公司。

13.6　雇用人员的疾病和死亡:

13.6.1　疾病:

13.6.1.1　如果在为联营体的工作期间(包括由联营成员处派遣的和在联营体工资表上列出的人员)生病,则在他不能工作期间,最长至法律和劳资合同规定的期限,按法律和劳资合同所确定的水准,由联营体支付其工资费用。

13.6.1.2　如果联营体的直接雇员在和联营体的工作关系结束后,但在联营成员企业的工作承担前生病,其工资费用在不违反法律情况下由联营体支付。

13.6.1.3　联营成员派遣人员在联营体工作期间生病,其工资由母公司支付,附加费按 13.4.5 支付。

13.6.1.4　由于在联营体工作其间发生工伤事故,由此引起的工资费用在不违背 13.4.7 条的情况下,即使为派遣人员,也由联营体支付。

13.6.1.5　治疗也属于上述生病情况,但这不适用于在派遣前已要求的治疗。

13.6.2　死亡:

13.6.2.1　当一个联营成员的人员在被派往联营体工作期间,由于联营体的工伤死亡(包括事故后 12 月内死亡),由联营体承担所有法律和劳资关系的确定应由母公司承担的费用。其他费用由母公司承担。

13.6.2.2　对直接雇佣人员的其他死亡情况,由联营体承担按照法律和劳资关系规定的费用。其他费用由母公司承担。

13.6.2.3　联营成员所派遣代表人员的其他死亡情况,由母公司承担费用。

13.7　差旅费:

13.7.1　差旅费按凭证在规定范围内分别确定技术经理/商务经理/联营成员等的差旅费额度,由联营体支付,或由相关的联营成员支付,但记入联营体帐上。对它的监督由商务经理承担。对被派出的由联营成员提供的公务用车,联营体支付＿＿＿＿＿＿＿元/km。

13.7.2　关于人员调整费用。被派遣给联营体的人员在国内调动和返回的费用由联营体承担。

13.8　被派遣的人员进入另一个联营体。由一个联营成员向联营体提供的人员在为联营体工作结束后的一年之内(对职员)或 6 个月内(对工人),其他联营成员或相关企业不得招聘。但这不适用于一联营成员退出联营体的情况。

14. 材料

14.1　概念。本条所定义的材料包括:

14.1.1　工地上直接消耗的建筑材料、建筑用燃料、辅助材料。

14.1.2　周转材料、建筑设施、工具、工地使用的木料和列入施工设备和施工工具表的物品、装备。

14.1.3　机械。按 15.1 条规定与周转材料相同的设备。

14.1.4　不属于 14 所定义的材料包括:按 15.5.4 条处理的属于机械设备的工具以及必要的配件。

14.2　购买。联营体采购:

14.2.1　可以通过向第三者或向联营成员购买材料。

14.2.1.1　向第三者购买:

材料采购以联营体的名义并由它支付,则由商务经理与联营成员和现场经理协商一致后进行。采购和支付应以书面形式确定,并复写给其余联营成员。供应商的选择必须顾及到联营成员的业务关系。大型的采购由管委会决定。

　　为获得优惠的价格,必须与该联营成员的采购部门达成一致。对小数量以及由管委会委托的特别采购由现场经理直接决定。

　　14.2.1.2　从联营成员处采购:

　　14.2.1.2.1　联营成员向联营体出售材料要通过竞争定价格,不考虑联营合同预定的附加。管委会不再作出决定。

　　14.2.1.2.2　联营成员的附属企业出售材料,如同第三者采购处理。

　　14.2.2　从第三者或联营成员处采购周转材料。采购周转材料,首先弄清联营成员的使用状况。联营成员必须按出资比例向联营体提供周转材料。如果联营成员没有,则由联营体向第三者购买。

　　14.3　周转材料的计价规定:

　　14.3.1　对周转材料的评价按如下规定:

状态	折　旧　(%)	
(在送达地点交付或使用地点)	送达联营体	从联营体运出
新	100	70
旧	75	50

　　14.3.2　买入价格:

　　14.3.2.1　按合同所附工地设施和工具表的价格。

　　14.3.2.2　对除木材、型钢、轮胎、橡胶以外的所有其他材料,按被认可的供应商挂牌价格(扣除商务折扣)计算。

　　14.3.2.3　木材价:

　　　　　　木材模板(24mm)＿＿＿＿＿元/m³　　　　枕木＿＿＿＿＿元/m³

　　　　　　板材＿＿＿＿＿元/m³　　　　　　　　圆木＿＿＿＿＿元/m³

　　圆木按中部的直径计算。在2m以内的木材按14.3.1所定的挂牌价格的50%计价,长度在1m以内的木材在提供和运回时不计。

　　14.3.3　如下物品价目:

物 品 名 称	购 买 价 值	租　　赁	
		租金(包括修理附加)	损坏赔偿值
型　　钢			
木　　板			
沟　　板			
模　　板			
塔吊轨道			
……			

14.3.3.1　对买入的周转材料,如果没有其他协议,按 14.3.1 确定计算折旧。

14.3.3.2　在租赁情况下,出现损坏,其折旧值按如下确定:

14.3.3.2.1　提供价按买入价的 100%(全新)至 75%(内)扣除计算损失,不低于 50%的买入价,或

14.3.3.2.2　以 60%的买入价计算。

14.3.3.3　上述规定也适用于钢管、脚手、钢管支撑、扣件等。

14.3.4　轮胎和橡胶;

14.3.4.1　由联营成员向联营体提供的车辆轮胎和设备轮胎;

14.3.4.1.1　作为设备的部件处理,或

14.3.4.1.2　对全部或部分有轮的施工设备按周转材料处理。属于这种情况的包括:拖车和挂车厢,但轿车和两用车不算。

在车辆到来时,轮胎应由机械师评估,确定轮胎的新旧程度。同样,送回时要确定磨损程度。新轮胎由联营体购买。

按 15.1、15.2 规定的机械的租赁金不考虑轮胎、备件。

14.3.4.2　输送带橡胶可以:

14.3.4.2.1　作为设备的一部分处理,则输送带价格包括像胶带。或

14.3.4.2.2　如同周转材料按 14.3.4.1.2 处理,则输送机租金不包括橡胶带。

14.4　剩余材料的评价:

14.1.1　剩余材料基本上退回联营成员。在一个确定的时间内,剩余材料从工地分送各联营成员。

14.4.2　对具体的材料,应遵守如下规定:联营成员有责任按提供的数量比例运用剩余材料。剩余不用的由第三者采购的材料,按出资比例由管委会决定卖给联营成员或第三者。

14.4.3　对材料的评价适用第 14.3.1 条,对周转材料原价的评价应用 14.3.2 和 14.3.4,而对消耗材料则适用买入价。

14.5　使用材料的记录:

14.3.2 和 14.3.4 所涉及的材料由现场经理记录出入库,按外购和联营成员提供分别记录。

14.6　账单:

如果材料由联营成员采购,账单和供应单应由联营体认可。周转材料按月按种类列账单,并在供应单上注明新旧程度。

14.7　秩序规定:

14.7.1　对周转材料协商一致的定价应理解为该周转材料处于可用和清洁的状态。

14.7.2 运入和退回的拒收必须在材料到货后 14d 内书面提出。

14.7.3 运入和退回的期限与接受方及时确定。

15. 机械

15.1 概念:

本条设备是指按建筑机械表中包括的按月折旧和计息,并不在 14.3.3 和 14.3.4 中列出的 $10m^2$ 以内的临时房,和作为周转材料的办公室、住宿设施、木结构等。

15.2 取得、安排和卖出:

15.2.1 联营成员的提供责任。对施工必要的机械,按出资比例,由联营成员在规定的时间提供,由管委会确定各个联营成员的设备投入量和使用时间。每个联营成员必须为他的设备提供合适的操作人员,特别对大型的专用设备。操作人员仅指机械师,而不指其他的辅助人员。如果联营成员保留由他提供的设备仅由自己的人员操作的权利,则要订一个特别协议。

15.2.2 交货。机械应按技术经理/现场经理或按管委会的指令及时地交货。设备在现场的安置,按管委会的指令由现场经理执行。

15.2.3 退回。对不再使用的设备必须将退回期限在_____ d 前书面通知各联营成员,如果之前没有确定投入日期的,则应在_____ d 前达成一致。

如果在 30d 内仍不能确定使用期的情况,通知期应为_____ d。

联营成员应将送达地址及时通知联营体。在退回情况下,尽可能注意不同的供应商。在退回日期,设备应处于拆卸状态,或已准备运送状态。

15.2.4 联营体机械的采购和卖出。如果设备由联营体购买,则管委会决定采购或为设备准备采购费用,采购按 9.4.5 条规定进行。由联营体采购的设备在结束时一般考虑出资比例按当日价卖给联营成员。当多个联营成员竞价购买,且报价值不统一时,则卖给最高报价者。如果卖给第三者,联营成员在同价格情况下,有优先购买权,出售收入归联营体。设备在联营成员之间分配或出售事先由管委会决定。

15.3 由联营成员提供的设备:

15.3.1 一般原则。如果没有其他书面协议,这种供应应在租赁关系范围内确定设备的运行费用,它由折旧、利息(按 15.4.1)和按 15.4.2 的修理费组成。

15.3.2 计算依据。作为按 15.2.1 计算的依据,对所使用的设备依照使用设备表所列的月折旧、利息和修理费数额按 15.4.1 和 15.4.2 规定计算。如果建筑设备表中没有,则设备运行费用可适用设备表中相同或相似的设备价格规定计算。如果没有可比性,则原值可以通过官方的建筑机械生产价格指数相适应的价格状态计算,并求得设备运行费用。

如果发生争执,则由管委会在联营成员机械师提出建议的基础上作出决定。

15.3.3 办公设备和文件橱可作为设备处理,或按照周转材料规定出售。

15.3.4　设备付款责任的开始和结束。设备付款责任开始于设备从上一个地点运入国内过境或进入工地之日。结束于设备运回之后_____ d,最早在退回期限通知之日。

对由于其他原因送回但不是用完退回的设备,结束期在退回通知发出后的_____ d。在按照 15.2.3 确定期限使用设备的运行结束于退回的_____ d 之后。

如果联营成员推迟调回已按时用完须运回的设备,则该设备的付款责任期于运回通知期结束。

一个设备在工地上安装或拆卸的时间属于运行的一部分。

15.4　向提供设备的联营成员付酬:

15.4.1　折旧和利息的计算。提供设备的联营成员向联营体按月计算如下费用:

15.4.1.1　对正常工作时间,以高于或低于月折旧和月利息值(设备表上)_____%计算。可以按设备所使用的工时计,则每使用工时的费用为:

1/175×(每月折旧和利息值)

或按日计算,则每天费用为:

1/30×(每月折旧和利息值)

15.4.1.2　加班:

15.4.1.2.1　加班可以不计,或

15.4.1.2.2　加班可以按加班小时数和表中所列月折旧和利息值的 1/175 计算。但如下不计加班费:配电板、供水管道、供气管道、仪器、工棚、容器、冲洗车、脚手、建筑汽车和办公设施。

15.4.1.3　停滞时间。在如下范围内停滞时间按运行时间计算:

15.4.1.3.1　出于施工条件的原因设备停工连续超过 10d,从第 11d 开始按所规定的月折旧和利息额的_____%计。

15.4.1.3.2　对长期停滞(如由于气候、工程中断),由管委会另外决定运行费额。

15.4.1.3.3　如果提供设备的联营成员对停滞负责(如未及时提供配件),则在停工日期_____ d 开始到重新运行为止不计运行费。如有争执,由管委会在听取机械师意见后作决定。

15.4.1.3.4　最迟应在 11d 内将停滞时间通知各联营成员。

15.4.1.3.5　运进和退出及在现场安装的时间不属于停滞时间。

15.4.2　修理费用计算:

15.4.2.1　联营成员向联营体收取正常的工作时间_____%的月修理费作为总额支付:

15.4.2.1.1　对 15.4.2.1.2、15.4.2.1.3 的例外情况:

_____%正常维护费用

_____%大修理费

合计_____%

15.4.2.1.2　除 15.4.2.1.1 情况外,对如下设备(列表):

(设备名,编码)_____%维护费

_____%维修费

　　合计_____%

15.4.2.1.3　对办公设施、柜子、测量及实验设备,联营成员得不到修理费。保养、照管、维护、维修由联营体支付。

15.4.2.2　对总设备或指定的设备部分月修理费的 1/175 作为小时值,1/30 作为每天值计算。这也适用于按期投入的设备。

15.4.2.3　加班。加班可以不计或按每月的 1/175 作为小时值计算。

15.5　修理工作的实施和计算:

15.5.1　费用计算:

15.5.1.1　如果按照 15.4.2.1 条款,联营成员获得了修理费用,则修理工作由他承担,其他情况下由联营体承担修理费。

15.5.1.2　所有很快磨损的备件可作为磨损零件,它的备件归作保养费。磨损件如下表:(表略)

15.5.1.3　如下情况所列的备件由联营体承担费用。(表略)

15.5.1.4　工地上设备的保养和维护费用(包括停滞期)由联营体承担。

15.5.1.5　工棚、建筑设施、车辆、容器的内部油漆由联营体承担,而必要的外部油漆则由供应的联营成员承担。如果联营体要求各家用统一油漆,在这种情况下,联营体承担送回时恢复原油漆的费用。

15.5.2　非正常修理。如果按 15.5.1 由联营体负责的修理尚不够,则由联营成员的机械师估计修理范围、时间和预计的费用,并用会议纪要确定下来,由管委会确定进行修理的范围。这种维修的停滞时间的费用由联营体承担。

15.5.3　如下应记入修理费用账单:

15.5.3.1　对在联营体工地上进行维修的联营成员,应在下月 20 日前将该月维修账单提交给各个联营成员。成本的确定按照联营体车间记录:

每工时_____元,或按特殊建筑专业工人的工时工资,不计劳资合同规定附加费。

材料按当时价格(扣除商业折扣):加或不加附加费_____%。

由联营体按 15.5.4.2 提供的配件:加或不加附加费_____%。

外包工作和运输委托协议,不计附加费。

在维修前预计每次维修的费用,在相关联营成员同意后由联营体批准。

15.5.3.2　由联营成员为联营体作维修按如下付酬:

　　每工时_____元,或按特殊建筑专业工人总工时工资支付,不计或计附加费_____%。

　　材料按当时价格(扣除折扣),加或不加附加费_____%。

　　配件:加或不加附加费_____%。

　　运输费按委托协议,不加附加费。

　　15.5.3.3　按 15.5.3.1 和 15.5.3.2 计算的报酬,所实施工作的总成本包括:13.4.5 条的工资附加费、超过劳资合同的工资部分、加班费附加、监督工资、设备保养费、小设备和工具费、辅材和运行材料费、总企业管理费。

　　15.5.4　工具备件包括磨损体:

　　每个联营成员有责任提供由他所提供的设备所需的工具、备件和磨损体。

　　轮胎和橡胶输送带按 14.3.4 执行。

　　属于设备的工具、备件、磨损件按如下处理:

　　15.5.4.1　设备工具。工具不计价,它们仍属于联营成员的财产,并在设备用完时送回,损失由联营体按市场价(扣除折扣)偿还。

　　15.5.4.2　配件。配件按市场价(扣除折扣)计算。对嵌入建筑内的配件按 15.5.1 承担费用。

　　15.6　设备的损坏:

　　15.6.1　通过修理可以消除的损坏。对由于操作事故,非正确使用、条件缺陷、不正确投入、不可抗力造成损坏,由联营体承担,不涉及 15.5.1 规定。如果修理费用由联营体承担,则折旧和利息同样由联营体承担。在争执情况下,管委会按照(联营成员的)机械师的检验决定。不可抗力造成损失应立即书面通知各联营成员。

　　15.6.2　机械的遗失。如果设备在联营体工地被毁坏或遗失,而具有设备所有权的联营成员没有责任,则由联营体承担损失。如果供应设备的联营成员没有保险责任,按 17.3、17.4,设备运行费用的计算到损毁或损失的那个月底为止,并通知联营成员,最迟算到工地清理之日。损失补偿按照它的重置价格(毁损时的),但管架、钢管支撑、模板支撑、模板等除外。它们的折旧按 14.3.3 规定计。对租赁设备按重置价的 60% 赔偿。

　　15.7　秩序规定:

　　15.7.1　在机械表上所列的设备、装备应在使用及清洁状态下投入使用。如果某联营成员达不到本条款要求,则设备在进入时联营体有权拒收。在这种情况下,要求联营成员或者提供代替设备或者自费修理,修理期间不计运行费用。特殊情况由管委会作决定。

　　15.7.2　在用完后,设备应在可用状态及清洁状态下退还。考虑到正常的投入使用,在退还时应处于可运输状态,并已拆卸。

　　15.7.3　运入和运回时设备所处的状态由联营成员的机械师确定或由记录

确定。技术经理确定接收的日期，并至少在 8d 前书面通知。如果已及时通知联营成员，但他未出席，接收也被承认。

15.7.4　在运入和运回中出现的设备缺损必须在 14d 内书面申诉。

15.8　特别制造：

15.8.1　特别制造是除设备维修（按 15.5）以外的车间供应和工作，但按 15.5 的机械维修除外。它们在联营成员的车间按联营体的委托或在联营体的车间为联营成员进行制造。

15.8.2　特别制造由联营成员完成。如果在特殊情况下有总价协议，则按 15.5.3.2 付款。

15.8.3　联营体的特别制造按 15.5.3.1 计算。

15.8.4　联营成员为联营体的特别制造仅按联营体的现场经理提出的订单进行。如果超过_____元，则由管委会决定。

15.9　技术监督的费用：

技术监督协会的费用，他们作一些按时的规定的检查，由设备所有者承担费用。而建筑现场运行相关的检查及损坏修理后的检查（按 15.6.1）则由联营体承担费用。

16. 包装费、装卸费和运输费

16.1　包装费：

16.1.1　概念。包装费是为进行运输所需要的包装材料、支撑、钉子、绳索、辅助设备和包装时间等所支付的费用。

16.1.2　计算：

16.1.2.1　包装费用不特别支付，除 16.1.2.2 情况，按 16.2 的装卸费退回。

16.1.2.2　桶、马达箱和绳索滚轴不作为 16.1.1 意义上的包装。包装与是否为新材料供应到使用地协议无关，而按运入时间的折旧计算。这些材料扣回值降 10%。

16.2　装卸费用：

16.2.1　概念。装卸费用指联营成员在运送和接收地点产生的装卸费用。

16.2.2　酬金：

16.2.2.1　材料的装卸、挂车费用。如果联营体承担装费，则材料交接在供货点。卸费由联营体承担，按如下计算：

16.2.2.1.1　木材_____元/m³（按 14.3.2.7），或

16.2.2.1.2　材料（按 14.3.3）_____元/t，或

16.2.2.1.3　其他材料为供货价的_____%，或提货价的_____%。

16.2.2.2　配件（包括磨损件）的装卸费为：
装费为供货价的_____%，卸费为提货价的_____%。

16.2.2.3　设备装卸费。按 15.1 的设备的装卸费将由联营体承担，

_____元/t，或，对可以自行的设备，如自卸车、拖车按 16.2.2.3.2 及 16.2.2.3.3 规定执行。

16.2.2.3.1　运输可牵引自行的设备如挂车按_____元/t，或

16.2.2.3.2　对自己有动力的汽车和设备，则运输费用同上，而装卸费用不计。

16.2.2.3.3　设备重量的计算按设备表重量说明为据。对塔吊和汽车吊，配重也作为车重量。

16.2.2.3.4　本条款也适用于设备用后卖给联营成员的情况。

16.2.3　在联营成员的运送和接收地点发生的载运工资、司机工资和其他费用，在总费用中扣除。

16.2.4　卸车车站及码头到工地的转运工资、司机工资和其他费用直接由联营体承担。

16.2.5　账单的提交：

装货的费用在联营成员给联营体的账单上特别列出。

卸货须由联营体同时计入联营成员的账户科目上。

16.3　运输费：

16.3.1　概念。运输费是所有从发出点到联营体的接收点，以及由联营体的发出点到联营成员的接收点的运输所发生的货运费和车费。

16.3.2　实施运输所涉及的工具、时间由接收方和委托方共同确定。

16.3.3　运输距离规定（由联营体承担费用）：

16.3.3.1　材料供应的运输费用除了免费运到使用地，在_____km 最远距离以内的实际水平，回程货物必须在_____km 最远距离之内。

16.3.3.2　按 15.1 的设备的来去运费按实际发生的货运费用，最多_____km 来程和_____km 回程。

16.3.3.3　距离的限制对 16.3.4.4 和 16.3.4.5 中规定例外。

16.3.3.4　对超过最远距离 16.3.3.1、16.3.3.2 货物费用按部件计算。特殊情况下由管委会决定。

16.3.4　用联营成员自己的工具运输的费用。对材料、设备、备件和磨损件的汽车运输费，按如下规定计算：

16.3.4.1　近距离（指_____km 内直线距离）按国家公布的运输费用定价以_____t 的最低值计算，计或不计附加费。

16.3.4.2　在 16.3.4.1 以外的距离的汽车运输费按如下计算：

16.3.4.2.1　按件计。按货物运费表，如果超重，则按 16.3.4.2.2 计算。

16.4.3.2.2　装卸。按运费表和装卸等级，计或不计空驶里程费。

对装运不成件的物品，如容器、临时房、建筑模板及吊车的臂和杆等，按运货重量，而不按实际重量计，增加_____％，但不超过运输工具承载量。

16.3.4.3　吊式运输车和拖挂车的运输。运输联营成员所有的吊式运输车和拖挂车与重量无关,按如下计费:

承载能力(t)	用挂车(包括一个随车司机) (元/件)	不　拖　挂 (元/件)
≤15		
15~25		
……		

运输的批准及警察跟随费用由联营体承担。

16.3.4.4　用人货两用车、小公共汽车和 4t 以内的小载重车运输及人员运送;

16.3.4.4.1　有驾驶员按_____元/件,或_____元/km(包括燃料)。

16.3.4.4.2　无驾驶员按_____元/件,或_____元/km(包括燃料)。

驾驶员工资按 13 条计算;附加费按 11.6 计算;停滞状况按_____元/h 计。

16.3.4.4.3　对不是按 15 条规定向联营体供应的联营成员的运输工具,但经联营成员同意由联营体在工地停留期间用作为交通工具的,按_____元/km 计(包括燃料费)。而工资及工资附加费也由联营体承担。

计费证明由联营体以行驶记录的形式提出。

16.3.4.5　不属第 15 条规定向联营体提供的车间用车,按行驶或使用小时(包括基本设施和动力费)按如下计:

车辆(1.5t 内)_____元/h; 1.5~2t_____元/h。

16.3.4.5.1　上述支付费用已包括驾驶员成本,或

16.3.4.5.2　除上述费用额外,驾驶员工资及附加费按 11.6 条计,如果该汽车不是按 11.6 条用于工程,则驾驶员工资及附加费按 13 条计。

16.3.5　外包运输的计价。外包的运输由联营体在最长距离范围内承担实际成本。

16.4　材料和设备损坏规定:

16.4.1　如果外包运输企业承担运输,则运输损坏由联营体承担,这不作为联营成员的负责,在这种情况下应及时通知联营成员。

16.4.2　如果用联营成员的运输工具,则由他自己承担运输损失。

16.4.3　在联营成员的地点发生的装卸损害,由联营成员承担;在联营体工地或车站发生的装卸损害由联营体承担。

16.5　在机构、材料由工地运到联营成员处时,应将运送单送达相关联营成员处。

17. 保险

17.1　人寿保险：

17.1.1　社会保险。联营体承担由他自己雇用和直接雇用的人员的社会保险费用。他申报账单所必要的工资，并应将给社保机构的工资证明给每个联营成员复印。

17.1.2　生病、退休、失业保险。对由联营体雇用的人员，则以联营体的名义保险，费用由联营体承担。

17.2　企业责任的保险：

联营成员按照出资比例承担保险责任，但无总额限制。每个联营成员承担由他负责的被保险人的相关部分的保险。对于未来能通过保险公司的损失赔偿所弥补的损失，则由没能足够保险的联营成员承担。

对联营体最低覆盖数额为每个损失事故：

人员损伤＿＿＿＿＿＿元；物品损坏＿＿＿＿＿＿元；财产损失＿＿＿＿＿＿元。

联营成员的责任保险至少达到主合同所规定的相应份额的保险总额。

保险必须延伸到工地设备、自行的工程设备、工程车的所有和使用。

联营成员应按如下保险：

联营成员	保险公司名/地址	保 险 单	保　险　额		
			人身伤亡	物品损失	财产损失

17.3　工程车保险：

17.3.1　按照 15 条提供给联营体的工程车，联营成员至少应投＿＿＿＿＿＿万元的工程车保险额。在由联营体确定的情况下；

工程车保险＿＿＿＿＿＿元/次事故（部分保险）；

工程车保险＿＿＿＿＿＿元/次事故（全部保险）。

联营体补充保险费如下：

付　酬　方　式	2.5m² 承载面以下载重车和轿车	其他车辆
＿＿＿＿＿%的折旧费及利息额		
总　　　额		
证　　　据		

17.3.2　对按 16.3.4.3、16.3.4.4、16.3.4.5 条计算的工程车，联营体支付保险费并不分开，而对非保险的损失由联营成员承担。

17.4　物品保险：

17.4.1　火险。每个联营成员有责任对由他们提供的且所有权仍归他的机械和材料自费保火险。总保险额由如下确定：

货币_____元；办公室_____元；职工总财产_____元；其他财产_____元

联营成员按如下保险：

联　营　成　员	保险公司名/地址	保　险　单　号

17.4.2　防盗和抢劫保险：

17.4.2.1　不保险，损失由联营体承担。或

17.4.2.2　由联营成员保险。

17.4.3　吊车保险。联营成员必须为其所提供的塔吊、履带吊、汽车吊等吊车购保险，费用由联营体补偿。

17.5　其他保险：

17.5.1　其他保险如工程险、工程保险、设备保险、运输保险由管委会决定。

17.5.2　如下联营成员应为相应建筑工程自费购买保险：

联　营　成　员	保险公司名/地址	保　险　单　号

17.6　一般规定：

17.6.1　如果联营体提出要求，联营成员应出示他购买保险的证明。

17.6.2　如果联营成员有购买保险的责任，但他没有或没有购买足够合同所规定的保险时，发生损失由联营成员承担，其他情况下的损失由联营体承担。如果有另外的合同，则另外的合同优先。

17.6.3　损失的处理：

17.6.3.1　当发生损坏情况，则由商务经理经手处理。联营体必须立即将损坏情况报告给作为商务经理的联营成员，并通知其他联营成员。但另外情况有：

17.6.3.1.1　损坏产生在由供应的联营成员承担保险的设备上，则由他自行

处理。

　　17.6.3.1.2　如果报告损失情况仅涉及联营成员的资产,则由他自行处理。

　　17.6.3.1.3　偷窃和抢劫损失由保险的联营成员自行解决。

　　17.6.3.1.4　在发生按17.6.3.2处理的损坏情况下,商务经理没有保险保证,则按联营体的决定或由技术经理处理,或由一个联营成员处理他自己的部分。

　　在上述1至4的情况下,商务经理必须为事故报告和控制提供必要的资料。

　　17.6.3.2　在发生保险损失情况下,联营成员的保险保护主要由商务经理处理。

　　17.6.4　联营体在损坏情况的花费:

　　17.6.4.1　联营体决定保险,则花费和赔偿归联营体。

　　17.6.4.2　在其他情况下,联营体按损失份额给联营成员承担,保险赔偿同样分发给联营成员。

　　18. 税负

　　18.1　工资税。由联营体承担工资的人员由联营体申报工资税。

　　18.2　营业税(销售税)。应该按照法律规定,由联营体申报营业税,并向财政局交纳,或由联营成员各自承担营业。

　　由联营体独立承担营业税责任,最终按份额由各联营成员承担。

　　18.3　车税:

　　18.3.1　车辆的所有者支付车辆税。

　　18.3.2　提供的车辆及可在街上行驶的车辆由向联营体提供车辆的联营成员承担。

　　18.4　联营成员和联营体之间销售的销售税。对向联营体提供物品和工作,联营成员承担销售税。对联营体向联营成员提供物品和工作,由联营体承担销售税。

　　18.5　其他税。对不能详尽的税务事务处理,以及非法律责任的税务事务处理,由联营成员为联营体承担,则该处理应作为联营成员的工作明确规定。对协会负担、应缴费和其他,可以明确规定由联营体或联营成员承担。

　　19. 检查和监督

　　19.1　出于联营成员的要求,可以由联营成员进行联营体商务和技术检查,这不包括商务经理所进行的现场常规性监督和修正。

　　19.2　检验的时间、范围、形式和种类由管委会决定,检验结果向管委会提交报告。

　　19.3　每个联营成员有权利查阅联营体的资料。

　　20. 担保及联营合同权益的转让

　　20.1　联营成员必须提出与出资比例相应的必要的担保,费用由联营成员承担,或由联营体承担,费用为担保总额的_____%。

20.2　联营成员按联营合同的转让要求只有在其他联营成员一致同意时有效。

21. 保修

技术经理监督保修责任，检查保修要求，领导保修工作实施。当缺陷排除预计超过一百元或_____元时，保修工作的认可和实施需要管委会事先同意。

保修要求所发生的费用和设备费用由相应的联营成员按出资比例承担。如果仅涉及某些联营成员自己的工作，则按合同 11 规定计。如果联营体无足够的自有资金使用，联营成员应按商务经理的要求支付为完成保修要求必需的份额。

22. 合同期

联营合同开始于联营体共同的业务活动的开始，结束于完成由它导出的以及由主合同导出的权利和义务的结束。对特别保修责任，如果联营体提前解散，则不管与外部关系的总债务责任如何，联营成员按内部关系负担。

23. 联营成员退出

23.1　一个联营成员解约。联营成员可出于一些符合民法的重要理由解约，其解约有效。

23.2　一个企业所有者死亡：

23.2.1　如果一个单独企业参加的联营体，其所有者死亡，则在所有权有效时，联营体可同它的继承人继续本联营合同关系。如果：

23.2.1.1　它的企业具有完全的经营能力的继承人，或分解为多个继承人，由他或他们在继承后 6 个月内申请，则他或他们在联营体范围内依然有无限制的代表权。

23.2.1.2　对符合上款的单一继承人或多个继承人，或是在 6 个月内书面申请具有代表权的申请人，则他或他们一起承担，并具有联营合同的责任和权力。

23.2.2　如果继承人在 6 个月内不向另外的联营成员提出 23.2.1.1 和 23.2.1.2 的前提条件，则其他联营成员在第 7 个月内通过多数人的意见可将继承人除出联营体。如果联营体仅两个成员，则不适用于本条的解释。

23.2.3　共同继承人的补偿要求对联营体不再有效。

23.3　联营成员退出。如果参加联营体的一个联营成员由于某种法律理由退出，则其他联营成员在一个月内通过多数人的决议将退出的联营成员除出联营体。

23.4　出于重要理由开除联营成员：

23.4.1　出于一些重要的理由，一个联营成员可以通过其他联营成员的一致决定被清除出去，并在这之前将开除通知他。重要理由有：尽管联营体书面敦促，但他没有履行重要合同的责任，如没有提供现金款额、未提供担保、设备、材料、人员或支付。

开除决定在一个由所有其他联营成员签字的文件中，并通过挂号信寄给被开除的联营成员。

23.4.2　如果仅两个企业联营,则联营成员一方仅可以通过法律裁决开除。

23.5　将联营成员开除的其他理由。在如下情况下,一个联营成员可以由其他联营成员多数决定开除:

23.5.1　如果他终止支付或他的企业被申请破产,或他的债权人提出清产建议,并为法庭接收。

23.5.2　如果它的财产已进入清算程序。

23.5.3　如果由于一个联营成员的破产已执行,该联营成员在一个月内(从典押和转移决定送达该联营成员起算)典押和转让取消无效。

23.5.4 如果一个联营成员已破产,他不得在一个月内将已向联营体提供的设备抵押出去。

决定应由所有其他联营成员的同意并签字,用挂号信送达被开除的联营成员。

23.6　开除或退出的时间规定:

23.6.1　按仲裁协议引入仲裁程序。

23.6.2　在正规法庭管辖权送达申诉。

23.6.3　在 23.4.1 情况下,在开除的决定送达被开除联营成员为止。

23.6.4　按 23.5.2 清算程序开始之日。

23.6.5　在 23.5.3、23.5.4 情况下,到联营成员已取消抵押和转移生效之日。

23.6.6　在 23.6.1 情况下,已解约或拒绝履约之日。

23.7　相关联营成员的反驳:

23.7.1　针对开除的决定或开除的解释,联营成员可以在一个月内提出反驳。

23.7.1.1　申诉有效:

23.7.1.1.1　按仲裁协议引入仲裁程序。

23.7.1.1.2　有管辖权的法院接收申诉。

23.7.1.2　如果在一个月内不提出申诉,则开除决定为相关联营成员批准。

24. 退出的结果和财产分配

24.1　在一个联营成员退出情况下,联营体的其他联营成员继续执行合同。其他联营成员的出资份额将重订。退出联营的份额将按第 24.4 条在剩余联营成员之间按出资比例分配。如果仅剩一个联营成员,则另一个联营成员责无旁贷地接收退出者的部分。剩余联营成员具有将联营体的业务进行到底的全部权利和义务。退出的联营成员全部权利(如银行权利)在按 23.7 确定的退出日期起被解除。

24.2　如果一个联营成员出于某理由从联营体退出,则其余的联营成员为了计算对退出者的债权,则应结算到退出之日的财产分配,并提出财产分配平衡表。

退出的联营成员承担至退出时已进行工程的利润和损失,不承担尚未施工的工程和业务的利润和亏损,但已认可的亏损除外,以及按 24.4 的责任仍不解除,在财产分配平衡表中列出资产和债务,应按法定的估算方法计算。特别是_____与退出工程项目状态无关,_____适当评估整个建筑项目的保护风险和其他风险。对保护风险的评价一般取到该天已完成的和按合同还要完成的工作量的_____%(一般为 2%)。如果用一个高的比例则应提出证明。

联营体相应的业务值不考虑。

对财产分配平衡表的反驳只能在该表提出后 3 个月内以书面的形式提交。

在决定生效后,在财产分配平衡表中所包括的所有数值为决定性的和有效的。

24.3　在联营成员退出情况下,如果建筑物可能的保护和其他责任及风险的范围和水平不易精确估算,则联营体对退出联营成员的财产债权,可以直到完成保护要求和联营体其他可能的责任后再归还。

24.4　退出的联营成员有责任对所有剩下的联营成员,按以前的出资份额,承担保修责任,以及防止整个建筑项目的亏损。对此有如下规定:

24.4.1　这些责任和亏损是在财产分配表提出后被认可的;

24.4.2　它们的原因在退出前已存在;

24.4.3　这与财产分配平衡表无关。

如果退出的联营成员证明这种损失和/或责任是由于留下的联营成员单独引起的,则这种责任即被取消。

24.5　按 23 退出的联营成员有责任承担联营体由这种退出所引起的成本。

24.6　退出的联营成员立即支付(平衡)在财产分配平衡表上给出的亏损份额。

24.7　联营成员退出后应向银行和政府当局以及其他第三者证明,自己已退出联营体,并向他们出示本合同和其他联营成员的决定,以及余下的联营成员的书面解释,或法院决定(按 26),使他们相信。

24.8　按 23.2 条退出的联营成员不能要求联营体及其他联营成员解除他应该共同负担的,或尚未负担的本合同的约束责任。

24.9　由退出的联营成员在联营合同规定的租赁关系范围内向联营体供应的机械和材料,由出本合同协议的租金支付后继续留给联营体。如同为完成联营合同的目的,联营成员必须提供的一样。

对其他联营成员,作为他们共同资产所有的,但属于退出的联营成员的设备和材料,出于所有本合同的要求,针对退出的联营成员具有有偿使用权和抵(质)押权。在联营体余下的联营成员的提出要求时,按 23.2 退出的联营成员必须让由他派遣往联营体的人员在本合同规定的支付(13)条件下一直用到工程结束。

25. 其他附加协议(按双方协商一致后确定)。

26. 部分无效

如果本合同的规定无法律效力,或在合同中有漏洞,不影响合同其余规定的法律效力。

联营成员必须努力实现联营目标,尽一切可能立即将无效的合同部分取消。

为了代替无效的合同部分或为了弥补漏洞,在法律允许条件下可以使用适当的规定,它必须由合同缔结者一致同意,并符合合同目的和意义。

如果一当事人违反项目所在地法律或政策,则联营各方均不以联营公司名义或其他联营成员名义支付款项或签署文件。

27. 仲裁庭或法庭

27.1　所有与合同相关的且由合同引起的及合同法律效力方面的争执将:

27.1.1　通过仲裁以一个正规的法律途径解决,或

27.1.2　通过正规的法庭解决。

如果一致同意仲裁,则采用仲裁条件_____作为提出仲裁有效文本。

如果法庭取消仲裁裁决,则应按诉讼程序解决。

如果仲裁对一个索赔争执达成一致,则由仲裁决定索赔解决结果。

27.2　仲裁庭的地址_____。

27.3　上述仲裁协议可以单独或与联营合同分开的文件签署。

参 考 文 献

[1] 李启明,朱树英,黄文杰. 工程建设合同与索赔管理[M]. 北京:科学出版社,2004.
[2] 成虎. 建筑工程合同管理实用大全[M]. 北京:中国建筑工业出版社,1999.
[3] 全国建筑施工企业项目经理培训教材编写委员会. 工程招投标与合同管理[M]. 修订版. 北京:中国建筑工业出版社,2001.
[4] 建筑施工手册(第五版)编写组. 建筑施工手册[M]. 5 版. 北京:中国建筑工业出版社,2012.
[5]《工程项目招投标与合同管理便携手册》编委会. 工程项目招投标与合同管理便携手册[M]. 北京:地震出版社,2005.
[6]《建设工程项目管理规范》编写委员会. 建设工程项目管理规范实施手册[M]. 2 版. 北京:中国建筑工业出版社,2006.
[7] 朱连,樊飞军. 施工项目成本控制与合同管理[M]. 北京:中国建筑工业出版社,2004.
[8] 瞿义勇. 最新建设工程招标投标与合同管理实务全书[M]. 吉林:吉林科学技术出版社,2002.
[9] 吴涛,丛培经. 建设工程项目管理规范实施手册[M]. 北京:中国建筑工业出版社,2006.
[10] 田振郁. 工程项目管理实用手册[M]. 2 版. 北京:中国建筑工业出版社,2000.

发展出版传媒　服务经济建设

传播科技进步　满足社会需求

我们提供

图书出版、图书广告宣传、企业定制出版、团体用书、
会议培训、其他深度合作等优质、高效服务。

编 辑 部	图书广告	出版咨询	图书销售
010-68343948	010-68361706	010-68343948	010-68001605

jccbs@hotmail.com　　www.jccbs.com.cn

中国建材工业出版社
China Building Materials Press